Angebots- und Ausführungsmanagement – prozessorientiert

Gerhard Girmscheid

Angebots- und Ausführungsmanagement – prozessorientiert

Erfolgsorientierte Unternehmensführung

3. Auflage

Springer Vieweg

Gerhard Girmscheid
Institut für Bau- und Infrastrukturmanagement
ETH Zürich
Zürich
Schweiz

OnlinePLUS Material zu diesem Buch finden Sie auf http://www.springer-vieweg.de/978-3-642-55290-8

Ursprünglich erschienen unter dem Titel: Angebots- und Ausführungsmanagement – Leitfaden für Bauunternehmen

ISBN 978-3-642-55290-8 ISBN 978-3-642-55291-5 (eBook)
DOI 10.1007/978-3-642-55291-5

Die Deutsche Nationalbibliothek verzeichnet diese Publikation in der Deutschen Nationalbibliografie; detaillierte bibliografische Daten sind im Internet über http://dnb.d-nb.de abrufbar.

Springer Vieweg

Gedruckt auf säurefreiem und chlorfrei gebleichtem Papier

Springer Vieweg ist eine Marke von Springer DE. Springer DE ist Teil der Fachverlagsgruppe Springer Science+Business Media
www.springer-vieweg.de

Vorwort

Dieses Buch entstand aufgrund der langjährigen Erfahrungen des Verfassers in leitender Position in Bauprojekten und Bauunternehmen sowie aufgrund seiner wissenschaftlichen Tätigkeit an der ETH Zürich.

Da der Kunde heute im Mittelpunkt der unternehmerischen Ziele und Aktivitäten stehen muss, strukturiert der Autor den Leistungserstellungsprozess mit Angebots- und Ausführungsmanagement im Hinblick auf die Kundenzufriedenheit und die Sicherstellung des Unternehmenserfolgs.

Das Ziel jedes Bauunternehmens muss es sein, aufgrund seines Leistungspotentials die Bedürfnisse des Bauherrn/Kunden bzw. dessen Leistungsziele im Leistungserstellungsprozess in das gewünschte Leistungsergebnis umzusetzen. Der Leistungserstellungsprozess ist somit die Kernaufgabe des Unternehmens. Um die Unternehmensziele zu erreichen, müssen Management- und Supportprozesse so gestaltet und optimiert werden, dass ein Höchstmaß an Effizienz erreicht wird.

Da Bauprojekte im Regelfall Unikatcharakter aufweisen und somit ein typisches Projektgeschäft darstellen, ist die Prozessorientierung des Leistungserstellungsprozesses im Bauunternehmen von größter Bedeutung. Der Leistungserstellungsprozess muss im Bauunternehmen als kontinuierlicher Ablauf mit einem Prozessverantwortlichen – dem Bereichsleiter, Oberbauleiter bzw. Bauleiter – angesehen werden.

In diesem Buch wird der Leistungserstellungsprozess mit Angebots- und Ausführungsmanagement systematisch und detailliert mit allen wichtigen Aufgaben dargestellt.

Das Angebotsmanagement wird dabei in folgende Hauptphasen gegliedert:

- Akquisition von Ausschreibungen
- Angebotsbearbeitung mit Vertragsprüfung, AVOR und Kalkulation
- Vertragsverhandlungen mit dem Kunden

Das Ausführungsmanagement wird in die folgenden Hauptphasen gegliedert:

- Arbeitsvorbereitung
- Beschaffung und Bauausführung
- Gewährleistung

Diese Hauptphasen werden als integraler Prozess verstanden.

Das Buch gibt Unternehmen Handlungsanleitungen, um ihr Angebots- und Auftragsmanagement erfolgsorientiert zu strukturieren. Den Mitarbeitern, ob Bauleiter, Bauführer, Kalkulator, Arbeitsvorbereiter oder solchen aus den technischen Abteilungen, werden Handlungsempfehlungen zur systematischen Durchführung ihrer Aufgaben gegeben. Dabei werden alle wichtigen Abläufe, Inhalte, Aufgaben, Prozesse und Anforderungen dargestellt. Zudem wird der Inhalt des Buches durch eine CD unterstützt, die eine umfangreiche Checklistensammlung enthält, in der alle Phasen des Angebots- und Ausführungsmanagements erfasst sind. Diese CD kann für den eigenen Gebrauch von der Springer- bzw. ETH-Webseite (Institut für Bau- und Infrastrukturmanagement) herunter geladen werden. Dadurch erhält der Nutzer sehr praktische Vorlagen zur Umsetzung bei seiner täglichen Projektarbeit.

Zürich, Juli 2004 Gerhard Girmscheid

Vorwort zur 2. Auflage

Wissen entwickelt sich in Forschung und Praxis permanent weiter. Der Grund für diese neue Auflage besteht darin, neue effiziente Entwicklungsansätze für einen ziel- und ergebnisorientierten Leistungserstellungsprozess zu integrieren. Folgende Überarbeitungen und Ergänzungen haben den Umfang des Buches um über 100 Seiten erweitert:

- **Axiome der Bauproduktion**
  erklären die Ziele des Wertschöpfungsprozesses in Bezug auf Transformation, Wert, Kosten und Technologie.
- **Integratives Risikomanagement**
  erklärt den Prozess des Risikomanagements im Rahmen der Angebots- und Ausführungsbearbeitung zur Sicherung des Projektzieles.
- **Schlussgespräch**
  in diesem Abschnitt werden neue Ansätze zur Prüfung der Kalkulation bereit gestellt. außerdem werden Konzepte vorgestellt, wie eine Angebotsoptimierung innerhalb des vorgesehenen Angebotspreises vorgenommen werden kann, um die Gewinne zu verbessern.
- **Ausführungsvorbereitung**
  hier wird ein neues Vorbereitungs- und Entscheidungskonzept zur systematischen, optimalen Auswahl von Bauverfahren und Produktionsprozessen vorgestellt.
- **Bauverfahrensvergleich**
  zur systematischen Auswahl von projektspezifischen Bauverfahren wird die Nutzwertanalyse und der Analytic Hierarchy Process eingeführt und an Beispielen erprobt.
- **Umlagenkalkulation**
  zur Optimierung des Angebots als Grundlage der Abrechnung mit dem Bauherrn wird die Umlagenkalkulation ergänzt.
- **Kontinuierlicher Verbesserungsprozess (KVP)**
  wird vorgestellt, um die Organisation, die Prozesse und die Abläufe als Teamaufgabe stetig zu verbessern.

Damit wird die Neuauflage zu einem umfassenden Planungs- und Steuerungshandbuch für die Angebots- und Ausführungsbearbeitung von projektspezifischen unikaten Aufträgen.

Das Buch dient zum Studium an Fachhochschulen und Universitäten im Bau-, Ausbau-, Heizungs-, Lüftungs- und Sanitärbereich sowie Fassadenbau als Lehrbuch und für Praktiker als Weiterbildungsgrundlage.

Zürich, April 2010 Gerhard Girmscheid

Vorwort zur 3. Auflage

Die Motivation zur 3. Auflage dieses Buches wurde angetrieben von den permanenten Fortentwicklungen in Forschung und Praxis. Besondere Bedeutung haben neue Anforderungen an die Praxis. Diese haben Berücksichtigung in der Neuauflage gefunden. Daher wurden folgende Ergänzungen und Überarbeitungen im Buch durchgeführt, um den Mehrwert für Leser aus der Praxis weiter zu erhöhen:

- **Prozess der Produktionsplanung**
- **Logistikplanung**
- **Baustellen-Controllingprozess**
- **Analyse der Abweichungen**
- **Qualitätsmanagement**
- **Nachtragsmanagement**

Damit wird die Neuauflage zu einem umfassenden Planungs- und Steuerungshandbuch für die Angebots- und Ausführungsbearbeitung von projektspezifischen unikaten Aufträgen. Das Buch dient zum Studium an Fachhochschulen und Universitäten im Bau-, Ausbau-, Heizungs-, Lüftungs- und Sanitärbereich sowie Fassadenbau als Lehrbuch und für Praktiker als Weiterbildungsgrundlage. Für Schulungen und Beratungen sowie Gutachten steht Ihnen der Autor jederzeit unter www.cttconsulting.ch und mail@cttconsulting.ch zur Verfügung.

Zürich, April 2014 Gerhard Girmscheid

Haftungsausschluss

Die Angaben in diesem Buch wurden nach bestem Wissen und Gewissen erstellt, allerdings übernimmt der Autor keine Gewähr für die Aktualität, Korrektheit, Vollständigkeit oder sonstige Qualität der bereitgestellten Informationen. Haftungsansprüche gegen den Autor, die sich auf Schäden materieller oder ideeller Art beziehen, die durch die Nutzung oder Nichtnutzung fehlerhafter und/oder unvollständiger Informationen verursacht wurden, sind grundsätzlich ausgeschlossen, sofern seitens des Autors kein nachweislich vorsätzliches oder grob fahrlässiges Verschulden vorliegt.

Benutzungshinweise

Für eine schnelle Übersicht und klare Gliederung ist das Buch wie folgt in die beiden Teilprozesse des Leistungserstellungsprozesses eines Unternehmens aufgeteilt:

- Angebotsmanagement
- Ausführungsmanagement

Diesen Teilprozessen sind die Hauptkapitel zugeordnet, deren Inhalt stichwortartig aus der nachfolgenden Grafik hervorgeht.

Lesern, die nicht das ganze Buch auf einmal lesen, sondern es als systematisches Nachschlagewerk für ihre Führungsaufgaben nutzen möchten, wird folgende Benutzungsanleitung vorgeschlagen:

Neben den ersten drei Kapiteln des Teil I – Angebotsmanagement, welche die wichtigsten Grundlagen in Kürze vermitteln, wird dem Leser vor allem das Kap. 5 „Risikoorientierte Auswahl und Bearbeitung der Ausschreibung" nahe gelegt – kann doch eine ergebnisorientierte kritische Vorabprüfung der Offert-Teilnahme zu einem frühen Zeitpunkt Auskunft über den zukünftigen Unternehmenserfolg- oder auch -misserfolg geben. Die weiteren Kapitel können entsprechend dem Stand der Angebotsbearbeitung gelesen werden, wobei den Unterkapiteln „Angebotsstrategie" des Kap. 6 sowie „Vertragliche Aspekte" des Kap. 7 aufgrund ihrer Bedeutung große Beachtung zu schenken ist. Die in Kap. 9 thematisierte „Verhandlungsphase" wird in der Praxis meist zum späteren Vertragsbestandteil und sollte daher auf jeden Fall gelesen werden.

Im Teil II – Ausführungsmanagement – kann das gesamte Kap. 11 als Pflichtlektüre eines jeden Projektleiters und auch Geschäftsführers angesehen werden, entscheidet doch die Qualität der Ausführungsvorbereitung über den Erfolg der späteren Projektrealisation. Wesentliche Anpassungen lassen sich in der Phase der Ausführung meist nur noch mit großem zeitlichen aber auch finanziellen Aufwand durchführen. Darauf aufbauend können, entsprechend den spezifischen Fragestellungen des Führungsalltags, die Unterkapitel gelesen werden.

Inhaltsverzeichnis

Teil II Ausführungsmanagement

Abbildungsverzeichnis

Tabellenverzeichnis

1 Einleitung – Leistungserstellungsprozess in Bauunternehmen

Mit dem Angebots- und Ausführungsmanagement wird der projektspezifische Bauproduktions- bzw. Leistungserstellungsprozess geplant und durchgeführt. Die theoretischen Ziele der Bauproduktion zur Erzielung des unternehmerischen Erfolges setzen sich axiomatisch wie folgt zusammen:

Axiome der Bauproduktionstheorie

- 1. Axiom: Wertschöpfung erfolgt in einem technologisch getriebenen Transformationsprozess unter Nutzung von Produktionsfaktoren vom Input von Ideen, Material, etc. zum Output von Leistungen und Produkten.
- 2. Axiom: Wertschöpfung ist die Differenz zwischen Kundenwert und Kosten des Inputs und der Produktion.
- 3. Axiom: Produktion ist die Transformation des Inputs zum Output.
- 4. Axiom: Technologie ist das Mittel für die Transformation von Input zu Output und zur Wertgenerierung.
- 5. Axiom: Das ökonomische Minimalprinzip ist leitend für definierten Output.
- 6. Axiom: Nicht wertschöpfende Aktivitäten und Verluste müssen minimalisiert werden.

Axiome der Bauproduktionsplanung

- 7. Axiom: Der Produktionsentscheidungsprozess (PEP) ist zweidimensional.
  - Technologie:
    Der PEP baut auf vorhandenen Technologien und ihrer selektiven Anwendung auf.
  - Minimum an Kosten:
    Der PEP basiert auf dem ökonomischen Minimalprinzip, um das Produktionssystem aus den technisch möglichen Varianten zu identifizieren.

G. Girmscheid, *Angebots- und Ausführungsmanagement – prozessorientiert*,
DOI 10.1007/978-3-642-55291-5_1, © Springer-Verlag Berlin Heidelberg 2015

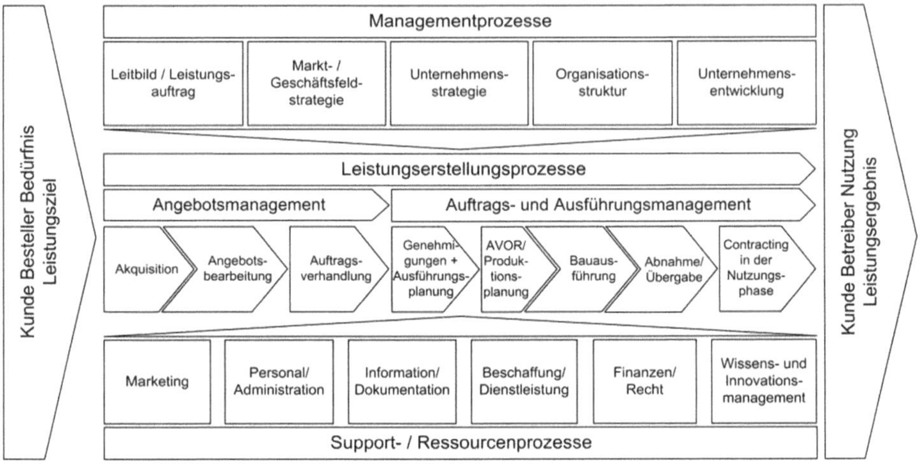

Abb. 1.1 Die Prozesse in einem Bauunternehmen [1]

- 8. Axiom: Produktionsprozesssteuerung muss als kybernetischer Regelkreis verstanden werden, bei dem ein Zielwert erreicht werden soll.
- 9. Axiom: Produktion wird durch die P + WBS (process and work break down structure) in einzelne Prozesse und Tätigkeiten gegliedert; darauf aufbauend werden mit Mitteln des Operation Research der kritische Weg/die kritischen Ressourcen und nach dem ökonomischen Minimalprinzip die minimalen Kosten bestimmt.

Das Ziel jedes Bauunternehmens ist es, aufgrund seines Leistungspotentials die Bedürfnisse des Bauherrn/Kunden bzw. dessen Leistungsziele im Leistungserstellungsprozess in das gewünschte Leistungsergebnis umzusetzen. Der Bauunternehmer erhält vom Kunden den Auftrag aufgrund des Angebotspreises und der Produktionsfaktoren, die das Leistungspotential für einen erfolgreichen Leistungserstellungsprozess garantieren. Im Rahmen des unternehmerischen Leistungserstellungsprozesses entscheidet es sich, ob die antizipierten Leistungsziele des Kunden realisiert werden. Damit der Leistungserstellungsprozess im Unternehmen optimal effizient zur Erreichung der Kundenzufriedenheit und zur Gewinnmaximierung im Rahmen des Marktsegments und Geschäftsfelds abgewickelt werden kann, sind die Management-, Ressourcen- und Supportprozesse in ihn einzubetten (Abb. 1.1). Das Ziel des Unternehmens ist es, die Kundenzufriedenheit sicherzustellen. Dies erfolgt im Rahmen des Leistungserstellungsprozesses im Unternehmen. Der Leistungserstellungsprozess ist somit die Kerntätigkeit des Unternehmens. Um die Unternehmensziele zu unterstützen, müssen die Management- und Supportprozesse so gestaltet und optimiert werden, dass ein Höchstmass an Effizienz erreicht wird.

Da Bauprojekte im Regelfall Unikatcharakter aufweisen und somit ein typisches Projektgeschäft darstellen [2], ist die Prozessorientierung des Leistungserstellungsprozesses von grösster Bedeutung. Dadurch wird erreicht, dass nicht Abteilungsziele, sondern die Projektziele den Prozess bestimmen und somit die Kundenorientierung gesichert wird. Dieser Grundgedanke muss als Bedingungsgrösse in der Organisationsgestaltung konse-

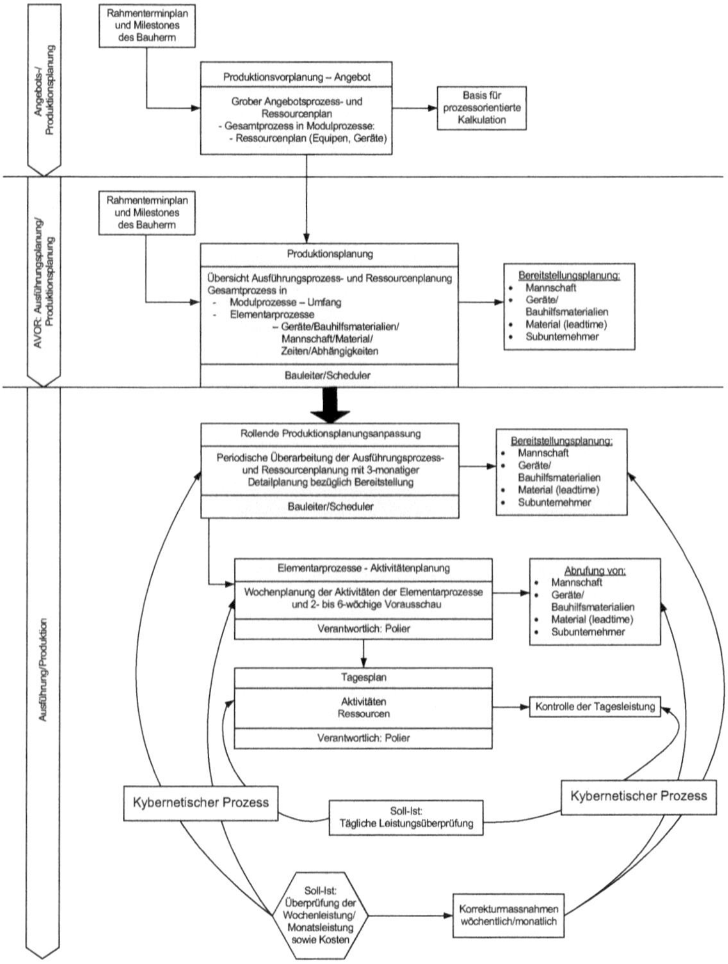

Abb. 1.2 Kybernetischer Produktionsplanungsprozess (KPP)

quent umgesetzt werden. Der Leistungserstellungsprozess muss im Bauunternehmen als kontinuierlicher Ablauf mit einem Prozessverantwortlichen – dem Bereichsleiter, Oberbauleiter bzw. Bauleiter – angesehen werden.

Die Bauproduktionsplanung umfasst die Angebots- und Ausführungsphase und findet jeweils in den folgenden drei Stadien des Bauprozesses statt (Abb. 1.2):

1. Angebot – Produktionsplanung für Kostenkalkulation
2. Ausführung – Produktionsplanung als Soll-Vorgabe
3. Ausführung – Produktionsplanung mittels KVP

Dieser dreiphasige kybernetische Produktionsplanungsprozess (KPP) wird als Schlüsselprozessgraphik in diesem Buch verwendet. Der KPP-Prozess hat inhaltlich die nachfolgend geschilderten Ziele.

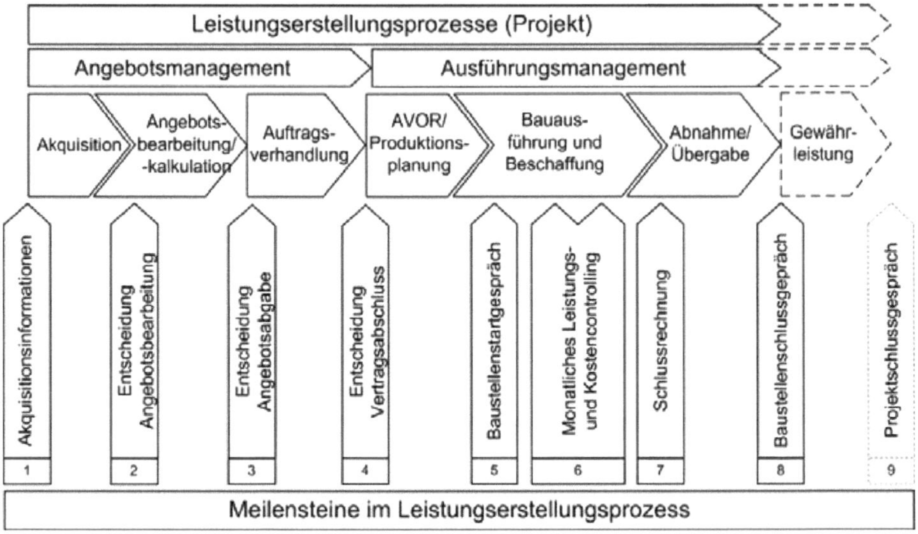

Abb. 1.3 Prozessphasen und Meilensteine im Leistungserstellungsprozess eines Bauunternehmens

Bei grösseren Projekten muss der Unternehmer bereits in der Angebotsphase eine Produktionsvorplanung für das ausgeschriebene Projekt machen. Diese Angebots-Produktionsplanung (Abb. 1.2) dient zur Bestimmung der kalkulatorischen Vorgaben für den Ressourcenverbrauch (Geräteliste/Teamgrösse/Gesamtlohnstunden/Gerätestunden/Vorhaltezeiten/etc.).

Falls der Auftrag aufgrund eines Angebots gewonnen werden konnte, wird die Bauproduktionsplanung Top-Down, mit Basisbauproduktionsprozess und Ressourcenplan, zur Erzielung des Kostenminimums unter Berücksichtigung der Unsicherheiten/Risiken (Abb. 1.2) optimiert.

Während der Ausführung (Abb. 1.2) muss die Produktionsplanung an Störungen und eingetretene Unsicherheiten angepasst werden. Dabei handelt es sich um die Organisation der Arbeitsplanung durch Wochenplanung (Detailplanung) und tägliche Vorgaben auf der Basis des monatlich aktualisierten Basisausführungsprozess- und Ressourcenplans (Top-Down).

Die Wochenpläne werden von den ausführenden Polieren gemacht und mit den zuständigen Bauleitern abgestimmt (Bottom-Up). Sie umfassen mindestens zwei bis sechs Wochen im Voraus.

Der Basisausführungsprozessplan (BAPP) wird jeden Monat angepasst, um Leistungsdefizite und Abweichungen vom Zielplan aufzufangen. Der BAPP wird auf drei Monate im Voraus bezüglich der Abrufplanung für Geräte, Mannschaften, Material und Subunternehmer detailliert.

Diese Produktionsplanung des Leistungserstellungsprozesses wird im Rahmen des Angebots- und Ausführungsmanagements durchgeführt (Abb. 1.3).

Das Angebotsmanagement wird in folgende Hauptphasen gegliedert:

- Akquisition von Ausschreibungen
- Angebotsbearbeitung mit Vertragsprüfung, AVOR und Kalkulation
- Vertragsverhandlungen mit dem Kunden

Diese Phasen werden von folgenden Meilensteinen zur Erreichung der Unternehmensziele begleitet:

- Entscheidung über Angebotsbearbeitung
- Entscheidung über Angebotsabgabe
- Entscheidung über Vertragsabschluss nach Verhandlungen

Das Ausführungsmanagement beginnt mit dem Vertragsabschluss und wird in folgende Hauptphasen gegliedert:

- Arbeitsvorbereitung (AVOR) der Baustelle mit Ressourcen- und Terminplanung, d. h. das Unternehmen plant sein Leistungspotential, um die Leistungsziele des Kunden zu erfüllen;
- Bauausführung und Beschaffung von Materialien und Subunternehmern;
- Abnahme und Übergabe des Projekts/Leistungsergebnisses an den Bauherrn/Kunden;
- Gewährleistungsfrist mit der Verpflichtung zur Beseitigung von auftretenden Mängeln und Rückgabe möglicher Gewährleistungsgarantien an den Bauunternehmer. Diese Phase fällt in die Leistungsverantwortung des Prozessverantwortlichen/Bauleiters und wird oft von diesem unterpriorisiert, obwohl sie für die Kundenzufriedenheit und Kundenbindung sehr wichtig ist.

Diese Phasen des Ausführungsmanagements werden bezüglich der Zielerreichung durch folgende Meilensteine begleitet:

- Das Baustellenstartgespräch sichert, dass die Kontinuität der Informationen und Prozessverantwortung gewährleistet wird. Alle Informationsträger aus der Angebots- und Verhandlungsphase können ihr Wissen gebündelt in den Ausführungsprozess einbringen.
- Auf Basis dieser Informationen und der Angebotsunterlagen werden die AVOR und die Arbeitskalkulation mit soll-Leistungsvorgaben für die einzelnen Bauteile/Bauelemente und deren Arbeitsschritte (z. B. Schalen; Bewehren, etc.) durchgeführt.
- Auf Basis der Top-Down AVOR und zur Zuordnung der Leistungskennwerte zu den einzelnen Arbeitsabläufen der Bauteile/Bauelemente erfolgt auf der Baustelle die Arbeitsorganisation auf Team- bzw. Gruppenebene. Diese Arbeitsorganisation wird wöchentlich mit einer Vorausschau von drei bis vier Wochen für Material- und Gerätebereitstellung durchgeführt (Wochen- und Tagesplan). Wöchentlich erfolgt auch der Soll-Ist-Stunden-Vergleich mit dem obligatorischen KVP auf Basis der Soll-Vorgaben für die einzelnen Bauteile Bauelemente.

- Das monatliche Leistungs- und Kostencontrolling soll die Erreichung der Sollvorgaben der AVOR und der Arbeitskalkulation sichern und sie durch einen kontinuierlichen Verbesserungsprozess in der Leistungserstellung möglichst übertreffen. Ferner bietet das Controlling die Möglichkeit, Abweichungen zu erkennen und Steuerungsmassnahmen einzuleiten.
- Nach Beendigung der Baustelle muss ein Schlussgespräch mit der Controllingabteilung erfolgen, um das Ergebnis der Baustelle festzustellen, Gründe für Abweichungen zu ermitteln und Verbesserungspotential und Massnahmen für zukünftige Leistungserstellungsprozesse zu identifizieren.
- Die endgültige Bewertung des Projekts erfolgt nach Ablauf der Gewährleistungsfrist. Daher sollten im Unternehmen Risikorückstellungen vorgenommen werden, um den realen Projekterlös darzustellen. Am Ende der Gewährleistungsfrist kann das wirkliche Projektergebnis aus dem erzielten Projekterlös minus Projektkosten und Gewährleistungskosten ermittelt werden. Hohe Herstellungsqualität wird durch geringe oder keine Gewährleistungskosten belohnt.

In diesem Buch wird der Leistungserstellungsprozess also wie folgt gegliedert:

- Teil I – Angebotsmanagement
- Teil II – Ausführungsmanagement

Dies ist ein in sich integraler Prozess. Es ist üblich, dass nicht jedes Angebot zum Auftrag führt; wichtig ist jedoch, dass die Angebotserstellung immer so abläuft, dass später der Hauptprozessverantwortliche die Leitung der Ausführungsprojektgruppe übernimmt, damit eine durchgehende Verantwortung im Fall der Auftragserteilung sichergestellt wird.

Literatur

1. Girmscheid, G.: Wettbewerbsvorteile nutzen – Konzepte für Bauunternehmen. h.e.p. Bauverlag, Bern (2003)
2. Girmscheid, G.: Projektabwicklung in der Bauwirtschaft – Wege zur Win-Win-Situation für Auftraggeber und Auftragnehmer. Springer, Berlin (2003)

Teil I
Angebotsmanagement

Phasen des Angebotsmanagements 2

Das Angebotsmanagement eines Unternehmens beschreibt den entscheidenden Prozess zur Gewinnung der projektspezifischen Aufträge. Diese Phase entscheidet darüber, ob

- das Unternehmen den Auftrag erhält,
- der Auftrag den angestrebten Erlös bringt,
- die Risiken und damit die Ursachen für Projektabweichungen weitgehend erkannt wurden.

Damit wird deutlich, welche wichtigen Aufgaben in dieser Phase zu erfüllen sind. Sie entscheidet somit auch darüber, ob

- eine ausreichende Auslastung der vorhandenen Ressourcen in Zukunft gesichert ist,
- eine ausreichende Erlösmarge erreicht werden kann.

Die robuste Kosten- und Preisbildung für das ausgeschriebene Projekt stellt den Kernprozess für anbietende Unternehmen dar. Dazu ist es erforderlich, dass ein detailliertes Leistungsverzeichnis vorliegt. Dieses detaillierte Leistungsverzeichnis ist für die Kostenfindung unumgänglich, da die kosten bzw. Preise für das Material, die Arbeitsleistungen, die Abläufe, die Geräte und den Bauhilfsmaterialeinsatz zu ermitteln sind. Liegt eine funktionale Ausschreibung vor, kann entweder ein Kostendach auf Basis vergleichbarer Projekte (z. B. beim TU-Wettbewerb) oder es muss beim GU- oder ELT-Wettbewerb ein eigenes detailliertes Leistungsverzeichnis mit Arbeitspositionen auf Bauelementebene gebildet werden. Eine stichprobenartige Plausibilisierung der preisbildenden Hauptmassen ist erforderlich.

Untersuchungen [1] zeigen, dass ca. 60 % möglicher Projektausreisser, d. h. Verluste, ihren Ursprung in der Angebotsphase haben. Gründe sind u. a. unzureichende Vertragskenntnis, falsche Leistungsannahmen, nicht erkannte technische und vertragliche Risiken

G. Girmscheid, *Angebots- und Ausführungsmanagement – prozessorientiert*,
DOI 10.1007/978-3-642-55291-5_2, © Springer-Verlag Berlin Heidelberg 2015

oder die Auswahl von unzuverlässigen Subunternehmern. Nur ca. 10 % der Ausreisser beruhen auf nicht oder kaum beeinflussbaren Faktoren, aber immerhin liegen noch über 30 % der Ursachen in mangelhaftem Ausführungsmanagement wie z. B. unzureichender Steuerung bei Leistungsabweichungen, schlecht oder nicht geplanten Ausführungsabläufen, unzureichend qualifiziertes Personal oder unzureichender Leistungsfähigkeit der Subunternehmer.

Das Angebotsmanagement kann man in vier Hauptschritte gliedern: Akquisition von Ausschreibungen, Prozess der Projektauswahl zur Bearbeitung der Angebote, Ablauf der Angebotsbearbeitung im Unternehmen, Abgabe des Angebots an den Kunden und Vertragsverhandlungen mit dem Kunden. Die einzelnen Schritte des Angebotsmanagements sind wie folgt (Abb. 2.1):

- Akquisition: aktive Marktbearbeitung oder Offertanfragen
- Entscheidung über Offertbearbeitung nach Vorprüfung
- Vertragsprüfung und technische Prüfung
- Massenermittlung
- Angebotskalkulation und Preisbildung
- Angebotsausarbeitung und Einreichung des Angebots
- Vergabeverhandlungen
- Auftragserteilung

In den nachfolgenden Kapiteln werden die einzelnen Schritte des Angebotsmanagements in Bezug auf eine Risikominimierung und Systematisierung beschrieben (Abb. 2.2).

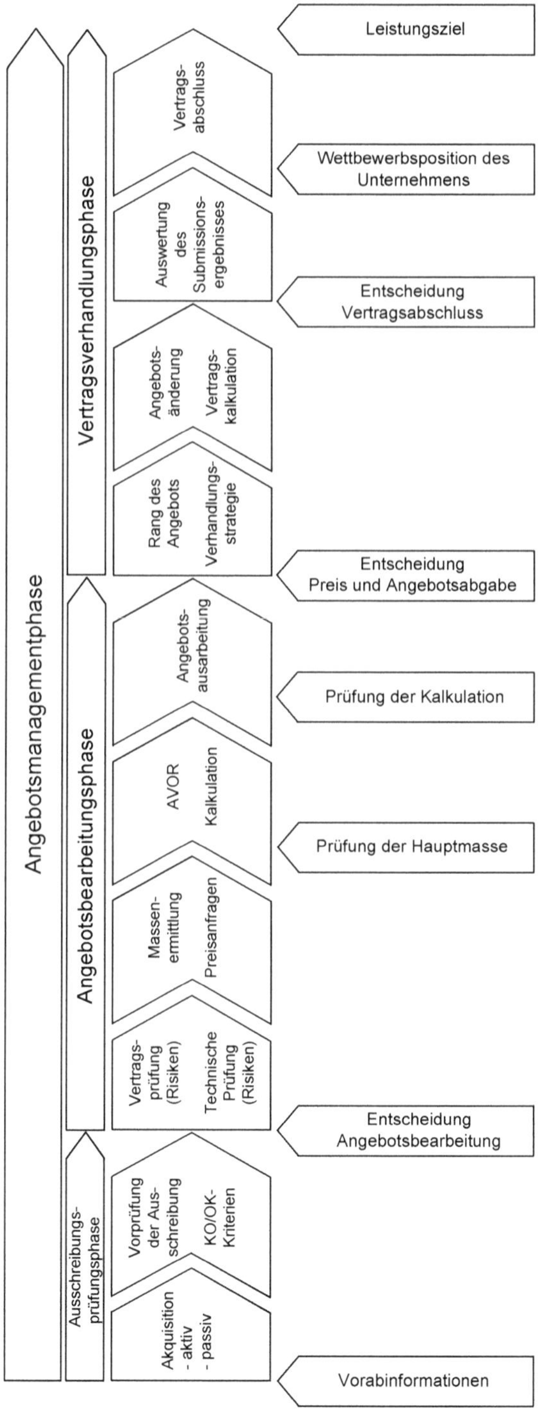

Abb. 2.1 Phasen und Meilensteine des Angebotsmanagements

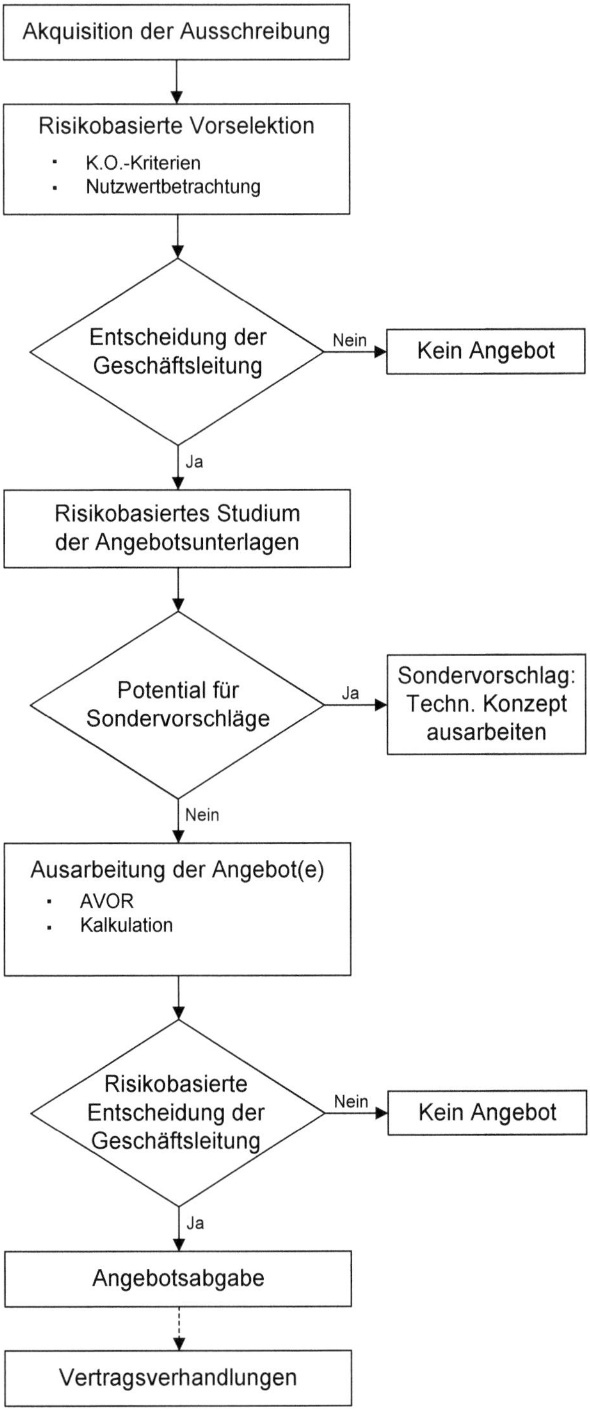

Abb. 2.2 Grobablauf und Entscheidungsprozesse bei der Angebotsbearbeitung

Literatur

1. Busch, Th.A.: Risikomanagement in Generalunternehmungen. IBB – Institut für Bauplanung und Baubetrieb, Eigenverlag des IBB an der ETH Zürich, Zürich (2003)

3 Akquisition von Ausschreibungen

Die Akquisition von Ausschreibungen im traditionellen Vergabeprozess mit Einzelleistungsanbietern erfolgt im Rahmen des Bauprozesses meist am Ende der Planungsphasen. In diesen Vorphasen der Bauausführung werden bei dem traditionellen Einzelleistungsanbieterkonzept [1] fast die gesamten Planungsaktivitäten durch Architekten oder Ingenieure durchgeführt, um die funktionalen, qualitativen, architektonischen sowie Kosten- und Terminvorgaben des Bauherrn umzusetzen. Dies gilt auch im Allgemeinen für Generalunternehmer- bzw. Generalübernehmerprojekte. Die Ausschreibung erfolgt dann in der Regel nach Leistungsverzeichnissen oder auf der Basis von funktionalen Beschreibungen und Genehmigungs- bzw. Ausführungsplänen.

Bei Totalunternehmerprojekten übernimmt der Unternehmer sowohl Generalplaner- als auch Generalunternehmeraufgaben. Der Totalunternehmer beginnt seine Angebotsbearbeitung nach der Konzept- bzw. Vorprojektphase (Vorplanungsphase) des Bauherrn auf der Grundlage einer funktionalen Ausschreibung, in der Funktionalität, Qualität und Termine vorgegeben sind, und übernimmt im Wettbewerb den Totalunternehmerauftrag, das Bauwerk für den Bauherrn zu erstellen [1]. Auf dieser Basis erfolgt die Ausschreibung bzw. der Wettbewerb unter den Totalunternehmern, die einen weiten Spielraum zur Optimierung des Projekts nutzen können. Dabei werden meist ein Pauschalpreis bzw. ein Garantierter Maximalpreis mit Abrechnung nach „gläsernen Taschen" und feste Zwischen- bzw. Endtermine vereinbart.

Ein Bauunternehmer hat die Möglichkeit, aktiv oder passiv Anfragen und Ausschreibungen zu akquirieren. Eine Charakteristik vieler Bauunternehmen ist das passive Verhalten bei der Gewinnung von Kunden. So reagiert der Bauunternehmer häufig erst auf die Nachfrage des Bauherrn, d. h. auf die Aufforderung zur Abgabe eines Angebots. Ziel eines innovativen Managements muss aber die aktive Kundenwerbung und Kundengewinnung sein, um im Wettbewerb langfristig bestehen zu können.

G. Girmscheid, *Angebots- und Ausführungsmanagement – prozessorientiert*,
DOI 10.1007/978-3-642-55291-5_3,

Die aktive und passive Akquisition zeichnen sich durch die folgenden Merkmale aus:

- Aktive Akquisition
  - Schlüsselkunden bzw. professionelle Bauherren regelmäßig kontaktieren
  - Architekten und Ingenieuren regelmäßig Beratungsleistungen für potentielle Projekte anbieten
  - Zielgruppenmarketing bei Nischenangeboten durchführen
- Passive Akquisition
  - Ausschreibungsanzeiger regelmäßig nach Projektarten, Regionen und Projektgröße durchlesen
  - Abonnentenservice mit vorselektierten Projekten in Anspruch nehmen und auswerten
  - E-Commerce-Plattformen für vorselektierte Ausschreibungen nutzen (wie beim Abonnentenservice, jedoch mit zusätzlichem Informations-, Selektions- und Bearbeitungsservice)

Moderne, kundenorientierte Unternehmen haben im Rahmen ihres Marketings das Key Account Management als aktives Akquisitionsinstrument etabliert. Die Aufgabe des Key Account Managements ist es, Wiederholungs- und Schlüsselkunden des Unternehmens zu identifizieren, zu betreuen und möglichst frühzeitig Kenntnis von deren Projekten zu erhalten. Dies gilt auch für bestimmte Planungsbüros. Durch das Key Account Management steht dem Bauunternehmen eine fachlich kompetente Marketing- und Kommunikationsgruppe zur Verfügung, um Wiederholungs- und Schlüsselkunden zu beraten und sie möglicherweise zu einer Generalunternehmer- oder Totalunternehmerausschreibung zu bewegen. Das Ziel ist es, im Rahmen des Key Account Managements die Wettbewerbsposition durch Beratungsleistungen einerseits und durch gezielte Informationssammlung andererseits zu verbessern, um Vorteile gegenüber der Konkurrenz zu erwerben. Das moderne Key Account Management, besonders in Generalunternehmen, sollte wegen der Kundennähe durch die jeweiligen Projekt- und Bereichsleiter durchgeführt werden [2]. Dadurch wird sichergestellt, dass die Kontakte, die während der Projektabwicklung entstehen, für die Kundenbindung bei neuen Projekten genutzt werden. Damit wird erreicht, dass die Projektleiter an einer fairen Projektabwicklung interessiert sind. Ferner können der bestehende Kontakt und das entwickelte Vertrauensverhältnis bei Folgeaufträgen sehr vorteilhaft sein, einerseits bei der Akquisition und andererseits bei der Abwicklung. Der Projektleiter ist somit unternehmerisch für eine erfolgreiche Projektabwicklung und für die Beschaffung von Aufträgen verantwortlich. Die allgemeinen oder kundenspezifischen Aktivitäten wie Events, Corporate Identity, etc. werden durch eine Marketingstabstelle oder Marketingabteilung koordiniert.

E-Commerce-Plattformen sind die modernste Form der passiven Akquisition. Professionelle Bauherren, General- und Totalunternehmer versuchen heute weitgehend, ihre meist auf Leistungsverzeichnis beruhenden Ausschreibungen mittels E-Commerce-Plattformen zu veröffentlichen. Dadurch haben sie die Möglichkeit, eine hohe überregionale

Markttransparenz, besonders in Bezug auf Kosten, zu gewinnen. E-Commerce-Plattformen sind ein internetbasierter Ausschreibungsservice, zu dessen Leistungsangeboten das Vorselektieren der Ausschreibungen gemäß den Vorgaben des Bauunternehmens, direkt abrufbare Leistungsverzeichnisse, elektronische Offerteneingaben sowie die Auswertung der Offerten für den Auftraggeber durch das E-Commerce-Unternehmen gehören.

Literatur

1. Girmscheid, G.: Projektabwicklung in der Bauwirtschaft – Wege zur Win-Win-Situation für Auftraggeber und Auftragnehmer. Springer, Berlin (2003)
2. Girmscheid, G.: Erfolgsfaktoren, Aufgabenfelder und Gestaltungsmerkmale für Gesamtleistungsanbieter – Fallstudie aus den USA. Bauingenieur 77(9), 475–478 (2002)

4 Arten der Ausschreibung, Projektabwicklungs- und Wettbewerbsformen

Die Ausschreibung dient dem Bauherrn dazu, für einzelne Bauleistungen oder das gesamte Bauwerk Angebote von entsprechenden, qualifizierten Unternehmen einzuholen und im Wettbewerb möglichst den kostengünstigsten und leistungsfähigsten Unternehmer auszuwählen. Wie bereits erläutert, erfolgt die Ausschreibung für die verschiedenen Projektabwicklungsformen eines Bauprojekts durch den Bauherrn nach der Konkretisierung seiner Zielvorstellungen. Dies kann auf unterschiedlichem Detaillierungsniveau erfolgen (Abb. 4.1; [1]):

- Totalunternehmerprojektabwicklungsform: nach der Konzept- bzw. Vorprojektphase auf der Basis von Funktionalausschreibung und ersten Vorprojektplänen
- Einzelleistungsträger- und Generalleistungsträgerprojektabwicklungsform: nach der Bauprojektphase auf der Basis von Genehmigungsplänen, Massenermittlung, Rahmenterminplan, Leistungsverzeichnis mit allgemeinen und speziellen Bedingungen und Vertragsunterlagen

Bei der Totalunternehmerprojektabwicklungsform wird die Planungs- und Bauleistung auf der Basis funktionaler Beschreibung und Vorentwurfsplänen ausgeschrieben. Im Regelfall sollte bei der Totalunternehmervergabe die Vor- bzw. Genehmigungsplanung abgeschlossen sein, damit der Unternehmer ein weitgehend spekulationsfreies Leistungsversprechen abgeben kann. Aufgrund der Funktionalbeschreibung und der Vorplanung erfolgt die Vergabe meistens auf der Basis eines Pauschalpreises und fester Zwischen- und Endtermine oder eines Garantierten Maximalpreises (GMP) mit Budgets für die einzelnen Gewerke und einer Value-Sharing-Vereinbarung für den Fall der offenen Vergabe unterhalb der Budgets. Da im Regelfall die Vergabe von Totalunternehmerleistungen zu einem Zeitpunkt stattfindet, bei dem aufgrund der oft parallel verlaufenden Vermietungs- und Verkaufsaktivitäten des Bauherrn bzw. Projektentwicklers noch nicht alle Nutzungsanforderungen detailliert

G. Girmscheid, *Angebots- und Ausführungsmanagement – prozessorientiert*,
DOI 10.1007/978-3-642-55291-5_4, © Springer-Verlag Berlin Heidelberg 2015

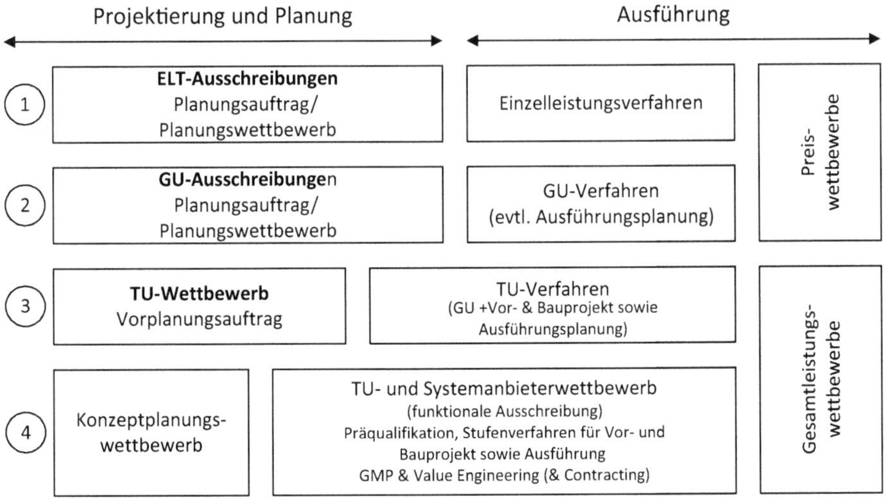

Abb. 4.1 Wettbewerbsverfahren

wurden, ist es ratsam, dass der Bauherr für mögliche Änderungen Alternativpositionen vorsieht, die zu Pauschalpreisen einfließen können. Damit wird eine weitgehende Kostensicherheit für Bauherr und Unternehmer sichergestellt; Nachträge (Zusatz- oder Mehrforderungen des Unternehmers) werden weitgehend verhindert [2]. Der Bauherr kann dadurch im Rahmen der Vermarktung seines Projekts (Verkauf, Vermietung), die meist noch während der Ausführungsphase läuft, die daraus resultierenden Anforderungen der Nutzer ausreichend berücksichtigen und doch seine Rendite im Voraus sicherstellen. Der Vorteil dieser Vergabeform besteht ferner darin, dass der Bauherr weitgehend von detaillierten Kontroll- und Aufsichtsaufgaben entlastet wird. Im Besonderen vereinfacht sich auch die Kontrolle der Rechnungsstellung, die nicht nach detailliertem Aufmaß erfolgt, sondern im Regelfall nach fertig gestellten Bauabschnitten. Nur bei Änderungen der funktionalen Anforderungen und der Planung, die dem Totalunternehmervertrag zugrunde liegen, wird der Pauschalpreis angepasst. Die Totalunternehmerprojektabwicklungsform befreit den Bauherrn weitgehend vom Koordinations- und Schnittstellenmanagement. Ferner werden die Abrechnungs- und Erfolgskontrolle wesentlich vereinfacht. Die Investitionskosten werden durch die Pauschalpreisregelung im Regelfall eingehalten.

Bei dieser Vergabeform lassen sich Projekte in einem Fast-Track-Prozess [3, 4] abwickeln. Dies ist möglich, da zumindest die Werkplanung und die Bauausführung in einer Hand liegen (Abb. 4.2).

Totalunternehmerprojektabwicklungsformen bieten Differenzierungspotential, da die Unternehmen Gesamtleistungen aus einer Hand anbieten können. Aus ergebnisorientierter Bauherrensicht kann dies als Sachleistung mit sehr hohem Dienstleistungsanteil betrachtet werden. Für die Unternehmen ergeben sich neue qualitative und quantitative Wettbewerbspotentiale im Rahmen des Dienstleistungsanteils solcher Gesamtleistungen, da sie sich von den Mitbewerbern differenzieren können [5]. Dieses Differenzierungspotenzial kann bei life-cycle-orientierten Systemleistungsangeboten noch weiter ausgeschöpft werden [6].

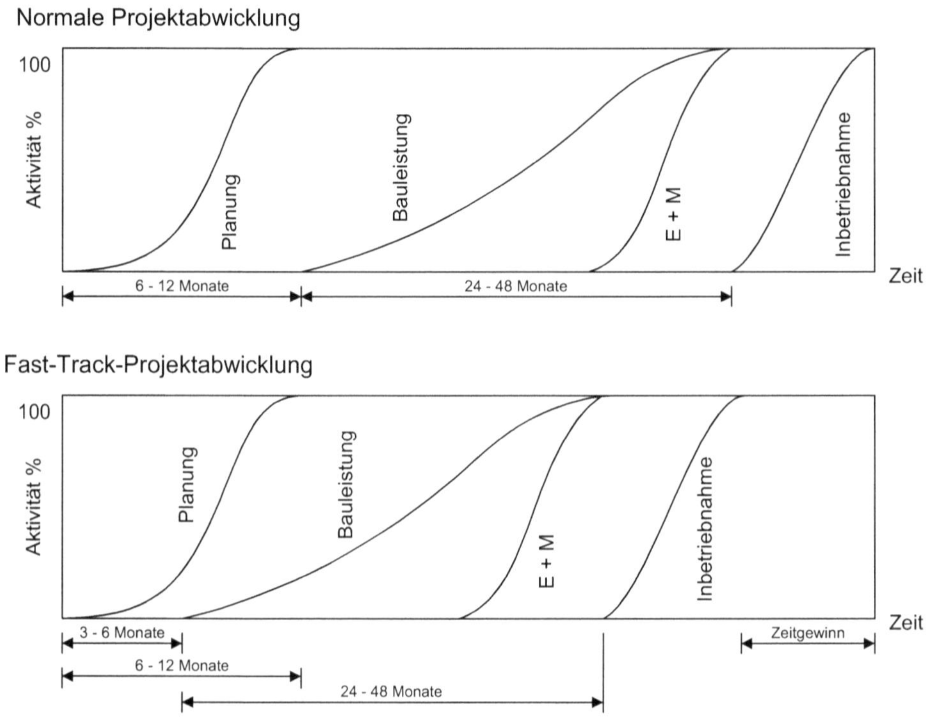

Abb. 4.2 Zeitliche Varianten der Projektabwicklung [3]

Bei TU-Projektabwicklungen liegt die Prozessverantwortung sowie das Funktions-, Vollständigkeits- und Massenrisiko bei dem Totalunternehmer. Ferner übernimmt der TU das Planungs- und Ausführungsrisiko mit Koordinations-, Termin-, Qualitäts- und Kostenrisiken.

Die Generalleistungsträger- und Einzelleistungsträgerprojektabwicklungsform werden angewendet, wenn die Anforderungen des Bauherrn in Genehmigungs- und Ausführungspläne umgesetzt worden sind und daraus für die Leistungsverzeichnisse eine detaillierte Massenermittlung durch die planenden Ingenieure und Architekten erfolgt. Aufgrund der detaillierten Massenermittlung und Qualitätsbeschreibung der Leistungspositionen wird dann die Ausschreibung und Vergabe der Leistungen an Einzelleistungsträger vorgenommen. Die Ausschreibung erfolgt im Regelfall nach Gewerken, z. B. an Erdbau-, Rohbau-, Ausbau- und technische Gewerkeunternehmen. Die Leistungsverzeichnisse mit den entsprechenden Einzelleistungspositionen werden auf der Basis von standardisierten Leistungsverzeichnissen erstellt. Dies hat den großen Vorteil, dass die Leistungsbeschreibungen einzelner Positionen nicht jedes Mal neu erfunden werden müssen, sondern standardisiert mit den entsprechenden Qualitätsanforderungen, die zur eindeutigen Leistungsbestimmung erforderlich sind, übernommen werden können. Durch diese Art der Ausschreibung wird die Vergleichbarkeit der Angebote der Unternehmer wesentlich vereinfacht. Der Bauunternehmer gibt die Einheitspreise für die Teilleistungen im Leistungsverzeichnis des Auftraggebers an. Die Einheitspreise der Teilleistungen enthalten neben den direkt zurechenbaren Kosten auch Anteile für die Gemeinkosten der Baustelle und des Unternehmens sowie Wagnis und Gewinn. Bei Generalunternehmervergaben werden meist Pauschalpreise vereinbart.

Bei GU-Vergaben kann auch die Ausführungsplanung an den GU vergeben werden, da diese nur eine Konkretisierung des Leistungsverzeichnisses und der Bauprojektplanung darstellt. Der GU übernimmt die Prozess- und Risikoverantwortung für Koordinations-, Termin-, Qualitäts- und Kostenrisiken der gesamten Ausführung. Der Einzelleistungsträger übernimmt für sein Gewerk bzw. seine Arbeitsgattung das Termin-, Qualitäts- und Kostenrisiko.

Der Bauherr erhält sich durch diese Vergabeform die Flexibilität, während der Bauphase mögliche Planungsänderungen durchzuführen, soweit die Baumaßnahme in den betroffenen Bereichen noch nicht begonnen wurde. Preisänderungsforderungen des Unternehmers können nur entstehen, wenn bestimmte Massenabweichungen unter- oder überschritten, Zusatzanforderungen gestellt oder Zusatzleistungen verlangt werden oder wenn durch Änderungen der Bauablauf des Unternehmers gestört wird [2].

Die Nachteile dieser Projektabwicklungsform bestehen darin, dass der Bauherr bzw. sein Vertreter alle Koordinations- und Schnittstellenaufgaben selbst übernehmen muss und dass der endgültige Preis erst nach detaillierter Abrechnung gemäß Leistungsverzeichnis am Ende der Bauzeit feststeht. Für den Bauunternehmer führt diese Vergabeform zum reinen Preiswettbewerb. Andere Differenzierungsmerkmale, die ihn möglicherweise in Bezug auf den Kundennutzen von den Wettbewerbern unterscheiden würden, kommen im Regelfall nicht zum Tragen. Da die Ausführungsplanung weitgehend abgeschlossen ist, kann der Unternehmer meist auch keine weiteren Optimierungen für den Bauherrn in das Projekt einbringen.

Eine weitere Variante der Projektabwicklung besteht in der Ausschreibung nach abgerechnetem Aufwand. Diese Art der Ausschreibung erfolgt meist bei Leistungen, die vor der Bauausführung nicht eindeutig beschrieben werden können, z. B. Umbauten oder Instandsetzungen. Meist wird ein Leistungsverzeichnis erstellt, das einerseits nur ungefähre Massen und andererseits noch nicht alle notwendigen Leistungen enthält, da diese erst während der Bauausführung in vollem Umfang erkennbar werden. Die Leistungen werden dann meist nach folgenden Aufwandskategorien ausgeschrieben:

- Kosten der Lohnstunden für verschiedene Kategorien von Arbeitskräften
- Materialkosten frei Baustelle, z. B. m^3 Mauerwerk, m^3 Beton
- Laufende Kosten der Baustelleneinrichtung und Großgeräte einschließlich der Verbrauchskosten pro Tag oder Monat
- Kosten des Transports, des Auf- und Abbaus der Baustelleneinrichtung sowie der Großgeräte

Meist werden die allgemeinen Geschäftskosten prozentual auf Lohn- und Materialkosten aufgeschlagen. Die Kosten für Kleingeräte, Handwerkzeug, Arbeitsbühnen und Kleinge-

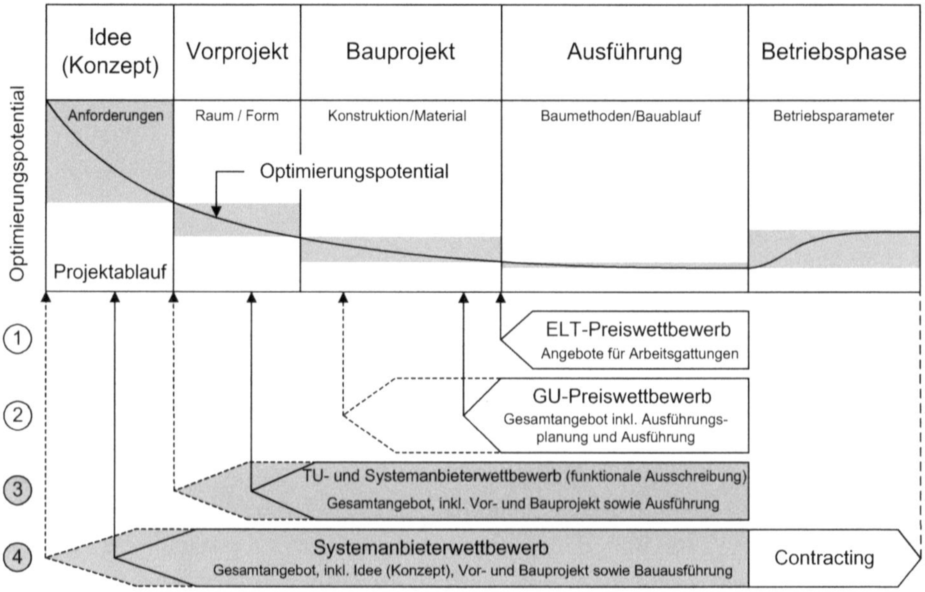

Abb. 4.3 Optimierungspotential der verschiedenen Projektabwicklungsformen

rüste werden meist in den Lohnkosten berücksichtigt. Diese Projektabwicklungsform hat für den Bauherrn folgende Nachteile:

- Die Kosten stehen, trotz Grobleistungsverzeichnis, erst am Ende der Bauzeit fest.
- Die Abrechnung ist sehr aufwändig, weil jeder Stunden- und Materialrapport zusammengefasst, ausgewertet und geprüft werden muss.
- Der Unternehmer hat nur einen geringen Anreiz, die Kosten gering zu halten.
- Leistungsdemotivation der Mitarbeiter und Missmanagement der Bauunternehmen, wie z. B. zu späte Materiallieferungen oder nicht adäquate Werkzeuge gehen kostenmäßig zu Lasten des Auftraggebers.

Um die Vergleichbarkeit der einzelnen Angebote zu gewährleisten, werden einheitliche Ausschreibungsunterlagen aus Text und Plänen formuliert, die die Grundlage der Angebotsbearbeitung darstellen und den Bietern zur Verfügung gestellt werden. In der Ausschreibung sollte der Auftraggeber die Bauleistungen so eindeutig und informativ beschreiben, dass die Bieter sie ohne umfangreiche Vorarbeiten eindeutig und ohne spekulative Aspekte kalkulieren können.

Die Optimierungspotentiale der verschiedenen Projektabwicklungsformen sind in Abb. 4.3 qualitativ dargestellt. Der Bauherr hat folgende Möglichkeiten der Ausschreibung seines Projekts:

- die öffentliche Ausschreibung
- die beschränkte Ausschreibung
- die freihändige Vergabe

Eine öffentliche Ausschreibung wird in Ausschreibungsanzeigern und Zeitungen publiziert und ist somit jedem Unternehmen zugänglich. Wenn keine weiteren Vorgaben bezüglich Präqualifikation und Leistungsfähigkeit gemacht werden, darf jedes Unternehmen ein Angebot abgeben. Öffentliche Auftraggeber müssen in der Regel diese Ausschreibungsform anwenden. Das Vergabeverfahren erfolgt dann nach Vergabeverordnungen, die den Vergabeprozess vorschreiben.

Die beschränkte Ausschreibung wird normalerweise bei kleineren Projekten oder bei sehr komplexen Projekten, die nur von Spezialunternehmen ausgeführt werden können, angewendet. Private Bauherren nutzen im Regelfall diese Art der Ausschreibung, um gezielt Unternehmen, die entsprechende Qualifikationskriterien bezüglich Größe, Kapazität, finanzieller Bonität und Erfahrungen erfüllen, aufzufordern. Diese selektive Vorgehensweise erspart dem Bauherrn wesentliche Kosten bei der Auswertung der Angebote und der Auswahl der Unternehmer, da nur Angebote von Unternehmen verglichen werden, die ein vergleichbares Leistungspotential für die beabsichtigte Projektabwicklung aufweisen.

Bei öffentlichen Bauherren wird die beschränkte Ausschreibung im Regelfall nur im Rahmen einer Präqualifikation durchgeführt. Dabei erfolgt eine Selektion der Anbieter nach erforderlichen Qualifikations- und Qualitätsstandards, die die erfolgreiche Realisierung des Leistungsversprechens des Unternehmens mit hoher Wahrscheinlichkeit sicherstellen. Die Präqualifikation erfolgt meist nur bei Großprojekten, die mit relativ hohen Risiken verbunden sind. Dabei wird meist nach der technischen und finanziellen Leistungsfähigkeit/Leistungspotentialen der Anbieter selektiert. Nach dieser Selektion erfolgt dann die beschränkte Ausschreibung.

Die freihändige Vergabe als dritte Form der Ausschreibung kann ohne Wettbewerb durchgeführt werden. Das Vergabeverfahren ist beliebig und formfrei. Diese Vergabeart findet Anwendung, wenn:

- aus Gründen des Patentschutzes oder der Leistungsfähigkeit nur ein Unternehmen in Frage kommt,
- die Leistung nach Art und Umfang vor der Vergabe nicht eindeutig und erschöpfend festgelegt werden kann,
- eine kleine Leistung von einer vergebenen größeren Leistung nicht getrennt werden kann,
- die Leistung besonders dringlich ist oder
- der wirtschaftliche Aufwand für eine Ausschreibung nicht gerechtfertigt wäre.

Freie Vergabe- bzw. Verhandlungsverfahren werden oft bei Instandsetzungsleistungen angewendet. In solchen Fällen können die Bauleistungen nicht so eindeutig und erschöpfend beschrieben werden, dass eine einwandfreie Preisermittlung der Gesamt- oder der Teilleistungen möglich wäre. Abgerechnet wird nach nachgewiesenem Aufwand und den Selbstkosten des Unternehmens für Personal, Geräte, Material und Aufsicht; hinzu kommt ein auszuhandelnder Zuschlag für Gewinn und allgemeine Geschäftskosten.

Literatur

1. Girmscheid, G.: Projektabwicklung in der Bauwirtschaft – Wege zur Win-Win-Situation für Auftraggeber und Auftragnehmer. Springer, Berlin (2003)
2. Girmscheid, G., Briner, H., Glättli, M.: Faires Nachtragsmanagement – Leitfaden für Bauunternehmen und Bauherren. h.e.p. Bauverlag, Bern (2003)
3. Girmscheid, G.: Fast Track Projects – Anforderungen an das moderne Projektmanagement. Bautechnik **73**(8), 471–484 (1997)
4. Girmscheid, G., Hartmann, A.: Fast Track Projects im Brückenbau – Anwendung und Bauprozess der Segmentbauweise mit externer Vorspannung. Bauingenieur **74**(7/8), 332–344 (1999)
5. Schulte, M.: Ein Beitrag zum Business-to-Business-Marketing für life-cycle-orientierte SysBau-Leistungen im Schweizer Hochbau. vdf Verlag, Zürich (2003)
6. Girmscheid, G.: Wettbewerbsvorteile durch kundenorientierte Lösungen – Das Konzept des Systemanbieters Bau (SysBau). Bauingenieur **75**(1), 1–6 (2000)

Risikoorientierte Auswahl und Bearbeitung der Ausschreibungen 5

5.1 Auswahlkriterien für Ausschreibungen

Die Erstellung eines Angebots kann in Abhängigkeit von der Projektgröße einen erheblichen Umfang annehmen. Die Bearbeitung bindet Ressourcen (Task Force) und verursacht je nach Projekt erhebliche Kosten. Die Kosten für die Angebotserstellung müssen von den anbietenden Unternehmen getragen werden und bilden einen erheblichen Teil der allgemeinen Geschäftskosten.

Es muss daher das Ziel eines jeden Unternehmens sein, die Erfolgsquote, d. h. das Verhältnis der Zahl der Aufträge zur Zahl der Angebote, ständig zu erhöhen. Damit reduzieren sich die allgemeinen Geschäftskosten. Zur Sicherstellung der Chancen für die Auftragserteilung muss jedes Unternehmen Projektauswahlkriterien z. B. wie folgt definieren [1]:

- Kundenbeziehung
- Konkurrenzsituation
- eigene Leistungsfähigkeit
- eigene Auslastung, Ressourcenverfügbarkeit
- Aufwand für die Offertbearbeitung
- Risiken
- Ertragspotential

Besonders eine risikoorientierte Projektauswahl und -bearbeitung erhöht die unternehmerischen Erfolgsaussichten. Damit kann das Unternehmen auch risikoreichere Projekte anbieten und durchführen, ohne dass man Risiken unerwartet gegenübersteht. Risiken sollten auch als zum Gewinn korrespondierende Größen betrachtet werden; Projekte mit hohen Risiken haben oft auch ein hohes Gewinnpotential und umgekehrt. Vorteile hat der, welcher Risiken systematisch identifiziert, analysiert und schließlich minimiert. Risiko-

G. Girmscheid, *Angebots- und Ausführungsmanagement – prozessorientiert*,
DOI 10.1007/978-3-642-55291-5_5, © Springer-Verlag Berlin Heidelberg 2015

betrachtungen haben daher in der Angebotsphase eine ganz entscheidende Bedeutung. Eine risikoorientierte Selektion der Ausschreibungen ist unabdingbar, um als Unternehmer längerfristig erfolgreich zu sein. Prinzipiell kann zwischen der qualitativen und der quantitativen Risikobeurteilung unterschieden werden. Bei der Ersteren geht es um das systematische Herausarbeiten von Wirkungszusammenhängen. Diese qualitative risikobasierte Vorselektion von Ausschreibungen erfolgt in ihrer Systematik nach Abb. 5.1. Dazu ist es erforderlich, dass im Unternehmen K.O.-/O.K.-Kriterien für die wichtigsten Punkte einer Angebotsbearbeitung festgelegt und den Projektleitern bekannt gegeben werden. Basierend auf diesen K.O.-/O.K.-Kriterien wird dann die Ausschreibung in einem Grobverfahren durch den Projektleiter gesichtet. anschließend sollte eine einfache Nutzwertanalyse stattfinden, die die Stärken des Unternehmens für diese Ausschreibung und die Marktchancen bewertet. Damit wird sichergestellt, dass der Geschäftsleitung keine Angebote mit geringen Erfolgschancen zur Bearbeitung vorgeschlagen werden.

Zweck der quantitativen Risikobeurteilung ist es hingegen, Risiken in vertraglicher, technischer, terminlicher und kostenmäßiger Hinsicht zu bewerten, also beispielsweise Schadenswahrscheinlichkeiten und -höhen zu bestimmen. Dies erfolgt während der Angebotsausarbeitung. In der Regel werden Risikostrukturen zunächst mit qualitativen Methoden transparent gemacht und im Anschluss daran quantifiziert [2, 3]. Es ist kostengünstiger und erfolgserhöhender, wenige gezielt selektierte Ausschreibungen umfassend zu bearbeiten anstatt viele und diese nur oberflächlich.

5.2 Angebotsbearbeitungsprozess

Für eine zielgerichtete, auf Unternehmensstandards aufgebaute Angebotsbearbeitung ist es unabdingbar, dass jedes Angebot nach gleichen Prozessabläufen durchgeführt wird (Abb. 5.1 und Tab. 5.1). Nur ein systematischer Ablauf gewährleistet, dass die internen Risiken der begrenzten Rationalität bei einzelnen Mitarbeitern eingegrenzt werden. Dies sollte im QM-System des Unternehmens zur Qualitätslenkung festgehalten sein. Somit kann die Kundenzufriedenheit gestärkt werden und der eigenen Unternehmenserfolg ziel- und wirkungsorientiert erreicht werden. Dazu ist es erforderlich, dass die Teilprozesse sowie die Aufgaben und die Prozessverantwortung klar definiert sind (Tab. 5.1).

Durch einen systematischen Prozessablauf, in den die im Leistungserstellungsprozess unternehmerisch Verantwortlichen eingebunden werden, sichert man zumindest einen formal vergleichbaren Bearbeitungs- und Qualitätsstandard der verschiedenen Mitarbeiter bei der Bearbeitung der verschiedenen Angebotsprojekte. Die Einführung eines Angebotsbearbeitungsprozesses soll folgende Ziele erfüllen:

- Qualitätsstandard – der formale Mindestangebotsbearbeitungsstandard ist bei allen Projekten gleich.

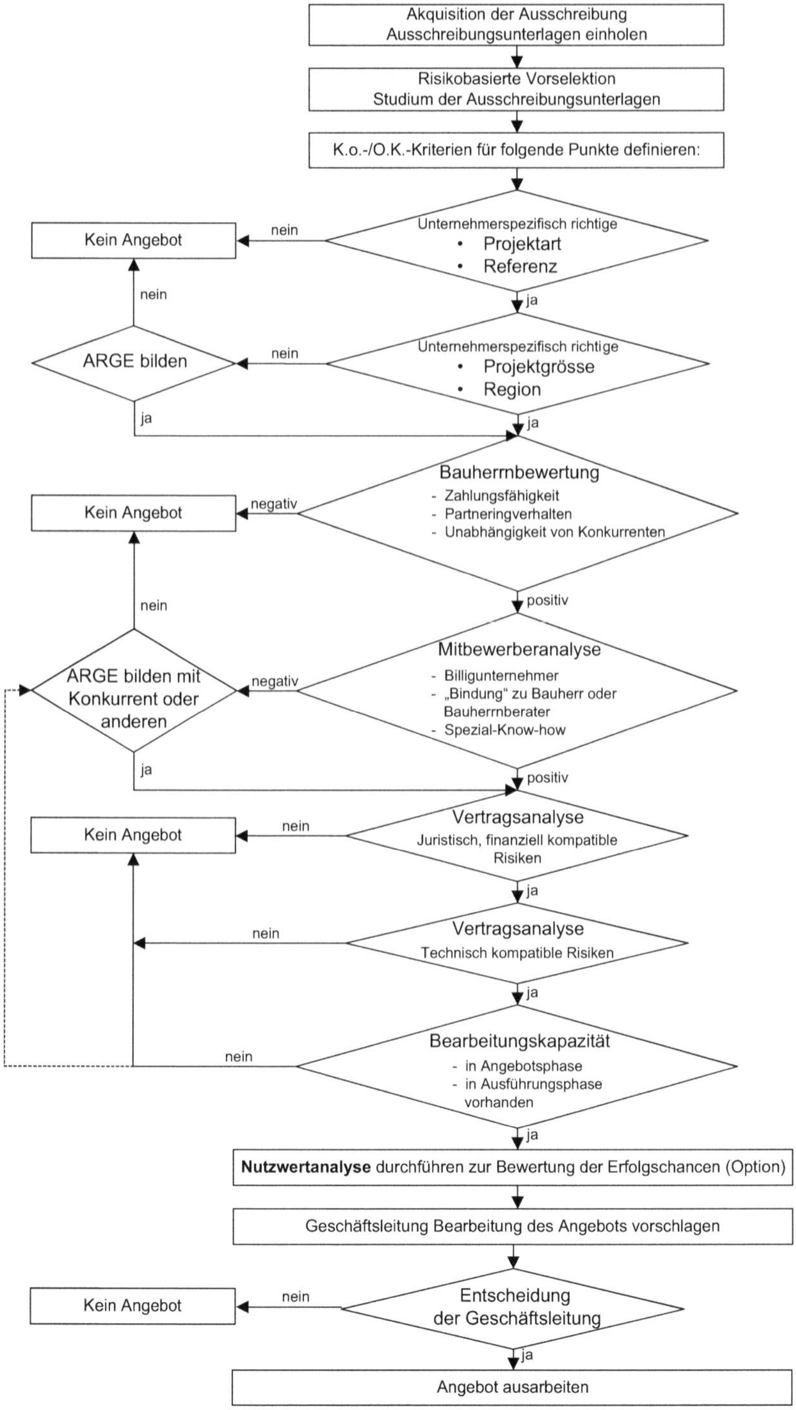

Abb. 5.1 Qualitätslenkung – Risikobasierte Vorselektion der Ausschreibung

Tab. 5.1 Angebotsbearbeitungsprozess – Aufgaben- und Prozessverantwortung

	Angebotsphase					
Prozess	Offerte Selektion	Offerte bearbeiten / prüfen	Kalkulation	Schlussbesprechung	Abgabe Offerte	Verhandlung Entscheidung
Ziele	Auswahl - Kernkompetenzen - Kapazität - beherrschbare Risiken - Zahlungssicherheit - Chancen - Beziehungsnetz - Klumpenrisiko - Konkurrenzsituation - ARGE überprüfen	Prüfung - allg. Vertragsbedingungen - Vollständigkeit - Übertrag von Haftungen (z.B. Statik) - Zahlungsbedingungen - technische Bedingungen - Terminpläne - Pläne - Garantien/Konventionalstrafe - Risiken kennen und bewerten	Kalkulation - Vollständige Kalkulation inkl. Kennzahlen und Preisvorschlag - Kostensicherheit herstellen - Abstimmung der Leistungsschätzung des Produktions-, Montage- u. Planungsleiters mit Kalkulation - Risiken kostenmässig bewerten	Schlussbesprechung - Richtigkeit/Vollständigkeit prüfen - Marktpreiskontrolle über externe Rückgriffe - Kostenspielraum offen legen - Preisvergleiche zur Konkurrenz --> Abstände - Ziel 1: Unter den ersten drei Anbietern - Ziel 2: Auftrag mit Gewinn realisieren	Offerte - vollständiges, konkurrenzfähiges Angebot	Verhandlung/Entscheidung - Auftrag gewinnen - klare Vertragsklauseln - keine Drittrisiken (Planer) übernehmen -Termine vereinbaren - kommerzielle Bedingungen festlegen
Hauptaktivitäten	- K.O.-/OK-Kriterien - Checkliste	- Vertragsprüfung - Risikoanalyse - Technikanalyse - Technikvarianten überlegen	- Lieferantenliste mit strat. Einkauf abstimmen - Offertanfragen und Verhandlungen Material und Subunternehmer - Festlegen Stunden TB, Produktion und Montage - Konzepte festlegen - Alternativen anbieten inkl. Pläne	- Marktpreiskontrolle - Chancen/Risiken bewerten - Qualität der Kalkulation - Festlegen Deckungsbeitrag - Dokumentation und Begleitbrief erstellen - Vollständigkeit prüfen	- Offerte zum Kunden bringen und besprechen - Dokumentation abgeben	- Verhandlungsstrategie erarbeiten - Verhandlungsspielräume festlegen - Technik/PL in die Verhandlung einbeziehen - weitere technische Varianten u. Optimierungen zur Preisreduktion überlegen - Vergabesitzungsprotokoll erstellen - Auftrag verdanken - Auftragsbestätigung erstellen oder einfordern - Deckblatt V 13 erstellen - 1. Akonto erstellen
Steuerung/Kontrolle	- Kapazität - Termine		- Stunden - Materialkosten - Rückgriffe aufbauen	- Chancen/Risiken - Vollständigkeit		- Vergabebudget
Output	- Beurteilungstabelle	- Risikoanalyse, Beurteilung und Abschätzung der Risiken	- Kalkulationsblatt Offerte - Zeichnungsabschätzungsblatt	- Entscheidungsprotokoll	- Schriftliches Angebot - Begleitdokumentation	- Auftrag des Kunden
Akteure	**LV** VB TB-L PL Entscheid: GBL	**Kalkulator** LV VB TB-L Entscheid: LV	**Kalkulator** LV VB TB-L LP LM	**LV** Kalkulator (TB-L, LP, LM) Entscheid: GBL, UL	**LV** VB	**GBL** LV

Legende

GBL	Geschäftsbereichsleiter	**TB-L**	Leiter Technik
LV	Verkaufsleiter	**VB**	Verkaufsberater
LB	Bauleiter	**PL**	Projektleiter
LM	Montageleiter		

- Risikobegrenzung – die Risiken durch unterschiedliche Angebotsbearbeitungsabläufe und -bearbeitungstiefen sowie Einbezug von unterschiedlichen Stakeholdern des Leistungserstellungsprozesses werden eingegrenzt.
- Teamverantwortung – durch Einbezug der wichtigsten Stakeholder des Leistungserstellungsprozesses soll die unternehmerische Verantwortung zur Gewinnung des Auftrages und zur sicheren Kostenermittlung dem Team deutlich gemacht werden.

Der individuellen Gestaltung des Angebotsbearbeitungskonzeptes muss bei jedem Unternehmen die Stärkung und Ausbildung des unternehmerischen Handelns hinterlegt sein. Jede Abteilung in einer strategischen Geschäftseinheit, die in den Leistungserstellungsprozess involviert ist, muss den Markt spüren und muss ihren Beitrag zum Unternehmens- und Projekterfolg leisten.

Der Kalkulator ist der zentrale Eckpfeiler bei einer Angebotskalkulation. Die Leistung des Angebotsprojektes wird bei kleineren Projekten von ihm geleitet. Bei größeren Angebotsprojekten ist ein eigener Angebotsprojektleiter erforderlich. Der Kalkulator hat aufgrund seiner meist langjährigen praktischen Erfahrung und seinem Rückgriff auf Leistungsdaten ausgeführter Projekte ausgezeichnete Leistungs- und Kostendaten für die Kalkulation zur Verfügung.

Bei komplizierten und komplexen Projekten ist es jedoch unabdingbar, dass in einer Basisarbeitsvorbereitung (AVOR) Folgendes ermittelt wird:

- Baustelleneinrichtung
- Maschinen- und Bauhilfsmaterialliste
- Leistungs- und Stundenansätze
- Maschinen- und Lohnstundenverbrauch
- Materialverbrauch

Der Oberbauleiter muss diese Ansätze jedoch prüfen, denn seine Bauleiter werden das Projekt bei einem Zuschlag durch den Auftraggeber ausführen müssen. Das Gleiche gilt für eine eventuell notwendige Bearbeitung im technischen Büro. Auch hier hat der Kalkulator meist Rückgriff auf Daten von verschiedenen abgeschlossenen Projekten (z. B. in Prozent der Bausumme). Das technische Büro sollte jedoch auf jeden Fall eine Übersicht des Stundenaufwandes erstellen für:

- Statik-Berechnungen
- Bauphysikberechnungen
- Anzahl der Pläne
- Koordination
- Baubegleitende Betreuung

Das Gleiche gilt bei der Montage von Fertigteilen und Fertigelementen.

Bei unterschiedlichen Ergebnissen der Stakeholder, müssen diese sich mit dem Kalkulator und dem Projektleiter auseinandersetzen welche Ansätze in der Kalkulation berücksichtigt werden sollen. Der Kalkulator kennt im Regelfall den Marktpreis. Durch Vergleich mit den internen Kosten erkennt man, wo Handlungsbedarf notwendig ist, um die internen Kosten zu senken oder über alternativen Marktbezug die Risiken zu senken und die Kosten zu minimieren.

Bei jedem Angebot muss es einen projektspezifischen Verantwortlichen geben. Dies ist unabdingbar für den Erfolg. In Tab. 5.1 ist ein solcher Angebotsprozess exemplarisch dargestellt. Der Angebotsbearbeitungsprozess wird in einer Prozessmatrix in generisch gegliederte Prozessschritte mit den dazugehörigen Zielen, Aktivitäten, Akteuren sowie Steuerungsmethoden und dem phasenspezifischen Output zerlegt.

Man sollte den Angebotsbearbeitungsprozess an die unternehmensspezifischen Gegebenheiten anpassen und nach zwei oder drei Projektgrößengruppen, z. B. wie folgt, gruppieren:

- Projekte von 1 bis 3 Mio. €-vereinfachte Prozessanforderungen
- Projekte von 3 bis 7 Mio. €-erhöhte Prozessanforderungen
- Projekte von 7 bis 20 Mio. €-volle Prozessanforderungen

Im Folgenden werden die wichtigsten Inhalte und Abläufe der Angebotsbearbeitung auf Basis des Angebotsbearbeitungsprozesses erläutert.

5.3 Projektselektion nach Art, Größe, Region und Referenz

Jedes Unternehmen wird seine Ausschreibungen in dem gewählten spezifischen Marktsegment akquirieren. Die daraus folgenden Selektionskriterien sind somit Projektart, Projektgröße und Region, in der das Projekt erstellt werden soll. Potentielle Aufträge sollten mit dem firmeneigenen Leistungsspektrum abgewickelt werden können. Dazu zählen nicht nur Eigenleistungen der Unternehmen, sondern auch Subunternehmerleistungen sowie Leistungen, die von Kooperationspartnern, z. B. im Rahmen von Generalunternehmeraufträgen oder in ARGEn, erbracht werden. Ist zur Abwicklung ein erweitertes Leistungsspektrum, d. h. unternehmensfremde Leistungen oder Kapazitätserweiterung in Bezug auf eigene Ressourcen (Kapital, Personal, Geräte, Know-how), erforderlich, so ist zu prüfen, in welcher Form diese realisierbar sind. Als Möglichkeit bietet sich die Bildung von ARGEn oder Allianzen mit geeigneten Unternehmen an. Somit lassen sich Anbieterkräfte und Kernkompetenzen bündeln und Synergieeffekte erzielen.

Ein weiteres Kriterium zur Auswahl von Ausschreibungen zur Angebotsbearbeitung ist die Projektgröße. Die Größe eines Projekts bestimmt naturgemäß den unternehmensinternen Ressourcenbedarf. Die Ressourcen müssen sowohl für die Angebotsbearbeitung als auch für die spätere Abwicklung zur Verfügung stehen. Die Auswahl potentieller Projekte nach Größe wird einerseits nach oberen und andererseits nach unteren Grenzen durchgeführt. Projekte mit einem geringen Auftragsvolumen haben z. B. bei großen Unternehmen einen sehr hohen Allgemeinkostenanteil. Dies wird sich im Wettbewerb mit kleinen Unternehmen als nachteilig erweisen, da deren Allgemeinkostenanteil geringer ist. Daher legen die Unternehmen, je nach Konkurrenzlage, für die einzelnen Marktbereiche eine untere Grenze für das Auftragsvolumen fest. Die obere Grenze des Auftragsvolumens eines einzelnen Projekts ergibt sich einerseits aus der finanziellen und andererseits aus der technischen und personellen Kapazität der Unternehmen. In Bezug auf die finanzielle Kapazität ist auf ein ausgewogenes Verhältnis zwischen Jahresumsatz des Unternehmens und des Einzelprojekts sowie den erforderlichen Garantie- und Bürgschaftsleistungen zu achten. Für eine erfolgreiche Angebotsgestaltung muss ferner im Unternehmen sichergestellt werden, dass bereits während der Angebotsbearbeitung ausreichende qualitative und quantitative personelle Kompetenz vorhanden ist. Weiterhin muss geprüft werden, ob im Fall der Beauftragung während der Bauausführung ausreichend Management- und Fachpersonal zur Verfügung gestellt werden kann. Neben der Personalfrage ist zu prüfen, ob genügend Ressourcen in Bezug auf Geräte und Bauhilfsstoffe vorhanden sind bzw. in entsprechender Qualität am Markt beschafft werden können.

Die Region, in der das Projekt erstellt werden muss, ist ein weiteres Kriterium zur Auswahl von Ausschreibungen. Im Besonderen ist die Entfernung des Bauorts vom Unternehmensstandort entscheidend. So muss die Frage geklärt werden, inwieweit sich ein wettbewerbsfähiges Angebot realisieren lässt, wenn das Bauvorhaben außerhalb des logistischen Operationskreises des Unternehmens liegt, da die Transportkosten und die Personalzusatzkosten (längere Fahrzeit, Übernachtungskosten, etc.) steigen. Ferner muss bei Projekten, die außerhalb des üblichen regionalen Wirkungskreises liegen, geprüft werden, inwieweit lokale Besonderheiten zu berücksichtigen sind (Gesetze, Normen, Vorschriften, Kontaktnetzwerk). Wenn die Erfolgsaussichten, ein Projekt außerhalb des üblichen Operationskreises zu akquirieren, sehr hoch sind, so ist es meist vorteilhaft, lokal ansässige Unternehmen, die in dem lokalen „Netzwerk" integriert sind, im Rahmen einer ARGE schon während der Angebotsbearbeitung einzubinden. Dies ermöglicht es, im Besonderen bei Auslandsprojekten, bereits in der Angebotsphase die richtigen lokalen Preise zu ermitteln, Ressourcen für eine mögliche Beauftragung zu binden und so die Erfolgsaussichten für eine Beauftragung wesentlich zu erhöhen.

Ein weiteres Auswahlkriterium ist die Erwägung, ob ein Bauprojekt dem Unternehmen für die zukünftige Kundenakquisition als Referenzobjekt dienen könnte. Ausgangspunkt für die Wahl von Referenzobjekten sind strategische Unternehmensüberlegungen; die Auswahl solcher Projekte kann nach folgenden Kriterien erfolgen:

- Projekte, die zum Einstieg in einen neuen Marktbereich oder ein neues Marktsegment dienen;
- Projekte, die aufgrund des zur Umsetzung erforderlichen hohen technischen und Management-Know-hows als besonderen Leistungsausweis für das Unternehmen dienen;
- Projekte, die aufgrund ihres Bekanntheitsgrads besonderes öffentliches Interesse hervorrufen, daher automatisch in den Medien publiziert werden und somit symbiotisch als Werbeträger genutzt werden können.

5.4 Risikoorientierte Selektion von Ausschreibungen

5.4.1 Bauherrenanalyse

Die meisten Bauunternehmen untergliedern die Auftraggeber (Bauherren) nach Marketingüberlegungen [1, 4]. Die Unterteilung erfolgt in professionelle Bauherren und Ein-

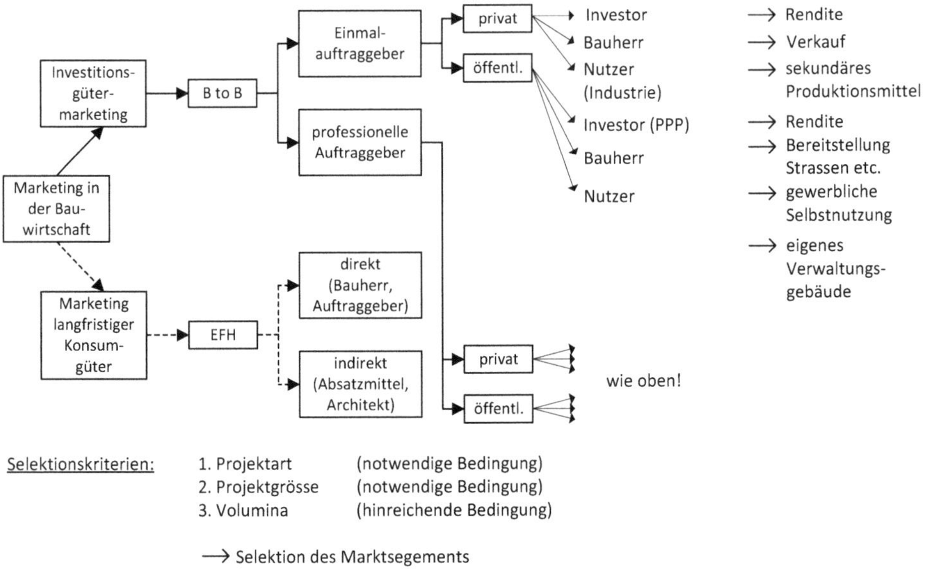

Abb. 5.2 Marketing – Selektion des Marktsegments und der Kundengruppen

malbauherren; innerhalb dieser Untergliederung wird zwischen privaten und öffentlichen Auftraggebern unterschieden (Abb. 5.2). Bei professionellen Bauherren haben die Unternehmen aufgrund eigener Erfahrungen oder aus der Branchenkenntnis meist gute Möglichkeiten, das Auftraggeberverhalten im Voraus zu evaluieren. Bei Einmalbauherren ist dies im Regelfall wesentlich schwieriger, besonders, wenn es sich um private Bauherren handelt. Die risikoorientierte Selektion von Ausschreibungen erfolgt meist nach folgenden Hauptkriterien:

- Zahlungs- und Kreditfähigkeit
- Partneringverhalten während der Bauausführung
- Handhabung von Streitfällen und Gewährleistungsproblemen
- Potential für zukünftige Bauaufgaben (z. B. Wachstumsbranche)
- Marketingpartizipation am Image des Bauherrn

Öffentliche Bauherren, ob professionelle oder Einmalbauherren, müssen im Regelfall ihre Bauaufträge im Wettbewerbsverfahren ausschreiben. Wenn es sich um eine öffentliche Ausschreibung handelt, bei der Qualitäts- und Qualifikationskriterien des Unternehmens keine Rolle spielen, werden möglicherweise sehr heterogene Unternehmen an der Ausschreibung teilnehmen. Das kann bedeuten, dass ein Unternehmen mit Spezialfähigkeiten und -kompetenzen, die aber z. B. bei diesem Projekt nicht direkt nachgefragt werden, aufgrund seiner höheren allgemeinen Geschäftskosten anderen „Billigunternehmen" unterlegen ist. Andererseits sind öffentliche Auftraggeber oft eine wichtige Quelle für Aufträge, da sie aufgrund ihrer Nachfragestärke meist zu den Schlüsselkunden einer Region gehören.

Aus taktischen Gründen muss das Unternehmen oft an solchen Ausschreibungen teilnehmen, um zur Preisbildung des Auftraggebers beizutragen. Dies kann auch als Serviceleistung betrachtet werden, wenn das Unternehmen sich dadurch in spezifischen Projektarten eine Position als „Quasi-Partner" erwirbt, die sich bei anderen Projektarten dann vorteilhaft auswirkt. Bei öffentlichen Bauherren, die regelmäßig Bauleistungen nachfragen, ist es wichtig, dass die Bauunternehmen z. B. im Rahmen des Key Account Managements enge Beziehungen zu den Schlüsselpersonen aufbauen, um frühzeitig legale Informationen über Projekte zu erhalten, z. B. auch über die Planungsbüros.

Private Bauherren sind in der Wahl des Wettbewerbsverfahrens für ihre Ausschreibungen frei. Professionelle Bauherren spielen hier für die Bauunternehmen eine besondere Rolle, da sie aufgrund ihrer komplexen Firmenstruktur, ihrer Marktposition und ihres Wachstums in regelmäßigen Abständen Bauleistungen nachfragen. Besonders bei dieser Gruppe von Bauherren ist es sinnvoll, im Rahmen des Key Account Managements eine enge Beziehung aufzubauen. Dadurch verfügt das Unternehmen nicht nur frühzeitig über Kenntnis über Projekte bzw. kann sie beeinflussen, sondern es erhält so auch ein Bauherrenprofil, um die oben angeführten Kriterien hinsichtlich Zahlungsfähigkeit, Streitverhalten und Partnering für eine risikoorientierte Projektauswahl zu nutzen.

Bei der Ausschreibungsauswahl ist die Bonität eines Bauherrn frühzeitig zu prüfen. Den üblichen Finanzauskünften können Informationen über den Bauherrn, sein Vermögen und seine Einkünfte entnommen werden. Sofern es sich um ein Unternehmen handelt, sind zusätzlich Informationen zu Geschäftsform, Gründungsjahr, Besitz, Verbindlichkeiten, Organisation und Zahlungsmoral ersichtlich.

Von besonderer Bedeutung ist es, in Erfahrung zu bringen, ob der ausschreibende Kunde besondere Beziehungen zu potentiellen Mitbewerbern hat bzw. ob er in der Vergangenheit vorzugsweise mit bestimmten Konkurrenten gebaut hat. Es ist auch wichtig zu wissen, wer die Aufgabe des Projektsteuerers, Projektmanagers, Bauleiters, Construction Managers und/oder Architekten übernommen hat. Diese Berater des Bauherrn haben oft einen entscheidenden Einfluss, wie die Angebote der verschiedenen Unternehmen bewertet werden und welche Empfehlungen der Bauherr für die Vergabe erhält. Hier spielt bei der Entscheidung für oder gegen eine Angebotsbearbeitung im Besonderen die positive oder negative Erfahrung mit solchen Partnern in der Vergangenheit eine große Rolle. Ferner sollte das anbietende Unternehmen versuchen herauszufinden, ob der Bauherr besondere Vorlieben hat oder auch aus Imagegründen besonderen Wert auf Qualität oder Umweltmanagement oder Reputation legt. Solche Informationen sollten bei der Bearbeitung eines Angebots berücksichtigt werden, um sich als Unternehmen von den Wettbewerbern qualitativ abzuheben. Ferner ist zu prüfen, ob der Bauherr zusätzliche Anforderungen stellt, die nicht jedes anbietende Unternehmen erfüllen kann und die neben dem Preis als zusätzliche Kriterien für die Vergabe genutzt werden können. Dies erhöht im Allgemeinen die Erfolgsaussichten einer Angebotsbearbeitung.

5.4.2 Mitbewerberanalyse

Neben der Bauherrenanalyse spielt die Mitbewerberanalyse eine entscheidende Rolle, ob eine Ausschreibung bearbeitet wird. Daher ist es sehr wichtig, potentielle Mitbewerber möglichst bereits im Vorfeld der Ausschreibung zu identifizieren. Dies lässt sich am einfachsten bei Ausschreibungen mit Präqualifikation bewerkstelligen. Manche Unternehmen nutzen nicht ganz legitime Wege, z. B. über die Kontakte zu Projektsteuerern oder Architekten, um Aufschluss zu erhalten, welcher Mitbewerber die Ausschreibungsunterlagen erhalten hat.

Sofern die Mitbewerber bekannt sind, sollten sie auf ihre Kapazität, ihr Leistungsvermögen und ihr Preisniveau hin untersucht werden. Liegt ihr Preisniveau bei ähnlicher Kapazität und ist ihre Leistungsfähigkeit im Allgemeinen niedriger, z. B. durch Einsatz von „billigen" Subunternehmern oder aufgrund eines besonders hohen Mechanisierungsgrads, so ist es in der Regel nicht erfolgversprechend, ein Angebot einzureichen. Es wäre daher besser, die relativ hohen Kosten der Angebotsbearbeitung zu sparen. In speziellen Fällen ist es möglich, dass man solche Mitbewerber durch eine Angebots-ARGE binden kann. Dies ist – z. B. aufgrund der zu erbringenden Garantien oder der eigenen freien Kapazitäten – besonders dann sinnvoll, wenn das Projekt eine bestimmte Größenordnung aufweist oder wenn das Grenzvolumen in Bezug auf den eigenen Jahresumsatz überschritten wird. Eine Angebots-ARGE ist auch zu empfehlen, wenn die Bindung eines Mitbewerbers im Vorfeld der Angebotsbearbeitung unterschiedliche Kompetenzbereiche abdeckt (z. B. führt der Mitbewerber Mauerwerksarbeiten, das eigene Unternehmen Spezialtiefbau- und Spannbetonarbeiten durch). Hat ein Mitbewerber ein ausgesprochen partnerschaftliches Verhältnis zum Bauherrn, ist zu prüfen, ob bei unerheblichen Unterschieden im Angebotspreis die Entscheidung zugunsten des Mitbewerbers erfolgen würde und somit eine Angebotsabgabe zu überdenken wäre.

5.4.3 Vertragsanalyse

Bei einem Bauvertrag handelt es sich um einen entgeltlichen und zweiseitigen Vertrag. Der Auftragnehmer gibt ein Leistungsversprechen ab und verpflichtet sich, eine Bauleistung zu erbringen; der Auftraggeber verpflichtet sich, sie zu vergüten. Der Vertrag kommt zustande, wenn der Auftraggeber das Angebot des Auftragnehmers annimmt; dabei ist die gemeinsame Grundlage die Ausschreibung. Auch wenn gesetzlich keine Schriftform verlangt wird, ist sie bei Bauverträgen die Regel.

In verschiedenen Ländern wurden verschiedene Regelwerke für die Gestaltung von Werkverträgen geschaffen. Meistens dienen folgende Regelwerke als Grundlage für Werkverträge:

- **Schweiz:**
  SIA 118 (Allgemeine Bedingungen für Bauarbeiten) [5]

- **Deutschland:**
  VOB Teil A, B, C (Vergabe- und Vertragsordnung für Bauleistungen) [6]
- **International:**
  FIDIC (Fédération Internationale des Ingénieurs-Conseils):
  Conditions of Contract for Works of Civil Engineering Construction (red) [7];
  EPC Engineering Procurement Contract for Turnkey Projects (silver) [8] etc.
- **England:**
  ICE (Institution of Civil Engineers): The New Engineering Contract [9]

Die Zielsetzung solcher Regelwerke ist es, den Besonderheiten eines Werkvertrags im Bauwesen gerecht zu werden. Dabei steht im Vordergrund, eine möglichst ausgewogene Risikoverteilung zwischen Auftraggeber (Leistungsziel) und Auftragnehmer (Leistungspotential) zu erreichen. Ferner wird in den Regelwerken auf die Besonderheit Rücksicht genommen, dass es sich bei einem solchen Werkvertrag von der Auftragnehmerseite, also den Unternehmen, um ein Leistungsversprechen handelt, denn die Beauftragung zur Erstellung eines Bauwerks basiert im Wesentlichen auf immateriellen Vorstellungen, die z. B. in Plänen, Funktional- und Leistungsbeschreibungen wiedergegeben sind, die dann während des Leistungserstellungsprozesses in einem oft interaktiven, integrativen Prozess in eine konkrete Sachleistung (Leistungsergebnis) umgesetzt werden müssen. Die Funktionalität und Qualität eines solchen Leistungsversprechens wird erst am Ende des Ausführungsprozesses sichtbar. Solche Regelwerke werden als Grundlage für die Gestaltung des konkreten Vertragswerks für ein Projekt genommen. Die Aufgabe des Unternehmens besteht bei der Prüfung der individuellen Ausschreibung darin, die projektspezifischen Abweichungen von den Standardverträgen zu identifizieren und ihre Konsequenzen und vor allem Kosten aus risikoorientierter Sicht zu analysieren.

Grundsätzlich kann man die Werkverträge durch die Art der Beschreibung der zu erbringenden Leistung und deren Vergütung unterscheiden. Solche Werkverträge können als Totalunternehmervertrag, Generalunternehmervertrag, Einzelunternehmervertrag und Construction-Management-Vertrag mit Garantiertem Maximalpreis (GMP) ausgeschrieben werden. In all diesen Fällen sollten folgende Punkte geregelt sein:

- Art und Umfang der Leistung
- Ausschreibungsunterlagen und Rangordnung
- Einheits-, Global- oder Pauschalpreis
- Ausmaß und Vergütung (Preisänderungen bei langen Bauzeiten, Vergütung von Minder- oder Mehrmengen, Entwurfsänderungen, Stundenlohnarbeiten etc., Abrechnung)
- Ausführungsunterlagen
- Ausführung sowie Qualität der Ausführung
- Regelung der Verantwortlichkeiten/Pflichten der Vertragspartner
- Haftung gegenüber Dritten
- Ausführungsfristen (Terminplanung, Meilensteine etc.)
- Konventionalstrafen
- Behinderungen und Unterbrechungen der Ausführung

- Verteilung der Gefahr
- Kündigungen durch den Auftraggeber oder Auftragnehmer
- Zahlungsmodalitäten
- Abnahmebedingungen
- Garantie und Gewährleistung (Dauer, Rückgabe von Bieter- und/oder Ausführungsgarantien)
- Streitigkeiten und Gerichtsstand

Bei diesen und weiteren Punkten, die im Vertrag geregelt sind, muss geprüft werden, ob sie von den Standardregelungen abweichen und zu welchen Risiken die Abweichungen führen. Dabei ist im Besonderen auf die Haftung für Terminüberschreitungen in Bezug auf Konventionalstrafen und Folgeschäden zu achten. Die bauvertragliche Akzeptierung von Folgeschäden kann zu besonderen Risiken führen, da hier der Bauherr z. B. entgangenen Gewinn aus verspätetem Produktionsbeginn („too late to market") geltend machen kann. Diese Größenordnungen sind oft im Angebotsstadium nicht vorhersehbar und daher auch meist nicht bewertbar und sollten daher auf eine definitiv festgesetzte Konventionalstrafe begrenzt werden. Andernfalls sollte der Bauvertrag nicht eingegangen werden. Im Weiteren sind hervorzuheben:

- die verlangte Garantiedauer
- die Bedingungen für die Abnahme der Bauleistungen und die damit verbundene Begleichung der Schlussrechnung
- die Rückgabe von Bieter- und/oder Ausführungsgarantien (bid bonds, performance bonds)

5.4.4 Gewährleistungen, Garantien und Sicherheiten

Im Bauwesen bezeichnet man als Gewährleistung (D) bzw. Mängelhaftung (CH) die Haftung des Unternehmers für Mängel aufgrund z. B. unsorgfältiger Arbeit, Verwendung untauglichen Materials, eigenmächtigen Abweichens von Plänen und Vorschriften. Ein Mangel liegt vor, wenn eine zugesicherte oder gewöhnlich vorhandene Eigenschaft fehlt; der Auftragnehmer ist im Rahmen der Mängelhaftung verpflichtet, Ersatz- oder Reparaturleistungen vorzunehmen, wenn innerhalb einer Frist herstellungsbedingte Schäden am Bauwerk entstehen. Der Vertrag ist vor Angebotsbearbeitung auf überzogene Forderungen zu überprüfen.

Überzogene Forderungen hinsichtlich der Gewährleistungszeiträume lassen sich dadurch erkennen, dass sie deutlich über den marktüblichen Zeiträumen liegen. Beispielsweise beträgt nach einer Richtlinie der Europäischen Union die Gewährleistungsfrist auf Gebrauchsgüter EU-weit mindestens zwei Jahre. Im Bauwesen ist zu unterscheiden, ob sich die Zeiträume auf unbewegliche, mechanische oder elektrische Objekte beziehen. Bei unbeweglichen Objekten sind Zeiträume von 2 bis 5 Jahren üblich (bei Dachabdichtungen bis zu 12 Jahren), bei mechanischen Objekten bis zu 2 Jahren und bei elektrischen Geräten oder Beleuchtungsmitteln zurzeit selten über 6 Monate.

Heute verlangen Bauherren vermehrt Sicherheitsleistungen von den Unternehmen, damit ihr Bauwerk in der entsprechenden Zeit, Qualität und Funktionalität entstehen kann. Diese Sicherheitsleistungen, auch Garantien genannt, dienen dazu, die Erfüllung eines Werkvertrags abzusichern. Dabei unterscheidet man zwischen abstrakten und bedingten Garantien. Bei abstrakten Garantien darf der Bauherr die Zahlung der vereinbarten Summe ohne Einwendungen und Einreden des Bauunternehmens einfordern. Die Inanspruchnahme der Garantie (Ziehen des bonds) ist also nicht an Bedingungen geknüpft oder von Begründungen abhängig, sondern die Bank muss die Zahlung unverzüglich leisten. Die bedingten Garantien sind an bestimmte, im Voraus festgelegte Bedingungen geknüpft. Generell kann man sagen, dass für Garantien der Grundsatz „Zuerst Geld, dann der Prozess" gilt. Folgende Garantieformen sind üblich [10]:

- Bietergarantie (bid bond) des Auftragnehmers: Der Bauherr verlangt vom Anbieter während der Offertphase eine besondere Sicherheit in Form eines festgesetzten Geldbetrags. Er schützt sich damit weitgehend davor, dass sich der Unternehmer während der Ausschreibungsphase und nach Einreichen des Angebots einfach zurückzieht. Der Betrag wird fällig, wenn der Anbieter ohne Berechtigung von seinem Angebot zurücktritt.
- Erfüllungsgarantie (performance bond) des Auftragnehmers mit den beiden Formen Leistungsgarantie (Erfüllungsgarantie im engeren Sinn) und Gewährleistungsgarantie: Mit der Leistungsgarantie sichert sich der Auftraggeber gegen die Nichterfüllung oder unvollständige Erfüllung der Bauleistung ab. Er kann in diesen Fällen die Garantien ziehen und andere Unternehmer mit der termingerechten Beendigung der Bauaufgabe betrauen. Die Gewährleistungsgarantie, die bereits oben diskutiert wurde, ermöglicht die Absicherung der Bauleistung in Bezug auf die vertraglich vereinbarten Eigenschaften.
- Vorauszahlungsgarantie (advance payment bond) des Auftragnehmers: Der Bauherr verlangt diese Garantie, wenn z. B. nach Fertigstellung der Baustelleneinrichtung ein Pauschalbetrag hierfür an den Unternehmer überwiesen wird, um die Vorfinanzierung zu reduzieren. Der Auftraggeber sichert sich damit für den Fall ab, dass das Bauunternehmen nach Erhalt einer relativ hohen Vorauszahlung nicht mit den Bauarbeiten beginnt.
- Vertragserfüllungsgarantie (payment bond) des Auftraggebers: Diese Garantie sichert dem Bauunternehmer die Zahlung des vereinbarten Werkpreises zu den genannten Zwischen- und Endabrechnungsterminen nach Anerkennung der ausgeführten Leistungen.

Manche Bauherren verlangen von den Auftragnehmern eine Sicherheitsgarantie im Umfang der Vergabe von Subunternehmerleistungen, damit im Fall einer Zahlungsunfähigkeit des Hauptunternehmers die Nachunternehmerforderungen erfüllt werden können.

Die Ausschreibung muss sorgfältig auf solche Garantien hin untersucht werden, da deren Kosten in den Angebotspreis eingerechnet werden müssen. Besonders hohe Risiken bergen abstrakte Garantien, die ein Bauherr ziehen kann, ohne dass er ein Verschulden des Unternehmers nachweisen muss.

Für den Bauunternehmer ist es wichtig, bei Großprojekten eine Vertragserfüllungsgarantie (payment bond) vom Bauherrn zu erhalten, um sicher zu sein, dass ihm im Fall einer Zahlungsunfähigkeit die entstandenen Kosten beglichen werden können.

Die Stellung von Sicherheiten in Form von Garantien ist für den Unternehmer mit Kosten verbunden (meist in der Größe von 0.5 % p.a. des Garantiebetrags). Von besonderer Relevanz für die Bauunternehmen ist, dass die von Kredit- oder Versicherungsinstituten verlangten Sicherheiten für Garantien den finanziellen Verfügungsrahmen (Kreditrahmen) eines Unternehmens weiter einschränken. Daher sollte der Unternehmer bei Großprojekten mit umfangreichen Leistungsgarantien darauf achten, dass diese mit dem Baufortschritt sukzessive reduziert werden, um für Folgeaufträge von den Banken wieder einen entsprechend größeren Kreditrahmen für z. B. weitere Garantien in einem neuen Projekt zu erhalten. Der Vertrag ist daraufhin zu prüfen, ob die verlangten Sicherheiten in den Finanzierungsrahmen des Unternehmens passen.

5.4.5 Analyse der Zahlungsmodalitäten

Der Bauunternehmer geht bei der Erstellung von Bauwerken in der Regel in finanzielle Vorleistung, d. h. er erbringt die vertraglich vereinbarte Leistung und stellt daraufhin nach vertraglich vereinbarten Zeitabständen, z. B. monatlich, für die abrechenbare, erstellte Leistung eine prüfbare Rechnung an den Auftraggeber. Daraus ergibt sich eine Vorfinanzierungsdauer (Abb. 5.3) aus der Summe der Produktionsdauer zur Erbringung der Leistung und der Zahlungsdauer, d. h. der Dauer von der Rechnungsstellung über die Rechnungsprüfung bis zum Zahlungseingang. Je nach Größe des Projekts und den vereinbarten Zahlungsmodalitäten können somit die finanziellen Belastungen aus der Vorfinanzierung einen erheblichen Einfluss auf den Cashflow eines Unternehmens nehmen. Die Vorfinanzierung kann besonders dann ein erhebliches Volumen umfassen, wenn die Baustelleneinrichtung nicht in einer gesonderten Position mit dem Bauherrn abgerechnet werden kann, sondern auf die einzelnen Ausführungspositionen der Teilleistungen eingerechnet werden musste.

Der Bauherr kann vertraglich entweder die Zwischenrechnungstermine oder die Leistungsziele für Zwischenrechnungen festlegen. So kann z. B. bei einem Werkvertrag mit Einzelleistungspositionen (z. B. m^3 Mauerwerk, m^3 Beton) vereinbart werden, diese nach Aufmaß monatlich in Rechnung zu stellen, unabhängig davon, ob die Einzelleistungsposition als Gesamtes erfüllt ist. Bei GU- und TU-Verträgen, die auf einem Pauschalpreis beruhen, wird dagegen meistens eine Abrechnung nach Leistungszielen vereinbart, z. B. Fertigstellung der Baugrube oder eines Stockwerks. Jedoch können auch GU- und TU-Leistungen, z. B. nach aufgemessenen Einzelleistungspositionen, monatlich abgerechnet werden.

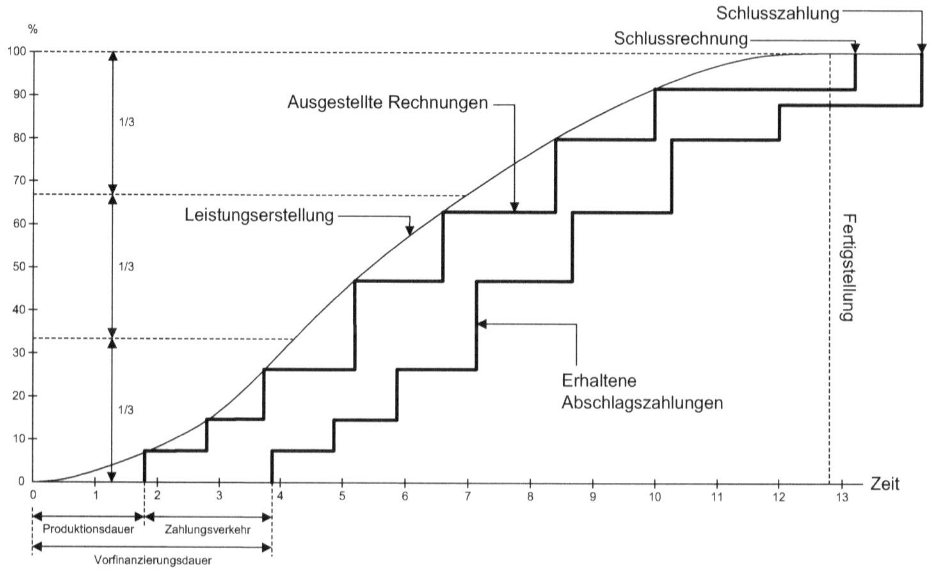

Abb. 5.3 Vorfinanzierungsbedarf einer Baustelle

Die mängelfreie Abnahme stellt üblicherweise den Zeitpunkt für die Ausstellung der Schlussrechnung dar. Damit verbunden ist normalerweise auch die Rückgabe der Erfüllungsgarantie im engeren Sinn (performance bond).

Diese Aspekte verdeutlichen die Notwendigkeit, die Zahlungsmodalitäten und deren Risiken zu regeln. Zahlungstermine, einschließlich der vereinbarten Prüfungsfristen, sind bei der Angebotsbearbeitung genau zu kontrollieren. Auch können besondere Anforderungen an die Rechnungsstellung zeitaufwändig sein und somit den Zahlungseingang verzögern.

Daher ist bei der Angebotserstellung ein projektspezifischer Cashflow zu erstellen, um das Vorfinanzierungsvolumen (Integration der Fläche zwischen der Leistungserstellungskurve und der Kurve der erhaltenen Abschlagszahlungen (Abb. 5.3)) zu beurteilen und die dazu erforderliche Finanzierung kostenmäßig zu berücksichtigen. Ferner ist dabei zu beachten, dass der Kreditspielraum des Unternehmens, z. B. für Investitionen, weiter eingeengt wird.

5.4.6 Analyse der technischen Risiken

Technische Risiken umfassen meist ein sehr komplexes und umfangreiches Gebiet. Zu diesen Risiken gehören exemplarisch [2, 3, 11]:

- Planungsrisiken
- Genehmigungsrisiken und Risiken aus behördlichen Auflagen

- Funktionalitätsrisiken technischer Installationen
- Baugrundrisiken
- Risiken aus Bauverfahren
- Risiken aus Baustoffen
- Massenrisiken
- Risiken aus vertraglichen Ausführungsvorgaben
- Arbeitssicherheitsrisiken

Technische Risiken können bereits in der Konzeption des Bauwerks liegen. So muss sich der Anbieter speziell von der Baubarkeit aller Bauwerkskomponenten überzeugen. Wer Risiken aus Baugrund, Baugenehmigung oder anderen behördlichen Auflagen trägt, wird normalerweise in den Ausschreibungsunterlagen definiert. Der Projektleiter prüft diese Verantwortlichkeiten und berät gemeinsam mit der Unternehmensleitung, inwieweit die Risiken für das Unternehmen kostenmäßig zu erfassen sind bzw. akzeptiert werden können.

Der Totalunternehmer [11] übernimmt aufgrund seines integralen Auftrags die Planungs- und Ausführungsrisiken. In den meisten Fällen wird der Bauherr ein Bauwerk nur als mängelfrei betrachten, wenn es in Qualität und Funktionalität die Anforderungen erfüllt, die er in seinem Leistungsziel definiert hat. Somit übernimmt der Totalunternehmer meist ein weitreichendes Risiko, das aber aufgrund der Einschränkung der spekulativen Aspekte zum Vorteil von Bauherr und Unternehmer phasenbezogen eingegrenzt werden sollte. Bei Generalunternehmeraufträgen wird oft verlangt, dass der GU die Verantwortung für die Richtigkeit der bis zum Zeitpunkt der Auftragsvergabe vorliegenden Planung übernimmt. Dies ist im Regelfall ein nicht akzeptabler Risikotransfer, da dem Generalunternehmer oft die Zielsetzung und die Entscheidungsgrundlage fehlen, die dem Planungsprozess vorausgegangen sind. Ferner kann der GU den Planungs- und Ausschreibungsprozess des Bauherrn beeinflussen. gemäß Qualitätsmanagementanforderungen trägt derjenige die Prozessverantwortung, der auch Prozess-Owner ist. Die ist bei GU und ELT-Leistungen sind dies eindeutig der Bauherr und seine Planer. Daher sollten Generalunternehmer, aber auch Einzelleistungsträger, die mit einem solchen Risikotransfer konfrontiert werden, dieses Ansinnen ablehnen.

General- und Totalunternehmerausschreibungen umfassen verschiedene Gewerke. Daher ist es unabdingbar, dass für die technische Beurteilung dieser Vielzahl von Gewerken qualifiziertes Management- oder Fachpersonal zur Verfügung steht. Die kosten- und zeitmäßige Beurteilung der Fremdgewerke muss durch sorgfältig selektierte Subunternehmer erfolgen. Das eigene Fachpersonal muss jedoch in der Lage sein, die Subunternehmerangebote hinsichtlich der technischen, qualitäts- und kostenmäßigen Solidität zu prüfen. Die Aufgabe des Angebotsprojektleiters ist somit, die Zusammenarbeit der externen Spezialisten zu organisieren und die Angebote in Bezug auf Marktpreis und Realisierbarkeit zu überprüfen.

Nicht selten verlangen Auftraggeber von Einzelleistungs- oder Generalleistungsträgern, das Baugrundrisiko zu übernehmen. In Ausschreibungsunterlagen ist oft zu lesen, dass das geologische Gutachten und die darin enthaltene bautechnische Interpretation des Baugrunds nur indikativen Charakter haben und der Auftragnehmer für die Richtigkeit der Interpretation und der daraus abgeleiteten Gründung Verantwortung übernehmen muss. Der Bauherr versucht hier, eine vertraglich eindeutige Risikozuordnung vom geologischen Sachverständigen auf den Unternehmer zu übertragen. Seine Gründe liegen darin, dass der geologische Sachverständige aufgrund seiner finanziellen Bonität im Regelfall nicht in der Lage ist, im Fall eines Haftungsanspruchs die Folgekosten einer fehlerhaft interpretierten Geologie, z. B. für höhere Ausbruchklassen im Tunnelbau oder längere Pfähle bei einer Pfahlgründung, zu tragen. Auch dies ist im Regelfall ein inakzeptabler Risikotransfer für traditionelle Einzel- und Generalleistungsanbieter, da der Baugrund im Eigentum des Bauherrn und nicht des Unternehmers steht. Zudem hat der Bauunternehmer während der Angebotsbearbeitung meist keine ausreichenden Möglichkeiten, den Baugrund zu sondieren und die Ergebnisse auszuwerten und zu interpretieren. In solchen Fällen müssen die Unternehmen überlegen, wie sie im Rahmen der Angebotsbearbeitung bzw. bei der Abgabe des Angebots Vorbehalte formulieren, um diese Risiken auszuschließen. In die Verantwortung des Unternehmers fällt jedoch die fachgerechte Behandlung des Baugrunds während der Bauausführung. Als Grundlage dazu dienen die vom Bauherrn vorgelegten geologischen Untersuchungen und Interpretationen des Baugrunds. Die Übernahme von Baugrundrisiken ist jedoch im Rahmen von Totalunternehmerleistun-gen oder -angeboten anders zu bewerten, da der Unternehmer in der Planungsphase für die Bereitstellung der entsprechenden Baugrundinformationen verantwortlich ist, um die Gesamtleistung im angebotenen Kostenrahmen zu realisieren.

Die Risiken bei neuen Bauverfahren bestehen darin, dass in der Lernphase die definierte Qualität und die Leistungsvorgaben nicht immer erbracht werden; dadurch entsteht eine Verunsicherung bezüglich der Kosten und Termine. Daher sollten neue Bauverfahren aus strategischen Überlegungen in Angriff genommen werden, um einerseits die Kosteneffizienz des Unternehmens langfristig zu steigern und andererseits neue Marktbereiche mit entsprechendem Erfolgspotential zu erschließen. In der notwendigen Lernphase müssen Ingenieure und Arbeitskräfte die Erfahrungen sammeln, um das neue Bauverfahren effizient und in hoher Qualität anzuwenden. Die Dauer der Lernphase und die daraus resultierenden zusätzlichen Kosten sind üblicherweise nur schwer abschätzbar. Neue Bauverfahren basieren in der Regel auf Neuentwicklungen der Bauzulieferindustrie, deren Vertreter in diesem Fall zu Rate gezogen werden sollten. Die aus diesen strategischen Überlegungen erwachsenden Kosten der Einführung eines neuen Bauverfahrens können möglicherweise aus Wettbewerbsgründen nicht bei einem spezifischen Projekt in Ansatz gebracht werden, sondern müssen oft aus den allgemeinen Geschäftskosten (Innovationen) gedeckt oder über spätere Projekte abgeschrieben werden. Es muss also projektspezifisch aufgrund der Konkurrenzlage geklärt werden, ob die Kosten einer solchen Lernphase direkt in Ansatz gebracht werden können oder nicht. Andernfalls wird der Markt dem Unternehmen nicht erlauben, Erfahrungen auf diesem Gebiet zu sammeln. Dies gilt auch beim erstmaligen Einsatz neuer Baustoffe.

Im Fall eines Abrechnungsvertrags werden die wirklich ausgeführten Bauleistungen abgerechnet. Bei einer Umlagekalkulation werden Allgemeinkosten des Unternehmens sowie möglicherweise die Allgemeinkosten der Baustelle auf diese Positionen umgelegt. Daher ist bei jeder Ausschreibung eine Massenanalyse der Hauptleistungspositionen erforderlich, denn eine mögliche Massenmanipulation durch den ausschreibenden Ingenieur des Bauherrn würde im Rahmen einer solchen Analyse entdeckt. Das Massenrisiko bei einem Abrechnungsauftrag besteht darin, dass die Allgemeinkosten des Unternehmens und der Baustelle für den spezifischen Auftrag nur dann gedeckt werden können, wenn die kalkulierten und die abgerechneten Massen zumindest identisch sind. Eine nicht erkannte, geringere Massenbilanz würde also zur Unterdeckung der Allgemeinkosten im Unternehmen führen und eine Gewinnschmälerung bzw. einen Verlust erzeugen. Wird bei Hauptmassen eine höhere Massenbilanz als ausgeschrieben entdeckt, so nutzen manche Unternehmen dies für eine Preismanipulation, indem sie solche Positionen mit höheren Preisen bewerten und gleichzeitig Leistungspositionen, die in Wirklichkeit eine niedrigere Massenbilanz als ausgeschrieben vorweisen, umgekehrt mit einem niedrigen Preis versehen. Dies führt bei gleicher Angebotssumme zu einem verbesserten Unternehmensergebnis, weil damit aufgrund der wirklich eintretenden Massen mit dem Bauherrn höher abgerechnet werden kann. Solche Manipulationen sollten von beiden Seiten unterlassen werden, denn sie lösen oft eine Kettenreaktion aus.

Die technischen Spezifikationen müssen auf Ausführungsvorgaben hin geprüft werden, die teilweise von ausschreibenden Ingenieuren mit unzureichenden Kenntnissen baubetrieblicher Optionen festgelegt wurden. Darunter fällt z. B. die Vorgabe von Ausschalfristen für Stahlbetondecken, die zu erheblich längeren Einschalzeiten und damit zur erhöhten Vorhaltung von Schalungsmaterial oder zu Behinderungen des antizipierten Bauablaufs führen können. Solche Vorgaben werden oft aufgrund durchaus wichtiger Ursachen festgelegt, die Aufgabe könnte jedoch viel einfacher mit baubetrieblichen Mitteln gelöst werden. Statt Ausschalfristen könnte auch die Frühfestigkeit des Betons vorgegeben werden, die dann vor Ort geprüft werden muss, oder die Standzeit von Hilfsabstützungen, um die hohen Anfangsschwind- bzw. Kriechverformungen zu reduzieren. Ferner müssen Vorgaben bezüglich Maximalverformungen von Baugruben, die zu erhöhten Aussteifungen führen können, berücksichtigt werden. Auch Vorgaben über die Tragfähigkeit von temporären Straßen zur Umlenkung des Verkehrs einschließlich der dafür notwendigen Leit- und Absperrvorrichtungen sind zu beachten. Werden solche Vorgaben nicht erkannt und kostenmäßig nicht richtig bewertet, so kann dies zu erheblichen Verlusten während der Bauausführung führen, da die Bauleitung des Bauherrn im Regelfall auf der Umsetzung solcher technischen Spezifikationen als Vertragsbestandteil besteht, auch wenn ihre Sinnhaftigkeit vielleicht nicht immer gegeben ist.

Die technischen Spezifikationen müssen auch auf besondere Anforderungen bezüglich Umwelt- und Arbeitssicherheit untersucht werden. Diese können nicht nur von Land zu Land unterschiedlich sein; auch die unternehmerische Philosophie des Bauherrn kann zu Ansprüchen führen, die über den gesetzlichen Mindestanforderungen liegen. Dies verursacht im Regelfall zusätzliche Kosten und möglicherweise erhöhten Zeitbedarf, was berücksichtigt werden muss.

5.4.7 Analyse der Bearbeitungskapazität

Entscheidet sich die Geschäftsleitung für die Angebotsbearbeitung, dann muss sichergestellt sein, dass in den Fachabteilungen ausreichende Mitarbeiterkapazität vorhanden ist, um eine qualifizierte Bearbeitung im vorgegebenen Zeitrahmen zu ermöglichen. Im Fall von General- und Totalunternehmerangeboten sind diesbezüglich auch Abklärungen bei den entsprechenden Subunternehmern erforderlich. Die notwendigen Bearbeitungskapazitäten sind abhängig von Projektart und Projektgröße. Die Mitarbeiter müssen die notwendigen Kenntnisse und Erfahrungen für die spezifische Projektart mitbringen. Je nach Projektart sind besondere Kenntnisse erforderlich, was auch möglicherweise zur Beauftragung von externen Fachingenieuren und Spezialisten führt. Bereits in der Vorabklärung prüft der Angebotsprojektleiter, ob die internen und potentiell externen Kapazitäten für eine erfolgreiche Angebotsbearbeitung ausreichen. Die verfügbaren Bearbeitungskapazitäten bilden ein Entscheidungskriterium der Geschäftsleitung, ob das Angebot letztendlich bearbeitet werden soll.

Ferner ist zu prüfen, ob im Fall einer Beauftragung genügend eigenes Fachpersonal sowie Geräte und Bauhilfsstoffe für den geplanten Ausführungszeitraum zur Verfügung stehen. Diese Abklärung ist zwar im Prinzip hypothetisch, da nicht von vornherein klar abgeschätzt werden kann, ob das Unternehmen den Auftrag erhält oder nicht. Jedoch sollte sich jedes Unternehmen überlegen, ob noch ein zusätzliches Projekt für eine Zeitperiode akquiriert werden sollte, in der es bereits mit Aufträgen voll ausgelastet ist. Erscheint der potentielle Auftrag, der hinter einer solchen Ausschreibung/Offerte steht, jedoch aufgrund des erzielbaren Gewinns oder strategischer Marktüberlegungen sehr interessant, muss sorgfältig geprüft werden, wie die qualifizierte Projektabwicklung z. B. durch Bildung von Arbeitsgemeinschaften sichergestellt werden kann.

5.4.8 Zusammenfassung der risikobasierten Ausschreibungsanalyse

Die risikobasierte Ausschreibungssanalyse muss vom Angebotsprojektleiter zusammengefasst werden (Abb. 5.1). Die Bewertung der einzelnen Risiken wird wie folgt vorgenommen:

- Stellen ein oder mehrere Risiken K.O.-Kriterien des Unternehmens dar?
- Wie kann man mögliche K.O.-Kriterien durch Vorbehalte ausschließen, ohne sich der Gefahr der Disqualifikation auszusetzen?
- Wie kann man die analysierten Risiken bezüglich Risikowert und Eintretenswahrscheinlichkeit zeit- und kostenmäßig bewerten?

Der Angebotsprojektleiter wird im Vorfeld in seiner Kurzanalyse vor allen Dingen die Ausschreibungsunterlagen auf K.O.-Kriterien untersuchen, die das Unternehmen als Entscheidungsgrundlage gegen eine Angebotsbearbeitung festgelegt hat. Ein solches K.O.-Kriterium kann sein, dass das Unternehmen, z. B. im Rahmen einer Terminverzögerung, zwar eine Konventionalstrafe akzeptiert, aber mögliche Folgeschäden, die sich z. B. als Produktionsausfall oder zu später Markteintritt für ein Produkt manifestieren können, ausschließt. Ein anderes K.O.-Kriterium kann die Forderung des Bauherrn nach Übernahme des Baugrund- oder Genehmigungsrisikos sein. Im Regelfall handelt es sich also um Schäden, die durch Übernahme von Risiken eintreten können, deren Beeinflussung nicht in der Kompetenz des Unternehmens liegt und die somit auch nicht abgewendet oder reduziert werden können. Solche Risiken können möglicherweise die Existenz des Unternehmens gefährden.

Sind solche Risiken abgeklärt bzw. treten sie in der untersuchten Ausschreibung nicht auf, so kann weiterhin eine einfache Nutzwertanalyse, in der die möglichen Risiken den Chancen gegenübergestellt werden, sehr hilfreich sein, um zu einer qualifizierten Entscheidung hinsichtlich der Angebotsbearbeitung zu kommen. Das Ziel einer solchen Untersuchung sollte sein, die Erfolgsquote der Angebote zu erhöhen, um damit die allgemeinen Geschäftskosten zu senken (Abb. 5.1). Unter diesem Gesichtspunkt der Reduzierung der allgemeinen Geschäftskosten ist es sehr wichtig, bei der Angebotsauswahl und Angebotsbearbeitung selektiv vorzugehen. Es ist besser, wenige Angebote, aber diese sorgfältiger und qualifizierter zu bearbeiten. Dies erhöht nicht nur die angesprochene Erfolgsquote, sondern sichert langfristig auch die angepeilten Ergebniserwartungen. Die Erfahrung zeigt, dass Ausreißer in Bezug auf das erwartete Ergebnis eines Auftrags in die Verlustzone in den meisten Fällen darin begründet sind, dass in der Angebotsbearbeitung Risiken nicht erkannt bzw. falsch bewertet wurden [11]. Die Ursache für eine solche Fehleinschätzung bzw. das Nichterkennen von Risiken liegt darin, dass keine systematische Risikoanalyse durchgeführt und/oder zu wenig Zeit für eine sorgfältige Bearbeitung eines Angebots aufgewendet wurde. Hierin liegt ein erhebliches, unternehmensgefährdendes Risikopotential, das durch die hier vorgeschlagene optimierte Vorgehensweise weitgehend reduziert werden kann. Auf dieser Basis wird mit der Geschäftsleitung die Angebotsbearbeitung diskutiert. Nimmt die Geschäftsleitung den Vorschlag zur Angebotsbearbeitung an, wird die spezifische Strategie für die Ausarbeitung des Angebots als Leitplanke festgelegt. Die Ausarbeitung des Angebots muss sich an dieser Leitplanke orientieren. Abweichungen müssen umgehend mit der Geschäftsleitung diskutiert und deren Einverständnis eingeholt werden.

Literatur

1. Girmscheid, G.: Projektabwicklung in der Bauwirtschaft – Wege zur Win-Win-Situation für Auftraggeber und Auftragnehmer. Springer, Berlin (2003)
2. Girmscheid, G.: Ganzheitliches Risikomanagement in Bauunternehmen. Bauingenieur **76**(6), 287–293 (2001)

3. Girmscheid, G., Busch, Th.A.: Risikomanagement in Bauunternehmen – Projektmanagement in der Angebotsphase. Bauingenieur **78**(12), 571–580 (2003)
4. Schulte, M.: Ein Beitrag zum Business-to-Business-Marketing für life-cycle-orientierte SysBau-Leistungen im Schweizer Hochbau. vdf Verlag, Zürich (2003)
5. SIA 118: Allgemeine Bedingungen für Bauarbeiten. Neudruck mit redaktionellen Präzisierungen, Hrsg. vom Schweizerischen Ingenieur- und Architektenverein SIA. Zürich (1991)
6. VOB Verdingungsordnung für Bauleistungen: Teil A und B; mit den EWG-Richtlinien von 1973. Textausgabe mit Sachverzeichnis und einer Einführung von Werner U., Pastor W. (Hrsg.) von U. Werner. 11. Aufl. (Stand 01.11.1991). Deutscher Taschenbuchverlag, München (1991)
7. FIDIC (Hrsg.): Conditions of Contracts for Works of Civil Engineering Construction, 4. Aufl. Lausanne (1992)
8. FIDIC (Hrsg.): Conditions of Contract for EPC/Turnkey Projects, 1. Aufl. Lausanne (1999)
9. Institution of Civil Engineers (Hrsg.): Design and Construct Conditions of Contract. London (1992)
10. Schweizerische Bauwirtschaftskonferenz (Hrsg.): Sicherheitsleistungen – Die 10 Thesen der Bauwirtschaft für eine sinnvolle Handhabung. Hrsg. von der Plenarversammlung vom 12.11.1998
11. Busch, Th.A.: Risikomanagement in Generalunternehmungen. IBB - Institut für Bauplanung und Baubetrieb, Eigenverlag des IBB an der ETH Zürich, Zürich (2003)

Ablauf einer Angebotsbearbeitung 6

6.1 Allgemein

Nach der Entscheidung der Geschäftsleitung, ein Angebot abzugeben, sind die notwendigen Voraussetzungen zu schaffen, die einen reibungslosen Bearbeitungsablauf gewährleisten. Dazu sind zuerst die folgenden drei vorbereitenden Arbeitsphasen zu verfolgen (Abb. 6.1):

- Entwicklung und Umsetzung der Angebotsstrategie
- Zusammenstellung der projektspezifischen Task Force für die Angebotsbearbeitung
- Organisation der formalen Abläufe
  - Gliederung des Projekts und Strukturierung des Ablaufs der Angebotsbearbeitung
  - Budgetplanung
  - Terminplanung für einzelne Aufgabenpakete
  - Aufgabenverteilung
  - Organisation der Zusammenarbeit
  - Meetings
  - Prüfung und Steuerung der Ergebnisse in den verschiedenen Bearbeitungsphasen
  - Ergebniszusammenfassung

Bei komplexen Projekten sollte die Bearbeitung möglichst wie folgt untergliedert werden:

- nach Bauwerken
- nach Gewerken
- nach fach- und projektspezifischen Gesichtspunkten

Diese Gliederung entspricht dem allgemeinen Organisationsprinzip der funktionalen Differenzierung aufgrund von Spezialisierung, d. h., dass entsprechende Aufgaben von den

G. Girmscheid, *Angebots- und Ausführungsmanagement – prozessorientiert*,
DOI 10.1007/978-3-642-55291-5_6, © Springer-Verlag Berlin Heidelberg 2015

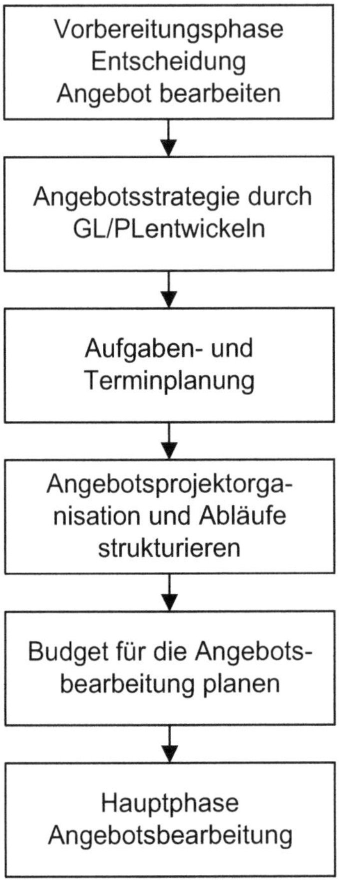

Abb. 6.1 Vorbereitungsphase der risikobasierten Angebotsbearbeitung

zuständigen Fachabteilungen bzw. von qualifizierten Mitarbeitern ausgeführt werden. Die Aufgliederung der einzelnen Arbeiten nach den oben genannten Gesichtspunkten erfordert vom Projektleiter im Rahmen der Projektorganisation eine hohe Integrationsleistung, damit die Ergebnisse des nach differenzierten Gesichtspunkten in Einzelteile zerlegten Projekts wieder zu einem einheitlichen, kohärenten Gesamtbild zusammengeführt werden.

6.2 Angebotsstrategie

Vor der eigentlichen Angebotsbearbeitung ist eine Angebotsstrategie zu entwickeln und zusammenzustellen. Grundlage hierfür bilden die allgemeine Unternehmensstrategie sowie die Ergebnisse der Projektanalyse in der Auswahlphase. Folgende Kriterien können massgebend sein:

- Gewinnerzielung (Gewinnmaximierung/-optimierung)
- Eignung des Projekts als Referenzobjekt

- Kapazitätsauslastung im Unternehmen während der Ausführungsphase
- Test des Wettbewerbs und des Marktpreisniveaus
- Goodwill gegenüber einem Bauherrn

Das Ziel der Gewinnmaximierung ist sicher eines der dominierenden Kriterien eines jeden Unternehmens bei der Entscheidung für die Angebotsbearbeitung. Daher hat die risikoorientierte, selektive Auswahl von Ausschreibungen grösste Bedeutung. Nur aufgrund der bereits erwähnten, einfachen Nutzwertanalyse kann das Potential für lukrative Aufträge ausgelotet und eine Unterscheidung zu Aufträgen, die nur im harten Preiswettbewerb gewonnen werden können, getroffen werden. Daher sollte man sich sehr gut überlegen, ob man an Wettbewerben teilnimmt, bei denen von vornherein feststeht, dass die Aufträge auch von weniger qualifizierten Unternehmen mit weniger Spezialpersonal, Spezialgeräten und Spezial-Know-how ausgeführt werden können. In solchen Fällen ist die Kostenstruktur des Unternehmens nicht geeignet, dem Kunden einen wettbewerbsfähigen Preis anzubieten. Mit dem Ziel der Gewinnmaximierung sind daher adäquate Projekte zu suchen, die es ermöglichen, das im jeweiligen Unternehmen vorhandene Know-how mit der dazugehörigen Kostenstruktur anzuwenden.

Eine weitere Strategie für die Bearbeitung und die spätere Preisbildung kann es sein, ein entsprechendes Projekt später als Referenz zu nutzen. Solche Referenzobjekte, die je nach Wettbewerbslage mit unterschiedlichen Ergebniserwartungen eingeworben werden, sind nur dann sinnvoll, wenn das Unternehmen damit die Tür zu einem neuen Marktbereich bzw. Marktsegment öffnen kann. Als Referenzobjekte eignen sich Projekte, die neue Technologien erforderlich machen, hohes Management-Know-how mit einhergehender Integrationsleistung für die entsprechende Bauaufgabe erfordern oder aufgrund der lokalen, regionalen oder nationalen Ausstrahlung in der Presse hohe Resonanz finden. Damit können solche Projekte als Imageträger für das eigene Unternehmen genutzt werden. Werden Referenzobjekte aus strategischen Marktüberlegungen mittels Unterbietung der Preise der Konkurrenz angegangen, führt dies im Regelfall zur Beauftragung, jedoch sollte die negative Wirkung, die sich durch eine reine Preisqualifikation längerfristig etabliert, nicht unterschätzt werden: Bietet das Unternehmen dann ein Folgeprojekt mit entsprechend höherer Gewinnspanne an, wird die Strategie der Marktpenetration nicht erfolgreich sein, da einerseits die Bauherren das Preisniveau zur Kenntnis genommen haben und andererseits die Mitbewerber sich mittels Kampfpreisen auf dieses Preisniveau einstellen werden. Will man also bei einem Bauherrn eine neue Technologie einführen, sollte man sich nicht durch den reinen Preiswettbewerb, sondern möglichst durch Differenzierungsmerkmale qualifizieren.

Ein weiterer strategischer Aspekt für eine Angebotsbearbeitung kann die Kapazitätsauslastung über eine gewisse Zeitperiode sein. Diese Strategie muss allerdings mit grösster Vorsicht angegangen werden. Ein typischer Fall für ein solches Vorgehen liegt dann vor, wenn das Unternehmen zurzeit voll ausgelastet ist und auch gleichzeitig bereits Aufträge für z. B. das zweite Halbjahr des Folgejahres sowie die darauf folgenden Jahre vorliegen hat, aber eine unzureichende Auslastung für die Zwischenperiode des ersten Halbjahres des Folgejahres vorliegt. Um das für die zukünftige Vollauslastung benötigte Fachpersonal in der Zwischenperiode auszulasten, kann für diesen Zeitraum ein Auftrag anvisiert werden, der zwar mindestens alle Deckungsbeiträge leistet, die im Unternehmen zur Sicherstellung und Aufrechterhaltung des Betriebs notwendig sind, aber nur einen geringen oder gar keinen Gewinn enthält.

Theoretisch könnte nicht nur auf den Gewinn, sondern auch auf einen gewissen Anteil an den Deckungsbeiträgen verzichtet werden, falls die bereits eingeworbenen Aufträge weitgehend den Gewinn und die Deckungsbeiträge eines Jahres sichern. Diese Strategie, die von vielen Bauunternehmen in der Vergangenheit exzessiv genutzt wurde, ist mit grösster Vorsicht anzuwenden, da sie das Überleben des Unternehmens gefährden kann. Jedes Unternehmen muss, bevor es eine solche Strategie zur Auftragsgewinnung einsetzt, überlegen, ob nicht ein Kapazitätsabbau dem zukünftigen Marktgeschehen besser gerecht wird. Tritt dann in Zukunft wieder höherer Kapazitätsbedarf auf, sollte dieser besser durch entsprechenden Marktbezug (Subunternehmer) abgedeckt werden. Damit wird sichergestellt, dass eine hohe Eigenauslastung an Management, Personal und Geräten erreicht wird.

Eine weitere strategische Überlegung für eine Angebotsbearbeitung kann es sein, den Wettbewerb und das Preisniveau in einem neuen Marktsegment oder einer neuen Region zu testen. Eine solche Angebotsbearbeitung gibt nicht nur Aufschluss über die Submissionsergebnisse der Konkurrenz, sondern verschafft Transparenz in Bezug auf Qualität und Kosten in einem neuen Wettbewerbsumfeld. Für einen solchen Markttest eignet sich das Eingehen einer Arbeitsgemeinschaft mit einem Unternehmen, das bereits z. B. regionale Marktkenntnisse erworben hat. Die Symbiose einer solchen ARGE wird allerdings nur dann möglich, wenn das eigene Unternehmen dem bereits in der Region erfahrenen Mitbewerber besondere Vorteile anbieten kann, die dieser potentielle ARGE-Partner nicht aufweist, um ihn von der Attraktivität dieser Ad-hoc-Kooperation zu überzeugen.

Als Letztes soll eine taktische Überlegung angeführt werden, und zwar die Abgabe eines Angebots aus Goodwill zu einem Bauherrn. Diese Situation kann sich ergeben, wenn es sich um einen „Dauerkunden" des Unternehmens handelt, das den Auftrag aber aus Kapazitätsgründen selbst nicht ausführen kann. Man unterstützt den Bauherrn bei der richtigen Preisfindung und sichert sich – hoffentlich – seinen Goodwill für weitere, zukünftige Projekte. Auch hierbei ist zu bedenken, dass dadurch möglicherweise ein Kunde langfristig verloren geht, weil er herausfindet, dass die Zusammenarbeit mit einem Konkurrenten zu ähnlich guten Ergebnissen führt wie dies in der Vergangenheit mit dem eigenen Unternehmen der Fall war. Es muss sicherlich überlegt werden, ob ein solcher Auftrag nicht doch durch das eigene Unternehmen ausgeführt werden kann, aber mit der Unterstützung durch Subunternehmer, die entsprechend qualifiziert geführt werden müssen.

6.3 Aufgaben- und Terminplanung

Eine erfolgreiche Angebotsprojektabwicklung setzt eine wirksame Planung, Steuerung und Kontrolle der Bearbeitung durch den Angebotsprojektleiter voraus. Instrumentarien dazu sind u. a. der Aufgabenverteilungsplan und der Bearbeitungsterminplan, die vom Angebotsprojektleiter erstellt werden.

Der Aufgabenverteilungsplan garantiert eine für jeden erkennbare Zuweisung der Aufgaben und Verantwortungen. Er gewährleistet zudem, dass kein Bearbeitungsgebiet übersehen wird. Im Aufgabenverteilungsplan sind alle Aufgaben aufgelistet und vernetzt.

Die Terminvorgaben für die Projektbeteiligten sind in einem Bearbeitungsterminplan enthalten. Durch die Darstellung als Balkenplan bietet der Plan zudem die Möglichkeit, arbeitsablauftechnische und terminliche Abhängigkeiten optisch sichtbar zu machen. Ein regelmässig aktualisierter Bearbeitungsterminplan führt somit zu einer zeit- und kostenoptimierten Bearbeitung. Für die Abteilungsleitung kann er ausserdem zur Überprüfung der Kapazitätsauslastung herangezogen werden.

6.4 Angebotsprojektorganisation

Jedes Unternehmen hat eine seinen Aufgaben entsprechend situativ angepasste Organisationsstruktur. Die Organisationsstruktur ist in der Aufbauorganisation abgebildet. Die Aufbauorganisation ist meistens nach dem Verrichtungsprinzip des Wertschöpfungsprozesses im Unternehmen gegliedert. Der Vorteil besteht darin, dass die zu erfüllenden Aufgaben entsprechend ihrer Komplexität von Spezialabteilungen und Spezialisten erledigt werden können. Um jedoch diese Dezentralisierung in den Leistungserstellungsprozess zu integrieren, sind geeignete Projekt- bzw. Ablauforganisationen zu bilden, die sich in einem temporären Team auf das Endprodukt als Ganzes konzentrieren. Daher werden zur Angebotsbearbeitung entsprechend den situativen Anforderungen Angebotsprojektgruppen zusammengestellt, die von der Geschäftsleitung durch Einsetzen eines Angebotsprojektleiters initiiert werden. Die Angebotsprojektgruppe ist dann im Regelfall als eine temporäre Matrix-Organisation (Abb. 6.2) strukturiert, die sich aus Mitarbeitern der entsprechenden Fachabteilungen zusammensetzt. Die Mitarbeiter sind für diese temporäre Aufgabe disziplinarisch weiter dem Leiter der Fachabteilung, ergebnisverantwortlich jedoch dem Angebotsprojektleiter unterstellt. Die besondere Charakteristik der Angebots-Matrix-Organisation ist ihre Beschränkung auf den Zeitraum der Angebotsbearbeitung. Es handelt sich um eine rein aufgabenorientierte, projektbezogene Organisation.

Das Team setzt sich interdisziplinär zusammen aus dem Bauführer, der meistens Angebotsprojektleiter ist, den technischen Spezialisten, den Arbeitsvorbereitungsmitarbeitern, dem Kalkulator, Kaufmann, Juristen etc. (Tab. 6.1). Die Anforderungen aus der Projektart bestimmen die Zusammensetzung des Teams. Der Kalkulator hat dabei die Schlüsselstellung inne. Die Aufgabe der Angebotsprojektgruppe besteht darin, die Ausschreibung zu analysieren, die Risiken zu identifizieren, die optimalen Bauverfahren festzulegen, Preisanfragen an Subunternehmer vorzubereiten, deren Angebote zu bewerten und auszuwählen und die Herstell- und Risikokosten zu ermitteln. Ferner besteht ihre Aufgabe darin, aufgrund der Ausschreibungsanalyse das Potential an unternehmerischen Varianten und Sonderlösungen aufzuspüren und diese, falls vorhanden, entsprechend auszuarbeiten. Die Angebotsprojektgruppe antizipiert und analysiert auch mögliche von der Konkurrenz zu erwartende Alternativvorschläge und stellt deren Nachteile und Problempunkte fest.

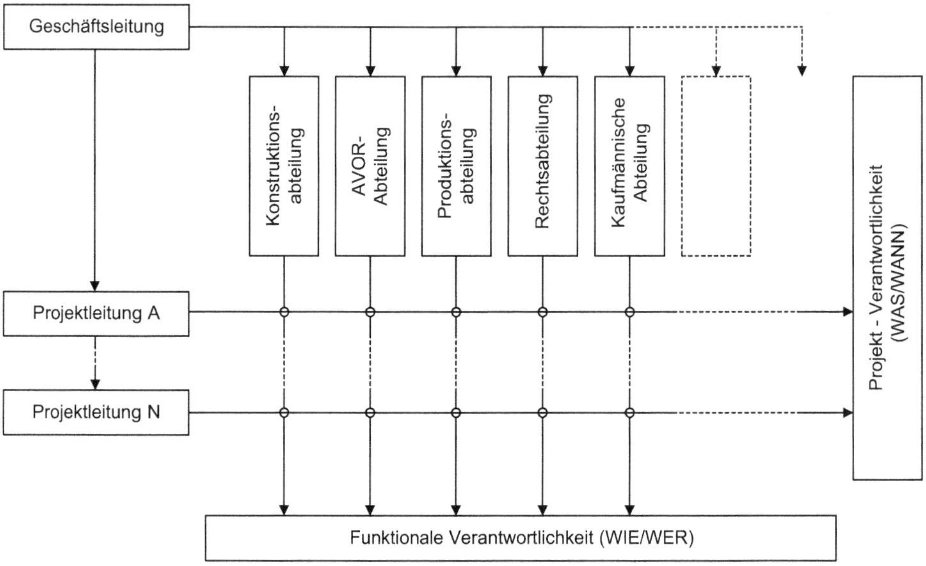

Abb. 6.2 Angebots-Matrix-Organisation

Tab. 6.1 Projektspezifische Auswahl der Mitarbeiter der Angebotsprojektgruppe

Abteilung / Angebot	Rechtsabteilung	Brückenbau	Tunnelbau	Spezialtiefbau	……	Kaufmann	Technischer Ausbau	Arbeitsvorbereitung	Kalkulation	Bau- / Werkhof
Angebotsprojekt 1	X	X		X		X		X		X
……	X		X	X	X	X	X	X	X	X
Angebotsprojekt n	X							X	X	X

Im Rahmen der Angebotsunterbreitung teilen manche Bauunternehmen dem Bauherrn mit, dass gewisse Alternativen oder Sondervorschläge (die von der Konkurrenz erwartet werden) untersucht wurden, aber zu diesen und jenen Nachteilen geführt haben und daher dem Bauherrn nicht unterbreitet werden. Damit versuchen solche Bauunternehmen, den Bauherrn (in)direkt zu einem kritischen Verhalten gegenüber potentiellen Sondervorschlägen der Konkurrenz zu bewegen, von denen man erwartet, dass sie möglicherweise preisgünstiger sind. Dieses Wettbewerbsgebaren ist nicht unüblich, entspricht aber nicht einem fairen Marktverhalten. Schliesslich arbeitet die Angebotsprojektgruppe die erforderlichen Angebotsunterlagen in einer ansprechenden Form aus, damit bereits die Darstellung des Angebots die Qualifikation des Unternehmens demonstriert und bei dem Bauherrn einen positiven Eindruck erzeugt.

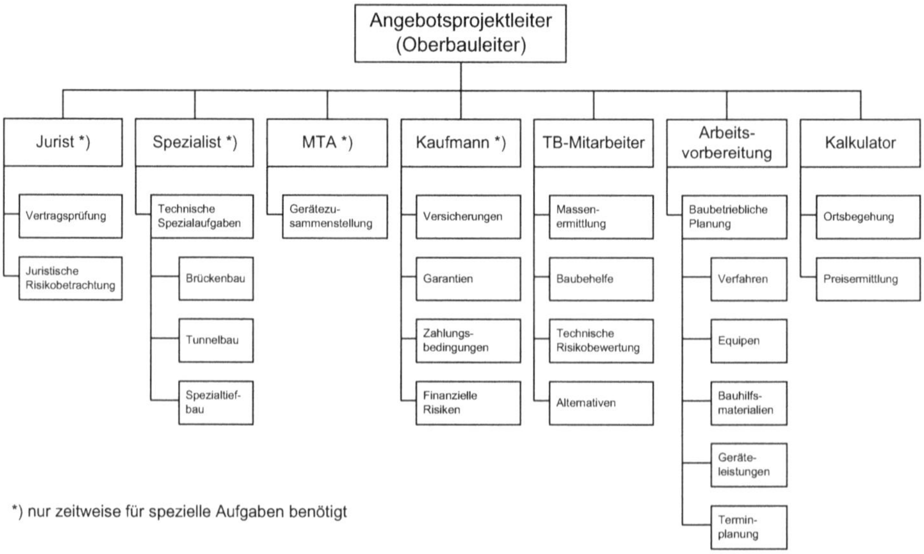

Abb. 6.3 Funktionen und Aufgaben der Mitarbeiter einer Angebots-Matrix-Organisation

Eine typische Angebotsprojektgruppe für ein Grossprojekt ist in Abb. 6.3 dargestellt. Bei kleineren Projekten bzw. Unternehmen wird die Angebotsprojektgruppe im Regelfall nicht so viele Mitarbeiter umfassen; die Aufgaben werden dann in Personalunion erledigt. Die notwendigen Abklärungen, die exemplarisch in dieser Abbildung enthalten sind, müssen dann von den eingesetzten Mitarbeitern integrativ in Personalunion übernommen werden.

Der Angebotspreis wird von der Unternehmensleitung festgelegt. Die Basis hierfür bildet die Summe aller Selbst- und Risikokosten, auf die ein Zuschlag für Wagnis und Gewinn erhoben wird.

6.5 Budgetplanung

Beginnend mit der Entscheidung für die Bearbeitung eines Projekts muss bereits eine Budgetschätzung vorgenommen werden, um in der Nutzwertanalyse eine Aussage über den eigenen Bearbeitungsaufwand und die Chancen einer Beauftragung gegenüberzustellen. Entscheidet sich die Geschäftsleitung für die Bearbeitung eines Angebots, wird mit den entsprechenden Fachabteilungen, die einen Leistungsbeitrag in der Angebots-Matrix-Organisation erbringen, ein Budget festgelegt. Dies erfolgt meist in der Weise, dass die Fachabteilung auf der Basis des Aufgabenverteilungsplans und der ersten groben Projektdurchsicht den Stundenaufwand für den Beitrag ihrer Mitarbeiter abschätzt und die Kosten aufgrund der festgelegten Verrechnungssätze mit dem Kostenträger verrechnet. Diese Kostenschätzung wird von dem zuständigen Angebotsprojektleiter überprüft und meist nochmals mit der Fachabteilung verhandelt. Diese Abmachung wird dann als Grundlage für das Budget festgelegt.

Dieses Budget dient gleichzeitig auch als Basis für die finanzielle Kontrolle während der Projektbearbeitung. Der Projektleiter nutzt die Ergebnisse, um auftretende Über- oder Unterschreitungen der Bearbeitungsstunden frühzeitig zu erkennen und ihre Gründe zu ermitteln. Der kaufmännischen Abteilung dienen diese Daten zur Ermittlung der allgemeinen Geschäftskosten. Der Unternehmensleitung sowie den Abteilungsleitern steht mit der Budgetplanung ein Instrument zur Verfügung, um die Produktivität der Mitarbeiter zu kontrollieren.

6.6 Schritte der Angebotsbearbeitung

Die Angebotsbearbeitung erfolgt parallel bzw. sequentiell in der Hauptphase in folgenden Schritten (Abb. 6.4):

- Detaillierte risikoorientierte Analyse der Ausschreibungsunterlagen durch die Fachabteilungen
- Prüfung, ob Alternativen oder Sondervorschläge sinnvoll sind
- Baustellenbegehung
- Arbeitsvorbereitung
- Technische Bearbeitung
- Preisanfragen
- Kalkulation der Einzelkosten der Teilleistungen, Risikokosten und gesamten Herstellkosten
- Entscheidung der Geschäftsleitung bezüglich Preisgestaltung und Risikoübernahme
- Erstellung des Kalkulationsschlussblatts
- Entscheidung über Abgabe des Angebots
- Fertigstellung des Angebots

Die Analyse der Ausschreibungsunterlagen ist die Grundlage einer Angebotsbearbeitung. Aufgrund dieser Analyse werden die Risiken und Chancen festgestellt und die Ausschreibung auf mögliche Alternativen und Sondervorschläge geprüft; dies wird im Besonderen durch die technische Bearbeitung unterstützt. Die technische Bearbeitung zielt auf die Bewertung der Hauptmassen und der technischen Risiken sowie auf die Ausführbarkeit des Bauwerks hin. Im Rahmen der technischen Bearbeitung werden die Ausschreibungsunterlagen für Subunternehmer angefertigt. Für die Arbeitsvorbereitung und für die Kalkulation werden Bauhilfsmassnahmen entworfen und entsprechend massenmässig für die Kostenermittlung aufbereitet. Auf der Grundlage der genannten Voruntersuchungen werden die Bauverfahren und die Bauabläufe festgelegt und die für die Bauausführung erforderlichen Ressourcen ermittelt. Auf dieser Basis können die Einzelkosten der Teilleistungen, die Kosten der Baustelleneinrichtung, die Allgemeinkosten der Baustelle sowie die Herstellkosten und die dazugehörigen Risikokosten ermittelt werden. Die Kalkulationsergebnisse fasst der Kalkulator bzw. Projektleiter auf einem Kalkulationsschlussblatt zusammen und

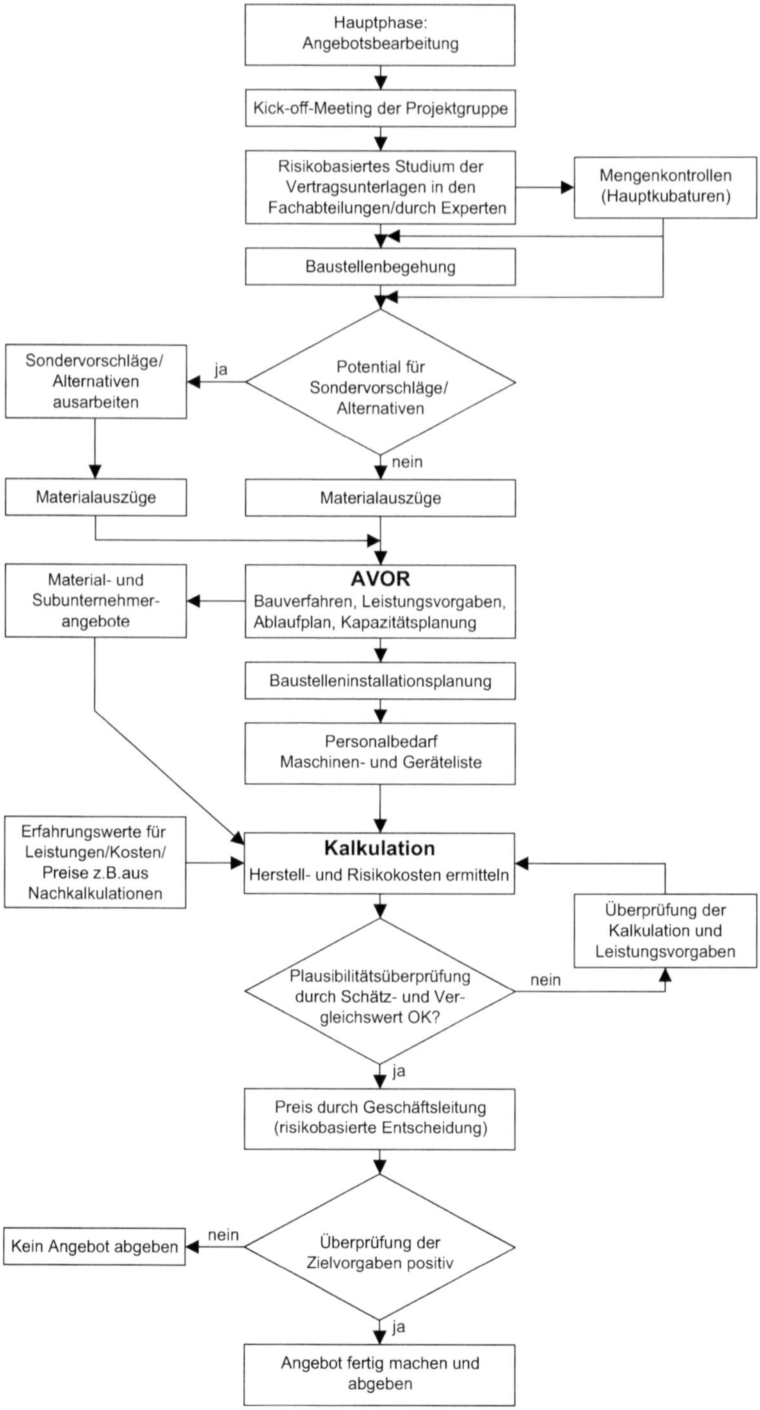

Abb. 6.4 Hauptphase der risikobasierten Angebotsbearbeitung

legt sie der Unternehmensleitung vor. Die Plausibilität der Kalkulation muss durch entsprechende Schätzwerte untermauert werden, die zur Kontrolle des Gesamtpreises dienen; dazu werden marktübliche Quadratmeter- bzw. Kubikmeterpreise oder Erfahrungswerte herangezogen. Zudem dient auch der Verhältniswert Baustelleneinrichtungskosten zu den Direktkosten aus den Einzelkosten der Teilleistungen als spezifische Grösse für Hochbau-, Brückenbau- und Tunnelprojekte.

Die Geschäftsleitung wird auf der Basis der Herstellkosten, der projektspezifischen Risikokosten und deren Bandbreite das unternehmerische Wagnis und den Gewinn festlegen und somit die Preisgestaltung vornehmen. Die Preisgestaltung erfolgt nach zwei Aspekten: Einerseits dienen die Herstellkosten des Unternehmens und der anvisierte Gewinn als Basis; andererseits muss der erzielbare Marktpreis als weiteres wesentliches Gestaltungsmotiv mit herangezogen werden. Läge der Marktpreis weit über den eigenen Herstellkosten, wäre es sicherlich nicht unternehmerisch, nur die anvisierten z. B. 7 % Gewinn auf die Herstellkosten zu schlagen, wenn andererseits das Angebot des Unternehmens am Markt auch bei einem 20 %igen Gewinnzuschlag noch wettbewerbsfähig wäre. Der Umkehrschluss muss ebenso befolgt werden, wenn am Markt keine ausreichenden Gewinnmargen erzielt werden können. Dann muss das Unternehmen bezüglich seiner eigenen Wertschöpfung genauestens überprüfen, in welchen Bereichen es eigene Leistungen am Markt wettbewerbsfähig anbieten kann und in welchen Bereichen seine Leistungen nicht mehr wettbewerbsfähig sind. Nicht mehr wettbewerbsfähige Leistungen müssen dann durch Marktbezug von entsprechend leistungsfähigen Subunternehmern beschafft werden.

Aufbauend auf den Ergebnissen der Geschäftsleitung (Gewinn- und Wagniszuschläge bzw. Umfang der Deckungsbeiträge) wird nun der Kalkulator diese Allgemeinzuschläge auf die Einzelpositionen der Teilleistungen umlegen und somit die Abrechnungspreise für die einzelnen Positionen bilden. Bei dieser Umlage der Allgemeinkosten berücksichtigen manche Unternehmen die bereits genannten taktischen Überlegungen bezüglich Mehr- und Mindermassen zur Verbesserung des Abrechnungsergebnisses.

Manche Bauherren verlangen, dass der Unternehmer mit seinem Angebot eine Kalkulation hinterlegt, die im Regelfall als Basis für mögliche Nachträge bzw. zur Kontrolle von Nachtragsforderungen dienen soll [1]. Diese Kalkulation kann bei einem Notar deponiert werden und bleibt normalerweise bis zum Eintreten eines Nachtragsbegehrens ungeöffnet. Sie wird im Allgemeinen von den Unternehmen so aufbereitet, dass die entsprechenden Allgemeinkosten der Baustelle bzw. des Unternehmens dargestellt werden und dass Details, die einen möglichen Einblick in die innerbetriebliche Kostenstruktur ergeben, jedoch weitgehend unersichtlich sind. Damit schützen sich die Unternehmen vor der Transparenz bei einer ungerechtfertigten Weitergabe an Konkurrenten.

Das Angebot, das dem Bauherrn dann unterbreitet wird, wird in einer repräsentativen Aufmachung vorbereitet. Wichtig ist dabei, die methodische Abwicklung durch entsprechende Baubetriebsdiagramme und Terminpläne überzeugend darzustellen. Hier sollte die besondere Kompetenz des Unternehmens erkennbar sein, ohne jedoch bereits zu viele Detailinformationen zu verbreiten, die bei einer Nichtbeauftragung möglicherweise an die Konkurrenz fliessen könnten.

6.7 Kick-off-Meeting

Nach Festlegung der Angebotsprojektgruppe wird unter dem Vorsitz des Projektleiters ein Projektstartgespräch oder Kick-off-Meeting durchgeführt, an dem alle Mitglieder der Angebotsprojektgruppe teilnehmen. Ziel des Meetings ist die umfassende Information der Task Force über das Projekt, die Angebotsstrategie und die formalen sowie organisatorischen Abläufe der Bearbeitung.

Ein Kick-off-Meeting kann folgendermassen ablaufen: Zunächst stellt der Projektleiter das Projekt vor und verteilt, soweit vorhanden, erste Pläne zur Visualisierung des Bearbeitungsumfangs. Die dem Projektleiter vorliegenden Informationen zu Projektart, Bauweise und Grösse werden den Mitgliedern der Angebots-projektgruppe möglichst detailliert vermittelt; Inhalte der Ausschreibung, Randbedingungen und Zielsetzungen des Auftraggebers sind dabei explizit herauszustellen. In diesem Zusammenhang sind zudem die Vorgaben der Unternehmensleitung bezüglich der Angebotsstrategie zu nennen und die Art und Weise der Realisierung zu diskutieren. Schliesslich verteilt der Projektleiter entsprechend der jeweiligen Spezialisierung die Aufgaben und Verantwortungen auf die einzelnen Projektbeteiligten. Terminvorgaben in Absprache mit dem Projektleiter konkretisieren die Verantwortungen.

Der Umfang und die Art der Baumassnahme bestimmen, inwieweit der Projektleiter das Projekt aufgliedert. Komplexe Projekte werden nach Bauwerken, Gewerken und nach fach- und produktspezifischen Gesichtspunkten aufgeteilt, um so die Übersichtlichkeit der Bearbeitung zu gewährleisten.

Zum Abschluss werden die Folgemeetings terminiert; eine gemeinsame Diskussion, ggf. in Form eines Brainstormings, kann das Kick-off-Meeting abrunden.

6.8 Kommunikation

Einer der wichtigsten Erfolgsfaktoren im Rahmen einer extrem kurzen Projektbearbeitungszeit bei einem ad hoc zusammengestellten Team ist die Erzeugung, Aufrechterhaltung und Motivation zu einer effektiven Kommunikation. Sitzungen bzw. Meetings dienen dem Projektleiter und den Teambeteiligten als Plattform zur Ideengenerierung (Brainstorming) und zum Ideenaustausch sowie zur Überprüfung des Bearbeitungsstands.

Jeder der Projektteilnehmer trägt im Rahmen des Meetings seinen Bearbeitungsstand vor, stellt offene Fragen und berichtet über neue Erkenntnisse, z. B. bezüglich alternativer Bauverfahren oder besonderer Anforderungen an Materialien. Die Projektbeteiligten werden somit in kurzer Zeit auf den aktuellen Informationsstand gebracht.

Ändert der Bauherr während der Projektbearbeitung die Ausschreibungsunterlagen, so muss der Projektleiter dies umgehend kommunizieren, damit die Projektbeteiligten die Auswirkungen feststellen und bei der weiteren Bearbeitung entsprechend berücksichtigen können.

Eine Folge der Meetings ist eine hohe Identifizierung der Beteiligten mit dem Projekt. Die Motivation des Teams – und somit auch seine Produktivität – wird gesteigert.

Die Meetings sind regelmässig durchzuführen, wobei die zeitlichen Abstände von den Projektanforderungen bestimmt werden. In der Regel sind Meetings wöchentlich anzusetzen, die Zeitabstände richten sich jedoch nach dem notwendigen Kommunikationsbedarf. Voraussetzung ist jeweils eine Progression des Bearbeitungsstands.

Abhängig von der Grösse des Projekts kann der Projektleiter die Meetings entsprechend den Arbeitsabhängigkeiten teilen. Dies kann zum Beispiel in der Form geschehen, dass die technischen Abteilungen sich unabhängig von den juristisch-kaufmännischen Abteilungen zusammenfinden.

Ein Ergebnisgesprächsprotokoll sichert die bekannt gegebenen Informationen und gibt einen klaren Überblick über die getätigten Beschlüsse mit Angabe der Zuständigkeit für die Erfüllung der Aufgabe sowie der jeweiligen Abgabetermine. Es ist an alle Projektbeteiligte zu verteilen.

Die Förderung informeller Kommunikation im Team stellt einen weiteren Faktor einer erfolgreichen Angebotsbearbeitung dar. Darunter werden Massnahmen verstanden, die z. B. zur Förderung der räumlichen Nähe der Mitglieder der Angebotsprojektgruppe beitragen.

Konflikte sollten generell in fairer Weise gelöst werden, wobei die Projektzielsetzung grundsätzlich Priorität hat. Ein offener Umgang der Mitglieder der Angebotsprojektgruppe untereinander kann Konflikte frühzeitig verhindern.

Eine straffe, aber offene, teamorientierte Führung bildet einen weiteren Erfolgsfaktor für eine erfolgreiche Angebotsprojektabwicklung.

6.9 Integration der Ergebnisse

Da sich die Matrix-Organisation für die Projektabwicklung aus den verschiedenen Spezialisten der Fachabteilungen zusammensetzt, wird ein Angebotsprojekt nach differenzierten Aspekten analysiert, d. h. es entstehen in den einzelnen Fachabteilungen singuläre Ergebnisse, die aufgrund der gewählten Organisationsform nicht miteinander vernetzt sind. Dies ist auch gewollt, da komplexe Ausschreibungen nicht von einem Generalisten in allen technischen, juristischen, finanziellen und bauverfahrenstechnischen Facetten beurteilt werden können. Die Angebotsprojektanalyse erfolgt somit fachspezifisch mit einem hohen Auflösungsgrad gemäss den beteiligten Disziplinen. Die quasi isolierten, hoch qualifizierten Ergebnisse müssen nun zu einem Ganzen integriert werden. Dies ist die Aufgabe des Projektleiters. Da, je nach Art der Ausschreibung, die Preisbildung im Mittelpunkt einer Angebotsbearbeitung steht, fliessen die Ergebnisse meist in terminlich und kostenmässig bewertbarer Form in die Kalkulation ein. Damit bilden Kalkulation sowie Termin- und Ablaufplanung den Trichter, in den die Einzelergebnisse in Bezug auf Herstell- und Risikokosten zusammengeführt werden.

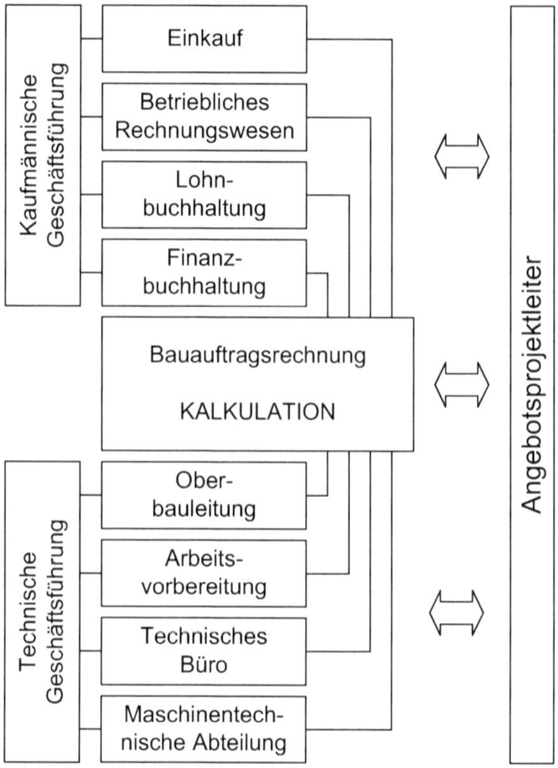

Abb. 6.5 Integration der im Angebotsteam durch Spezialisten erarbeiteten Ergebnisse

In Abb. 6.5 ist der Informationsfluss dargestellt, der dann in der Kalkulation in bewertbare Kosten zusammengeführt wird. Der Projektleiter muss die Integration der durch die Spezialisierung hervorgebrachten Ergebnisse managen; der Kalkulator muss sie in einer funktionalen Form zusammenführen.

Literatur

1. Girmscheid, G., Briner, H., Glättli, M.: Faires Nachtragsmanagement – Leitfaden für Bauunternehmen und Bauherren. h.e.p. Bauverlag, Bern (2003)

Aufgaben der beteiligten Fachabteilungen 7

7.1 Vertragliche Aspekte

Ziel der Analyse des Vertrags ist es, die dort formulierten Vorstellungen des Bauherrn über das Bauobjekt, dessen Eigenschaften in Bezug auf Funktionalität, Optik, Ökologie etc. und seine Anforderungen an Bauzeit, Gewährleistungen und Ähnliches zu erkennen und kosten- und terminwirksame Risiken und Chancen zu identifizieren, d. h. die Projektbeteiligten sollen das Projekt kennenlernen.

Die Analyse des Vertrags wird den Abteilungen nach fachspezifischen Aspekten zugeordnet. Sowohl die technische als auch die juristische und kaufmännische Abteilung haben den Vertrag in Zusammenarbeit mit der Projektleitung auf seine Besonderheiten und Charakteristiken sowie Risiken und Chancen in ihrem jeweiligen Fachgebiet zu untersuchen. Der Projektleiter integriert dann die Ergebnisse in Zusammenarbeit mit den Fachabteilungen zu einem Gesamtbild.

Die meisten nationalen und internationalen Standardverträge richten sich nach der SIA118 [1], der VOB [2], der FIDIC [3, 4], der ICE [5] oder der ÖNorm B2110 [6] und setzen sich z. B. bei der FIDIC normalerweise aus folgenden Bestandteilen zusammen:

- Instruction to Tenders (Ausschreibungserläuterungen)
- General Conditions of Contract (Allgemeine Vertragsbedingungen)
- Technical Specifications (Technische Spezifikationen)
- Drawings (Zeichnungen)
- Form of Tender (Ausschreibungsformular)
- Bill of Quantities (Leistungsverzeichnis)
- Schedules (Terminpläne)
- Form of Agreement (Vertragsformular)

G. Girmscheid, *Angebots- und Ausführungsmanagement – prozessorientiert*,
DOI 10.1007/978-3-642-55291-5_7, © Springer-Verlag Berlin Heidelberg 2015

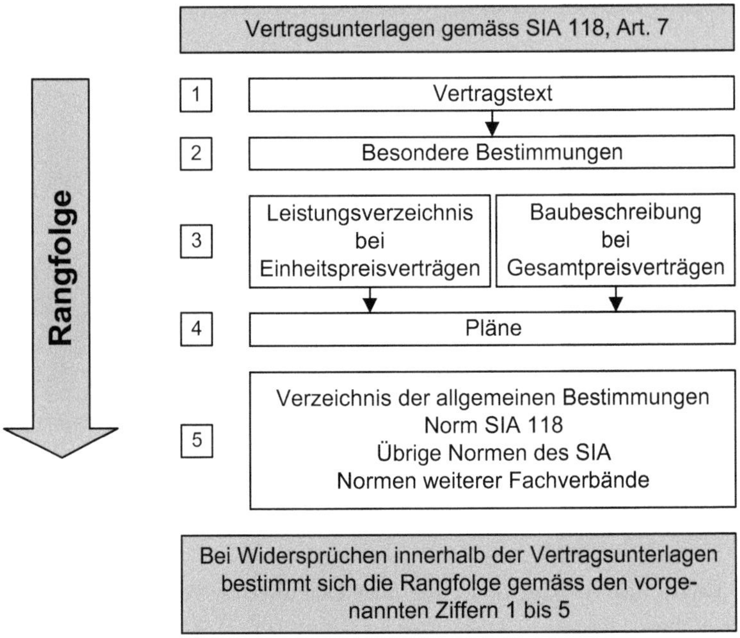

Abb. 7.1 Gültigkeitsreihenfolge von Vertragsunterlagen gemäß SIA 118 [1]

- Form of Performance Guarantee (Garantieformulare)
- Soil Report; Hydrological, Climatical and Other Reports (Bodengutachten, hydrologische und klimatische Gutachten, oft nur zur Information)

Der Aufbau und die Reihenfolge von Vertragsunterlagen, z. B. gemäß der SIA 118, sind in Abb. 7.1 und gemäß VOB/B in Abb. 7.2 dargestellt. Bei widersprüchlichen Unterlagen gilt die vertraglich spezifizierte Reihenfolge, d. h. es gilt die Beschreibung bzw. Anforderung des höher priorisierten Vertragsdokuments. Die Reihenfolge ist in den verschiedenen Standardverträgen (FIDIC, SIA, VOB etc.) unterschiedlich festgelegt (siehe auch [7]). Jeder private Bauherr kann jedoch von den Standardverträgen abweichen und die Gültigkeitsreihenfolge individuell festlegen. Dies ist bei jeder Ausschreibung zu prüfen.

7.2 Juristische Abteilung

Die Aufgabe der juristischen Abteilung besteht darin, einerseits die juristische Vertragsprüfung durchzuführen und andererseits die rechtlich abgesicherte Formulierung des Angebots bei der Fertigstellung zu sichern. Die juristischen Aspekte des Vertrags werden analysiert, die daraus resultierenden juristischen Risiken bewertet und Maßnahmen vorgeschlagen. Ferner werden das Angebotsschreiben sowie mögliche Vorbehalte, die aufgrund von Risikoüberlegungen angestrebt werden, für die Geschäftsleitung entworfen. Bei Sondervorschlägen werden unternehmenseigene Angebotstexte spezifiziert oder abgeändert.

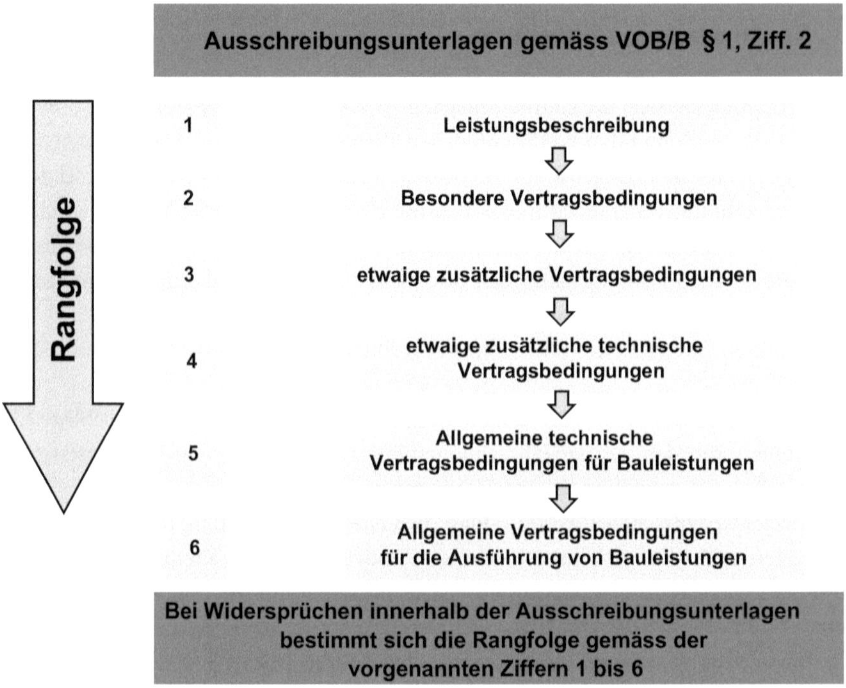

Abb. 7.2 Gültigkeitsreihenfolge von Vertragsunterlagen gemäß VOB/B

Die Vertragsprüfung bezieht sich auf folgende Elemente:

- Vollständigkeit des Vertrags
- Welche Rechtsnormen sind gültig?
- Angebotsbindefrist
- Voraussetzungen für den Baubeginn
- Abnahmebedingungen
- Gewährleistung
- Terminverzögerungen durch Einwirkungen des Bauherrn oder Dritter
- Vertragsstrafen und Bestimmungen zur Abdeckung von Folgeschäden, z. B. infolge von Terminverzögerungen und Mängeln am Bauwerk
- Bietergarantien, Leistungserfüllungsgarantien
- Zahlungsgarantien des Bauherrn
- Streitschlichtungskonzept, Schiedsgericht und Gerichtsstandort
- Kündigungsklauseln und Vergütung des entgangenen Gewinns
- Preisänderungen
- Abnahmeverfahren und Bedingungen für die Schlussrechnung und Rückgabe von Garantien

Das Anschreiben zum Angebot wird von der juristischen Abteilung verfasst, um sicherzustellen, dass es den notwendigen formalen Anforderungen entspricht.

7.3 Kaufmännische Abteilung

Der Kaufmann analysiert die kaufmännischen Aspekte des Vertrags, ermittelt und bewertet die daraus resultierenden kaufmännischen Risiken und schlägt Maßnahmen vor. Die erste Frage richtet sich zunächst auf die Bonität des Bauherrn. Wird er während der Bauausführung zahlungsunfähig, kann das Bauunternehmen erhebliche Verluste erleiden, da es dann seine Forderungen nicht mehr bezahlt bekommt. Eventuell kann diesem Risiko mit entsprechenden Zahlungsgarantien oder, wie in Deutschland, durch Regelungen des Bauhandwerkerpfandrechts begegnet werden.

Die weiteren Aufgaben des Kaufmanns konzentrieren sich auf die folgenden Aspekte:

- der Kalkulation die Größenordnung der allgemeinen Geschäftskostenzuschläge (AGK) mitzuteilen, die sich aus der Jahresbudgetplanung und den weitgehend feststehenden Fixkosten der allgemeinen Geschäftsführung ergeben;
- den projektspezifischen Cashflow-Plan zu erstellen und daraus den entsprechenden Finanzierungsbedarf zu ermitteln, diesen durch Eigen- oder Kreditmittel abzusichern und daraus die Finanzierungskosten festzustellen und an die Kalkulation weiterzuleiten;
- die im Vertrag verlangten Garantien bei den Kreditinstituten abzusichern; diese Garantien müssen in den geschäftlichen Kreditrahmen, den die Banken dem Unternehmen gegeben haben, passen. Ferner muss der Kaufmann die Kosten der Garantien/Sicherheiten ermitteln und an die Kalkulationsabteilung weitergeben. Besonders im Auslandsgeschäft muss oder kann sich das Unternehmen zusätzlich durch Exportsicherungskredite, die die Zahlungsfähigkeit des Bauherrn, politische Risiken etc. abdecken, vor finanziellem Schaden schützen.

Der Kaufmann hat die vom Auftraggeber geforderten Garantieleistungen (Bietergarantien, Erfüllungsgarantien sowie Vorauszahlungsgarantien) und die notwendigen Versicherungen auf ihre Auswirkungen zu prüfen. Hier sollte besonders eine differenzierte Beurteilung bezüglich abstrakter und bedingter Garantien erfolgen. Werden abstrakte Garantien gefordert, die ohne Einwendung des Bauunternehmens gezogen werden können, sollten die Erfahrungen mit dem Bauherrn bzw. seiner Projektleitung sowie die Auswirkungen auf das Unternehmen sehr sorgfältig beurteilt werden. Ferner sollten die Auswirkungen auf das Gesamtkreditvolumen des Unternehmens überprüft werden, besonders in Bezug auf weitere Aufträge, die das Unternehmen für die Zukunft einwerben muss. Für die Kalkulation ermittelt die kaufmännische Abteilung die Kosten dieser Sicherungsleistungen, da sie in die Kalkulation eingerechnet werden. Von der kaufmännischen Abteilung wird das Vorfinanzierungsvolumen, das sich aus den Vorleistungen des Unternehmens und der meist späteren Zahlungen durch den Bauherrn ergibt (Abb. 5.3), aus dem Cashflow-Plan für das jeweilige Projekt ermittelt.

Neben der Größenordnung der Finanzierungskosten müssen auch geeignete Methoden zur Finanzierung gesucht werden.

7.4 Technische Abteilung

Die Ingenieure der technischen Abteilung analysieren die technischen Aspekte des Vertrags, ermitteln und bewerten die daraus resultierenden technischen Risiken und schlagen Maßnahmen vor. Die Abteilung leistet die Vorarbeit für die Arbeitsvorbereitung und Kalkulation. Während sich die Kalkulation auf die Bewertung der Leistungen konzentriert, fällt der technischen Abteilung die Aufgabe zu, die Leistungen zu prüfen oder zu definieren sowie die Massen zu ermitteln und aufzubereiten, so dass daraus die Leistungs- und Ressourcenbestimmung für eine nachvollziehbare Kostenanalyse erfolgen kann.

Die Tiefe der seitens des Auftraggebers durchgeführten Planung wird überprüft. Zudem wird kontrolliert, welche technischen Normen einzuhalten sind und welche Anforderungen des Bauherrn nicht den Normen entsprechen. Teil des Prozesses ist auch die Analyse vorliegender Gutachten, Baugrundinterpretationen und Ähnlichem, die Einfluss auf die Preisbildung haben bzw. technische Risiken in sich bergen.

Im Weiteren prüft die technische Abteilung die Übereinstimmung der Hauptmassen in den Plänen mit den im Leistungsverzeichnis angegebenen Werten. Die Hauptmassen sind dabei von zentraler Bedeutung, da sie die Angebotssumme deutlich beeinflussen, jedoch sind auch untergeordnete Positionen und Eventualpositionen zu kontrollieren, sofern sie stärkere Auswirkungen auf das Baustellenergebnis haben können. Massen, die zur Erbringung einer Leistung notwendig sind, aber in der Ausschreibung nicht gesondert formuliert wurden, sind zu ermitteln (z. B. Arbeitsbühnen, Spundwände, Baustraßen, temporäre Arbeitsflächen). Ferner unterstützt die technische Abteilung auch die Arbeitsvorbereitung und Kalkulation bei der Ermittlung von Bauwerksdaten, mit denen z. B. die Schalungsflächen oder der Schalungs- und Spundwandeinsatz bestimmt werden. Hierzu zählen auch die Entwicklung und Ermittlung aller Bauhilfsmaßnahmen mit den dazugehörigen Grunddaten für die Arbeitsvorbereitung und Kalkulation.

Die gesamte technische Ausschreibung wird auch auf ihr Potential für Alternativ- und Sondervorschläge, die das besondere Know-how des Bauunternehmens zur Geltung bringen, untersucht. Der Einsatz von Fertigteilen zur Verkürzung der Bauzeit sowie ihre Auswirkung auf das statisch-konstruktive Konzept sind zu prüfen. Sondervorschläge und Alternativen sind zu entwickeln, Pläne und Baubeschreibungen sind anzufertigen und die Teilleistungen sind in Massen aufzuschlüsseln, die als Grundlage für die weitere Arbeitsvorbereitung und Kalkulation dienen. Ferner werden alternative Bauverfahren definiert oder entwickelt, die eine Grundlage für die Kalkulation bilden.

Bei General- und Totalunternehmern gehören die Koordination und die Ausschreibungen der Subunternehmerleistungen mit den dazugehörigen Zeichnungen, technischen Beschreibungen der Leistung, Leistungsverzeichnissen etc. zur technischen Bearbeitung.

Alle notwendigen Pläne, die der Bauherr im Rahmen der Ausschreibungsunterlagen anfordert, werden von der technischen Abteilung erstellt. Sie fertigt auch die zeichnerischen Darstellungen von Methoden und Verfahren, die die angebotene Leistung erklären und mit denen sich das Unternehmen besonders von den Mitbewerbern unterscheiden möchte, an.

7.5 Arbeitsvorbereitung

Die Arbeitsvorbereitung [8] analysiert die bauverfahrenstechnischen Aspekte, ermittelt und bewertet die daraus resultierenden Risiken und schlägt Maßnahmen vor. Im Rahmen der Arbeitsvorbereitung muss bereits ein grober Produktionsplanungsprozess durchgeführt werden (Abb. 7.3), welcher im Auftragsfall ausgebaut und in den kybernetischen Gesamt-Produktionsplanungsprozess integriert wird. Dabei müssen bei der Analyse des Vertrags die Randbedingungen für eine effiziente Wahl der Baumethoden und der Bauinstallationen festgestellt werden.

Im Rahmen der Arbeitsvorbereitung muss daher zuerst festgestellt werden,

- welche Auflagen und welche Bedingungen für den Baustellenzugang zu beachten sind,
- welche Größe die nutzbaren Flächen für mögliche Baustelleninstallationen haben,
- wie die Ent- und Versorgung der Baustelle mit Energie, Wasser etc. erfolgen kann.

Diese Vorbereitungsmaßnahmen sollten unbedingt durch eine Baustellenbegehung mit dem Kalkulator abgerundet werden. Während der Begehung entwickelt sich ein genaueres Bild über die Topografie des Baugeländes und die Einbettung in das Umfeld. Besonders wichtig dabei sind die Steigung des Baugeländes, die Art der Nachbarschaftsbebauung, die Zugangsmöglichkeiten zum Baugrundstück und wo bzw. wie die Energieversorgung sowie Ver- und Entsorgung der Baustelle von und mit anderen Gütern sichergestellt werden kann. Mögliche Stellplätze für Installationen und Geräte sind auf ihre Eignung zu untersuchen. Insbesondere ist zu prüfen, ob etwas auf Erschwernisse hindeutet und ob sich das Baufeld in dem vertraglich beschriebenen Zustand befindet. Aus diesen Erkenntnissen ergeben sich wichtige preisbildende Informationen. Im Fall von Widersprüchen zur Ausschreibung lassen sich daraus Sondervorschläge, Vorbehalte oder Nachtragsstrategien entwickeln [7].

Ferner muss die Arbeitsvorbereitung prüfen, welche Bauverfahren am besten geeignet sind, um eine effiziente und kostengünstige Leistung zu erbringen, und damit die Basis für ein wettbewerbsfähiges Angebot legen. Hierbei ist im Besonderen der vom Bauherrn vorgegebene Terminrahmen zu beachten.

Die Arbeitsvorbereitung arbeitet auf der Basis der detaillierten Haupt- und Hilfsmassenzusammenstellung und dem Rahmenterminplan das Konzept für die Bauabwicklung aus. Die Massenzusammenstellung wurde von der technischen Abteilung angefertigt bzw. kann aus dem Leistungsverzeichnis entnommen werden. Im Rahmen dieses Konzepts werden für die einzelnen Aktivitäten die Terminvorgaben festgelegt und interaktiv die erforderliche Leistung pro Tag bzw. pro Woche ermittelt. Darauf aufbauend werden entsprechend leistungsfähige Bauverfahren, Geräte, Bauhilfsmaßnahmen und die dazugehörigen personellen Ressourcen sowie die Dauer der Einzelaktivitäten festgelegt. Dieser Arbeitsplanungsprozess erfolgt iterativ, da die Einzelaktivitäten gemäß den baubetrieblichen Abhängigkeiten parallel bzw. sequentiell geschaltet werden; dabei müssen die Vorgaben des Rahmenterminplans des Bauherrn erfüllt werden. Sind die Bauverfahren und Abläufe sowie die notwendigen Geräte und das Personal festgelegt, wird die Baustelleneinrichtung in

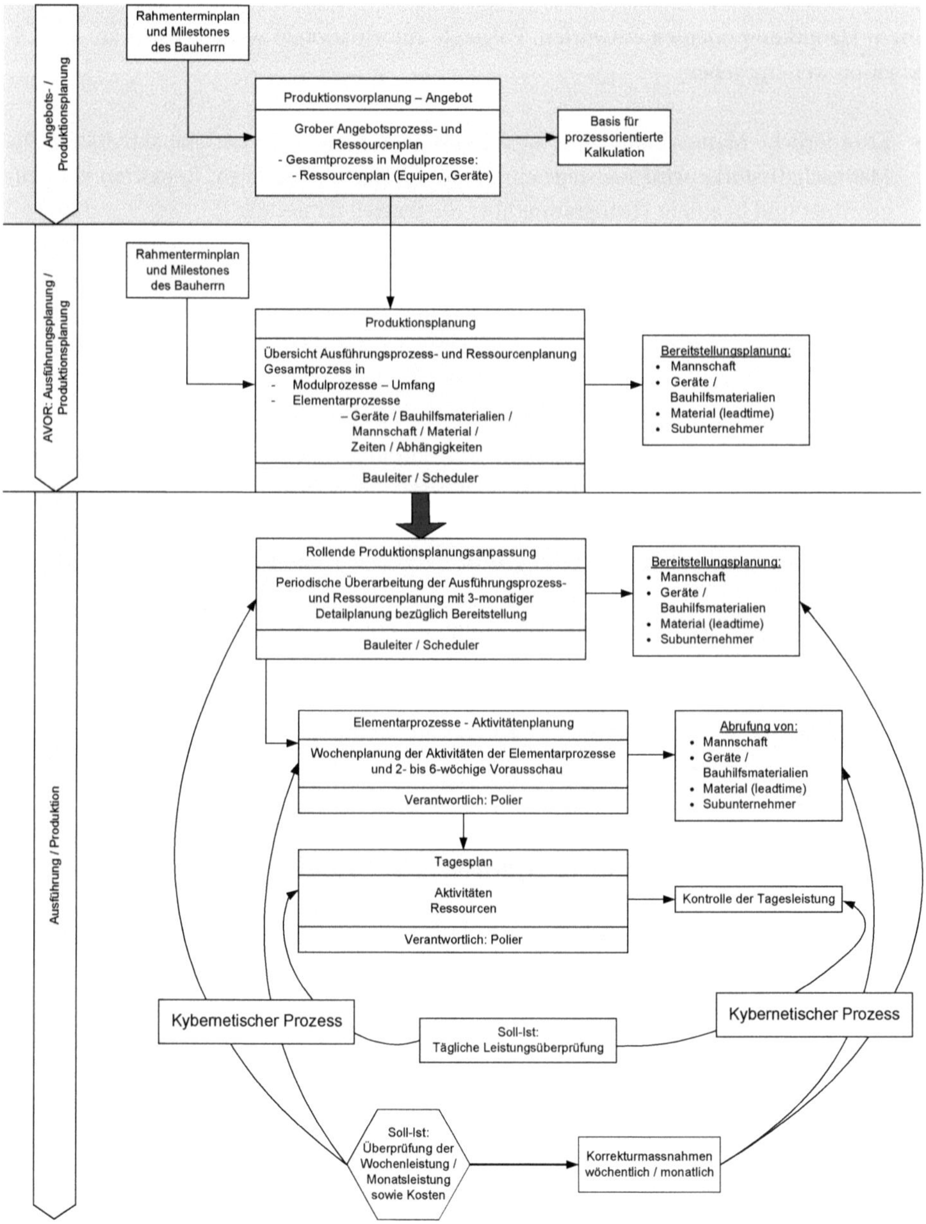

Abb. 7.3 Kybernetischer Produktionsplanungsprozess – Angebotsphase

ihren Hauptkomponenten entworfen. Folgende Informationen werden dabei an die Kalkulation weitergegeben:

- Erforderliche Mannschaftsstärke für die einzelnen Bauphasen und Bauaktivitäten. Die Mannschaftsstärke wird meistens einzelnen Tätigkeiten (Schalen, Bewehren etc.) zugeordnet und in einem Histogramm über die Bauzeit dargestellt.
- Geräteliste (in Zusammenarbeit mit der maschinentechnischen Abteilung erstellt) mit allen Hauptbaugerätekomponenten und deren Verweildauer auf der Baustelle. Zusätzlich werden die Hauptkomponenten der Baustelleneinrichtung sowie die erforderlichen Infrastrukturaufwendungen für das Aufstellen der Produktionsanlage vor Ort vorgegeben.
- Zusammenstellung der Bauhilfsmaßnahmen sowie deren Einsatzhäufigkeit.
- Leistungsansätze für die kalkulatorischen Ermittlungen der Lohnkosten der Einzelleistungspositionen, z. B. Betonierleistung in h/m^3-Beton, Aufstellen und Umsetzen von Schalung in h/m^2.
- Gesamtstunden für direkte Leistungen sowie Baustellenadministration (Aufsicht und Führung).
- Baustellenorganigramm mit der Auflistung des entsprechenden Leitungs- und Administrationspersonals.
- Gesamtprojektterminplan als Beilage zur Angebotsabgabe.
- Beschreibung der Baumethoden, falls dies im Rahmen der Ausschreibung verlangt wird.

7.6 Integratives Risikomanagement der Projektgruppe

7.6.1 Risikomanagementprozess

Der Risikomanagementprozess ist ein integraler Bestandteil des Angebotsmanagements. Die einzelnen Bereiche bzw. Projektmitglieder des Angebotsbearbeitungsteams leisten dabei ihren fachspezifischen Beitrag. Dieser Beitrag besteht darin, dass sie die spezifischen

- juristischen und vertraglichen,
- technischen und
- finanziellen

Risiken identifizieren und bewerten.

Risikomanagement (RM) ist ein Prozess, in dem alle Beteiligten der Angebotsprojektgruppe ihren spezifischen Beitrag leisten und zu dessen Durchführung mehrere aufeinander folgende Teilprozesse, unterteilbar in sechs Abschnitte, durchzuführen sind (vgl. Abb. 7.4):

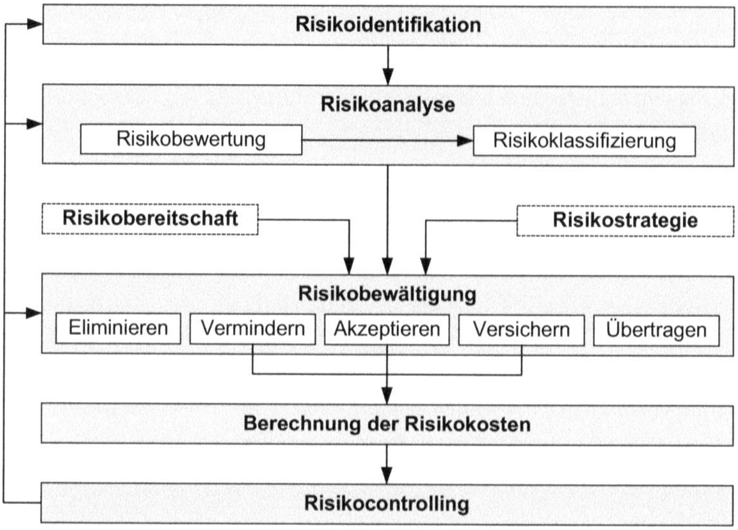

Abb. 7.4 Risikomanagementprozess

- Identifikation
- Bewertung
- Klassifizierung
- Bewältigung
- Berechnung der Risikokosten
- Controlling

Die Risikoidentifikation stellt die „Sammlung“ von Risiken dar und erfolgt ursachenbezogen. Eine mangelhafte Identifikation wirkt sich negativ auf den gesamten Risikomanagementprozess und damit auf die Projektabwicklung aus. Nur bei Risiken, die das Unternehmen und seine Entscheidungsträger erkannt haben, kann später durch Bewältigungsmaßnahmen eine Risikobegrenzung erreicht werden.

Die Bewertung und Klassifizierung kann man unter dem Oberbegriff Risikoanalyse zusammenfassen. Ziel der Risikobewertung ist die Prognose von Eintretenswahrscheinlichkeiten (W) und Tragweiten (T) der identifizierten Risiken, d. h. in welchem Grad sie das Erreichen der Projektziele gefährden können. Die Bewertung der Eintretenswahrscheinlichkeit erfolgt in der Regel ursachenbezogen in Prozent. Die Art der Quantifizierung der Tragweite richtet sich nach dem Zweck der Durchführung des Risikomanagementprozesses. Sie erfolgt generell wirkungsbezogen und ergibt sich aus den möglichen Auswirkungen im Fall des Risikoeintritts ($W = 1$).

In der Angebotsphase geht es z. B. darum, einen adäquaten Risikozuschlag auf das Angebot zu ermitteln; deshalb ist eine Bewertung in Geldeinheiten sinnvoll. Soll der Fertigstellungstermin prognostiziert werden, so muss man eine Bewertung in Verzugstagen anstreben. Das Produkt aus Eintretenswahrscheinlichkeit W und Tragweite T ergibt den Erwartungswert der Risikokosten. Er setzt sich somit aus einer ursachen- und einer wirkungsbezogenen Größe zusammen.

Die Bestimmung der Eintretenswahrscheinlichkeit kann über

- Auswertung von statistischen Datensätzen oder durch
- Expertenschätzungen

erfolgen. In Bauunternehmen stehen erfahrungsgemäß kaum umfangreiche Datensätze zur Verfügung, so dass Expertenschätzungen in den meisten Fällen die einzige Möglichkeit zur Bestimmung der Eintretenswahrscheinlichkeit eines Risikos bieten.

Die Tragweite eines Einzelrisikos lässt sich generell durch drei verschiedene Methoden bestimmen:

- Auswertung von statistischen Datensätzen
- überschlägige Berechnung der Kosten bzw. Terminabweichungen (Kalkulation)
- Schätzung von entstehenden Kosten bzw. Terminabweichungen durch erfahrene Personen/Experten

Auch hier gilt, dass in der Regel keine statistischen Datensätze in ausreichendem Umfang zur Verfügung stehen, so dass die Anwendung überschlägiger Berechnungen bzw. Kalkulationen oder Expertenschätzungen zweckmäßig ist. Allen Verfahren gemeinsam ist, dass zuerst ein Szenario des Risikoeintritts aufgestellt werden muss. Dieses Szenario beinhaltet eine genaue Analyse der möglichen Ursachen des Risikoereignisses an sich sowie der sich daraus ergebenden Auswirkungen.

Zur Bewertung von Risiken über Schätzungen existieren verschieden aufwendige und genaue Methoden [9]. Alle Bewertungsmethoden besitzen jedoch die Gemeinsamkeit, dass die Qualität des Ergebnisses nur so gut ist wie die Qualität der Expertenschätzungen. Mit unpräzisen, oberflächlichen Risikoschätzungen ergeben sich nur wenig aussagekräftige Ergebnisse.

Sollen z. B. bei einer Flussbaustelle die Kosten eines möglichen Hochwasserschadens bei einer Baugrube ermittelt werden, so muss basierend auf der vorgesehenen Spundwandhöhe, die z. B. auf ein 50-jähriges Hochwasser ausgelegt ist, abgeschätzt werden, mit welcher Wahrscheinlichkeit ein 100-jähriges Hochwasser eintreten kann, z. B. $W = 5\,\%$. Zur Bewertung der Tragweite von Risiken durch eine kalkulatorische Berechnung wird dann die Auswirkung des Risikos beim Eintreten simuliert. Dazu „spielt“ man das wirkungsbezogene Szenario der Tragweite (Schaden) durch. Im Fall des Hochwassereintritts sind folgende zusätzliche Arbeiten und Aufwendungen gegenüber dem ausgeschriebenen Projekt „Baugrube als Pauschalpreisleistung“ zu berücksichtigen (Störfall):

- Räumung der Baugrube von allen Maschinen und Geräten bei Erkennen des Hochwassers (Hochwasserwarnung)
- Durchführung zusätzlicher Sicherungsmaßnahmen am Bauwerk (falls notwendig)
- Kontrolliertes Fluten der Baugrube
- Stillstandzeit der Baustelle mit
  - Ausfallzeiten für Geräte und Arbeitsgruppen sowie

- allgemeinen Geschäftskosten der Baustelle
- von Beginn der Maßnahmen bis zur Wiederaufnahme der Arbeit

- Nach Abklingen der Flut: Auspumpen der Baugrube, Säubern und Reinstallieren der Geräte, Gerüste, etc.

Aus diesem Szenario wird kalkulatorisch die Tragweite bzw. der Schaden ermittelt. Aus dem Produkt der so ermittelten Tragweite und der zuvor geschätzten Eintretenswahrscheinlichkeit ergeben sich die Risikokosten dieses „Störfalls".

Die Risikoklassifizierung stellt die Schnittstelle zwischen Bewertung und Bewältigung dar. Die identifizierten Risiken besitzen aufgrund der Bewertung unterschiedliche Bedeutungen für das Projekt. Risiken mit großer Tragweite und hoher Eintretenswahrscheinlichkeit werden als bedrohlicher eingestuft als Risiken mit kleiner Tragweite und niedriger Eintretenswahrscheinlichkeit. Aufgabe der Klassifizierung ist es nun, die Risiken nach der Behandlungsbedürftigkeit zu sortieren, so dass man sich in den anschließenden Teilprozessen auf die wichtigsten Risiken beschränken kann. Für dieses Vorgehen sprechen zwei Gründe:

- Für die Projektbearbeitung stehen nur begrenzte Ressourcen (Zeit, Personal und Geld) zur Verfügung.
- Die Verhältnismäßigkeit zwischen Tragweite und Bewältigungsaufwand muss gewährleistet sein.

In der Risikobewältigung wird untersucht und entschieden, wie mit den Risiken umgegangen werden soll, d. h. welche aktiven und reaktiven Maßnahmen geplant und umgesetzt werden sollen. Dieses Vorgehen wird in erheblichem Mass von der im Unternehmen implementierten Risikostrategie bzw. von der Risikobereitschaft der Entscheider beeinflusst. Zunächst prüft man, welche Behandlungsalternativen überhaupt zur Verfügung stehen, um dann eine Entscheidung über eine angemessene Behandlung zu fällen. Diese muss bestimmte Vorgaben und Neben- bzw. Randbedingungen berücksichtigen und einhalten. Die gewählte Alternative erfordert anschließend eine angemessene Umsetzung.

Da alle Behandlungsarten entweder mit Sicherheit (Versicherungsprämien, Maßnahmen zur Minimierung) oder mit einem gewissen Erwartungswert (Schaden bei eingetretenem Risiko) Kosten verursachen, ist eine Auswahl der Behandlungsart über die Risikokosten sinnvoll.

Sollen die Gesamtrisikokosten eines Projekts berechnet werden, so erfolgt dies nach der Risikobewältigung. Da sich durch getroffene Entscheidungen und ergriffene Maßnahmen für das Unternehmen eine veränderte Risikosituation ergibt, müssen die vom Unternehmen zu tragenden Restrisiken neu bewertet werden.

Am Schluss des Risikomanagementprozesses steht das Risikocontrolling, bei dem es darum geht, die Risikosituation, wie sie sich nach der Identifikation, der Analyse und der Bewältigung präsentiert hat, im weiteren Projektverlauf zu beobachten. Zusätzlich erfolgt eine Überprüfung, ob die gewählten Bewältigungsmaßnahmen wirksam und effizient waren. Es ist vor allem zu untersuchen, ob die gewünschte Wirkung erreicht wurde bzw. ob

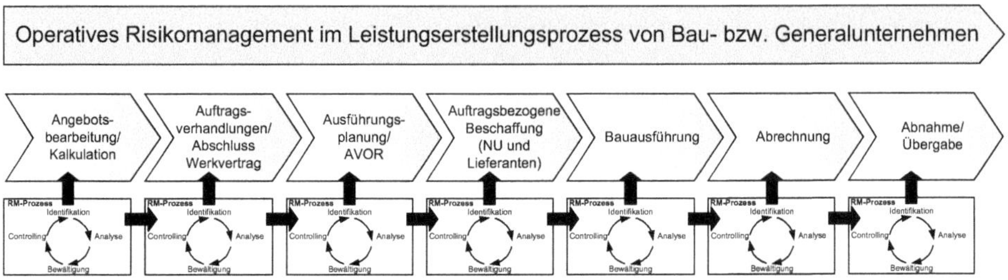

Abb. 7.5 Einbindung des RM in den Leistungserstellungsprozess eines Bau- und Generalunternehmens

die gewählten Maßnahmen der Verhältnismäßigkeit der Situation angepasst waren. Treten Abweichungen zwischen Soll- und Ist-Größen auf oder ergibt sich eine neue Informationslage, so ist eine neue Risikoanalyse durchzuführen. Daraus kann sich erneut die Notwendigkeit ergeben, neue Maßnahmen einzuleiten.

Da sich die Risikolage eines Unternehmens kurzfristig entscheidend ändern kann, ist das operative Risikomanagement als kontinuierlicher Prozess über den gesamten Leistungserstellungsprozess des Unternehmens anzuwenden, wobei die Schwerpunkte der Durchführung einzelner Prozesselemente je nach Phase der Leistungserstellung variieren können. Mindestens zu Beginn eines neuen Teilprozesses der Leistungserstellung ist der Risikomanagementprozess erneut zu durchlaufen (Abb. 7.5).

Der Risikomanagementprozess findet erstmalig in der Angebotsbearbeitung zur Ermittlung der Risikokosten Anwendung. Kommt es anschließend zu Verhandlungen mit dem Bauherrn, so führen diese in der Regel durch Forderungen oder Änderungswünsche des Bauherrn zu einer veränderten Risikolage. Dies erfordert wiederum ein erneutes Durchlaufen des Risikomanagementprozesses. Dazu übernimmt man die bereits identifizierten Risiken aus der Angebotsbearbeitung und sucht durch die veränderte Ausgangslage neu entstandene Risiken.

Die Risikoanalyse ist nicht nur auf neu identifizierte Risiken anzuwenden, sondern auch bekannte Risiken sind dahingehend zu untersuchen, ob eine Modifikation der getroffenen Maßnahmen erforderlich ist. Mit dem Beginn eines neuen Durchlaufs des Risikomanagementprozesses sollte allerdings erst begonnen werden, wenn er für die vorangegangene Leistungserstellungsphase vollständig abgeschlossen ist, eine Veränderung in der Abwicklung der Leistungserstellung eintritt oder ein vorher nicht erkanntes Risiko sichtbar wird.

7.6.2 Ablauf der Risikoanalyse in der Angebotsbearbeitung

Die Aufgabe des Risikomanagements ist es, den Risiken eines Werkvertrags bzw. Auftrags zu begegnen, Risiken zu begrenzen, zu teilen, zu verteilen oder zu kompensieren. In der Angebotsphase verfolgt der Risikomanagementprozess mehrere Ziele:

- Risikoorientierte Auswahl von Ausschreibungen, um den Quotienten aus der Anzahl abgegebener Angebote und der Anzahl erteilter Zuschläge zu erhöhen (aktive Selektion von Bauaufträgen) [9].

- Risikoorientierte Bearbeitung und Abgabe des Angebots (Berücksichtigung der adäquaten Risikokosten), um den Projekterfolg zu erhöhen und die Ergebnisse zielorientierter sicherzustellen [10].

Um diese Prämissen zu erfüllen, sind in der Angebotsphase verschiedene Arbeitsschritte bezüglich des Risikomanagements auszuführen (vgl. Abb. 7.6):

- Festlegung der Kriterien für einen vorzeitigen Abbruch der Angebotsbearbeitung
- Systematische Risikoidentifikation über einen Methoden-Mix
- Bewertung der Eintretenswahrscheinlichkeiten der Einzelrisiken
- Bewertung der Tragweiten der Einzelrisiken
- Klassifizierung der Risiken gemäß ihrer Behandlungsbedürftigkeit
- Ergreifen geeigneter und optimaler Bewältigungsmaßnahmen
- Erneute Bewertung der beim Unternehmen verbleibenden Restrisiken
- Ermittlung der Risikokosten aus den Restrisiken und Versicherungsprämien
- Integration dieses Betrags in das Angebot

In den folgenden Abschnitten werden die Hauptarbeitsschritte einer Risikoanalyse bei der Angebotsbearbeitung erläutert.

7.6.2.1 Festlegen der Go-/No-Go-Kriterien

Bevor mit der eigentlichen Angebotsbearbeitung begonnen wird, sind die Go-/No-Go-Kriterien für den vorzeitigen Abbruch der Angebotsbearbeitung bzw. den Verzicht auf die Angebotsabgabe festzulegen. Dies ist in der Regel die Aufgabe der Geschäftsleitung. Sie kann z. B. vorgeben, dass die Tragweite eines Einzelrisikos einen Höchstbetrag nicht überschreiten darf. Dieser kann projektunabhängig oder projektspezifisch als Bruchteil des Projektvolumens oder kalkulierten Projektgewinns angegeben sein. Auch ein genereller Projektabbruch bei Auftritt eines bestimmten Einzelrisikos ist denkbar.

7.6.2.2 Risikoidentifikation

Für die Risikoidentifikation kommen mehrere verschiedene Möglichkeiten kombiniert zum Einsatz. Es handelt sich dabei um

- die intuitiv unstrukturierte Identifikation durch Pondering, Studium von Ausschreibungsunterlagen und Vertrag, durch Literaturanalysen sowie durch Interviews,
- die intuitiv strukturierte Identifikation durch Brainstorming, Brainwriting oder andere Befragungstechniken und um
- die systematische Identifikation durch Anwendung von Checklisten.

Ziel der Risikoidentifikation ist die umfassende und systematische Erfassung aller für die Abwicklung eines Bauprojekts relevanten Risiken. Zu den Risiken sind sowohl externe Risiken, die sich beispielsweise aus einer Veränderung des Markt- und Branchenumfelds

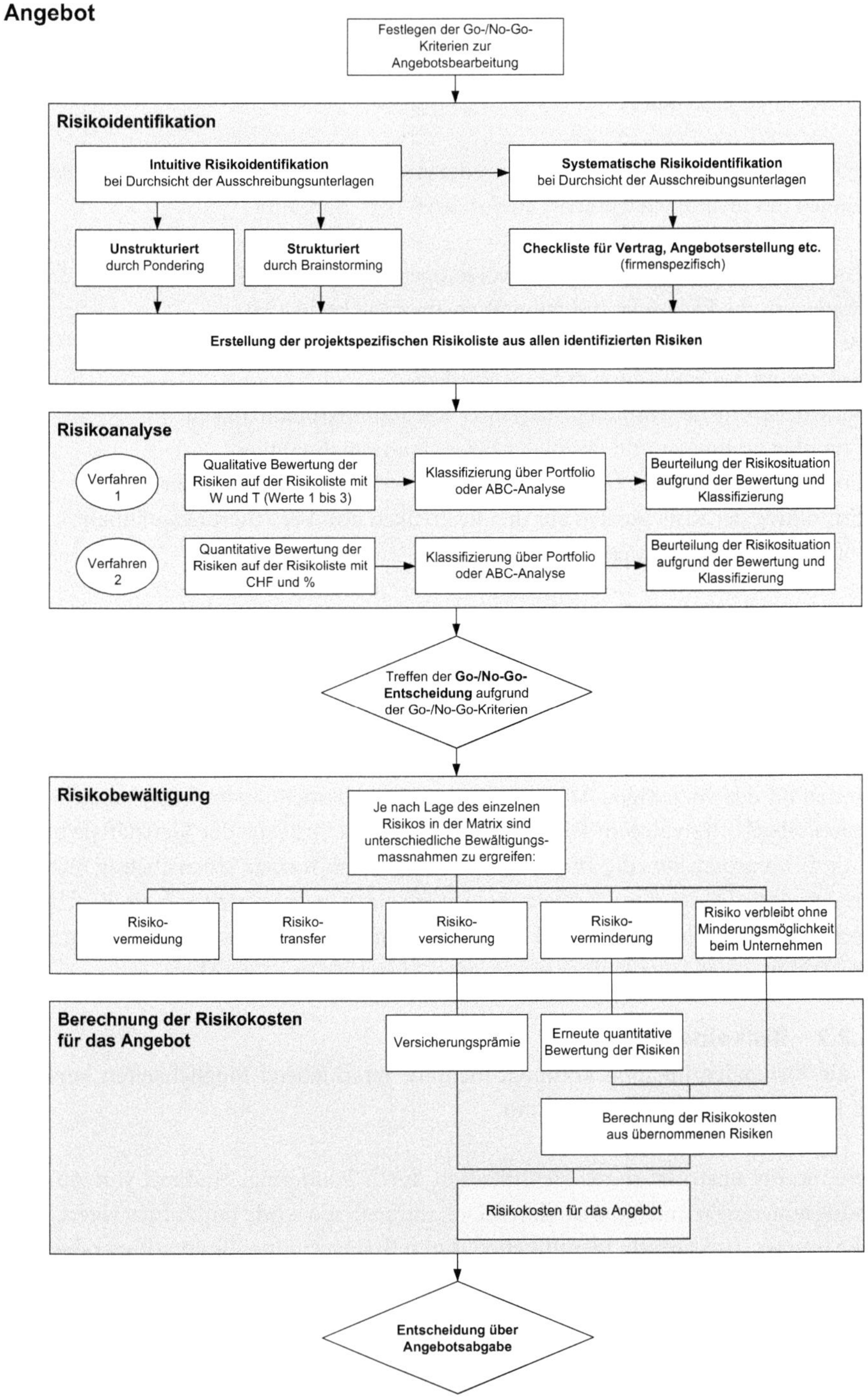

Abb. 7.6 Risikomanagementprozess in der Angebotsphase

ergeben (z. B. Risiken bei der Beschaffung von Subunternehmerleistungen), als auch interne Risiken wie z. B. ungenügende Qualitätssicherung und nicht ausreichend qualifiziertes Fachpersonal zu zählen. Durch die Risikoidentifikation sollen alle Risiken, die gegenüber der Projektabwicklung ein Bedrohungspotential besitzen, erkannt werden.

Meist ist das Wissen um die Existenz eines Risikos auf Erfahrungen und Know-how begründet. Sollte der mit der Durchführung beauftragten Person die Erfahrung fehlen, so können Fachleute oder Spezialisten hinzugezogen werden.

Die intuitive Risikoidentifikation erfolgt vor der systematischen Risikoidentifikation, um die Personen, die mit der Projektbearbeitung betraut sind, nicht durch eine vorgegebene Risikosystematik in ihrer Kreativität bei der Identifizierung einzuschränken. Sie erfordert die Fähigkeit, Diskrepanzen zu erkennen, Phantasie und Kombinationsgabe.

7.6.2.3 Risikobewertung

Die Bewertung der auf der Sammelliste enthaltenen Risiken muss meist getrennt nach Risikogruppierungen durch die jeweiligen Spezialisten erfolgen, wenn dies nicht wie bei kleinen Projekten in Personalunion erfolgen kann. Anzugeben sind diesbezüglich Werte für die Eintretenswahrscheinlichkeit W und die Tragweite T der Einzelrisiken. Es können zwei verschiedene Varianten zum Einsatz kommen, die sich in ihrem Aufwand unterscheiden:

- Qualitative Risikobewertung von W und T über feste Bewertungszahlen
- Quantitative Risikobewertung von W und T über deren absolute Größe

Die Ergebnisse beider Bewertungsverfahren trägt man hinter das entsprechende Risiko in die Sammelliste ein.

7.6.2.4 Risikobewältigung

Die Risikobewältigung als dritte Phase des Risikomanagementprozesses umfasst mehrere Schritte:

- Prüfen der Risiken auf Behandlungsalternativen
- Entscheidung für eine Behandlungsalternative
- Umgang mit der Behandlungsalternative, d. h. Ergreifen der erforderlichen Maßnahmen

Es ist zu beachten, dass Unsicherheiten auch mit Chancen verbunden sind. Es kann also keinesfalls darum gehen, alle möglichen Risiken eliminieren zu wollen, da eine erfolgreiche Projektdurchführung und eine gesunde Weiterentwicklung eines Unternehmens nur erreicht werden kann, „wenn immer wieder Unsicherheiten in Kauf genommen und Risiken bewusst eingegangen werden. Die größte Gefahr für ein Unternehmen kann daraus entstehen, dass gar keine Risiken eingegangen werden. Erfolgreiche Unternehmen verstehen es in der Regel besonders gut, nur solche Risiken einzugehen, bei denen die vor-

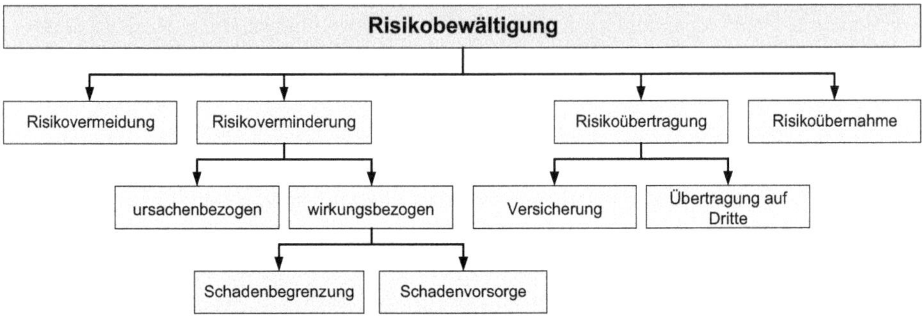

Abb. 7.7 Risikobewältigungsmöglichkeiten

handenen Chancen gegenüber den damit verbundenen Gefahren deutlich überwiegen."[1] Generell kommen folgende Behandlungsalternativen in Frage (Abb. 7.7):

- Vermeidung (Eliminierung)
- Verminderung
- Transfer (Übertragung)/Versicherung
- Übernahme (Akzeptieren)

7.7 Kalkulationsabteilung

7.7.1 Aufgaben der Kalkulation

Der Ablauf, die notwendigen Informationen und die Aufgaben der Kalkulation sind in Abb. 7.8 dargestellt. Der Kalkulator muss alle Ergebnisse der Projektmitarbeiter (Abb. 6.5) integrieren und kostenmäßig bewerten; dazu muss er sich mit allen kostenrelevanten Einflüssen aus rechtlichen, kommerziellen oder technischen Anforderungen und Bedingungen vertraut machen. Die beteiligten Spezialisten müssen alle Ergebnisse so aufbereiten und zusammenfassen, dass sie, mit den Kostenarten (Lohn-, Material-, Geräte- und Fremdkosten) multipliziert, zur Kostenbildung führen. Der Ablauf der Kalkulation kann bei Girmscheid [9] und bei Girmscheid/Motzko [11] nachgeschlagen werden.

Die Aufgabe des Kalkulators ist es, alle hinsichtlich der Herstellung und der Risiken kostenrelevanten Beurteilungen durchzuführen. Dabei besteht seine erste Hauptaufgabe darin, die Einzelkosten der entsprechenden Teilleistungen und die Gemeinkosten der Baustellen festzustellen. Für die einzelnen Risiken muss er die Schadenshöhe, die Eintretenswahrscheinlichkeit und die Risikokosten ermitteln.

Des Weiteren entscheidet der Kalkulator mit dem Angebotsteam darüber, welche Leistungen am Markt bezogen werden. Die Kalkulationsabteilung ermittelt die zulässigen und notwendigen Subunternehmerleistungen und prüft, ob im Vertrag besondere Anforderun-

[1] UBS AG (Risiko-Management 1998) S. 5.

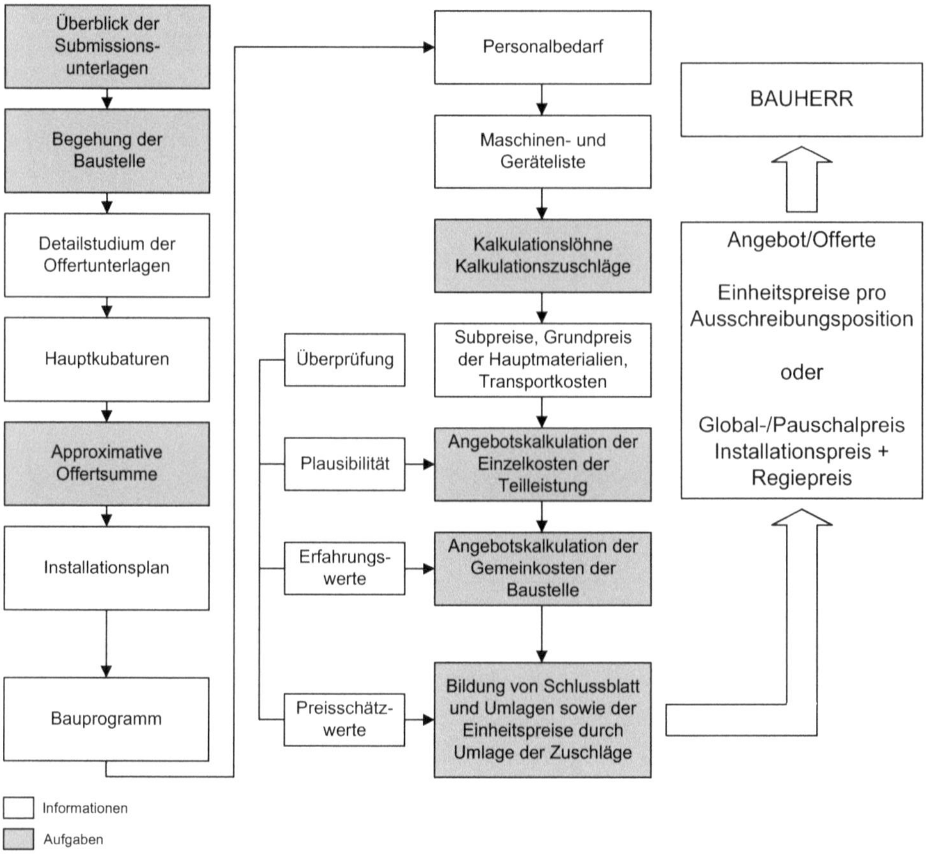

Abb. 7.8 Kalkulation: Informationen und Aufgaben [4]

gen an Materialqualität oder -herkunft gestellt werden. Daher hat der Kalkulator auch die Aufgabe, entsprechende Preisanfragen für Material, Bauleistungen, Gerätemiete etc. für das jeweilige Projekt durchzuführen. Diese Aufgabe kann er jedoch an die maschinentechnische Abteilung bzw. Einkaufsabteilung delegieren, da diese entsprechende Fachkompetenz und Marktkenntnisse haben.

Ferner ist der Kalkulator verantwortlich für die Auftrags- und Vertragskalkulation sowie Arbeits- und Nachtragskalkulation im Fall der Beauftragung (Abb. 7.9).

Neben diesen Hauptaufgaben ist es wichtig, dass der Kalkulator vor der endgültigen Angebotsbearbeitung mit den Mitarbeitern der Arbeitsvorbereitung das Baufeld für die zukünftige Baustelle besichtigt. Die gewonnenen Ortskenntnisse sind zwar von der Arbeitsvorbereitung auszuwerten, jedoch benötigt der Kalkulator zur Aggregation seiner Einzelelemente einen umfassenden Überblick. Die Baustellenbesichtigung ermöglicht ein klares, visuelles Erkennen möglicher Problemstellungen, die aus zweidimensionalen Planungsunterlagen oft nicht bemerkt werden. Man erhält im Regelfall ein klares Bild über Topografie, Oberflächengeologie, Nachbarschaft, Zugangsmöglichkeiten zur Baustelle so-

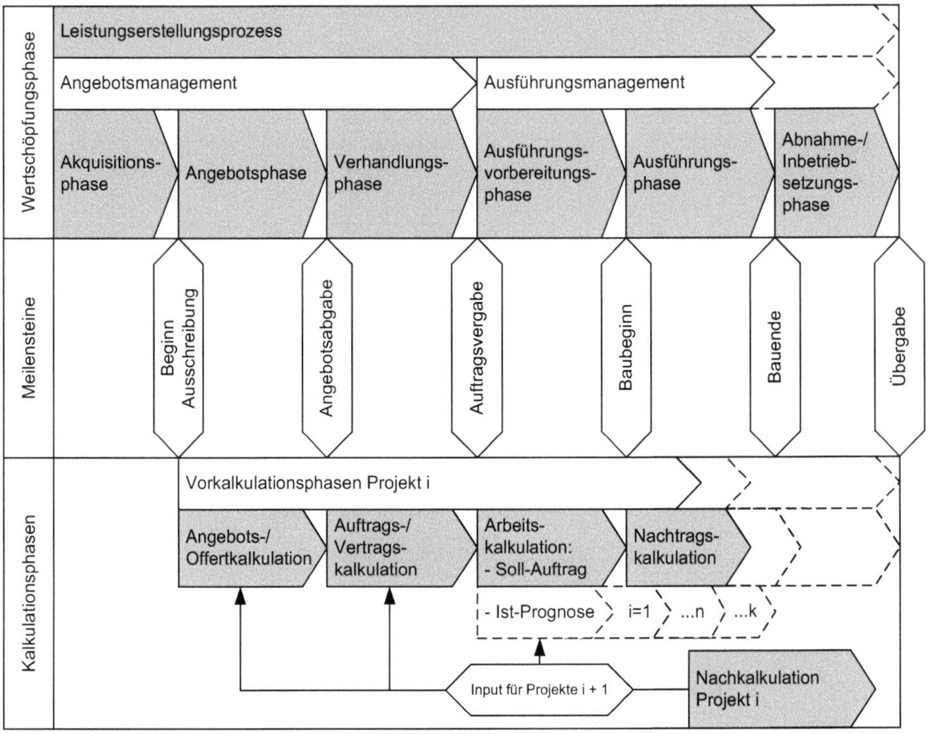

Abb. 7.9 Leistungserstellungs- und Kalkulationsprozess [9]

wie über die mögliche Baustelleneinrichtung. Auch erkennt man sehr schnell, ob in näherer Umgebung zusätzliche Lagerplätze, Deponien etc. vorhanden sind.

Nach Ermittlung der Einzelkosten der Teilleistungen, der Kosten der Baustelleneinrichtungen und der Allgemeinkosten der Baustelle bereitet der Kalkulator das Schlussblatt für die Schlussbesprechung vor. Das Schlussblatt enthält die Herstellkosten, Gerätekosten, Baustelleneinrichtungskosten, die laufenden Kosten für Energie, Kleinmaterialien und Kosten der Baustellenleitung, Versicherungs- und Garantiekosten, allgemeine Geschäftskosten des Unternehmens, Risiko und Profit sowie Preisänderungskosten [9].

Dem Kalkulator fällt damit die Aufgabe zu, die Ergebnisse, die in den einzelnen Fachabteilungen entwickelt worden sind, kostenmäßig zusammenzufassen (Abb. 7.8).

7.7.2 Risikoorientierte Kalkulation in einem Bauunternehmen

Wie bereits kurz erläutert, ergeben sich die allgemeinen Risiken des Unternehmens aus dem Betrieb eines Bauunternehmens allgemein und beziehen sich nicht auf einen einzelnen Bauauftrag. Beispielsweise können sich aus einem Geschäftsfeld erhebliche, nicht vorhersehbare Risiken, z. B. Kapazitätsauslastung, ergeben, wenn es vollständig von Aufträgen der öffentlichen Hand abhängig ist und aus konjunkturpolitischen Gründen die Ausgaben

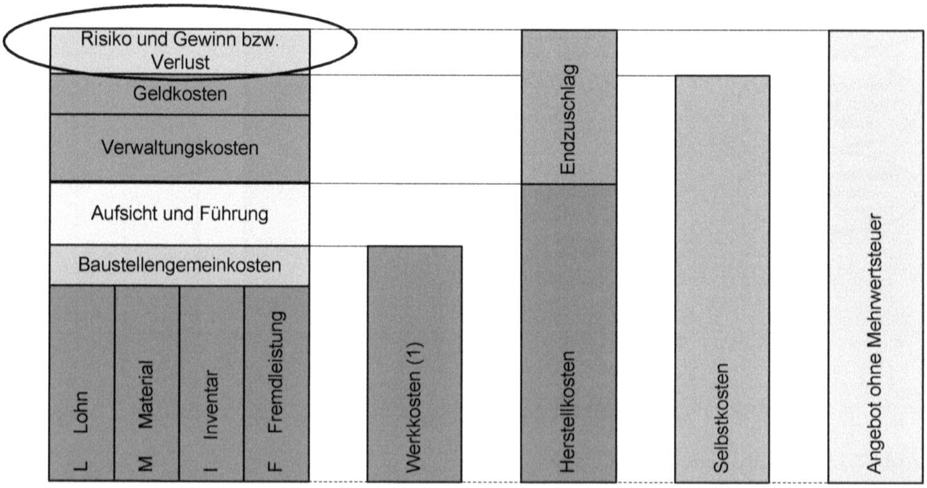

Abb. 7.10 Angebotskalkulation gemäß SBV. (SBV (Vorkalkulation des Schweizerischen Baumeisterverbandes 1996) S. 9)

gesperrt oder zurückgestellt werden. Ebenso können dem Unternehmen Risiken aus der Finanzierung des Inventars durch Zinsmarktschwankungen, durch Personalfluktuation und des daraus resultierenden Know-how- und Kompetenzverlustes sowie aus Führungsfehlern, wie z. B. Bearbeitung des falschen Marktsegments oder nicht rechtzeitige Kapazitätsanpassung, entstehen.

Die projektspezifischen Risiken ergeben sich aus der Abwicklung eines konkreten Projekts und sind in der Regel von anderen Projekten des Unternehmens unabhängig. Sie liegen in den Bereichen Recht (aus Vertrag, Gesetzgebung, Baubewilligung), Finanzen, Technik, Terminsituation, Management des betreffenden Projekts und den Risiken des Projektumfelds.

Traditionellerweise werden allgemeine Risiken des Unternehmens und die projektspezifischen Risiken gemäß Abb. 7.10 berücksichtigt.

Werden die Risiken eines Projekts nach der Risikomanagementmethode differenziert analysiert und bewertet [12], sollten die Risikokosten in der Kalkulation in drei Bestandteile unterschieden werden (vgl. Abb. 7.11):

- Projekteinzelrisikokosten – Detaillierte Kosten für identifizierte Projektrisiken der jeweiligen Gewerke, untergliedert in technische, rechtliche, finanzielle, terminliche, betriebliche und umfeldbedingte Risiken.
- Projektpauschalrisikozuschlag – Pauschaler, prozentualer Zuschlag in Abhängigkeit von den Kosten der identifizierten Risiken für nicht identifizierte Projektrisiken, die sich auf im Einzelnen nicht zu erfassende Mehrkosten beziehen. Hierzu zählen u. a. die Risiken in den Leistungsansätzen, in der Gewährleistung, etc.
- Unternehmerpauschalrisikozuschlag – Pauschaler, prozentualer Zuschlag in Abhängigkeit von den Selbstkosten eines Projekts für das allgemeine Unternehmerrisiko. Hierzu

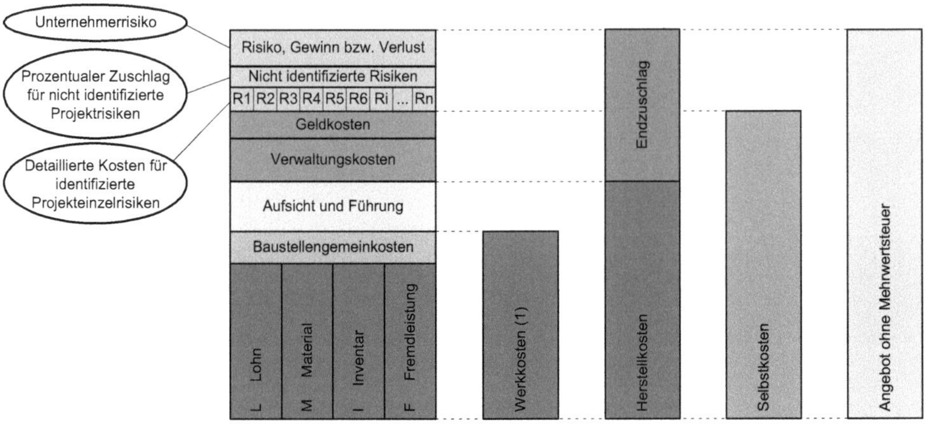

Abb. 7.11 Risikobasierte Vorkalkulation

zählen die Risiken der Kapazitätsauslastung, Risiken der Unsicherheit der Erzielung des budgetierten Jahresumsatzes, etc.

Eine Übersicht der Projekt- und Unternehmensrisiken ist in Abb. 7.12 dargestellt. Die allgemeinen Risiken des Bauunternehmens sind in Gruppe 0 enthalten. Die projektspezifischen Risiken ergeben die Gruppen 1 bis 5. Sie unterteilen sich in

1. Risiken der Angebotsbearbeitung bzw. -abgabe
2. Risiken der Vertragsverhandlungen bzw. Auftragserteilung
3. Risiken der technischen Bearbeitung bzw. Arbeitsvorbereitung
4. Risiken der Ausführung, bestehend aus Baustelleneinrichtung, Personalbereitstellung, Fertigung und Abnahme
5. Risiken aus Abrechnung und Zahlung, Gewährleistung und Rechtsstreitigkeiten

7.7.3 Anforderungen an die Angebotskalkulation

Die Angebotskalkulation [9] dient zur Ermittlung der zu erwartenden Selbstkosten für die Erstellung des Bauwerks. Die Grundlage für diese Kostenermittlung sind Erfahrungswerte, die unter anderem auch aus der Nachkalkulation vorhergehender Bauvorhaben gewonnen werden. Dazu ist es erforderlich, innerhalb des Bauunternehmens eine einheitliche Methode zur möglichst lückenlosen Erfassung der Kosten zu definieren. Beim Einsatz neuer Geräte oder Verfahren müssen diese Werte geschätzt werden.

In der Angebotskalkulation werden die Planleistungen und Plankosten für die einzelnen LV-Positionen und ihre jeweiligen Kostenarten (Lohn, Inventar, Material, Fremdleistungen) „exakt" ohne taktische Angebotsüberlegungen bestimmt.

In der Angebotskalkulation werden die Planleistungen und Plankosten nach Kostenarten für die direkten Leistungen getrennt. Dies betrifft die direkten Produktionskosten für

	Stadium der Baudurchführung	Risiken des Bauunternehmens
0		Allgemeine Risiken des Bauunternehmens die unabhängig vom einzelnen Auftrag bestehen, aber von der jeweiligen Baumassnahme unterschiedlich stark beeinflusst werden. A1 Anlagen- und Beständerisiko A2 Investitionsrisiko A3 Finanzierungsrisiko A4 Beschäftigungsrisiko 1) Saisonrisiko 2) Konjunkturrisiko 3) Risiko aus strukturellen Veränderungen 4) Standortrisiko 5) Rufrisiko A5 Risiko geringer Angebotsquote
1	Angebotsbearbeitung	B1 Risiko aus Bearbeitungsfrist B2 Kooperationsrisiko B3 Risiko aus Sonderentwürfen B4 Kalkulationsrisiken 1) Wahl des Kalkulationsverfahrens 2) Wahl der Leistungssätze 3) Nichtberücksichtigung örtlicher Verhältnisse 4) Risiko aus unklarer oder nicht ausreichender Leistungsbeschreibung 5) Nichtberücksichtigung von Vertragsbedingungen 6) Risiko in den Massenansätzen 7) Risiko aus Fertigungsfristen 8) Lohnrisiko 9) Stoffpreisrisiko 10) unzureichender Ansatz für Nachunternehmerleistungen 11) Risiko aus Gerätekalkulation 12) Risiko aus politischen und wirtschaftlichen Massnahmen 13) rechnerisches Risiko 14) Risiko aus Währungskursschwankungen 15) Inflationsrisiko
1	Angebotsabgabe	B5 Risiko der Kapazitätsfestlegung während der Bindefrist
2	evtl. Auftragsverhandlungen	C1 Risiko aus Zugeständnissen gegenüber dem Bauherrn (konstruktiver, preislicher oder vertragsrechtlicher Art) C2 Risiko aus gegebenen Bankgarantien
2	Auftragserteilung	D1 Investitionsrisiko D2 Entwicklungsrisiko D3 Risiko aus politischen und wirtschaftspolitischen Massnahmen
3	Technische Bearbeitung, Arbeitsvorbereitung	E1 Risiko aus technischer Bearbeitung E2 Risiko aus der Arbeitsvorbereitung
4	Baustelleneinrichtung, Personalbereitstellung	F1 Risiko aus Baustelleneinrichtung und Personalbereitstellung F2 Risiko aus Baustellenversorgung
4	Fertigung	G Fertigungsrisiken G1 Risiko aus Vorleistungen des Bauherrn und von ihm beauftragter Unternehmern G2 Risiko aus Behinderung oder Unterbrechung der Bauausführung G3 Risiko aus Organisation, Koordination und Qualitätsüberwachung G4 Witterungsrisiko G5 Risiko durch besondere techn. und baustellenbedingte Erschwernisse G6 Gefahrtragungsrisiko G7 Risiko aus gesetzl. Haftung G8 Risiko aus der Abnahme von Subunternehmerleistungen G9 Risiko aus lokalen Baustoffen
4	Abnahme	H Risiko aus Vertragserfüllung und Abnahmeverzögerung
5	Abrechnung und Zahlung	I1 Risiko aus Lohnabrechnung I2 Risiko aus Abrechnung mit dem Bauherrn
5	Gewährleistung	K Risiko aus Gewährleistung
5	Rechtsstreitigkeiten	L Risiko aus Rechtsstreitigkeiten

Legende: 0 Allgemeine Unternehmerrisiken
1-5 Projektrisiken

Abb. 7.12 Risiken bei Angebot und Ausführung einer Bauaufgabe. (In Anlehnung an Schubert, E. (Die Erfassbarkeit des Risikos der Bauunternehmung bei Angebot und Abwicklung einer Baumaßnahme 1971) S. 22 f., und Bauer, H. (Baubetrieb 2 1992) S. 593 (Literaturangaben siehe [11]))

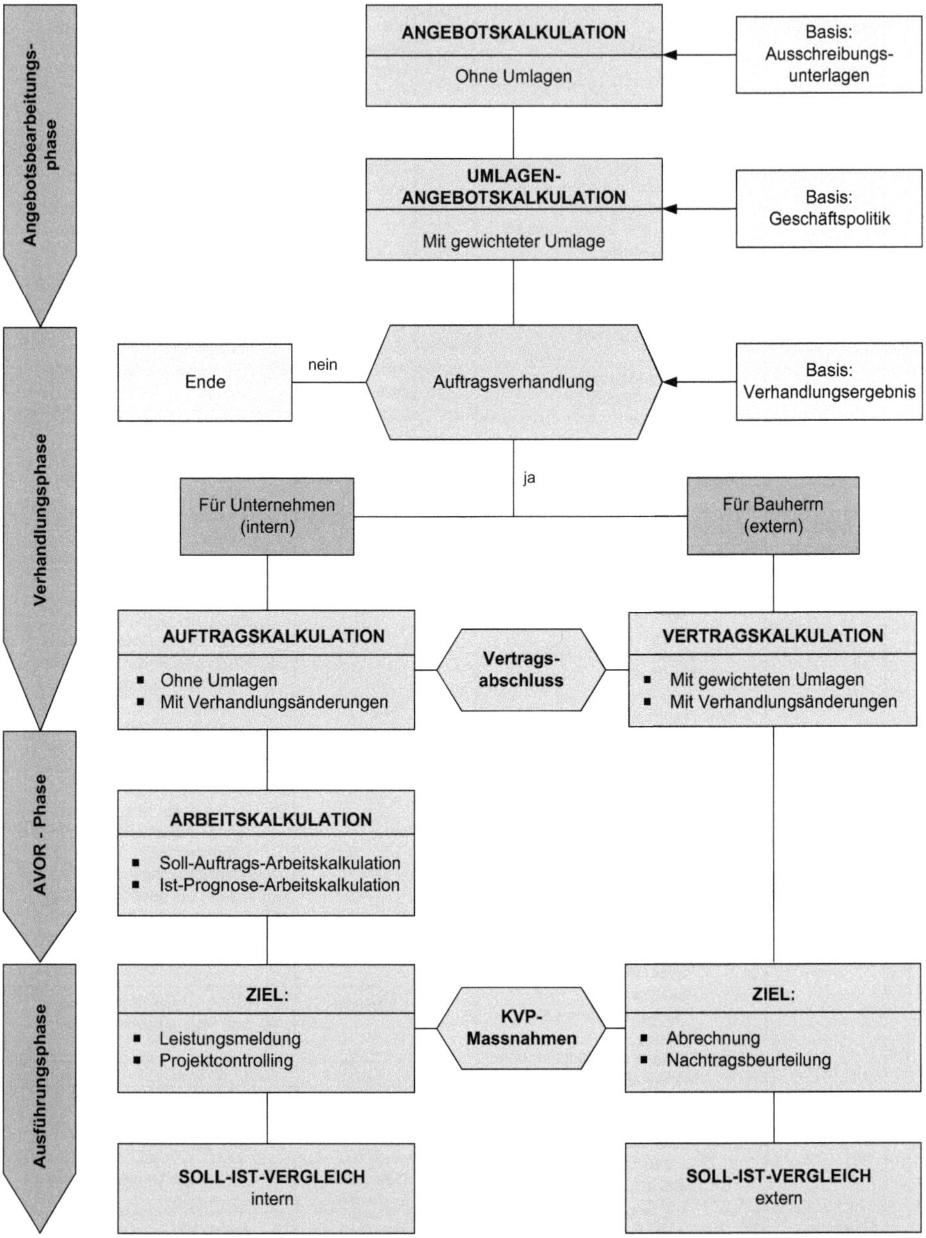

Abb. 7.13 Kalkulationsentwicklungsprozess

die eingesetzten Produktionsmethoden und die Produktionsmittel sowie die Baustellengemeinkosten (BGK), die Kosten für die Aufsicht und Führung (A&F) und die Zuschläge für die allgemeinen Geschäftskosten (AGK). Ferner werden die Zuschläge für Risiken

(Risikokosten) aufgrund der Risikoanalyse und die Vorschläge für den Gewinn gemäß der potentiellen Marktlage und den Unternehmensvorgaben abgeschätzt.

Anhaltswerte für Abschreibung, Reparatur und Energieverbrauch für Maschinen und Geräte können der Baugeräteliste [13], der Schweizerischen Bauinventarliste [14], den betriebsinternen Verrechnungssätzen (BIV) [15] und den Inventar-Grunddaten (IGD) [16] entnommen werden. Für neue Verfahren können Kostenansätze mit Hilfe der Standardanalysen (SBV) [17] gebildet werden.

Die Kosten sind bei der internen Kalkulation (Angebotskalkulation) vor der Umlage verursachungsgerecht den Positionen des Leistungsverzeichnisses (LV) zuzuordnen (Abb. 7.13). Bei offensichtlichen Fehlern in den Ausschreibungsunterlagen (Mengen) tendieren manche Unternehmen dazu, einzelne Positionen in ihrem Angebot an den Bauherrn spekulativ zu verändern, um von diesen Fehlern zu profitieren. Diese Gewichtung von AGK, BGK oder sogar von Geräte- und Lohnstunden erfolgt in der Umlagekalkulation erst im oder nach dem Schlussgespräch, indem die Angebotsstrategie konkret zur Optimierung der Unternehmensziele umgesetzt wird. Im Rahmen der Vertragsverhandlungen müssen die tatsächlichen Kosten dem Verhandlungsführer bekannt sein, damit er die Folgen von Minder- oder Mehrmengen sowie den Wegfall einzelner Positionen zügiger berechnen kann

Die Übereinstimmung mit dem betrieblichen Rechnungswesen und der Nachkalkulation einzelner Projekte ist sicherzustellen. Übersichtlichkeit bei Struktur und Aufbau der Kalkulation dient zur raschen Überprüfbarkeit der Annahmen und Berechnungen. Die Handhabung der Kalkulation sollte einfach und sicher sowie nicht nur vom Kalkulator zu verstehen sein.

Literatur

1. SIA 118: Allgemeine Bedingungen für Bauarbeiten. Neudruck mit redaktionellen Präzisierungen, Hrsg. vom Schweizerischen Ingenieur- und Architektenverein SIA. Zürich (1991)
2. VOB Verdingungsordnung für Bauleistungen: Teil A und B; mit den EWG-Richtlinien von 1973. Textausgabe mit Sachverzeichnis und einer Einführung von Werner U., Pastor W. (Hrsg.) von U. Werner. 11. Aufl. (Stand 01.11.1991). Deutscher Taschenbuchverlag, München (1991)
3. FIDIC (Hrsg.): Conditions of Contracts for Works of Civil Engineering Construction, 4. Aufl. Lausanne (1992)
4. FIDIC (Hrsg.): Conditions of Contract for EPC/Turnkey Projects, 1. Aufl. Lausanne (1999)
5. Institution of Civil Engineers (Hrsg.): Design and Construct Conditions of Contract. London (1992)
6. ÖNorm B2110: Allgemeine Vertragsbestimmungen für Bauleistungen – Werkvertragsnorm. ON-Österreichisches Normungsinstitut, Wien (2002)
7. Girmscheid, G., Briner, H., Glättli, M.: Faires Nachtragsmanagement – Leitfaden für Bauunternehmen und Bauherren. h.e.p. Bauverlag, Bern (2003)
8. Girmscheid, G.: Bauproduktionsprozesse des Tief- und Hochbaus. Vorlesungsskript. Eigenverlag des Instituts für Bau- und Infrastrukturmanagement (ETH Zürich), Zürich (2012)

9. Girmscheid, G.: Kostenkalkulation und Preisbildung in Bauunternehmen, 2. Aufl. h.e.p. Bauverlag (2010)
10. Girmscheid, G.: Projektabwicklung in der Bauwirtschaft – Wege zur Win-Win-Situation für Auftraggeber und Auftragnehmer. Springer, Berlin (2003)
11. Girmscheid, G., Motzko, C.: Kalkulation und Preisbildung in Bauunternehmen, 2. Aufl. Springer, Berlin (2013)
12. Busch, Th.A.: Risikomanagement in Generalunternehmungen. IBB – Institut für Bauplanung und Baubetrieb, Eigenverlag des IBB an der ETH Zürich, Zürich (2003)
13. BGL Baugeräteliste: Technisch-wirtschaftliche Baumaschinendaten. Hrsg. vom Hauptverband der deutschen Bauindustrie, 2. Aufl. h. e. p. Bauverlag, Wiesbaden (1995)
14. Schweizerische Bauinventarliste: Führungs- und Arbeitsinstrument für die Bewirtschaftung und Kalkulation im gesamten Inventarbereich. Hrsg. vom Schweizerischen Baumeisterverband SBV, Zürich (1994)
15. BIV Betriebsinterne Verrechnungssätze für Bauinventar. Hrsg. vom Schweizerischen Baumeisterverband SBV, Zürich (1999)
16. IGD Inventar-Grunddaten. Hrsg. vom Schweizerischen Baumeisterverband SBV, Zürich (1999)
17. SBV (Hrsg.): Standard-Analysen SBV ST-WIN Hochbau 2001 (Betrachtungsprogramm mit Datenbank). Zürich (2001)

8 Angebotsprüfung, Schlussgespräch und Angebotsabgabe

8.1 Angebotsprüfung

Nach Fertigstellung der Kalkulation [1] ist das Angebot auf Plausibilität zu prüfen. Hierfür bieten sich unterschiedliche Verfahren an. In jedem Fall sind die unternehmenseigenen Daten mit weiteren Marktpreisen zu vergleichen.

- **Hauptmassen:** Zur Überprüfung der Hauptmassen kann man eine Überprüfung der Beton- und Stahlmassen pro Quadratmeter Bauwerkfläche (z. B. Brücken) oder pro Kubikmeter (z. B. Stahlbewehrung in Stützen, Decken) durchführen.
  - Preis über Quadratmeter: Aus den Nachkalkulationen ähnlicher Projekte lassen sich Preise pro m^2 berechnen, indem die Gesamtbausumme durch die Nutzungsfläche dividiert wird. Eine Differenzierung kann man durch die Darstellung der m^2-Preise je nach Typus der Nutzfläche (Sanitärräume, Grünflächen, Büros, Kantine etc.) vornehmen.
  - Preis über Kubikmeter: Analog dem Preis über Quadratmeter lassen sich Vergleichswerte über den Preis pro m^3 umbauten Raum darstellen.
- **Preis pro Einheit:** Alternativ zu Quadratmeter- oder Kubikmeterpreisen lassen sich je nach Objekt auch andere Vergleichspreisformen ermitteln. Hierbei steht je nach Objektnutzung die funktional gewichtigste Einheit als Berechnungsgrundlage zur Verfügung, z. B. im Parkhausbau der Preis pro Parkplatz oder im Kinobau der Preis pro Sitzplatz.

Ein weiteres Indiz für die Plausibilität der Kalkulation ist das Verhältnis der Summe der Direktkosten zu den Kosten der Baustelleneinrichtung. Entspricht das Verhältnis nicht dem üblichen Erfahrungswert, ist zu überprüfen, ob entweder Kosten übersehen worden sind oder ob das gewählte Bauverfahren optimiert werden kann bzw. bestimmte Leistungen durch Subunternehmer günstiger anzubieten sind.

G. Girmscheid, *Angebots- und Ausführungsmanagement – prozessorientiert*,
DOI 10.1007/978-3-642-55291-5_8, © Springer-Verlag Berlin Heidelberg 2015

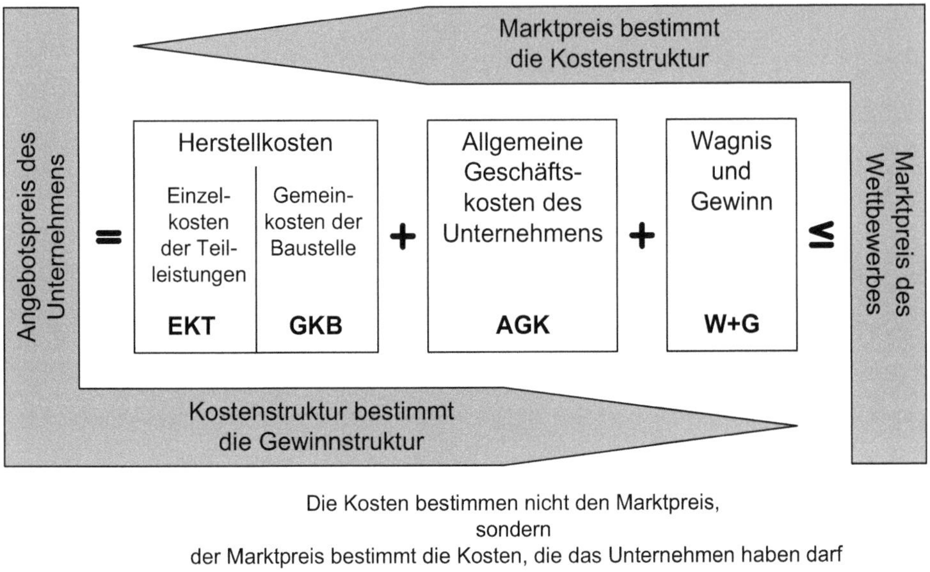

Abb. 8.1 Preisbildung aus Marktpreis und Kostenstruktur

8.2 Schlussgespräch

Das vom Kalkulator aufgestellte Schlussblatt dient als Hauptgrundlage für das Schlussgespräch. Im Schlussgespräch stellen der Projektleiter und der Kalkulator der Geschäftsleitung das Ergebnis der Angebotsbearbeitung vor. Je nach Umfang und Komplexität des Angebots nehmen auch weitere Projektmitglieder an diesem Schlussgespräch teil, um spezifische Fragen gezielt beantworten zu können. Im Schlussgespräch werden im Besonderen die Risiken und die Marktlage diskutiert und bewertet. Die Geschäftsleitung entscheidet hierbei einerseits über die Gewinnmarge, andererseits bewertet sie mit den Fachspezialisten die Risikokosten, die sich aus den bewerteten Einzelrisiken ergeben. Zusätzlich wird im Allgemeinen ein Risikozuschlag gewählt, der weitere Imponderabilien, die z. B. auch bei sorgfältigster Angebotsbearbeitung nicht erkannt wurden, sowie das allgemeine, nicht projektspezifische unternehmerische Risiko abdecken soll.

Der Marktpreis bestimmt die Preisgestaltung des Unternehmens. Die Kalkulation dient zur Erfassung der Kosten, jedoch muss die Unternehmensleitung bei der Preisgestaltung den Marktpreis des Wettbewerbs berücksichtigen. Ziel der Unternehmensleitung muss es sein, den Marktpreis auszuschöpfen und trotzdem den Auftrag zu erhalten (Abb. 8.1). Die Kostenstruktur des Leistungserstellungsprozesses des Unternehmens muss anhand der Marktpreisstruktur laufend auf ihre Wettbewerbsfähigkeit überprüft werden, damit ausreichende Erlöse erzielt werden können. Somit basiert der Angebotspreis auf einer markt- und kostenorientierten Preisgestaltung. Der Ablauf des Entscheidungsprozesses ist in Abb. 8.2 dargestellt. Ferner definiert die Unternehmensleitung bereits jetzt weitgehend

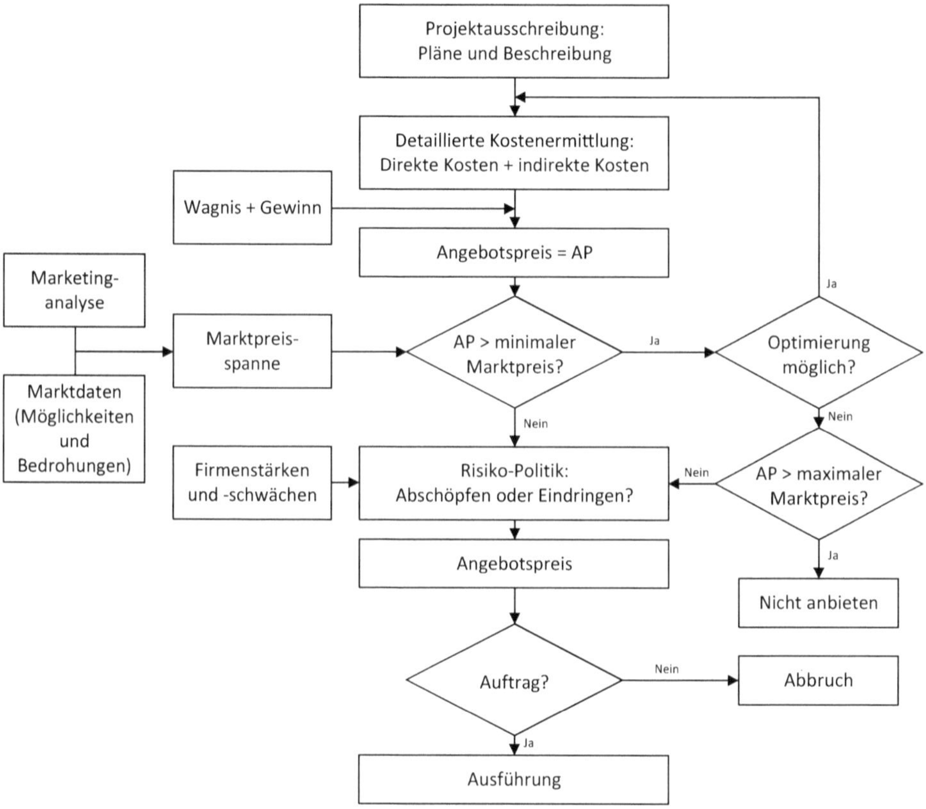

Abb. 8.2 Ablaufprozess zur Angebotspreisbildung aus markt- und kostenorientierter Betrachtung

den Verhandlungsrahmen, falls das Angebot in die engere Auswahl kommt. Die Angebotstaktik wird festgelegt, allfällige Vorbehalte werden formuliert, und das Angebotsschreiben wird in der endgültigen Form abgefasst.

Im Schlussgespräch einer Angebotsbearbeitung erfolgt die Prüfung des Angebots, die Angebotsoptimierung und die Preisbildung des Gesamtangebots sowie der Einzelpositionen.

8.2.1 Angebotsprüfung

Zur Angebotsprüfung müssen folgende Elemente kritisch hinterfragt und auf Belastbarkeit zur Erzielung des Unternehmenserfolges beleuchtet werden:

1. **Prozess – Kostenprüfung**
   - Wurde die Angebotskalkulation ausreichend geprüft und wurde die Prozessverantwortung für Leistungs- und Kostenvorgabe eingehalten?
   - Wurde die AVOR und Bauausführung eingebunden in die Wahl der Bauverfahren und Leistungsvorgaben?

   - Wurden der Einkauf und der Werkhof eingebunden in die Material- und Geräteauswahl sowie in die Kosten- und Preisbestimmung?
   - Wurden die Direktkosten auf Plausibilität geprüft?
   - Wie werden die allgemeinen Baustellenkosten auf Plausibilität geprüft?
2. **Prozess – Risikozuschlag**
   - Reicht der Risiko- und Gewinnzuschlag aus, um die potentiellen Risiken zu decken?
3. **Markt – Prüfung des Risiko- und Gewinnzuschlages**
   - Wie hoch können aufgrund der kalkulierten Kosten die Risiko- und Gewinnzuschläge sein?
   - Liegt die potentielle Gewinnmarge in der Grössenordnung der Vorgaben für die strategische Geschäftseinheit (SGE)?
4. **Markt – Prüfung des Gesamtpreises**
   - Wurde der Gesamtangebotspreis mit Risiko- und Gewinnvorschlag gemäss Marktpreisen geprüft? Mit welchen Projekten wurde verglichen bzw. mit welchem Ergebnis?

8.2.2 Angebotsoptimierung

Um den potentiellen Gewinn im Rahmen des Gesamtpreises und der Kosten zu optimieren, müssen folgende Fragen geklärt werden:

- Wie können durch Gewichtung der LV-Positionen mit Stunden und/oder AGK der Gewinn optimiert, Gefahren reduziert und Chancen erhöht werden?
- Welche LV-Positionen werden relativ früh abgerechnet und eignen sich zur Erzielung eines positiven Projekt-Cashflows?
- Welche LV-Positionen haben Potential auf eine Mengenerhöhung und welche eignen sich für Vergleichspositionen von Nachträgen?

Ein Angebot kann für das Unternehmen ohne Erhöhung der festgelegten Gesamtangebotssumme mit folgenden Zielen optimiert werden:

- Verbesserung des Gewinns in Bezug auf potentielle Nachtragspositionen bzw. Nachträge
- Erhöhung des Anfangs-Cashflows im Projekt

Die Optimierung des Angebots erfolgt durch eine kostenmässige Gewichtung einzelner LV-Positionen durch „Umlagen". Diese Gewichtung erfolgt nur für jene LV-Positionen, die

- zu Beginn des Projektes abgerechnet werden,
- zur Mengenmehrung oder als Vergleichsposition bei Nachträgen dienen.

Unter dem Begriff „Umlagen“, bezogen auf die LV-Positionen bzw. auf die Kostenarten der LV-Positionen, werden folgende Möglichkeiten verstanden:

- Es werden die linear verteilten oder gewichteten Baustellengemeinkosten (BGK), die allgemeinen Geschäftskosten sowie die Kosten der Baustellenführung und -aufsicht betrachtet. Dabei können die BGK, allgemeinen Geschäftskosten und die Kosten der Führung und Aufsicht proportional zu den Abrechnungssummen der jeweiligen LV-Positionen verteilt gewichtet werden. Die Gewichtung zur Preisbildung der LV-Positionen kann aus taktischen Gründen erfolgen, um die potentielle Endabrechnung aufgrund der geänderten Massen zu erhöhen bei Beibehaltung der durch die Geschäftsleitung festgelegten Angebotssumme. Die Gewichtung erfolgt für LV-Positionen, die fix sind oder deren Abrechnungsmengen höher erwartet werden sowie für LV-Positionen, die in einer frühen Phase des Projektes anfallen. Positionen, die nicht zu Nachträgen führen, werden geringer gewichtet, damit die geschäftlich anvisierte Angebotssumme eingehalten wird.
- Künstliche Neuverteilung der Gesamtlohnstunden (und eventuell der jeweiligen Gerätestunden)
  - mit einem Gewichtungsfaktor $\omega > 1$ auf LV-Positionen, die zur Erzielung eines positiven Cashflows dienen und auf LV-Positionen mit Nachtragspotential
  - bei gleichzeitiger Umgewichtung mit $\omega < 1$ von anderen LV-Positionen zur Erzielung der „realen“ Gesamtstunden im Angebot.

Die Umlageangebotskalkulation dient zur Preisbildung durch Umverteilung von Stunden und Baustellengemeinkosten und somit zur Gewichtung der LV-Positionen. Die Umlagenangebotskalkulation muss möglicherweise je nach Vertragsanforderungen bei der Auftragserteilung als Basis für eventuelle Nachträge an den Bauherrn abgegeben werden. Bei einer gewichteten Umlageverteilung sollte man besonders bei Lohnstunden darauf achten, dass eine gewisse Plausibilität vorhanden ist – aus rechtlichen Gründen sowie aus Imagegründen. So sollen Leistungen mit unterschiedlichem Schwierigkeitsgrad immer noch abgestuft erscheinen.

8.2.3 Preisbildung

Die Preisbildung ist eine rein unternehmenspolitische Entscheidung, die von der Geschäftsführung im Rahmen des Schlussgespräches vorgenommen wird. Um den Angebotspreis festlegen zu können, bedarf es einer seriös durchgeführten Angebotskalkulation für sämtliche Teilleistungen des Angebots. Hervorzuheben ist an dieser Stelle nochmals, dass in der Angebotskalkulation keinesfalls schon vorweggenommene „Spekulationen“ des Kalkulators enthalten sein dürfen. Aufgrund einer solchen systematischen Angebotsbearbeitung erhöht man wesentlich die Ergebnissicherheit der Angebotsbearbeitung zur Gewinnung des Auftrages und zur erfolgreichen gewinnorientierten Projektabwicklung.

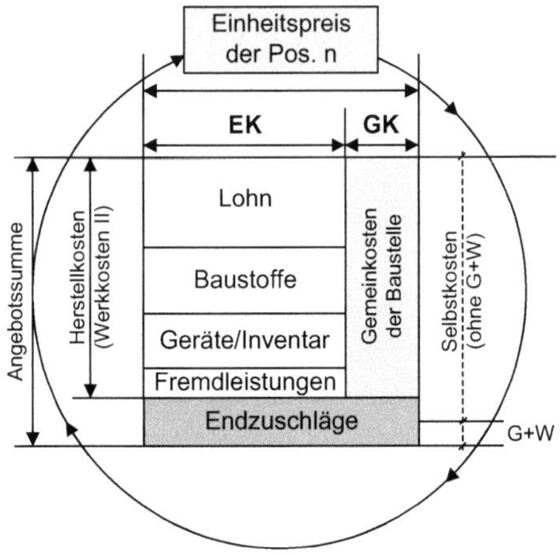

Abb. 8.3 Bildung des Einheitspreises

8.3 Angebotsabgabe

Nach dem Schlussgespräch muss der Kalkulator die entsprechenden Änderungen der Umlagekosten bzw. deren Gewichtung auf die Einzelpositionen vornehmen und die Preise für die ausgeschriebenen Leistungspositionen ins Leistungsverzeichnis eintragen (Abb. 8.3). Ferner müssen alle erforderlichen, in der Ausschreibung verlangten Angebotsunterlagen zusammengestellt werden. Dazu zählen meist der Terminplan, Pläne zur Darstellung einzelner Bauverfahren und Baumethoden, Beschreibung der Baumethoden und Bauabläufe, Projektqualitätshandbuch, Pläne und Angaben zur Arbeits- und Umweltsicherheit etc. Die Unterlagen werden in möglichst ansprechender Form übersichtlich gegliedert an den Bauherrn versandt. Dabei ist es besonders wichtig, dass der Abgabetermin eingehalten wird. Eine verspätete Abgabe des Angebots kann zur Ablehnung führen.

Literatur

1. Girmscheid, G.: Kostenkalkulation und Preisbildung in Bauunternehmen, 2. Aufl. h.e.p. Bauverlag (2010)

Verhandlungsphase 9

9.1 Angebotsprüfung durch den Bauherrn

Nach Abgabe der Angebote sichtet und prüft der Bauherr bzw. sein Vertreter (Bauherrenberater/Projektmanager) die eingegangenen Angebote meist nach folgenden Kriterien:

- Sind die Angebote vollständig, d. h. wurde die ausgeschriebene Leistung umfassend ohne Einschränkung angeboten und wurden alle Leistungs- und Abrechnungspositionen mit Preisen versehen?
- Wurden ausschreibungswidrige Vorbehalte formuliert bzw. Hinweise auf Ausschreibungs- bzw. Planungsdefizite oder auf (spekulative) unentdeckte Risiken gegeben?
- Wie ist die Qualität und Professionalität der Angebote hinsichtlich Erläuterungen, Bauablauf- und Terminplänen?

Besonders bei Einzelleistungsträgerwettbewerben werden die Einheitspreise der Anbieter tabellarisch gegenüber gestellt.

Die akzeptierten Hauptangebote werden anschließend vom niedrigsten Gesamtpreis aufsteigend gereiht, jedoch noch ohne Korrekturen hinsichtlich ausgeschlossener oder eingerechneter spekulativer Risiken. Anschließend erfolgt die Überprüfung der einzelnen Angebote auf eine preisliche Gewichtung von Leistungspositionen, die am Projektanfang liegen, um einen positiven Unternehmer-Cashflow zu erzielen. Ferner stellt der Bauherr durch Vergleiche mit den anderen Angeboten Überlegungen an, wie sich ausgeschlossene Risiken auf einzelne Leistungen auswirken. Diese Methode kann allerdings zu falschen Schlüssen führen, auf die der Unternehmer jedoch in der Verhandlungsphase hinweisen muss, falls er von Bauherrenseite auf die Abgeltung von ausgeschlossenen Risiken angesprochen wird.

G. Girmscheid, *Angebots- und Ausführungsmanagement – prozessorientiert*,
DOI 10.1007/978-3-642-55291-5_9, © Springer-Verlag Berlin Heidelberg 2015

Für jedes Angebot wird für die meist folgende Verhandlungsphase eine Liste angefertigt, in der alle potentiellen risiko- und preisreduzierenden Elemente des Angebots zusammengefasst werden. Die Alternativen zum Hauptangebot werden als Nächstes nach den gleichen Kriterien überprüft. Ferner muss bei Alternativen überprüft werden, ob diese in Bezug auf Funktionalität, Qualität und Dauerhaftigkeit adäquat zu der ausgeschriebenen Leistung sind. Der Bauherr wird auch prüfen oder prüfen lassen, ob spezielle Risiken, die in der Unternehmervariante liegen, eine zusätzliche Risikoübertragung und zusätzliche Garantien erfordern.

Anschließend fordert der Bauherr die ersten drei Anbieter zu separaten Bereinigungsgesprächen auf, um einen einheitliche Preisvergleich für seine Entscheidung herzustellen. Meist lädt er die ersten zwei oder drei Anbieter noch zu weiteren Verhandlungen ein, um seine Kosten bzw. den Preis der Unternehmen zu verringern. Dabei beginnt er normalerweise mit dem dritt- bzw. zweitplazierten Anbieter, um mit taktischen Mitteln eine Preissenkung dieses Anbieters möglichst unter den Betrag des Erstplazierten zu erreichen. Dabei werden auch die angebotenen Alternativen diskutiert. Mit diesen Kenntnissen wird der Bauherr dann mit dem Erstplazierten verhandeln, um auch dessen Preis nach unten zu korrigieren.

9.2 Verhandlungsvorbereitung des Unternehmers

Das Ziel der Auftragsverhandlungen (Abb. 9.1) mit dem Bauherrn ist es, einen weitgehend lückenlosen Vertrag auszuarbeiten, um Streitigkeiten in der Phase der Bauausführung möglichst zu vermeiden und für alle Leistungen, die während der Bauzeit auftreten könnten, einen Vergütungsanspruch geltend machen zu können.

Der Unternehmer steht in dieser Phase unter starkem Wettbewerbsdruck. Deshalb kann er nicht beliebige und beliebig viele Vorbehalte vorbringen, die er in der Phase der Angebotsbearbeitung festgehalten hat, sonst wird er vor die Wahl gestellt, Vorbehalte fallen zu lassen oder aber den Auftrag nicht zu erhalten. Er befindet sich also auf einer Gratwanderung mit einem meist nur kleinen Spielraum.

Das Dilemma des Unternehmers kann folgendermaßen verdeutlicht werden: äußert er in der Verhandlungsphase einen Vorbehalt, den der Bauherr nicht gelten lässt, so wird dies in den entsprechenden Protokollen vermerkt. Dadurch sind nachträgliche Forderungen des Unternehmers, die sich auf jenen Vorbehalt beziehen, nicht mehr durchzusetzen, weil er in den Verhandlungen explizit erwähnt und abgelehnt wurde. Bringt der Unternehmer jedoch einen Vorbehalt in der Verhandlungsphase absichtlich nicht zur Sprache und versucht später, daraus eine Mehrvergütung zu fordern, so wird ihm der Bauherr vorwerfen, er hätte sich dazu bereits in den Verhandlungsgesprächen äußern müssen.

Das unternehmerische Geschick wird stets einen großen Einfluss darauf haben, wie die Verhandlungsphase verläuft. Zu viele Vorbehalte belasten das Verhältnis mit dem Bauherrn, zu wenige hingegen können den Gewinn des Unternehmers vermindern. Die Kunst liegt nun darin, die Risiken aus nicht vorgebrachten Vorbehalten abzuschätzen und schon in der Kalkulation zu berücksichtigen, oder aber die Begründung und Geltendmachung

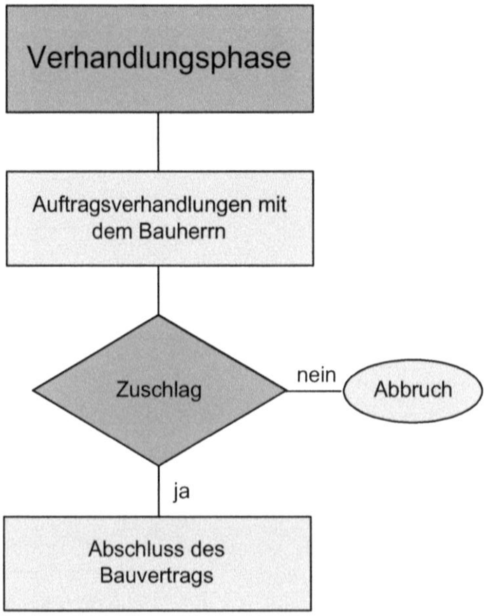

Abb. 9.1 Schritte in der Verhandlungsphase

entsprechender Nachträge in der Bauausführung bereits in der Phase der Angebotsbearbeitung vorzubereiten und festzuhalten [1]. Der Entscheidungsablauf der Verhandlungsphase aus Unternehmersicht ist in Abb. 9.2 dargestellt.

Wenn der Unternehmer zu Auftragsverhandlungen eingeladen wird, sollte er sich sehr sorgfältig vorbereiten; dazu gehört:

- Kalkulation und Cashflow überprüfen, um den eigenen finanziellen Verhandlungsspielraum abzuklären;
- Risiken und Risikokosten, die bei Übernahme durch den Bauherrn zu Preisreduzierungen führen können, prüfen;
- Informationen – wenn möglich – beim Planer oder Bauherrn bzw. Bauherrenvertreter einholen;
- Wer sind die Mitbewerber (wenn sie nicht schon vorher bekannt waren)?
- Gibt es in den Angeboten der Mitbewerber signifikante Preisunterschiede bei Hauptpositionen?
- Haben die Mitbewerber Alternativen, Sondervorschläge angeboten? Wenn ja, welche?
- Wurden die Alternativen und Sondervorschläge des eingeladenen Anbieters bewertet bzw. stehen sie zur Diskussion?
- Wie sehen die Reihung der Anbieter und das Ergebnis der Angebotskontrolle des Bauherrn in Bezug auf Fehler, Vorbehalte und Alternativen aus?
- Gibt es im eigenen Unternehmen besondere Kontakte zu Repräsentanten des Bauherrn oder seines Vertreters?

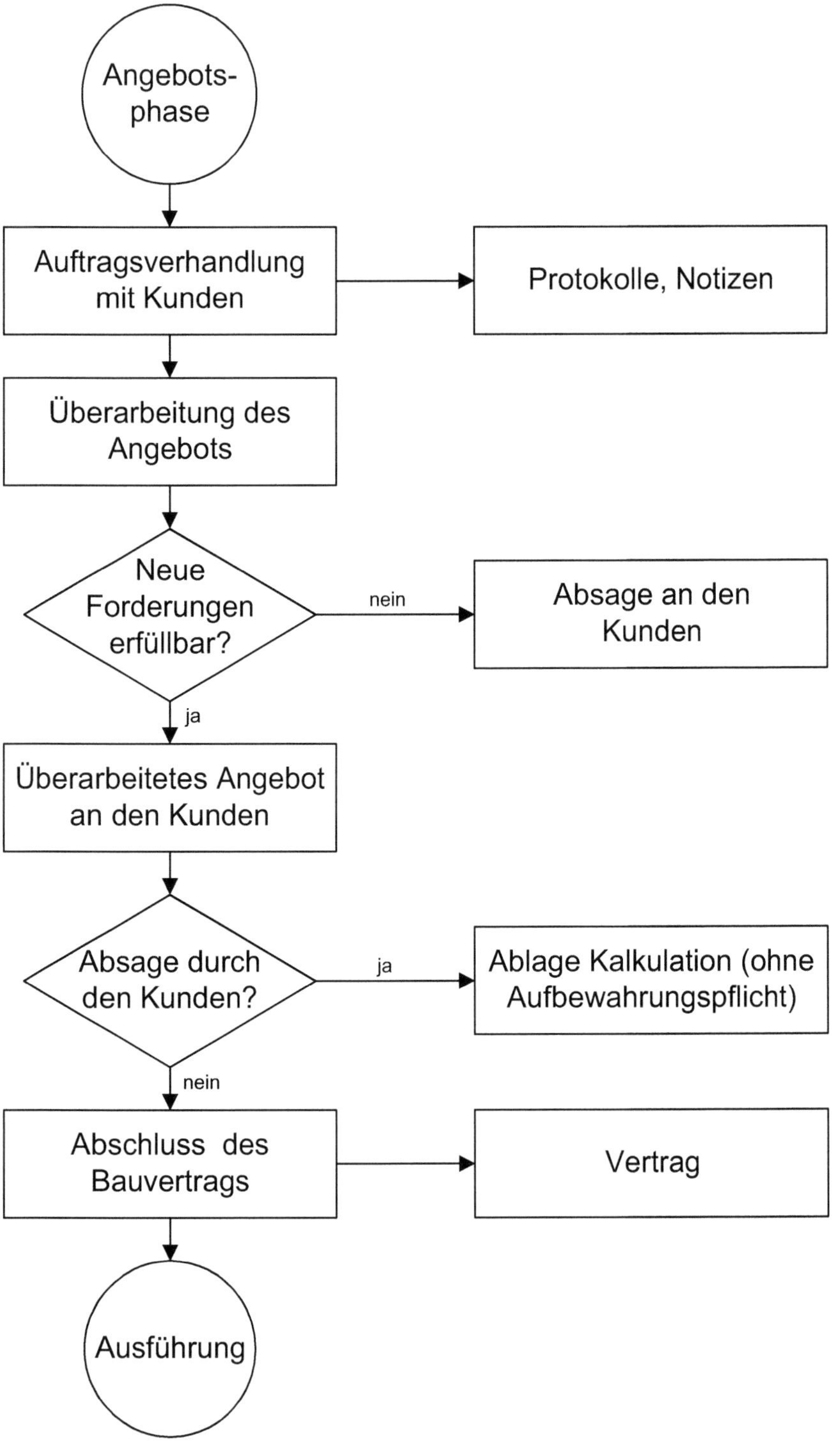

Abb. 9.2 Verhandlungsphase [1]

- Zusammensetzung der Gesprächsrunde auf Bauherrenseite herausfinden;
- Welchen Zweck hat das Gespräch?
- Sondierungsgespräch zum Taktieren und Herausarbeiten eines „Preisabschlags";
- Entscheidungsgespräch;
- Welche Informationen benötigen die bauherrenseitigen Gesprächspartner?
- Wer soll aus dem eigenen Unternehmen das Angebot kompetent (technisch) erläutern und das Unternehmen vertreten (Entscheidungsvollmacht)?

Basierend auf diesen Informationen, die jedoch meist nicht vollständig zu erhalten sind, muss der Unternehmer eine Verhandlungsstrategie entwickeln. Dabei sollten Unternehmer, die kein spekulatives, sondern ein „faires" Angebot erstellt haben, keinen Preisnachlass ohne ein bauherrenseitiges materielles oder immaterielles Entgegenkommen mit kostenreduzierenden Auswirkungen geben, denn ein Preisnachlass ohne Gegenleistung bedeutet eigentlich, dass das Angebot zu hoch war. Dieser Grundsatz ist allerdings in der Praxis im „reinen" Preiswettbewerb schwierig durchzuhalten.

Zur Gestaltung der Verhandlungsstrategie müssen folgende Aspekte die Grundlage bilden:

- Verhandlungsziel des Bauherrn systematisch überlegen bzw. antizipieren
- Ziele des Unternehmens und Verhandlungsspielräume festlegen
- Verhandlungstaktik den Gesprächsstufen angepasst festlegen
- Gesammelte Informationen auswerten und in der Vorbereitung inhaltliche, kostenmäßige und personelle Alternativen aufbauen und bereitstellen
- Vorbehalte im eigenen Angebot auf ihren Geldwert prüfen und Verhandlungsalternativen vorbereiten
- Bildung von ARGEn ins Auge fassen (z. B. um Mitbewerber, die der Bauherr gerne am Projekt beteiligen möchte, einzubinden; das Gleiche gilt für Subunternehmer oder „Hausmaurer" des Bauherrn)
- Koordinierung für separat ausgeschriebene Gewerke übernehmen, um den Bauherrn zu entlasten, z. B. wenn einzelne Positionen separat ausgeschrieben wurden
- Gegengeschäftspotential prüfen
- Schwachstellen von Alternativen und Sonderangeboten der Mitbewerber erarbeiten und systematisch zusammenstellen

Zur erfolgreichen Verhandlungsführung ist ein systematischer Argumentationsaufbau notwendig. Im Mittelpunkt steht das Ziel, den Kunden von der Vorteilhaftigkeit des Leistungsangebots zu überzeugen. Das Leistungspotential des Unternehmens sollte dabei besonders hervorgehoben werden. Der Preis spielt bei der Bewertung die wichtigste Rolle; eine Entscheidung nur aufgrund des Preises, losgelöst vom Leistungspotential, kann jedoch für den Bauherrn zu Problemen führen (Terminverzögerungen, schlechte Qualität und letztlich direkte Kosten in der Bauphase und indirekte Kosten in der Nutzungsphase).

Tab. 9.1 Faktoren, die das Verhandlungsgespräch beeinflussen

Sprache/Stimme	Zuhören
Formulierung	Atmosphäre
Gestik	Mimik
Blickkontakt	Distanz
Inhalt	Reaktion

Der Unternehmer muss den Kunden überzeugen, dass dessen Leistungsziele nur durch das Leistungspotential seines Unternehmens in das gewünschte, nachhaltige Leistungsergebnis umgesetzt werden können.

Beim ersten Auftragsverhandlungsgespräch sollten, wenn der Bauherr es wünscht, das Hauptangebot und die Alternativen präsentiert und erläutert werden. Ferner sollten das Leistungspotential des Unternehmens (ohne Übertreibung) und die Vorteilhaftigkeit des Angebots dargestellt werden. Dabei müssen auch die Gründe für mögliche Vorbehalte erläutert werden. Bei der Präsentation der Alternativen oder des Sondervorschlags versuchen die Unternehmen oft, auf Schwachpunkte der Alternativen und Sondervorschläge der Mitbewerber hinzuweisen, um eine bessere Ausgangsposition zu erreichen. Dies erfolgt meist in der Weise, dass der Unternehmer vorgibt, die potentiellen Sondervorschläge der Konkurrenz bei der Untersuchung der Alternativen berücksichtigt zu haben, dabei aber diese oder jene Nachteile entdeckt und deswegen die Strategie nicht weiter verfolgt zu haben.

Der persönliche Kontakt personifiziert das Leistungspotential des Unternehmers. Dabei ist es zum erfolgreichen Argumentationsaufbau notwendig, die Ziele des Gesprächspartners und die Vorteile, die er erhalten kann, im Auge zu behalten. Wichtig für das Erreichen der Leistungsziele ist aufmerksames Zuhören, um die wirklichen Probleme des Bauherrn kennen zu lernen, die in der Spezifität des Bauwerks und der Unsicherheit des Leistungserstellungsprozesses liegen. Die wichtigen Faktoren, die ein Gespräch positiv oder negativ beeinflussen können, sind in Tab. 9.1 zusammengefasst. Ferner ist darauf zu achten, dass die Selbstdarstellung nicht zu überzogen oder zu schwach ist. Die Gesprächsführung wird vom Bauherrn bzw. seinem Vertreter übernommen, daher sollte man möglichst im Vorfeld die Verhandlungsagenda anfordern und, falls erforderlich, Punkte ergänzen, um die wichtigen Angebotselemente zu erläutern.

Verhandlungshindernisse werden meist durch Emotionen hervorgerufen. In solchen Fällen hilft Zuhören, Bestätigen sowie Haltung und Gesicht wahren, ohne dass dies Auslöser von nicht berechtigten bzw. unbeabsichtigten Zugeständnissen sein sollte.

Im Zuge der Auftragsverhandlungen sind Teile der Offerte zu überarbeiten und anzupassen. Hiervon betroffen sind z. B. Änderungen von Einheitspreisen, Mengenänderungen, Wegfall oder Hinzukommen von Positionen, Terminänderungen. Kommt es während der Verhandlungen durch Forderungen oder Änderungswünsche des Bauherrn zu einer veränderten Risikolage, erfordert dies wiederum ein erneutes Durchlaufen des Risikomanagementprozesses [2]. Dazu übernimmt man die bereits identifizierten Risiken aus der Angebotsbearbeitung und sucht durch die veränderte Ausgangslage neu entstandene Risiken.

Die sich ergebenden Kostenänderungen werden von der Angebotskalkulation bzw. Umlage-Angebotskalkulation in die Auftragskalkulation (intern) bzw. Vertragskalkulation (extern) übernommen.

9.3 Dilemma der Fairness

In der Verhandlungsphase versuchen manche Bauherren, nachtragsrelevante Vorbehalte der Unternehmer durch ihre Verhandlungsmacht zu eliminieren und als Teil der zu erbringenden Leistung zu definieren. Unternehmen, die in dieser Hinsicht negative Erfahrungen gemacht haben, informieren über nachtragsrelevante Elemente der Ausschreibung oft erst nach Auftragserhalt, damit sie nicht im Rahmen des „reinen" Preiswettbewerbs kostenlos Unzulänglichkeiten und Fehler der Planung korrigieren und zusätzliches Know-how zur Verfügung stellen müssen.

In anderen Fällen kommt es vor, dass Bauherren mit einem Anbieter, der im internen Preisrating nur auf dem dritten oder vierten Platz liegt oder z. B. aufgrund von Gegengeschäftsbeziehungen ohnehin nicht beauftragt werden wird, trotzdem weiter verhandeln, weil dieser im Anschreiben auf Probleme hinweist, die zu ausführungstechnischen oder nutzungstechnischen Problemen bzw. Nachträgen führen könnten, sie aber mit dem Hinweis, dass er sie dem Bauherrn erst im Fall von erstrangigen Auftragsverhandlungen darlegen wird, nicht weiter qualifiziert. Der Bauherr wiegt diesen Anbieter im Vertrauen, chancenreich vor dem Erhalt des Auftrags zu stehen, um eine Detaillierung der Probleme zu bekommen. Nicht selten übernimmt der Bauherr das Know-how bzw. die Problemlösungen mehr oder weniger indirekt und wendet folgende Praktiken an:

- Er beauftragt den Billigsten, lässt allerdings das Know-how eines Mitbewerbers einfließen.
- Er „zwingt" den Dritt- oder Viertplazierten auf dem Verhandlungsweg, seinen Preis dem Billigstbieter anzupassen und das Know-how „gratis" beizustellen.

Daher entwickeln solche Unternehmer durch ein gezieltes Nachtragsmanagement für die einzelnen Projekte Strategien, um eine Vergütung für nicht oder unvollständig ausgeschriebene Leistungen oder ihr Spezial-Know-how zu bekommen. Dabei entsteht oft die Versuchung, über solche Nachträge das Ergebnis der Baustelle zu verbessern, besonders dann, wenn der Preiswettbewerb bei den üblichen Kostenrisiken des Unternehmers aufgrund der in der Kalkulation geschätzten Leistungsvorgaben nur geringe oder keine Gewinnmargen verspricht.

Dieses Verhalten der Bauherren ruft bei den Unternehmern – bzw. umgekehrt – Reaktionen hervor. Fairness lohnt sich, ist jedoch im Alltag bei der Vielzahl der wechselnden Beteiligten im Bauprozess nicht selbstverständlich. Ferner genießen die Parteien Verhandlungs- und Vertragsfreiheit und können entscheiden, wie weit sie zu Zugeständnissen bereit sind, um einen Auftrag zu vergeben bzw. anzunehmen. Auch Verhandlungspartner müssen lernen, Grenzen zu setzen.

9.4 Vergabe

Aufgrund der Verhandlungen und nach Klärung der erkennbar offenen technischen sowie preislichen Probleme vergleicht der Bauherr die endgültigen, verhandelten Angebote der Bauunternehmer. Nach Bewertung der Unternehmen bezüglich ihrer Qualifikation und Leistungsfähigkeit für die ausgeschriebene Bauleistung wählt er meist das Angebot mit dem niedrigsten Preis aus. Danach erfolgt die Vergabe der Bauleistung unter Würdigung aller Umstände an den Bieter, der dem Bauherrn durch Leistungsfähigkeit und Preiswürdigkeit am besten geeignet erscheint.

9.5 Auswertung der Submissionsergebnisse

Eine wichtige Aufgabe eines jeden Bauunternehmens ist die möglichst systematische Auswertung der Submissionsergebnisse. Das Ziel dieser Auswertung sollte die Feststellung der generellen Wettbewerbsposition sowie der spezifischen Wettbewerbsposition im Hinblick auf spezielle Konkurrenten und Bauwerkstypen sein. Der Vergleich soll einer permanenten kritischen Überprüfung der eigenen Leistungsfähigkeit im Vergleich zu den Konkurrenten dienen. Dabei ist nicht das einzelne Ergebnis entscheidend, sondern die Tendenz. Abbildung 9.3 zeigt ein Szenario von drei Bauunternehmen, die unterschiedlich erfolgreich am Markt agieren. Neben der Beurteilung der strategischen Erfolgspositionen sind auch eini-

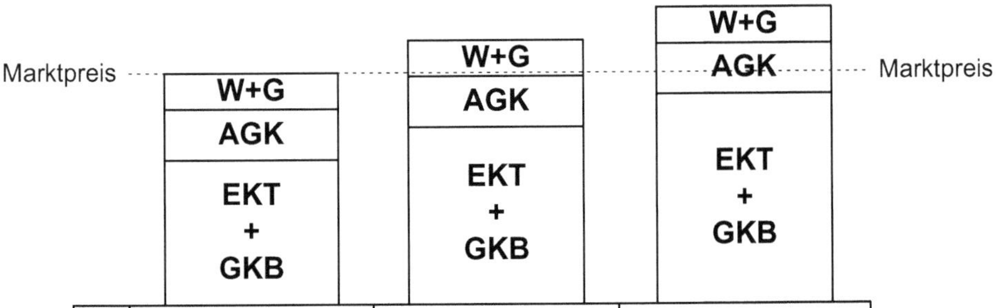

	Unternehmen A	Unternehmen B	Unternehmen C
Beurteilung	Unternehmen A hat eine optimale, an den Wettbewerb angepasste Kostenstruktur in Bezug auf: • Einsatz der Produktionsmittel • Kosten der allgemeinen Unternehmensführung AGK und erwirtschaftet ausreichend Gewinne.	Unternehmen B macht nur unterdurchschnittliche Gewinne; möglicherweise unzureichende Eigenkapitalverzinsung, keine Rücklagen für neue Geschäftsbereiche.	Unternehmen C macht keinen Gewinn und der Deckungsbeitrag zur Unternehmungsführung wird nicht gewährleistet.

Abb. 9.3 Anpassung der Kosten an den Marktpreis – Beurteilung [3]

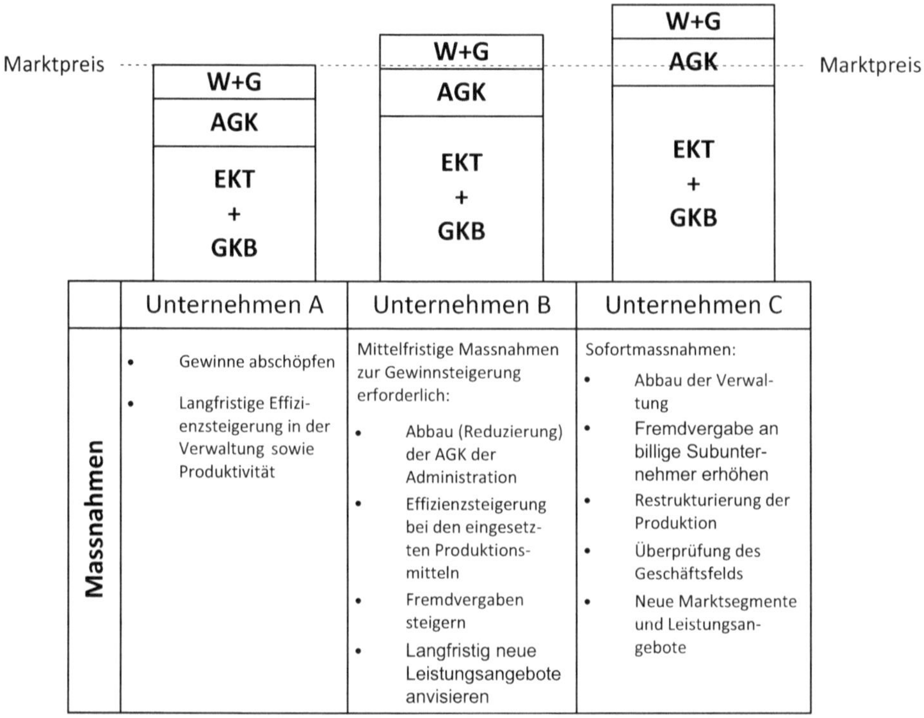

Abb. 9.4 Anpassung der Kosten an den Marktpreis – Maßnahmen [3]

ge mögliche Maßnahmen angegeben, um erfolgreiche Korrekturen vorzunehmen. Diese Maßnahmen (Abb. 9.4) müssen dann in der Unternehmensstrategie veranlasst und bei der Angebotsprojektbearbeitung operativ umgesetzt werden.

Literatur

1. Girmscheid, G., Briner, H., Glättli, M.: Faires Nachtragsmanagement – Leitfaden für Bauunternehmen und Bauherren. h.e.p. Bauverlag, Bern (2003)
2. Busch, Th.A.: Risikomanagement in Generalunternehmungen. IBB – Institut für Bauplanung und Baubetrieb, Eigenverlag des IBB an der ETH Zürich, Zürich (2003)
3. Girmscheid, G.: Kostenkalkulation und Preisbildung in Bauunternehmen, 2. Aufl. h.e.p. Bauverlag (2010)

Teil II
Ausführungsmanagement

Phasen des Ausführungsmanagements 10

Fast jedes Bauwerk besitzt Unikatcharakter und ist gekennzeichnet durch:

- Errichtung am Ort der Nutzung und damit individuelle topografische, geologische, verkehrstechnische und nachbarliche Bedingungen
- individuelle Architektur, Baustoffkombination und Konstruktion
- regionale Bau- und Umweltgesetze
- individuelle Vertragsgestaltung, Bauherrenorganisation und Projektabwicklungsform

Diese Charakteristik beeinflusst und gestaltet den Bauproduktionsprozess, der daher für jedes Bauwerk individuell geplant werden muss, um eine technisch wie ökonomisch optimale Abwicklung zu erreichen. Dies unterscheidet den Bauproduktionsprozess von fast allen anderen Produktionsprozessen in stationären Produktionsanlagen mit Massen- und kundenindividuellen Produkten. Kein individuelles Industrieprodukt hat im Verlauf der Transaktion von der Planung bis zur Herstellung so ausgeprägte Charakteristiken in Bezug auf:

- Integrationsgrad
- Interaktionsgrad
- Individualitätsgrad
- Immaterialitätsgrad

Das bedeutet, dass der Bauherr in fast allen Phasen des Bauprozesses seine individuellen Bedürfnisse und Vorstellungen in den Prozess integrieren möchte. Dies ist nur durch eine starke Interaktion möglich. Bei einem individuellen Industrieprodukt spezifiziert der Besteller seine technischen sowie Qualitäts- und Leistungsanforderungen und überlässt dem Hersteller die Gestaltung und Produktion des Produkts, ohne sich um die Details zu küm-

G. Girmscheid, *Angebots- und Ausführungsmanagement – prozessorientiert*,
DOI 10.1007/978-3-642-55291-5_10, © Springer-Verlag Berlin Heidelberg 2015

mern. Bei einem Bauwerk jedoch müssen die individuellen Wünsche des Bauherrn von der funktionalen und architektonischen Gestaltung bis zur Auswahl der Farben für den Außenputz oder Form und Größe der Keramikplatten im Verlauf des Bauprozesses interaktiv zwischen Bauherrn, Architekten und Bauunternehmer integriert werden. Jede im Leistungsverzeichnis ausgeschriebene Bauleistung hat in gewissem Umfang immer noch einen relativ hohen Immaterialitätsgrad. Diese Besonderheit muss ein Bauunternehmen im Rahmen des Ausführungsmanagements besonders berücksichtigen, um die Bauausführung zu einer Erfolgsstory für sich werden zu lassen. Als Erfolgsstory wird in den Bauunternehmen und im Besonderen von den Baustellenchefs nur der finanziell erfolgreiche Abschluss der Baustelle verstanden, der bei weniger kundenorientierten Leistungsanbietern durch möglichst viele Nachträge erreicht wird. Eine erfolgreiche Abwicklung einer Baustelle muss heute umfassender als Key Account Management und Bauproduktionsprozessmanagement verstanden werden. Dabei sind als Erfolgsdeterminanten zu definieren:

- die finanziell erfolgreiche Abwicklung der Baustelle
- die Einbindung des Bauherrn und der Bauherrenvertreter in den Produktionsprozess durch regelmäßige Information über Ablauf, Termine und Qualität, ohne jedoch die Kompetenz hinsichtlich des Bauproduktionsprozesses zu teilen
- konstruktive und faire Problemlösungsstrategien sowie problemorientiertes und faires Nachtragsmanagement

Jeder Baustellenchef muss sich als Bauproduktionsmanager und Key Account Manager verstehen. Dies ist eine sehr komplexe Aufgabe, die weit über die rein technische Kompetenz hinausgeht und ein hohes Mass an sozialer Kompetenz verlangt. Nur ein zufriedener, fair und kompetent bedienter Kunde wird mit dem Bauunternehmen in Zukunft wieder zusammenarbeiten oder es weiterempfehlen. Damit ist der Baustellenchef auch für die Kundenbindung verantwortlich, da er die Baumanager und Entscheidungsträger des Kunden persönlich kennenlernt. Bei entsprechender Kompetenz wird der Kunde diesen Kontakt nutzen, um das Bauunternehmen frühzeitig, z. B. beratend, bei neuen Projekten einzubinden.

Daher ist neben der kompetenten, technischen Ausführungsvorbereitung und der Durchführung des Bauproduktionsprozesses der Aufbau einer systematischen, regelmäßigen, institutionalisierten Kommunikation zum Bauherrn ein Schlüssel zum Erfolg. Dies verlangt vom Baustellenchef eine starke, offene und flexible Persönlichkeit, die die Interessen des Unternehmens mit Kompetenz umsetzt, die dazugehörigen Maßnahmen kommuniziert und trotzdem für die Fragen und Bedürfnisse des Bauherrn offen ist.

Das Ausführungsmanagement eines Bauunternehmens umfasst die Phasen der Ausführungsvorbereitung, des Ablaufs der Bauausführung und der Übergabe bzw. Inbetriebnahme. Die umfassende Produktionsplanung in der Startphase des Ausführungsauftrages ist der Grundstein für einen technisch und finanziell erfolgreichen Ablauf der Bauausführung. Sie baut auf einer soliden und robusten Angebotsbearbeitung und der daraus resultierenden Angebots- und Auftragskalkulation kybernetisch auf. Die Schlüsselelemente einer erfolgreichen Ausführungsvorbereitung sind:

- Vertragskontrolle nach Auftragserteilung
- Baustellenbegehung
- Erstellung einer Arbeitskalkulation als Basis der Baustellensteuerung und der Vergabe von Subunternehmeraufträgen
- Planung des Bauproduktionsprozesses mit Festlegung der Bauverfahren sowie der erforderlichen Geräte, Bauhilfsstoffe und Leistungsvorgaben
- Entwicklung des Projektorganisations- und Kommunikationskonzepts
- detaillierter Termin- und Ressourcenplan für Personal, Geräte, Bauhilfsstoffe, Materialien gemäß den zeitlich veränderlichen Anforderungen des Bauproduktionsprozesses
- Planung der Baustellen- und Sicherheitseinrichtungen gemäß den aufgabenorientierten, zeitlich veränderlichen Anforderungen des Bauproduktionsprozesses
- Erstellung eines Projektqualitätshandbuchs auf der Basis des betrieblichen Qualitätsmanagementsystems

Die Planungsvorgaben der Ausführungsvorbereitung müssen dann situativ flexibel in den Bauproduktionsprozess vor Ort, d. h. am Ort der Entstehung des Bauwerks, umgesetzt werden. „Situativ flexibel" bedeutet, dass eine noch so gute Bauproduktionsplanung stetige Anpassungen vor Ort verlangt, bedingt durch Wetterverhältnisse, Differenzen zwischen prognostizierten und realen geologischen und hydrologischen Bedingungen, Differenzen zwischen prognostizierten und realen Leistungen usw. Die Schlüsselelemente einer erfolgreichen Bauausführung, die auf einer soliden Ausführungsvorbereitung aufbaut, sind:

- Aufbau einer den Aufgaben und den zeitlichen Phasen der Baustelle angepassten Organisation
- zügige Erstellung der Baustelleninstallation sowie technische und zeitliche Anpassung an die Anforderungen des Bauproduktionsprozesses
- Wahl der optimalen Bauverfahrenstechnik für die jeweilige Aufgabe und kontinuierliche Verbesserung der Abläufe des Leistungserstellungsprozesses
- kontinuierliche Sicherstellung und Überprüfung der Qualität und Arbeitssicherheit
- optimal geplante und situativ angepasste Logistik
- wöchentliche Arbeitsprogramme und monatliche Leistungskontrolle
- systematische monatliche Termin-, Leistungs- und Kostenkontrolle sowie Steuerungsmaßnahmen zur Zielerreichung bzw. -verbesserung
- Sicherstellung der offenen Kommunikation mit dem Bauherrn, Dritten, der Baustellenführung und Baustellenmitarbeitern sowie Subunternehmern durch Routinebesprechungen und informelle Kontakte
- systematisches und faires Änderungs- und Nachtragsmanagement
- regelmäßige Rechnungsstellung
- monatlicher Projektbericht mit Soll-Ist-Analyse und Steuerungsmaßnahmen zur Zielerreichung
- mängelfreie Übergabe des Bauwerks

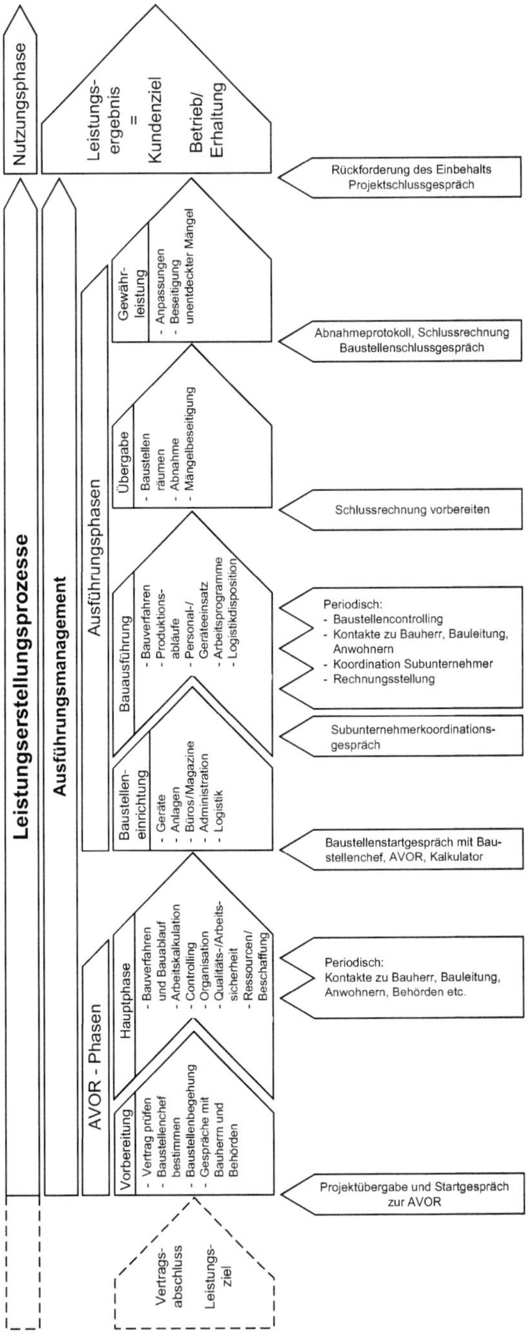

Abb. 10.1 Phasen und Meilensteine des Ausführungsmanagement

Das Ausführungsmanagement gliedert sich in die in Abb. 10.1 dargestellten Prozessphasen mit den dazugehörigen Meilensteinen.

Ausführungsvorbereitung 11

11.1 Phasen der Ausführungsvorbereitung

Die Ausführungsvorbereitung beginnt nach der Beauftragung durch den Bauherrn. Man kann die Ausführungsvorbereitung in die folgenden Phasen (Abb. 11.1) untergliedern [1]:

1. Vorbereitungsphase:
   - Auftragsdatenblatt (Übersicht) erstellen
   - Prüfung der Vertragsunterlagen
   - Baustellenchef bestimmen
   - Baustellenbegehung
2. Planungsphase:
   - Arbeitskalkulation und Controlling vorbereiten
   - Bauverfahrens- und Bauablaufplanung
   - Organisations- und Kommunikationsplanung
   - Qualitäts- und Arbeitssicherheitsplanung
   - Ressourcen- und Terminplanung
   - Beschaffungsplanung
   - Logistikplanung
   - Finanzplanung
   - Sonderpläne erstellen
   - Baustelleneinrichtungsplanung
   - Erforderliche Genehmigungen einholen
   - Liefer- und Subunternehmerverträge abschliessen

Die Ausführungsplanung muss als interaktiver Prozess zwischen Arbeitskalkulation und Arbeitsvorbereitung verstanden werden. Der Ablauf der Ausführungsvorbereitung in einem Bauunternehmen ist in Abb. 11.1 dargestellt.

G. Girmscheid, *Angebots- und Ausführungsmanagement – prozessorientiert*,
DOI 10.1007/978-3-642-55291-5_11, © Springer-Verlag Berlin Heidelberg 2015

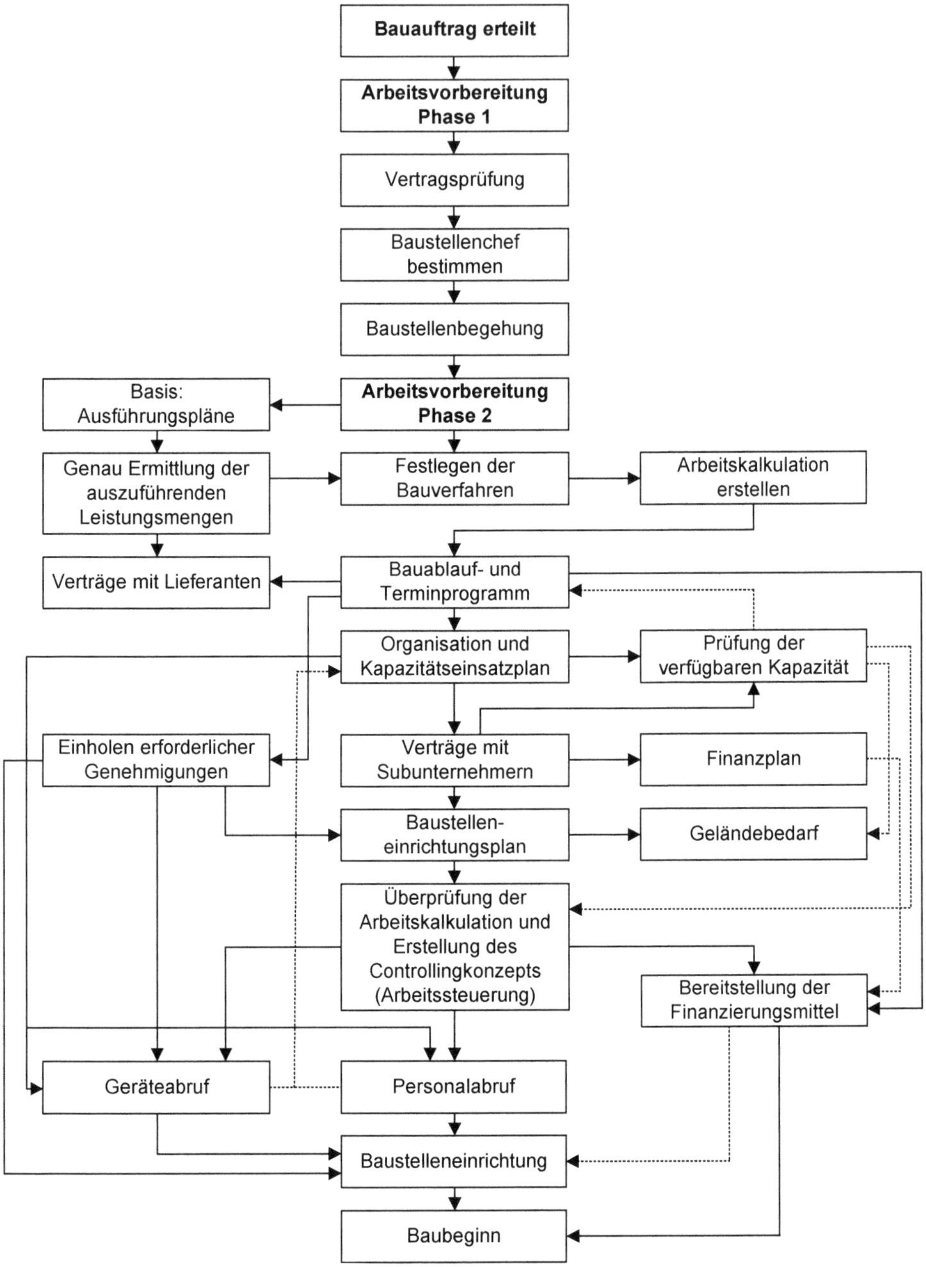

Abb. 11.1 Ablauf der Ausführungsvorbereitung

Die Arbeitsvorbereitung der Bauproduktion generiert den Basisproduktions- und Logistikplan, in dem die folgenden abhängigen Grössen in einem interaktiven Zusammenspiel festgelegt und vorgegeben werden:

- Die Bauverfahren
- Die Planung der Ressourcen für die einzelnen Bauaktivitäten
- Die Soll-Leistungsvorgaben und -Aktivitätszeiten
- Die Soll-Kostenvorgaben
- Die Baustelleninfrastruktur

Diese abhängigen Variablen sollen ein Kostenminimum für die Bauproduktion ergeben.

Diese Top-Down AVOR ist eine „Prognoseplanung" aufgrund des Unikatcharakters der meisten Bauprojekte, die auf Erfahrungsdatenmaterial beruhen. Diese Basisproduktionsplanung muss während des Produktionsprozesses in einem Bottom-Up-Prozess kontinuierlich von den ausführenden Polieren und Bauleitern wöchentlich angepasst werden (Abb. 11.2). Dies ist erforderlich da sich das herzustellende Produkt Bauwerk während der Bauphase in einem permanenten räumlich produktionstechnischen Veränderungsprozess befindet. Ferner sind bereits im Basisproduktionsplan und während der wöchentlichen Anpassungsplanung kontinuierliche Verbesserungsmassnahmen einzuleiten um nichtwertschöpfende Aktivitäten zu minimieren.

Zur Umsetzung der unternehmerischen Zielsetzung, die durch eine systemische prozessorientierte Angebotsbearbeitung vorbereitet wurde, ist ein projektorientierter Auftragsabwicklungsprozess erforderlich. Wie in der Angebotsphase soll der systematisierte Auftragsbearbeitungsprozess einen fehlerreduzierenden Ablauf sicherstellen.

Die Ziele eines Auftragsabwicklungsprozesses sind:

- Prozessverantwortung – durchgängig zu gewährleisten
- Informationskontinuität – von der Angebotsbearbeitung bis zur Fertigstellung des Projektes sichern
- Genehmigungsakteure – gezielt in die Entscheidungen einbinden, um Zeit- und Ressourcenverluste zu verhindern
- Produktionsplanung –mit Leistungsvorgaben durch die Arbeitskalkulation soll eine zielorientierte Herstellung sichern
- Disposition – von Geräten, Bauhilfsmaterial und Personal soll frühzeitig terminiert und die Kosten gesichert werden
- Produktion und Montage – sollen durch Leistungs- und Terminvorgaben kontrollier- und steuerbar sein
- Kontinuierlicher Verbesserungsprozess – durch wöchentliche Bottom-Up Detailplanung prospektiver Abläufe und Umsetzung effizienzsteigernder Vorschläge umsetzen
- Kundenzufriedenheit – durch das Leistungsergebnis in Bezug auf Kosten, Termine und Qualität sicherstellen

Ein beispielhafter Auftragsabwicklungsprozess für einen Generalunternehmer oder Einzelunternehmerauftrag (mit Fertigteillösungen und Ausführungsplanung) ist untergliedert in die folgenden Teilprozesse:

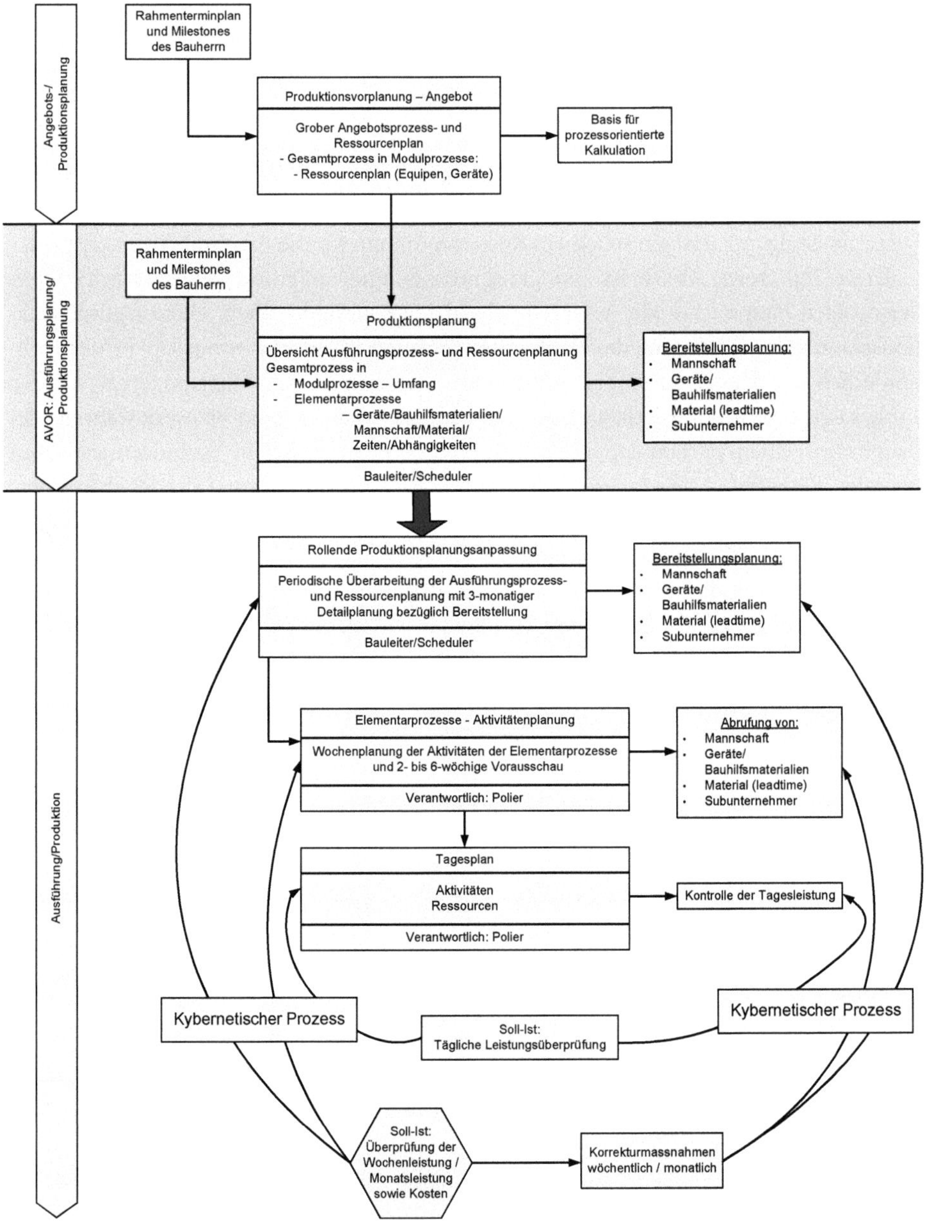

Abb. 11.2 Kybernetischer Produktionsplanungsprozess – AVOR-Phase

- Startphase (Tab. 11.1)
- Ausführungsplanungsphase (Tab. 11.2)
- AVOR- und Produktions- sowie Montagephase (Tab. 11.3)
- Projektabschlussphase (Tab. 11.4)

Tab. 11.1 Auftragsbearbeitungsprozess – Startphase

Prozess	**Auftragsabwicklungsprozess**				
	Startphase				
	Projektgruppe bilden	Übergabesitzung	Kick-off intern	Studium	Kick-off extern
	Vorbereitung Projektcontrolling				
	Projektgruppe bilden	**Projektdefinition**	**Kick-off intern**	**Werkvertrag**	**Kick-off extern**
Ziele	- optimale Teams betreffend Technik und Auslastung	- Transfer Angebots-u. Vertragsverhandlungsergebnis f. Auftragsabwicklung - Vertrag AGB des Kunden - Kenntnis Leistungsbeschreibung Werkvertrag u. Besonderheiten - technische Besonderheiten - Abweichungen von SIA - besondere Risiken - Nachtragspotential	- Fragenkatalog für externe Sitzungen	- Vetragskenntnisse - Abweichungen gegenüber SIA kennen - Risiken - Nachtragspotential	- Kennenlernen aller am Projekt Beteiligten - Kommunikation fördern - Festlegung der Genehmigungsplanung
Hauptaktivitäten	- Projektleiter bestimmen - Team bilden	- Übergabe und Besprechung des Auftrages - Studium Leistungsverzeichnis - LV und Kalkulation haben gegenüber PL die unbedingte "Bringschuld"	Projekt vorstellen: - Terminrahmen - Konstruktionsbeschrieb - Leistungsumfang - Baustellennutzung	Verhandlungsprotokoll als Grundlage für Vertragsprüfung: - auffällige Abweichungen - Vollständigkeit PL: - differenzierte, fachspezifische Aufteilung der Vertragsunterlagen - Gesamtvertragsverantw. TB: - techn. Bedingungen; LV, Pläne Montage: - Auszug zu speziellen Regelungen, Baustelleninstallationen	Klärung Auftrag nach: - Termine - Organigramm Personen - Planungsablauf - Kommunikation - Sitzungen - Genehmigung - Unterlagen - Technische Fragen - Muster - Fragenkatalog VL: Einberufung der Sitzung
Steuerung/ Kontrolle	Auslastungsplanung		- Vertrag umgehend anfordern - Vertrag vor Unterschrift prüfen		
Kosten- u. Nachtrags-kontrolle				- Zielbudget festlegen	
Output/Tools				- Kompetenzregelung **Output:** - Freigegebener Werkvertrag	
Akteure	**GBL** LV + TB-L PL aus Angebotsphase	**PL** LV + Kalkulator	**PL** GBL/TB-L/LV Kalkulator/BL/LM Konstrukteur Strategischer Einkauf	**PL** TB-L, LM,	**PL** LV/TB-L/Externe

Legende

GBL	Geschäftsbereichsleiter	TB-L	Leiter Technik
LV	Verkaufsleiter	VB	Verkaufsberater
BL	Bauleiter	PL	Projektleiter
LM	Montageleiter	PA	Produktionsaufträge

Tab. 11.2 Auftragsbearbeitungsprozess – Ausführungsplanungsphase

Prozess	**Auftragsabwicklungsprozess**					
	Ausführungsplanungsphase					
	Planung der Planung	Systementscheidung	Kick-off	Genehmigungs-planung/	Ausführungsplanung	Materialbestellung
	Projektcontrolling					
	Planung der Planung	Auswahlbasis Kalkulation	Genehmigungsplanung	Plangenehmigung	Korrektur einarbeiten	Material nach Liefertermin
Ziele	- Klarheit über Leittermine erzielen, um Folgetermine u.Kapazitäten zu planen	- frühzeitige Systement-scheidung als Schlüssel des Projekterfolges - Vertragsgrundlagen an den Lieferanten überwälzen (back to back)	- effiziente Genehmigungen - Anforderung der Genehmi-gungsstellen kennen - frühzeitig Planungsanforde-rungen abstimmen	- Konformität mit Vertrag - schnelle Genehmigung erreichen	- Änderungen schnell einpflegen - Nachträge identifizieren und anmelden - Bestelländerung - Behinderungen - Nachträge	- Material zur richtigen Zeit im Haus - Lieferant zieht das Systemmaterial aus - PAs soweit notwendig vorhanden
Hauptaktivitäten	Terminplanung: - TB Lose - Fertigungs-Lose - Montage-Lose - Terminplanung erfolgt nach Leitterminen Montage und Fertigung	System- & Konstruktions-vergleich: - Systementwicklung mit den Lieferanten - Verhandlung mit System-lieferanten	Plangenehmigungssitzung: - Systembegründung auf Planungsebene - Inhalt des Genehmigungs-verfahrens: zeitliche Schiene beim Architekten, Prüfungszeit, wann kommen die internen Pläne, Prüfzeit intern festlegen - Systemschnitte - Systementscheid mit Begründung - Leitdetails - Hauptschnitte - Muster - Prüfung auf Nachträge - Heranziehen Spezialist bei komplexen Aufgaben (Statik, Bauphysik; Akustik etc)	- Systemschnitte - Leitdetails - Regelschnitte etc. - Muster - Prüfung auf Nachträge - Heranziehen Spezialist bei komplexen Aufgaben (Statik, Bauphysik; Akustik, etc.)	- Überprüfen der Korrekturen auf Vertragskonformität - Prüfung auf Nachträge - Diskussion mit Planern (falls notwendig)	- Offerten einholen - Subunternehmerverträge erstellen - Vergabeantrag - Bestellungen auslösen - Elementpläne, Stücklisten etc. durch Hersteller - Termine für: - Elementpläne und - Stücklisten sowie - Materiallieferung
Steuerung/ Kontrolle	Meilensteine festlegen für: - Montage - Produktion - Planung: - Systementscheidung - Genehmigungsplanung - PA´s	- Systemvergabe mit Kal-kulationsansätzen ver-gleichen - PA´s an Systemlieferant für Elemente als Vorgabe	- Ablauf des Genehmigungs-verfahrens - Einhalten der Genehmiguns-Zeiten - Terminlicher Ablauf der Pläne beim Architekten/Bauherren	- Termine der Genehmigung überwachen - mängelfreie Planung	- Vergleich mit Vertrag und Angebotsplänen - Achtung: Rangfolge der Vertragsunterlagen befolgen - mängelfreie Planung	- Zwischentermine setzen
Kosten- u. Nachtrags-kontrolle	- Kontrolle der Planungs-kosten gegenüber Zielbudget			- Kontrolle der Planungs-kosten gegenüber Zielbudget - Nachträge stellen	- Kontrolle der Planungskosten gegenüber Zielbudget - Nachträge stellen	- Kontrolle Materialkosten gegenüber Zielbudget - Nachträge stellen
Output/Tools	**Output:** - Projekt-Controlling		**Output:** - Genehmigte Pläne des Architekten/Bauherren	**Output:** - Freigabeprotokoll durch die interne Stellen.		- Kompetenzregelung **Output:** - Bestellungen an Unterlieferanten
Akteure	**PL** TB-L/BL/LM	**PL** TB-L/BL/LM/Ing./Einkauf	**PL** TB-L , Konstrukteur, Extern: Statiker, Physiker, Planer, Architekt	**PL** Konstrukteur Externe	**PL/Konstrukteur** TB - externe Partner	**PL/Konstrukteur** Systemlieferant

Legende

GBL	Geschäftsbereichsleiter	**TB-L**	Leiter Technik
LV	Verkaufsleiter	**VB**	Verkaufsberater
BL	Bauleiter	**PL**	Projektleiter
LM	Montageleiter	**PA**	Produktionsaufträge

Tab. 11.3 Auftragsbearbeitungsprozess – AVOR- und Produktions- sowie Montagephase

Prozess	**Auftragsabwicklungsprozess**					
	AVOR-Phase,	Produktionsphase, sowie		Montagephase		
	Werkplanung AVOR	Materiallieferungen	Produktion	Montagevorbereitung	Transport	Montage
	Projektcontrolling					
	Detailplanung und AVOR	Material	PA´nach Losen	Baustellenbegehung	Just-in-time-Transporte nach Losen	Ablauf nach Losen
Ziele	einfache Unterlagen - so wenig wie möglich - so viel wie nötig - richtige PA´s zur richtigen Zeit an FL/ML	- reibungsloser Warenfluss - Materialengpässe frühzeitig erkennen	- vertragskonforme Produktion (Termin, Qualität, Kosten) - termin- u. qualitätsgerechte Auslieferung - zur richtigen Zeit Material nach Losen ausliefern - kostengünstig produzieren: möglichst unter Budget - Optimale Lieferung auf Baustelle	- frühzeitige Kenntnisse des realen Montageablaufs - Bauherr/AG informieren und ansprechen - Baufeld zur richtigen Zeit freimachen - Behinderungen prüfen, bzw. nach SIA anzeigen	- optimale Losgrössen - Baustelle optimal nach Ablauf versorgen - Transporte einsparen	- termingerechter Ablauf - einwandfreie technische und zeitliche Montage - QM-Prüfung des Einbaus (intern/extern) - täglich/wöchentlich Kontrolle (Termin, Kosten, Qualität) - Abstimmungsgespräche - Behinderungen prüfen/beseitigen bzw. nach SIA anzeigen
Hauptaktivitäten	- PA erstellen und prüfen - Prüfung: externe Elementpläne u. Stücklisten auf Richtigkeit u. Vollständigkeit - Stücklisten - Pläne - Bestellungen Kleinmaterial - Ausliefer-Listen - Kontrolle der Unterlagen - Übergabe der Unterlagen an - Prüfung einer Lösung, danach nur noch die Aussenmasse des Systemlieferanten verwenden	- Wareneingangskontrolle - Rückmeldung im System - Material beschriften und den PA zuordnen - Information zwischen LP und PL	- PL: PA´s inhaltlich u. terminliefern - Herstellung nach Plänen und Verarbeitungsrichtlinien - Grossprojekte: - Nullserie im Werk abnehmen - Qualitätskontrolle in Stichproben z.B. SSG + Auslieferliste	Vorgespräch Bauleitung: - Zugänglichkeit - Hebeeinrichtung - Gerüst - Montagegruppe zusammenstellen (intern/extern)	Produkte: - verpacken - bereitstellen - beschriften - Auslieferliste	- Qualitätskontrolle - Regiearbeiten anmelden - Subunternehmer koordinieren u.überwachen - Bausitzung - Abnahme anmelden - Zwischenabnahmen durchführen
Steuerung/ Kontrolle	- Detaillierung mit Produktion abstimmen - Zufriendenheit FL/ML	- Bestellliste z.B. Bestellungen und Auszüge Systemlieferant	- mängelfreie Produktion - Zwischentermine für Lose prüfen - Fortschritte PA´s - Abmelden PA im System	- Termine - Absprachen (int./ext.) - Prüfung Produktionsstandort	- Termine - Reihenfolge gemäss Montageplan - Absprachen	- mängelfreie Montage - Termine - Behinderungen - Stunden - Kosten - Prüfung Montagezwischentermine
Kosten- u. Nachtrags-kontrolle			- Kontrolle der Produktionskosten gegenüber Zielbudget - Nachträge stellen	- Kontrolle der Montagekosten ggü. Zielbudget - Nachträge stellen	- Kontrolle Transportkosten gegenüber Zielbudget	- Kontrolle Montagekosten gegenüber Zielbudget - Nachträge stellen
Output/Tools	**Output:** - Freigegebene PA's	**Output:** - Freigegebene PA's	- Kontrolle der Produktionskosten gegenüber Zielbudget - Nachträge stellen **Output:** - Transportaufträge	- Kontrolle der Montagekosten ggü. Zielbudget - Nachträge stellen	- Kontrolle Transportkosten gegenüber Zielbudget **Output:** - Visierte Warenlieferungen am Bau	- Kontrolle Montagekosten gegenüber Zielbudget - Nachträge stellen **Output:** - Laufende Qualitätskontrolle am Bau mit definierten Formularen
Akteure	**PL/Konstrukteur** BL/LM (Abstimmung)	**BL** PL	**BL** PL LM	**LM** PL	**BL** PL/ML	**LM** PL

Legende

GBL	Geschäftsbereichsleiter	**TB-L**	Leiter Technik
LV	Verkaufsleiter	**VB**	Verkaufsberater
BL	Bauleiter	**PL**	Projektleiter
LM	Montageleiter	**PA**	Produktionsaufträge

Tab. 11.4 Auftragsbearbeitungsprozess – Projektabschlussphase

Prozess	**Auftragsabwicklungsprozess**		
	Projektabschlussphase		
	Abnahme	Schlussrechnung	Projektabschluss
	Projektcontrolling		
	Abschluss Bau	Abschluss Admin	Abschlussbesprechung interne /externe
Ziele	- mängelfreie Abnahme - komplette Leistung erledigt - zeitnahe Abnahme - Mängel unverzüglich beseitigen - Mängelanzeige auf Ursache prüfen	- zufriedene Parteien - schnelle Abrechnung	Kundenzufriedenheit: - Rückkopplung - Verständnis erhöhen - Basis schaffen für Kunden bindung intern: - Verbesserungspotential der internen Prozesse
Hauptaktivitäten	- Abnahme durchführen - Mängelbehebung	- Kostenzusammenstellung mit Kunden besprechen: - nach Ablauf Prüffrist Zahlungserinnerung stellen - Schlussrechnung stellen (zeitnah) - Garantieschein bestellen - Revisionsunterlagen übergeben an Kunden und Service - Service-/Wartungsvertrag offerieren	Kunde: (PL- LV) - Kundenzufriedenheit - Gespräch 1 - 2 Monate nach Zahlung Schluss-Rg. intern: - GBL-PL-LM-BL-Kalk. Erkenntnisse für zukünftige Projekte - Nachkalkulation/Kennzahlen - Dokumente archivieren - Projektteam informieren u. würdigen
Steuerung/ Kontrolle	- Mängelfreiheit		- Garantielaufzeiten erfassen - Serviceleiter informieren
Kosten- u. Nachtrags-kontrolle		- Gesamtkosten gegenüber Zielbudget inkl.Nachträge vergleichen (Nachkalkulation)	
Output/Tools	**Output:** - Abnahmeprotokoll am Bau	- Gesamtkosten gegenüber Zielbudget inkl.Nachträge vergleichen (Nachkalkulation) **Output:** - ProAlpha Daten aktuell	**Output:** - Kundenzufriedenheit Formular ausgefüllt
Akteure	**PL** LM TB-L	**PL/LV**	**PL - LV - Kunde** GBL-PL-LM-BL-Kalk.

Legende

GBL	Geschäftsbereichsleiter	TB-L	Leiter Technik
LV	Verkaufsleiter	VB	Verkaufsberater
BL	Bauleiter	PL	Projektleiter
LM	Montageleiter	PA	Produktionsaufträge

Die generischen Teilprozesse des Auftragsabwicklungsprozesses sind wiederum in Modulprozesse mit dazugehörigen Zielen, Akteuren sowie Steuerungsmethoden und dem spezifischen Output zerlegt. Auch dieser Prozess sollte nach Projektgrösse und -art in seinem Detaillierungsgrad angepasst werden. Im Folgenden werden alle wichtigen Prozessschritte inhaltlich ausgestaltet.

11.2 Beginn der Ausführungsvorbereitung

11.2.1 Auftragserteilung

Den Start einer Projektabwicklung stellt die Beauftragung durch den Bauherrn dar. Die erste Aufgabe, die sich dem Unternehmen stellt, ist die Überprüfung des Auftragsschreibens und des Vertragswerks mit allen Bedingungen, Anlagen und Leistungsbeschreibungen auf ihre Übereinstimmung mit dem Angebot und den Änderungen und Ergebnissen der Auftragsverhandlungen. Dazu wird ein Auftragsdatenblatt erstellt, das alle wichtigen Informationen über Auftragsumfang, Baustellenleitung, Bauherrenvertreter sowie über eventuelle Abweichungen vom ursprünglichen Angebot und den Vertragsverhandlungen enthält. Dazu zählt die Überprüfung des Leistungsumfangs, d. h. die Prüfung der beauftragten im Vergleich zu den ausgeschriebenen Massen. Zudem sind die einzelnen Positionen auf Änderungen zu untersuchen. Diese können in Form von Material- oder Qualitätsänderungen erscheinen, aber auch im Wegfall ganzer Positionen bestehen. So kann sich der Bauherr zwischenzeitlich für ein anderes Bauverfahren in einer Teilleistung entschieden oder Bauabschnitte massenmässig umgewichtet haben, z. B. durch Planänderung. Diese Prüfung dient dazu, ergebnisrelevante Abweichungen in den Leistungspositionen oder in der Leistungsbeschreibung gegenüber den Vertragsverhandlungen festzustellen, den Bauherrn darauf aufmerksam zu machen und vor der endgültigen Vertragsunterzeichnung Preisnachbesserungen zu verlangen. Zudem kann dabei bereits mögliches Nachtragspotential identifiziert werden.

Die Ausführung von Alternativ- und Bedarfspositionen sollte schon während der Vergabeverhandlungen geklärt worden sein, jedoch ist nach der Auftragserteilung das Leistungsverzeichnis daraufhin zu prüfen, ob der Bauherr sich ggf. zwischenzeitlich für die Ausführung solcher Positionen entschieden hat.

In Bezug auf den Vertragstext ist die Übereinstimmung mit der verhandelten Version zu überprüfen (Zahlungsbedingungen, Garantien, etc.). Die Prüfung der Unterlagen wird sinnvollerweise von der Angebotsprojektgruppe durchgeführt. Die Ergebnisse dieser Analyse werden in einer übersichtlichen Tabelle zusammengefasst, mit Querverweisen zu den relevanten Textstellen des Vertrags und der eigenen Angebots- bzw. Auftragskalkulation. Spätestens zu diesem Zeitpunkt muss der Baustellenchef (site manager) bestimmt werden. Zur Vermeidung von Informationsverlusten sollte er bereits aktiv an der Angebotsbearbeitung teilgenommen haben. Aus dem gleichen Grund sollte er zumindest die Leitung der internen Ausführungsvorbereitung übernehmen.

Das Ergebnis wird akkumuliert in einem Auftragsdatenblatt dargestellt, das alle wichtigen Informationen über das Projekt enthält:

- Projektname und Projektnummer
- Auftraggeber und Bauherrenvertreter
- Projektart
- Auftragsvolumen
- Budget der verschiedenen Hauptgewerke
- monatliche Leistungen
- Schlüsseltermine
- ARGE-Partner und deren Anteile
- Name des Baustellenchefs
- etc.

11.2.2 Baustellenchef

Der Baustellenchef sollte in einem modernen, kundenorientierten Bauunternehmen Bauproduktionsmanager und Key Account Manager sein. Dies verlangt ein Qualifikationsprofil, das aus den folgenden vier Schlüsselbereichen besteht:

- unternehmerische, betriebswirtschaftliche Kompetenz mit besonderen Kenntnissen im Management von Projekten
- menschliche und soziale Fähigkeiten zur Führung und Motivation des Teams sowie zur Kommunikation mit dem Bauherrn und mit Dritten
- verfahrenstechnische Kompetenz im Bereich Bauproduktion
- fachtechnisches Wissen über bauliche Systeme und deren ingenieurwissenschaftliche Grundsätze

Die Aufgabe als Manager setzt die Achtung vor den Menschen voraus, die mehr als nur technokratische, theoretische und verwaltungsmässige Grundlagen verlangt. Als Manager muss der Baustellenchef seine Mitarbeiter durch Delegation von Verantwortung motivieren, die fachliche Qualifikation schätzen und den Einzelnen respektieren. Dies ist über alle Hierarchiestufen bis zum Facharbeiter notwendig. Nur wer sich akzeptiert und respektiert fühlt, ist bereit, das Beste zu geben. Ferner muss er Teamarbeit durch Partizipation anregen, aber gleichzeitig die Arbeitsziele klar und eindeutig im Team kommunizieren.

Bezüglich fachtechnischen Wissens und verfahrenstechnischen Know-hows bietet ein Ingenieur- oder Architekturstudium die besten Voraussetzungen, jedoch können auch erfahrene Berufsleute, die sich als Polier bewährt und weiterentwickelt haben durch „learning on the job“ und kontinuierliche Weiterbildung sehr geeignet sein. Zu den einschlägigen managementorientierten Grundlagen gehören:

- Baubetrieb (Bauverfahrenstechnik, Kalkulation, Arbeitsvorbereitung)
- Baubetriebswissenschaften/Bauunternehmensmanagement
- Projektmanagement
- Vertragsrecht
- Bauwirtschaft
- Datenverarbeitung

Die kontinuierliche Weiterbildung in Bezug auf Menschenführung, Bauunternehmensmanagement, Projektmanagementinstrumente, Kommunikations- und Informationssysteme sowie Material-, Verfahrens- und Baumaschinentechnologie ist für einen erfolgreichen Baustellenchef unabdingbar geworden. Er sollte ferner einige Jahre praktische Erfahrung in verschieden Unternehmensbereichen aufweisen, dazu sollten gehören:

- ca. zwei Jahre Planungstätigkeit in einem Ingenieurbüro
- ca. ein Jahr Innendienst in einem Bauunternehmen in den Abteilungen Kalkulation, Arbeitsvorbereitung, Controlling, Maschinentechnik (Werkhof)
- ca. 5 Jahre als Bauführer

Der Baustellenchef sollte im Rahmen einer unternehmensinternen Managementausbildung, die Mitarbeiterführung, Vertragsverhandlungen, Akquisition und Key Account Management beinhaltet, systematisch auf seine Aufgabe vorbereitet werden. Während des ersten Projekts sollte man dem neuen Baustellenchef einen Paten zur Seite stellen, den er nach Bedarf konsultieren kann. Zu seinen menschlichen Qualifikationen sollten gehören:

- gute körperliche und gesundheitliche Konstitution, um die geforderten Leistungen unter oft extrem belastenden Bedingungen erbringen zu können
- möglichst ausgewogene seelisch-geistige Konstitution, um auch unter Stress rational und angemessen entscheiden zu können
- möglichst ein naturbedingtes Organisationstalent, das seine Fähigkeiten durch Techniken verbessern kann
- persönliche Autorität, um von Mitarbeitern, Subunternehmern und Auftraggebern anerkannt zu werden
- Kreativität und Initiative, um Imponderabilien schnell einer gezielten Lösung zuführen zu können
- Bereitschaft zur Übernahme von Verantwortung
- Kontaktfreudigkeit

11.2.3 Baustellenbegehung

Im Rahmen der ersten vorbereitenden Massnahmen ist die Baufeldbesichtigung durchzuführen. Die Örtlichkeiten sollten dem Unternehmen zwar schon im Rahmen der Angebotsbearbeitung bekannt geworden sein, jedoch ist nach der Auftragsvergabe eine detailliertere Prüfung der örtlichen Bedingungen notwendig. Die Baufeldbesichtigung sollte gemeinsam mit dem Bauherrn bzw. seinem Vertreter durchgeführt werden. Als vorbereitende Massnahme sollte der Bauherr gebeten werden, die Grundstücksgrenzen und die Gebäudeecken durch einen amtlich bestellten Vermesser kennzeichnen zu lassen.

Während der Begehung entwickelt sich ein genaueres Bild, wie die Baustelleneinrichtung am besten angeordnet werden könnte. Dies gilt im Besonderen hinsichtlich der Nutzung der Nachbargrundstücke, die möglicherweise Einfluss auf die Platzierung der Baustelleneinrichtung hat. Die möglichen Stellplätze für Installationen und Geräte sind auf die Gründungsmöglichkeiten zu untersuchen. Ferner sind die verkehrstechnischen Randbedingungen und Anschlussmöglichkeiten zu prüfen. Randbedingungen, die bei der ersten Prüfung ausser Acht gelassen wurden, z. B. Höhenbegrenzung für Krane im Bereich von Anflugschneisen, können zu erheblichen Verzögerungen des Baubeginns führen, bis z. B. erforderliche Genehmigungen erteilt oder Baumethoden umgestellt werden.

Insbesondere sind folgende Punkte zu untersuchen:

- Sind die Platzverhältnisse ausreichend für die Baustelleneinrichtung?
- Welche Nachbargrundstücke oder Flächen im wirtschaftlichen Operationskreis der Baustelle lassen sich ggf. anmieten oder kaufen? Wer sind die Ansprechpartner?
- Ist das Gelände in dem vertraglich vereinbarten Zustand (bauherrenseitige Leistungen)?
- Sind bestimmte Geräte bei den Verhältnissen nicht einsetzbar (Boden, Gefälle, Gebäudetypen und -höhen im direkten Umfeld, etc.)?
- Deutet etwas auf Erschwernisse hin (Nachträge)?
- Ist das Grundstück deutlich markiert (Grenzmarkierung o. ä.)?
- Wo sind die Anschlüsse für die Versorgung mit Strom und Wasser?
- Wo sind die Anschlüsse für die Entsorgung der Baustelle von Abwasser?
- Wo kann der Baumüll, der Erdaushub oder das Ausbruchmaterial zwischengelagert bzw. deponiert werden?
- Sofern ein Vorunternehmer bereits vorbereitende Tätigkeiten durchgeführt hat (z. B. Herstellung der Baugrube oder die Pfahlgründung): in welcher Bauphase ist die Baustelle; kann die Ausführung zu den vereinbarten Terminen beginnen?
- Wie kann die Verkehrsanbindung an das öffentliche Strassennetz am besten erfolgen, um ein flüssiges, sicheres Ein- und Ausfahren in die bzw. aus der Baustelle zu ermöglichen?
- Ist eine erste Kontaktaufnahme mit dem Vorunternehmer und den Nachbarn erfolgt?
- Sind die Adressen der Versorgungs- und Entsorgungsunternehmen, Polizei, Krankenhäuser, Notfallärzte, etc. bekannt?

Literatur

1. Girmscheid, G.: Bauproduktionsprozesse des Tief- und Hochbaus. Vorlesungsskript. Eigenverlag des Instituts für Bau- und Infrastrukturmanagement (ETH Zürich), Zürich (2012)

AVOR – Planung der Ausführung 12

12.1 Prozess der Bauproduktionsplanung

Die Arbeitsvorbereitung sollte auf der ausgearbeiteten Arbeitskalkulation basieren. Da zur Durchführung beider Aufgaben nur begrenzte Zeit zur Verfügung steht, müssen sie parallelisiert im „Fast Track"-Verfahren abgewickelt werden. Die Basisdeterminanten zur Gestaltung der Bauproduktionsplanung (Abb. 12.1) sind:

- die externen Determinanten:
  - der Vertrag
  - das Projektkonzept bzw. die Projektart
  - das Baufeld und dessen Nutzung für die Errichtung der Produktionsanlagen, der erforderlichen Hilfseinrichtungen und die Bauverfahren und Bauabläufe
- die internen Determinanten:
  - Arbeitskalkulation
  - AVOR (Bauverfahren, Ressourcen, Bauprogramm)
  - Kapazität an Personal und Geräten sowie Know-how
  - Eigen- und Subunternehmerleistungen

Heute sollen die meisten Projekte aufgrund der Anforderungen des Bauherrn „time to market" sofort nach der Vertragsunterzeichnung beginnen, jedoch sollten die Bauunternehmen eine schnelle Projektabwicklung nicht mit einer reduzierten Ausführungsvorbereitung erkaufen. Oft hört man bei mittelständischen Bauunternehmen, dass man gar keine Zeit für eine Arbeitsvorbereitung habe und sofort mit einer improvisierten Ausführung beginnen müsse. Dadurch wird im Regelfall, wenn man nicht nur eine bestimmte Art von Bauwerken erstellt, nur ein Pseudo-Vorteil erreicht, der nicht nachhaltig über die gesamte Bauzeit wirkt. Die zusätzlichen Kosten für nicht optimal gewählte Bauverfahren, unzureichende oder zu grosse Ressourcen wie z. B. Bauhilfsmaterialien, Fachkräfte, etc. lassen die ersten Vorteile

G. Girmscheid, *Angebots- und Ausführungsmanagement – prozessorientiert*,
DOI 10.1007/978-3-642-55291-5_12, © Springer-Verlag Berlin Heidelberg 2015

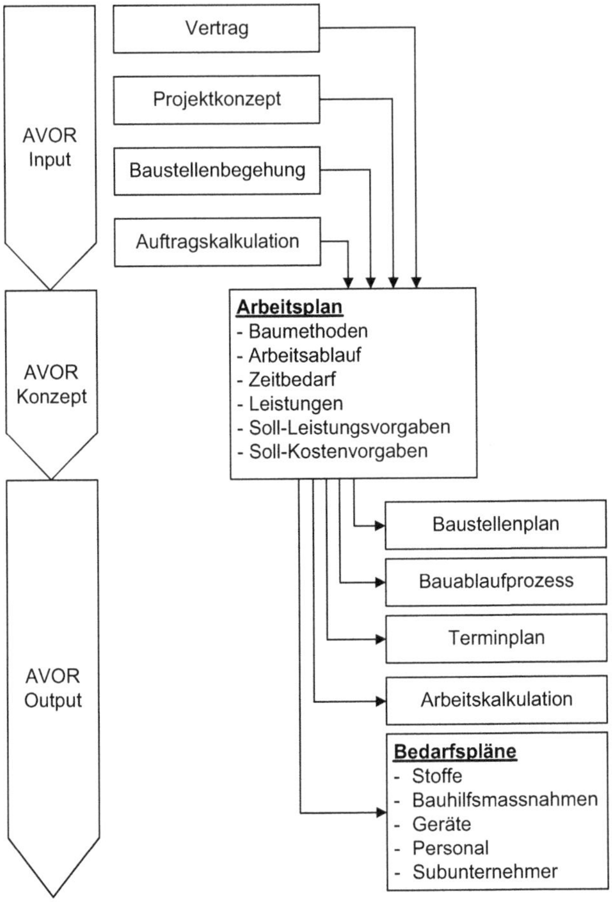

Abb. 12.1 Arbeitsvorbereitungsprozess – Arbeitsplanung

bald verschwinden. Mit einer effizienten Arbeitsplanung können häufig die Ausführungskosten und -zeiten gesenkt werden. Dadurch kann man die Selbstkosten reduzieren, erhebliche Wettbewerbsvorteile erringen und die anvisierten Ergebnisse gezielt erreichen bzw. verbessern. Weitere Erfolge ergeben sich durch Ausschaltung von Leerlauf und Störungen. Ferner wird die Motivation der Mitarbeiter gesteigert, indem sie sich auf die Leistungserbringung konzentrieren können, anstatt permanentes „trouble shooting" zu betreiben.

Eine gute, projektspezifisch abgestimmte Ausführungsvorbereitung mit entsprechenden Leistungs- und Kostenvorgaben, Logistik zur Bereitstellung der Ressourcen „just in time" in der richtigen Menge an die richtige Stelle und mit einhergehenden kontinuierlichen Verbesserungsprozessen auf der Baustelle sind die Erfolgsgeneratoren eines modern geführten Bauproduktionsprozesses. Erst durch das Planen der Bauproduktion lernt man das Projekt kennen. Dadurch kann man die angemessenen Bauprozesse und Baumethoden sowie den Personalbedarf festlegen, zeit- und mengenmässig die erforderlichen Maschinen, Hilfs- und Baumaterialien bestellen und den Arbeitsablauf termin- und kostenorientiert durchführen. Mit der Kenntnis des Stunden-Solls lässt sich das Controlling durchführen. Durch die Erstellung der notwendigen Arbeitsablaufplanung werden folgende Vorteile erzielt:

- Die Bauaufgabe wird für die Bauleiter und Poliere, Schachtmeister, etc. transparenter; sie kennen das Projekt und den wöchentlichen bzw. monatlichen Leistungsumfang.
- Dispositionen in Bezug auf Personal- und Gerätebereitstellung sowie Subunternehmer- und Lieferantenbeauftragung können rechtzeitig getroffen werden.
- Abschlags- und Abschlussrechnungen können mit allen wirtschaftlichen Vorteilen zeitnah erstellt werden.

Zur Durchführung der Arbeitsvorbereitung werden folgende Aufgaben verteilt:

- Arbeitsablaufplanung durch die verantwortlichen Bauleiter bzw. Bauprozessleiter
- Steuerung der Prozesse nach dem Arbeitsablaufplan durch die Baustellenverantwortlichen, z. B. Bauleiter, Bauführer, Poliere, Schachtmeister

Für die Aufstellung der Arbeitskalkulation, des Controllingkonzepts und der Termin- und Ressourcenplanung ist es erforderlich, einen Projektstrukturplan zur eindeutigen Zuordnung der Aktivitäten zu entwickeln. Dazu muss das Projekt in seine materiellen und erzeugungsorientierten Bestandteile strukturiert werden. Als materielle Bestandteile bezeichnet man die einzelnen Bauwerke, Bauteile und Leistungs- bzw. Ausschreibungspositionen des Projekts. Die materiellen Bestandteile werden dann auf der Basis eines numerischen Systems erzeugungsorientiert in Abläufe und Hilfsprozesse untergliedert. Ein solcher ausführungsorientierter Projektstrukturplan sollte an den Projektstrukturplan des Bauherrn gekoppelt sein, damit eine einfache Kommunikation zwischen den Dokumenten des Bauherrn und dem ausführenden Unternehmen möglich ist. Dies sollte sich möglichst auf die materiellen Bestandteile des Vertrags wie Bauwerke, Bauteile und Leistungspositionen beziehen. In der erzeugungsorientierten Strukturierung ist das Bauunternehmen frei.

Mit diesen Grundlagen sind die folgenden Stufen der Arbeitsplanung durchzuführen:

- Bauablaufplanung: beschreibende Festlegung der Prozessaktivitäten mit Hinweisen für die Durchführung
- Bauverfahrensplanung: Wahl der Bauverfahren für Bauelemente und Bauabschnitte mit Leistungsvorgaben, Terminen, Material- und Hilfsmittelbereitstellung, Personal-, Maschinen- und Subunternehmereinsätzen
- Terminplan: grafische Darstellung der Zeitabläufe unter Berücksichtigung der beschriebenen Aktivitäten und deren Dauer aufgrund der materiellen und erzeugungsorientierten Untergliederung
- Bedarfsplan: arbeitsgangspezifische Aufstellungen aus dem Ablauf- und Terminplan für die sichere zeit- und mengenmässige Disposition von Stoffen, Mitarbeitern, Subunternehmern und Maschineneinsätzen

- Sonderpläne: Schalungen, Stahl- und Holzkonstruktionen, Rutschen und Gleitschienen u. ä. zur termingerechten Bereitstellung effizienter Bauhilfsmaterialien
- Baustelleneinrichtungsplan: Lageplan mit Baustelleneinrichtung, Kran, Baucontainern, Lagerplätzen, Wegen zur effizienten Gestaltung der in situ Produktionsabläufe
- Vorbereitung der Arbeitskalkulation und des Controllings

Diese Planungsaufgaben können nicht losgelöst voneinander ausgeführt werden, da sie sich gegenseitig beeinflussen. So setzt die Planung einer Baustelleneinrichtung die Kenntnis der anzuwendenden Fertigungs- bzw. Bauverfahren voraus, da diese für die maschinelle Ausstattung der Baustelle ebenso wie für den zu erwartenden Personaleinsatz massgebend sind. Von der Ausstattung der Baustelle hängt dann aber wieder die Ablaufplanung ab.

Somit steht die Bauverfahrenstechnik an zentraler Stelle bei der Planung des Bauproduktions- bzw. Herstellungsprozesses als Takt- und Fliessprozess (Abb. 12.2).

Im Bauwesen wird der Bauproduktionsprozess durch das Bauverfahren, in Bezug auf den Einsatz und die Kombination von Produktionsfaktoren (Menschen, Maschinen, Geräte, Werkzeuge, Vorrichtungen), zur Be- und Verarbeitung von Baustoffen festgelegt. Im Rahmen des Bauproduktionsprozesses wird der Input durch einen Transformationsprozess in einen Output umgewandelt. Dabei entsteht der Wert, für den der Kunde einen vereinbarten Preis zahlt. Um die Bauaufgabe zu verwirklichen, ist eine Reihe von Teilaufgaben zu erfüllen, die wiederum in einzelne Prozesse und Einzelvorgänge (Elementarprozesse) gegliedert sind.

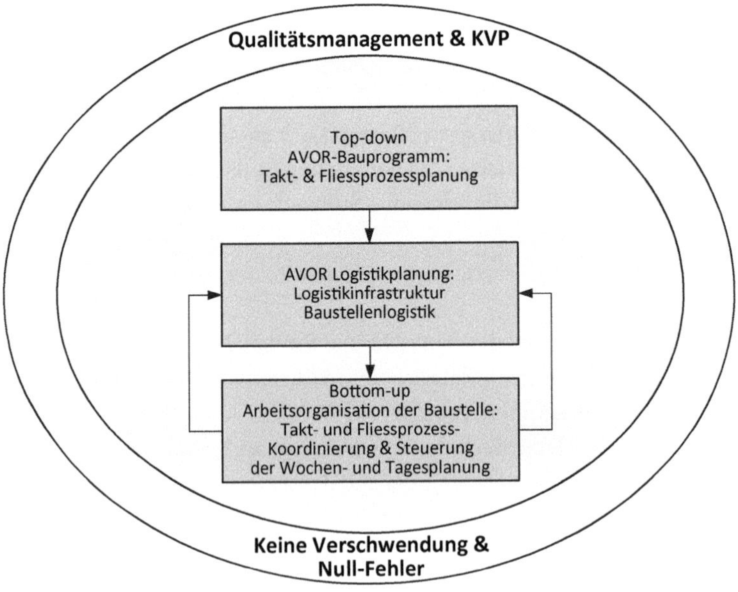

Abb. 12.2 Lean Baumanagmeent – Top-Down AVOR und Bottom-Up Arbeitsplanung

Die Bauproduktionsplanung findet jeweils in drei Stadien des Bauprozesses statt (Abb. 11.2). Bei grösseren Projekten muss der Unternehmer bereits in der Angebotsphase eine Produktionsvorplanung für das ausgeschriebene Projekt machen. Diese Angebots-Produktionsplanung dient zur Bestimmung der kalkulatorischen Vorgaben für den Ressourcenverbrauch (Geräteliste/Teamgrösse/Gesamtlohnstunden/Gerätestunden/Vorhaltezeiten etc.).

Die Produktionsplanung erfolgt einerseits in einem Top-Down-Prozess zur Gestaltung eines Basisproduktionsplans als Zielvorgabe und andererseits in einem Bottom-Up-Prozess, der in einem kybernetischen kontinuierlichen Verbesserungsprozess des Produktionsprozesses zur Erreichung der Zielvorgaben organisiert wird (Abb. 11.2).

Während der Ausführung muss die Produktionsplanung Bottom-Up in Bauphasen, in Bauetappen, in Bauelementen, in Arbeitstakte, in Wochen- und Tagesabläufen sowie in einem Takt- und Fliessprozess auf der Baustelle vom dortigen Team geplant und umgesetzt werden. Die Produktionsplanung muss ausserdem an Störungen und eingetretene Unsicherheiten angepasst werden. Dabei handelt es sich um die Organisation der Arbeitsplanung durch Wochenplanung (Detailplanung) und tägliche Vorgaben auf der Basis des monatlich aktualisierten Basisausführungsprozess- und Ressourcenplans (top-down).

Die Wochenpläne werden von den ausführenden Bauführern mit den Polieren gemacht und mit den zuständigen Baustellenchefs wöchtentlich abgestimmt (Bottom-Up). Sie umfassen mindestens zwei bis vier Wochen im Voraus die Planung der Arbeitsabläufe mit Logistik-, Beschaffungs- und Bereitstellungsplanung von Geräten und Material. Mit Hilfe des AVOR-Soll-Bauprogramms und der Umsetzung mittels Soll-Wochenplänen lassen sich einerseits selbstverursachte Abweichungen aber auch gezielt Bauablaufstörungen und vom Bauherrn verursachte indirekte Bestellungsänderungen feststellen. Damit erhält man eine kausale Dokumentation zur Begründung von Nachtragsforderungen.

Der Soll-Basisausführungsprozessplan (BAPP) der AVOR wird jeden Monat mit dem Ist-Bauprogramm verglichen, um Abweichungen zu identifizieren und die Wirkung der Verbesserungsmassnahmen zu bewerten und um Leistungsdefizite und Abweichungen vom Zielplan aufzufangen. Dabei muss der Bezug immer zum Soll-Basisausführungsprozessplan hergestellt werden. Dadurch werden auch die möglichen Beeinflussungen der vertraglich vereinbarten Meilensteine sowie des Endfertigstellungstermins deutlich. Somit können Unternehmer und Bauherr frühzeitig Massnahmen planen, um wieder die Zieltermine zu erreichen. Die dazu erforderlichen Beschleunigungsmassnahmen muss der Vertragspartner einleiten und kostenmässig tragen, der die Verzögerung verursacht hat. Das Soll- bzw. Ist-Bauprogramm wird auf drei Monate im Voraus bezüglich der Abrufplanung für Geräte, Mannschaften, Material und Subunternehmer detailliert. Auf Basis dieser Vorgaben werden dann die Wochen- und Tagesbauprogramme entwickelt.

Die vernebelnde Unsitte vieler Projektmanager, jeden Monat ein neues Soll-Programm zu erstellen, ist einer der grössten Fehler der ordentlichen Projektsteuerung. Denn am Schluss weiss niemand mehr, wann die Basis-Soll-Termine sein sollten und inwieweit bereits Abweichungen eingetreten sind. Dies wird oft bewusst von Projektsteuerern und Bauleitern gemacht, um die Projektentgleisung zu vertuschen.

Bauproduktionsprozess – Prinzipien und Ablauf
Die Bauproduktion ist aufgrund der zu erstellenden Bauglieder sowie der verschiedenen Herstellmethoden/-verfahren je Bauglied hochgradig variabel. Auch wenn das Bauwerk bereits durch die Bauwerksplanung vorgegeben ist und das Hauptziel **minimale Bauproduktionskosten** festliegt, ist es nicht einfach, das ökonomische Minimalprinzip zu erreichen. Zudem kennt man in der Regel nur eine begrenzte Anzahl von Bauverfahren. Somit wird es sich auch bei Anwendung analytischer Simulationstools um eine Entscheidung auf begrenzter Rationalität handeln (Weber) [1]. Diese Feststellung ist keine Entwertung eines systematischen, zielorientierten Vorgehens, sondern eine Grundtatsache des menschlichen Handelns in sozialen und technischen Systemen.

Zur Erzielung eines rationalen Entscheidungsprozesses für die Produktionsmethode ist eine systematische, analytisch-generische Bauproduktionsplanung, die gemäss Abb. 12.3 strukturiert ist, durchzuführen. Diese wird im Folgenden erläutert.

Systematische Basisproduktionsprozessplanung – Schritte
Das analytische, generische „Top-Down"-Vorgehen zur Gestaltung bzw. Planung von Bauprozessen zur Entwicklung des Basisbauproduktionsprozesses und Ressourcenplans liegt in der Abfolge folgender Analysen (Abb. 12.3):

1. Fragmentierung des Gebäudes in Module, Elementgruppen und Bauelemente
2. Identifikation von Bauproduktionsverfahren für die Bauelemente
3. Abstimmung der Bauproduktionsverfahren der einzelnen Bauelemente auf Elementgruppen (z. B. alle vertikalen Bauelemente eines Gebäudestockwerks bzw. alle horizontalen Bauelemente)
4. Bestimmung der generischen Herstellungsreihenfolge aus konstruktiven, statischen und fertigungstechnischen Anforderungen
5. Vorgabe von zeitlichen Meilensteinen für Gewerkegruppen, die, aufgrund der vorgegebenen Gesamtproduktionsdauer (Rahmenplan des Bauherrn/Investors), in Hauptprozessen hergestellt werden.
6. Zerlegung der Hauptprozesse einer Gewerkegruppe in
   - Logische Modulprozesse nach Bauelementen zur Bestimmung der Herstellungsreihenfolge aus konstruktiven, statistischen und fertigungstechnischen Gesichtspunkten
   - Auswahl und Zuordnung der Bauverfahren zu den einzelnen Bauteilen und Bauabschnitten
   - Logisch-generische Zuordnung der Elementarprozesse zur Herstellung der Bauelemente, zu den einzelnen Bauteilen und Bauabschnitten für die jeweiligen Bauverfahren z. B. im Zyklus/Takt: Schalen, Berechnen, Betonieren, Aushärten
7. Bestimmung bzw. Festlegung der Leistungskennwerte (hour performance factor) für Geräte und der Aufwandswerte (work performance factors) für die Arbeitsteams gemäss der gewählten Bauverfahren

Abb. 12.3 Systemische Bauproduktionsplanung

8. Ermittlung der Anzahl der Teams und Geräteketten zur Erzielung der Meilensteine/ Zwischentermine und des Endtermins aufgrund der bauverfahrensspezifischen Leistungs- bzw. Aufwandswerte
9. Bestimmung der Ressourcen und Zeitdauer der Elementarprozesse aufgrund der ermittelten Teamgruppen und Teamzusammensetzung bzw. Gerätegruppenzusammensetzung
10. Erstellung von Risikoübersichten und Identifizieren von Unsicherheiten sowie Abschätzung der Auswirkungen infolge der gewählten Bauverfahren und Leistungs- bzw. Aufwandsannahmen

11. Überprüfung der Hauptprozessdauer unter Berücksichtigung der Herstellungsreihenfolge und der Dauer der Elementarprozesse und Unsicherheiten (probabilistische Puffer) sowie Anpassungen von Ressourcen, falls die Hauptprozessdauer aller Hauptprozesse die Vorgabe der Gesamtbauproduktionszeit überschreitet oder wichtige Meilensteine überschritten werden
12. Iterative wirtschaftliche Optimierung der Bauproduktion nach dem **ökonomischen Minimalprinzip**
    - durch Verfahrensvergleich verschiedener Produktionsvarianten zur Bestimmung des robusten, optimalen Bauproduktionsverfahrens
    - durch Detailoptimierung des selektierten optimalen Bauproduktionsverfahrens
13. Für das optimale Bauproduktionsverfahren je Hauptprozess unter Berücksichtigung der Interaktionen der Hauptprozesse des Soll-Bauproduktionsprozessplans werden nun
    - Terminprogramm – zeitliche Vorgaben der Elementarprozesse
    - Ressourcenplan – materielle Vorgaben der Ressourcen (Mannschaft, Geräte, Hilfsmittel, Betriebsstoffe) in Bezug auf Quantität und Qualität
    - Logistikplan – zeitliche und räumliche Zuordnung der Ressourcen in Quantität und Qualität
    - Logistikinfrastruktur – Entwicklung der Baustelleneinrichtung mit Büro- und Sozialeinrichtungen sowie logistischer Infrastruktur, definierten Lagerplätzen sowie Baustellentransporteinrichtungen erstellt.

Kontinuierliche Bauprozessteuerung

Während der Bauproduktion muss in einem kybernetischen, kontinuierlichen Verbesserungsprozess (KVP) „Bottom-Up" durch Arbeitswochenpläne der Produktionsprozess detailliert organisiert werden. Dies wird wie folgt erreicht:

- Aufbauend auf dem Basisbauproduktionsprozessplan und Ressourcenplan sowie den Soll-Leistungsvorgaben (Top-Down AVOR) müssen die Monats- und Wochenarbeitspläne von den Ausführenden (Operativen) Bottom-Up erstellt werden.
- Die Monatsarbeitspläne mit den Elementarprozessen, Ressourcenallokationen und Soll-Leistungsvorgaben dienen als Basis für die Wochenarbeitspläne des jeweiligen Teams. Hier werden den aktuell geplanten Tätigkeiten je Tag Personen, Geräte und Bauhilfsmaterialien zugeordnet.
- Die Soll-Wochenarbeitspläne werden wöchentlich fortlaufend mit einem zweiwöchigen Vorlauf bezüglich der Tätigkeiten detailliert, die aufgrund der Soll-Leistungsvorgaben bzw. realen Leistungen mit Stunden hinterlegt werden. Die Wochenarbeitspläne werden für den Tag detailliert. In den Wochenarbeitsplänen wird die Soll-Herstellung der Bauelemente sowie die Taktfolge mit den wichtigen einzelnen Arbeitsschritten erfasst. Die Arbeitsschritte sowie die erforderlichen Ressourcen (Mannschaft, Material, Geräte, Bauhilfsmaterial) werden pro Tag mit den Soll-Arbeitsstunden aus der Arbeitskalkulation ausgewiesen. Zudem müssen die Teams, die den Wochenarbeitsplänen zugeordnet sind, ihre Aktivitäten koordinieren, um nicht wertschöpfende Aktivitäten zu eliminieren.

- Die Soll-Wochen- und Soll-Monatsarbeitspläne werden aufgrund des „Bottom-Up"-Prozesses wöchentlich bzw. monatlich überprüft und fortgeschrieben. Bei Abweichungen werden Korrekturmassnahmen bzw. Risikoverhinderungs-/Risikoreduzierungsmassnahmen eingeleitet, um die Meilensteine und die vorgegebene Gesamtdauer sowie das Soll-Kostenziel einzuhalten.
- Die Monatsarbeitspläne haben eine Vorausschau und sind Grundlage für die Bereitstellungsplanung und den koordinierten Abruf von Materialien, Spezialisten, Subunternehmern, Geräten und Bauhilfsmaterial.
- In den Wochenarbeitsplänen werden die Detailtermine für kollaborative Nachfolgeteams und Arbeiten bestimmt. Ferner erfolgt die Abstimmung mit parallel arbeitenden Teams bezüglich gemeinsamer Nutzung der allgemeinen Baustelleneinrichtung sowie die räumliche und zeitliche Abstimmung von Aktivitäten und Tätigkeiten. Ferner wird die Abrufung von Ressourcen im Wochenarbeitsplan Bottom-Up zum übergeordneten Disponieren von Bestellungen, Subunternehmern, Geräten und Personaleinsatz zeitlich genau festgelegt, um Verlustzeiten, z. B. durch Warten, zu eliminieren.

Die Soll-Wochenarbeitspläne müssen jede Woche erstellt und überarbeitet werden. Die Überarbeitung von den Teams bzw. den Abschnittsbauleitern und Polieren sollte Donnerstagnachmittag oder Freitagmorgen erfolgen. Die Abstimmung erfolgt dann in der Bauführer- und Polierbesprechung am Freitagnachmittag mit dem Baustellenchef. Die Zielvorgaben sind dann bindend.

Der Bauproduktionsprozess wird auf Grundlage des „Top-Down"-Basisbauproduktionsplans kybernetisch gestaltet durch

- „Bottom-Up"-Elementarprozesse und -Tätigkeiten und deren Zielerreichungsgrad sowie Vorschläge von Massnahmen zur Zielerreichung durch KVP.
- „Top-Down"-Überprüfung der Auswirkung der Wochenzielerreichung auf die Vorgaben des Gesamtbauprozesses bzw. der Rückkopplung auf die „Bottom-Up"-Vorschläge bezüglich Wirkung auf die Gesamtzielerreichung. Ziel ist es, eine Teamverantwortung für die Zielerreichung sicherzustellen.

12.2 Vorgehensweise bei der Bauproduktionsprozessplanung

Die Planung der Bauproduktion basiert auf dem in Abb. 12.3 dargestellten Planungsprozess, der wiederum auf den Axiomen der Bauproduktionstheorie und Bauproduktionsplanung aufbaut. Die Planung des Bauproduktionsprozesses gliedert sich in die folgenden neun Schritte:

1. **Systemgliederung** – Gliederung des Gesamtsystems (Endprodukt Gebäude) in (Abb. 12.4):
   - Teilsyteme: Geschosse, Räume, Fassade

  - Module/Bauelemente: Decken, Wände, Fassadenelemente, Fussboden, Fenster, Türen, Putz/Anstrich
  - Eigenschaften: physikalische, technische, architektonische Eigenschaften
2. **Prozessgliederung** – Gliederung des Bauproduktionsprozesses (der Bauaufgabe) in Modul- und Elementarprozesse sowie Tätigkeiten/Aktivitäten (Abb. 12.4, 12.5 und Tab. 12.1) zur Herstellung der einzelnen Bauelemente

Als Beispiel für die Prozessgliederung dient die Bauaufgabe „Herstellung einer Brücke". Die Herstellung einer Brücke wird als Bauproduktionsprozess betrachtet (Tab. 12.1). Dieser Bauproduktionsprozess lässt sich in folgende Hauptprozesse gliedern:

- Errichtung einer temporären Baustelleneinrichtung als Vor-Ort-Produktionseinrichtung
- Herstellung des permanenten Unter- und Überbaus der Brücke

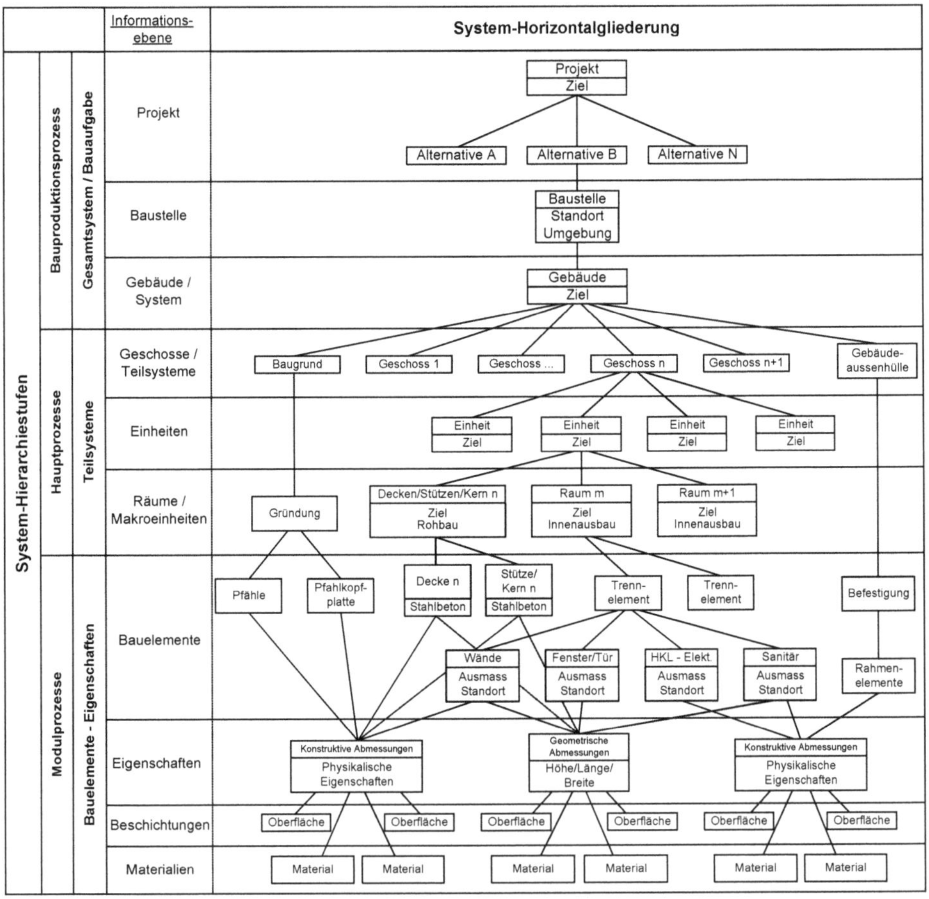

Abb. 12.4 Systemgliederung einer Bauaufgabe

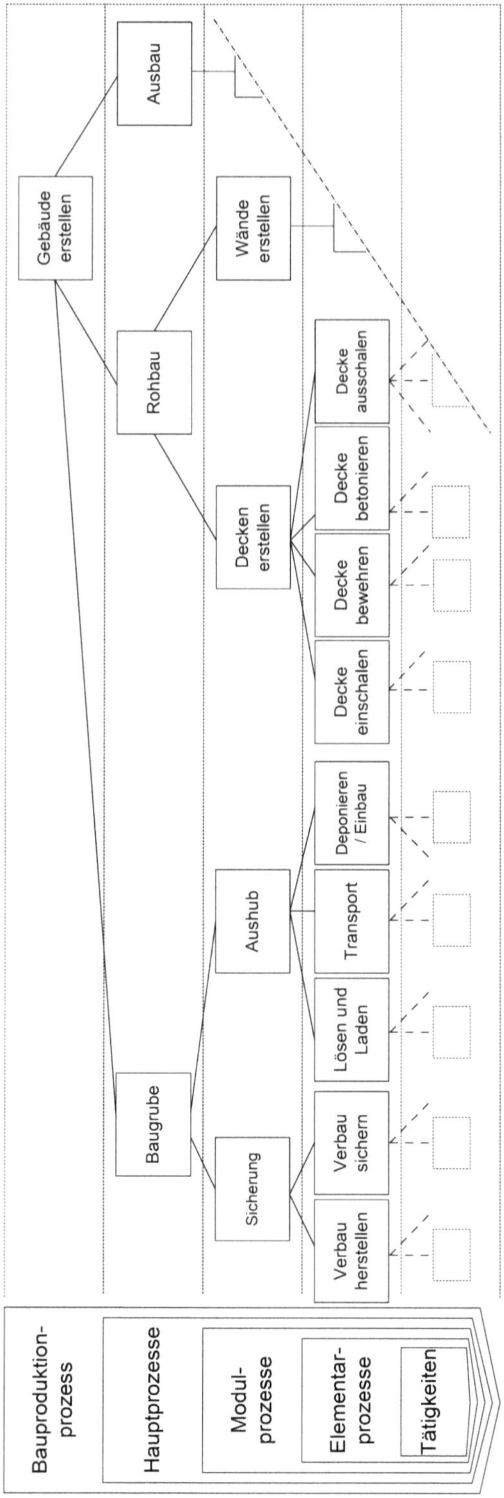

Abb. 12.5 Prozesshierarchie in der Bauproduktion

Tab. 12.1 Prozessgliederung einer Bauaufgabe

Bauaufgabe	Bauteilaufgaben		Elementarprozesse	Tätigkeiten
Bauproduktionsprozess	**Hauptprozesse**	**Modulprozesse**		
Bau einer Brücke	Baustellen-einrichtung	Baustellen-logistik Unterkünfte	Kräne aufbauen Baustrassen bauen ... Container aufbauen ...	Vorbereiten Transportieren ... ...
	Unterbau	Gründung Widerlager Pfeiler Lager Entwässerung	Baugrubenum-schliessung Aushub ... Rückfüllung ... Schalen Bewehren Betonieren ... Drainage einbauen ...	Lösen Laden Transportieren ... Zwischenlagern ... Wiedereinbauen ... ...
	Überbau	Hohlkasten Entwässerung Fahrbahnbelag E+M	Schalen Bewehren Betonieren ... Drainage einbauen	... Rüstung aufbauen ... Schalung vorbereiten ... Bewehrung verlegen ... ... Ausschalen

Zur Erzielung der einzelnen Hauptprozesse sind weitere Modulprozesse für die einzelnen Bauelemente erforderlich, so z. B. für die Herstellung der Gründung, der Widerlager und Pfeiler sowie der erforderlichen Lager und der Entwässerung, etc.

Die Zerlegung der Modulprozesse in Elementarprozesse (Tab. 12.2) ist die Voraussetzung, um geeignete Verfahrenskombinationen aufzustellen, sie miteinander zu vergleichen und das geeignetste Bauverfahren auszuwählen. Eine Grundforderung in der Verfahrenstechnik ist es, unter Berücksichtigung aller relevanten Einflussfaktoren, mit möglichst einfachen und robusten Mitteln eine praxisgerechte Lösung zu finden. Hierzu muss festgestellt werden, welche Entscheidungsvarianten vorhanden sind, mit welchen Auswirkungen bei Auswahl einer dieser Möglichkeiten zu rechnen ist und wie man sich entscheiden soll, wenn bestimmte Kriterien gegeben sind. Hierzu können methodische Entscheidungsvorbereitungen (Operations Research) dienen.

Tab. 12.2 Varianten der Herstellung

Elemantar-prozesse	**Möglichkeiten der Fertigung**			
	1	**2**	**3**	**4**
Bewehren	Örtlich bewehren	Vorgefertigte Bewehrung einbauen	Teils örtlich, teils vorgefertigt	——
Schalen	Brett, Bohle, Kantholz (konventionell)	Grosstafelschalung auf Umhänge-arbeitsbühnen	Kletterschalung	Gleitschalung
Betonieren	Mit Kübel	Mit Betonpumpe	——	——
Transportlogistik	Turmdrehkran auf Gleis	Kletterkran am Siloschacht	Mobilkran	——

3. **Herstellungsreihenfolge** – Gliederung der Herstellungsreihenfolge der Bauelemente/Bauteile in physikalisch bedingte und lagenbedingte generische Folgeebenen (Abb. 12.4):
   - Tragkonstruktionen von unten nach oben
   - Konstruktive, stabilitätsbedingte Reihenfolge
   - Ausbau lagenweise, sequenziell von der Konstruktions- zur Oberflächenebene
   - Befestigungselemente vor Elementmontage
   - Trockenwände – Ständer und halbseitige Beplankung
   - Bei Mauerwerk werden für Leerrohre Schlitze gefräst und Schächte halb gemauert
   - Sanitär-, Heizungs- und Lüftungsleitungen verlegen
   - Trockenwände mit Beplankung schliessen
   - Estrich herstellen
   - Wände streichen
   - Fussbodenbelag herstellen
   - Armaturen setzen (Sanitär, Heizung und Elektor)
4. **Abhängigkeitsbeziehung** – Vernetzung der Modul- und Elementarprozesse sowie Tätigkeiten (Abb. 12.4 und Tab. 12.2) in einem Takt- und Fliessprozess durch folgende Abhängigkeitsbeziehungen:
   - Upstream – Vorgänger- bzw. Überordnungsabhängigkeit
   - Downstream – Nachfolger- bzw. Unterordnungsabhängigkeit
   - Lateral – Nachbarabhängigkeit auf gleicher Hierarchiestufe

   Diese Abhängigkeitsbeziehungen zur Optimierung und Parallelisierung der Prozesse müssen aus konstruktiven, statischen und fertigungstechnischen Gründen der Herstellungsreihenfolge aufgedeckt und zusammengeführt werden (Abb. 12.6).

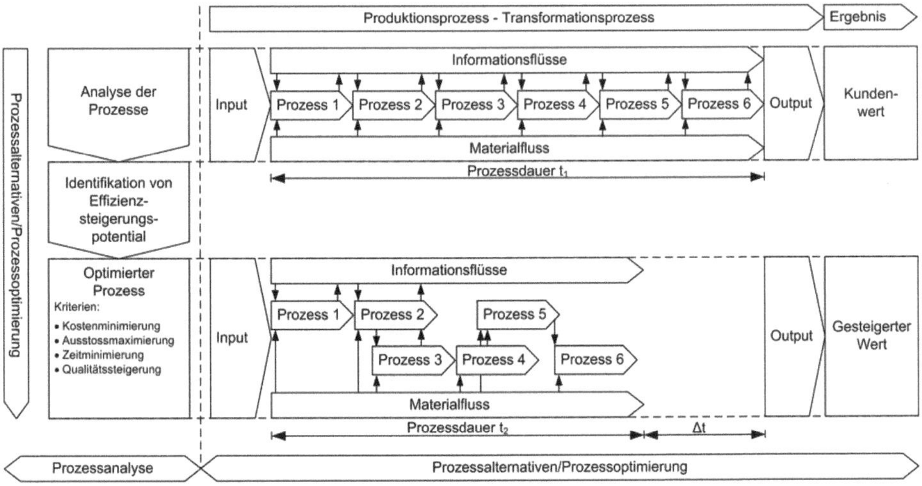

Abb. 12.6 Produktionsprozessanalyse und -optimierung

Für die Erstellung der Produktionsprozessabhängigkeiten auf Modul- und Elementarprozessebene sowie auf Tätigkeitsebene werden die generischen Dimensionen

- Systemgliederung
- Prozessgliederung
- Herstellungsreihenfolge

in ihre zeitlichen Abhängigkeitsbeziehungen gebracht (Abb. 12.7 und 12.8).

5. **Generische axiomatische Beziehung** – Um bei Projekten mit engem Zeitplan und parallel verlaufenden Planungs- und Ausführungsprozessen (Simultaneous Engineering) den Informations- und Arbeitsfluss zielorientiert den einzelnen Prozessen bereitzustellen, müssen (Abb. 12.7)
   - Nutzer- und Systemanforderungen,
   - Entwurfsparameter,
   - Planungsprozess,
   - Prüfungs- und Genehmigungsprozess

   aufeinander abgestimmt werden.
   Dazu ist es erforderlich im Planungs- sowie Ausführungsprozess die Interaktion der Gewerke für jedes Bauteil zu identifizieren. Die notwendigen Informationen, Planungs- und Arbeitsergebnisse der Vorgängeraktivitäten müssen dabei im Prozess zeitgerecht koordiniert und die generischen Abhängigkeiten aufgezeigt werden. Nur so lassen sich nicht-wertschöpfende Aktivitäten (waste) in Bezug auf Planungsänderungen und Produktionsänderungen vermeiden.
6. **Hauptprozessdauer abschätzen** – Dazu ist es erforderlich, in einem iterativen „Bottom-Up"-Ansatz die Dauer der Hauptprozesse auf der Basis von Geschossflächen bzw. Bauvolumen, Stockwerken oder Mengen/Massen mit den möglichen Leistungen zu schätzen. Daraus ergeben sich vorläufige Meilensteine für die Hauptprozesse, die in Vorgabe der Gesamtproduktionsdauer (Rahmenplan) eingepasst werden müssen.

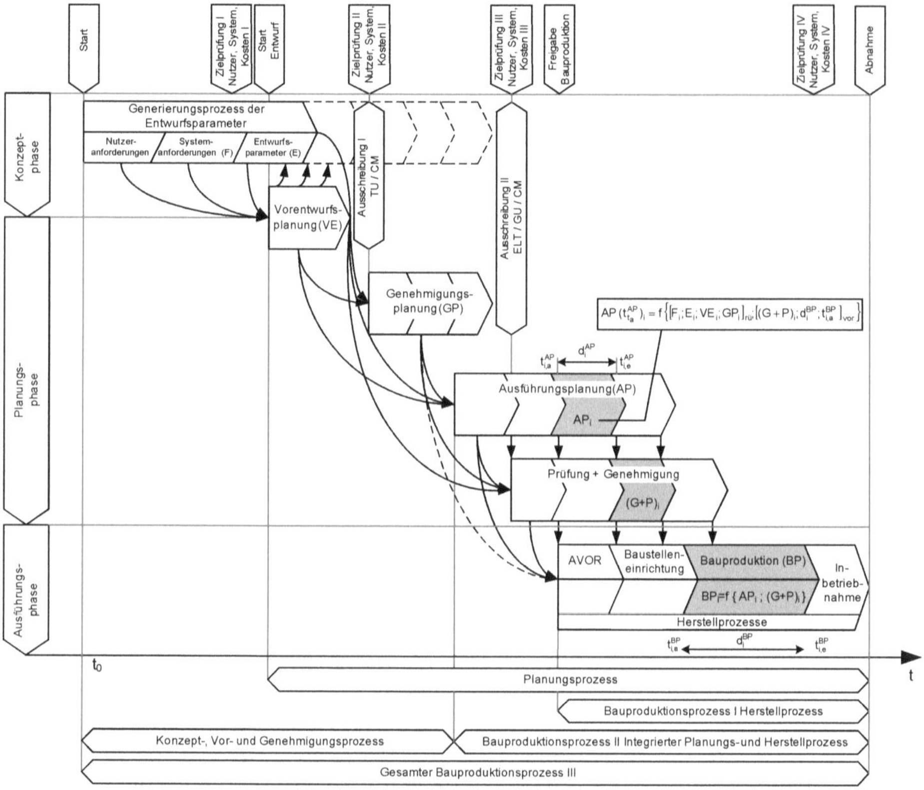

Abb. 12.7 Generische axiomatische Beziehung der Planung – zeitlich zum Bauprozess, inhaltlich und zeitlich zu Systemanforderungen, Entwurfsparametern, Vor- und Genehmigungsplanung

7. **Hauptprozessdauer iterieren** – Innerhalb der Hauptprozesse kann gemäss der generischen zeitlichen Abhängigkeitsbeziehungen mit der Planung der Modulprozesse begonnen werden. Dazu werden für den Modulprozess eines Bauteils die Elementarprozesse generisch gegliedert (Tab. 12.1 und 12.2). Die zeitliche Dauer aller Modulprozesse eines Hauptprozesses muss unter Berücksichtigung der sequenziellen und parallelen Abhängigkeiten innerhalb der Hauptprozessmeilensteine erledigt werden können. Ist dies nicht der Fall, so werden im ersten kybernetischen Iterationsprozess die Ressourcen und Reihenfolge der Elementarprozesse sowie Modulprozesse unter Berücksichtigung der generischen Abhängigkeitsbeziehungen sukzessive iterativ angepasst bis die Hauptprozesszeitspanne eingehalten ist. Dies erfolgt für jeden Hauptprozess (Abb. 12.6) und führt zum Basisproduktionsablauf (Abb. 12.8).
8. **Vergleichmässigung der Ressourcen** – Innerhalb der Hauptprozesse wird nun die Auslastung der Ressourcen bzgl. Gleichmässigkeit untersucht. Bei ungleichmässiger Auslastung der Teams (slack time) werden die entsprechenden abhängigen Elementarprozesse hinsichtlich Vergleichmässigung der Ressourcen (Teams/Geräte/Bauhilfsmaterialien) verändert. Dabei muss man zwei Fälle unterscheiden:
   – Die Hauptprozessdauer verkürzt sich: keine weiteren Massnahmen notwendig.

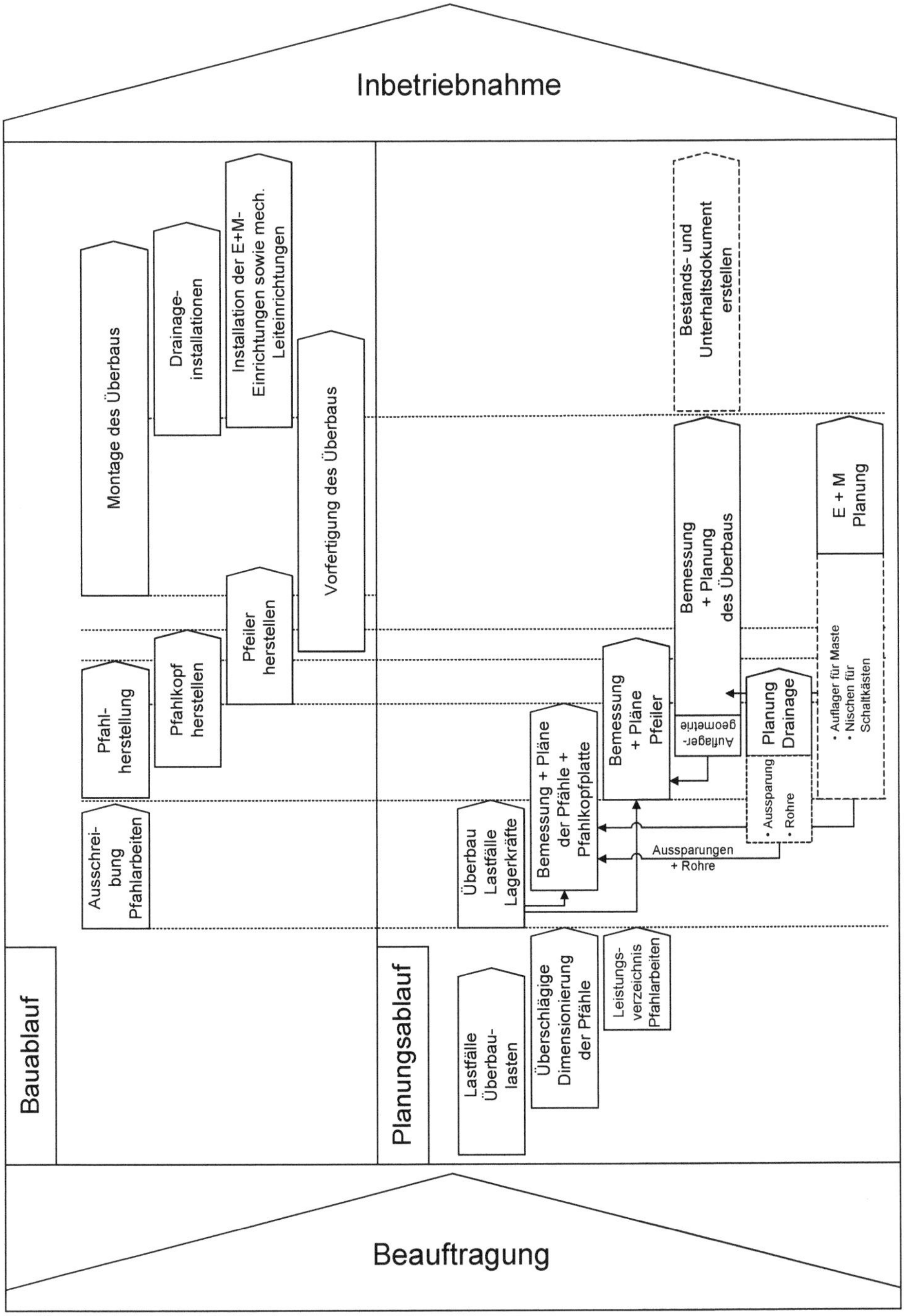

Abb. 12.8 Fast-Track-Brückenbau – Optimierter Produktionsprozess für Ortbetonpfeiler und vorgefertigtem Überbau

- Die Hauptprozessdauer verlängert sich:
  - Es muss geprüft werden, ob durch Vergleichmässigung anderer Hauptprozesse Zeiteinsparungen möglich sind, um die vertragliche Gesamtproduktionszeit einzuhalten.
  - Wenn auch die Gesamtproduktionszeit überschritten wird, muss geprüft werden, ob eine Ressourcenerhöhung in einem oder mehreren Hauptprozessen unter Beibehaltung der Vergleichmässigung zur Einhaltung der Gesamtproduktionszeit führt.

9. **Kostenanalyse** – Da das zu erzielende Ergebnis (Bauwerk) der Bauproduktion in der Produktionsphase durch Ausschreibung, Vertrag und Genehmigungs- sowie Ausführungsplanung vorgegeben ist, gilt es, hier das **ökonomische Minimalprinzip** anzuwenden. Dies kann in zwei Schritten erfolgen:
   a. Auswahl des bzw. der kostenminimalen Bauproduktionsverfahren aus alternativen Varianten
      Die verschiedenen Bauverfahren und Bauprozesse, welche die projektspezifischen Bedingungen erfüllen, werden einer Kostenanalyse unterzogen. Neben der Identifikation der Bauproduktionsmethode mit den dazugehörigen Ressourcen (Mannschaft, Geräte, etc.) und den Kosten muss die „Sensitivität der jeweiligen Bauproduktion bezüglich der Risiken zeitlicher Verschiebungen durch Wettereinfluss oder potentielle Ablaufstörungen untersucht werden. Abbildung 12.9 zeigt eine solche Sensitivitätsbetrachtung, um das Kostenrisiko einzugrenzen. Bei Anwendung des Kostenminimumprinzips sollte nicht nur ein deterministischer Kostenwert verglichen werden, sondern auch die potentielle Bandbreite.
   b. Auswahl des kostenminimalen Bauverfahrens durch Variation der Gesamtdauer bzw. Teildauer der Hauptprozesse durch Optimierung der Ressourcen in Bezug auf Reduzierung der
      - Fixkosten der Produktion durch geringere Vorhaltedauer der Baustelleneinrichtung und des Managements
      - variablen Kosten durch leistungsfähige Geräte, etc.

Das Ergebnis führt dann zum optimalen Prozess nach dem Kostenminimumprinzip (Abb. 12.3). Während der Planung des Bauproduktionsprozesses sind zudem für jeden Modul- und Elementarprozess die Entscheidungen make-or-buy-or-cooperate zu fällen, d. h. ob man eigene oder fremde Produktionsressourcen einsetzt. Die Aufgaben der AVOR sollten wie folgt verteilt werden:

- Baustellenchef und AVOR-Mitarbeiter: Arbeitsplanung der AVOR mit Vorgabe von Soll-Leistungen, Kostenlimits und Ressourcen
- Baustellenführer oder Polier: Arbeitssteuerung durch Veranlassen und Überwachen der Arbeitsaktivitäten auf der Baustelle auf der Basis der AVOR-Planung

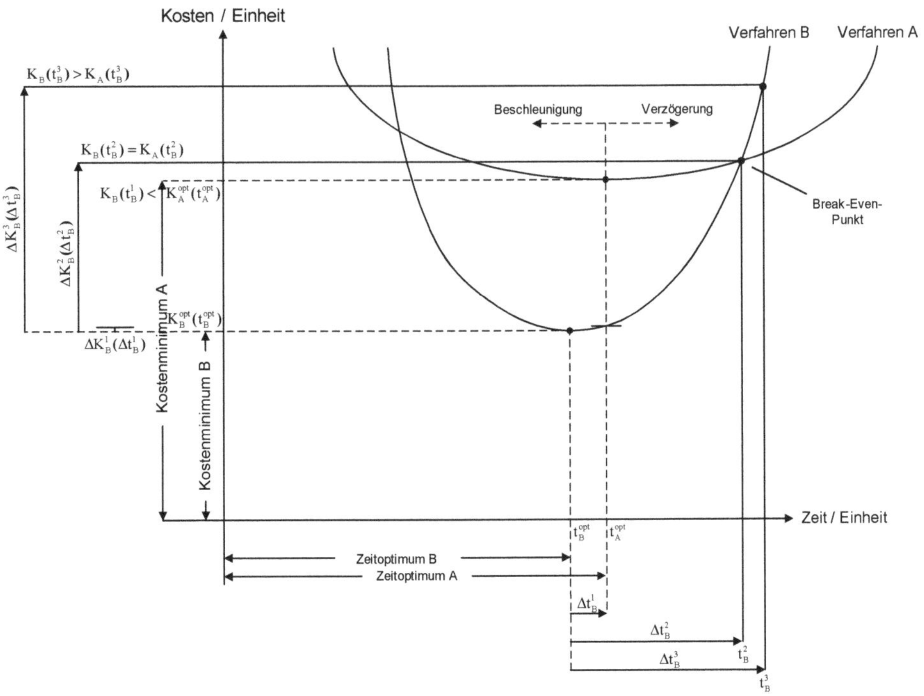

Abb. 12.9 Empfindlichkeit von Bauverfahren in Bezug auf Zeit und Kosten

Um diese Arbeitsteilung zielorientiert durchzuführen, müssen Baustellenchef und Bauführer im Vorfeld das Projekt gemeinsam studieren und alle Vorgaben auf die praktische Umsetzung überprüfen. Zur Einhaltung der Vorgaben muss die Interaktion von Planenden und Ausführenden sichergestellt werden.

12.3 AVOR – Arbeitskalkulation

Nach der Selektion der Bauverfahren nach dem Kostenminimumprinzip werden anschliessend die Arbeitsabläufe, Ressourcen und Soll-Vorgaben für die Arbeitskalkulation sowie die Terminplanung interaktiv erstellt.

Zum Zweck der internen Führung und Steuerung der Baustelle wird dem Bauleiter/Bauführer des Bauunternehmens ein Hilfsmittel in Form einer Arbeitskalkulation zur Verfügung gestellt (Abb. 12.10).

Die Arbeitskalkulation [2] setzt für den Bauleiter verbindliche Soll-Vorgaben zur Führung und Steuerung der Baustelle fest und dient der Budgetierung der Eigen- und Fremdleistungen sowie zur Schaffung eines Kontrollmittels zur begleitenden Wirtschaftlichkeits-

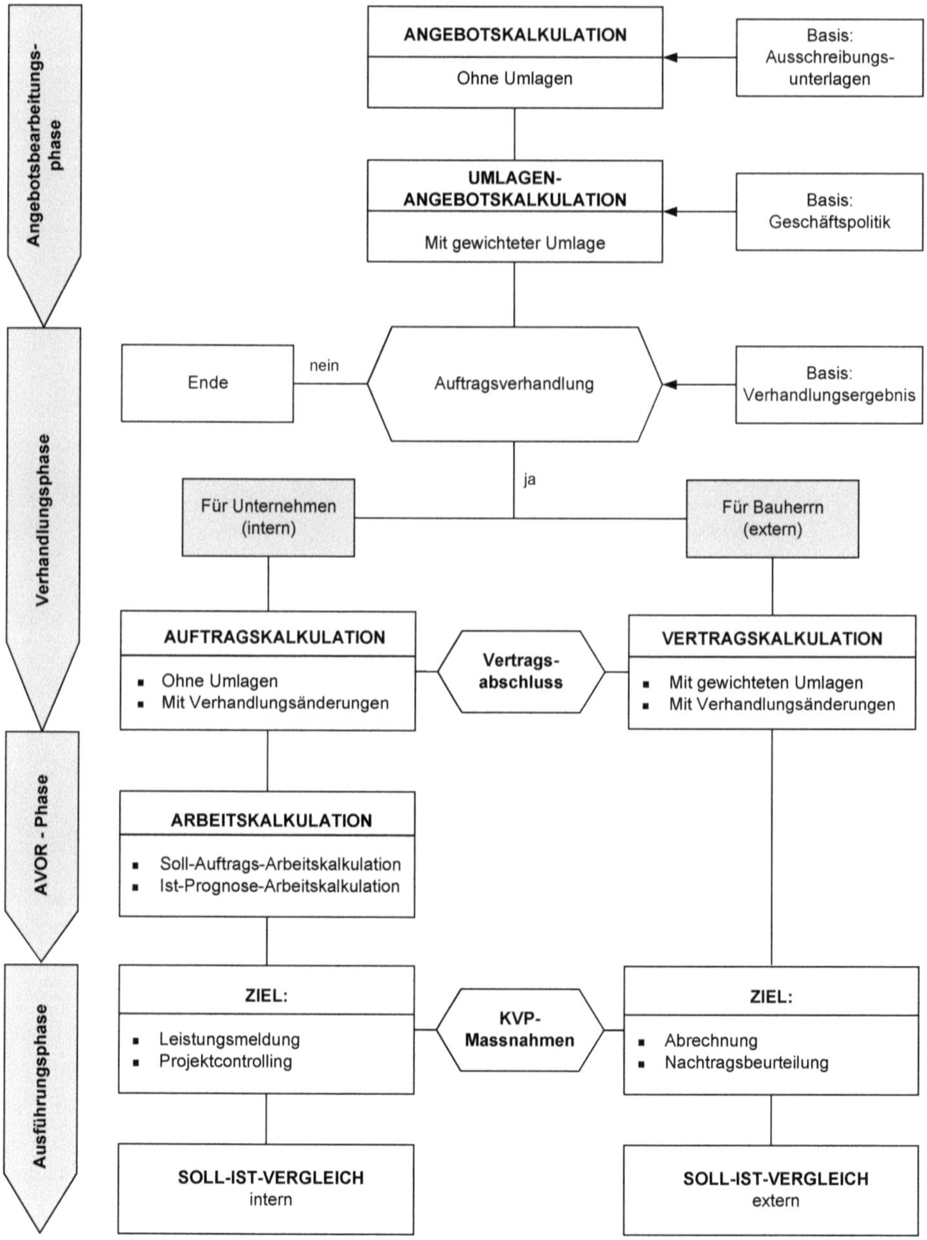

Abb. 12.10 Kalkulationsentwicklungsprozess

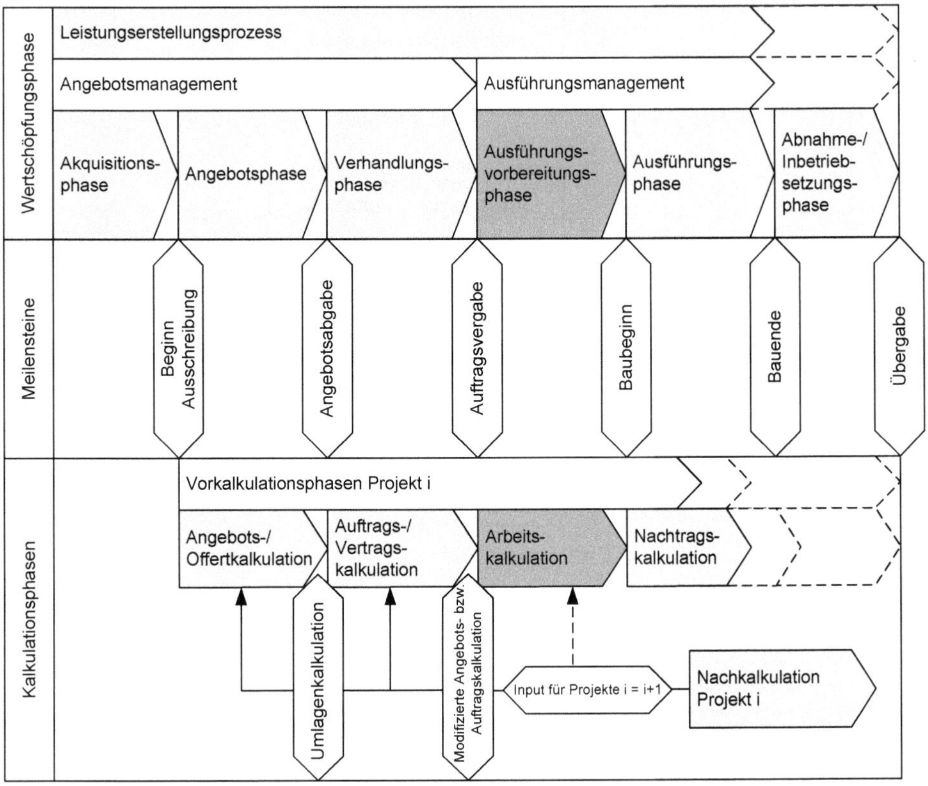

Abb. 12.11 Kalkulationsphasen im Bauunternehmen

analyse während der Bauausführung. Sie ist somit Arbeitsgrundlage für eine zielorientierte Prognose und Steuerungsinstrument für:

- die Soll-Leistungsvorgaben einzelner Arbeitsabläufe der gewählten Bauverfahren
- die Soll-Kostenvorgaben der einzelnen Leistungs- und Bauhilfspositionen in Bezug auf Lohnstunden und Lohnkosten, Material- und Hilfsmaterialkosten, Gerätestunden und Gerätekosten sowie Fremdkosten
- die Soll-Kosten- und Soll-Zeitvorgaben für Art und Umfang der Baustelleneinrichtung
- die Vergabegrenzwerte für die Beauftragung von Subunternehmern für bestimmte Leistungspositionen

Die zum Zeitpunkt der Vertragsverhandlung bzw. Vergabe aktuelle bzw. modifizierte Angebotskalkulation bzw. Umlagenangebotskalkulation ist Basis für die Auftrags- oder Vertragskalkulation (Abb. 12.10 und 12.11). Die ursprüngliche Angebotskalkulation bzw. Umlagenangebotskalkulation bleibt unverändert, wenn sich keine Änderungen in den Vertragsverhandlungen/Bietergesprächen ergeben haben. Änderungen können sich unter anderem durch folgende Resultate aus der Auftragsverhandlung ergeben:

- Preisnachlässe
- Zahlungsanpassungen
- Mengenänderungen
- Leistungsänderungen
- Pauschalisierung von Leistungen
- Änderung der Qualitätsstandards
- Verschiebung von Fristen

Die Angebotskalkulation ohne Umlagenverteilung und die Umlagenangebots-kalkulation mit Umschichtung der Umlagen zur Bildung der Einheitspreise werden durch die Einarbeitung von eventuellen kalkulationsrelevanten Ergebnissen der Auftragsverhandlung bzw. des Bietergesprächs in die Auftrags- und Vertragskalkulation übergeführt. Die Auftragskalkulation dient zu internen Zwecken im Unternehmen und enthält die Plan-Leistungs- und Plan-Kosten-Vorgaben zur ungewichteten Preisbildung (Abb. 12.10).

Die Vertragskalkulation dient im Zuge der Bauausführung als Basis zur Abrechnung mit dem Bauherrn und enthält die gewichteten Leistungs- und Kostenelemente zur potentiellen Erhöhung der Abrechnungssumme (extern). Aufgrund der Auftragserteilung muss der Unternehmer meist seine Vertragskalkulation verschlossen dem Bauherrn/Auftraggeber abgeben. Zudem enthält die Vertragskalkulation alle Änderungen/Korrekturen, die im Verhandlungsprozess erarbeitet bzw. verhandelt wurden.

In der Vertragskalkulation hat der Unternehmer basierend auf der Angebotskalkulation bzw. der modifizierten Angebotskalkulation/Auftragskalkulation die Gewichtungen für die Baustellengemeinkosten sowie für Aufsicht und Führung in den Stundenansätzen und Kostenarten je LV-Positionen vorgenommen. Damit dient die Vertragskalkulation bei Nachträgen nur als externes Informations- und Abrechnungsinstrument für

- den Bauherrn und
- die Baustelle.

Die Vertragskalkulation kann nicht zur internen Steuerung der Baustelle herangezogen werden, da keine Soll-Vorgaben, sondern nur die gewichteten Planvorgaben für externe Zwecke darin enthalten sind.

Zur Steuerung der Baustelle dient die interne Auftragskalkulation, die in die Arbeitskalkulation überführt wird. Dies geschieht während der Arbeitsvorbereitung nach der Auftragserteilung (Abb. 12.10).

Beim Aufstellen der Arbeitskalkulation müssen erkannte Kalkulationsabweichungen bzw. -fehler der Auftragskalkulation korrigiert werden. Die Arbeitskalkulation soll dem Bauausführungsmanagement in der Ausführungsvorbereitung Grundlage für die Planung der Ausführung sein; während der Bauausführung soll sie als Basis zur Erfolgssteuerung dienen.

In der Arbeitskalkulation werden die Leistungs- und Stundenansätze aus den einzelnen Leistungspositionen extrahiert und den Herstellungsabläufen der einzelnen Bauelemente zugeordnet. Die Arbeitskalkulation dient soweit als Vorgabe für die Soll-Stunden der einzelnen Bauelemente und deren jeweiligen Taktabläufen.

Eine wesentliche Aufgabe der Arbeitskalkulation ist die Soll-Vorgabe der Grenzleistungen und Grenzkosten als Benchmark-Grösse für die Bewertung der internen und externen Leistungen und der Ist-Kosten eines Projektes. Die Vorgabe des Grenzkosten- und Grenzleistungs-Solls steht dabei im Vordergrund, um ein effektives Baustellencontrolling möglich zu machen. Die Arbeitskalkulation dient nicht nur zur Erstellung, Dokumentation und Analyse des Soll/Ist-Leistungs- und Kostenvergleichs, sondern ermöglicht auch die Prognose des weiteren Baufortschritts und des Erfolges des Bauprojektes.

Vor der Erstellung der Arbeitskalkulation sind folgende Überprüfungen durchzuführen:

- Liegen Kalkulationsabweichungen oder -fehler vor?
- Kontrolle des Auftrags-Leistungsverzeichnisses
- Welche Alternativpositionen hat der Auftraggeber definitiv beauftragt?
- Erstellung eines abschliessenden Bauverfahrensvergleichs mit der Arbeitsvorbereitung zur Wahl des optimalen Bauverfahrens
- Welche Leistungspositionen sollen mittels Eigenleistung und welche durch Marktbezug erstellt werden?

Zu diesem Zweck muss die Arbeitskalkulation folgende Bedingungen erfüllen:

- Die Arbeitskalkulation muss über die gesamte Bauzeit unverändert detailliert dokumentieren, welche Soll-Leistungs- und Soll-Kostenvorgaben bei einzelnen internen und externen Leistungen angesetzt waren. Dies dient dazu, unverändert das Leistungs- und Kosten-Soll der beauftragten vertraglichen Leistungen für das Controlling festzuhalten. Zudem muss sie gegenüber der Angebots- bzw. Auftragskalkulation so aufbereitet werden, dass der Bauleiter die Vorgabegrenzwerte für einzelne Leistungen und Kosten, die Vergabegrenzwerte für Subunternehmervergaben sowie die Gesamtaufwandswerte für die abgrenzbaren Leistungen, die dann als Sollvorgaben in das Controlling einfliessen, sofort ablesen kann.
- Die Arbeitskalkulation muss Basis und Raster sein, die Ist-Kosten der vergleichbaren, abgegrenzten Leistungen festzuhalten und mit den Ist-Werten eine Wird-Prognose auf das Bauzeitende durchzuführen. Dies muss im Rahmen des Controllings mit den Soll-Vorgaben zur Steuerung periodisch verglichen werden.

Um diese sich teilweise widersprechenden Anforderungen an eine Arbeitskalkulation zu erfüllen, muss sie aufgeteilt werden in:

- Soll-Auftrags-Arbeitskalkulation (AK)
- Ist-Prognose-Arbeitskalkulation (PK)

In der **Soll-Auftrags-Arbeitskalkulation** (AK) werden alle Plan-Vorgaben aus der Auftragskalkulation der Baustelle für die praktisch abgrenzbaren Leistungen als unveränderbare Soll-Vorgaben aufbereitet. Die Soll-Auftrags-Arbeitskalkulation (AK) enthält Leistungs- und Stundenvorgaben für jedes Bauelement sowie für die einzelnen Takte seiner Herstellung. Diese Leistungs- und Stundenvorgaben werden aus den verschiedenen Leistungspositionen des Leistungsverzeichnisses der Auftragskalkulation extrahiert. Diese bleiben über die Bauzeit eingefroren und werden nur durch beauftragte Nachträge verändert. Sie beinhalten die Soll-Leistungen und Soll-Erlöse. Die **Ist-Prognose-Arbeitskalkulation** (PK) wird ständig nach den Ist-Erkenntnissen von Beginn bis Ende des Projekts angepasst und ermöglicht eine Prognose bezüglich der Wird-Kosten, Wird-Deckungsbeiträge und des Wird-Ergebnisses auf das Ende der Bauzeit.

In der Arbeitskalkulation werden die Leistungspositionen der Ausschreibung „transparent“ gemacht. Dies erfolgt unter Angabe aller Bauhilfsmassnahmen, die nicht separat ausgeschrieben wurden, aber in der Abrechnungsposition enthalten sein müssen, um den Herstellungsprozess abzubilden. Im Rahmen der Arbeitskalkulation werden die einzelnen Leistungspositionen in Elementarprozesse und deren Tätigkeiten gegliedert. Somit wird der Elementarprozess „Schalen“ in Takte untergliedert:

- Vorbereitung der Schalung auf der Baustelle (abladen/zusammenbauen),
- Einschalen, z. B. pro Stockwerk,
- Ausschalen, z. B. pro Stockwerk,
- Nachbereitung der Schalung (auseinanderbauen/reinigen/aufladen) mit den jeweiligen Soll-Stundenvorgaben.

Die Elementarprozesse (z. B. Schalung, Bewehrung, Beton) mit den dazu gehörigen Tätigkeiten können bei einer ausreichend genauen Mengenermittlung und mit Hilfe von Soll-Aufwandswerten bzw. Soll-Leistungswerten (z. B aus den Ist-Daten oder der Nachkalkulation ähnlicher Projekte) kalkuliert werden, mit dem Ziel, die Soll-Dauer für die Fertigstellung einzelner Positionen und Bauabschnitte zu ermitteln und die Soll-Kosten der einzelnen Leistungen möglichst genau zu definieren. Die einzelnen Abrechnungspositionen werden nach Soll-Leistungsansätzen sowie den Kostenarten

- Lohn,
- Material,
- Bauhilfsmaterial,
- Geräte,
- Fremdleistungen

untergliedert.

Die Soll-Auftrags-Arbeitskalkulation und die Ist-Prognose-Arbeitskalkulation sind gleich gegliedert und bauen auf der Auftragskalkulation auf.

Die Soll-Auftrags-Arbeitskalkulation (AK(0)) spiegelt die Auftragskalkulation als eingefrorene Soll-Vorgabe für Aufwands- und Leistungswerte sowie Kosten (Null-Version) wider. Sie soll in ihrem Aufbau leistungs- und kostenmässig alle Arbeitsabläufe für die Erstellung einer Leistungsposition (auch Bauhilfsaufgaben) enthalten. Umstellungen in den Baumethoden, z. B. Ortsbeton statt Fertigteile oder Fremd- statt Eigenleistungen, müssen als Soll-Vorgabe eingearbeitet werden. Somit fliessen in die Soll-Auftrags-Arbeitskalkulation (AK(0)) bereits alle neuen Erkenntnisse aus der Auftrags-AVOR wie z. B. veränderte Leistungs- und Kostenansätze für veränderte Bauverfahren, Preise für beauftragte Subunternehmerleistungen und Materialeingänge ein. Entdeckte grobe Kalkulationsfehler müssen zudem für die Baustellenvorgabe eliminiert werden. Die Korrektur wirkt sich auf den Unternehmensdeckungsbeitrag aus und ist ergebnisneutral für die Baustelle. Die in der Auftragskalkulation entdeckten Fehler werden leistungs- und kostenmässig in der Soll-Auftragskalkulation bewertet und die Wirkung auf den Unternehmensdeckungsbeitrag analysiert. Bereits auf diesen Erkenntnissen erfolgt eine erste Null-Prognose des zu erwartenden Projektergebnisses. Die Soll-Auftrags-Arbeitskalkulation dient als Vorgabe für den Bauleiter/Bauführer und das Controlling über die gesamte Bauzeit bis zur Schlussrechnung. Sie darf grundsätzlich nur durch genehmigte Nachträge auf der Basis der Nachtragskalkulation verändert werden. Die Handhabung ist je nach Unternehmenspolitik unterschiedlich. Die Soll-Auftrags-Arbeitskalkulation soll spätestens zwei bis drei Wochen nach Vertragsabschluss durch den Bauführer und den Kalkulator erstellt werden. Sie wird der Geschäftsleitung vorgelegt und genehmigt. Erst danach wird sie bei der Geschäfts- und Bauleitung als unveränderbares Vorgabe-Dokument hinterlegt. Die Soll-Auftragsarbeitskalkulation (AK) ist die Grundlage für die Soll-Wochenarbeitsplanung der Baustelle.

Die Ist-Prognose-Arbeitskalkulation wird von der Strukturierung spiegelbildlich zur Soll-Auftrags-Arbeitskalkulation (AK(0)) aufgebaut. Die Ist-Prognose-Arbeitskalkulation (PK(i)) wird periodisch während des Bauablaufs fortgeschrieben, um die Wird-Prognose des voraussichtlichen Baustellenergebnisses auf das Bauzeitende durchzuführen, und dient dazu, anhand der AK(0) den Soll-Ist-Vergleich durchzuführen. Somit ist es möglich, Abweichungen, die ergebniswirksam werden können, frühzeitig zu entdecken und Steuerungsmassnahmen einzuleiten. Dadurch lässt sich ein kontinuierlicher Verbesserungsprozess (KVP) auf der Baustelle initiieren. Besonders bei sich wiederholenden Leistungen können so grössere Einsparungen erzielt werden. Hierzu ist es erforderlich, die gesamte Mannschaft entsprechend zu motivieren.

Dieser somit dokumentierte Stundenbedarf dient später der Soll-Wochenarbeitsplanung und als mögliches Kontroll-instrument auf der Baustelle für die einzelnen Ausführungsschritte (z. B. Vorbereitung der Schalung, Aus- und Abbauen der Schalung in [h/m^2], Nachbereiten der Schalung; Verlegen der Bewehrung in [t/h]; Betonieren in [h/m^3]). Die ermittelten Kosten werden entsprechend den unternehmenseigenen Vorgaben gegliedert und aufgearbeitet. Die Gliederung nach Gewerken bzw. Kostenarten dient ferner als Budgetplanungsinstrument im eigenen Firmenbereich und als Vergabegrenzbewertung für Subunternehmerleistungen (Abb. 12.12).

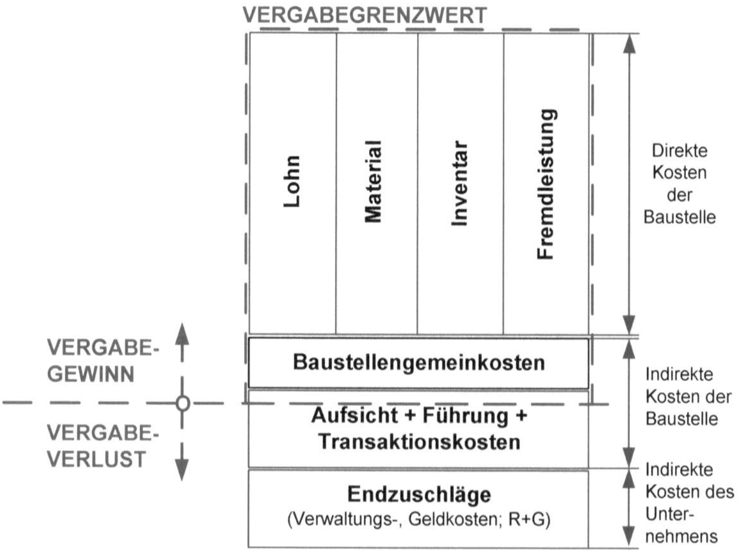

Abb. 12.12 Grenzkosten der Vergabepreise für Fremdleistungen

Die Kontrollmöglichkeiten, die sich aus dem Stundenbedarf und dem Kostenaufwand ergeben, werden in unterschiedlichen Formen zur Kontrolle auf der Baustelle instrumentalisiert:

- als Soll-Ist-Vergleich Stunden.
- als Soll-Ist-Vergleich Kosten.
- als Soll-Ist-Vergleich Bauablauf/Terminplan.

Die Leistungs- und Kostenermittlung für das Controlling (Abb. 12.14) erfolgt zu definierten Stichtagen.

Ein weiteres Produkt der Arbeitskalkulation ist die Bedarfsermittlung für Baustoffe, Bauhilfsmassnahmen und Geräte (Vgl. [3] für die detaillierte Vorgehensweise in der Arbeitskalkulation).

12.4 AVOR – Prozess- und Bauverfahrensplanung

Die Arbeitsvorbereitung [4] bildet das Bindeglied zwischen Auftragskalkulation bzw. Arbeitskalkulation und Bauausführung. Die Arbeitsvorbereitung hat das Ziel, den Einsatz der Ressourcen für den Baubetrieb mittels einer Arbeitsplanung zu optimieren, damit möglichst das Kostenminimum für die Bauproduktion erzielt wird. Zudem dienen die Soll-Vorgaben aus der Arbeitskalkulation dazu, geeignete Steuerungsmittel für die Baustelle vorzubereiten (Abb. 12.13). Die Arbeitsvorbereitung kann als Modell eines kybernetischen Regelkreises verstanden werden, der aus Planung, Überwachung und Steuerung besteht

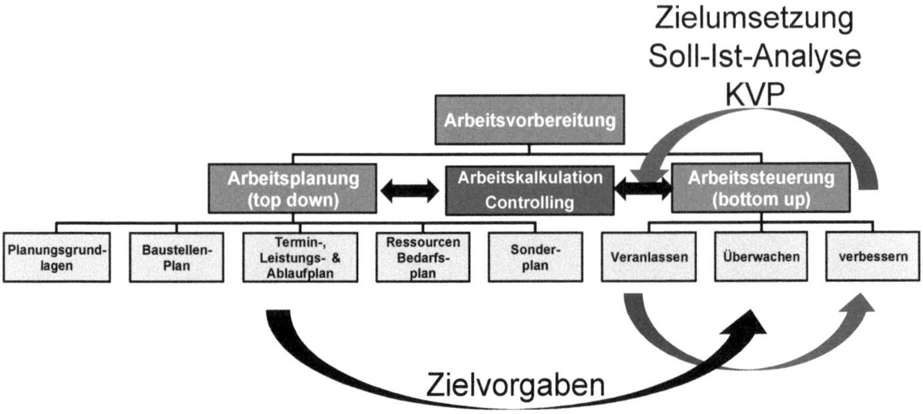

Abb. 12.13 Kybernetische Funktionen der Arbeitsvorbereitung

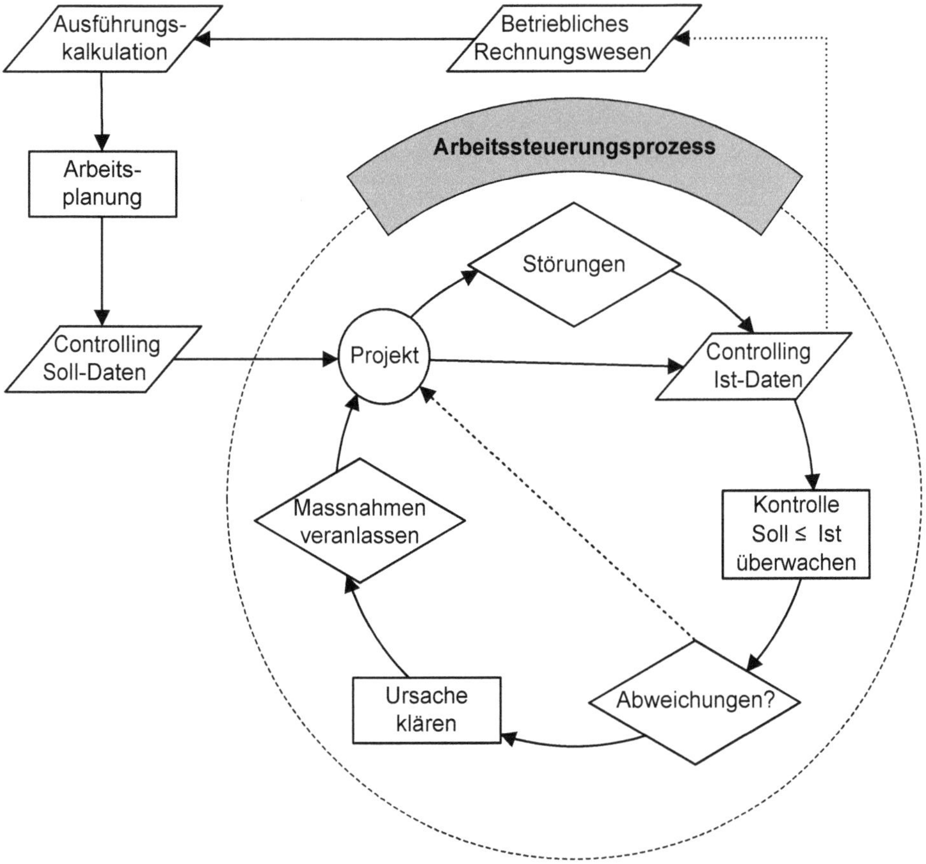

Abb. 12.14 Kybernetischer Regelkreis der Arbeitsplanung und Arbeitsprozesssteuerung

und aufgrund des Unikatcharakters der Bauwerke immer wieder Störungen unterworfen ist (Abb. 12.14). Dieser kybernetische Regelkreis hat die Aufgabe, das prognostizierte Ziel, das in der Soll-Auftrags-Arbeitskalkulation dokumentiert ist, in der geforderten Qualität zu den kalkulierten Kosten und Terminen zu erreichen.

Die Aufgabe der Arbeitsvorbereitung ist es, den Bauproduktionsprozess durch Wahl der optimalen Bauverfahren sowie durch mechanisierte Abläufe, Einsatz von rationalisierenden Bauhilfssystemen und Vorfertigung von Bauteilen zu rationalisieren und die Arbeitsvorgänge in einem Takt- und Fliessprozess zu integrieren und so zu gestalten, dass möglichst das Kostenminimum der Bauproduktion erzielt wird. Die Rationalisierungen sollen möglichst industrialisierten Charakter aufweisen mit möglichst vielen parallelisierten Fliessprozessen unter Verwendung von leistungsfähigen mechanischen Einrichtungen. Dabei sollte geprüft werden, inwieweit eine industrialisierte Vorfertigung von Bauteilen die Bauabläufe beschleunigen kann. Zur Vorfertigung eignen sich Stützen, Treppen, Decken oder Filigranplatten, Fassadenelemente, Tübbinge, Brückenelemente etc., die bereits während des Aushubs und der Gründungsphase hergestellt werden können. Dadurch können Arbeitsabläufe entkoppelt und parallelisiert werden. Solche Projektabwicklungen werden auch als „Fast Track Projects" bezeichnet. Zur Strukturierung und Abwicklung solcher Projekte wird auf die Literatur verwiesen [5, 6].

Der Ausführungsablauf ist nach dem Prinzip der Arbeitszerlegung in Takte zu gliedern und in technologisch und zeitlich unabhängige Arbeitsschritte in einem Fliessprozess zu organisieren. Dazu ist es erforderlich, vor der detaillierten Bauproduktionsplanung ein Bauablaufkonzept aufzustellen, in dem die Ausführungsaufgabe in folgende Schritte untergliedert wird (Abb. 12.15):

- Schritt 1:
  Bauaufgabe in Bauteile, Bauabschnitte und Gewerke zerlegen.
- Schritt 2:
  Ausführungsfolgen und Bauhauptphasen des Projekts festlegen.
- Schritt 3:
  Wahl der potentiellen Bauverfahren und Überprüfung der Kompatibilität mit den Randbedingungen des Vertrags, dem Baugelände, der Umgebung und den gesetzlichen Auflagen sowie Feinplanung der Abläufe.
- Schritt 4:
  Ansetzen der geschätzten Soll-Leistungs- und Soll-Aufwandswerte der potentiellen Bauverfahren auf der Basis der Leistungsermittlung für Baugeräte/Bauhilfsmittel und Bauprozesse [7] und Prüfung ihrer Auswirkungen im Gesamtterminplan. Kostenauswirkungen müssen mittels der Arbeitskalkulation interaktiv überprüft werden. Dazu muss die Baustelleneinrichtungen für die potentiellen Bauverfahren in den Kostenüberlegungen berücksichtigt werden.
- Schritt 5:
  Verfügbarkeit von Baugeräten, Personal und Know-how im eigenen Unternehmen oder auf dem Markt überprüfen.

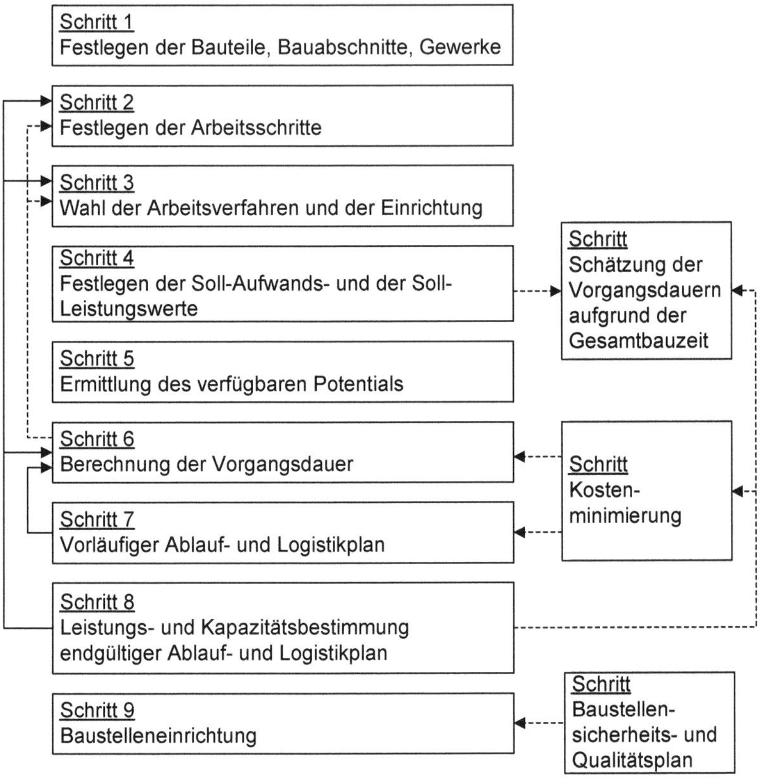

Abb. 12.15 Interaktive Arbeitsschritte der Arbeitsvorbereitung

- Schritt 6:
  Vorgangsdauer für die potentiellen Bauverfahren auf ihren wahrscheinlichsten minimalen und maximalen Wert untersuchen. Diese Werte werden auch als unscharfe Grössen verstanden und sollten hinsichtlich möglicher Störungen des Bauablaufs (Maximalwerte) auf die Kosten- und Terminstabilität des gesamten Bauablaufs untersucht werden. Dieser Prozess wird bis zur Entwicklung des wirtschaftlichsten Ablaufs des Baubetriebs wiederholt und optimiert. Dabei wird die Kostenminimierung bei der Produktion angestrebt.
- Schritte 7 und 8:
  Erstellen des vorläufigen Takt- und Fliessprozesses mit Ablauf- und Logistikplanung. Nach Abstimmung der Bauverfahren und Abläufe mit den endgültigen Leistungs- und Kapazitätsplänen werden die endgültigen Ablaufpläne und phasen- und terminbezogenen Logistikpläne unter Einbindung aller beauftragten Gewerke erstellt und die Steuerungsmittel entwickelt. Bei grossen Bauprojekten – besonders bei GU-Projekten – sollte ein Fliessprozess mit Logistikplan entwickelt werden, der alle Roh- und Ausbaugewerke enthält. Der Fliessprozess mit Logistikplan soll die Versorgung, die Lagerung und die Abläufe der verschiedenen parallelisierten Aktivitäten und Gewerke ohne gegenseitige

Behinderungen koordinieren. Ziel ist es, bei Erfüllung der Leistungs- und Qualitätsvorgaben, das ökonomische Minimalprinzip umzusetzen.

- Schritt 9:
  Nach der Entscheidung für die Bauverfahren erfolgt die Planung des Fliessproezesses der Baustelleneinrichtung aufgrund der vertraglichen Pläne und Bedingungen, der Erkenntnisse der Baufeldbesichtigung und der Notwendigkeiten der Logistik und der Bauverfahren. Für komplexere Bauabläufe werden Baubetriebspläne und Kurzbeschreibungen entwickelt, in denen die Takte und Arbeitsschritte der Bauabläufe untergliedert dargestellt werden. Ergänzend zum detaillierten Terminplan und zur Baustelleneinrichtung wird ein Arbeitssicherheits- und Qualitätsplan erstellt, in dem die Sicherheitsmassnahmen bauphasenabhängig dargestellt werden.

Die Arbeitsplanung umfasst den Baustelleneinrichtungs-, Takt-, Ablauf-, Bedarfs-, Logistik- und Terminplan, des Weiteren die Ausführungspläne sowie Sonderpläne. Die Arbeitsvorbereitung ist Grundvoraussetzung für die wirtschaftlich effiziente Gestaltung der interdisziplinär abhängigen Bauproduktion und den reibungslosen Erfolg einer Baustelle. Ferner dient sie als Instrument der kontinuierlichen Arbeitssteuerung während der Bauausführung. Dazu ist es erforderlich, aus den Vorgaben der Arbeitskalkulation und den Soll-Leistungsvorgaben [8] ein systematisches Kontrollsystem zu erstellen, um die vereinbarten Vorgaben umzusetzen, zu steuern und bezüglich der Zielerreichung zu überwachen Das bedeutet, dass die Arbeitsvorbereitung sich während der Ausführung in einen kybernetischen Regelkreis wandelt. Dies ist erforderlich, da trotz der Arbeitsvorbereitung aufgrund von nicht geplanten Ereignissen und Auswirkungen von innen oder aussen Modifikationen des Bauablaufs notwendig werden. Da fast jedes Bauwerk Unikatcharakter aufweist, kann auch eine gute Arbeitsvorbereitung nicht jedes Ereignis erkennen und dessen Auswirkungen planen.

12.5 Planung des Ausführungsprozesses

Die Realisierung einer Bauaufgabe findet in zwei unterschiedlichen Bearbeitungsstadien statt:

- Planungsprozess/Planungsphase – Gestaltung des Bauwerks
- Bauproduktionsprozess/Ausführungsphase – Herstellung des Bauwerks

Der Planungsprozess beinhaltet den Entwurf und die technische Planung, um die Idee des Bauherrn realisierbar zu machen und berücksichtigt dessen Vorstellungen hinsichtlich der Funktionserfüllung und Ästhetik sowie der örtlichen und räumlichen Gegebenheiten.

Der Bauproduktionsprozess (Herstellungsprozess) dient der Realisierung (Materialisierung) der Planung unter Einsatz baubetrieblicher Produktionsmittel mit dem Ziel, das gewünschte Bau-Soll und die gewünschte Qualität in der vorgegebenen Zeit, mit einem Minimum an Kosten zu erreichen. Dies muss durch die Produktionsplanung und die Ausführung des Herstellungsprozesses erreicht werden.

Der Planungs- und Bauproduktionsprozess sind je nach Bauwerk in unterschiedlichem Mass voneinander abhängig. So steht im Hochbau im Allgemeinen die Gestaltung im Vordergrund, während im Tiefbau oder Brückenbau die Bauwerksgestalt in starkem Mass durch die Möglichkeit der Herstellung beeinflusst wird. Da im Bauwesen im Allgemeinen keine Serien- oder Massenproduktion, sondern eine Einzelfertigung stattfindet, hat die auftragsabhängige, objektgebundene Produktionsplanung der Bauproduktion für die Wirtschaftlichkeit der Ausführung eine ausschlaggebende Bedeutung. Sie legt fest:

- Wie das Objekt ausgeführt werden soll.
- Welche Produktionsmittel und Ressourcen hierbei einzusetzen sind.
- In welcher Arbeitsfolge der Bauablauf ausgeführt werden soll.
- Wie die Arbeitsfolge zu einem Fliessprozess gestaltet wird.
- Welche Soll-Leistungen erreicht werden sollen und wieviel Soll-Stunden zur Verfügung stehen.
- Wie hoch die Grenzkosten sind.
- Wie der Terminplan für die Haupt- und Modulprozesse festzulegen ist.

Die Produktionsplanung der Baudurchführung, also des Bauproduktionsprozesses, geschieht durch die Herstellungsplanung mit den Bauverfahren, der Bereitstellungsplanung, der Arbeitsablaufplanung und den Baustelleneinrichtungsplan sowie der Soll-Leistungs- und Grenzkostenplanung (Abb. 12.16). Diese vier Planungsaufgaben können nicht losgelöst voneinander ausgeführt werden, da sie sich gegenseitig beeinflussen. So setzt die Planung einer Baustelleneinrichtung die Kenntnis der anzuwendenden Fertigungs- bzw. Bauverfahren voraus, da diese für die maschinelle Ausstattung der Baustelle ebenso wie für den zu erwartenden Personaleinsatz massgebend sind. Von der Ausstattung der Baustellen hängt wiederum die Ablaufplanung ab [4].

Somit steht die optimale Auswahl der Bauverfahrenstechnik an erster Stelle bei der Arbeitsvorbereitung des Herstellungsprozesses.

Für die Planung der Ausführung stellt sich bei jedem Projekt die grundsätzliche Frage nach dem **WWW**:

- **WAS** ist zu bauen?
- **WO** liegt das Bauobjekt?
- **WELCHE** Randbedingungen sind zu beachten?

Am Beispiel eines konkreten Projekts, des Stauwehrs Zürich-Höngg, soll aufgezeigt werden, welche Voraussetzungen bezüglich der grundsätzlichen Fragen des „was, wo, welche?“ bei der baubetrieblichen Planung (AVOR) und der Abwicklung des Herstellungsprozesses zu berücksichtigen sind.

Projektkurzbeschreibung (WAS): In der Projektbeschreibung wird das Projekt mit seinen funktionalen und bautechnischen Elementen beschrieben.

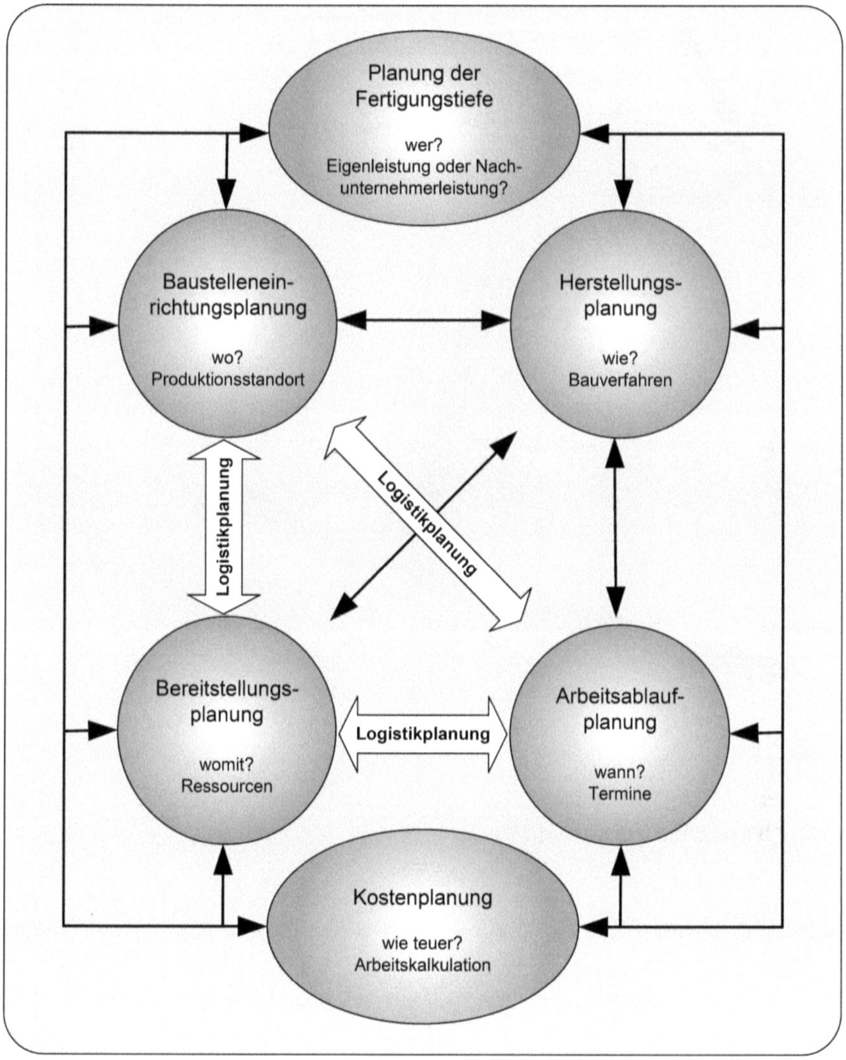

Abb. 12.16 Planung des Ausführungsprozesses

Im Unterwasser eines bestehenden Stauwehrs im Limmatfluss ist eine neue Wehranlage zu erstellen (Abb. 12.17). Sie dient zur Stauhaltung der Limmat, zur Erhöhung der Flusswasser-Infiltration des Grundwasserfassungsgebiets Hardhof wie auch zur Energieerzeugung im Kraftwerk „Am Giessen". Die neue Wehranlage umfasst:

- Das linke Widerlager mit Kahnrampe und Steuerungshaus mit den Apparaturen für die Wehrbedienung.
- Drei Wehröffnungen à 19 m samt Tosbecken; zwei Wehrpfeiler, die auch als Auflager der Wehrbrücke dienen. In den Wehrfeldern sind automatisch gesteuerte, hydraulische

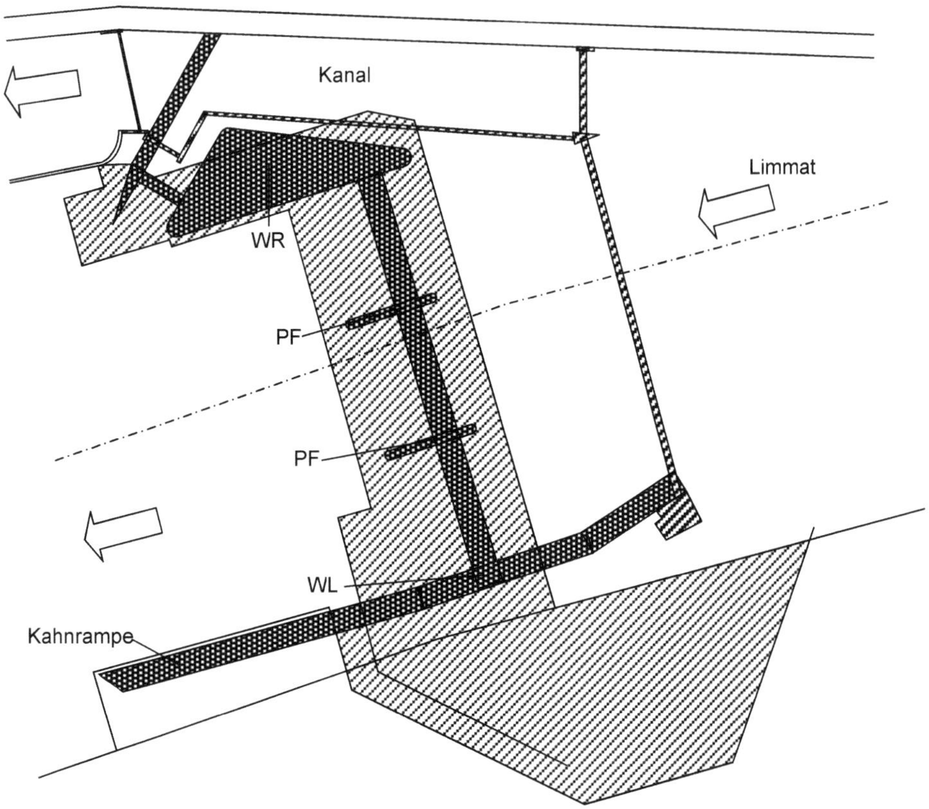

Abb. 12.17 Objektübersicht Stauwehr Höngg

Dachwehre eingebaut. Für Reparaturen und Revisionen sind Notverschlüsse vorgesehen.

- Das rechte Wehrwiderlager, das als Stromteiler zwischen Limmat und Oberwasserkanal des Kraftwerks ausgebildet ist. Eingebaut sind eine separate Sektorschütze, das dazugehörige Steuerhaus, der Lagerraum für die Notverschlüsse des Wehrs sowie ein Fischpass. Eine Brücke über den Oberwasserkanal verbindet das rechte Wehrwiderlager mit dem rechten Limmatufer.
- In das gesamte Bauwerk sind Abwasserkanäle des Tiefbauamts integriert.

Bauprojektlage (WO): Das Wehr Höngg liegt in einer Wohnzone der Stadt Zürich. Der Zugang zur Baustelle ist durch öffentliche Strassen erschlossen.

Randbedingungen für die Objektherstellung (WELCHE): Aus der Art des Bauobjekts und der Lage ergeben sich zahlreiche natürliche, technische und umweltbedingte Randbedingungen, die zwingend eingehalten werden müssen und die Bauabläufe und Bauverfahren beeinflussen.

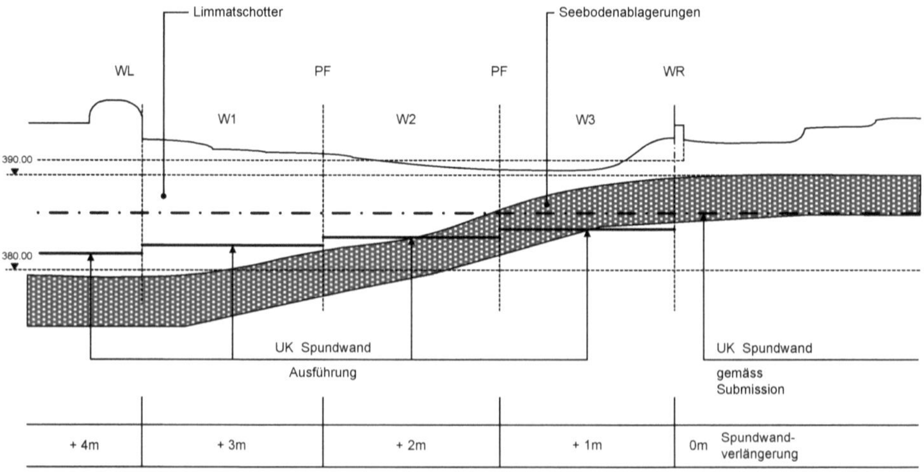

Abb. 12.18 Übersicht Geologie und Hydrologie (Querschnitt durch die Limmat im Wehrbereich)

Natürliche Randbedingungen

- **Geologie**
  Die Angaben zu den geologischen Formationen (Limmatschotter und den Seebodenablagerungen) können aus dem geologischen Querprofil und dem bautechnischen Gutachten entnommen werden. Diese sind bestimmend für die Wahl von Bauverfahren, Geräten, Arbeitsabläufen und Leistungen in der Baudurchführung (Abb. 12.18).
- **Hydrologie**
  Gewährleistung einer Limmatabflussmenge von 450 m^3/s während der gesamten Bauzeit muss erfolgen. Grundwasserzirkulationen oberhalb und unterhalb des alten Stauwehrs sowie der Limmatwässer, die je nach Wasserstand die Grundwassersituation beeinflussen können, sind dem hydrologischen Gutachten zu entnehmen.

Technische und umweltbedingte Randbedingungen

- **Absteckung/Vermessung**
  Die vermessungstechnischen Grundlagen, Fixpunkte, Hauptachsen, Längen und Höhen werden bauseits (d. h. durch den Bauherrn) zur Verfügung gestellt. Für ihre Sicherung und Beibehaltung sowie für die laufende Detailabsteckung ist der Unternehmer verantwortlich.
- **Baustelleneinrichtung**
  Die Installationsplätze für die Baustelleneinrichtung sind im Eigentum des Bauherrn und werden unentgeltlich zur Verfügung gestellt. Es ist gestattet, den Oberwasserkanal zum KW Giessen oder den Häuserkanal mit Bühnen oder ähnlichem zu überdecken.
- **Zufahrten/Wege**
  Zufahrten, Wege, Plätze, Dienstbrücken sind so anzulegen, dass sie dem Werkverkehr dienen (auch für allfällige Drittunternehmer). Der Unterhalt, die Reinigung und Schneeräumung sind sicherzustellen. Der Sauberhaltung öffentlicher Strassen im Zusammenhang mit Aushubtransporten ist besondere Beachtung zu schenken.

- **Grünbepflanzungen**
  Ohne Genehmigung durch die Bauleitung dürfen weder Bäume noch Sträucher entfernt werden.
- **Öffentliche Fussgängerverbindungen**
  Öffentliche Fussgängerverbindungen sind auf der linken Limmatseite jederzeit aufrechtzuerhalten.
- **Werkleitungen**
  Werkleitungen sind nach den Vorschriften und Anweisungen der Versorgungsunternehmen zu sichern oder umzulegen.
- **Wehrbrücken**
  Es ist ein absenkbares Lehrgerüst vorzusehen.
- **Elektrische Installationen**
  Die Stromabgabe erfolgt in genügender Menge mit 380/220 Volt Nennspannung ab Standort rechtem Wehrpfeiler des alten Wehrs. Die Elektroinstallationen müssen den Vorschriften genügen.
- **Gewässerschutz**
  Dem Gewässerschutz ist höchste Beachtung zu schenken (Grundwasserzone). Es gelten dazu alle einschlägigen Vorschriften. Toilettenanlagen müssen an die Kanalisation angeschlossen werden. Für die Lagerhaltung von Betriebsstoffen (Diesel/Schmieröle) sind Auffangwannen vorzusehen.
- **Lärmschutz**
  Dem Lärmschutz ist besondere Aufmerksamkeit zu schenken. Sämtliche Installationen haben den Lärmschutzvorschriften für Arbeitsmaschinen der Stadt Zürich zu genügen.
- **Rammarbeiten**
  Rammarbeiten sind grundsätzlich nur mit Lärmschutz zulässig. Die Rammzeit ist auf 8.00–12.00 Uhr und 14.00–17.00 Uhr beschränkt. Für die Lärmfragen bei Rammarbeiten ist die Lärmbekämpfungsstelle der Stadtpolizei zuständig.

In dieser kurzen Übersicht wurden einige Randbedingungen, die Vertragsbestandteile für dieses Projekt sind, herausgegriffen.

Durch die Wahl der Bauverfahren unter Einsatz und Kombination von Produktionsfaktoren (Menschen, Maschinen, Geräte, Werkzeuge, Vorrichtungen) ist im Ausführungsprozess die Be- und Verarbeitung von Baustoffen festgelegt.

Unter Berücksichtigung dieser Projektrandbedingungen werden dann die Bauverfahren und Bauabläufe sowie die Baustelleneinrichtungen geplant für die

- Einrichtung der Baustelle vor Ort (Installationen, Logistik)
- Baugrubenherstellungsmethoden
- Erdbau- und Aushubmethoden sowie das Transportkonzept
- Herstellungsprozesse bei Beton-, Stahlbeton- und Spannbetontragwerken
- Soll-Auftrags- und Ist-Prognose-Arbeitskalkulation für das Controlling

Im Bauwesen wird der Bauproduktionsprozess durch das Bauverfahren, in Bezug auf den Einsatz und die Kombination von Produktionsfaktoren (Menschen, Maschinen, Geräte, Werkzeuge, Vorrichtungen), zur Be- und Verarbeitung von Baustoffen festgelegt. Im Rahmen des Bauproduktionsprozesses wird der Input durch einen Transformationsprozess in einen Output umgewandelt. Dabei ensteht der Wert, für den der Kunde einen vereinbarten Preis zahlt. Um die Bauaufgabe zu verwirklichen, ist eine Reihe von Teilaufgaben zu erfüllen, die wiederum in einzelne Prozesse und Einzelvorgänge gegliedert sind (Tab. 12.1). Diese werden möglichst in einem Takt- und Fliessprozess integriert um nicht wertschöpfende Aktivitäten zu minimieren.

Eine solche Zerlegung in Haupt-, Modul- und Elementarprozesse ist Voraussetzung, um geeignete Bauverfahrenskombinationen aufzustellen, sie miteinander zu vergleichen und das geeignetste Bauverfahren auszuwählen und diese in einem Takt- und Fliessprozess zu integrieren. Die Bauaufgabe „Herstellung einer Brücke" wird als Bauproduktionsprozess betrachtet (Tab. 12.1). Dieser Bauproduktionsprozess lässt sich in folgende Hauptprozesse gliedern:

- Errichtung einer temporären Baustelleneinrichtung als Vor-Ort-Produktionseinrichtung
- Herstellung des permanenten Unter- und Überbaus der Brücke

Zur Erzielung der einzelnen Hauptprozesse sind weitere Modulprozesse erforderlich, so z. B. für die Herstellung der Gründung, der Widerlager und Pfeiler sowie der erforderlichen Lager und der Entwässerung etc.

Grundforderung in der Bauverfahrenstechnik ist es, unter Berücksichtigung aller relevanten Einflussfaktoren, mit möglichst einfachen und robusten Mitteln eine praxisgerechte Lösung zu finden, die im Rahmen eines Takt- und Fliessprozesses zu minimalen Produktionskosten führt.

Im Allgemeinen gibt es eine gewisse Bandbreite, innerhalb derer ein technisch geeignetes Bauverfahren oder ein Prozess zur Zielerreichung ein weitgehend robustes Minimum an finanziellem Mitteleinsatz aufweist. Bauprozesse sind Imponderabilien, d. h. Risiken, ausgesetzt und somit zeitlich wie auch kostenmässig keine deterministischen Grössen. Die Imponderabilien/Risiken werden oft durch Fehleinschätzungen von Leistungen oder durch äussere Bedingungsgrössen hervorgerufen. Dies führt zu realen Schwankungen um das Kostenminimum. Bauverfahren, die z. B. unter optimistischen zeitlichen Erwartungswerten ein relatives Minimum gegenüber einem anderen Bauverfahren aufweisen, müssen kein robustes Minimum aufweisen (Abb. 12.9). Das Bauverfahren B hat bei Abweichungen um das Zeitoptimum einen sehr steilen Kostengradienten. Das Bauverfahren A weist bei Variation um das Zeitoptimum A dagegen ein sehr robustes Kostenminimum mit einem gering ansteigenden Kostengradienten auf. Dieses Verhalten der Kosten-Zeit-Funktion der Bauverfahren und Prozesse muss man neben dem „deterministischen" Minimalkostenwert bei der Entscheidung über die am besten geeignete Wahl berücksichtigen. Möglicherweise führen bereits relativ geringe Aktivitätsdauerschwankungen zu Kostenzielabweichungen, die die Ergebnisziele der Baustelle stark beeinflussen [2], obwohl das „kostengünstigste“ Verfahren gewählt wurde.

Die Komplexität der Bauverfahrenswahl und der Abstimmung auf den Leistungserstellungsprozess wird dadurch gesteigert, dass das Kostenminimum nicht für den einzelnen Teilprozess, sondern für die gesamte Bauaufgabe im Rahmen eines Takt- und Fliessprozesses gefunden werden muss. Daher muss man bei der Wahl der Bauverfahren nicht nur die Optimierung eines Bauteils vornehmen, sondern dies im Kontext der Wiederholbarkeit, der gegenseitigen Abhängigkeiten und der Vorhaltung an Ressourcen betrachten. Dieser Optimierungsprozess muss nach technischer Prüfung der Verfahren über das Kostenminimalprinzip gesteuert werden. Dabei ist auf die Kostenstabilität bei der Variabilität der Einflüsse und Ziele zu achten (Abb. 12.9).

12.6 Auswahlmethodik für Bauverfahren und Bauprozesse

Die Entscheidung für das jeweilige Bauverfahren, Gerätekonzept oder Schalungssystem wird von einem Praktiker meist aufgrund seiner Erfahrungen intuitiv ohne besondere Vergleichsanalysen gefällt. Dies führt oft zu sehr guten Ergebnissen, da die Mannschaft und die Führung auf die Handhabung der Geräte, Bau- und Hilfsmaterialien und Abläufe eingespielt sind. Erfahrungen machen jedoch oft betriebsblind und generieren Abwehrhaltungen gegenüber Neuem. Das heutige wirtschaftliche Umfeld in der Bauwirtschaft ist stark durch den Preiswettbewerb und das intendierte oder auch oft unbewusste Streben nach der Kostenführerschaft als „Überlebensstrategie“ geprägt. Dieses Streben nach Kostenführerschaft erfordert aufgrund des „Erfinder-Nachahmer-Prinzips“ einen permanenten und kontinuierlichen Verbesserungsprozess (KVP), um zu den Gewinnern am Markt zu gehören. Werden neue Verfahren eingesetzt, sollte eine systematische Analyse der eigenen Stärken und Schwächen und der Wettbewerber durchgeführt sowie das zukünftige Marktpotential beachtet werden. Stehen mehrere Bauverfahren zum Erreichen der Ergebnisziele zur Verfügung, sollte eine einfache, aber systematische Überprüfung stattfinden, um eine projektspezifische, wirtschaftliche Lösung im Rahmen des ökonomischen Minimalprinzips zu erreichen (Abb. 12.3).

Zielsetzung beim Bauverfahrensvergleich
Der Bauverfahrensvergleich ist ein entscheidungstheoretischer Ansatz. Mit Hilfe des Bauverfahrensvergleiches soll mittels der Zielfunktion „minimale Produktionskosten“ unter Beachtung der projekt- und umweltspezifischen Determinanten das technisch und wirtschaftlich effektivste Bauverfahren durch Integration der interaktiven Prozessabhängigkeiten ausgewählt werden.

Das methodische Vorgehen beim Bauverfahrensvergleich erfordert folgende kybernetische Überlegungen und Schritte (Abb. 12.19):

- Zielbestimmungsprozess
- Bauverfahrensvergleichsprozess

Abb. 12.19 Methodisches Vorgehen beim Bauverfahrensvergleich

Dabei gibt es gemäss Abb. 12.20 zwei Varianten. Der Unterschied besteht darin, dass in der einfachsten Variante (Einzelzielsystem) nur ein Ziel mit Auswahlkriterium im Vordergrund steht (z. B. Kosten). Im Multi-Zielsystem werden mehrere Zielkriterien herangezogen, gewichtet und bewertet. Bei beiden Varianten ist es eine Grundbedingung, dass nur Bauverfahren verglichen werden, die alle projektspezifischen, technischen und physikalischen Anforderungen erfüllen.

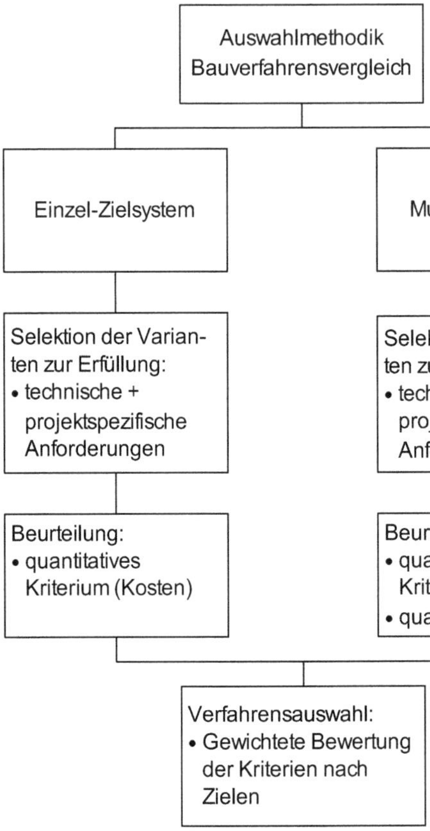

Abb. 12.20 Ablauf und Varianten der Bauverfahrensauswahl

Der Zielbestimmungsprozess legt (Abb. 12.19)

- das Hauptziel,
- die Einzelziele,
- die Rangfolge der Ziele,
- die Beurteilungskriterien,
- die Gewichtung der Kriterien

unter Beachtung der projekt- und umweltspezifischen Determinanten (Vertragsvorgaben, natürliche und künstliche Gegebenheiten, etc.) sowie der produktionsprozessbedingten Interaktionen fest. Ferner wird der Bewertungsmassstab für die Ziele und Kriterien festgelegt (Abb. 12.19).

Methodik des Bauverfahrensvergleichs

Die Ablaufsystematik eines Bauverfahrensvergleichs für eine Bauproduktion ist in Abb. 12.21 dargestellt. Beim Bauverfahrensvergleich zur Erzielung des wirtschaftlichsten

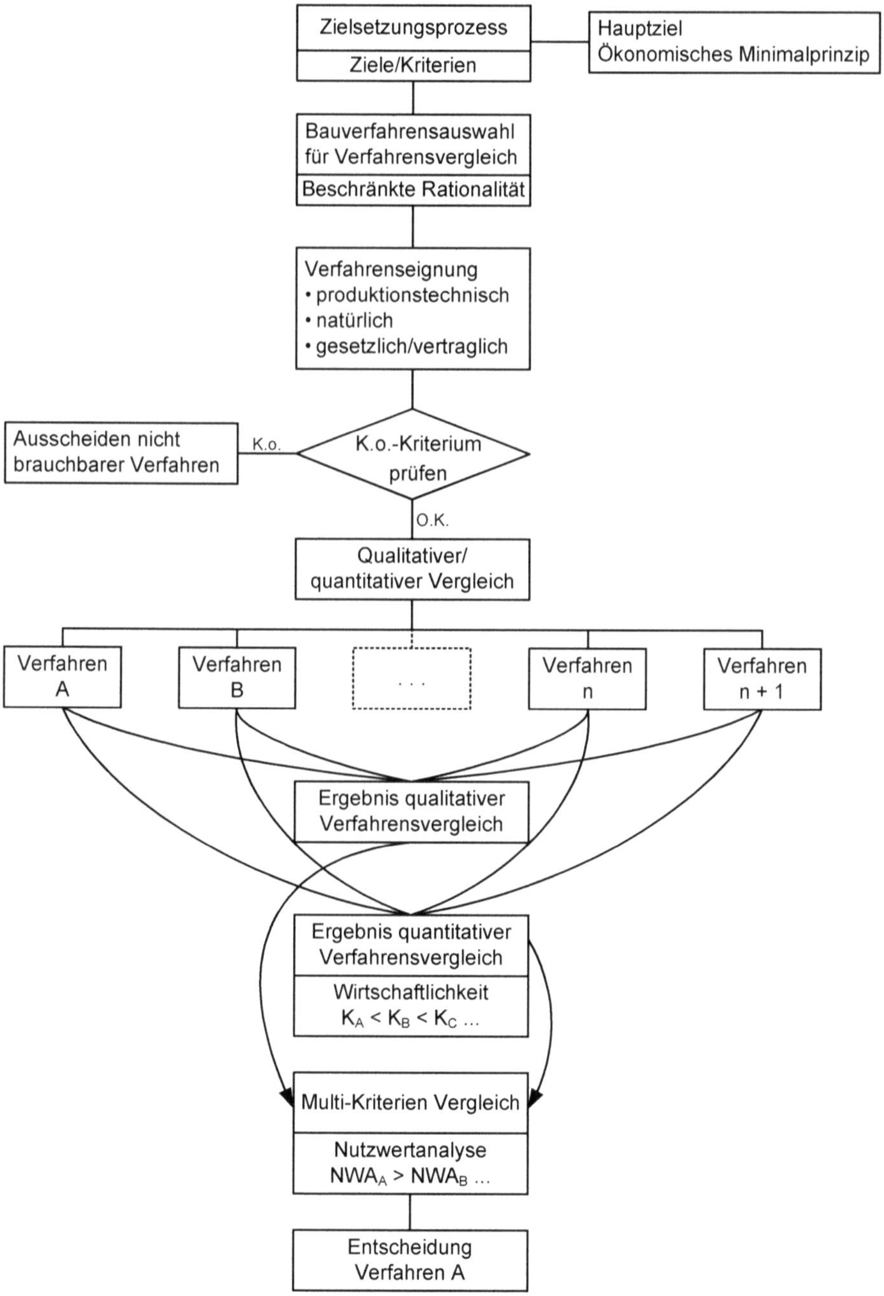

Abb. 12.21 Ablaufsystematik des Bauverfahrensvergleichs

Tab. 12.3 Bauverfahrenswahlmatrix zur Herstellung eines Rechtecksilos

Elementar-prozesse	Möglichkeiten der Fertigung			
	1	2	3	4
Bewehren	Örtlich bewehren	Vorgefertigte Bewehrung einbauen	Teils örtlich, teils vorgefertigt	———
Schalen	Brett, Bohle, Kantholz (konventionell)	Grosstafelschalung auf Umhänge-arbeitsbühnen	Kletterschalung	Gleitschalung
Betonieren	Mit Kübel	Mit Betonpumpe	———	———
Transportlogistik	Turmdrehkran auf Gleis	Kletterkran am Siloschacht	Mobilkran	———

Bauproduktionsprozesses wird als Hauptziel das **ökonomische Kostenminimalprinzip** angewendet. Denn für ein bestimmtes definiertes Bauprojekt soll nun das wirtschaftlichste Bauproduktionsverfahren bzw. der wirtschaftlichste Bauproduktionsprozess gefunden werden.

Mögliche Bauverfahren für die Bauaufgabe werden systematisch oder mittels Kreativverfahren, wie Brainstorming, zusammengestellt. Danach kann man die Bauprozesse in Teilprozesse untergliedern und in unterschiedliche produktionstechnische/verfahrenstechnische Varianten untergliedern (Tab. 12.3). Da aber umfangreiche Bedingungen und Anforderungen bezüglich

- Bauaufgabe,
- Gesetzen,
- Vertrag,
- Umwelt,
- Unfallschutz,
- Terminplanung,
- Qualitätsanforderungen

bestehen, muss ein Bauverfahrensvergleich (Abb. 12.22) in die folgenden Schritte gegliedert werden:

- Verfahrenseignung,
- Qualitativer Verfahrensvergleich,
- Quantitativer Verfahrensvergleich,
- Verfahrensauswahl.

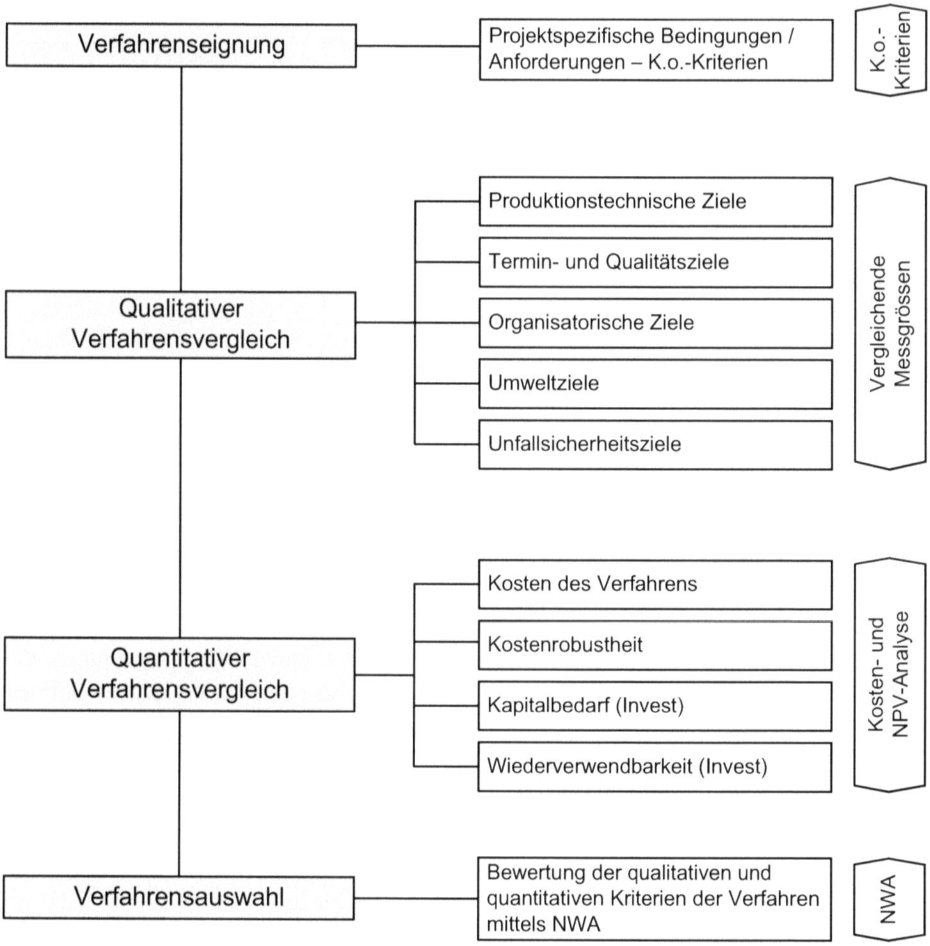

Abb. 12.22 Übersicht Bauverfahrensvergleich

Verfahrenseignung

Dazu ist es erforderlich, zuerst die produktionstechnische Verfahrenseignung aufgrund projektspezifischer Bedingungen und Anforderungen hinsichtlich der folgenden K. O.-Kriterien zu prüfen (Tab. 12.4):

- Technisch – Lässt sich die Bauaufgabe mit dem Bauverfahren technisch lösen (richtiges Verfahren)?
- Geometrisch – Kann das Bauverfahren unter den gegebenen Baufeld- und räumlichen Platzverhältnissen angewendet werden und seine Leistungsfähigkeit entfalten?
- Natürlich – Ist das Bauverfahren geeignet für die hydrologischen, topographischen und meteorologischen Bedingungen?
- Gesetzlich/vertraglich – Erfüllt das Bauverfahren die Behördenauflagen, Bauherren-, Umwelt- und Unfallschutzanforderungen?

Tab. 12.4 Bauverfahrenseignung – K. O.-Selektionsprozess

Ziele	Kriterien	Art	K.-o.	ja	nein	Zusatzmassnahmen
Projekt-spezifische Anforderung	**Produktionstechnische Eignung für:**					
	• Bauaufgabe • Bauwerksgeometrie / Bauwerksart • Platzverhältnisse	tech-nisch				
	• Geologie / Hydrologie • Topographie • Meteorologie	natür-lich				
	• Behördenauflagen • Umweltanforderungen → gesetzliche Auflagen - Gewässerverschmutzung - Luftverschmutzung - Lärmbelästigung → Beeinträchtigung der Anlieger - Gefährdung der vorhandenen Bebauung → Gefährdung des Verkehrs • Bauherrenanforderungen • Unfallschutzanforderungen → Gefährdung der Arbeitskräfte → Gefährdung des Bauvorhabens → Gefährdung der Umwelt (Verkehr / Anlieger) → Umfang der Schutzmassnahmen	gesetzlich/vertraglich				
	Gesamtbewertung					

Zudem kann man festlegen, mit welchen Zusatzmassnahmen die Bedingungen erfüllt werden können. Diese Vorentscheidung soll die prinzipiellen Bauverfahren bestimmen, die von ihrer Spezifität oder Allround-Einsetzbarkeit ohne wesentliche Zusatzmassnahmen geeignet sind.

Qualitativer Verfahrensvergleich

Die projektspezifisch extrahierten, möglichen Bauverfahren werden jetzt im Rahmen eines qualitativen und quantitativen Verfahrensvergleichs gegenübergestellt. Zuerst erfolgt eine qualitative Beurteilung (Tab. 12.5). Die qualitative Beurteilung vertieft die Beurteilung der Verfahren im Bezug auf kostenwirksame und nicht direkt kostenwirksame Ziele und Kriterien. Dabei wird vertieft untersucht, welche produktionstechnischen Anforderungen erfüllt werden müssen bzw. mit dem Bauverfahren erfüllt werden. Unter Beachtung der Termin- und Qualitätsanforderungen ergeben sich daraus die Anforderungen an die Organisation des Projekts in Bezug auf Quantität und Qualität des Personals. Ferner ergeben sich daraus auch die Ziele bzw. der Zielerreichungsgrad, der mit dem jeweiligen Bauverfahren verbunden ist. Zu den qualitativen Beurteilungskriterien gehören des Weiteren auch Umwelt-, Unfallschutz- und sonstige Ziele.

Quantitativer Verfahrensvergleich – methodisches Vorgehen

Aufbauend auf den qualitativen Überlegungen lassen sich nun die Wirtschaftlichkeitsvergleiche (Tab. 12.6) durchführen, die auf Basis von Kostenvergleichen erfolgen. Dabei wird auch die Kostenrobustheit bei Störungen bzw. unter Einbezug von Risiken untersucht.

Bei Investitionen in Bauproduktionsverfahren sind zudem Überlegungen notwendig bezüglich des Kapitalbedarfs sowie der zukünftigen Auslastung bzw. inwieweit die Investition in das zukünftige Entwicklungskonzept des Unternehmens passt.

Tab. 12.5 Ziel und Kriterienkatalog für einen qualitativen Verfahrensvergleich

Qualitativer Verfahrensvergleich				
Ziele	**Kriterien**	**Ja**	**Nein**	**Bemerkungen**
Produktions-technische Anforderungen/ Ziele	*Bauprozess* • Leistungsfähigkeit des Verfahrens • Anforderungen an die Transportlogistik • Prozesskettenabstimmung/Leistungsabstimmung • Störungsrobustheit gegenüber internen/externen Einwirkungen *Raumbedarf* • Örtlich geometrische Bedingungen • Ist der Platz zur Vorbereitung vorhanden? • Ist Platz für Zwischenlagerung vorhanden? • Sind alle Hilfsbetriebe unterzubringen? • Zugänglichkeit der Baustelle *Verfahrensrobustheit/Prozessstabilität* • Anlaufschwierigkeiten bei Neueinführung • Betriebs-/Störungsrobustheit (Geräteausfall etc.) • Witterungsanfälligkeit (Kälte, Hitze, Regen etc.) • Wartungsaufwand			
Termin- und Qualitätsan-forderungen/ Ziele	*Terminanforderungen* • Können die gesetztlichen Termine eingehalten werden? • Kann man Terminvorteile erzielen (Prämien, Vermeidung der schlechten Jahreszeit)? *Qualitätsanforderungen* • Bringt das Verfahren die geforderte Qualität (Oberflächen, Struktur, Masshaltigkeit etc.)?			
Organisatori-sche Anfor-derungen/ Ziele	*Personelle Anforderungen* • Stehen die Arbeitskräfte im Betrieb zur Verfügung? • Sind qualifizierte Arbeitskräfte auf dem Arbeits-markt verfügbar? • Facharbeiter oder Hilfskräfte? *AVOR und Baustellenüberwachung* • Kann die AVOR das Verfahren vorbereiten oder planen? • Wie gross ist der Arbeitsanfall für die AVOR? *Störanfälligkeit bei zeitlicher Verzögerung* • Können die Arbeitskräfte auf einer anderen Bau-stelle eingesetzt werden? • Reichen die Servicegeräte (Kran, Mischanlage) für eine kontinuierliche Fertigung aus? • Wie gross ist die Abhängigkeit von der Infra-struktur (Verkehr Wasser, Elektrizität, Entsorgung)?			

Tab. 12.5 (Fortsetzung)

Qualitativer Verfahrensvergleich				
Ziele	**Kriterien**	**Ja**	**Nein**	**Bemerkungen**
Umweltanforderungen/ Ziele	*Umfang der Umweltschutzmassnahmen* • Gewässerschutz • Luftreinhaltung • Lärmschutzgrenzen • Beeinträchtigung der Anlieger • Gefährdung des Verkehrs			
Unfallschutzanforderungen/ Ziele	*Umfang der Unfallschutzmassnahmen* • Gefährdung der Arbeitskräfte • Gefährdung des Umfelds/Dritter			
Sonstige Anforderungen/ Ziele	*Image* *Marktbeeinflussung*			

Tab. 12.6 Quantitativer Verfahrensvergleich

Quantitativer Verfahrensvergleich					
Ziele	**Kriterien**	**Betrag (€)**	**Ja**	**Nein**	**Bemerkungen**
Wirtschaftlichkeit	*Kosten des Verfahrens* • Lernkosten • Abschreibung und Verzinsung • Mietkosten • Lohnkosten *Kostenrobustheit* • Ist das Verfahren das kostengünstigste? • Ist das Verfahren kostenrobust bei (zeitlichen) Störungen? • Ist das Verfahren kostenrobust, z. B. bei geotechnischer Variabilität und, wenn ja, in welchen Grenzen? *Kapitalbedarf bei Investitionen* • Ist Kapital für die Anschaffung der Geräte vorhanden? • Erhöhung des Umlaufkapitals *Wiederverwendbarkeit bei Investitionen* • Passt die Investition in die strategische Ausrichtung? • Kann das Gerät später eingesetzt werden? • Ist der Auslastungsgrad in der Zukunft wahrscheinlich? • Ist die Abschreibung in den vorgeschriebenen Nutzungsjahren zu erbringen?				

12.6.1 Wirtschaftlicher Bauverfahrensvergleich – Kostenanalyse

Nach Abklärung der projektspezifischen, technischen und organisatorischen Einsatztauglichkeit der alternativen Bauverfahren ist es im nächsten Schritt erforderlich, die sich daraus ergebenden Kosten und deren Bandbreite mit einer möglichst einfachen aber zutreffenden Methode zu ermitteln, um daraus das im Rahmen des Gesamtprozesses wirtschaftlichste Bauverfahren zu ermitteln (Abb. 12.22).

In der Arbeitsvorbereitung sind bei der Verfahrensauswahl Kostenvergleiche verschiedener, oftmals technisch gleichwertiger Bauverfahren durchzuführen. Dabei sollte eine differenzierte Betrachtung der Elementarprozesse erfolgen, die einen direkten und aussagekräftigen Vergleich dieser Elementarprozesse ermöglicht. Die für einen Kostenvergleich gewählte Methode sollte darüber hinaus eine detaillierte Darstellungsmöglichkeit der fixen und variablen Kostenanteile der Elementarprozesse bieten, um Tendenzen der spezifischen Kostenänderungen bei Verschiebung der Massen erkennen zu können. Somit ist es sinnvoll, die für einen kalkulatorischen Vergleich zu betrachtenden Kosten in fixe und variable Kosten zu gliedern.

12.6.1.1 Fixe Kosten

Als fixe Kosten wird jener Teil der Gesamtkosten bezeichnet, der von der Produktionsmenge unabhängig ist. Mit fixen Kosten werden folgende Kostenanteile erfasst:

- Baustelleneinrichtung,
- Mietkosten,
- Amortisation,
- Verzinsung,
- Versicherung für die Abdeckung des Feuer- und Elementarrisikos,
- Evtl. weitere Versicherungen,
- …

Für jede Tätigkeit auf einer Baustelle, wie auch für jedes Bauverfahren, ergibt sich somit eine Summe der jeweils anfallenden fixen Kostenanteile.

12.6.1.2 Variable Kosten

Als variable Kosten wird jener Teil der Gesamtkosten bezeichnet, der von der Produktionsmenge abhängig ist. Es werden folgende Kosten erfasst:

- Materialkosten,
- Energiekosten,
- Kosten für Reparatur/Revision,
- Kosten für Wartung,
- …

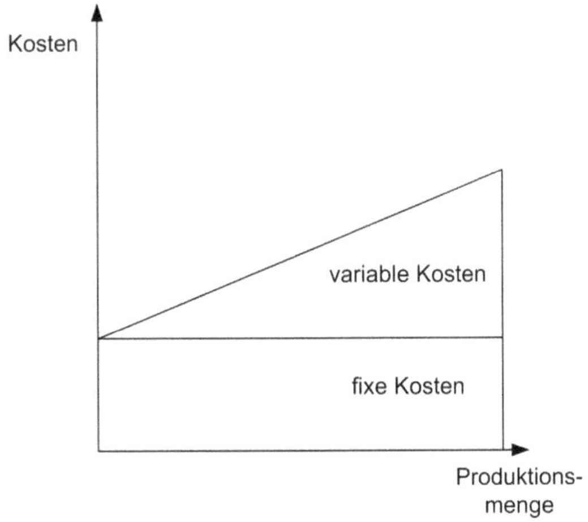

Abb. 12.23 Gesamtkosten – linearer Verlauf der variablen Kosten

Die genannten Kosten werden in der Kostenrechnung den Lohnkosten bzw. den sonstigen Kosten zugeordnet. Die variablen Kosten können auf einen Prozess zur Erstellung einer Produktionseinheit (z. B. Geschoss eines Hochhauses) bzw. auf die Summe der Teilprozesse bezogen werden.

12.6.1.3 Formen des Gesamtkostenverlaufs

Der Gesamtkostenverlauf kann in einem Produktionsmengen-Kosten-Diagramm dargestellt werden. Die fixen Kosten werden durch eine horizontal verlaufende Linie abgebildet. Der Verlauf der variablen Kosten über die Produktionsmenge kann verschiedene Formen aufweisen:

Linearer Verlauf (Abb. 12.23)
Die variablen Kosten pro Produktionseinheit bleiben konstant.

Degressiver Verlauf (Abb. 12.24)
Die variablen Kosten pro Produktionseinheit verringern sich mit zunehmender Produktionsmenge. Dieses Phänomen ist durch einen Lerneffekt bei oftmaliger Wiederholung gleich bleibender Arbeitstakte, wie z. B. im Hochhausbau, zu erklären.

Progressiver Verlauf (Abb. 12.25)
Die variablen Kosten pro Produktionseinheit nehmen stetig zu.

Im Folgenden wird von einem linearen Verlauf der variablen Kosten ausgegangen (Abb. 12.23). Einerseits handelt es sich dabei um den am häufigsten auftretenden Kostenverlauf. Andererseits ist ein linearer Verlauf mathematisch am einfachsten abzubilden und wird gewählt, um die Prinzipien der folgenden Vorgehensweisen deutlich zu machen.

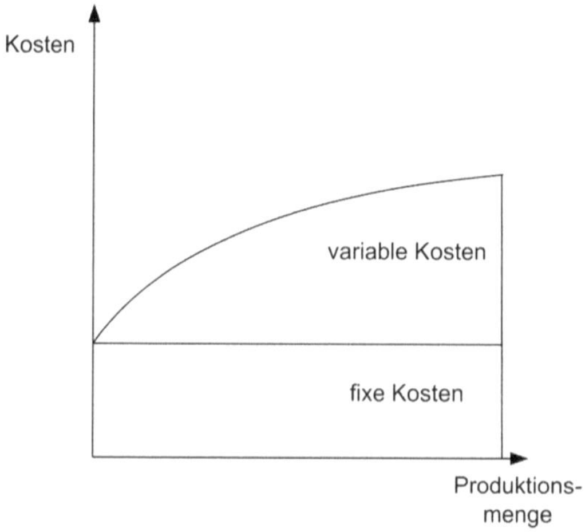

Abb. 12.24 Gesamtkosten – degressiver Verlauf der variablen Kosten

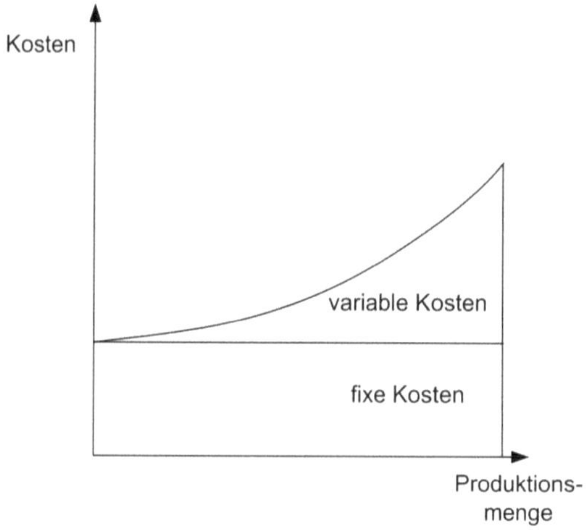

Abb. 12.25 Gesamtkosten – progressiver Verlauf der variablen Kosten

Kann begründet von einem nicht-linearen Verlauf (Abb. 12.24 und 12.25) der variablen Kosten ausgegangen werden, muss dies bei der Ermittlung des „Break-Even-Points" entsprechend mathematisch berücksichtigt werden.

12.6.1.4 Gesamtkostenverlauf – Break-Even-Analyse

Der lineare Gesamtkostenverlauf einer Produktion durch ein Bauverfahren i kann mathematisch dargestellt werden als:

$$K_i^{ges}(x) = K_i^{var}(x) + K_i^{fix} = k_i^{var} \cdot x + K_i^{fix}$$

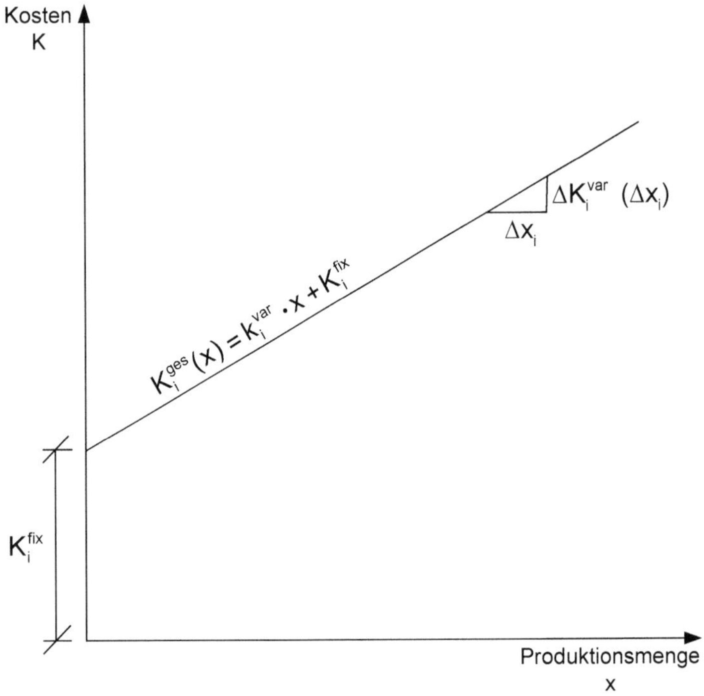

Abb. 12.26 Gesamtkosten – mathematische Darstellung

mit

$$k_i^{\text{var}} = \frac{\Delta K_i^{\text{var}}(\Delta x_i)}{\Delta x_i} = \frac{K_i^{\text{var}}(x + \Delta x) - K_i^{\text{var}}(x)}{\Delta x_i}$$

Hierin stellt der Wert K_i^{fix} den Betrag der fixen Kosten dar. Die Steigung k_i^{var} entspricht dem Verhältnis zwischen den angefallenen variablen Kosten $K_i^{\text{var}}(\Delta x_i)$ und der Produktionsmenge Δx_i (Abb. 12.26).

Für eine Break-Even-Analyse werden Gesamtkostenverläufe verschiedener Bauverfahren i gegenübergestellt. Die Break-Even-Analyse kann grafisch in einem Produktionsmengen-Kosten-Diagramm dargestellt werden (Abb. 12.27).

Für ein Bauverfahren 1 ergibt sich obige Gleichung zu:

$$K_1^{ges} = K_1^{\text{var}}(x) + K_1^{fix} = k_1^{\text{var}} \cdot x + K_1^{fix} \quad \text{mit} \quad k_1^{\text{var}} = \frac{\Delta K_1^{\text{var}}(\Delta x_1)}{\Delta x_1}$$

Für ein Bauverfahren 2 ergibt sich obige Gleichung zu:

$$K_2^{ges} = K_2^{\text{var}}(x) + K_2^{fix} = k_2^{\text{var}} \cdot x + K_2^{fix} \quad \text{mit} \quad k_2^{\text{var}} = \frac{\Delta K_2^{\text{var}}(\Delta x_2)}{\Delta x_2}$$

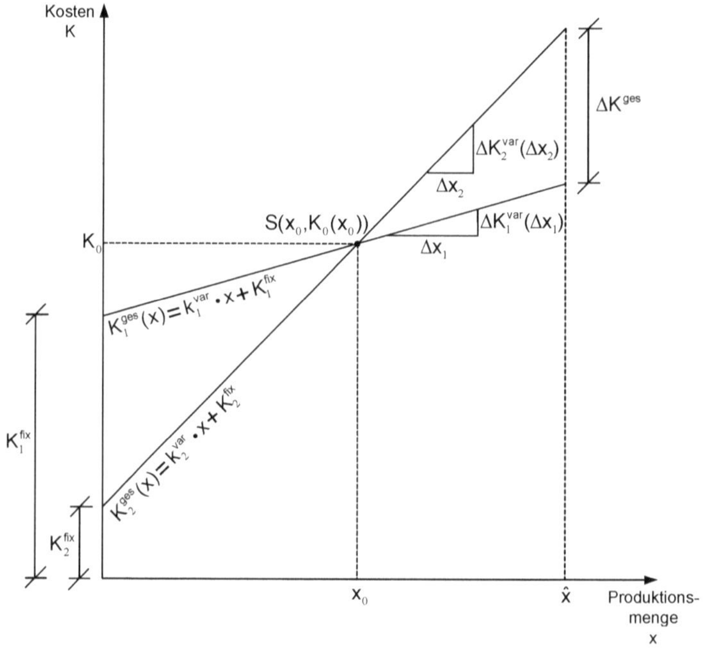

Abb. 12.27 Grafische Darstellung der Break-Even-Analyse (Fall 1)

Der Schnittpunkt der Funktions-Geraden $S(x_0, K_0(x_0))$ ergibt sich zu:

$$x_0 = \frac{K_2^{fix} - K_1^{fix}}{k_2^{\text{var}} - k_1^{\text{var}}} \tag{12.1}$$

und

$$K_0(x_0) = k_1^{\text{var}} \cdot \frac{K_2^{fix} - K_1^{fix}}{k_2^{\text{var}} - k_1^{\text{var}}} + K_1^{fix} \tag{12.2}$$

„x_0" stellt die Produktionsmenge dar, bei der sich die Gesamtkosten des einen Bauverfahrens zu Gunsten des anderen ändern. In diesem Beispiel führt für Produktionsmengen kleiner der Menge „x_0" das Bauverfahren 2 zu geringeren Gesamtkosten, für Produktionsmengen grösser der Menge „x_0" führt das Bauverfahren 1 zu geringeren Gesamtkosten.

Das Einsparpotential ΔK^{ges} bei einer bestimmten Produktionsmenge $\hat{x}$ ergibt sich aus der Differenz der beiden Gleichungen zu:

$$\Delta K^{ges}(\hat{x}) = \left| K_1^{ges}(\hat{x}) - K_2^{ges}(\hat{x}) \right| = \left| K_1^{fix} - K_2^{fix} + (k_1^{\text{var}} - k_2^{\text{var}}) \cdot \hat{x} \right| \tag{12.3}$$

Es gilt neun mögliche Lösungen obiger Gl. (12.1), (12.2) und (12.3) zu unterscheiden, die durch den Verlauf der Graphen bestimmt werden.

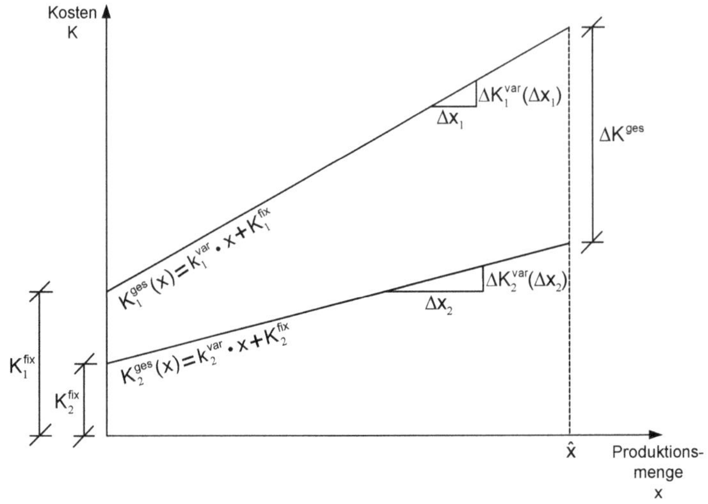

Abb. 12.28 Verlauf der Graphen – Fall 2

- Fall 1: $K_1^{fix} > K_2^{fix}$, $k_1^{var} < k_2^{var} \Rightarrow x_0 > 0$
  Dieser Fall entspricht dem in Abb. 12.27 gezeigten Beispiel. Die fixen Kosten für das Bauverfahren 1 sind höher als für das Bauverfahren 2. Die variablen Kosten pro Produktionseinheit sind für das Bauverfahren 1 geringer als für das Bauverfahren 2. Die entsprechenden Funktionen schneiden sich im Punkt x_0. Für die Produktionsmenge $\hat{x}$ ergibt sich ein Einsparpotential $\Delta K^{ges}(\hat{x})$ zwischen den Bauverfahren. Für $\hat{x} > x_0$ ist Bauverfahren 1 das günstigere Verfahren. Für $\hat{x} < x_0$ ist Bauverfahren 2 das günstigere Verfahren.
- Fall 2: $K_1^{fix} > K_2^{fix}$, $k_1^{var} > k_2^{var} \Rightarrow x_0 < 0$
  Die Funktionen schneiden sich für eine theoretische Produktionsmenge $x_0 < 0$. Da $K_1^{fix} > K_2^{fix}$ gilt, ist das Bauverfahren 2 für jede Produktionsmenge $x_0 \geq 0$ günstiger als Bauverfahren 1 (Abb. 12.28).
- Fall 3: $K_1^{fix} > K_2^{fix}$, $k_1^{var} = k_2^{var} \Rightarrow x_0 = \emptyset$
  Die Funktionen laufen parallel und schneiden sich nicht. Da $K_1^{fix} > K_2^{fix}$ gilt, ist Bauverfahren 2 für jede Produktionsmenge $x_0 \geq 0$ günstiger als Bauverfahren 1 (Abb. 12.29).
- Fall 4: $K_1^{fix} < K_2^{fix}$, $k_1^{var} < k_2^{var} \Rightarrow x_0 < 0$
  Analog zu Fall 2.
  Bauverfahren 1 ist für jede Produktionsmenge $x_0 \geq 0$ günstiger als Bauverfahren 2.
- Fall 5: $K_1^{fix} < K_2^{fix}$, $k_1^{var} > k_2^{var} \Rightarrow x_0 > 0$
  Analog zu Fall 1.
  Für $\hat{x} > x_0$ ist Bauverfahren 2 das günstigere Verfahren. Für $\hat{x} < x_0$ ist Bauverfahren 1 das günstigere Verfahren.
- Fall 6: $K_1^{fix} < K_2^{fix}$, $k_1^{var} = k_2^{var} \Rightarrow x_0 = \emptyset$
  Analog zu Fall 3.
  Bauverfahren 1 ist für jede Produktionsmenge $x_0 \geq 0$ günstiger als Bauverfahren 2.

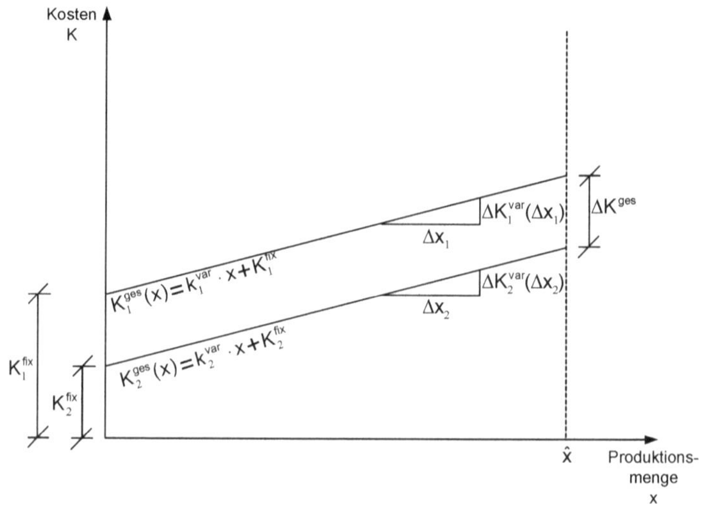

Abb. 12.29 Verlauf der Graphen – Fall 3

- Fall 7: $K_1^{fix} = K_2^{fix}$, $k_1^{var} < k_2^{var} \Rightarrow x_0 = 0$
  Die Funktionen schneiden sich für $x_0 = 0$. Bauverfahren 1 ist für jede Produktionsmenge $x_0 \geq 0$ günstiger als Bauverfahren 2
- Fall 8: $K_1^{fix} = K_2^{fix}$, $k_1^{var} > k_2^{var} \Rightarrow x_0 = 0$
  Die Funktionen schneiden sich für $x_0 = 0$. Bauverfahren 2 ist für jede Produktionsmenge $x_0 \geq 0$ günstiger als Bauverfahren 1. (Abb. 12.30).
- Fall 9: $K_1^{fix} = K_2^{fix}$, $k_1^{var} = k_2^{var} \Rightarrow x_0 = x, \forall x$
  Unabhängig von der Produktionsmenge sind beide Bauverfahren gleich günstig.
  $\Delta K^{ges}(\hat{x}) = 0 \; \forall \hat{x}$

12.6.1.5 Beispiel: Kostenvergleich von Bauverfahren im Hochbau

Verglichen werden sollte die Herstellung z. B. eines Hochhauskerns in Variante 1 mit einer selbstkletternden Schalungsplattform (SCP) und in Variante 2 mit einem alternativen Schalungssystem (Wanderschalung (aussen) mit Schachtschalungen (innen)). Für einen Kostenvergleich müssen beide Bauverfahren auf deren beeinflussende Kostenfaktoren hin untersucht werden. Die Bauverfahren im hier betrachteten Beispiel, der Herstellung von Regelgeschossen eines Hochhauses, gliedern sich in folgende Elementarprozesse:

- Schalarbeiten,
- Bewehrungsarbeiten inklusive Einbauteile,
- Betonarbeiten.

Für alle drei Elementarprozesse gelten die bereits vorgestellten Ansätze.

Im Folgenden werden kurz die wesentlichen beeinflussenden Faktoren für die drei genannten Haupttätigkeiten der Elementarprozesse vorgestellt. Diese sind nach fixen und

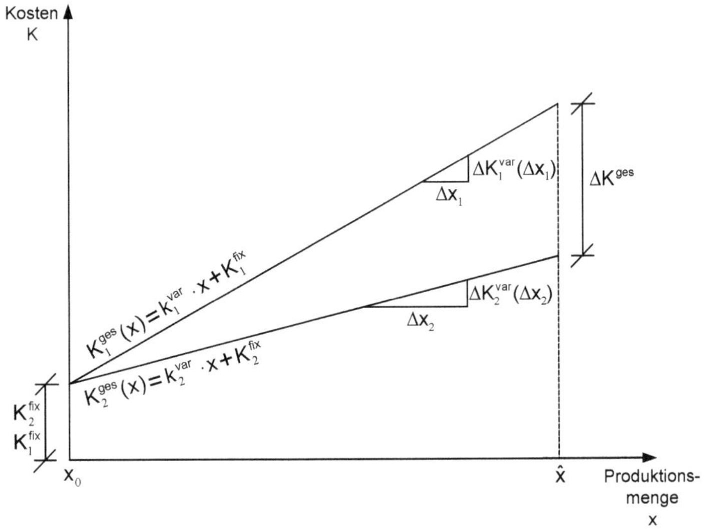

Abb. 12.30 Verlauf der Graphen – Fall 8

variablen Kosten gegliedert (Tab 12.7). In diesem Beispiel entspricht ein „Geschoss" einer Produktionseinheit x. Die nachfolgende Aufzählung erhebt keinen Anspruch auf Vollständigkeit und ist entsprechend der projektspezifischen Randbedingungen anzupassen.

Schalarbeiten

Fixe Kosten

- Baustelleneinrichtung (Lager- und Montageflächen, Kräne, Gerüst, etc.)
- Auf- und Abladen auf der Baustelle
- Montage und Demontage (Lohnkosten und Verbrauchsmaterial)
- Wartung/Revision/Reinigung der Schalung

Variable Kosten

- Lohnkosten zur Durchführung der Schalungsarbeiten (Aus- und Einbau)
- Materialkosten für verlorene Leibungsschalungen
- Inventarkosten, Mietkosten der Schalung (SCP-Schalung bzw. Wand- und Schachtschalung)

Bewehrungsarbeiten

Fixe Kosten

- Baustelleneinrichtung (Lagerflächen für Bewehrung, Überdachung, Kräne, etc.)
- Abladen der Bewehrung
- Zusätzliche Bewehrung und Stahlkästen für SCP-Schalung (Kletterkasten) und Schachtschalung

Tab. 12.7 Definition der Variablen – Bauverfahren selbstkletternde Schalungsplattform

K_{SCP}^{ges}	Gesamtkosten des Bauverfahrens mit der Plattform SCP	[CHF]
$K_{SCP,S}^{fix}$	Fixe Kosten des Bauverfahrens mit der Plattform SCP für Schalarbeiten	[CHF]
$K_{SCP,A}^{fix}$	Fixe Kosten des Bauverfahrens mit der Plattform SCP für Bewehrungsarbeiten	[CHF]
$K_{SCP,B}^{fix}$	Fixe Kosten des Bauverfahrens mit der Plattform SCP für Betonarbeiten	[CHF]
$k_{SCP,S}^{var}$	Variable Kosten des Bauverfahrens mit der Plattform SCP für Schalarbeiten pro Geschoss	[CHF/Geschoss]
$k_{SCP,A}^{var}$	Variable Kosten des Bauverfahrens mit der Plattform SCP für Bewehrungsarbeiten pro Geschoss	[CHF/Geschoss]
$k_{SCP,B}^{var}$	Variable Kosten des Bauverfahrens mit der Plattform SCP für Betonarbeiten pro Geschoss	[CHF/Geschoss]
K_{SCP}^{fix}	Summe der fixen Kosten des Bauverfahrens mit der Plattform SCP	[CHF]
k_{SCP}^{var}	Summe der variablen Kosten des Bauverfahrens mit der Plattform SCP pro Geschoss	[CHF/Geschoss]
x	Produktionsmenge: Anzahl Geschosse	[Geschoss]
$\Delta K_{SCP}^{var}(\Delta x)$	Summe der variablen Kosten des Bauverfahrens mit der Plattform SCP für eine Produktionsmenge Δx	[CHF]

Variable Kosten

- Lohnkosten für Herstellung der Bewehrung
- Materialkosten: Bewehrung

Betonarbeiten

Fixe Kosten

- Baustelleneinrichtung (festinstallierte Betonpumpe/Betonverteiler/Kräne, etc.)
- Vorbereitung der Betonpumpe (Verlegen/Anschluss der Leitungen)
- Reinigung der Betonpumpe

Variable Kosten

- Lohnkosten für Betonarbeiten
- Materialkosten der Betonlieferung
- Energiekosten der Verdichtungsgeräte

Kosten der Elementarprozesse

Die fixen und variablen Kosten der drei genannten Elementarprozesse sind für die zu vergleichenden Bauverfahren zu kalkulieren. Eine differenzierte Betrachtung der Elementarprozesse ermöglicht den direkten und aussagefähigen Vergleich dieser Elementarprozesse

Tab. 12.8 Definition der Variablen – Kletterschalung mit Schachtschalung

K_{Alt}^{ges}	Gesamtkosten des alternativen Bauverfahrens	[CHF]
$K_{Alt,S}^{fix}$	Fixe Kosten des alternativen Bauverfahrens für Schalarbeiten	[CHF]
$K_{Alt,A}^{fix}$	Fixe Kosten des alternativen Bauverfahrens für Bewehrungsarbeiten	[CHF]
$K_{Alt,B}^{fix}$	Fixe Kosten des alternativen Bauverfahrens für Betonarbeiten	[CHF]
$k_{Alt,S}^{var}$	Variable Kosten des alternativen Bauverfahrens für Schalarbeiten pro Geschoss	[CHF/Geschoss]
$k_{Alt,A}^{var}$	Variable Kosten des alternativen Bauverfahrens für Bewehrungsarbeiten pro Geschoss	[CHF/Geschoss]
$k_{Alt,B}^{var}$	Variable Kosten des alternativen Bauverfahrens für Betonarbeiten pro Geschoss	[CHF/Geschoss]
K_{Alt}^{fix}	Summe der fixen Kosten des alternativen Bauverfahrens	[CHF]
k_{Alt}^{var}	Summe der variablen Kosten des alternativen Bauverfahrens pro Geschoss	[CHF/Geschoss]
x	Produktionsmenge: Anzahl Geschosse	[Geschoss]
$\Delta K_{Alt}^{var}(\Delta x)$	Summe der variablen Kosten des alternativen Bauverfahrens für eine Produktionsmenge Δx	[CHF]

Tab. 12.9 Definition x_0

x_0	Anzahl Geschosse bei dem die Gesamtkosten für die betrachteten Bauverfahren gleich hoch sind	[Geschoss]

für verschiedene Bauverfahren. Dies bedeutet eine detaillierte Darstellungsmöglichkeit der fixen und variablen Kostenanteile für jeden der Elementarprozesse.

Für die Definition der Gleichungen der zu betrachteten Bauverfahren müssen folgende Werte bestimmt werden (Tab. 12.7, 12.8, 12.9, 12.10, und 12.11):

- Schalarbeiten
  Die fixen Kosten für die Schalarbeiten der Bauverfahren sind in den Werten $K_{SCP,S}^{fix}$ bzw. $K_{Alt,S}^{fix}$ zusammengefasst. Die variablen Kosten der Schalarbeiten pro Geschoss sind in $k_{SCP,S}^{var}$ bzw. in $k_{Alt,S}^{var}$ zusammengefasst.
- Bewehrungsarbeiten
  Die fixen Kosten für die Bewehrungsarbeiten der Bauverfahren sind in den Werten $K_{SCP,A}^{fix}$ bzw. $K_{Alt,A}^{fix}$ zusammengefasst. Die variablen Kosten der Bewehrungsarbeiten pro Geschoss sind in $k_{SCP,A}^{var}$ bzw. in $k_{Alt,A}^{var}$ zusammengefasst.

Tab. 12.10 Definition $K^{ges}(x_0)$

$K^{ges}(x_0)$	Gesamtkosten bei Kostengleichheit der betrachteten Bauverfahren	[CHF]

Tab. 12.11 Definition $\hat{x}$ und $\Delta K^{ges}(\hat{x})$

$\Delta K^{ges}(\hat{x})$	Einsparungspotential gegenüber alternativem Bauverfahren für eine Produktionsmenge $\hat{x}$	[CHF]
$\hat{x}$	Produktionsmenge	[Geschoss]

- Betonarbeiten
  Die fixen Kosten für die Betonarbeiten der Bauverfahren sind in den Werten $K_{SCP,B}^{fix}$ bzw. $K_{Alt,B}^{fix}$ zusammengefasst. Die variablen Kosten der Betonarbeiten pro Geschoss sind in $k_{SCP,B}^{var}$ bzw. in $k_{Alt,B}^{var}$ zusammengefasst.

Die Kosten der Elementarprozesse können in einem weiteren Schritt summiert werden. Diese Summe bildet den Gesamtkostenverlauf der betrachteten Elementarprozesse.

Für das Bauverfahren mit der selbstkletternden Schalungsplattform SCP ergibt sich der Gesamtkostenaufwand zu:

$$\begin{aligned} K_{SCP}^{ges}(x) &= K_{SCP,S}^{fix} + K_{SCP,A}^{fix} + K_{SCP,B}^{fix} + (k_{SCP,S}^{var} + k_{SCP,A}^{var} + k_{SCP,B}^{var}) \cdot x \\ &= K_{SCP}^{fix} + k_{SCP}^{var} \cdot x = K_{SCP}^{fix} + K_{SCP}^{var}(x) \end{aligned}$$

$$\text{mit} \quad k_{SCP}^{var} = \frac{\Delta K_{SCP}^{var}(\Delta x)}{\Delta x}$$

Für ein alternatives Bauverfahren (Kletterschalung mit Schachtschalungen) ergibt sich der Gesamtkostenaufwand zu:

$$\begin{aligned} K_{Alt}^{ges}(x) &= K_{Alt,S}^{fix} + K_{Alt,A}^{fix} + K_{Alt,B}^{fix} + (k_{Alt,S}^{var} + k_{Alt,A}^{var} + k_{Alt,B}^{var}) \cdot x \\ &= K_{Alt}^{fix} + k_{Alt}^{var} \cdot x = K_{Alt}^{fix} + K_{Alt}^{var}(x) \end{aligned}$$

$$\text{mit} \quad k_{Alt}^{var} = \frac{\Delta K_{Alt}^{var}(\Delta x)}{\Delta x}$$

Break-Even-Point „S"

Der Break-Even-Point „S" der beiden verglichenen Bauverfahren kann rechnerisch ermittelt werden:

$$x_0 = \frac{K_{Alt}^{fix} - K_{SCP}^{fix}}{k_{Alt}^{var} - k_{SCP}^{var}}$$

$$K_0(x_0) = k_{SCP}^{\text{var}} \cdot \frac{K_{Alt}^{fix} - K_{SCP}^{fix}}{k_{Alt}^{\text{var}} - k_{SCP}^{\text{var}}} + K_{SCP}^{fix}$$

Einsparungspotential $\Delta K^{ges}(\hat{x})$

Das Einsparungspotential $\Delta K^{ges}(\hat{x})$ für eine bestimmte Produktionsmenge $\hat{x}$ ergibt sich aus der Differenz der Gesamtkosten der verglichenen Bauverfahren:

$$\Delta K^{ges}(\hat{x}) = \left|K_{SCP}^{ges}(\hat{x}) - K_{Alt}^{ges}(\hat{x})\right| = \left|K_{SCP}^{fix} - K_{Alt}^{fix} + (k_{SCP}^{\text{var}} - k_{Alt}^{\text{var}}) \cdot \hat{x}\right|$$

Mit diesem Verfahren der Berechnung von Fixkosten und variablen Kosten lassen sich – mit unterschiedlichen Akkumulationsgrad der Kosten – schnell und zielsicher erste Kostengrössen bzw. Kostenverhältnisgrössen der verschiedenen Bauverfahren bestimmen. Damit können diese Kosten und deren Robustheit in den weiteren Bauverfahrensvergleich mit einbezogen werden. Neben den absoluten Kostendifferenzen bzw. Einspargrössen in Prozent zu den Herstellungskosten können für den qualitativen Vergleich mittels Nutzwertanalyse (NWA), Analytic Hierarchy Process (AHP) oder Kosten-Wirksamkeits-Analyse (KWA) Verhältniszahlen zwischen den Kosten und Bauverfahrensvarianten gebildet werden.

12.6.2 Nutzwertanalysekonzept

Aufbauend auf der Voranalyse (Abb. 12.21) in den Schritten:

- Zielsetzungsprozesse – Haupt- und Unterziele, Kriterien, Gewichtung,
- Bauverfahrensauswahl – technisch mögliche,
- Verfahrenseignungsprüfung – K. O.-Kriterien,
- Qualitativer Vergleich der Verfahren – Zielereichungsgrad,
- Quantitativer Vergleich der Verfahren – Wirtschaftlichkeits- bzw. Kostenvergleich

erfolgt meist eine Nutzwertanalyse, um die mehrdimensionalen Kriterien aus dem qualitativen und quantitativen Vergleich auf dimensionslose Bewertungsgrössen zu überführen [9]. Durch diese dimensionslosen Bewertungsgrössen lassen sich die mehrdimensionalen Kriterien vereinheitlichen. Bei der Nutzwertanalyse (NWA) können folgende Varianten unterschieden werden:

- Einfache Nutzwertanalyse (E-NWA) für eine schnelle Entscheidung bei einfachen Bauvorhaben und wenigen Zielvorgaben oder für eine erste schnelle grobe Reihung (vgl. späteres Praxisbeispiel sowie Tab. 12.13, 12.14 und 12.15).
- Differenzierte Nutzwertanalyse (D-NWA) für komplexe Bauverfahrensentscheidungen mit einem differenzierten Zielsystem bestehend aus Haupt- und Unterzielen (vgl. späteres Praxisbeispiel sowie Abb. 12.32 und Tab. 12.16).

Die Vorgehensweise der einfachen Nutzwertanalyse (E-NWA) ist wie folgt

- Definition von wenigen aber relevanten Hauptzielen HZ^i
- Gewichtung der Hauptziele G^i
- Bewertung des bauverfahrensspezifischen Zielerwartungswertes ZW_k^i
- Ermittlung des gewichteten Zielerwartungswertes GWZ_k^i je Hauptziel durch Multiplikation des gewichteten Hauptziels mit dem bauverfahrensspezifischen Zielerwartungswert
- Ermittlung des bauverfahrensspezifischen einfachen Nutzwertes $E\text{-}NW_k$ durch Addition der gewichteten Zielerwartungswerte der Hauptziele

Die Vorgehensweise der differenzierten Nutzwertanalyse (D-NWA) ist wie folgt

- Definition von projekt-/erfolgsrelevanten Hauptzielen HZ^i
- Definition von Unterzielen UZ_j^i je Hauptziel
- Bildung von absoluten Gewichtungsfaktoren G^i, welche die Hauptziele untereinander nach Wertigkeit zum Ergebnisziel differenzieren
- Bildung von relativen Gewichtungsfaktoren G_j^i je Unterziel eines Hauptziels.
- Berechnung ihrer absoluten Gewichtung g_j^i aus dem Produkt von der relativen und absoluten Gewichtung der Haupt- und Unterziele
- Festlegung des projektunabhängigen Zielerreichungsgrad $ZG_{j,k}^i$ für jedes Unterziel des jeweiligen Bauverfahrens
- Einschätzung des projektspezifischen Zielerreichungswertes $ZW_{j,k}^i$ der die Erfahrungen des Unternehmens mit dem Verfahren bewertet
- Berechnung der Zielerwartungswerte $WZ_{j,k}^i$ für jedes Unterziel
- Ermittlung der gewichteten Zielerwartungswerte $GWZ_{j,k}^i$ für jedes Unterziel.
- Ermittlung des bauverfahrensspezifischen Nutzwertes NW_k durch Addition der gewichteten Zielerwartungswerte der Hauptziele

Die Nutzwertanalyse ist eine systematische, subjektiv geprägte Entscheidungsmethode. Die Subjektivität wird durch die Zielvorgaben des Bauherrn, des Unternehmers und anderer (Gesellschaft, Nachbarn etc.) geprägt und ist somit Basis des intendierten Handelns. Um ein sicheres intendiertes Ergebnisziel zu erreichen, müssen die Gewichtungsfaktoren der Hauptziele vor der Anwendung auf ihre akkumulative Wirkung für verschiedene Szenarien hin simuliert werden.

12.6.2.1 Verfahrensvergleich mit Hilfe der beiden vorgestellten Nutzwertanalysen am Praxisbeispiel „Pumpstation Alexandria"

Im Folgenden wird die Durchführung sowohl einer einfachen als auch einer differenzierten risikoorientierten Nutzwertanalyse anhand des Praxisbeispiels „Pumpstation Alexandria" (Abb. 12.31) erläutert.

Die Pumpstation (Abb. 12.31) soll in einer Schlitzwandbaugrube mit einem Durchmesser von 50 m im Trockenen unter Wasserhaltung erstellt werden. Nach Herstellung der Schlitzwände und zu Beginn des Aushubs wird aufgrund von Pumpversuchen erkannt, dass die Durchlässigkeitswerte, die vom Grundbaulabor des Bauherrn ermittelt wurden,

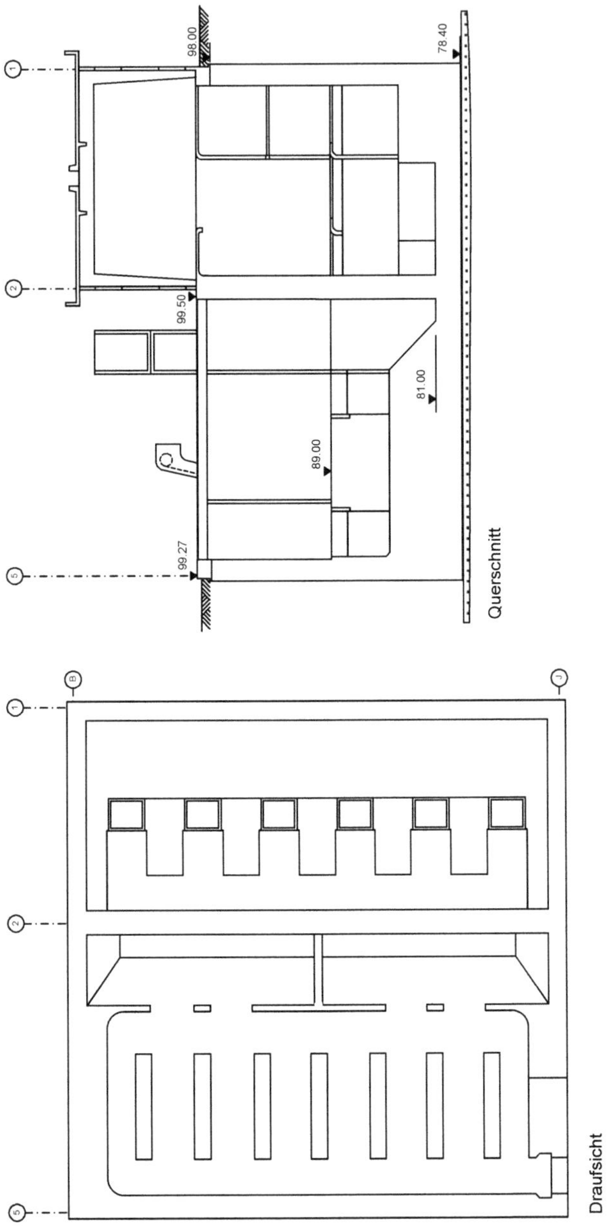

Abb. 12.31 Pumpstation Alexandria

um den Faktor 1000 höher sind. Eine Grundwasserabsenkung würde die Siedlungen in ca. 500 m Entfernung aufgrund des sich ergebenden Senktrichters durch Setzungen erheblich beeinträchtigen und möglicherweise ein nicht vertretbares Risiko für die Standsicherheit der bereits schrägen Häuser ergeben. Mehr Informationen zu diesem Projekt und die Darstellung der Teilprozesse findet der Leser in [10–13].

Tab. 12.12 Alternative Bauverfahrensmethoden – Pumpstation Alexandria

Nr.	Bauverfahren	Skizze
1	Grundwasserentspannung - trockene Baugrube - keine Änderungen am konstruktiven System der I.P.S. (Influent Pump Station) - Schluckbrunnengalerien innerhalb des Baugebiets	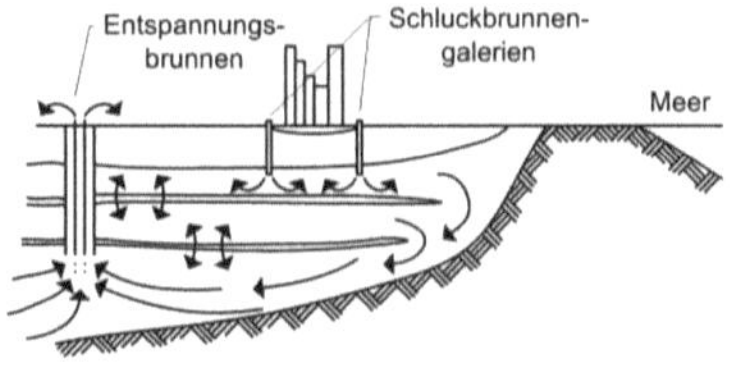
2	Druckluftsenkkasten - trockene Baugrube - Hängenbleiben im zementierten Sand - Änderungen des konstruktiven Systems - langsamer Baufortschritt - Schlitzwand nicht notwendig	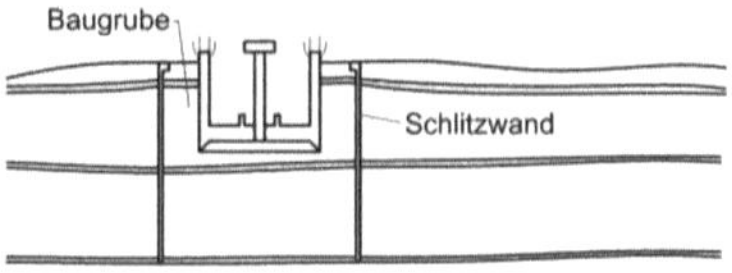
3	Unbewehrte, zugverankerte Unterwasserbetonplatte - trockene Baugrube - keine Änderung am konstruktiven System der I.P.S. - keine Grundwasserentspannung	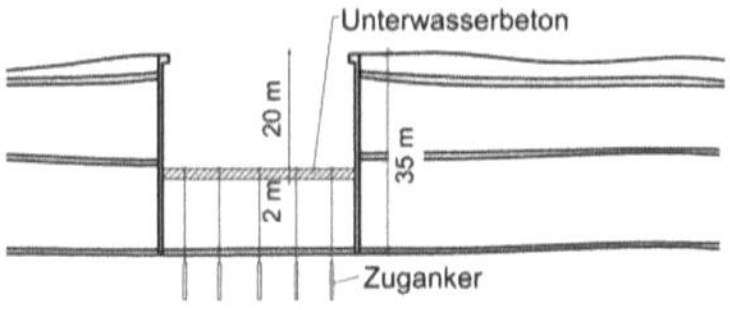
4	Schwimmend hergestellter Senkkasten - 1. Abschnitt in einem Spundwandtrockendock hergestellt und eingeschwommen - alle anderen Bauabschnitte schwimmend hergestellt - keine Grundwasserabsenkung - geflutete Baugrube - kompletter Neuentwurf	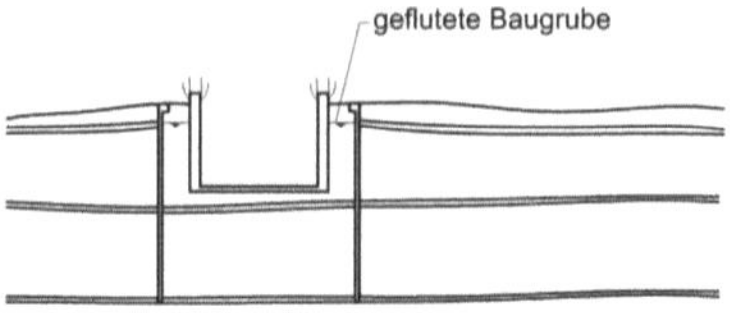

Die verschiedenen Bauverfahrensmethoden zur Verhinderung einer Grundwasserabsenkung unter der Bebauung sind mit ihren wesentlichen Merkmalen in Tab. 12.12 dargestellt. Es sind diese:

- Grundwasserentspannung und Schluckbrunnenkombination (1),
- Druckluftsenkkasten (2),
- verankerte Unterwasserbetonplatte (3),
- schwimmender Senkkasten (4).

Die Analyse erfolgt einerseits mit der E-NWA sowie andererseits mit der D-NWA, um die Anwendung der vorgestellten Methoden aufzuzeigen.

12.6.2.2 Einfache Nutzwertanalyse (E-NWA) – Beispiel Pumpstation Alexandria

Es wird angenommen, dass sich der Bauherr einen ersten groben Überblick über die Vor- und Nachteile von vier möglichen Bauverfahrensmethoden verschaffen möchte. Dazu führt er eine einfache grobe Nutzwertanalyse (E-NWA) durch. Die globalen Hauptziele sowie deren Gewichtung sind in Tab. 12.13 dargestellt.

Tab. 12.13 Hauptziele der einfachen Nutzwertanalyse (E-NWA)

Hauptziel-gruppen	Hauptziele HZ^i		Stellenwert	Gewichtungen G^i (%)
	Kriterien	Forderungen		
Produktions-technische Ziele	Bauwerksfunk-tionalität	Ursprüngliche Hauptabmessungen + Innenausbauprogramm	Modifikationen möglich, führen zu Minderungen	5
	Bauwerkskons-truktion	– Äquivalente Grenztragfähigkeit – Wasserdichtigkeit – Dauerhaftigkeit	Obligato-risch, jedoch modifizierbar	5
	Bauausführung	Verformungsrobustheit	Hoch	20
Gesamtkosten-ziele	Herstellungs-kosten	– Relative qualitative oder quantita-tive Herstellungs-kosten – Innerhalb der Gesamtbauzeit	Hoch	40
	Bauhilfsmass-nahmekosten	Nutzung der existie-renden Schlitzwand	Möglich	10
Umweltziele	Beeinflussung der Nachbar-bebauung	Keine Beeinflussung der Wohngebiete durch Grundwasser-absenkung	Obligatorisch	20

Der Gewichtungsfaktor entspricht der relativen Bewertung der Kriterien untereinander. In diesem Beispiel sollen die bauverfahrensspezifischen Zielerwartungswerte ZW_k^i anhand einer 0 – 1 – Punkteskala gemäss Tab. 12.14 bewertet werden.

Das K. O.-Kriterium „Umwelteinfluss" würde bei einer Grundwasserentspannung auftreten und die Siedlunegn beeinflussen. In dieser Nutzwertanalyse wird dieses Kriterium jedoch nochmals aufgenommen, um die Sensitivität der Verfahren auf dieses wichtige Kriterium zu bewerten, obwohl die ausgewählten Verfahren grundsätzlich geeignet sind, den Grundwasserspiegel unter der benachbarten Bebauung stabil zu halten.

Die Teilergebnisse der Verfahrensbewertung sowie das Gesamtergebnis der einfachen Nutzwertanalyse sind in Tab. 12.15 dargestellt Es fällt auf, dass die Variante „Grundwas-

Tab. 12.14 Bauverfahrensspezifische Zielerwartungswerte ZW_k^i

Nr.	Zielerreichungsgrad	ZW_k^i
1	Keine Zielerreichung – ungenügend	0.0
2	Sehr geringe Zielerreichung – mangelhaft	0.2
3	Geringe Zielerreichung – ausreichend	0.4
4	Mittlere Zielerreichung – befriedigend	0.6
5	Hohe Zielerreichung – gut	0.8
6	Sehr hohe Zielerreichung – sehr gut	1.0

Tab. 12.15 Matrix der einfachen Nutzwertanalyse (E-NWA) für die untersuchten Bauverfahren des Projektes „Pumpstation Alexandria"

Nr	Bauverfahren	Hauptziele: Produktionstechnik			Gesamtkosten		Umwelt	Nutzwert des Bauverfahrens
		Funktion	Konstruktion	Bauausführung	Nutzen existierende Schlitzwand	Herstellungskosten	Umwelteinfluss	
	Gewichtung	$G^1=5$	$G^2=5$	$G^3=20$	$G^4=10$	$G^5=40$	$ZW^6_i=0 \vee 1$ $G^6=20$	$E-NW_k=\sum_i G_i \cdot ZW_k^i$
1	Grundwasser-entspannung	Keine Änderung	Keine Änderung	Versagen der Pegelregulierung	Benutzt	Keine Änderung	Beeinflussung der Siedlungen Zustand von Gebäuden und Gründungen im Einflussgebiet unbekannt Durchfeuchtung von Gebäuden	
	ZW_1^i	1	1	0.8	1	0.7	0	
	$GWZ_1^i=G_i \cdot ZW_1^i$	5	5	16	10	28	0	64
2	Druckluft-senkkasten	Änderungen	Keine Änderung	Hängenbleiben des Cossions	Nicht nötig	Parallele Baumassnahmen Probleme: - zementierte Schichten (verkeilen) - Risikokosten	Keine Beeinflussung	
	ZW_2^i	1	0.6	0.5	0	0.7	1	
	GWZ_2^i	5	3	10	0	28	20	66
3	Verankerte Unterwasser-betonsohle	Keine Änderung	Keine Änderung	Robust bei kontrollierter Ausführung	Benutzt	Sequentieller Bau verlängert Gesamtprojektzeit	Keine Beeinflussung	
	ZW_3^i	1	1	0.8	1	0.5	1	
	GWZ_3^i	5	5	16	10	20	20	76
4	Schwimmender Senkkasten	Änderung - stat. System - Schwimmstabilität	Keine Änderung	Robust bei kontrollierter Ausführung	Benutzt	Parallele Ausführung	Keine Beeinflussung	
	ZW_4^i	1	0.6	0.8	1	1	1	
	GWZ_4^i	5	3	16	10	40	20	94
	Gesamtbewertung	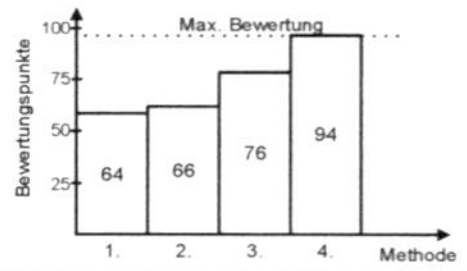			$ZW^1_i=0$ K.o.-Kriterium $ZW^1_i=1$ O.K.-Kriterium			

serentspannung“ aufgrund der hohen Umweltbeeinflussung sowie die Variante „Druckluftsenkkasten“ aufgrund der überflüssigen Schlitzwand einen niedrigeren Nutzenwert erreichen als die anderen beiden untersuchten Verfahren. Zudem führt die verankerte Unterwasserbetonsohle zur Bauzeitverlängerung mit erheblichem Anstieg der Allgemeinkosten.

12.6.2.3 Differenzierte risikoorientierte Nutzwertanalyse (D-NWA) – Beispiel Pumpstation Alexandria

Bei dem einleitend vorgestellten Projektbeispiel soll weiterhin angenommen werden, dass der Bauherr die Variante „Grundwasserentspannung mit Schluckbrunnen“ aufgrund von umwelt- und sicherheitstechnischen Aspekten (K. O.-Kriterium) ablehnt und damit von einem weiteren Verfahrensvergleich ausschliesst. Für die verbleibenden drei Bauverfahren wünscht er sich als Grundlage für seinen definitiven Verfahrensentscheid einen differenzierten risikoorientierten Verfahrensvergleich auf Basis einer differenzierten Nutzwertanalyse (D-NWA).

Im Gegensatz zur einfachen Nutzwertanalyse sollen aber nicht nur Hauptziele sondern auch Unterziele definiert und gewichtet werden. Dem Bauunternehmer stehen somit zur Durchführung des Bauprojektes die folgenden drei verschiedenen Bauverfahren zur Verfügung, welche hinsichtlich Ihres jeweiligen Nutzwertes (max. Zielerreichung) einzuordnen sind:

- Druckluftsenkkasten (A),
- verankerte Unterwasserbetonplatte (B),
- schwimmender Senkkasten (C).

Gewichtetes Zielsystem: Um diese verschiedenen Bauverfahrensvarianten differenziert bewerten zu können, muss der Bauunternehmer in einem ersten Schritt ein projektspezifisches subjektives Zielsystem, bestehend aus Hauptzielen und den dazugehörenden Unterzielen, das die Anforderungen des Bauherrn und des Projekts sowie die spezifischen unternehmerischen Effizienzziele abbildet, festlegen. Als Hauptziele eignen sich beispielsweise:

1. Hauptziel – Geringe Gesamtkosten (HZ^1)
2. Hauptziel – Produkttechnische Anforderungen (HZ^2)
3. Hauptziel – Termine und Qualität (HZ^3)
4. Hauptziel – Organisatorische Anforderungen (HZ^4)
5. Hauptziel – Umwelt/Unfallschutz (HZ^5)
6. Hauptziel – Image (HZ^6)

Die Durchführung der risikoorientierten Nutzwertanalyse erfordert vom Bauunternehmer zusätzlich eine projektspezifische Gewichtung dieser Hauptziele, die sich von Projekt zu Projekt unterscheiden können. Auch ist es denkbar, andere Hauptziele zu verfolgen, die jedoch ohne grossen Aufwand in die risikoorientierte Nutzwertanalyse integriert werden können. Eine projektspezifische Gewichtung kann für die genannten Hauptziele folgendermassen aussehen:

1. Hauptziel – Gewichtung $G^1 = 40\ \%$
2. Hauptziel – Gewichtung $G^2 = 15\ \%$
3. Hauptziel – Gewichtung $G^3 = 15\ \%$
4. Hauptziel – Gewichtung $G^4 = 5\ \%$
5. Hauptziel – Gewichtung $G^5 = 20\ \%$
6. Hauptziel – Gewichtung $G^6 = 5\ \%$

Die Summe dieser absoluten Gewichtungsfaktoren muss $\sum_i G^i = 100\ \%$ ergeben.

Für jedes Hauptziel i lassen sich nun verschiedene Unterziele j angeben. Das Hauptziel HZ^1 „Geringe Gesamtkosten und kurze Bauzeit" ist in diesem Beispiel durch folgende Unterziele $(1 \leq j \leq n^1)$ geprägt:

1. Unterziel – geringe Kosten des Verfahrens (UZ_1^1)
2. Unterziel –hohe Kostenrobustheit (UZ_2^1)

Diese sind wiederum im Hinblick auf ihre Bedeutung für das Erreichen des Hauptziels i zu gewichten. Wichtig ist dabei, dass die Summe aller relativen, projektspezifischen Gewichtungsfaktoren der Unterzielkriterien G_j^i eines Hauptziels wiederum $\sum_j G_j^i = 100\ \%$ ergibt. Die absolute Gewichtung eines Unterzielkriteriums g_j^i lässt sich aus dem Produkt von absoluter Gewichtung des Hauptziels G^i und relativer Gewichtung des Unterzielkriteriums G_j^i errechnen.

$$g_j^i = G^i \times G_j^i \ [-]$$

i Index für das Hauptziel
j Index für das Unterziel
g_j^i absolute Gewichtung des Unterziels j des Hauptziels i
G^i absolute Gewichtung des Hauptziels i
G_j^i relative Gewichtung des Unterziels j des Hauptziels i

Die Gewichtung ist für das vorgestellte Beispiel in Tab. 12.16 dargestellt.

Der nächste Arbeitsschritt beinhaltet die eigentliche risikoorientierte Bewertung der mit den einzelnen Bauverfahren möglichen Zielerwartungswerte. Für die Bewertung sind je Zielkriterium zwei Schätzwerte notwendig:

- Projektunabhängiger, aber bauverfahrensabhängiger Zielerreichungsgrad $(ZG_{j,k}^i)$
- Projektspezifischer Zielerreichungswert $(ZW_{j,k}^i)$

Der projektunabhängige, bauverfahrenabhängige Zielerreichungsgrad $ZG_{j,k}^i$ einer Lösungsvariante beschreibt, in welcher Höhe das genannte Zielkriterium bei dem entsprechenden Bauverfahren k erreicht werden kann. Für die Bestimmung des projektunabhängigen, aber bauverfahrensabhängigen Zielerreichungsgrades $ZG^{i}_{j,k}$ stehen die Skalenwerte von 0 bis 5 mit folgenden Interpretationen zur Verfügung:

- 0: Keine Zielerreichung möglich
- 1: Sehr geringer Zielerreichungsgrad
- 2: Geringer Zielerreichungsgrad
- 3: Mittlerer Zielerreichungsgrad
- 4: Hoher Zielerreichungsgrad
- 5: Sehr hoher Zielerreichungsgrad

In der Praxis wird der bauverfahrensabhängige Zielerreichungsgrad im Allgemeinen – ähnlich wie bei der Ermittlung von Leistungskennwerten – auf Basis von Erfahrungswerten abgeschätzt oder auf der Basis von Verfahrensstudien bestimmt.

Der projektunabhängige, bauverfahrensabhängige Zielerreichungsgrad bewertet die Bauverfahren nach dem Zielerreichungspotential der Ziele untereinander ohne Berücksichtigung der projektspezifischen Randbedingungen.

Der projektspezifische Zielerreichungswert $ZW^{i}_{j,k}$ der Lösungsvariante k – zum Teil auch Eintretenswahrscheinlichkeit $EW^{i}_{j,k}$ genannt – wird situativ abgeschätzt, z. B. mittels Delphi-Methode oder durch eine Einzelexperten-Schätzung, und dient der Anpassung der projektunabhängigen, für die betrachteten Bauverfahren vorgegeben Zielerreichungsgrade an die spezifischen Projektgegebenheiten bezüglich der Erfahrung, des Know-hows, etc. der Baustellenmannschaft mit den Bauverfahren sowie den projektspezifischen Randbedingungen. Mit diesem Wert bestimmt das Unternehmen wie gut es das entsprechende Bauverfahren projektspezifisch anwenden kann.

Der projektspezifische Zielerreichungswert kann Werte zwischen 0 und 1 annehmen und gibt damit für das jeweilige Bauverfahren k an, ob der bauverfahrensabhängige Zielerreichungsgrad projektspezifisch für das Unterziel j des Hauptziels i sicher $ZW^{i}_{j,k} = 1$ (100 %), bzw. nicht $ZW^{i}_{j,k} = 0$ (0 %) oder nur teilweise erreicht wird. Für die Bestimmung des Zielerreichungsgrades $ZW^{i}_{j,k}$ stehen folgende Interpretationen zur Verfügung:

- $ZW^{i}_{j,k} = 0$ nie
- $0 < ZW^{i}_{j,k} < 0.2$ fast nie bzw. eher selten
- $0.2 \leq ZW^{i}_{j,k} < 0.4$ manchmal bzw. von Zeit zu Zeit
- $0.4 \leq ZW^{i}_{j,k} < 0.6$ gelegentlich
- $0.6 \leq ZW^{i}_{j,k} < 0.8$ häufig
- $0.8 \leq ZW^{i}_{j,k} \leq 1$ sehr häufig bzw. fast immer
- $ZW^{i}_{j,k} = 1$ sicher

Aus dem Produkt von projektunabhängigem, bauverfahrensabhängigem Zielerreichungsgrad $ZG^{i}_{j,k}$ und projektspezifischem Zielerreichungswert $ZW^{i}_{j,k}$ ergibt sich der Zielerwartungswert $WZ^{i}_{j,k}$ für das betrachtete Unterziel. Gewichtet man diesen mit der relativen Gewichtung des Unterzieles g^{i}_{j}, indem man das Produkt aus beiden Werten bildet, so er-

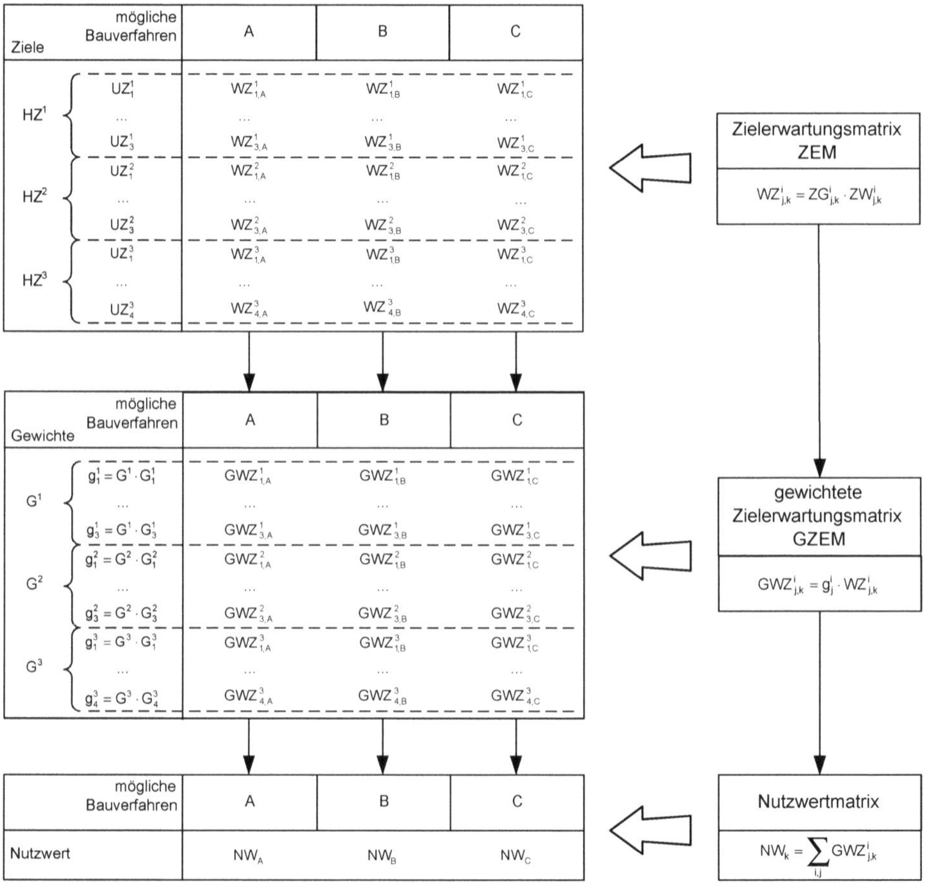

- i Index für das Hauptziel
- j Index für das Unterziel
- k Index für das Bauverfahren
- HZ^i Hauptziel
- UZ^i_j Unterziel
- $WZ^i_{j,k}$ projektspezifischer Zielerwartungswert
- $ZG^i_{j,k}$ projektunabhängiger Zielerreichungsgrad der Bauverfahren
- $ZW^i_{j,k}$ projektspezifischer Zielerreichungswert in Abhängigkeit der projektspezifischen Randbedingungen
- G^i (absolute) Gewichtung Hauptziel
- G^i_j (relative) Gewichtung Unterziel
- g^i_j (absolute) Gewichtung Unterziel
- $GWZ^i_{j,k}$ projektspezifischer, gewichteter Erwartungswert
- NW_k Nutzwert

Abb. 12.32 Mathematisches Vorgehen zur Ermittlung des Nutzwertes (NW_k)

hält man den gewichteten Zielerwartungswert $GWZ^i_{j,k}$ des Unterziels. Die Summe aller gewichteten Zielerwartungswerte einer Projektabwicklungsform ergibt *den projektspezifisch gewichteten Zielerreichungsgrad bzw. Nutzwert* NW_k *der jeweiligen Bauverfahrensvariante.*

Vergleicht man die Nutzwerte verschiedener Bauverfahren, so ist diejenige mit dem höchsten Wert das optimale Bauverfahren. Der Nutzwert dient somit dem relativen Vergleich mehrerer verschiedener Alternativen.

Das prinzipielle mathematische Vorgehen zur Ermittlung des Nutzwerts gestaltet sich wie in folgt (Abb. 12.32):

1. Zunächst ist für jedes Unterziel j jedes betrachteten Bauverfahrens k das Produkt aus projektunabhängigem, bauverfahrensabhängigem Zielerreichungsgrad $ZG^i_{j,k}$ und projektspezifischem Zielerreichungswert $ZW^i_{j,k}$ der jeweiligen Lösungsvariante zu bilden.

$$WZ^i_{j,k} = ZG^i_{j,k} \times ZW^i_{j,k}$$

$$k = \{k \mid k = A \vee k = B \vee k = C \vee k = \ldots\}$$

k: Index für die Bauverfahren (in diesem Bsp. A, B und C)
i: Index für das Hauptziel
j: Index für das Unterziel
$WZ^i_{j,k}$: projektspezifischer Zielerwartungswert je Bauverfahren
$ZG^i_{j,k}$: projektunabhängiger, bauverfahrensabhängiger Zielerreichungsgrad je Bauverfahren
$ZW^i_{j,k}$: projektspezifischer Zielerreichungswert – oder auch Eintretenswahrscheinlichkeit (EW) – je Bauverfahren im jewei- ligen Projekt bzw. unter Beachtung der jeweiligen Projektrand- bedingungen.

Die sich ergebenden Zielerwartungswerte $WZ^i_{j,k}$ können anschliessend in Form der Zielerwartungsmatrix ZEM dargestellt werden.

$$ZEM = \left(\begin{array}{c|c|c|c} WZ^1_{1,A} & WZ^1_{1,B} & WZ^1_{1,C} & \ldots \\ \ldots & \ldots & \ldots & \ldots \\ WZ^1_{3,A} & WZ^1_{3,B} & WZ^1_{3,C} & \ldots \\ WZ^2_{1,A} & WZ^2_{1,B} & WZ^2_{1,C} & \ldots \\ \ldots & \ldots & \ldots & \ldots \\ WZ^2_{3,A} & WZ^2_{3,B} & WZ^2_{3,C} & \ldots \\ WZ^3_{1,A} & WZ^3_{1,B} & WZ^3_{1,C} & \ldots \\ \ldots & \ldots & \ldots & \ldots \\ WZ^3_{4,A} & WZ^3_{4,B} & WZ^3_{4,C} & \ldots \end{array}\right)$$

Die gewichteten Zielerwartungswerte $GWZ^i_{j,k}$ ergeben sich durch zeilenweise Skalarmultiplikation der Zielerwartungsmatrix ZEM mit der unterzielspezifischen absoluten Gewichtung g^i_j, die sich aus dem Produkt der absoluten Gewichtung des Hauptziels G^i und relativer Gewichtung des Unterzielkriteriums G^i_j berechnet. Aus $GWZ^i_{j,k} = g^i_j \times WZ^i_{j,k} = G^i \times G^i_j \times WZ^i_{j,k} = G^i \times G^i_j \times ZG^i_{j,k} \times ZW^i_{j,k}$ folgt die gewichtete Zielerwartungsmatrix GZEM

$$GZEM = \left(\begin{array}{c|c|c|c} GWZ_{1,A}^{1} & GWZ_{1,B}^{1} & GWZ_{1,C}^{1} & \cdots \\ \cdots & \cdots & \cdots & \cdots \\ GWZ_{3,A}^{1} & GWZ_{3,B}^{1} & GWZ_{3,C}^{1} & \cdots \\ GWZ_{1,A}^{2} & GWZ_{1,B}^{2} & GWZ_{1,C}^{2} & \cdots \\ \cdots & \cdots & \cdots & \cdots \\ GWZ_{3,A}^{2} & GWZ_{3,B}^{2} & GWZ_{3,C}^{2} & \cdots \\ GWZ_{1,A}^{3} & GWZ_{1,B}^{3} & GWZ_{1,C}^{3} & \cdots \\ \cdots & \cdots & \cdots & \cdots \\ GWZ_{4,A}^{3} & GWZ_{4,B}^{3} & GWZ_{4,C}^{3} & \cdots \end{array} \right)$$

$$k = \{ k \mid k = A \vee k = B \vee k = C \vee k = \ldots \}$$

k	Index für die Bauverfahren (in diesem Bsp. A, B und C)
n	Anzahl der untersuchten Bauverfahren
i	Index für das Hauptziel
j	Index für das Unterziel
$GWZ^{i}_{j,k}$	gewichteter Zielerwartungswert je Bauverfahren
g^{i}_{j}	absolute Gewichtung des Unterziels j des Hauptziels i
$ZG^{i}_{j,k}$	projektunabhängiger, bauverfahrensabhängiger Zielerreichungsgrad je Bauverfahren
$ZW^{i}_{j,k}$	projektspezifischer Zielerreichungswert – oder auch Eintretenswahrscheinlichkeit (EW) – je Bauverfahren im jewei- ligen Projekt bzw. unter Beobachtung der jeweiligen Projekt- randbedingungen.

2. Der Nutzwert NW_k für die einzelnen Bauverfahren k berechnet sich schliesslich durch spaltenweises Aufsummieren der gewichteten Zielerwartungswerte $GWZ^{i}_{j,k}$.

$$NW_k = \sum_{i,j} GWZ^{i}_{j,k} = \sum_{i} \sum_{j} GWZ^{i}_{j,k}$$

Die praktische Durchführung einer risikoorientierten Nutzwertanalyse gestaltet sich wie in Tab. 12.16 dargestellt, wobei hier sowohl die Zielerwartungswerte $WZ^{i}_{j,k}$ wie auch die gewichteten Zielerwartungswerte $GWZ^{i}_{j,k}$ in einer so genannten Bewertungsmatrix zusammengefasst sind.

Für die Ermittlung der Nutzwerte kommen die folgenden zwei Methoden in Frage:

- Deterministische Praktikermethode,
- Probabilistische Monte Carlo Simulation.

Tab. 12.16 Bewertungsmatrix der risikoorientierten Nutzwertanalyse

Hauptziel (HZ)	Gewichtung (G^i) absolut	Unterzielkriterium (UZ)	Gewichtung relativ (G^i_j)	Gewichtung absolut (g^i_j)	A - Druckluft Senkkasten EW* [%] (ZW)	ZG*	WZ	GWZ	B - Verankerte UW-Sohle EW* [%] (ZW)	ZG*	WZ	GWZ	C - Schwimm. Senkk. EW* [%] (ZW)	ZG*	WZ	GWZ
Geringe Gesamtkosten		Kosten der Verfahren	**70%**	28%	**90**	**3.0**	2.70	0.76	**80**	**3.0**	2.40	0.67	**100**	**4.0**	4.00	1.12
	40%	Kostenrobustheit	**30%**	12%	**80**	**2.0**	1.60	0.19	**60**	**2.0**	1.20	0.14	**90**	**4.0**	3.60	0.43
			∑=100%													
Produktionstechnische Anforderungen		Bauprozess Leistungsfähigkeit	**50%**	8%	**90**	**4.0**	3.60	0.27	**90**	**3.0**	2.70	0.20	**90**	**4.0**	3.60	0.27
		Raumbedarf	**30%**	5%	**80**	**4.0**	3.20	0.14	**80**	**3.0**	2.40	0.11	**100**	**4.0**	4.00	0.18
	15%	Verfahrensrobustheit	**20%**	3%	**70**	**3.0**	2.10	0.06	**80**	**4.0**	3.20	0.10	**80**	**3.0**	2.40	0.07
			∑=100%													
Termine und Qualität		Terminsicherheit	**70%**	11%	**90**	**3.0**	2.70	0.28	**80**	**3.0**	2.40	0.25	**100**	**4.0**	4.00	0.42
	15%	Qualitätsverbesserung	**30%**	5%	**80**	**2.0**	1.60	0.07	**60**	**2.0**	1.20	0.05	**90**	**4.0**	3.60	0.16
			∑=100%													
Organisatorische Anforderungen		Personalverfügbarkeit	**40%**	2%	**90**	**2.0**	1.80	0.04	**90**	**3.0**	2.70	0.05	**90**	**3.0**	2.70	0.05
		Geräteverfügbarkeit	**40%**	2%	**80**	**3.0**	2.40	0.05	**80**	**3.0**	2.40	0.05	**100**	**5.0**	5.00	0.10
	5%	Störanfälligkeit	**20%**	1%	**70**	**3.0**	2.10	0.02	**80**	**4.0**	3.20	0.03	**80**	**3.0**	2.40	0.02
			∑=100%													
Umwelt / Unfallschutz	**20%**		**100%**	20%	**100**	**3.0**	3.00	0.60	**70**	**4.0**	2.80	0.56	**100**	**5.0**	5.00	1.00
			∑=100%													
Image	**5%**		**100%**	5%	**70**	**4.0**	2.80	0.14	**20**	**4.0**	0.80	0.04	**100**	**2.0**	2.00	0.10
			∑=100%	∑=100%			NW_B =	**2.63**			NW_C =	**2.26**			NW_D =	**3.93**

*) Schätzwerte

EW = Eintretenswahrscheinlichkeit bzw. (ZW) Zielerreichungswert (projektbezogen) von 0% (nie) über 20% (eher selten), 40% (manchmal), 60% (häufig), 80% (sehr häufig) bis 100% (immer)

ZG = Zielereichungsgrad (projektunabhängig, bauverfahrensabhängig) von 0 (keine Zielerreichung) über 2 (geringer Zielerreichungsgrad) bis 5 (sehr hoher Zielerreichungsgrad)

WZ = Zielerwartungswert

GWZ = Gewichteter Zielerwartungswert

NW = Nutzwert

Je höher die Summer aller GWZ für ein Bauverfahren, desto besser erfüllt es die Anforderungen (Zielkriterien) des Bauunternehmens respektive der Bauherren.

A = Bauverfahren "Druckluftsenkkasten"

B = Bauverfahren "Verankerte Unterwasserbetonsohle"

C = Bauverfahren "Schwimmender Senkkasten"

Die Praktikermethode, welche an dieser Stelle Anwendung finden soll, geht vom arithmetischen Mittelwert der projektspezifischen Zielerreichungswerte aus. Im vorgestellten Beispiel ergeben sich entsprechend Tab. 12.16 folgende risikoorientierte Nutzwerte für die Zielerreichungsgrade der verschiedenen Bauverfahren:

- Druckluftsenkkasten (A): $NW_{EW,A} = \sum_{i,j} GWZ^{i}_{j,A} = 2.56$
- verankerte Unterwassersenkplatte (B): $NW_{EW,B} = \sum_{i,j} GWZ^{i}_{j,B} = 2.26$
- schwimmender Senkkasten (C): $NW_{EW,C} = \sum_{i,j} GWZ^{i}_{j,C} = 3.67$

Unter Berücksichtigung der vom Bauherrn vorgegebenen und vom Bauunternehmen projektspezifisch definierten Hauptziele und Zielkriterien sowie den zugehörigen Gewichtungsfaktoren erzielt die Variante „schwimmender Senkkasten" (C) gegenüber den anderen beiden untersuchten Bauverfahren den höchsten Nutzwert.

Der Nutzwert – hier treffender als „summarisch gewichteter Nutz-Erwartungswert" bezeichnet – hängt vom projektunabhängigen Zielerreichungsgrad und dem projektspezifischen Zielerreichungswert der Unterziele eines Bauverfahrens sowie von der Wahl und Gewichtung der Haupt- und Unterziele ab. Es muss daher in diesem Zusammenhang darauf hingewiesen werden, dass dieses Ergebnis keinen allgemeinen Trend und auch keine generelle Favorisierung eines Bauverfahrens implizieren soll. Vielmehr basiert das Resultat auf individuellen projektspezifischen Überlegungen, die bei anderen Bauprojekten bzw. Einschätzungen zu ganz unterschiedlichen Resultaten führen können.

Vielmehr geht es dem Autor um die Demonstration des methodischen Vorgehens, um mit Hilfe einer risikoorientierten Nutzwertanalyse eine Entscheidungsgrundlage zur Auswahl der für den Bauunternehmer am besten geeigneten Bauverfahren zu liefern.

Umgang mit möglichen Streubreiten

Die so durchgeführte Nutzwertanalyse berücksichtigt für jedes Bauverfahren lediglich je ein mögliches Szenario für die projektspezifischen Zielerreichungswerte und vernachlässigt damit die Streubreite. Mit Hilfe der Monte Carlo Simulation (MCS), auf die an dieser Stelle nicht näher eingegangen werden soll, kann nun die Bandbreite der möglichen Nutzwerte über die Simulation [14] verschiedener Szenarien (ca. 5.000 bis 10.000) dargestellt werden. In den Szenarien wird mit Hilfe von generierten Zufallszahlen jeweils ein Wert aus dem jeweiligen Intervall der projektspezifischen Zielerreichungswerte genommen, um die Nutzwerte NW_k zu bilden. Die probabilistische Nutzwert-Dichtefunktion, die mit Monte-Carlo-Simulation (MCS) generiert wird, entspricht der Gauss'schen Normalverteilungsfunktion. Die Integration der Nutzwert-Dichtefunktion ergibt dann die Nutzwert-Verteilungsfunktion (Abb. 12.33). Hiermit kann der Zuverlässigkeitsgrad der Entscheidung sehr einfach bestimmt werden.

Eine in der Praxis häufig verbreitete, „einfache" Sensitivitätsanalyse kann ebenfalls einen hilfreichen Aufschluss über die Schwankungsbreite der Nutzwerte liefern und damit das Ergebnis in Bezug auf sinnvolle Veränderungen der Rahmenbedingungen überprüfen.

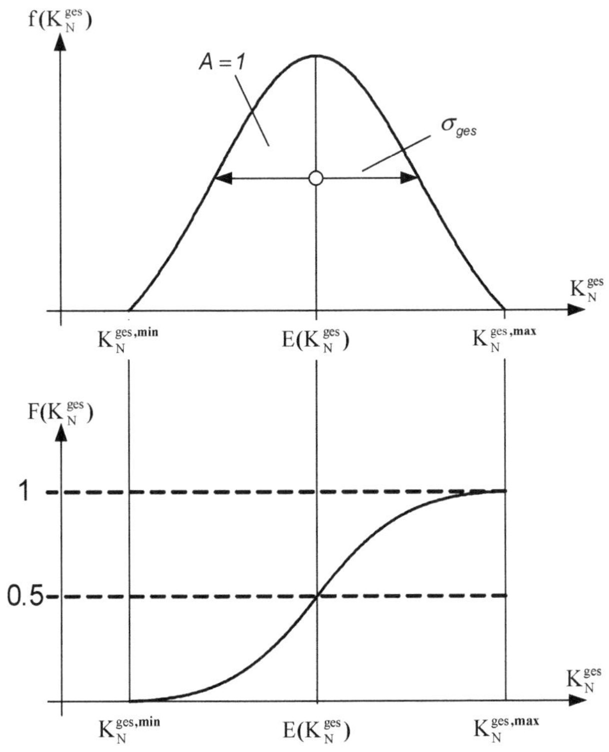

Abb. 12.33 Dichte- und Verteilungsfunktion der Gesamtverfahrenskosten am Beispiel der Normalverteilung

Hierzu werden die Gewichtungen der Haupt- und allenfalls der Unterziele variiert und somit zumindest eine geringe Anzahl an Szenarien für die Ermittlung der Zielerwartungswerte betrachtet.

12.6.3 Kosten-Wirksamkeits-Analyse (KWA)

Eine Weiterentwicklung der Nutzwertanalyse (NWA), welche vor allem im Bereich von Projektbewertungen und damit der Priorisierung von Infrastrukturinvestitionen der öffentlichen Hand Anwendung findet, stellt die Kosten-Wirksamkeits-Analyse (KWA) dar.

Bei der KWA werden im Gegensatz zur Nutzwertanalyse, bei welcher sowohl monetäre wie auch nicht-monetäre Grössen zu einem Punktwert verdichtet werden, zwei Werte je Variante ermittelt, beispielsweise Kosten je Periode (z. B. Jahr) und Nutzen (z. B. Wirksamkeit einer Verkehrsinfrastrukturmassnahme). Das Problem, dass direkte Kostengrössen mit den übrigen Grössen gegeneinander gewichtet werden, wird damit umgangen.

Im Folgenden soll die Anwendung der KWA auf unser praktisches Beispiel gezeigt werden. Die verschiedenen Lösungsvarianten zum Bau der Pumpstation, wie sie schon mittels D-NWA bewertet wurden, sollen nun mittels KWA beurteilt werden, um die Entscheidungsfindung zu unterstützen. Die Kosten der verschiedenen Baumethoden können quantitativ kalkulatorisch ermittelt werden.

Die anderen Bewertungskriterien, wie z. B.:

- Produktionstechnische Anforderungen,
- Termin- und Qualitätsauswirkungen,
- Organisatorische Anforderungen,
- Umweltauswirkungen und Unfallschutz,
- Imagegewinn

sollen qualitativ aufgrund ihrer unterschiedlichen, meist nicht direkt messbaren monetären Wirkung, bewertet werden. Der Raumbedarf wird z. B. in m^2 gemessen. Die Imagewirkung kann mittels Bekanntheitsgrad oder Lösungskapazität des Unternehmens und das Vorhandensein an qualifiziertem Personal kann anhand der Ausbildung und der praktischen Erfahrung abgeschätzt werden. Andere Dimensionen bzw. Kriterien wie Verfahrensrobustheit, Terminsicherheit, Störanfälligkeit können sowohl qualitativ, wie hier beabsichtigt, oder auch monetär mittels Risikoanalyse bewertet werden [15].

In der KWA werden nur die Verfahrenskosten monetär bewertet. Allerdings könnten gemäss GIRMSCHEID/BUSCH [15] auch die dazugehörigen Risikokosten eines jeden Verfahrens N eingeschlossen werden. Für die Gesamtkosten K_N^{ges} des Verfahrens N ergibt sich

$$K_N^{ges} = K_N^{Verf} + \sum_{i=1}^{n} R_N^i$$

mit

K_N^{Verf} Verfahrenskosten des Verfahrens N
R_N^i Risikokosten i des Verfahrens N

$$i \in \mathbb{N}$$

Erwartungswert: $E\left(K_N^{ges}\right) = E\left(K_N^{Verf}\right) + \int_{i=1}^{n} \int_{-\infty}^{\infty} R_N^i \cdot f\left(R_N^i\right) dR_N^i$

Standardabweichung: $\sigma_N = \sqrt{\int_{K_N^{ges,\min}}^{K_N^{ges,\max}} \left(K_N^{ges} - E\left(K_N^{ges}\right)\right)^2 \cdot f\left(K_N^{ges}\right) dK_N^{ges}}$

Somit erhält man eine probabilistische Kostendichtefunktion und leitet mittels Integration die Kostenverteilungsfunktion ab (Abb. 12.33).

In unserem Beispiel soll keine Risikoanalyse durchgeführt werden. Alle Kriterien und Unterkriterien ausser den direkten kalkulatorischen Verfahrenskosten sollen qualitativ wie bei der NWA bewertet werden. Die kalkulatorischen Verfahrenskosten lauten wie folgt:

- Druckluftsenkkasten (A) $K_A^{Verf} = 2.4$ Mio. €
- verankerte Unterwasserbetonplatte (B) $K_B^{Verf} = 2.4$ Mio. €

- schwimmender Senkkasten (C) $K_C^{Verf} = 2.8\,\text{Mio.}\,€$

In Tab. 12.17 ist die qualitative Bewertung der nicht-monetären Grössen als Beispiel zusammengestellt und in Abb. 12.34 wird das zugehörige KWA-Diagramm dargestellt.

Im Folgenden werden nun die Kosten-Wirksamkeits-Quotienten gebildet:

$$\kappa_N = \frac{K_N^{Verf}}{NW_N}$$

Das optimale Verfahren wird repräsentiert durch den kleinsten Kosten-Wirksamkeits-Quotienten:

$$\kappa_N^{opt} = \left\{\kappa_N \middle| \kappa_N = \min(\kappa_i)\right\} \; i \in \mathbb{N}$$

In Abb. 12.34 erkennt man, dass alle Verfahren im mittleren Bereich liegen. Kein Verfahren liegt direkt im positiven Bereich. Für die Verfahren A, B und C kann das optimale Verfahren nur durch Bildung des Kosten-Wirksamkeits-Quotienten bestimmt werden.

$$\kappa_A = \frac{K_A^{Verf}}{NW_A} = \frac{2.4\,Mio.\,€}{2.32} = 1.03\,Mio.\,€/NW$$

$$\kappa_B = \frac{K_B^{Verf}}{NW_B} = \frac{2.4\,Mio.\,€}{1.93} = 1.25\,Mio.\,€/NW$$

$$\kappa_C = \frac{K_C^{Verf}}{NW_C} = \frac{2.8\,Mio.\,€}{3.82} = 0.73\,Mio.\,€/NW$$

Das optimale Verfahren lautet somit:

$$\kappa_N^{opt} = \min(\kappa_i) = \kappa_C \quad i \in \{A, B, C\}$$

Somit hat der schwimmende Senkkasten den kleinsten Kosten-Wirksamkeits-Quotienten und bildet bezüglich der Kosten die höchste Wirksamkeit ab, d. h. pro Nutzwert-Einheit NW sind nur 0.73 Mio. € erforderlich.

Bei zusätzlicher Berücksichtigung von Risikokosten wird analog verfahren. Der Unterschied auf Kostenseite besteht nur darin, dass statt der reinen Verfahrenskosten K_N^{Verf} ausserdem noch die Risikokosten i des Verfahrens N $\sum_{i=1}^{n} R_N^i$ für alle i im Bereich der Eintrittswahrscheinlichkeit $p \in [0;1]$ berücksichtigt werden.

Tab. 12.17 Qualitative Bewertung der nicht-monetären Grössen der zur Auswahl stehenden Bauverfahren

Hauptziel (HZ)	Gewichtung (G^i) absolut	Unterzielkriterium (UZ)	Gewichtung relativ (G^i_j)	Gewichtung absolut (g^i_j)	A - Druckluft Senkkasten EW* [%] (ZW)	ZG*	WZ	GWZ	B - Verankerte UW-Sohle EW* [%] (ZW)	ZG*	WZ	GWZ	C - Schwimm. Senkk. EW* [%] (ZW)	ZG*	WZ	GWZ
Kostenrobustheit	**40%**		**100%**	40%	**80**	**2.0**	1.60	0.64	**60**	**2.0**	1.20	0.48	**90**	**4.0**	3.60	1.44
			∑=100%													
Produktionstechnische Anforderungen	15%	Bauprozess Leistungsfähigkeit	**50%**	8%	**90**	**4.0**	3.60	0.27	**90**	**3.0**	2.70	0.20	**90**	**4.0**	3.60	0.27
		Raumbedarf	**30%**	5%	**80**	**4.0**	3.20	0.14	**80**	**3.0**	2.40	0.11	**100**	**4.0**	4.00	0.18
		Verfahrensrobustheit	**20%**	3%	**70**	**3.0**	2.10	0.06	**80**	**4.0**	3.20	0.10	**80**	**3.0**	2.40	0.07
			∑=100%													
Termine und Qualität	**15%**	Terminsicherheit	**70%**	11%	**90**	**3.0**	2.70	0.28	**80**	**3.0**	2.40	0.25	**100**	**4.0**	4.00	0.42
		Qualitätsverbesserung	**30%**	5%	**80**	**2.0**	1.60	0.07	**60**	**2.0**	1.20	0.05	**90**	**4.0**	3.60	0.16
			∑=100%													
Organisatorische Anforderungen	**5%**	Personalverfügbarkeit	**40%**	2%	**90**	**2.0**	1.80	0.04	**90**	**3.0**	2.70	0.05	**90**	**3.0**	2.70	0.05
		Geräteverfügbarkeit	**40%**	2%	**80**	**3.0**	2.40	0.05	**80**	**3.0**	2.40	0.05	**100**	**5.0**	5.00	0.10
		Störanfälligkeit	**20%**	1%	**70**	**3.0**	2.10	0.02	**80**	**4.0**	3.20	0.03	**80**	**3.0**	2.40	0.02
			∑=100%													
Umwelt / Unfallschutz	**20%**		**100%**	20%	**100**	**3.0**	3.00	0.60	**70**	**4.0**	2.80	0.56	**100**	**5.0**	5.00	1.00
			∑=100%													
Image	**5%**		**100%**	5%	**70**	**4.0**	2.80	0.14	**20**	**4.0**	0.80	0.04	**100**	**2.0**	2.00	0.10
			∑=100%	∑=100%			NW_A =	**2.32**			NW_B =	**1.93**			NW_C =	**3.82**

*) Schätzwerte

EW = Eintretenswahrscheinlichkeit bzw. (ZW) Zielerreichungswert (projektbezogen) — von 0% (nie) über 20% (eher selten), 40% (manchmal), 60% (häufig), 80% (sehr häufig) bis 100% (immer)
ZG = Zielereichungsgrad (projektunabhängig, bauverfahrensabhängig) — von 0 (keine Zielerreichung) über 2 (geringer Zielerreichungsgrad) bis 5 (sehr hoher Zielerreichungsgrad)
WZ = Zielerwartungswert
GWZ = Gewichteter Zielerwartungswert
NW = Nutzwert

Je höher die Summer aller GWZ für ein Bauverfahren, desto besser erfüllt es die Anforderungen (Zielkriterien) des Bauunternehmens respektive der Bauherren.

A = Bauverfahren "Druckluftsenkkasten"
B = Bauverfahren "Verankerte Unterwasserbetonsohle"
C = Bauverfahren "Schwimmender Senkkasten"

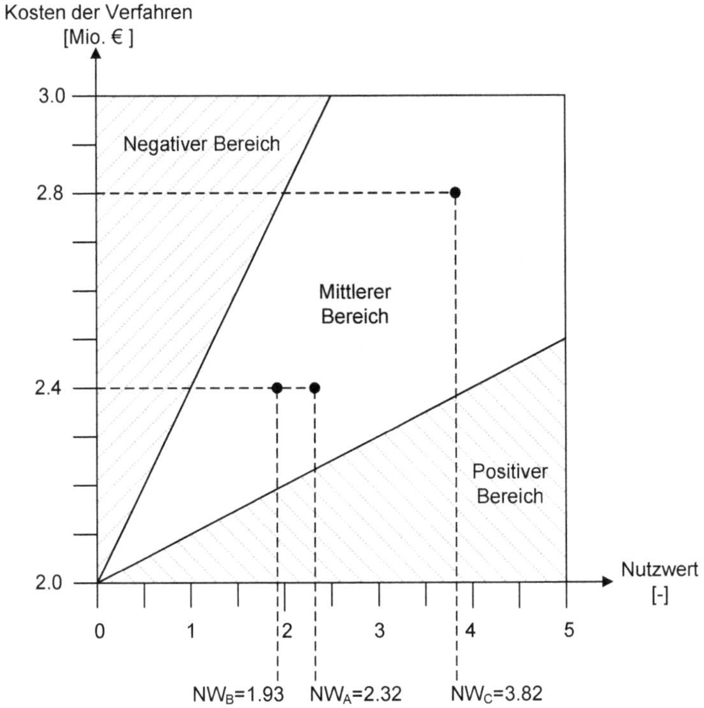

Abb. 12.34 KWA-Diagramm der zur Auswahl stehenden Bauverfahren

Somit erfolgt eine probabilistische Berücksichtigung der Gesamtkosten mit einer Eintrittswahrscheinlichkeit p für die Risikokosten:

$$K_{N,p}^{ges} = K_N^{Verf} + \sum_{i=1}^{n} R_{N,p}^{i} \quad \text{mit} \quad p \in [0;1].$$

12.6.4 Qualitative Entscheidungsfindung – Analytic Hierarchy Process (AHP)

Die AHP-Methode wurde 1980 vom Mathematiker Thomas Saaty entwickelt [16] und kommt seither in vielen praktischen Anwendungen zum Einsatz. Mit Hilfe der AHP-Methode lassen sich komplexe Entscheidungsprobleme, z. B. bei der Auswahl von Bauverfahren, mathematisch auswerten und zu einer rationalen Entscheidungsfindung führen. Dabei können monetäre, sonstige quantifizierbare Bewertungsgrössen (z. B. Bauzeit) oder auch nicht direkt quantifizierbare abstrakte Bewertungskriterien (z. B. Umweltbelastung, Imagegewinn, etc.) in die Entscheidungsfindung einbezogen werden. Der Analytic Hierarchy Process erfordert grösseren mathematischen Aufwand als die Nutzwertanalyse (NWA), ermöglicht dafür aber den einfachen Vergleich komplexer Strukturen der Entscheidungsfindung. Er stellt daher eine Erweiterung der nicht monetären Verfahren auf komplexe hierarchische Entscheidungsprobleme dar, die mit der Nutzwertanalyse nur ungenügend beurteilt werden können.

Der Unterschied von AHP zur NWA besteht grundsätzlich in der folgenden Bewertungsmethodik:

- NWA gewichtet die Ziele bzw. Hauptkriterien und Unterziele bzw. Unterkriterien in direkten, absoluten Verhältnissen
- AHP gewichtet die Ziele bzw. Hauptkriterien und Unterziele bzw. Unterkriterien in relativen Verhältnissen zueinander. Die absoluten Verhältnisse der Ziele bzw. Kriterien werden indirekt mittels mathematischen Methoden gebildet.

Der AHP berücksichtigt die begrenzte menschliche Rationalität zutreffender als die NWA. Der AHP zerlegt die komplexe Gewichtungsproblematik bei multidimensionalen Entscheidungsproblemen für den Mensch in überschaubare Vergleichsverhältnisse (z. B. sind Kosten siebenfach wichtiger als Image, Kosten doppelt so wichtig wie Termine) anstatt sofort eine absolute Reihung vorzugeben. Besonders bei einem umfangreichen Kriterienkatalog ist eine absolute Direkt-Reihung bzw. absolute Gewichtung, wie dies bei der NWA erforderlich ist, für den Menschen kaum möglich. Die AHP-Methode entfaltet daher bei mehr als drei bis fünf Kriterien ihre Effektivität, da nur eine relative Verhältnisabwägung zwischen den Kriterien stattfindet.

Der Ablauf der AHP gliedert sich in folgende Schritte:

- Definition des Entscheidungsproblems mit
  - Festlegung der qualitativen und quantitativen Ziele bzw. Hauptkriterien und Unterzielen bzw. Unterkriterien sowie K. O.-Kriterien und
  - Entwicklung der Handlungsoptionen bzw. alternativen Bauverfahren für den Verfahrensvergleich.
- Gewichtung der Ziele bzw. Kriterien untereinander (relative Gewichtung) und Berechnung der absoluten Gewichtungen, getrennt nach Haupt- und Unterkriterien.
- Vergleichsbewertung der Handlungsoptionen bzw. alternativen Bauverfahren nach den einzelnen Zielen bzw. Kriterien, beginnend mit der Bildung der Untervergleichsfaktoren der jeweiligen Unterkriterien des jeweiligen Hauptkriteriums und anschliessend der Bildung der Hauptvergleichsfaktoren der Bauverfahren für das jeweilige Hauptkriterium durch Bildung der Summe aus den Produkten der Untervergleichsfaktoren mit den absoluten Untergewichtungsfaktoren des betrachteten Hauptkriteriums.
- Entscheidungsfindung erfolgt aufgrund der Summe der Produkte aus den absoluten Hauptgewichtungsfaktoren der Hauptkriterien mit den absoluten Hauptvergleichsfaktoren der Hauptkriterien für jedes Bauverfahren. Das Bauverfahren mit dem höchsten Bewertungsfaktor hat die höchste Zielkonformität.

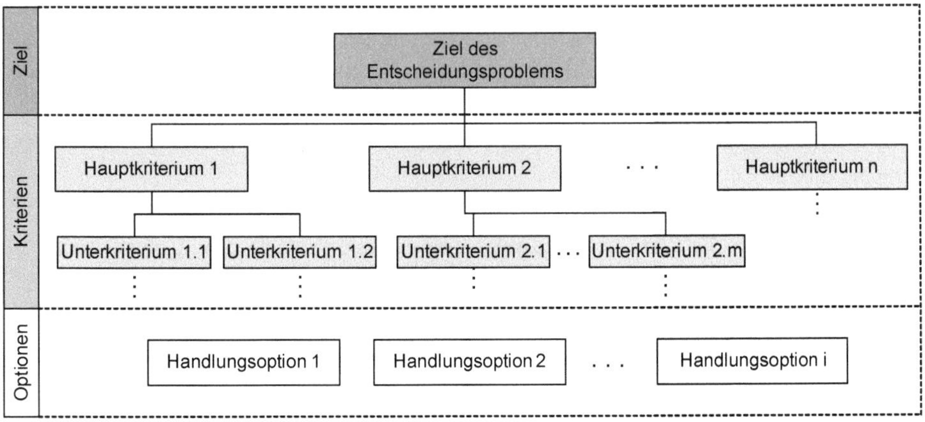

Abb. 12.35 Allgemeiner Aufbau der hierarchischen Struktur eines Entscheidungsproblems

12.6.4.1 Definition des Entscheidungsproblems

Ein Entscheidungsproblem, das mit Hilfe der AHP-Methode bewertet werden soll, muss zunächst strukturiert und hierarchisch gegliedert werden. Zunächst müssender Gegenstand der Untersuchung und das Ziel der Entscheidungsfindung definiert werden. Bei der Auswahl eines Bauverfahrens für eine bestimmte Bauaufgabe ist das Ziel der Untersuchung, das Bauverfahren zu finden, das die vorgegebenen Anforderungen optimal erfüllt. Allgemein können aber beliebige Entscheidungsprobleme bewertet werden, wie z. B. die Beschaffung eines Geräts oder die Auswahl einer Erhaltungsstrategie für ein Bauwerk.

Die Definition des Entscheidungsproblems gliedert sich in zwei Teile (Abb. 12.35):

- Zieldefinition und Definition der Entscheidungskriterien,
- Definition möglicher Handlungsoptionen bzw. Bauverfahren.

Ausgehend von der Zieldefinition, die das übergeordnete Ziel der Entscheidungsfindung definiert, werden die Bewertungskriterien definiert, die für die Beurteilung der Zielerreichung herangezogen werden sollen. Diese Bewertungskriterien bilden unterhalb des Gesamtziels eine hierarchische Struktur und können auf einer oder mehreren Hierarchieebenen in Haupt- und Unterkriterien angeordnet sein.

Die hierarchische Struktur des Entscheidungsproblems setzt sich aus dem Ziel des Entscheidungsproblems sowie den Bewertungskriterien, mit denen die Zielerreichung beurteilt wird, zusammen (Abb. 12.35). Mit der AHP-Methode lassen sich beliebig strukturierte Probleme abbilden, bei denen beliebig viele Kriterien auf beliebigen Ebenen angeordnet sein können.

Ausserdem müssen die möglichen Entscheidungsoptionen bzw. Handlungsoptionen des Entscheidungsproblems, also die zu vergleichenden alternativen Bauverfahren, definiert werden. Diese Alternativen werden dann in der Auswertung des Problems hinsichtlich der verschiedenen Bewertungskriterien bewertet.

Bei den meisten Entscheidungsproblemen spielen die Kosten als ein Hauptkriterium einer Handlungsoption eine wichtige Rolle und werden deshalb in die Entscheidungsfindung einbezogen. Hierfür stehen zwei grundsätzliche Möglichkeiten zur Verfügung:

- Die Kosten werden separat von der AHP-Methode betrachtet und dann in einem weiteren Schritt der aus der AHP-Methode gewonnenen Gesamtbewertung der jeweiligen Handlungsoption gegenübergestellt. Es wird also eine Art Kosten-Nutzen-Verhältnis der verschiedenen Handlungsoptionen berechnet.
- Die Kosten werden als Teil des Entscheidungsproblems in die AHP-Methode integriert. Dieses Vorgehen wird im Folgenden angewandt, da es den Vorteil hat, dass alle Bewertungskriterien innerhalb der AHP-Methode betrachtet werden und damit keine weiteren Schritte notwendig sind. Bei einer Quotientenbildung aus Kosten und Nutzen gehen sonst die Informationen über die absolute Grösse der einzelnen Anteile verloren.

12.6.4.2 Mathematische Formulierung der AHP-Methode

Ablauf der AHP-Berechnung
Die Bewertung der Handlungsoptionen bzw. alternativen Bauverfahren bezüglich ihres absoluten Zielerreichungsgrades wird mathematisch in folgenden Schritten durchgeführt:

1. Bildung der absoluten Gewichtungsfaktoren der Haupt- und Unterkriterien.
   Hauptgewichtungsfaktoren:
   - Bildung der relativen Gewichtungsfaktoren durch paarweisen Vergleich der Hauptkriterien durch den Operateur
   - Ermittlung der absoluten Gewichtungsfaktoren mittels mathematischer Eigenwertmethode

   Untergewichtungsfaktoren:
   - Bildung der relativen Gewichtungsfaktoren durch paarweisen Vergleich der Unterkriterien eines Hauptkriteriums durch den Operateur
   - Ermittlung der absoluten Untergewichtungsfaktoren mittels mathematischer Eigenwertmethode für jedes Hauptkriterium
2. Vergleichsbewertung der Handlungsoptionen bzw. alternativer Bauverfahren.
   Die Bildung der Vergleichsfaktoren zur Vergleichsbewertung der Handlungsoptionen bzw. alternativer Bauverfahren pro Kriterium erfolgt auch in hierarchischen Stufen.
   Untervergleichsfaktoren:
   - Bildung der relativen Untervergleichsfaktoren je Unterkriterium unterhalb des jeweiligen Hauptkriteriums für jedes alternative Bauverfahren
   - Ermittlung der absoluten Untervergleichsfaktoren der Unterkriterien unterhalb des jeweiligen Hauptkriteriums für jedes Bauverfahren mittels mathematischer Eigenwertmethode

   Hauptvergleichsfaktoren:
   - Berechnung der Hauptvergleichsfaktoren pro Bauverfahren durch die Summe der Produkte aus den absoluten Untergewichtungsfaktoren des jeweiligen Hauptkrite-

riums mit den jeweiligen absoluten Untervergleichsfaktoren des jeweiligen Hauptkriteriums pro Bauverfahren

3. Entscheidungsfindung.
Die Entscheidungsfindung wird durch Messung des numerischen Zielerreichungsgrads bestimmt.
Zielerreichungsgrad:
 - Berechnung des Zielerreichungsgrads für jede Handlungsoption bzw. jedes alternative Bauverfahren erfolgt aus der Summe der Produkte der absoluten gewichteten Hauptkriterien mit den absoluten Hauptvergleichsfaktoren
 - Optimale Handlungsoption bzw. optimales alternatives Bauverfahren ergibt sich aus dem höchsten berechneten Zielerreichungsgrad

Bildung der absoluten Gewichtungsfaktoren der Kriterien
Als Grundlage für die Bewertung der verschiedenen Bauverfahrensalternativen müssen die Prioritäten der Bewertungskriterien definiert werden. Es muss also eine Gewichtung der einzelnen Kriterien untereinander vorgenommen werden. Dies geschieht auf allen Ebenen der hierarchischen Struktur. Dabei werden jeweils Kriterien einer Hierarchiestufe, die zu einem übergeordneten Kriterium aggregiert werden, miteinander verglichen. Die so ermittelten Gewichtungsfaktoren geben dann in der Bewertung der verschiedenen Handlungsoptionen an, wie die Vergleichsfaktoren auf den verschiedenen Ebenen gewichtet und auf der nächst höheren Ebene aggregiert werden.

Bildung der relativen Gewichtungsfaktoren der Hauptkriterien durch paarweisen Vergleich der Kriterien
Da die Festlegung sinnvoller und untereinander konsistenter Gewichtungsfaktoren bei einer grösseren Anzahl von Bewertungskriterien meist nicht in einem Schritt möglich ist, erfolgt die Definition der Gewichtungsfaktoren in zwei Schritten. Zunächst werden die verschiedenen Bewertungskriterien paarweise gegenübergestellt und damit die relativen Gewichtungsfaktoren zwischen je zwei Kriterien ermittelt. Auf diese Weise gestaltet sich die Gewichtung sehr viel einfacher, da zunächst immer nur zwei Kriterien K_i und K_j miteinander verglichen werden und ein relativer Gewichtungsfaktor $g_{ij}^{rel} = 1/g_{ji}^{rel}$ zwischen diesen beiden Kriterien definiert wird. Eine solche Gegenüberstellung erfolgt für alle möglichen Kombinationen der zu bewertenden Kriterien. Die Ableitung der absoluten Gewichtungsfaktoren der Bewertungskriterien erfolgt dann erst in einem weiteren Schritt.

Für die Gewichtung wird eine Skala von eins bis neun gemäss Tab. 12.18 verwendet. Wird der $g_{ij}^{rel} = 1$ gewählt, so bedeutet dies eine Gewichtung der beiden Kriterien im Verhältnis 1:1. Es wird also beiden Kriterien i und j dieselbe Bedeutung zugeordnet. Wird dagegen $g_{ij}^{rel} = 9$ gewählt, so werden die beiden Kriterien im Verhältnis 9:1 bewertet, es besteht also eine absolute Präferenz für das Kriterium i gegenüber dem Kriterium j.

Auf diese Weise werden alle möglichen Kombinationen der Bewertungskriterien miteinander verglichen und jeweils ein relativer Gewichtungsfaktor festgelegt. Daraus ergibt sich die in Tab. 12.19 dargestellte Matrix der relativen Gewichtungsfaktoren.

Tab. 12.18 Skala zur Gewichtung der Bewertungskriterien bzw. der Handlungsoptionen

Gewichtungsskala	Definition
1	Gleiche Bedeutung / Qualität
3	Schwache Präferenz
5	Bedeutende Präferenz
7	Starke Präferenz
9	Absolute Präferenz

Kriterium 1: Kriterium 2 $= k_1 : k_2 = g_{12}^{rel}$
Kriterium 1: Kriterium 3 $= k_1 : k_3 = g_{13}^{rel}$
...
Kriterium i: Kriterium j $= k_i : k_j = g_{ij}^{rel}$

Bildung der relativen Gewichtungsfaktorenmatrix der Hauptkriterien: Für die Matrix $\underline{G}^{rel}$ der relativen Gewichtungsfaktoren gilt:

$$\underline{G}^{rel} = \begin{array}{c} \\ \end{array}\begin{matrix} HK1 & HK2 & HK3 & ...HKn \end{matrix}$$

$$\underline{G}^{rel} = \begin{bmatrix} 1 & g_{12}^{rel} = \frac{1}{g_{21}^{rel}} & g_{13}^{rel} = \frac{1}{g_{31}^{rel}} & \dots \\ g_{21}^{rel} = \frac{1}{g_{12}^{rel}} & 1 & g_{23}^{rel} = \frac{1}{g_{32}^{rel}} & \dots \\ g_{31}^{rel} = \frac{1}{g_{13}^{rel}} & g_{32}^{rel} = \frac{1}{g_{23}^{rel}} & 1 & \dots \\ \dots & \dots & \dots & \dots \end{bmatrix} \begin{matrix} HK1 \\ HK2 \\ HK3 \\ \dots \\ HKn \end{matrix}$$

Ermittlung der absoluten Gewichtungsfaktoren der Hauptkriterien

Die zuvor ermittelten relativen Gewichtungsfaktoren geben lediglich den Vergleich einzelner Bewertungskriterien untereinander an, ermöglichen aber noch keine absolute Ge-

Tab. 12.19 Matrix $\underline{G}^{rel}$ der relativen Gewichtungsfaktoren aus dem paarweisen Vergleich aller Bewertungskriterien einer Hierarchiestufe

Bewertungskriterien	Kriterium 1	Kriterium 2	...
Kriterium 1	g_{11}^{rel}	$g_{12}^{rel} = 1/g_{21}^{rel}$	...
Kriterium 2	$g_{21}^{rel} = 1/g_{12}^{rel}$	g_{22}^{rel}	...
...	...	...	...

wichtung der Bewertungskriterien. Mit Hilfe des Eigenvektors der Matrix $\underline{G}^{rel}$ lassen sich jedoch aus den relativen Gewichtungsfaktoren absolute Gewichtungsfaktoren für die Gesamtbewertung der verschiedenen Kriterien ableiten. Nach Saaty [16] stellt der Eigenvektor zum grössten Eigenwert der Matrix $\underline{G}^{rel}$ der relativen Gewichtungsfaktoren eine gute Näherung für die absoluten Gewichtungsfaktoren dar.

Zur Ermittlung der absoluten Gewichtungsfaktoren der Hauptkriterien aus einer diagonalen Matrix eignet sich die Eigenwertmethode. Die Eigenwertmethode orthogonalisiert die relativen Gewichtungsfaktoren, so dass diese sich in unabhängige Vektoren auflösen. Dadurch erhält man für jeden Eigenwert einen absoluten Gewichtungsvektor mit Gewichtungsfaktoren pro Hauptkriterium. Der grösste reelle Eigenwert bildet damit das Gewichtungsszenario für die Hauptkriterien.

Bildung der Eigenwertmatrixgleichung: Die Eigenwertaufgabe zur Ermittlung der absoluten Gewichtungsfaktoren gestaltet sich mathematisch so, dass zu einer quadratischen Matrix $\underline{G}_{HK}^{rel}$ ein Vektor $\underline{g}^{abs}$ gesucht wird, der mit $\underline{G}_{HK}^{rel}$ transformiert den Vektor $\underline{y} = \underline{G}_{HK}^{rel} \cdot \underline{g}^{abs}$ ergibt. Dieser Vektor $\underline{y}$ soll proportional zum Ausgangsvektor $\underline{g}^{abs}$ sein $\left(\underline{y} = \lambda \cdot \underline{g}^{abs}\right)$.

Daraus ergibt sich

$$\underline{G}_{HK}^{rel} \cdot g^{abs} = \lambda \cdot g^{abs}$$

$$\left(\underline{G}_{HK}^{rel} - \lambda \cdot \underline{E}\right) \cdot g^{abs} = 0$$

als Eigenwertproblem für die Matrix $\underline{G}_{HK}^{rel}$.

Ein Eigenvektor $\underline{g}^{abs}$ einer Abbildung f ist in der linearen Algebra ein vom Nullvektor verschiedener Vektor, dessen Richtung durch die Abbildung nicht verändert wird. Ein Eigenvektor wird also nur gestreckt, und man bezeichnet den Streckungsfaktor als Eigenwert λ der Abbildung.

Es gilt also allgemein:

$$f\left(\underline{x}\right) = \lambda \cdot \underline{g}^{abs}$$

Im vorliegenden Fall wird die Abbildung f durch die Matrix $\underline{G}_{HK}^{rel}$ gegeben. Für den Eigenvektor gilt dann:

$$\underline{G}_{HK}^{rel} \cdot \underline{g}^{abs} = \lambda \cdot \underline{g}^{abs}$$

Für die Berechnung des Eigenvektors der Matrix $\underline{G}_{HK}^{rel}$ wird die Formel mit Hilfe der Einheitsmatrix $\underline{E}$ wie folgt umgeformt:

$$\left(\underline{G}_{HK}^{rel} - \lambda \cdot \underline{E}\right) \cdot \underline{g}^{abs} = 0$$

Diese Gleichung stellt ein homogenes lineares Gleichungssystem dar. Da $\underline{g}^{abs} \neq 0$ vorausgesetzt wird, ist dieses genau dann lösbar wenn gilt:

$$\det\left(\underline{G}_{HK}^{rel} - \lambda \cdot \underline{E}\right) = 0$$

Die Lösung dieses Gleichungssystems sind die Eigenwerte λ der Matrix $\underline{G}_{HK}^{rel}$. Für die Berechnung der Determinanten einer Matrix existieren verschiedene Berechnungsverfahren. Für eine 2×2 bzw. 3×3 Matrix lässt sich die Determinante in geschlossener Form darstellen, für grössere Matrizen muss auf Iterationsverfahren zurückgegriffen werden (z. B. Potenzmethode, Inverse Iteration, Jacobi-Verfahren, Jacobi-Davidson-Verfahren). Viele Computertools bieten hierfür vorgefertigte Lösungen an.

Zu jedem Eigenwert lässt sich ein zugehöriger Eigenvektor der Matrix $\underline{G}_{HK}^{rel}$ bestimmen. Die gesuchte Lösung für die absoluten Gewichtungsfaktoren ist der zum grössten Eigenwert $\lambda^{\max}$ gehörige Eigenvektor $\underline{g}^{abs}$ [16].

Den Eigenvektor $\underline{g}^{abs}$ erhält man durch Einsetzen des Eigenwerts $\lambda^{\max}$ in die oben stehende Formel

$$\left(\underline{G}_{HK}^{rel} - \lambda^{\max} \cdot \underline{E}\right) \cdot \underline{g}^{abs} = 0$$

Dies ergibt ein lineares Gleichungssystem, dessen Lösung der gesuchte Eigenvektor $\underline{g}^{abs}$ ist. In unserem Problem ist der Eigenvektor $\underline{g}^{abs}$ also der absolute Gewichtungsfaktor der Hauptkriterien:

$$\left(\underline{g}^{abs}\right) = \begin{pmatrix} g_1^{abs} \\ g_2^{abs} \\ \ldots \end{pmatrix}$$

Der gesuchte Vektor $\underline{g}^{abs}$ entspricht den absoluten Gewichtungsfaktoren der verschiedenen Bewertungskriterien.

Bildung der absoluten Untergewichtungsfaktoren pro Kriterium: Die Bildung der absoluten Untergewichtungsfaktoren pro Bewertungshauptkriterium erfolgt analog zum Verfahren der Ermittlung der absoluten Hauptgewichtungsfaktoren für die Hauptkriterien.

Im ersten Schritt wird die relative Bedeutung der Untergewichtungskriterien je Hauptkriterium durch paarweisen Vergleich durch den Operateur bestimmt. Dies wird im Folgenden für die relativen Untergewichtungskriterien des Hauptkriteriums „Produktionstechnische Anforderungen = PA" gezeigt. Die Unterkriterien des Hauptkriteriums PA sind z. B.:

- UK1 – Leistungsfähigkeit
- UK2 – Raumbedarf
- UK3 – Verfahrensrobustheit

- UK4 – …
- …

Relative Untergewichtungsmatrix der Unterkriterien des Hauptkriteriums PA:

$$
\begin{array}{c}
\quad UK_1^{PA} \quad UK_2^{PA} \quad UK_3^{PA} \quad \ldots UK_n^{PA} \\
\underline{G}_{PA}^{rel} = \left[\begin{array}{c:c:c:c}
1 & g_{PA,12}^{rel} = \dfrac{1}{g_{PA,21}^{rel}} & g_{PA,13}^{rel} = \dfrac{1}{g_{PA,31}^{rel}} & \ldots \\ \hdashline
g_{PA,21}^{rel} = \dfrac{1}{g_{PA,12}^{rel}} & 1 & g_{PA,23}^{rel} = \dfrac{1}{g_{PA,32}^{rel}} & \ldots \\ \hdashline
g_{PA,31}^{rel} = \dfrac{1}{g_{PA,13}^{rel}} & g_{PA,32}^{rel} = \dfrac{1}{g_{PA,23}^{rel}} & 1 & \ldots \\ \hdashline
\ldots & \ldots & \ldots & \ldots
\end{array}\right]
\begin{array}{l} UK_1^{PA} \\ UK_2^{PA} \\ UK_3^{PA} \\ \ldots \\ UK_n^{PA} \end{array}
\end{array}
$$

Die Bestimmung der absoluten Untergewichtungsfaktoren für jedes Unterkriterium UK_i des Hauptkriteriums PA erfolgt mittels Eigenwertmethode:

$$\left(\underline{G}_{PA}^{rel} - \lambda^{\max} \cdot \underline{E}\right) \cdot \underline{g}_{PA}^{abs} = 0$$

$$\left(\underline{g}_{PA}^{abs}\right) = \begin{pmatrix} g_{PA,1}^{abs} \\ g_{PA,2}^{abs} \\ \ldots \end{pmatrix} \begin{array}{l} UK_1^{PA} \\ UK_2^{PA} \\ \ldots \end{array}$$

Analog erfolgt die Bestimmung der absoluten Untergewichtungsfaktoren für das Hauptkriterium i:

$$
\begin{array}{c}
\quad UK_1^{i} \quad UK_2^{i} \quad UK_3^{i} \quad \ldots UK_n^{i} \\
\underline{G}_{i}^{rel} = \left[\begin{array}{c:c:c:c}
1 & g_{i,12}^{rel} = \dfrac{1}{g_{i,21}^{rel}} & g_{i,13}^{rel} = \dfrac{1}{g_{i,31}^{rel}} & \ldots \\ \hdashline
g_{i,21}^{rel} = \dfrac{1}{g_{i,12}^{rel}} & 1 & g_{i,23}^{rel} = \dfrac{1}{g_{i,32}^{rel}} & \ldots \\ \hdashline
g_{i,31}^{rel} = \dfrac{1}{g_{i,13}^{rel}} & g_{i,32}^{rel} = \dfrac{1}{g_{i,23}^{rel}} & 1 & \ldots \\ \hdashline
\ldots & \ldots & \ldots & \ldots
\end{array}\right]
\begin{array}{l} UK_1^{i} \\ UK_2^{i} \\ UK_3^{i} \\ \ldots \\ UK_n^{i} \end{array}
\end{array}
$$

$$\left(\underline{G}_i^{rel} - \lambda^{\max} \cdot \underline{E}\right) \cdot \underline{g}_i^{abs} = 0$$

$$\left(\underline{g}_i^{abs}\right) = \begin{pmatrix} g_{i,1}^{abs} \\ g_{i,2}^{abs} \\ \dots \end{pmatrix} \begin{matrix} UK_1^i \\ UK_2^i \\ \dots \end{matrix}$$

Die absoluten Untergewichtungsfaktoren je Hauptkriterium können wiederum in einer absoluten Untergewichtungsmatrix zusammengefasst werden:

$$\underline{G}_{UK}^{abs} = \left[\underline{g}_1^{abs}; \underline{g}_2^{abs}, \dots, \underline{g}_i^{abs}; \dots; \underline{g}_n^{abs}\right]$$

$$\begin{matrix} & \begin{matrix} HK1 & HK2 & HKi & & HKn \end{matrix} & \\ \underline{G}_{UK}^{abs} = & \left[\begin{bmatrix} g_{1,1}^{abs} \\ g_{1,2}^{abs} \\ g_{1,3}^{abs} \\ \dots \end{bmatrix}; \begin{bmatrix} g_{2,1}^{abs} \\ g_{2,2}^{abs} \\ g_{2,3}^{abs} \\ \dots \end{bmatrix}; \begin{bmatrix} g_{i,1}^{abs} \\ g_{i,2}^{abs} \\ g_{i,3}^{abs} \\ \dots \end{bmatrix}; \dots; \begin{bmatrix} g_{n,1}^{abs} \\ g_{n,2}^{abs} \\ g_{n,3}^{abs} \\ \dots \end{bmatrix}\right] & \begin{matrix} UK_1^i \\ UK_2^i \\ UK_3^i \\ \dots \end{matrix} \end{matrix}$$

Vergleichsbewertung der Handlungsoptionen bzw. alternativer Bauverfahren

Nachdem im ersten Schritt die verschiedenen Bewertungskriterien untereinander gewichtet wurden, werden im nächsten Schritt die verschiedenen Handlungsoptionen bzw. alternativen Bauverfahren auf der Ebene der Hauptkriterien gegenübergestellt. Die Bewertung erfolgt jeweils in Bezug auf die Bewertungskriterien.

Wenn die hierarchische Struktur der Bewertungskriterien mehr als eine Ebene umfasst, so erfolgt die Bewertung der Handlungsoptionen zuerst auf der untersten Ebene der Hierarchie. Die Bewertung für die übergeordneten Hauptbewertungskriterien wird entsprechend der zuvor festgelegten Untergewichtungsfaktoren aus den untergeordneten Unterbewertungskriterien bestimmt.

Je nach Art des Bewertungskriteriums und in Abhängigkeit der vorhandenen Datenbasis kann die Bewertung auf zwei Arten erfolgen:

- Variante 1 – Mathematische Ableitung der absoluten Vergleichsfaktoren aus vorhandenem Datenmaterial
- Variante 2 – Bestimmung der relativen Vergleichsfaktoren aus einer paarweisen Gegenüberstellung der Handlungsoptionen analog zum Vorgehen bei der Gewichtung der Bewertungskriterien.

Der erste Fall ist z. B. meist beim Bewertungskriterium „Kosten" gegeben. Wenn eine Kalkulation der zu erwartenden Kosten der verschiedenen Handlungsoptionen vorliegt, so lassen sich aus dem Verhältnis der Kosten bei den verschiedenen Optionen direkt die absoluten Vergleichsfaktoren ableiten.

Der zweite Fall ist dann gegeben, wenn keine Datengrundlage zu einem Bewertungskriterium vorhanden ist oder dieses sich grundsätzlich nicht für eine mathematische Beurteilung eignet. Beispiele können z. B. Umweltbeeinträchtigungen oder ähnliches sein. In diesem Fall können mit dem bereits beschriebenen Vorgehen des paarweisen Vergleichs der verschiedenen Optionen auch derartige „weiche" Bewertungskriterien in die Bewertung einbezogen werden. Aus den im paarweisen Vergleich gewonnenen relativen Vergleichsfaktoren können dann wiederum mittels der im vorherigen Kapitel beschriebenen mathematischen Methode die absoluten Vergleichsfaktoren ermittelt werden.

Variante 1 – Bildung von Vergleichsfaktoren aus vorhandenem Datenmaterial auf Haupt- oder Unterkriteriumsebene: Sind z. B. auf der Unterkriteriumsebene j für alle alternativen Bauverfahren Daten, z. B. die absoluten Kosten, vorhanden, so werden die absoluten Untervergleichsfaktoren für das Hauptkriterium HK_i für jedes Bauverfahren k wie folgt gebildet:

$$\left(\underline{v}_{HKi,j}^{abs}\right) = \begin{pmatrix} v_{HKi,j,1}^{abs} \\ \dots \\ v_{HKi,j,k}^{abs} \\ \dots \\ v_{HKi,j,n}^{abs} \end{pmatrix} = \begin{pmatrix} 1/K_{HKi,j,1} : \left(\sum_{k=1}^{n} 1/K_{HKi,j,k}\right) \\ \dots \\ 1/K_{HKi,j,k} : \left(\sum_{k=1}^{n} 1/K_{HKi,j,k}\right) \\ \dots \\ 1/K_{HKi,j,n} : \left(\sum_{k=1}^{n} 1/K_{HKi,j,k}\right) \end{pmatrix} \begin{matrix} \textit{Bauverfahren } 1 \\ \dots \\ \textit{Bauverfahren } k \\ \dots \\ \textit{Bauverfahren } n \end{matrix}$$

Mit:

i = Hauptkriterium
j = Unterkriterium
k = Bauverfahren

Variante 2 – Bildung von Vergleichsfaktoren aufgrund des subjektiven paarweisen Vergleichs mit Untervergleichskriterien: Sind z. B. keine Daten vorhanden, so müssen, wie bereits bei der relativen Gewichtung der Bewertungskriterien gezeigt wurde, auch für die Unterkriterien durch paarweisen Vergleich der Bauverfahren relative Untervergleichsfaktoren gebildet werden.

Relative Untervergleichsfaktoren: Diese werden z. B. für das Unterkriterium UK_j des Hauptkriteriums HK_i wie folgt gebildet:

$$\begin{matrix} & Bauverf.\,1 & Bauverf.\,2 & Bauverf.\,3 & \ldots Bauverf.\,n & \\ \underline{V}_{ij}^{rel} = & \left[\begin{array}{c:c:c:c} 1 & v_{ij,12}^{rel} = \dfrac{1}{g_{ij,21}^{rel}} & v_{ij,13}^{rel} = \dfrac{1}{v_{ij,31}^{rel}} & \ldots \\ \hdashline v_{ij,21}^{rel} = \dfrac{1}{v_{ij,12}^{rel}} & 1 & v_{ij,23}^{rel} = \dfrac{1}{v_{ij,32}^{rel}} & \ldots \\ \hdashline v_{ij,31}^{rel} = \dfrac{1}{v_{ij,13}^{rel}} & v_{ij,32}^{rel} = \dfrac{1}{v_{ij,23}^{rel}} & 1 & \ldots \\ \hdashline \ldots & \ldots & \ldots & \ldots \end{array}\right] & \begin{matrix} Bauverf.\,1 \\ Bauverf.\,2 \\ Bauverf.\,3 \\ \ldots \\ Bauverf.\,n \end{matrix} \end{matrix}$$

Absolute Untervergleichsfaktoren: Die absoluten Untervergleichsfaktoren erhält man wieder mittels Eigenwertmethode, da die Untervergleichsmatrix diagonal ist. Die Eigenwertmethode orthogonalisiert die relativen Untervergleichsfaktoren. Diese ergeben pro Eigenwert unabhängige, absolute Vektoren der Untervergleichsfaktoren unter einem Hauptkriterium.

$$\left(\underline{V}_{ij}^{abs} - \lambda^{\max} \cdot \underline{E}\right) \cdot \underline{v}_{ij}^{abs}\Big|_n = 0$$

Mit:

i = Hauptkriterium (l)
j = Unterkriterium (m)
n = Anzahl der alternativen Bauverfahren

Die absoluten Untervergleichsfaktoren des Unterkriteriums j unter dem Hauptkriterium i pro Bauverfahren ergeben sich aus dem grössten Eigenwert:

$$\underline{v}_{ij}^{abs}\Big|_n = \begin{pmatrix} v_{ij,1}^{abs} \\ \ldots \\ v_{ij,k}^{abs} \\ \ldots \\ v_{ij,n}^{abs} \end{pmatrix} \begin{matrix} Bauverf.\,1 \\ \ldots \\ Bauverf.\,k \\ \ldots \\ Bauverf.\,n \end{matrix}$$

Matrix aller absoluten Untervergleichsfaktoren j für jedes alternative Bauverfahren k für das Hauptkriterium i:

$$\underline{V}_i^{abs} = \begin{array}{c} \begin{array}{cccccc} UK_1 & UK_2 & \cdots & UK_j & \cdots & UK_m \end{array} \\ \left[\begin{array}{c|c|c|c|c|c} v_{i,1,1}^{abs} & v_{i,2,1}^{abs} & \cdots & v_{i,j,1}^{abs} & \cdots & v_{i,m,1}^{abs} \\ \hline v_{i,1,2}^{abs} & v_{i,2,2}^{abs} & \cdots & v_{i,j,2}^{abs} & \cdots & v_{i,m,2}^{abs} \\ \hline \cdots & \cdots & \cdots & \cdots & \cdots & \cdots \\ \hline v_{i,1,k}^{abs} & v_{i,2,k}^{abs} & \cdots & v_{i,j,k}^{abs} & \cdots & v_{i,m,k}^{abs} \\ \hline \cdots & \cdots & \cdots & \cdots & \cdots & \cdots \\ \hline v_{i,1,n}^{abs} & v_{i,2,n}^{abs} & \cdots & v_{i,j,n}^{abs} & \cdots & v_{i,m,n}^{abs} \end{array}\right] \end{array} \begin{array}{c} \\ Bauverf.\,1 \\ Bauverf.\,2 \\ \cdots \\ Bauverf.\,k \\ \cdots \\ Bauverf.\,n \end{array}$$

$$\underline{V}_i^{abs} = \left[\underline{v}_{i,1}^{abs};\ \underline{v}_{i,2}^{abs};\ \ldots;\ \underline{v}_{i,j}^{abs};\ \ldots;\ \underline{v}_{i,m}^{abs};\right]$$

Berechnung der absoluten Hauptvergleichsfaktoren: Berechnung des absoluten Hauptvergleichsvektors mit den Hauptvergleichsfaktoren i eines jeden alternativen Bauverfahrens k.

Den Vektor der absoluten Hauptvergleichsfaktoren für das Hauptkriterium HKi erhält man aus dem Produkt der absoluten Untervergleichsfaktoren $v_{ij,k}^{abs}$ multipliziert mit den absoluten Untergewichtungsfaktoren g_{ij}^{abs} des Unterkriteriums UKj für jedes alternative Bauverfahren k.

$$\underline{v}_i^{abs} = g_{i,1}^{abs} \cdot \underline{v}_{i,1}^{abs} + g_{i,2}^{abs} \cdot \underline{v}_{i,2}^{abs} + \cdots + g_{i,j}^{abs} \cdot \underline{v}_{i,j}^{abs} + \cdots + g_{i,m}^{abs} \cdot \underline{v}_{i,m}^{abs}\Big|_n$$

$$\underline{v}_i^{abs}\Big|_n = \left[g_{i,1}^{abs} \begin{pmatrix} v_{i,1,1}^{abs} \\ v_{i,1,2}^{abs} \\ \cdots \\ v_{i,1,k}^{abs} \\ \cdots \\ v_{i,1,n}^{abs} \end{pmatrix} + g_{i,2}^{abs} \begin{pmatrix} v_{i,2,1}^{abs} \\ v_{i,2,2}^{abs} \\ \cdots \\ v_{i,2,k}^{abs} \\ \cdots \\ v_{i,2,n}^{abs} \end{pmatrix} + \cdots + g_{i,j}^{abs} \begin{pmatrix} v_{i,j,1}^{abs} \\ v_{i,j,2}^{abs} \\ \cdots \\ v_{i,j,k}^{abs} \\ \cdots \\ v_{i,j,n}^{abs} \end{pmatrix} + \cdots + g_{i,m}^{abs} \begin{pmatrix} v_{i,m,1}^{abs} \\ v_{i,m,2}^{abs} \\ \cdots \\ v_{i,m,k}^{abs} \\ \cdots \\ v_{i,m,n}^{abs} \end{pmatrix} \right]$$

$$\underline{v}_i^{abs}\Big|_n = \begin{bmatrix} v_{i,1,1}^{abs} & v_{i,2,1}^{abs} & \cdots & v_{i,m,1}^{abs} \\ v_{i,1,2}^{abs} & v_{i,2,2}^{abs} & \cdots & v_{i,m,2}^{abs} \\ \cdots & \cdots & \cdots & \cdots \\ v_{i,1,k}^{abs} & v_{i,2,k}^{abs} & \cdots & v_{i,m,k}^{abs} \\ \cdots & \cdots & \cdots & \cdots \\ v_{i,1,n}^{abs} & v_{i,2,n}^{abs} & \cdots & v_{i,m,n}^{abs} \end{bmatrix} \cdot \begin{bmatrix} g_{i,1}^{abs} \\ g_{i,2}^{abs} \\ \cdots \\ g_{i,j}^{abs} \\ \cdots \\ g_{i,m}^{abs} \end{bmatrix}$$

$$\underline{v}_i^{abs} = \underline{V}_i^{abs} \cdot \underline{g}_i^{abs}\Big|_n$$

$$\underline{v}_i^{abs} = \begin{bmatrix} v_{i,1}^{abs} \\ v_{i,2}^{abs} \\ \ldots \\ v_{i,k}^{abs} \\ \ldots \\ v_{i,n}^{abs} \end{bmatrix} \begin{matrix} Bauverf.\,1 \\ Bauverf.\,2 \\ \ldots \\ Bauverf.\,k \\ \ldots \\ Bauverf.\,n \end{matrix}$$

Damit erhält man die absolute Hauptvergleichsfaktorenmatrix aus den Vektoren der einzelnen Hauptvergleichsvektoren je Hauptkriterium wie folgt:

$$\underline{V}^{abs} = \begin{bmatrix} \underline{v}_1^{abs} & \underline{v}_2^{abs} & \ldots & \underline{v}_i^{abs} & \ldots & \underline{v}_{i,l}^{abs} \end{bmatrix}$$

$$\begin{matrix} & \mathrm{HK}_1 & \mathrm{HK}_2 & \ldots & \mathrm{HK}_i & \ldots & \mathrm{HK}_l & \\ \underline{V}^{abs} = & \left[\begin{matrix} v_{1,1}^{abs} \\ v_{1,2}^{abs} \\ \ldots \\ v_{1,k}^{abs} \\ \ldots \\ v_{1,n}^{abs} \end{matrix}\right. & \begin{matrix} v_{2,1}^{abs} \\ v_{2,2}^{abs} \\ \ldots \\ v_{2,k}^{abs} \\ \ldots \\ v_{2,n}^{abs} \end{matrix} & \begin{matrix} \ldots \\ \ldots \\ \ldots \\ \ldots \\ \ldots \\ \ldots \end{matrix} & \begin{matrix} v_{i,1}^{abs} \\ v_{i,2}^{abs} \\ \ldots \\ v_{i,k}^{abs} \\ \ldots \\ v_{i,n}^{abs} \end{matrix} & \begin{matrix} \ldots \\ \ldots \\ \ldots \\ \ldots \\ \ldots \\ \ldots \end{matrix} & \left.\begin{matrix} v_{l,1}^{abs} \\ v_{l,2}^{abs} \\ \ldots \\ v_{l,k}^{abs} \\ \ldots \\ v_{l,n}^{abs} \end{matrix}\right] & \begin{matrix} Bauverf.\,1 \\ Bauverf.\,2 \\ \ldots \\ Bauverf.\,k \\ \ldots \\ Bauverf.\,n \end{matrix} \end{matrix}$$

Entscheidungsfindung

Die Entscheidungsfindung erfolgt durch Berechnung eines Bewertungsfaktors der den Zielerreichungsgrad eines jeden alternativen Bauverfahrens bewertet. Dieser Bewertungsfaktor eines jeden alternativen Bauverfahrens ermittelt man aus der Summe der Produkte der absoluten Vergleichsfaktoren $v_{i,k}^{abs}$ der Hauptkriterien $1 \leq i \leq l$ mit den absoluten Gewichtungsfaktoren g_i^{abs} pro Hauptkriterium des jeweiligen Bauverfahrens $(1 \leq k \leq n)$.

$$b_k = g_1^{abs} \cdot v_{1,k}^{abs} + g_2^{abs} \cdot v_{2,k}^{abs} + \cdots + g_i^{abs} \cdot v_{i,k}^{abs} + \cdots + g_l^{abs} \cdot v_{l,k}^{abs}$$

Bewertungsvektor für alle alternativen Bauverfahren k:

$$
\underline{b}^{ges} = \begin{bmatrix} b_1 \\ b_2 \\ \cdots \\ b_k \\ \cdots \\ b_n \end{bmatrix} = \overset{\begin{matrix} HK_1 & HK_2 & \cdots & HK_i & \cdots & HK_l \end{matrix}}{\begin{bmatrix} v_{1,1}^{abs} & v_{2,1}^{abs} & \cdots & v_{i,1}^{abs} & \cdots & v_{l,1}^{abs} \\ v_{1,2}^{abs} & v_{2,2}^{abs} & \cdots & v_{i,2}^{abs} & \cdots & v_{l,2}^{abs} \\ \cdots & \cdots & \cdots & \cdots & \cdots & \cdots \\ v_{1,k}^{abs} & v_{2,k}^{abs} & \cdots & v_{i,k}^{abs} & \cdots & v_{l,k}^{abs} \\ \cdots & \cdots & \cdots & \cdots & \cdots & \cdots \\ v_{1,n}^{abs} & v_{2,n}^{abs} & \cdots & v_{i,n}^{abs} & \cdots & v_{l,n}^{abs} \end{bmatrix}} \cdot \begin{bmatrix} g_1^{abs} \\ g_1^{abs} \\ \cdots \\ g_i^{abs} \\ \cdots \\ g_l^{abs} \end{bmatrix}
$$

$$
\underline{b}^{ges} = \begin{bmatrix} b_1 \\ b_2 \\ \cdots \\ b_k \\ \cdots \\ b_n \end{bmatrix} = \left[\underline{v}_1^{abs}; \quad \underline{v}_2^{abs}; \quad \ldots; \quad \underline{v}_j^{abs}; \quad \ldots; \quad \underline{v}_l^{abs} \right]_n \cdot \begin{bmatrix} g_1^{abs} \\ g_1^{abs} \\ \cdots \\ g_i^{abs} \\ \cdots \\ g_l^{abs} \end{bmatrix}
$$

$$
\underline{b}^{ges} = g_1^{abs} \cdot \underline{v}_1^{abs} + g_2^{abs} \cdot \underline{v}_2^{abs} + \cdots + g_i^{abs} \cdot \underline{v}_i^{abs} + \cdots + g_l^{abs} \cdot \underline{v}_l^{abs}
$$

Für das Bauverfahren k kann man den Bewertungsfaktor auch als Summenformel wie folgt berechnen:

$$
b_k = \sum_{i=1}^{l} v_{i,k}^{abs} \cdot g_i^{abs}
$$

$$
b_k = \sum_{i=1}^{l} \sum_{j=1}^{m} v_{ij,k}^{abs} \cdot g_{ij}^{abs} \cdot g_i^{abs}
$$

Führt man den Bewertungsvektor zurück auf die Untervergleichsvektoren so erhält man (Abb. 12.36):

$$
\underline{b}^{ges} = \left[g_1^{abs} \cdot \left[\underbrace{g_{11}^{abs} \cdot \begin{bmatrix} v_{1,1,1}^{abs} \\ v_{1,1,2}^{abs} \\ \cdots \\ v_{1,1,k}^{abs} \\ \cdots \\ v_{1,1,n}^{abs} \end{bmatrix} + \cdots + g_{1,m}^{abs} \cdot \begin{bmatrix} v_{1,m,1}^{abs} \\ v_{1,m,2}^{abs} \\ \cdots \\ v_{1,m,k}^{abs} \\ \cdots \\ v_{1,m,n}^{abs} \end{bmatrix}}_{v_1^{abs}} \right] + g_2^{abs} \cdot \left[\underbrace{g_{2,1}^{abs} \cdot \begin{bmatrix} v_{2,1,1}^{abs} \\ v_{2,1,2}^{abs} \\ \cdots \\ v_{2,1,k}^{abs} \\ \cdots \\ v_{2,1,n}^{abs} \end{bmatrix} + \cdots + g_{2,m}^{abs} \cdot \begin{bmatrix} v_{2,m,1}^{abs} \\ v_{2,m,2}^{abs} \\ \cdots \\ v_{2,m,k}^{abs} \\ \cdots \\ v_{2,m,n}^{abs} \end{bmatrix}}_{v_2^{abs}} \right] + \cdots \right]
$$

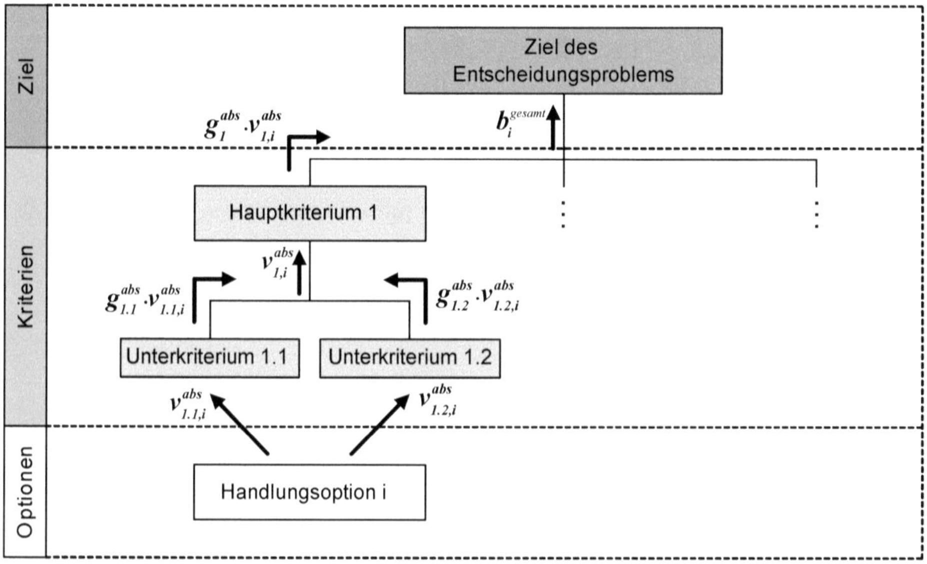

Abb. 12.36 Ableitung der Gesamtbewertung einer Handlungsoption durch Aggregation der Bewertungsergebnisse über die verschiedenen Hierarchiestufen

$$\underline{b}^{ges} = \left[\overbrace{ g_{1,1}^{abs} \cdot \begin{bmatrix} v_{1,1,1}^{abs} \\ v_{1,1,2}^{abs} \\ v_{1,1,3}^{abs} \\ \ldots \\ \ldots \end{bmatrix} + g_{1,2}^{abs} \cdot \begin{bmatrix} v_{1,2,1}^{abs} \\ v_{1,2,2}^{abs} \\ v_{1,2,3}^{abs} \\ \ldots \\ \ldots \end{bmatrix} + \ldots }^{\underline{v}_1^{abs} \text{ von } HK1} \right] ; \left[\overbrace{ g_{2,1}^{abs} \cdot \begin{bmatrix} v_{2,1,1}^{abs} \\ v_{2,1,2}^{abs} \\ v_{2,1,3}^{abs} \\ \ldots \\ \ldots \end{bmatrix} + g_{2,2}^{abs} \cdot \begin{bmatrix} v_{2,m,1}^{abs} \\ v_{2,2,2}^{abs} \\ v_{2,2,3}^{abs} \\ \ldots \\ \ldots \end{bmatrix} }^{\underline{v}_2^{abs} \text{ von } HK2} + \ldots \begin{matrix} Verf1 \\ Verf2 \\ Verf3 \\ \ldots \\ \ldots \end{matrix} \right] \cdot \begin{bmatrix} g_1^{abs} \\ g_2^{abs} \\ g_3^{abs} \\ \ldots \\ \ldots \end{bmatrix}$$

$$\underline{b}^{ges} = \left[\overbrace{ \begin{matrix} UK_1 & UK_2 & \ldots & UG_1 \end{matrix} }^{\underline{v}_1^{abs} \text{ von } HK1} \; \overbrace{ \begin{matrix} UK_1 & UK_2 & \ldots & UG_1 \end{matrix} }^{\underline{v}_2^{abs} \text{ von } HK2} \atop \begin{bmatrix} v_{1,1,1}^{abs} & v_{1,2,1}^{abs} & \ldots \\ v_{1,1,2}^{abs} & v_{1,2,2}^{abs} & \ldots \\ v_{1,1,3}^{abs} & v_{1,2,3}^{abs} & \ldots \\ \ldots & \ldots & \ldots \\ \ldots & \ldots & \ldots \end{bmatrix} \cdot \begin{bmatrix} g_{1,1}^{abs} \\ g_{1,2}^{abs} \\ g_{1,3}^{abs} \\ \ldots \\ \ldots \end{bmatrix} ; \begin{bmatrix} v_{2,1,1}^{abs} & v_{2,m,1}^{abs} & \ldots \\ v_{2,1,2}^{abs} & v_{2,2,2}^{abs} & \ldots \\ v_{2,1,3}^{abs} & v_{2,2,3}^{abs} & \ldots \\ \ldots & \ldots & \ldots \\ \ldots & \ldots & \ldots \end{bmatrix} \cdot \begin{bmatrix} g_{2,1}^{abs} \\ g_{2,2}^{abs} \\ g_{2,3}^{abs} \\ \ldots \\ \ldots \end{bmatrix} + \ldots \begin{matrix} Verf1 \\ Verf2 \\ Verf3 \\ \ldots \\ \ldots \end{matrix} \right] \cdot \begin{bmatrix} g_1^{abs} \\ g_2^{abs} \\ g_3^{abs} \\ \ldots \\ \ldots \end{bmatrix}$$

$$\underline{b}^{ges} = \left[\underline{V}_1^{abs} \cdot \underline{g}_1^{abs}; \underline{V}_2^{abs} \cdot \underline{g}_2^{abs}; \ldots; \underline{V}_n^{abs} \cdot \underline{g}_n^{abs}\right] \cdot \underline{g}_{HK}^{abs}$$

$$\underline{b}^{ges} = \left[\underline{v}_1^{abs}; \underline{v}_2^{abs}; \ldots; \underline{v}_n^{abs}\right] \cdot \underline{g}_{HK}^{abs}$$

Damit erhält man die Bewertung der Zielerreichung pro alternativem Bauverfahren.

Das optimale Bauverfahren ist das Verfahren mit dem maximalen Wert der Gesamtbewertung, d. h. es gilt:

$$b^{gesamt,opt} = \left\{ b^{gesamt,opt} \middle| b^{gesamt,opt} = \max\left(b_k \Big|_{k=1}^{n}\right) \; aus \; \underline{b}^{ges} \right\}$$

12.6.4.3 AHP-Beispiel – Pumpstation Alexandria

Im Folgenden wird die AHP-Methode auf das bereits in Kap. 12.6.2 mit der Nutzwertanalyse untersuchte Beispiel der Pumpstation Alexandria angewendet. Analog zur Nutzwertanalyse sollen die drei zur Auswahl stehenden Bauverfahren

- Druckluftsenkkasten,
- verankerte Unterwasserbetonplatte,
- schwimmender Senkkasten

gegenübergestellt und bezüglich der Zielerreichung in dem aus Hauptkriterien und Unterkriterien aufgebauten Bewertungssystem bewertet werden.

Definition des Entscheidungsproblems

Das Ziel der Entscheidungsfindung ist die Auswahl des für die Errichtung der Pumpstation unter den gegebenen Randbedingungen optimalen Bauverfahrens. In Kap. 12.6.2 wurde im Rahmen einer Nutzwertanalyse bereits ein Bewertungssystem mit Haupt- und Unterkriterien zur Bewertung der alternativen Bauverfahren entwickelt. Auf dieses Bewertungssystem wird auch bei der AHP-Methode zurückgegriffen. Allerdings werden aufgrund des hohen mathematischen Aufwands und der sich daraus ergebenden umfangreichen Dokumentation des Beispiels hier einige Einschränkungen im Bewertungssystem vorgenommen. Es werden nur die wichtigsten Bewertungskriterien übernommen. Eine Erweiterung auf alle Bewertungskriterien wäre problemlos möglich, würde jedoch den Rahmen dieses Buches sprengen.

Folgende Entscheidungskriterien, die sich in Hauptkriterien und Unterkriterien gliedern, werden einbezogen:

- Geringe Gesamtkosten
  - Kosten der Verfahren
  - Kostenrobustheit
- Produktionstechnische Anforderungen
  - Bauprozess Leistungsfähigkeit
  - Raumbedarf

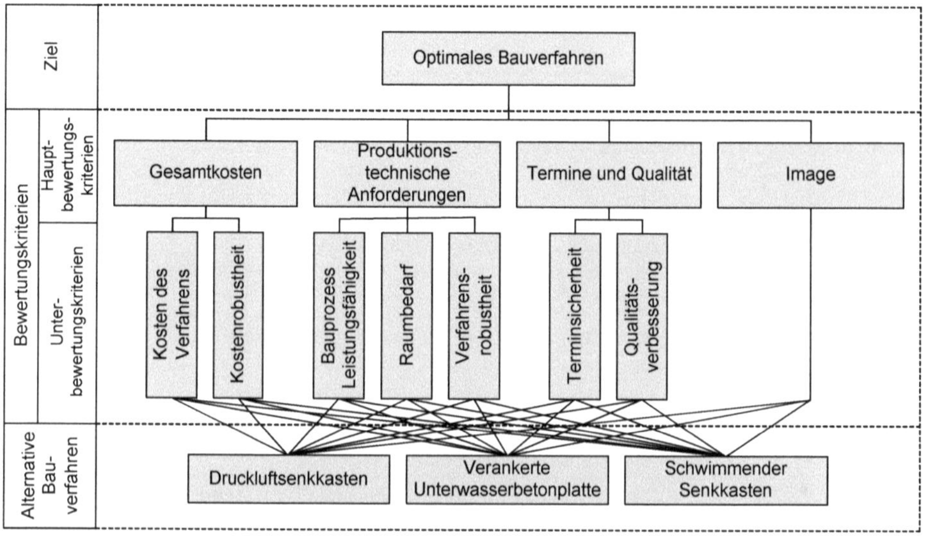

Abb. 12.37 Hierarchische Struktur des Entscheidungsproblems im Beispiel

- Verfahrensrobustheit
- Termine und Qualität
  - Terminsicherheit
  - Qualitätsverbesserung
- Image

Die gewählten Bewertungskriterien stehen auf verschiedenen Hierarchieebenen (Abb. 12.37). Die Unterkriterien werden für die Bewertung jeweils mit entsprechenden Gewichtungsfaktoren zu den Hauptkriterien aufsummiert. Als Handlungsoptionen stehen die drei oben genannten Bauverfahren zur Auswahl. Mit Hilfe der AHP-Methode soll aus den drei Bauverfahren das unter Berücksichtigung der Bewertungskriterien optimale Bauverfahren gefunden werden. Aus den oben beschriebenen Vorgaben ergibt sich die in Abb. 12.37 dargestellte hierarchische Struktur des Entscheidungsproblems.

Ermittlung der absoluten Gewichtung der Haupt- und Unterkriterien
Zunächst wird die Gewichtung der Hauptbewertungskriterien untereinander ermittelt. Dazu werden zunächst alle möglichen Kombinationen der Hauptbewertungskriterien paarweise gegenübergestellt und relative Hauptgewichtungsfaktoren festgelegt. Dies wird zunächst unter den Hauptkriterien (HK) durchgeführt, im nächsten Schritt werden die Unterkriterien pro Hauptkriterium einander gegenübergestellt.

Absolute Gewichtung der Hauptkriterien: Die relative Gewichtung der Haupt- sowie Unterkriterien bei der AHP-Methode erfolgt charakteristisch durch Vergleich der relativen Gewichtung der jeweiligen Hauptkriterien untereinander sowie separat der Vergleich der jeweiligen Unterkriterien unter einem Hauptkriterium.

Tab. 12.20 Relative Hauptgewichtungsfaktoren g_{jk}^{rel} aus dem paarweisen Vergleich der einzelnen Hauptbewertungskriterien $K_{j/k}$

Gesamtkosten (GK): Produktionstechn. Anforderungen (PA)	= 2:1	→ $g_{GKPA}^{rel} = 2$
Gesamtkosten (GK): Termine und Qualität (TQ)	= 2:1	→ $g_{GKTQ}^{rel} = 2$
Gesamtkosten (GK): Image (IG)	= 9:1	→ $g_{GKIG}^{rel} = 9$
Produktionstechn. Anforderungen (PA): Termine u. Qualität (TQ)	= 1:1	→ $g_{PATQ}^{rel} = 1$
Produktionstechn. Anforderungen (PA): Image (IG)	= 4:1	→ $g_{PAIG}^{rel} = 4$
Termine u. Qualität (TQ): Image (IG)	= 4:1	→ $g_{TQIG}^{rel} = 3$

Tab. 12.21 Hauptkriterien-Gewichtungsmatrix $\underline{G}_{HK}^{rel}$ der relativen Hauptgewichtungsfaktoren g_{jk}^{rel} zwischen je zwei Hauptbewertungskriterien j und k

Kriterien	**Gesamtkosten**	**Produktionstechn. Anforderungen**	**Termine und Qualität**	**Image**
Gesamtkosten	1	2	2	9
Produktionstechn. Anforderungen	1/2	1	1	4
Termine und Qualität	1/2	1	1	4
Image	1/9	1/4	1/4	1

Tabelle 12.20 und 12.21 zeigen die Ergebnisse des paarweisen Vergleichs der Hauptbewertungskriterien. In Tab. 12.20 sind die paarweise Gegenüberstellung der einzelnen Bewertungskriterien und die sich daraus ergebenden relativen Hauptgewichtungsfaktoren g_{jk}^{rel} dargestellt. Aus diesen einzelnen Gegenüberstellungen ergibt sich dann die in Tab. 12.21 dargestellte Matrix $\underline{G}_{HK}^{rel} = \left(\underline{g}_{jk}^{rel}\right)_{HK}$ der relativen Hauptgewichtungsfaktoren.

Die Berechnung der absoluten Hauptgewichtungsfaktoren der Hauptkriterien aus den relativen Hauptgewichtungsfaktoren g_{jk}^{rel} der Matrix $\underline{G}_{HK}^{rel}$ erfolgt durch Lösung der Eigenwertgleichung:

$$\left(\underline{G}_{HK}^{rel} - \lambda \underline{E}\right) \underline{x}_{HK} = 0$$

Die absoluten Hauptgewichtungsfaktoren der Hauptkriterien (HK) ergeben sich aus dem Eigenvektor mit dem grössten Eigenwert der Matrix der relativen Hauptgewichtungsfaktoren $\underline{G}_{HK}^{rel}$.

Die Eigenwerte der Matrix $\underline{G}_{HK}^{rel}$ der relativen Hauptgewichtungsfaktoren der Hauptbewertungskriterien ergeben sich zu:

$$\underline{\lambda}_{HK} = \begin{pmatrix} 4.0017 \\ 0 \\ -0.0009 + 0.0833i \\ -0.0009 - 0.0833i \end{pmatrix}$$

Abb. 12.38 Absolute Hauptgewichtungsfaktoren der Hauptbewertungskriterien (HK)

$\underline{g}_{HK}^{abs} =$

Gesamtkosten	$g_{GK}^{abs} = 0.48$	→	48 %
Produktionstechn. Anforderungen	$g_{PA}^{abs} = 0.23$	→	23 %
Termine u. Qualität	$g_{TQ}^{abs} = 0.23$	→	23 %
Image	$g_{IG}^{abs} = 0.06$	→	6 %

Der gesuchte Eigenwert ist der grösste reelle Wert des Vektors $\underline{\lambda}_{HK}$, d. h.

$$\lambda_{HK} = 4.0017.$$

Der Eigenvektor der Hauptbewertungskriterien zu diesem reelen Eigenwert ergibt sich zu

$$\underline{x}_{HK} = \begin{pmatrix} 0.8206 \\ 0.3982 \\ 0.3982 \\ 0.0967 \end{pmatrix}.$$

Normiert man diesen Eigenvektor, so erhält man die absoluten Hauptgewichtungsfaktoren $g_{HK,j}^{abs}$ der Hauptbewertungskriterien. Die Normierung erfolgt so, dass die Summe der einzelnen Vektorkomponenten gleich eins ist (Summe der Gewichtungen gleich 100 %).

$$\underline{g}_{HK}^{abs} = \begin{pmatrix} \frac{0.8206}{0.8206 + 0.3982 + 0.3982 + 0.0967} \\ \frac{0.3982}{0.8206 + 0.3982 + 0.3982 + 0.0967} \\ \frac{0.3982}{0.8206 + 0.3982 + 0.3982 + 0.0967} \\ \frac{0.0967}{0.8206 + 0.3982 + 0.3982 + 0.0967} \end{pmatrix} = \begin{pmatrix} 0.48 \\ 0.23 \\ 0.23 \\ 0.06 \end{pmatrix}$$

Es ergeben sich also die in Abb. 12.38 dargestellten absoluten Hauptgewichtungsfaktoren der verschiedenen Hauptbewertungskriterien.

Absolute Gewichtung der Unterbewertungskriterien

Die Hauptbewertungskriterien setzen sich teilweise aus mehreren Unterbewertungskriterien zusammen. Für diese Unterbewertungskriterien müssen die Untergewichtungsfaktoren bestimmt werden. Es werden pro Hauptbewertungskriterium die verschiedenen Unterbewertungskriterien gegenübergestellt und untereinander gewichtet.

Kosten des Verfahrens (K) : Kostenrobustheit (Kr)	= 2 : 1	→	$g^{rel}_{GK.KKr} = 2$

Abb. 12.39 Relative Untergewichtungsfaktoren der Unterbewertungskriterien zum Hauptbewertungskriterium „Gesamtkosten"

Kosten des Verfahrens	$g^{abs}_{GK.K} = 0.67$	→	67 %
Kostenrobustheit	$g^{abs}_{GK.Kr} = 0.33$	→	33 %

Abb. 12.40 Absolute Untergewichtungsfaktoren der Unterbewertungskriterien zum Hauptkriterium „Gesamtkosten"

Bauprozess Leistungsfähigkeit (B) : Raumbedarf (R)	= 2 : 1	→	$g^{rel}_{PA.BR} = 2$
Bauprozess Leistungsfähigkeit (B) : Verfahrensrobustheit (V)	= 3 : 1	→	$g^{rel}_{PA.BV} = 3$
Raumbedarf (R) : Verfahrensrobustheit (V)	= 1 : 1	→	$g^{rel}_{PA.RV} = 1$

Abb. 12.41 Relative Untergewichtungsfaktoren der Unterbewertungskriterien zum Hauptkriterium „Produktionstechnische Anforderungen"

Unterbewertungskriterien zum Hauptbewertungskriterium „Gesamtkosten" Das Hauptbewertungskriterium „Gesamtkosten" (GK) setzt sich zusammen aus den Unterbewertungskriterien

- Kosten des Verfahrens (K) und
- Kostenrobustheit (Kr).

In diesem Fall müssen nur zwei Unterbewertungskriterien miteinander verglichen werden, d. h. die Gegenüberstellung der beiden Kriterien ergibt direkt die absoluten Untergewichtungsfaktoren (Abb. 12.39 und 12.40).

Aus der Gegenüberstellung der beiden Unterbewertungskriterien ergibt sich der Vektor der absoluten Untergewichtungsfaktoren der Unterbewertungskriterien zum Hauptbewertungskriterium Gesamtkosten:

$$\underline{g}^{abs}_{GK} = \begin{pmatrix} g^{abs}_{GK.K} \\ g^{abs}_{GK.Kr} \end{pmatrix} = \begin{pmatrix} 0.67 \\ 0.33 \end{pmatrix}$$

Unterbewertungskriterien zum Hauptbewertungskriterium „Produktionstechnische Anforderungen": Das Hauptbewertungskriterium „Produktionstechnische Anforderungen" (PA) setzt sich zusammen aus den Unterbewertungskriterien

- Bauprozess Leistungsfähigkeit (B),
- Raumbedarf (R) und
- Verfahrensrobustheit (V).

Tab. 12.22 Unterkriterien-Gewichtungsmatrix $\underline{G}_{PA}^{rel}$ der relativen Untergewichtungsfaktoren $g_{PA.mn}^{rel}$ zum Hauptkriterium „Produktionstechnische Anforderungen" zwischen je zwei Unterbewertungskriterien m und n

Kriterien	Bauprozess Leistungsfähigkeit	Raumbedarf	Verfahrensrobustheit
Bauprozess Leistungsfähigkeit	1	2	3
Raumbedarf	1/2	1	1
Verfahrensrobustheit	1/3	1	1

Zwischen diesen drei Kriterien werden die Gewichtungen analog zum Vorgehen bei den Hauptbewertungskriterien durch paarweisen Vergleich ermittelt.

Abbildung 12.41 zeigt den paarweisen Vergleich der Unterbewertungskriterien und die sich daraus ergebenden relativen Untergewichtungsfaktoren. Daraus ergibt sich die in Tab. 12.22 dargestellte Matrix der relativen Untergewichtungsfaktoren.

Die Lösung der Eigenwertmatrixgleichung $\left(\underline{G}_{HK}^{rel} - \lambda \underline{E}\right)\underline{x}_{HK} = 0$ ergibt die Eigenwerte:

$$\underline{\lambda}_{PA} = \begin{pmatrix} 3.0183 \\ -0.0091 + 0.2348 \cdot i \\ -0.0091 - 0.2348 \cdot i \end{pmatrix}$$

Der gesuchte Eigenwert ist der grösste reelle Wert des Vektors $\underline{\lambda}_{PA}$, d. h.

$$\lambda_{PA} = 4.0183.$$

Der Eigenvektor zu diesem reellen Eigenwert ergibt sich zu

$$\underline{x}_{PA} = \begin{pmatrix} 0.8650 \\ 0.3778 \\ 0.3301 \end{pmatrix}.$$

Normiert man diesen Eigenvektor, so erhält man die absoluten Untergewichtungsfaktoren $g_{PA.m}^{abs}$ der Unterbewertungskriterien m zum Hauptbewertungskriterium „Produktionstechnische Anforderungen".

$$\underline{g}_{PA}^{abs} = \begin{pmatrix} g_{PA.B}^{abs} \\ g_{PA.R}^{abs} \\ g_{PA.V}^{abs} \end{pmatrix} = \begin{pmatrix} \frac{0.8650}{0.8650+0.3778+0.3301} \\ \frac{0.3778}{0.8650+0.3778+0.3301} \\ \frac{0.3301}{0.8650+0.3778+0.3301} \end{pmatrix} = \begin{pmatrix} 0.55 \\ 0.24 \\ 0.21 \end{pmatrix}$$

Bauprozess Leistungsfähigkeit	$g_{PA.B}^{abs} = 0.55$	→	55 %
Raumbedarf	$g_{PA.R}^{abs} = 0.24$	→	24 %
Verfahrensrobustheit	$g_{PA.V}^{abs} = 0.21$	→	21 %

Abb. 12.42 Absolute Untergewichtungsfaktoren der Unterbewertungskriterien zum Hauptkriterium „Produktionstechnische Anforderungen"

TQ · TQ = 2 : 1 → $g_{TQTQ}^{rel} = 2$

Abb. 12.43 Relative Untergewichtungsfaktoren der Unterbewertungskriterien zum Hauptkriterium „Termine und Qualität"

Terminsicherheit	$g_{TQ.T}^{abs} = 0.67$	→	67 %
Qualitätsverbesserung	$g_{TQ.Q}^{abs} = 0.33$	→	33 %

Abb. 12.44 Absolute Untergewichtungsfaktoren der Unterbewertungskriterien zum Hauptkriterium „Termine und Qualität"

Es ergeben sich also die in Abb. 12.42 dargestellten absoluten Untergewichtungsfaktoren der verschiedenen Bewertungskriterien.

Unterbewertungskriterien zum Hauptbewertungskriterium „Termine und Qualität": Das Hauptbewertungskriterium „Termine und Qualität" (TQ) setzt sich zusammen aus den Unterbewertungskriterien

- Terminsicherheit (T) und
- Qualitätsverbesserung (Q).

Auch hier müssen nur zwei Unterbewertungskriterien miteinander verglichen werden, d. h. die Gegenüberstellung der beiden Kriterien ergibt direkt die absoluten Untergewichtungsfaktoren (Abb. 12.43 und 12.44).

Aus der Gegenüberstellung der beiden Unterbewertungskriterien ergibt sich der Vektor der absoluten Untergewichtungsfaktoren der Unterbewertungskriterien zum Hauptbewertungskriterium „Termine und Qualität":

$$\underline{g}_{TQ}^{abs} = \begin{pmatrix} g_{TQ.T}^{abs} \\ g_{TQ.Q}^{abs} \end{pmatrix} = \begin{pmatrix} 0.67 \\ 0.33 \end{pmatrix}$$

Zusammenstellung der Haupt- und Untergewichtungsfaktoren

In Abb. 12.45 ist die Struktur der Haupt- und Untergewichtungsfaktoren dargestellt.

Hauptkriterium	Unterkriterium	Gewichtung
Gesamtkosten		$g_{GK}^{abs} = 0.48$
	Kosten des Verfahrens	$g_{GK.K}^{abs} = 0.67$
	Kostenrobustheit	$g_{GK.Kr}^{abs} = 0.33$
Produktionstechn. Anforderungen		$g_{PA}^{abs} = 0.23$
	Bauprozess Leistungsfähigkeit	$g_{PA.B}^{abs} = 0.55$
	Raumbedarf	$g_{PA.R}^{abs} = 0.24$
	Verfahrensrobustheit	$g_{PA.V}^{abs} = 0.21$
Termine u. Qualität		$g_{TQ}^{abs} = 0.23$
	Terminsicherheit	$g_{TQ.T}^{abs} = 0.67$
	Qualitätsverbesserung	$g_{TQ.Q}^{abs} = 0.33$
Image		$g_{IG}^{abs} = 0.06$

Abb. 12.45 Übersicht über die Haupt- und Unterbewertungskriterien und die jeweiligen Haupt- und Untergewichtungsfaktoren

Die Bewertung der verschiedenen Handlungsalternativen, d. h. der verschiedenen Bauverfahren, erfolgt jeweils auf der untersten Ebene der Hierarchie. Die alternativen Bauverfahren werden also auf der Ebene der Unterbewertungskriterien (soweit vorhanden) gegenübergestellt. Die so gewonnenen Untervergleichsfaktoren fliessen entsprechend der Untergewichtungsfaktoren in die Hauptbewertungskriterien ein. Sind einem Hauptbewertungskriterium keine Unterbewertungskriterien untergeordnet, so erfolgt die Bewertung direkt auf der Ebene des Hauptbewertungskriteriums.

Bewertung der alternativen Bauverfahren mittels Vergleichsfaktoren

Nach der Bildung der absoluten Gewichtungsfaktoren g_i^{abs} und g_{ij}^{abs} für die Haupt- und Unterkriterien werden die absoluten Untervergleichsfaktoren $v_{ij,k}^{abs}$ sowie die absoluten Hauptvergleichsfaktoren $v_{i,k}^{abs}$ für das Hauptkriterium i für die beteiligten Bauverfahren k gebildet.

Als erster Schritt der Entscheidungsfindung werden die zur Auswahl stehenden Bauverfahren im Hinblick auf die Bewertungskriterien bewertet. Die absoluten Vergleichsfaktoren können je nach Bewertungskriterium direkt aus vorhandenem Datenmaterial abgleitet werden oder sie müssen durch paarweisen Vergleich der einzelnen Optionen ermittelt werden.

Im Folgenden werden die alternativen Bauverfahren mit den jeweiligen Kriterien untereinander betrachtet. Dazu werden die normierten Vergleichsfaktoren für die jeweiligen Kriterien gebildet. Dies erfolgt zunächst auf der Ebene der Unterbewertungskriterien. Die dort gewonnenen Untervergleichsfaktoren werden dann zu den Hauptvergleichsfaktoren auf der Ebene der Hauptbewertungskriterien gewichtet aufsummiert.

Druckluftsenkkasten (1):	1'350'000 CHF
Verankerte Unterwasserbetonplatte (2):	1'350'000 CHF
Schwimmender Senkkasten (3):	1'100'000 CHF

Abb. 12.46 Kalkulierte Kosten der zur Auswahl stehenden Bauverfahren

Vergleichsfaktoren der Bauverfahren – Hauptbewertungskriterium „Gesamtkosten"
Das Hauptbewertungskriterium Gesamtkosten setzt sich wie folgt aus den Unterbewertungskriterien und den zugeordneten absoluten Untergewichtungsfaktoren zusammen. Die Untergewichtungsfaktoren des HK „Gesamtkosten" sind:

- Kosten des Verfahrens $(g_{GK.K}^{abs} = 67\%)$ und
- Kostenrobustheit $(g_{GK.Kr}^{abs} = 33\%)$.

Im Folgenden werden die verschiedenen Handlungsalternativen (Bauverfahren) in Bezug auf die beiden Unterbewertungskriterien gegenübergestellt.

Ermittlung der Untervergleichsfaktoren für das Unterkriterium „Kosten des Verfahrens": Die Kosten der alternativen Bauverfahren werden untereinander verglichen.

Für die Bewertung der Kosten kann direkt das Verhältnis der für die verschiedenen Bauverfahren kalkulierten Kosten gebildet werden. Da direkt auch global vergleichbare Grössen vorhanden sind, kann in diesem Fall auch die relative Betrachtung in Form des paarweisen Vergleichs entfallen. Für die Bestimmung globaler Bewertungen bezüglich des Bewertungskriteriums Kosten müssen lediglich das Verhältnis der kalkulierten Kosten bestimmt und normiert werden. Zu beachten ist allerdings, dass aufgrund der Tatsache, dass geringe Kosten in der Bewertung zu einem hohen Wert führen müssen und umgekehrt, mit den Kehrwerten der Kosten der Bauverfahren gerechnet werden muss. Auch die Normierung erfolgt dann mit den Kehrwerten. Auf diese Weise wird erreicht, dass das Bauverfahren mit den geringsten Kosten die höchste und damit beste Bewertung erhält, das teuerste Bauverfahren wird dagegen am niedrigsten bewertet.

Abbildung 12.46 zeigt die im Beispiel zu erwartenden Kosten bei den verschiedenen Bauverfahren.

Daraus ergibt sich der folgende Vektor der Untervergleichsfaktoren (Kostenvergleichsvektor) in Bezug auf die Kosten der drei zur Auswahl stehenden Bauverfahren:

$$\underline{v}_{GK.K}^{abs} = \begin{pmatrix} \frac{1}{1'350'000} \Big/ \left(\frac{1}{1'350'000} + \frac{1}{1'350'000} + \frac{1}{1'100'000} \right) \\ \frac{1}{1'350'000} \Big/ \left(\frac{1}{1'350'000} + \frac{1}{1'350'000} + \frac{1}{1'100'000} \right) \\ \frac{1}{1'100'000} \Big/ \left(\frac{1}{1'350'000} + \frac{1}{1'350'000} + \frac{1}{1'100'000} \right) \end{pmatrix} = \begin{pmatrix} 0.31 \\ 0.31 \\ 0.38 \end{pmatrix}$$

Druckluftsenkkasten (1) : Unterwasserbetonplatte (2) *Gleiche Kostenrobustheit*	= 1 : 1	→	$v^{rel}_{GK.Kr,12} = 1$
Druckluftsenkkasten (1) : Schwim. Senkkasten (3) *Höhere Kostenrobustheit beim schwim. Senkkasten*	= 1 : 3	→	$v^{rel}_{GK.Kr,13} = 1/3$
Unterwasserbetonplatte (2) : Schwim. Senkkasten (3) *Höhere Kostenrobustheit beim schwim. Senkkasten*	= 1 : 3	→	$v^{rel}_{GK.Kr,23} = 1/3$

Abb. 12.47 Paarweiser Vergleich der möglichen Bauverfahren in Bezug auf die Kostenrobustheit

Es ergeben sich also folgende absolute Untervergleichsfaktoren in Bezug auf die Kosten:

- Druckluftsenkkasten: $v^{abs}_{GK.K,1} = 0.31$
- Verankerte Unterwasserbetonplatte: $v^{abs}_{GK.K,2} = 0.31$
- Schwimmender Senkkasten: $v^{abs}_{GK.K,3} = 0.38$

Ermittlung der Untervergleichsfaktoren für das Unterkriterium „Kostenrobustheit": Die Kostenrobustheit lässt sich rechnerisch z. B. mit einer Sensitivitätsanalyse untersuchen. Dabei werden verschiedene Abweichungsszenarien vom Planungsfall durchgespielt und die Änderung der Kosten bei den verschiedenen Verfahren bestimmt.

Da die möglichen Abweichungsszenarien vom Planungsfall für eine derart umfangreiche Baumassnahme relativ schwer vorherzusagen sind und sich ausserdem für die verschiedenen Bauverfahren unterscheiden, wird in diesem Beispiel auf eine genaue Analyse in Form einer Sensitivitätsanalyse verzichtet. Stattdessen wird ein Vergleich der verschiedenen Verfahren auf der Grundlage von Erfahrungswerten und Experteneinschätzungen durchgeführt. Hierfür werden die verschiedenen Bauverfahren paarweise gegenübergestellt und bezüglich ihrer Kostenrobustheit bewertet. Für die Bewertung wird die Skala von 1 bis 9 gemäss Tab. 12.18 herangezogen.

Abbildung 12.47 zeigt die paarweise Gegenüberstellung der drei Bauverfahren in Bezug auf die Kostenrobustheit und die sich daraus ergebenden relativen Untervergleichsfaktoren.

Aus dem paarweisen Vergleich der Bauverfahren folgt die in Tab. 12.23 dargestellte Matrix $\underline{V}^{rel}_{GK.Kr}$ der relativen Untervergleichsfaktoren $v^{rel}_{GK.Kr,ij}$.

Die Berechnung der absoluten Untervergleichsfaktoren $v^{abs}_{GK.Kr,ij}$ aus den relativen Vergleichsfaktoren $v^{rel}_{GK.Kr,ij}$ in der Matrix $\underline{V}^{rel}_{GK.Kr}$ erfolgt analog zum Vorgehen bei der Be-

Tab. 12.23 Kostenrobustheits-Vergleichsmatrix $\underline{V}^{rel}_{GK.Kr}$ der relativen Untervergleichsfaktoren $v^{rel}_{GK.Kr,ij}$ zwischen je zwei Handlungsalternativen i und j

	Druckluftsenkkasten	**Unterwasserbetonplatte**	**Schwimmender Senkkasten**
Druckluftsenkkasten	1	1	1/3
Unterwasserbetonplatte	1	1	1/3
Schwimmender Senkkasten	3	3	1

stimmung der Gewichtungsfaktoren der verschiedenen Bewertungskriterien mittels der Eigenwertgleichung:

$$\left(\underline{V}^{rel}_{GK,Kr} - \lambda \underline{\underline{E}}\right) \underline{v}^{abs}_{GK,Kr} = 0.$$

Es ergeben sich nach Auflösung der Eigenwertmatrixgleichung die folgenden Eigenwerte:

$$\underline{\lambda}_{GK.Kr} = \begin{pmatrix} 0 \\ 3.0 \\ 0 \end{pmatrix}.$$

Der gesuchte Eigenwert ist der grösste Wert des Vektors $\underline{\lambda}_{GK.Kr}$, d. h.

$$\lambda_{GK.Kr} = 3.0.$$

Der Eigenvektor zu diesem Eigenwert ergibt sich zu:

$$\underline{x}_{GK.Kr} = \begin{pmatrix} 0.3015 \\ 0.3015 \\ 0.9045 \end{pmatrix}.$$

Normiert man diesen Eigenvektor so, dass die Summe der Eigenwerte gleich eins ist, so erhält man die absoluten Untervergleichsfaktoren $v^{abs}_{GK.Kr,i}$ des Unterbewertungskriteriums *Kostenrobustheit.*

$$\underline{v}^{abs}_{GK.Kr} = \begin{pmatrix} 0.2 \\ 0.2 \\ 0.6 \end{pmatrix}$$

Es ergeben sich folgende absolute Untervergleichsfaktoren in Bezug auf die Kostenrobustheit der drei zur Auswahl stehenden Bauverfahren:

- Druckluftsenkkasten: $v^{abs}_{GK.Kr} = 0.2$
- Verankerte Unterwasserbetonplatte: $v^{abs}_{GK.Kr} = 0.2$
- Schwimmender Senkkasten: $v^{abs}_{GK.Kr} = 0.6$

Berechnung der absoluten Hauptvergleichsfaktoren zum Hauptbewertungskriterium „Gesamtkosten": Aus den absoluten Untervergleichsfaktoren für Kosten $v^{abs}_{GK.K}$ und Kostenrobustheit $v^{abs}_{GK.Kr}$ der beiden Unterbewertungskriterien Kosten und Kostenrobustheit werden zusammen mit den zuvor ermittelten absoluten Untergewichtungsfaktoren für

Kosten $g^{abs}_{GK.K}$ und Kostenrobustheit $g^{abs}_{GK.Kr}$ die absoluten Hauptvergleichsfaktoren des Hauptbewertungskriteriums „Gesamtkosten“ wie folgt berechnet:

$$\underline{v}^{abs}_{GK} = g^{abs}_{GK.K} \cdot \underline{v}^{abs}_{GK.K} + g^{abs}_{GK.Kr} \cdot \underline{v}^{abs}_{GK.Kr}$$

$$\underline{v}^{abs}_{GK} = 067 \cdot \begin{pmatrix} 0.31 \\ 0.31 \\ 0.38 \end{pmatrix} + 0.33 \cdot \begin{pmatrix} 0.2 \\ 0.2 \\ 0.6 \end{pmatrix} = \begin{pmatrix} 0.27 \\ 0.27 \\ 0.46 \end{pmatrix}$$

Somit ergeben sich die absoluten „Gesamtkosten-Vergleichsfaktoren“ je Bauverfahren wie folgt:

- Druckluftsenkkasten: $\underline{v}^{abs,DS}_{GK} = 0.27$
- Verankerte Unterwasserbetonplatte: $\underline{v}^{abs,VU}_{GK} = 0.27$
- Schwimmender Senkkasten: $\underline{v}^{abs,SS}_{GK} = 0.46$

Vergleichsfaktoren der Bauverfahren – Hauptbewertungskriterium „Produktionstechnische Anforderungen“

Das Hauptbewertungskriterium „Produktionstechnische Anforderungen“ (PA) setzt sich wie folgt aus den Unterbewertungskriterien und zugeordneten absoluten Unterbewertungsfaktoren zusammen. Die Untergewichtungsfaktoren des HK „Produktionstechnische Anforderungen“ sind:

- Bauprozess Leistungsfähigkeit ($g^{abs}_{PA.B} = 55\%$),
- Raumbedarf ($g^{abs}_{PA.R} = 24\%$),
- Verfahrensrobustheit ($g^{abs}_{PA.V} = 21\%$).

Die Ermittlung der relativen und absoluten Untervergleichsfaktoren zu den einzelnen Unterbewertungskriterien erfolgt analog zum Vorgehen beim Hauptkriterium Gesamtkosten. Im Folgenden werden zu den einzelnen Unterbewertungskriterien lediglich die Matrizen der relativen Untervergleichsfaktoren, die sich aus dem paarweisen Vergleich der Bauverfahren ergeben, sowie die sich daraus ergebenden Vektoren der absoluten Untervergleichsfaktoren dargestellt.

Ermittlung der Untervergleichsfaktoren für das Unterbewertungskriterium „Bauprozess Leistungsfähigkeit“: Die drei zur Auswahl stehenden Bauverfahren werden jeweils paarweise in Bezug auf die Leistungsfähigkeit des Bauprozesses verglichen. Daraus ergibt sich die Matrix der relativen Untervergleichsfaktoren in Bezug auf die Leistungsfähigkeit (Tab. 12.24).

Die Eigenwertmatrixgleichung für den Untervergleichsfaktor „Bauprozess Leistungsfähigkeit“ lautet:

$$\left(\underline{V}^{rel}_{PA,B} - \lambda \underline{E}\right) \underline{v}^{abs}_{PA,B} = 0$$

Tab. 12.24 Leistungsfähigkeits-Vergleichsmatrix $\underline{V}^{rel}_{PA.B}$ der relativen Untervergleichsfaktoren $v^{rel}_{PA.B,ij}$ zwischen je zwei Handlungsalternativen i und j

	Druckluftsenkkasten	Unterwasserbetonplatte	Schwimmender Senkkasten
Druckluftsenkkasten	1	1.5	1
Unterwasserbetonplatte	1/1.5	1	1/1.5
Schwimmender Senkkasten	1	1.5	1

Aus der Auflösung der Eigenwertmatrixgleichung der Untervergleichsfaktoren „Bauprozess Leistungsfähigkeit" mit der Matrix $\underline{V}^{rel}_{PA.B}$ ergibt sich der Vektor der absoluten, normierten Untervergleichsfaktoren in Bezug auf das Unterbewertungskriterium „Bauprozess Leistungsfähigkeit" zu:

$$\underline{v}^{abs}_{PA.B} = \begin{pmatrix} 0.37 \\ 0.26 \\ 0.37 \end{pmatrix}$$

Ermittlung der Untervergleichsfaktoren für das Unterbewertungskriterium „Raumbedarf": Die drei zur Auswahl stehenden Bauverfahren werden jeweils paarweise in Bezug auf den Raumbedarf verglichen. Daraus ergibt sich die Matrix der relativen Untervergleichsfaktoren in Bezug auf den Raumbedarf (Tab. 12.25).

Die Eigenwertmatrixgleichung für die Untervergleichsfaktoren „Raumbedarf" lautet:

$$\left(\underline{V}^{rel}_{PA,R} - \lambda \underline{\underline{E}}\right) \underline{v}^{abs}_{PA,R} = 0.$$

Aus der Auflösung der Eigenwertmatrixgleichung der Untervergleichsfaktoren „Raumbedarf" mit der Matrix $\underline{V}^{rel}_{PA.V}$ ergibt sich der Vektor der absoluten, normierten Untervergleichsfaktoren in Bezug auf das Unterbewertungskriterium „Raumbedarf" zu:

$$\underline{v}^{abs}_{PA.R} = \begin{pmatrix} 0.37 \\ 0.26 \\ 0.37 \end{pmatrix}.$$

Tab. 12.25 Raumbedarf-Vergleichsmatrix $\underline{V}^{rel}_{PA.R}$ der relativen Untervergleichsfaktoren $v^{rel}_{PA.R,ij}$ zwischen je zwei Handlungsalternativen i und j

	Druckluftsenkkasten	Unterwasserbetonplatte	Schwimmender Senkkasten
Druckluftsenkkasten	1	1.5	1
Unterwasserbetonplatte	1/1.5	1	1/1.5
Schwimmender Senkkasten	1	1.5	1

Tab. 12.26 Verfahrensrobustheits-Vergleichsmatrix $\underline{V}^{rel}_{PA.V}$ der relativen Untervergleichsfaktoren $v^{rel}_{PA.V,ij}$ zwischen je zwei Handlungsalternativen i und j

	Druckluftsenkkasten	**Unterwasserbetonplatte**	**Schwimmender Senkkasten**
Druckluftsenkkasten	1	1/1.25	1
Unterwasserbetonplatte	1.25	1	1.25
Schwimmender Senkkasten	1	1/1.25	1

Ermittlung der Untervergleichsfaktoren für das Unterbewertungskriterium „Verfahrensrobustheit“: Die drei zur Auswahl stehenden Bauverfahren werden jeweils paarweise im Bezug auf die Verfahrensrobustheit verglichen. Daraus ergibt sich die Matrix der relativen Untervergleichsfaktoren in Bezug auf die Verfahrensrobustheit (Tab. 12.26).

Die Eigenwertmatrixgleichung für die Untervergleichsfaktoren „Verfahrensrobustheit“ lautet:

$$\left(\underline{V}^{rel}_{PA,V} - \lambda \underline{E}\right) \underline{v}^{abs}_{PA,V} = 0.$$

Aus der Auflösung der Eigenwertmatrixgleichung der Untervergleichsfaktoren „Verfahrensrobustheit“ mit der Matrix $\underline{V}^{rel}_{PA.V}$ ergibt sich der Vektor der absoluten, normierten Untervergleichsfaktoren in Bezug auf das Unterbewertungskriterium „Verfahrensrobustheit“ zu:

$$\underline{v}^{abs}_{PA.V} = \begin{pmatrix} 0.31 \\ 0.38 \\ 0.31 \end{pmatrix}.$$

Berechnung der absoluten Hauptvergleichsfaktoren zum Hauptbewertungskriterium „Produktionstechnische Anforderungen“: Aus den absoluten Untervergleichsfaktoren für „Bauprozess Leistungsfähigkeit“ $\underline{v}^{abs}_{PA.B}$, „Raumbedarf“ $\underline{v}^{abs}_{PA.R}$ und „Verfahrensrobustheit“ $\underline{v}^{abs}_{PA.V}$ der drei Unterbewertungskriterien werden zusammen mit den zuvor ermittelten Untergewichtungsfaktoren $g^{abs}_{PA.i}$ für die drei Untervergleichskriterien die absoluten Hauptvergleichsfaktoren des Hauptbewertungskriteriums „Produktionstechnische Anforderungen“ wie folgt berechnet:

$$\underline{v}^{abs}_{PA} = g^{abs}_{PA.B} \cdot \underline{v}^{abs}_{PA.B} + g^{abs}_{PA.R} \cdot \underline{v}^{abs}_{PA.R} + g^{abs}_{PA.V} \cdot \underline{v}^{abs}_{PA.V}$$

$$\underline{v}^{abs}_{PA} = 0.55 \cdot \begin{pmatrix} 0.37 \\ 0.26 \\ 0.37 \end{pmatrix} + 0.24 \cdot \begin{pmatrix} 0.37 \\ 0.24 \\ 0.37 \end{pmatrix} + 0.21 \cdot \begin{pmatrix} 0.31 \\ 0.38 \\ 0.31 \end{pmatrix} = \begin{pmatrix} 0.36 \\ 0.28 \\ 0.36 \end{pmatrix}$$

Somit ergeben sich die absoluten „Produktionstechnische Anforderungen-Vergleichsfaktoren“ je Bauverfahren wie folgt:

Tab. 12.27 Terminsicherheits-Vergleichsmatrix $\underline{V}_{TQ.T}^{rel}$ der relativen Untervergleichsfaktoren $v_{TQ.T,ij}^{rel}$ zwischen je zwei Handlungsalternativen i und j

	Druckluftsenkkasten	Unterwasserbetonplatte	Schwimmender Senkkasten
Druckluftsenkkasten	1	1	1/1.5
Unterwasserbetonplatte	1	1	1/1.5
Schwimmender Senkkasten	1.5	1.5	1

- Druckluftsenkkasten: $\underline{v}_{PA}^{abs,DS} = 0.36$
- Verankerte Unterwasserbetonplatte: $\underline{v}_{PA}^{abs,VU} = 0.28$
- Schwimmender Senkkasten: $\underline{v}_{PA}^{abs,SS} = 0.36$

Vergleichsfaktoren der Bauverfahren – Hauptbewertungskriterium „Termine und Qualität"

Das Hauptbewertungskriterium „Termine und Qualität" (TQ) setzt sich wie folgt aus den Unterbewertungskriterien und den zugeordneten absoluten Unterbewertungsfaktoren zusammen. Die Untergewichtungsfaktoren des HK „Termine und Qualität" sind:

- Terminsicherheit ($g_{TQ.T}^{abs} = 67\%$),
- Qualitätsverbesserung ($g_{TQ.Q}^{abs} = 33\%$).

Auch hier erfolgt die Bestimmung der Untervergleichsfaktoren zu den Unterbewertungskriterien analog zum Beispiel der Gesamtkosten. Für die Terminsicherheit wie auch die Qualitätsverbesserung stehen keine Daten zu Verfügung, aus denen eine Bewertung abgeleitet werden könnte. Die Bewertung muss also auf der Basis eines paarweisen Vergleichs mit jeweiligen Expertenschätzungen erfolgen.

Ermittlung der Untervergleichsfaktoren für das Unterbewertungskriterium „Terminsicherheit": Die drei zur Auswahl stehenden Bauverfahren werden jeweils paarweise in Bezug auf die Terminsicherheit verglichen. Daraus ergibt sich die Matrix der relativen Untervergleichsfaktoren in Bezug auf die Terminsicherheit (Tab. 12.27).

Die Eigenwertmatrixgleichung für die Untervergleichsfaktoren „Terminsicherheit" lautet:

$$\left(\underline{V}_{TQ,T}^{rel} - \lambda \underline{E}\right) \underline{v}_{TQ,T}^{abs} = 0.$$

Aus der Auflösung der Eigenwertmatrixgleichung der Untervergleichsfaktoren „Terminsicherheit" mit der Matrix $\underline{V}_{TQ.T}^{rel}$ ergibt sich der Vektor der absoluten, normierten Untervergleichsfaktoren in Bezug auf das Unterbewertungskriterium „Terminsicherheit" zu:

$$\underline{v}_{TQ.T}^{abs} = \begin{pmatrix} 0.29 \\ 0.29 \\ 0.42 \end{pmatrix}.$$

Tab. 12.28 Qualitätsverbesserungs-Vergleichsmatrix $\underline{V}_{TQ.Q}^{rel}$ der relativen Untervergleichsfaktoren $v_{TQ.Q.ij}^{rel}$ zwischen je zwei Handlungsalternativen i und j

	Druckluftsekkasten	**Unterwasserbetonplatte**	**Schwimmender Senkkasten**
Druckluftsenkkasten	1	1.5	1/3
Unterwasserbeton platte	1/1.5	1	1/4
Schwimmender Senkkasten	3	4	1

Ermittlung der Untervergleichsfaktoren für das Unterbewertungskriterium „Qualitätsverbesserung“: Die drei zur Auswahl stehenden Bauverfahren werden jeweils paarweise in Bezug auf die Qualitätsverbesserung verglichen. Daraus ergibt sich die Matrix der relativen Untervergleichsfaktoren in Bezug auf die Qualitätsverbesserung (Tab. 12.28).

Die Eigenwertmatrixgleichung für die Untervergleichsfaktoren „Qualitätsverbesserung“ lautet:

$$\left(\underline{V}_{TQ.Q}^{rel} - \lambda \underline{E}\right) \underline{v}_{TQ.Q}^{abs} = 0.$$

Aus der Auflösung der Eigenwertmatrixgleichung der Untervergleichsfaktoren „Qualitätsverbesserung“ mit der Matrix $\underline{V}_{TQ.Q}^{rel}$ ergibt sich der Vektor der absoluten, normierten Untervergleichsfaktoren in Bezug auf das Unterbewertungskriterium „Qualitätsverbesserung“ zu:

$$\underline{v}_{TQ.Q}^{abs} = \begin{pmatrix} 0.22 \\ 0.15 \\ 0.63 \end{pmatrix}.$$

Berechnung der absoluten Hauptvergleichsfaktoren zum Hauptbewertungskriterium „Termine und Qualität“: Aus den absoluten Untervergleichsfaktoren für „Terminsicherheit“ $\underline{v}_{TQ.T}^{abs}$ und „Qualitätsverbesserung“ $\underline{v}_{TQ.Q}^{abs}$ der beiden Unterbewertungskriterien werden zusammen mit den zuvor ermittelten absoluten Untergewichtungsfaktoren für „Terminsicherheit“ $g_{TQ.T}^{abs}$ und „Qualitätsverbesserung“ $g_{TQ.Q}^{abs}$ die absoluten Hauptvergleichsfaktoren des Hauptbewertungskriteriums „Termine und Qualität“ wie folgt berechnet:

$$\underline{v}_{TQ}^{abs} = g_{TQ.T}^{abs} \cdot \underline{v}_{TQ.T}^{abs} + g_{TQ.Q}^{abs} \cdot \underline{v}_{TQ.Q}^{abs}$$

$$\underline{v}_{TQ}^{abs} = 0.67 \cdot \begin{pmatrix} 0.29 \\ 0.29 \\ 0.42 \end{pmatrix} + 0.33 \cdot \begin{pmatrix} 0.22 \\ 0.15 \\ 0.63 \end{pmatrix} = \begin{pmatrix} 0.27 \\ 0.24 \\ 0.49 \end{pmatrix}$$

Somit ergeben sich die absoluten „Termine und Qualität-Vergleichsfaktoren“ je Bauverfahren wie folgt:

Druckluftsenkkasten (1) : Unterwasserbetonplatte (2) *Etwas höherer Imagegewinn beim Druckluftsenkkasten*	= 2 : 1	→	$v_{IG,12}^{rel} = 2$
Druckluftsenkkasten (1) : Schwim. Senkkasten (3) *Deutlich höherer Imagegewinn beim Druckluftsenkkasten*	= 5 : 1	→	$v_{IG,13}^{rel} = 5$
Unterwasserbetonplatte (2) : Schwim. Senkkasten (3) *Höherer Imagegewinn bei der Unterwasserbetonplatte*	= 4 : 1	→	$v_{IG,23}^{rel} = 4$

Abb. 12.48 Paarweiser Vergleich der möglichen Bauverfahren in Bezug auf den Imagegewinn

- Druckluftsenkkasten: $\underline{v}_{TQ}^{abs,DS} = 0.27$
- Verankerte Unterwasserbetonplatte: $\underline{v}_{TQ}^{abs,VU} = 0.24$
- Schwimmender Senkkasten: $\underline{v}_{TQ}^{abs,SS} = 0.49$

Vergleichsfaktoren der Bauverfahren – Hauptbewertungskriterium „Image"

Der Imagegewinn (IG), der sich für das Bauunternehmen aus der Durchführung eines mehr oder weniger komplexen Bauverfahrens ergibt, ist nicht direkt messbar und kann daher nur abgeschätzt werden. Auch hier werden die verschiedenen Bauverfahren paarweise miteinander verglichen und damit eine einfachere und objektivere Bewertung ermöglicht. Da dem Hauptbewertungskriterium Image keine Unterbewertungskriterien zugeordnet sind, erhält man direkt die globalen Hauptvergleichsfaktoren für das Hauptbewertungskriterium.

Abbildung 12.48 zeigt die paarweise Gegenüberstellung der drei Bauverfahren in Bezug auf den Imagegewinn und die sich daraus ergebenden relativen Hauptvergleichsfaktoren.

Aus dem paarweisen Vergleich der Bauverfahren folgt die in Tab. 12.29 dargestellte Matrix $\underline{V}_{IG}^{rel}$ der relativen Hauptvergleichsfaktoren $v_{IG,ij}^{rel}$.

Die Eigenwertmatrixgleichung für die Hauptvergleichsfaktoren „Image" lautet:

$$\left(\underline{V}_{IG}^{rel} - \lambda \underline{E}\right) \underline{v}_{IG}^{abs} = 0.$$

Aus der Auflösung der Eigenwertmatrixgleichung der Hauptvergleichsfaktoren „Image" mit der Matrix $\underline{V}_{IG}^{rel}$ ergeben sich die folgenden Eigenwerte:

$$\underline{\lambda}_{IG} = \begin{pmatrix} 3.0940 \\ -0.0470 + 0.5373 \cdot i \\ -0.0470 - 0.5373 \cdot i \end{pmatrix}.$$

Tab. 12.29 Image-Vergleichsmatrix $\underline{V}_{IG}^{rel}$ der relativen Hauptvergleichsfaktoren $v_{IG,ij}^{rel}$ zwischen je zwei Handlungsalternativen i und j

	Druckluftsenkkasten	**Unterwasserbetonplatte**	**Schwimmender Senkkasten**
Druckluftsenkkasten	1	2	1/5
Unterwasserbetonplatte	1/2	1	1/4
Schwimmender Senkkasten	5	4	1

Tab. 12.30 Matrix der Hauptvergleichsfaktoren der Hauptbewertungskriterien

Hauptvergleichsfaktoren / Bauverfahren	Gesamtkosten	Produktionstechnische Anforderungen	Termine und Qualität	Image
Druckluftsenkkasten	0.27	0.36	0.27	0.19
Verankerte Unterwasserbetonplatte	0.27	0.28	0.24	0.13
Schwimmender Senkkasten	0.46	0.36	0.49	0.68

Der gesuchte Eigenwert ist der grösste Wert des Vektors $\underline{\lambda}_{IG}$, d. h.

$$\lambda_{IG} = 3.0940.$$

Der Eigenvektor zu diesem Eigenwert ergibt sich zu:

$$\underline{x}_{IG} = \begin{pmatrix} 0.2579 \\ 0.1750 \\ 0.9502 \end{pmatrix}.$$

Normiert man diesen Eigenvektor, so erhält man die absoluten Hauptvergleichsfaktoren $v_{IG,i}^{abs}$ des Bewertungskriteriums Image.

$$\underline{v}_{IG}^{abs} = \begin{pmatrix} \dfrac{0.2579}{0.2579+0.1750+0.9502} \\ \dfrac{0.1750}{0.2579+0.1750+0.9502} \\ \dfrac{0.9502}{0.2579+0.1750+0.9502} \end{pmatrix} = \begin{pmatrix} 0.19 \\ 0.13 \\ 0.68 \end{pmatrix}$$

Somit ergeben sich die absoluten „Image-Vergleichsfaktoren" je Bauverfahren wie folgt:

- Druckluftsenkkasten: $\underline{v}_{IG}^{abs,DS} = 0.19$
- Verankerte Unterwasserbetonplatte: $\underline{v}_{IG}^{abs,VU} = 0.13$
- Schwimmender Senkkasten: $\underline{v}_{IG}^{abs,SS} = 0.68$

Matrix der absoluten Hauptvergleichsfaktoren

Die Matrix der absoluten Hauptvergleichsfaktoren der Hauptbewertungskriterien kann nun wie folgt zusammengefasst werden (Tab. 12.30):

$$\underline{V}^{abs} = \left[\underline{v}_{GK}^{abs}; \underline{v}_{PA}^{abs}; \underline{v}_{TQ}^{abs}; \underline{v}_{IG}^{abs} \right]$$

$$\underline{V}^{abs} = \begin{bmatrix} v_{GK}^{abs,DS} & v_{PA}^{abs,DS} & v_{TQ}^{abs,Ds} & v_{IG}^{abs,DS} \\ v_{GK}^{abs,VU} & v_{PA}^{abs,VU} & v_{TQ}^{abs,VU} & v_{IG}^{abs,VU} \\ v_{GK}^{abs,SS} & v_{PA}^{abs,SS} & v_{TQ}^{abs,SS} & v_{IG}^{abs,SS} \end{bmatrix}$$

Entscheidungsfindung

Mit den absoluten Hauptgewichtungsfaktoren der verschiedenen Hauptbewertungskriterien und den absoluten Hauptvergleichsfaktoren der möglichen Bauverfahren sind alle Grundlagen für die Entscheidungsfindung vorhanden. Im letzten Schritt der Entscheidungsfindung werden jetzt die absoluten Hauptvergleichsfaktoren mithilfe der absoluten Hauptgewichtungsfaktoren zu einer Gesamtbewertung des Zielerreichungsgrads zusammengeführt. Damit ergibt sich für jede Handlungsoption, d. h. die verschiedenen Bauverfahren, eine Gesamtbewertung, die die Erreichung des Gesamtziels „optimales Bauverfahren" der Entscheidungsfindung bewertet.

Matrix der absoluten Hauptvergleichsfaktoren der Hauptbewertungskriterien je Bauverfahren:

$$\underline{V}^{abs} = \left[\underline{v}_{GK}^{abs} ; \underline{v}_{PA}^{abs} ; \underline{v}_{TQ}^{abs} ; \underline{v}_{IG}^{abs} \right]$$

$$\underline{V}^{abs} = \begin{bmatrix} v_{GK}^{abs,DS} & v_{PA}^{abs,DS} & v_{TQ}^{abs,Ds} & v_{IG}^{abs,DS} \\ v_{GK}^{abs,VU} & v_{PA}^{abs,VU} & v_{TQ}^{abs,VU} & v_{IG}^{abs,VU} \\ v_{GK}^{abs,SS} & v_{PA}^{abs,SS} & v_{TQ}^{abs,SS} & v_{IG}^{abs,SS} \end{bmatrix}$$

Vektor der absoluten Hauptgewichtungsfaktoren der Hauptbewertungskriterien:

$$\underline{g}_{HK}^{abs} = \begin{bmatrix} g_{GK}^{abs} \\ g_{PA}^{abs} \\ g_{TQ}^{abs} \\ g_{IG}^{abs} \end{bmatrix}$$

Vektor der Gesamtbewertung pro Bauverfahren:

$$\left(\underline{b}^{gesamt} \right) = \underline{V}^{abs} \cdot \underline{g}_{HK}^{abs}$$

Als Summengleichung ausgedrückt kann die Gesamtbewertung des Bauverfahrens i aus der Summe des Produkts der Hauptvergleichsfaktoren $v_{j,i}^{abs}$ mit den Hauptgewichtungsfaktoren g_j^{abs} je Hauptbewertungskriterium i ermittelt werden.

$$\underline{b}_k^{gesamt} = \sum_{j=1}^{4} v_i^{abs,k} \cdot g_{HK,i}^{abs}$$

$$\begin{aligned} mit \{k \mid k &= Druckluftsenkkasten \vee k = Verankerte\ Unterwasserbetonplatte \\ &\vee k = Schwimmender\ Senkkasten \\ &\wedge i \mid i = Gesamtkosten \vee i = Produktionstechnische\ Anforderungen \\ &\vee i = Termine\ \&\ Qualität \vee i = Image\} \end{aligned}$$

Für die Variante mit Druckluftsenkkasten ergibt sich:

$$\begin{aligned} b_{DS}^{gesamt} &= g_{GK}^{abs} \cdot v_{GK,1}^{abs} + g_{PA}^{abs} \cdot v_{PA,1}^{abs} + g_{TQ}^{abs} \cdot v_{TQ,1}^{abs} + g_{IG}^{abs} \cdot v_{IG,1}^{abs} \\ &= 0.48 \cdot 0.27 + 0.23 \cdot 0.36 + 0.23 \cdot 0.27 + 0.06 \cdot 0.19 \\ &= 0.29 \end{aligned}$$

Für die Variante mir verankerter Unterwasserbetonplatte ergibt sich:

$$\begin{aligned} b_{VU}^{gesamt} &= g_{GK}^{abs} \cdot v_{GK,2}^{abs} + g_{PA}^{abs} \cdot v_{PA,2}^{abs} + g_{TQ}^{abs} \cdot v_{TQ,2}^{abs} + g_{IG}^{abs} \cdot v_{IG,2}^{abs} \\ &= 0.48 \cdot 0.27 + 0.23 \cdot 0.28 + 0.23 \cdot 0.24 + 0.06 \cdot 0.13 \\ &= 0.26 \end{aligned}$$

Für die Variante mit schwimmendem Senkkasten ergibt sich:

$$\begin{aligned} b_{SS}^{gesamt} &= g_{GK}^{abs} \cdot v_{GK,3}^{abs} + g_{PA}^{abs} \cdot v_{PA,3}^{abs} + g_{TQ}^{abs} \cdot v_{TQ,3}^{abs} + g_{IG}^{abs} \cdot v_{IG,3}^{abs} \\ &= 0.48 \cdot 0.46 + 0.23 \cdot 0.36 + 0.23 \cdot 0.49 + 0.06 \cdot 0.68 \\ &= 0.45 \end{aligned}$$

Das optimale Bauverfahren ergibt sich aus den Bedingungen:

$$b_{opt}^{gesamt} = Max\left\{ b_i^{gesamt} \Big|_{i=1}^{n} \right\}$$

$$b_{opt}^{gesamt} = \left\{ b_{opt}^{gesamt} \,\middle|\, b_{opt}^{gesamt} = Max\left\{ b_i^{gesamt} \Big|_{i=1}^{n} \right\} \right\}$$

$$b_{opt}^{gesamt} = b_{SS}^{gesamt} = 0.45$$

Das optimale Bauverfahren mit dem höchsten Zielerreichungsgrad ist demnach die Variante „Schwimmender Senkkasten" mit der höchsten Gesamtbewertung b_i^{gesamt}. Daraus folgt, dass dieses Bauverfahren die Bewertungskriterien am besten erfüllt und die optimale Wahl darstellt.

12.7 Termin- und Ressourcenplanung

Die Soll-Auftrags-Arbeitskalkulation liefert den Soll-Stundenaufwand und die Kostenerwartung für die einzelnen Leistungen bzw. Bauelemente sowie deren Herstellungstakte. Im Rahmen der Prozess- und Verfahrensoptimierung werden diese als Vorgaben genutzt, um schliesslich die wirtschaftlich optimalen und gegenüber Störeinflüssen robusten Bauverfahren auszuwählen. Der erwartete Stundenaufwand und die Kosten werden dann in detaillierterer Form wieder in der Arbeitskalkulation als Vorgabe für diese Bauverfahren angepasst.

Zur Erstellung der Termin- und Ressourcenpläne für den Fliessprozess der Herstellung während der Prozess- und Verfahrensoptimierung müssen die Leitprozesse der Bauproduktion identifiziert werden. Diese besonders wichtigen, als Leitprozesse definierten Tätigkeiten, sind charakterisiert durch:

- Die zeitliche Lage auf dem kritischen Weg – jede zeitliche Veränderung des Leitprozesses in seiner Dauer, Start- und/oder Endzeit beeinflusst die Folgeaktivitäten.
- Den meist beträchtlichen Anteil der zur Abwicklung der Vorgänge aufzuwendenden Kosten an den Gesamtkosten. Werden Leitprozesse verzögert, so müssen zur Korrektur bzw. zur Beibehaltung der Projektziele die Leistungen in den Folgeprozessen durch Kapazitätserhöhung gesteigert werden, wenn dies aus räumlichen Gründen möglich ist, oder die „Qualität" muss geändert werden. Diese Korrekturen sind im Regelfall nicht ohne Kostensteigerungen oder Wertminderungen erreichbar.
- Die Vorgangsdauer [7] der Leitprozesse sollte ab einer gewissen Objektgrösse und Komplexität eines Bauvorhabens im Netzplan als stochastische Grösse mit drei Ereignisgrössen – kürzeste, wahrscheinlichste und längste Dauer – und den zugehörigen geschätzten Wahrscheinlichkeiten beschrieben werden. Dabei wird die Vorgangsdauer der Leitprozesse als gewichteter statistischer Mittelwert errechnet bzw. vorgegeben.

Mittels der Critical-Path-Methode, der Meta-Potential-Methode und/oder der PERT-Methode wird dann die Gesamtprojektdauer simuliert [17]. Somit erhält man als Ergebnis die Gesamtdauer mit der stochastischen Verteilung. Damit kann man die Sensitivität auf Störungen des untersuchten bzw. gewählten Bauverfahrens bezüglich des Bauprogramms und des Endtermins erkennen.

Die Ergebnisse werden meist im Balkenplan als die gebräuchlichste Form der Terminplanung dargestellt. Unter einer Zeitachse (x-Achse) und einer Ordinate (y-Achse) für Arbeitsschritte wird der Bauablauf dargestellt. Die Dauer eines Vorgangs wird durch einen Balken (Abb. 12.49) angegeben und durch den Anfangs- oder Endtermin zeitlich definiert. Abhängigkeiten innerhalb dieses Balkenplans lassen sich durch Netzplantechniken verdeutlichen [18].

Die Ressourcenplanung dient als Grundlage des Logistikkonzepts der Baustelle, d. h. für die zeitlich richtige Bereitstellung von Ressourcen und Informationen, in der richtigen

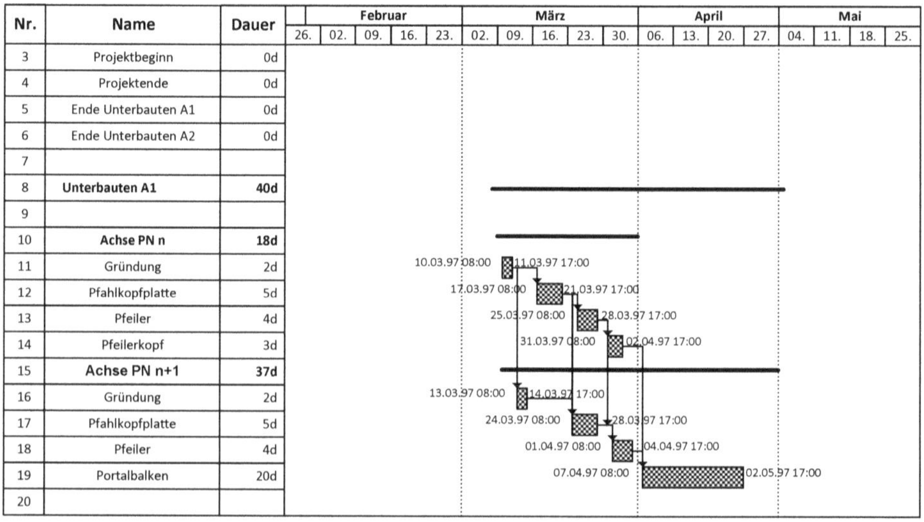

Abb. 12.49 Projektbalkenplan

Menge, der erforderlichen Qualität und am richtigen Ort ohne gegenseitige Behinderung. Im Rahmen der Ressourcenplanung sind Materiallieferungen, Personal- und Geräteeinsatz zu organisieren, ferner die Lieferung der genehmigten Ausführungs- und Werkpläne sowie der auf vertraglicher Grundlage bereitgestellten Materialien oder Bauflächen, besondere Genehmigungen, die die Ausführung betreffen, Finanzierungsplanung etc. Mittels Netzplanprogrammen lässt sich der Personal- und Geräteeinsatz durch Gewichtung der Vorgänge relativ einfach planen.

Der **Personaleinsatz** ist in der Form zu planen, dass es keine Warte- oder Fehlzeiten gibt. Ferner sollte über die möglichen Pufferzeiten ein Ausgleich von extremen, kurzfristigen Personal- und Gerätebedarfsspitzen erfolgen. Kolonnen sollten in ihren Arbeitszyklen kapazitätsmässig optimal aufeinander abgestimmt werden bzw. auf andere, nahe gelegene Baustellen ausweichen können. Zudem sollen der Arbeitsablauf und der Kolonneneinsatz so geplant werden, dass sie den Platzverhältnissen entsprechen, um ihren Arbeitsablauf optimal, ohne gegenseitige Behinderung zu gestalten.

Die **Geräte** sollten, soweit möglich, keine Warte- oder Stillstandzeiten erfahren, wobei sich das bei vielen Geräten nicht ausnahmslos verwirklichen lässt [7]. In jedem Fall sind Geräte nach Beendigung ihres Einsatzes umgehend von der Baustelle freizumelden und zurückzugeben, um Mietkosten zu reduzieren, das Gerät möglicherweise an anderen Baustellen wieder einzusetzen und weitere Lagerflächen oder Arbeitsräume auf der Baustelle zu schaffen.

Bei der Planung der **Materiallieferung** ist die Bereitstellungszeit zwischen den Terminen für die Beauftragung und die Lieferung bzw. die Einsatzbereitschaft auf der Baustelle zu unterscheiden. Bei Materialien oder Sondergeräten wie Tunnelbohrmaschinen müssen folgende Bereitstellungszeiten zwischen Bestellung und Einsatz auf der Baustelle berücksichtigt werden:

- Auftragsbearbeitungszeit,
- Planungs- und Genehmigungszeit bei Fertigteilen und Sonderbaumaschinen oder Einbauaggregaten,
- Produktionsvorbereitungs- und Produktionszeit,
- Transportzeit,
- Montage- oder Aufbauzeit auf der Baustelle bei Grossaggregaten und Sondermaschinen, die nicht zusammengebaut geliefert werden können.

„Just-in-time-delivery" zur Vermeidung von Zwischenlagern und möglicherweise kostspieligem Umsetzen der Materialien ist bei beengten Baustellenverhältnissen unumgänglich. Diese Lieferform setzt jedoch eine sehr detaillierte und fehlerfreie Ausführungsvorbereitung und Logistikplanung voraus und sollte für die Materiallieferungen vorgesehen werden, bei denen eine derartige Planungstiefe garantiert werden kann.

Bestandteil der Terminplanung ist auch die Planung der Lieferungen der Ausführungs- bzw. Werkpläne (Tab. 12.31). Basis hierfür ist die Produktionsplanung der Bauteile. Für die Liefertermine der Ausführungs- bzw. Werkplanung werden die Terminpläne der Bauproduktionsplanung als Meilensteine übernommen [5]. Für die Ausführungsplanung sollten folgende Abläufe zwischen Planer und Baustelle festgelegt werden:

- Ablauf des Planungs- und Genehmigungsverfahrens mit Zeitangaben
- Ablauf des Änderungsverfahrens, gegliedert in:
  - ohne erneute Prüfung im Fall von kleinen Änderungen, die nicht die Nutzung oder das genehmigte (geprüfte) statische Konzept berühren,
  - erneute Prüfung im Fall von Änderungen, die eine erhebliche Abweichung vom geprüften Konzept darstellen. In diesem Zusammenhang ist es sinnvoll, besonders bei konstruktiven Änderungen der Bewehrung auf der Baustelle, dies mit dem Prüfingenieur vorher anhand definierter Fälle festzulegen.
- Terminverfolgungskonzept der Planung
- Planverteilung (an wen, wie viele Exemplare)
- Planstatuskennzeichnung
  - zur Information
  - zum Bauen geprüft/freigegeben
- Planreferenzhinweise:
  - Welche Pläne gehören noch zu einem Bauteil?
  - Welche Pläne gehören zum Anschlussbauwerk?
- Interner Prüfungsablauf
  - Statik: formale Prüfung/Vergleichsrechnung
  - Pläne: Querprüfung/Massprüfung
- Änderungskennzeichnung – Indexänderungsfeld

Tab. 12.31 Workflow und terminliche Planungskontrolle

Nr.	Achse	Aktivität	Bautermin	Plan an PM		Plan an Prüfer		Plan von Prüfer		Plan an Baustelle	
			FS	Soll	Ist	Soll	Ist	Soll	Ist	Soll	Ist
	PN n	*Gründung*	*10.03.97*								
		Statik Gründung		16.12.96		23.12.96		20.01.97			
		Pfahlgründungstiefe		30.12.96		06.01.97		03.02.97		03.03.97	
	PN n	Pfahlkopfübersicht		30.12.96		06.01.97		03.02.97		03.03.97	
		Pfahlkopfschalplan		30.12 96		06.01.97		03.02.97		03.03.97	
		Vermessungskoordinaten		30.12.96		06.01.97		03.02.97		03.03.97	
		Pfahlkopfplatte	*17.03.97*	23.12.96		30.12.96		27.01.97			
		Statik Pfeiler + Gründung		06.01.97		13.01.97		10.02.97		10.03.97	
		Baugrubenaussteifung		06.01.97		13.01.97		10.02.97		10.03.97	
		Pfahlkopfbewehrung		06.01.97		13.01.97		10.02.97		10.03.97	
		Pfeilerschalplan		06.01.97		13.01.97		10.02.97		10.03.97	
	PN n	Pfeilerbewehrung		06.01.97		13.01.97		10.02.97		10.03.97	
		Pfeilerentwässerung		06.01.97		13.01.97		10.02.97		10.03.97	
		E+M Leerrohre									
		Pfeiler	*25.03.97*	14.01.97		21.01.97		18.02.97		18.03.97	
		Pfeilerkopfschalplan		14.01.97		21.01.97		18.02.97		18.03.97	
		Pfeilerkopfbewehrung									

Die Organisation der Ausführungsplanung bei TU-Aufträgen und Fast-Track-Projekten stellt besondere Herausforderungen an die Planer und den zuständigen Koordinator auf Bauunternehmerseite. Auf diese besondere Herausforderung wird in [5] hingewiesen.

Ferner sollten besondere **Genehmigungen,** die zur Bauausführung notwendig sind, berücksichtigt werden. Zu diesen gehören u. a.:

- Verkehrstechnische Sperrungen,
- Sondertransporte,
- Aufstellen besonders hoher Krane, z. B. in Flugschneisen,
- Anschluss an Ent- und Versorgungssysteme.

Eine weitere Aufgabe der Ressourcenplanung ist die Ermittlung des ungefähren **Finanzierungsbedarfs** der Baustelle. Der Finanzierungsbedarf ergibt sich aus dem Cashflow des Projekts (Abb. 5.3). Zu diesem Zweck werden die Vorgänge des Balkenplans, unter Berücksichtigung der gewichteten Mittelwerte der Vorgangsdauer, mit den Kostenarten (Lohn, Material, Geräte, Fremdleistungen) und deren zeitlichen Verteilung einzeln gewichtet. Dann werden die monatlichen Summen gebildet (durch Addieren der Kosten über alle Vorgänge des jeweiligen Monats) und in einem Histogramm zusammengestellt. Die Summation des Kostenhistogramms führt dann zur Kostensummenlinie des Projekts. Das Kostenhistogramm und die Kostensummenlinie dienen auch gleichzeitig zur Leistungs- bzw. Kostenbudgetierung des Projekts für Controllingzwecke. In diesem Cashflow-Diagramm werden nun die Zahlungseingänge in einer Treppenlinie dargestellt. Diese Zahlungseingangstreppenkurve ergibt sich aus der monatlichen Rechnungsstellung der erbrachten Leistung unter Beachtung der Zeitverzögerung aus

- dem zeitlichen Aufwand zur fundierten monatlichen Rechnungsstellung mit den Aufmassunterlagen,
- der Zeit für die Prüfung der Richtigkeit der Rechnung durch den Bauherrn,
- dem Zahlungszeitraum nach Anerkennung durch den Bauherrn.

Daraus ergibt sich meist eine Verzögerung zwischen kostenwirksamer Leistungserbringung und Zahlungseingang von ca. eineinhalb Monaten. Aus der Summation der Differenzfläche zwischen Kostensummenlinie und Zahlungseingangskurve ergibt sich der Gesamtfinanzierungsbedarf. Der monatliche Finanzierungsbedarf ergibt sich aus der Differenz der Histogramme Kosten und Zahlungen.

12.8 Logistikplanung

12.8.1 Logistikplanung in der Bauabwicklung

Die Logistikplanung eines Bauunternehmens umfasst die Elemente Leistungserstellung, Werkhof, Beschaffung und Entsorgung (Abb. 12.50).

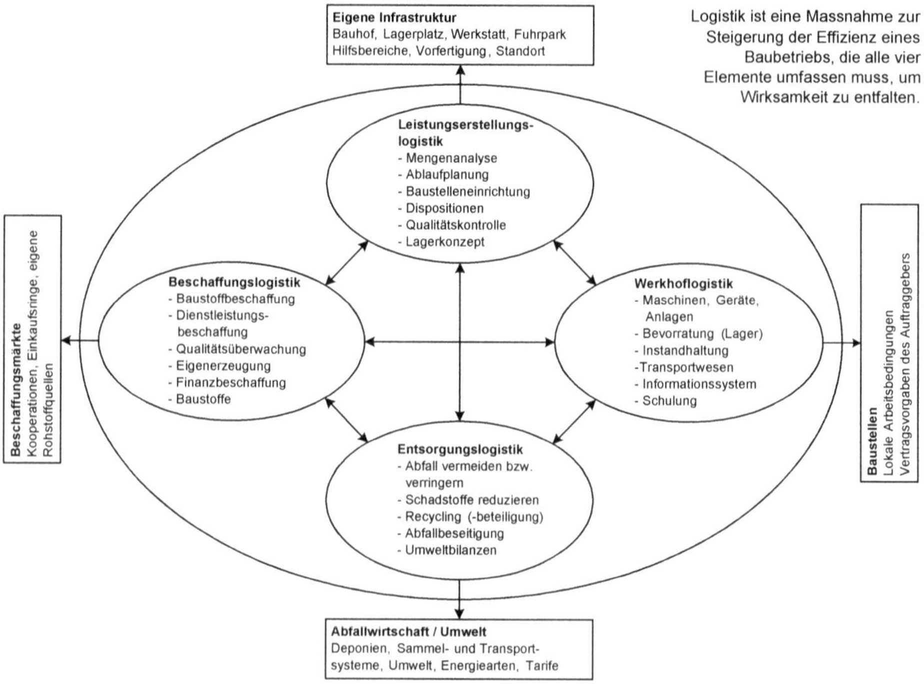

Abb. 12.50 Logistikkonzept eines Bauunternehmens

Besondere Bedeutung hat die Logistik im Rahmen der Bauablaufplanung eines Bauprojekts als Takt- und Fliessprozess. Daher erfolgt die Logistikplanung im Rahmen der Arbeitsvorbereitung bereichsübergreifend und interaktiv. Neben der Bereitstellung der richtigen Produktionsgeräte und Baustelleninfrastruktur zur leistungsgerechten Durchführung der Bauproduktion beschäftigt sich die Logistikplanung im Rahmen der Arbeitsplanung (AVOR) mit den Versorgungs-, Entsorgungs-, Transport-, Lager- und Umschlagvorgängen auf der Baustelle (Abb. 12.51). Die Logistik verknüpft und versorgt die Beteiligten auf der Baustelle mit einem störungsfreien Informations-, Material-, Energie- und Leistungserstellungsfluss. Das Ziel der Logistik ist es, Ressourcen einzusparen und die Kosten zu optimieren.

Einzeluntersuchungen [19] bestätigen den intuitiven Eindruck von vielen Baustellen, dass die auf die abrechenbare Leistungsposition bezogene Produktivität oft sehr gering ist. Die Problematik dieser geringen Leistungen auf abrechenbare Positionen resultiert meist aus unproduktiven Tätigkeiten wie

- Aufräumen und Umräumen, weil die Materiallagerung Arbeiten behindert,
- Materialsuche,
- Materialtransporten wegen grosser Distanzen zwischen Lager- und Einbauort,
- Störungen und Unterbrechungen durch nicht vorhandenes Material und Werkzeuge.

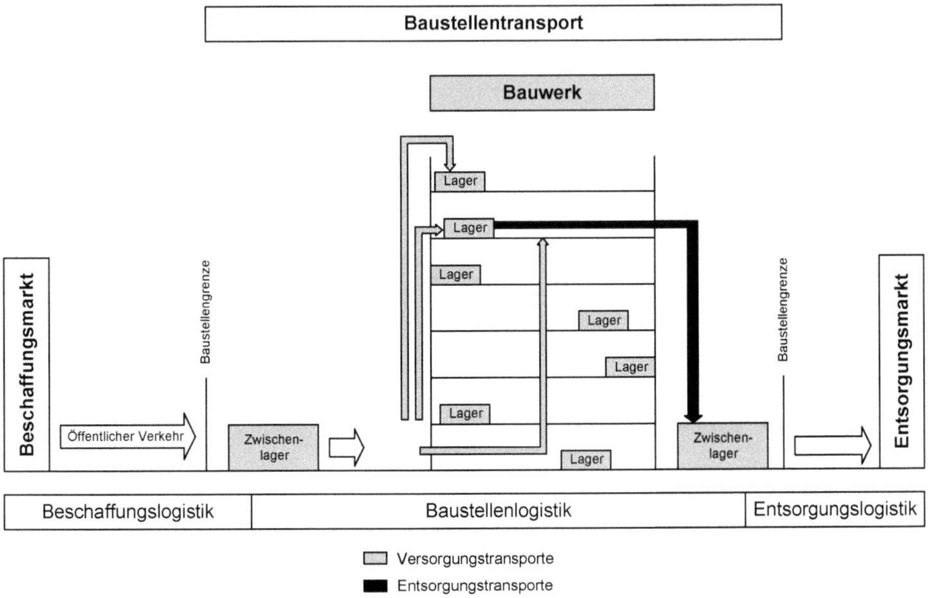

Abb. 12.51 Logistik eines Bauprojekts [19]

Diese unproduktiven Zeiten können bzw. werden meist nicht im Rahmen des Controllings, sondern müssen mit Zeitstudien vor Ort identifiziert werden. Durch eine systematische Logistik, die auf zeitlich-räumlich veränderlich gestaltete Vorgänge angepasst ist, lassen sich hohe Leistungssteigerungspotentiale aktivieren. Logistische Prozesse für einen stationären Betrieb mit klaren stationären Bearbeitungseinrichtungen und Lagern zu planen, ist nicht ganz trivial und für eine mobile Industrie wie die Bauindustrie mit der jeweiligen Herstellung des Gebäudes am Ort der Nutzung eine Herausforderung.

Die Herstellungsabläufe auf einer Baustelle sind einem ständigen zeitlich-räumlich veränderlichen Prozess unterworfen. In der stationären Industrie handelt es sich während der Herstellung meist nur um einen zeitlich veränderlichen Prozess. Das Produkt läuft in der Fertigungshalle zu stationären Fertigungsgeräten, die unter klar definierten Bedingungen arbeiten.

Daher wird eine logistische Planung der materiellen wie immateriellen Flüsse einer Baustelle nie die gleiche Effizienzsteigerung aufweisen wie in der stationären Industrie.

Besonders auffällig sind bei TU- und GU-Projektabwicklungsformen die logistischen Probleme bei den Subunternehmern. Hier fehlt oft eine klare Takt- und Fliessplanung während der Ausbauphase nach klaren zeitlichen und logistischen Vorgaben für die Ausbauunternehmen. Hier wird besonders auf die Fliessfertigung und Logistik der Ausbauunternehmen (Kap. 12.8.3.1) hingewiesen. Die Materiallagerung im und um das Gebäude wird oft ohne Rücksicht auf Behinderung von anderen Gewerken durchgeführt. Damit steigen durch Umräumen und Wartezeiten die Kosten.

12.8.1.1 Transportlogistik

Ein zentrales Logistikmanagement der Baustelle im Rahmen der Arbeitsvorbereitung bzw. Baustellenführung, das digitalisiert alle Informationen projektbezogen bündelt, die Menge der erforderlichen Materialien ermittelt, unter Beachtung der Bereitstellungszeiten bestellt, sie bauzeitnah vom Baustoffhändler bzw. Produzenten abruft, die Transportvorgänge abstimmt und die Materialien den verantwortlichen Personen auf der Baustelle übergibt bzw. auf den vorbestimmten Lagerflächen abliefert, leistet einen erheblichen Beitrag zum Erfolg der Baustelle. Dadurch können Material-, Transport- und Zirkulationskosten gesenkt und „just-in-time-Lieferungen" ermöglicht werden.

Die Effizienz der Transporte zur Baustelle hängt von folgenden Kriterien ab [19]:

- Lage der Materialbezugsquellen und der Baustelle,
- vorhandene Infrastruktur,
- örtliche Rahmenbedingungen der Baustelle und Bauherrenvorgaben,
- Menge und Beschaffenheit der zu transportierenden Stoffe (Gase, Flüssigkeiten, Stückgut, Schüttgut),
- Grösse, Lage und Zustand der Freiflächen für mögliche Zwischenlager,
- zeitliche Vorgaben aus dem Projektablauf.

Davon ausgehend müssen in der Arbeitsvorbereitung für einen Takt- und Fliessprozess folgende Basisvorgaben für ein Logistikkonzept entwickelt werden:

- einfache Erreichbarkeit der Anlieferflächen und Übergabepunkte,
- Abstimmung von Transportmitteln und -geräten der Baustelle aufeinander,
- Wegeplanung und Flächennutzung ausserhalb und innerhalb des Gebäudes,
- Verkehrssicherung und Baustellenzufahrtsregelungen.

Daraus resultiert ein erheblicher Bedarf an Koordination und Kommunikation zur Verringerung der räumlichen und zeitlichen Engpässe bei der Materialbereitstellung. Transportmeldungen mit Mengen- und Tourenübersichten, Baustellenzufahrtsregelungen sowie Ausweisung von Lagerorten müssen erstellt und koordiniert werden. Die Fahrzeuge sollten sich per Mobilfunk schon vor der Abfahrt bzw. während der Fahrt bei der koordinierenden Stelle melden, um unnötige Wartezeiten beim Abladen zu vermeiden. Die Ergebnisse aus der Umsetzung dieser Konzeptionen sind [18]:

- Gewährleistung der baubetrieblich abgestimmten Belieferung der Baustelle mit den benötigten Materialien,
- Erkennung und Vermeidung von Engpässen in der Materialbelieferung,
- gewerkeübergreifende, frühzeitige Koordination der Materialtransporte und Lagerung,
- Übersicht über die Materiallagerorte und -mengen durch Barcodes mit zentraler Registrierung von Materialflüssen.

12.8.1.2 Anliefer-, Lager- und Umschlagslogistik

Die Baustellenlogistik kann unterteilt werden in die Planung der Lagerflächen und die Planung der Baustellentransporte. Für die Planung des Materialflusses auf der Baustelle sind die Materialeinheiten zu bestimmen, mögliche Transportmittel auszuwählen, Transportketten zu entwickeln sowie Materiallager am Ort des Verbrauchs festzulegen.

Ein Grundsatz sollte dabei beachtet werden: Materialien sind möglichst gleich am Einbauort zu lagern, um zusätzliche Lohnkosten für das Umstapeln zu vermeiden. Dies lässt sich jedoch aufgrund der Platzverhältnisse und des sich zeitlich-räumlich verändernden Projektes nicht immer gewährleisten. Daher müssen Transportmittel und Transportkette mit den dazugehörigen Geräten sowie die Lagerflächen geplant werden. Die Logistikplanung im Rahmen der AVOR ist ein baubegleitender Prozess, der aufgrund der situativen Verhältnisse auf der Baustelle auch dort geplant und angepasst werden sollte.

Als Transportmittel stehen Paletten, Kisten und Behälter mit offenen oder vollwandigen Konstruktionen zur Verfügung. Das Material muss aus Arbeitssicherheits- und Rationalisierungsgründen auf den Paletten gelagert bzw. in Folie eingeschweisst sein, damit beim Transport kein Material herunterfällt.

Nach [19] ist die Lieferung des angeforderten Materials zum vorgegebenen Lagerplatz oder Arbeitsbereich eine wichtige Voraussetzung für eine ordnungsgemässe Materialversorgung. Hierzu bietet sich die Nutzung von Barcodes an, die an den Ladeeinheiten befestigt werden. Sie ermöglichen die Speicherung von Daten, die beim Materialfluss von Bedeutung sind, wie Inhalt, Menge und Ausführungsabschnitte, zu denen das Material transportiert werden soll. Die Verwendung von mobilen Datenerfassungsgeräten ermöglicht es auf der Baustelle, die Ladeeinheiten jederzeit zu identifizieren und den genauen Verwendungszweck/Bestimmungspunkt zu ermitteln sowie den Verbrauch und die Verschiebung an den Einsatzort zu registrieren und dann täglich in den zentralen Logistikcomputer zur Ermittlung der Gesamtbilanz zu übertragen.

Die Planung der Transportkette umfasst den Materialumschlag auf der Baustelle, den vertikalen Materialtransport in die einzelnen Stockwerke und das horizontale Verteilen der Materialien in den Geschossen eines Bauwerks. Folgende Grundsätze sind dabei zu beachten:

- Material über den kürzesten Weg transportieren,
- Handtransporte vermeiden und auf technische Transportmittel zurückgreifen,
- Kleine, produktionsnahe Materiallager anstreben,
- Zweckmässige Transporteinheiten wählen,
- Übersichtlichkeit der Lager gewährleisten und eine gewerkeübergreifende Stockwerklogistik einrichten.

Beim Materialumschlag auf der Baustelle müssen geeignete Abladegeräte zur Verfügung stehen, um ein reibungsloses Entladen zu gewährleisten. Durch den Abruf, die Transportanmeldung und die frühzeitige Einteilung der Materialien in geeignete Einheiten ist der Verantwortliche jederzeit auf die anstehenden Lieferungen vorbereitet. Sofern die LKW nicht über eigene Selbstentladegeräte verfügen, können die Materialien mit den vom Logistikkoordinator bereitgestellten Gabelstaplern, Radladern, Autokranen oder mittels Turmdrehkranen abgeladen werden. Je nach räumlichen Bedingungen ist bei vorhandenen Öffnungen und mobilen Stockwerksladebühnen ein Direktumschlag in die Etagen anzustreben, falls geeignete Krane auf der Baustelle zur Verfügung stehen oder die Selbstentladevorrichtungen genügende Reichweite haben. Daher sind von der Arbeitsvorbereitung zusammen mit der Logistikplanung ausreichend grosse Fassadenöffnungen für die jeweils benötigte Zeit einzurichten. Radlader und Gabelstapler können die Materialien zu den Vertikaltransportgeräten befördern. Listen der zur Verfügung stehenden Geräte und Transporteinheiten vereinfachen die Transportkettenplanung und die Geräteauswahl. [nach 19]

Der vertikale Materialtransport kann mittels Bauaufzug oder Kran mit Stockwerksbühnen durchgeführt werden. Das Material wird zum Anlieferungsplatz gebracht, der im Baustelleneinrichtungsplan so positioniert ist, dass z. B. der Kran das Material zu den Lagerflächen umsetzen kann. Je nach örtlichen Verhältnissen wird das Material auf Zwischenlager umgesetzt oder direkt in die Stockwerke zur Verarbeitung eingehoben. Dies gilt auch für die Lieferung von Rohmaterial, das direkt bei den Verarbeitungsgeräten gelagert und mittels Luftförderverfahren, Aufzügen oder Kran vertikal transportiert wird.

Das horizontale Verteilen in den Geschossen erfolgt am günstigsten über Gabelstapler, Hubwagen etc., je nach Materialbeschaffenheit und Transportentfernung. Die Materialeinheiten sollten ohne Umpacken von dem Vertikaltransportgerät entnommen und zu den Lagerflächen gebracht werden. Die Verkehrswege und die Lagerflächen sind ausreichend zu dimensionieren.

12.8.1.3 Planung von Lagerflächen – Lagerflächenmanagement

Materiallager bilden den Puffer zwischen unregelmässigen Materialanlieferungen und schwankendem Materialverbrauch bei der Herstellung. Daraus resultieren folgende Anforderungen an ein Lagerflächenmanagement [18]:

- Koordinationsgespräche und Abstimmung mit allen Gewerken,
- Bereitstellung benötigter Baustoffe in bedarfsgerechten Mengen im Zeitfenster der jeweiligen Bauphase durch bedarfssynchrone Versorgung gemäss der „just-in-time-Anlieferung“,
- Aufteilung der Lagerflächen in Teilflächen für die verschiedenen Materialien,
- Zuweisung der Lagerflächen in den Stockwerken zum Einbau ohne gegenseitige Behinderung in den jeweiligen Zeitfenstern des Baufortschritts,
- Eintragung des Anlieferungsplatzes und der Lagerflächen sowie der Baustrassen und Standorte der Einrichtungen für die einzelnen Bauphasen im Baustelleneinrichtungsplan,
- Verkürzen der Wegstrecken,
- Dezentrale und arbeitsplatznahe Lagerung in den Stockwerken bzw. Einbauorten, d. h. bei Anlieferung der Materialien an den Übergabepunkten unmittelbar vertikale Verteilung anstreben.

Um dies zu sichern, ist die Entwicklung einer bauphasenabhängigen Stock-werklogistik notwendig, die folgende Grundsätze [19] verwirklichen soll:

- Transport, wege und Lagerflächen je Stockwerk für die jeweilige Bauphase planen
- Materialumlagerung vermeiden,
- Gegenseitige Behinderungen der parallel arbeitenden Gewerke im Ausbau verhindern,
- Materialien und bereits erbrachte Bauleistungen vor Beschädigungen schützen,
- Sauberkeit auf der Baustelle erhalten,
- Arbeitssicherheit erhöhen,
- Lagerflächenbedarf auf dem Baugelände verringern,
- Trassen freihalten (Ver- und Entsorgung),
- Lagerplatzbedarf durch koordinierte Lagerung verringern.

Als Ausgangspunkt zur Planung der Stockwerklogistik dient der Ausbauterminplan. Aufgrund der Abfolge der Arbeiten erfolgt die Unterteilung der Arbeits- und Lagerflächen. Die Ermittlung des Lagerflächenbedarfs erfolgt aufgrund der Arbeitsleistung der jeweiligen Gewerke in dem entsprechenden Bauphasenabschnitt, des Arbeitsplatzbedarf für die Ausführung der Leistung und der notwendigen Verkehrswege.

Im Lagerflächenplan pro Stockwerk werden in Abhängigkeit von der Bauphase die Lager- und Arbeitsflächen sowie die erforderlichen Verkehrswege zur horizontalen Materialverteilung eingezeichnet.

12.8.1.4 Entsorgungslogistik

Die richtige Entsorgung aller im Zuge der Bauproduktion anfallenden Baurestmassen ist Aufgabe der Entsorgungslogistik. Die Wirtschaftlichkeit einer konzeptionell durchdachten Entsorgungslogistik zeichnet sich durch Trennung der Abfallfraktionen zur geordneten Wiederverwertung oder Deponierung aus.

12.8.2 Zentrales Logistikmanagement

12.8.2.1 Problemstellung

Als zentrales Steuerung- und Lenkungsorgan hat die Logistik in der gesamten Industrie stark an Bedeutung gewonnen. Während in der stationären, verarbeitenden Industrie die Logistik für den Fliessherstellungsprozess (z. B. in der Automobilbranche) bereits stark industrialisiert und rationalisiert wurde, sind in der Bauindustrie die entsprechenden Logistikkonzepte im Fliessherstellungsprozess noch in Entwicklung oder werden nur zögerlich umgesetzt [20]. Insbesondere in der Bauindustrie besteht aber Potential für Effizienzsteigerungen im Bereich der Logistik: Laut Boenert [21] Krauss [22], Schmidt [23] und Seemann [24] werden im Hochbau lediglich ca. 30 % der gesamten Arbeitszeit für die Haupttätigkeiten eingesetzt. Von den restlichen 70 % der Arbeitszeit identifizierte Krauss rund 32 % als „schwachstellenverdächtige Zeitanteile, bei denen eine positive Beeinflus-

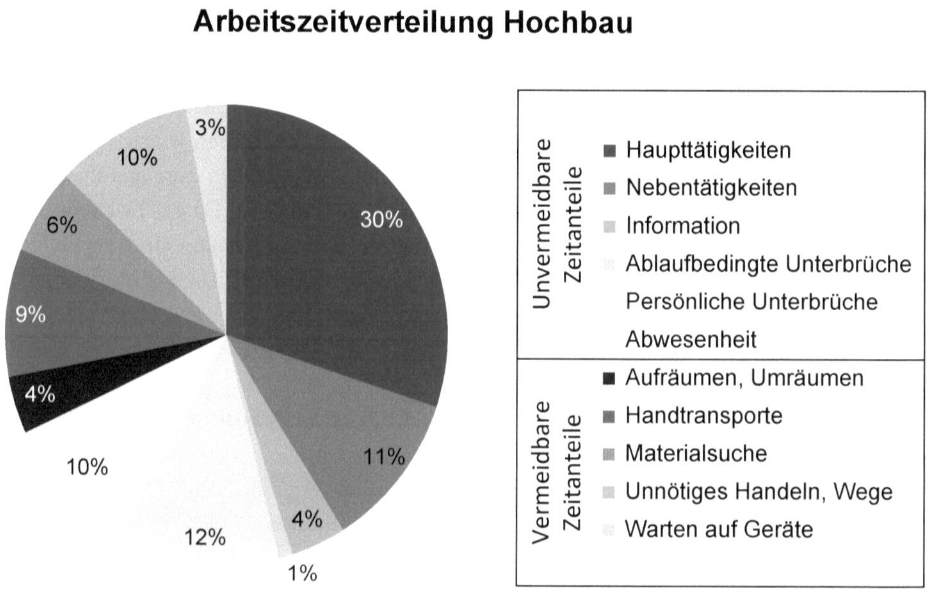

Abb. 12.52 Anteile der Tätigkeiten an der Gesamtzeit bei Roh- und Ausbauarbeiten nach Krauss [22]

sung durch eine verbesserte Logistik möglich wäre" [22, Kap. 2, S. 5]. Die Aufteilung dieser 32 % schwachstellenverdächtige Zeitanteile ist im Abb. 12.52 dargestellt. Die Hauptanteile, welche aus dem Abb. 12.52 identifiziert und mittels einer verbesserten Logistik reduziert werden können, teilen sich auf die folgenden Tätigkeiten auf:

- Handtransporte: 9 %
- Materialsuche: 6 %
- Unnötiges Handeln und Wege: 10 %

Entsprechend könnte durch die Elimination dieser Zeitanteile der Anteil der produktiven Arbeitszeit erhöht werden. Diese produktive Arbeitszeit wird als Zeitanteil der Haupt- und Nebentätigkeiten der unvermeidbaren Zeitanteile definiert. Zu den Haupttätigkeiten werden die Bauproduktionsprozesse der direkten Wertschöpfung, die auch meist als abrechenbare LV-Positionen definiert sind (wie Schalung montieren, Beton einbringen, Fliesen verlegen etc.) gezählt; bei den Nebentätigkeiten sind es die Supportprozesse wie beispielsweise Materialtransporte, Lagerung, Vorbereitung der Arbeiten (wie z. B. Gerüste aufstellen). Als weitere unvermeidbare Zeitanteile gelten zudem die Prozesse der Informationslogistik (Informationssammlung-, -verarbeitung und -verteilung), die ablaufbedingten Unterbrechungen (Warten auf Materialtransport mittels Turmdrehkran etc.), die persönlichen Unterbrechungen (Pausen, Rauchen, Toilette etc.) sowie die Abwesenheiten (Krankheit, Ferien, Militär).

Die konventionellen Logistikkonzepte, welche bis anhin auf den meisten Hochbaustellen angewendet wurden, basieren darauf, dass den einzelnen Gewerken und Subunternehmern die Verantwortung für die Beschaffung, Anlieferung, Lagerung, Umschlagung, Wartung, Bereitstellung und Entsorgung sämtlicher Ressourcen übergeben wurde. Vom GU/TU werden oft nur noch Leistungs-, Termin- und Qualitätskontrollen durchgeführt – auf eine zentrale Koordination der Supportprozesse wird oft verzichtet. Da auf Hochbaubaustellen schnell mehrere Dutzend verschiedene Subunternehmer beteiligt sind, ergibt sich daraus eine sehr hohe Anzahl an verschiedenen Schnittstellen [23]. Daraus resultierende Konflikte werden in drei unterschiedliche Gruppen eingeteilt:

- Konflikte zwischen Fertigungsprozessen
  z. B. Behinderung von Betonierarbeiten durch die Fertigungsprozesse Schalen oder Bewehren
- Konflikte zwischen Fertigungs- und Logistikprozessen
  z. B. Behinderung von Transportwegen durch Ausbauarbeiten
- Konflikte zwischen Logistikprozessen
  z. B. Doppelbelegung des Baukranes oder von Lagerflächen

Ein grosser Teil dieser Konflikte tritt auf, weil die einzelnen Subunternehmer oft nicht im Sinne des Gesamtoptimums handeln und nur die persönliche Wertschöpfung zu optimieren versuchen. Dies geschieht ohne Rücksicht auf parallele oder folgende Prozesse, an deren Wertschöpfung sie nicht beteiligt sind. Sullivan, Barthorpe et al. [20] haben diese Problematik als Silo-Denken („silo mentality") bezeichnet und als eine der Hauptursachen der fehlenden Effizienz im Baubetrieb identifiziert.

Die Konfliktsituationen durch nicht koordinierte Produktions- und Supportprozesse begünstigen die vermeidbaren Arbeitszeitanteile und können somit als eine der Ursachen der mangelnden Effizienz auf innerstädtischen Hochbaubaustellen identifiziert werden. Diese Problematik könnte durch Anreizsysteme für die Unternehmen gelöst werden. Mit diesem Anreizsystem müssen die Unternehmer dazu animiert werden, dass sie sich mehr am Gesamtoptimum orientieren und untereinander entsprechend koordinieren. Eine Möglichkeit zur Konfliktsituationsminimierung ist die zentrale Koordination durch den GU/TU oder den Bauherrn. Eine solche zentrale Logistikkoordination muss dann die Logistikbedürfnisse der parallel arbeitenden Gewerkeunternehmer koordinieren und hat die Aufgabe, diese Schnittstellen zu Nahtstellen zu machen. Im Folgenden wird ein Konzept des zentralen Logistikmanagements vorgestellt, das eine Stabstelle der Gesamtleitung des GU/TU oder des Bauherrn sein sollte.

12.8.2.2 Stand der Technik

Logistik

Weber definierte in seiner Arbeit die Logistik als eine 4-R-Aufgabe, welche besagt, dass „Die richtigen Produkte im richtigen Zustand zur richtigen Zeit am richtigen Ort" [1, Kap. 3, S. 9] sein müssen, wobei diese Aussage oft noch durch die richtige Menge, die richtige Qualität oder der richtige Preis ergänzt wird. Schönsleben definierte zusätzlich zu der Logistik noch folgendermassen das Logistikmanagement: „Logistik ist die Organisation, die Planung und Realisierung des Flusses und der Speicherung von Gütern, Daten und Steuerung entlang des Produktlebenszyklus. Logistikmanagement ist die effektive und effiziente Führung der Logistik-Aktivitäten, um die Bedürfnisse der Kunden zu erfüllen" [25, Kap. 2, S. 7].

Im vorliegenden Kapitel wird die Logistik nach der Definition von Schönsleben [25] verstanden, wobei die Kunden die ausführenden Unternehmer sind und als Ziel des Logistikmanagements die Definition nach Weber [1] aufgefasst wird. Die Baulogistik kann somit als Überbegriff für die Supportprozesse für die Bauproduktionsprozesse (Fertigungsprozesse) angesehen werden. Die Aktivitäten der Supportprozesse umfassen sämtliche Tätigkeiten, welche unter die Beschaffung, Anlieferung, Sortierung und Kommissionierung, Lagerung, Aufbereitung, Bearbeitung, Wartung, das Umschlagen und die Bereitstellung sämtlicher benötigter Ressourcen fallen. Als Ressourcen gelten die materiellen und immateriellen Güter, welche in der Bauproduktion benötigt werden. Dies sind:

- die Baustoffe,
- die Bauhilfsmittel,
- die Baustelleneinrichtung,
- die Arbeitskräfte,
- die Informationen,
- die Finanzmittel.

Supply Chain Management im Bauwesen

Die Association for Operations Management (APICS) fasst als Supply Chain Management (SCM) sämtliche Massnahmen zusammen, welche für ein holistisches Bewirtschaften einer Supply Chain (SC) notwendig sind [26]. Als SC werden die Ressourcenströme für ein bestimmtes Produkt bezeichnet, mit welchen der gesamte Lebenszyklus erfasst wird. Wird zusätzlich der Informationsfluss vom Kunden (Bedürfnisse) erfasst, spricht Hilletofth [27] von der Demand Chain (DC) und in Kombination mit der SC entsprechend von der Demand Supply Chain (DSC).

Während Ebrahimy, AbouRizk et al. [28] oder auch Simchi-Levi, Kaminsky et al. [29] SCM-Konzepte für das Bauwesen nach der Definition von APICS entwickelten, haben Akintoye, McIntosh et al. [30] sowie Vrijhoef und Koskela [31] aufgezeigt, dass in der Bauwirtschaft ein erfolgreiches SCM durch langfristige Partnerschaften möglich ist. Durch diese langfristigen Partnerschaften können die DC direkt in das SCM eingebunden werden und im Idealfall wird dadurch das gesamte Netzwerk vom Rohstofflieferant bis zum Bauwerksnutzer abgedeckt. Nach Akintoye, McIntosh et al. [30] sind im Vereinigten Königreich (UK) erste Ansätze zu diesen langfristigen Partnerschaften zwischen einzelnen Bauunternehmer zu beobachten.

Krauss [22] hat in ihrer Arbeit das SCM im Bauwesen als Projekt Supply Chain Management (PSCM) aufgefasst, da Bauwerke üblicherweise einen Prototypcharakter aufweisen. Sie betonte dabei, dass im Bauwesen durch das SCM bislang nur geringe Verbesserung erreicht werden könnten. Vrijhoef und Koskela [31] haben aber bereits zuvor aufgezeigt, dass durch die konsequente Umsetzung der folgenden Grundsätze

- der Informationstransparenz,
- der Stabilität der Bauproduktionsprozesse bei Projektrisiken,
- der Synchronisierung der Materialflüsse,
- der Bewirtschaftung von kritischen Ressourcen und
- des kontinuierlichen Verbesserungsprozesses (KVP) (siehe auch [32, Kap. 11.2, S. 618])

weitreichende Effizienzsteigerungen im Baubetrieb mittels SCM erreicht werden können.

Um eine Effizienzsteigerung im Bauprozess durch eine holistische Bewirtschaftung der Baulogistik zu erreichen, müssen in einem ersten Schritt sämtliche Versorgungsketten (als SC) vom Rohmaterial bis zur Endmontage inklusive den entsprechenden Akteuren identifiziert werden. Als zweiter Schritt muss untersucht werden, an welchen Stellen und in welchen Prozessen Ineffizienzen vorhanden sind und als dritter Schritt werden diese eliminiert. Ineffizienzen können beispielsweise unzweckmässige Controllingstellen, entbehrliche Zwischenhändler oder überdimensionierte Materiallager sein. Dabei besteht eine geeignete Optimierungsstrategie, welche auch für das Konzept des zentralen Logistikmanagements angewandt wurde, darin, die Anzahl der Schnittstellen zu minimieren.

Shared Service Centres und Consolidation Centres

Nach Fischer und Sterzenbach [33] sowie Ibold und Mauch [34] eignen sich die Shared Service Centres (SSC) insbesondere für eine effiziente und effektive Bereitstellung von Supportprozessen und -ressourcen, welche unabhängig von den Kernprozessen sind oder sich leicht von diesen separieren lassen. Während Fischer und Sterzenbach [33] sowie Ibold und Mauch [34] die theoretische Effizienzsteigerung durch die Einrichtung von SSC aufzeigten, haben Schmidt [23], Sobotka, Czarnigowska et al. [35, 36] sowie Vrijhoef und Koskela [31] in ihren Veröffentlichungen nachgewiesen, dass durch ein zentrales Logistikmanagement nach den Grundsätzen des SCM signifikante Effizienzsteigerungen im Baustellenbetrieb möglich sind. Sullivan, Barthorpe et al. [20] haben zur Verbesserung der Baulogistik die Konzept der Consolidation Centres (CC) entwickelt. Die CC werden an strategisch günstig gelegenen Standorten installiert (in der Nähe der Baustelle und gut erschlossen per Bahn oder Strasse), mit einem Warehouse-System versehen und dienen als kurzfristigen Speicher sämtlicher Ressourcen, um einen kontinuierlichen und störungsfreien Materialfluss gewährleisten zu können.

Das Konzept des zentralen Logistikmanagements, welches in dieser Veröffentlichung vorgestellt wird, ergänzt das Konzept der CC, indem es zusätzlich die Supportprozesse koordiniert, während es die notwendigen Ressourcen für einen erfolgreichen Bauproduktionsprozess bereitstellt. Die Konzepte der SSC und CC werden somit nach den Grundsätzen von Vrijhoef und Koskela [31] für das zentrale Logistikmanagement erweitert, wobei der Schwerpunkt der Tätigkeiten bei der Informationslogistik liegen wird.

12.8.2.3 Zentrales Logistikmanagement in der Bauproduktion

Das übergeordnete Ziel des zentralen Logistikmanagements ist die optimale und kontinuierliche Versorgung der Bauproduktionsprozesse mit den notwendigen Ressourcen und Informationen, um dadurch einen stetigen Bauproduktionsprozess mit gleichmässiger Auslastung (Fliessfertigung) zu erreichen. Die Bauproduktion als Leitprozess sollte möglichst unter keinen Umständen durch mögliche Konfliktsituationen der Ver- und Entsorgung gehemmt oder blockiert werden. Um dies sicherzustellen, ist die Hauptaufgabe des zentralen Logistikmanagement die Koordination und Kontrolle der Support- wie aber auch der Bauproduktionsprozesse. Ein wichtiges Hilfsmittel hierzu ist das Schnittstellenmanagement der parallelen und der sequentiellen Produktionsprozesse.

Planung des Logistikkonzeptes

Um sicherzustellen, dass das zentrale Logistikmanagement die Koordination- wie auch die Kontrollfunktion der Bauproduktions- und Supportprozesse [32] effizient durchführen kann, muss die Logistikplanung durch das zentrale Logistikmanagement als Stabstelle der Gesamtleitung eines Projektes durchgeführt werden. Bei der Planung durch eine untergeordnete Stelle oder separater Planung in Teilprojekten besteht das Risiko, dass einzelne Bauproduktionsprozesse und Supportprozesse nicht oder zu wenig berücksichtigt werden, wodurch die Qualität der Supportprozesse sinkt und das Konfliktpotential auf der Baustelle steigt.

Die Planung der Logistikprozesse als Stabstelle der Projektgesamtleitung muss zudem als rollierende Planung über die Projektphasen ausgestaltet werden, so dass einerseits die Wechselwirkung mit der Planung der Bauproduktionsprozesse berücksichtigt werden und auf veränderte Randbedingung reagiert werden kann. Im Folgenden wird der an die SIA 112 [37] angelehnte Planungsprozess erläutert (Abb. 12.53).

Während der Strategischen Planung wird betreffend der Logistik eine Machbarkeitsstudie durchgeführt, um die logistische Durchführbarkeit nachzuweisen. Im darauf aufbauenden Baulogistikgrobkonzept wird durch das zentrale Logistikmanagement eine Massenermittlung der Transportmassen durchgeführt sowie die allgemeinen Randbedingungen für die weiterführende Planung und Ausführung identifiziert. Diese Ergebnisse fliessen (erster grüner Pfeil in Abb. 12.53) dann entsprechend in die Projektierungsphase der Bauproduktionsprozesse ein, deren Ergebnisse wiederum in das auf dem Baulogistikgrobkonzept basierende Baulogistikkonzept einfliessen (erster roter Pfeil).

Um ein möglichst wirtschaftliches Baulogistikkonzept zu erhalten, werden dazu die spezifischen logistischen Randbedingungen identifiziert. Die Optimierung des Baulogistikgrobkonzeptes in der SIA-Phase Projektierung anhand der spezifischen Randbedingungen ergibt das Baulogistikkonzept. Dieses Baulogistikkonzept wird anschliessend mit den Ausschreibungsunterlagen mit den besonderen Bestimmungen an die offerierenden Unternehmer ausgegeben (zweiter grüner Pfeil).

Nach der erfolgreichen Ausschreibung fliessen über die Vertragsverhandlungen mit den ausführenden Unternehmern weitere spezifische Konzeptvorstellungen und Anforderungen an das Logistikkonzept ein (zweiter roter Pfeil). Aus diesem Input der Unternehmer und dem Baulogistikkonzept resultiert das Baulogistikfeinkonzept, welches aus dem

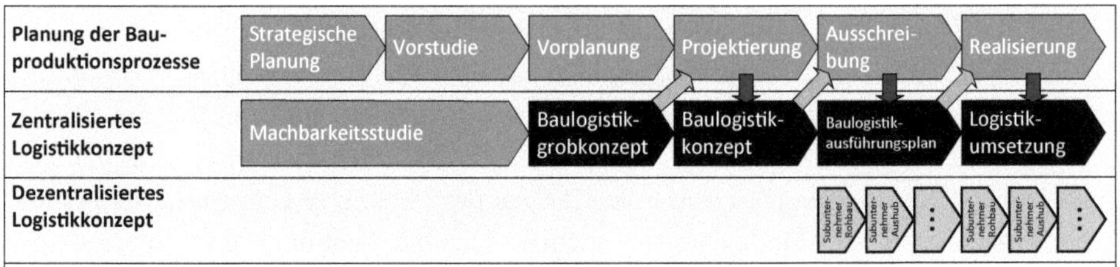

Aufgaben des Logistikmanagementzentrum	Überprüfung der logistischen Machbarkeit	Logistisches Variantenstudium Abschätzung der Grössenordnung der Transportmassen Identifikation der Randbedingungen	Entwicklung eines Grundkonzeptes für die gewählte Alternative Hauptmassen bestimmen Randbedingungen der Logistik identifizieren	Detailierung des randbedingungsverträglichen, wirtschaftlichen Logistikkonzepts Optimierung des Fliessprozesses der Produktion und der Logistik Konzeption der Logistikinfrastruktur der Baustelle Entwicklung des Logistikmanagements und der Logistikprozesse	Entwicklung der Leistungsbeschreibung für die Logistikinfrastruktur Beschreibung der zentralen Logistikprozesse mit der Interaktion zentrales und dezentrales Logistikmanagement Verfeinerung der Logistikinfrastruktur Formulierung des Baulogistikfeinkonzeptes für die Subunternehmer, basierend auf dem Grobkonzept Erstellung des · Übergeordneten Baulogistik-, · Informationslogistik-, · Versorgungslogistik-, · Baustellenlogistik- & · Entsorgungslogistikkonzeptes	Kontrolle der Konzeptumsetzung Koordination der Unternehmer Umsetzung KVP
Aufgaben der Subunternehmungen (SU)	-	-	-	-	Einbringen der spezifischen Konzeptvorstellungen und Anforderungen	AVOR und Produktionslogistik Bauproduktion Logistik-, Zeit- und Mengengerüst Umsetzung KVP

Abb. 12.53 Aufgabenteilung in der parallelen und rollierenden Bauprozessplanung

übergeordneten Logistikkonzept und den einzelnen Konzepten der Informationslogistik, der Versorgungslogistik, der Bauproduktionslogistik und der Entsorgungslogistik besteht. Somit kann ein interagierender Takt- und Fliessprozess der Roh- und Ausbaugewerke sichergestellt werden. Dabei ist zu beachten, dass das übergeordnete Logistikkonzept als Basis für die phasenabhängigen Konzepte der Informations-, Versorgungs-, Baustellen- und Entsorgungslogistik dient.

Die als Baulogistikfeinkonzept zusammengefassten Einzelkonzepte fliessen als Vertragsbestandteile in die Werkverträge mit den Unternehmen ein (dritter grüner Pfeil) und werden während der Realisierung umgesetzt. Die einzelnen Konzepte des übergeordneten Logistikkonzepts sind keine statischen Konzepte, sondern werden über entsprechende Rückmeldungen der Akteure im Baubetrieb phasenabhängig kontinuierlich verbessert und ergänzt (KVP, dritter roter Pfeil).

Umfang des Baulogistikfeinkonzeptes

Die Leistungsbereiche des zentralen Logistikmanagements umfasst die Sicherstellung der Takt- und Fliessprozesse der Roh- und Ausbauunternehmer mit den in Abb. 12.54 dargestellten vier Aufgabenbereichen [22] der Bauproduktionslogistik während der gesamten Dauer der Projektabwicklung.

Abb. 12.54 Aufgabenbereiche der Bauproduktionslogistik

Um die Produktionsbereiche der verschiedenen parallel arbeitenden Unternehmen in einem Bauprojekt effizient sicherzustellen, ist es notwendig, dass für die einzelnen Produktionsbereiche (Herstellung/Montage) Takt- und Fliesprozess-Konzepte ausgearbeitet werden, welche auf ein übergeordnetes Logistikkonzept abgestimmt sind. Das übergeordnete Logistikkonzept eines Bauprojekts garantiert dabei ein kohärentes und auf die Fliessfertigung der parallel arbeitenden (Sub-)Unternehmer abgestimmtes Baulogistikfeinkonzept, welches durch das zentrale Logistikmanagement vorgegeben wurde.

Um das Baulogistikfeinkonzept systematisch zu strukturieren, kann es entsprechend dem Abb. 12.54 gegliedert werden. Dabei muss zwischen den beiden Grundtypen „phasenunabhängiges Logistikkonzept" und dem „phasenabhängigen Logistikkonzept" unterschieden werden. Diesen beiden Grundtypen werden die folgenden Konzepte zugewiesen:

- Phasenunabhängige Logistikkonzepte
  - Übergeordnetes Logistikkonzept
  - Vertikales Informationslogistikkonzept
- Phasenabhängige Logistikkonzepte
  - Horizontales Informationslogistikkonzept
  - Versorgungslogistikkonzept
  - Baustellenlogistikkonzept
  - Entsorgungslogistikkonzept

Phasenunabhängige zentrale Logistikkonzepte: Die phasenunabhängigen Logistikkonzepte stellen die Randbedingungen und generellen Richtlinien für die phasenabhängigen Konzepte dar, anhand dessen diese entwickelt werden.

Der erste Bestandteil der phasenunabhängigen Logistikkonzepte ist das übergeordnete Logistikkonzept, in welchem die notwendigen und die hinreichenden Ziele mit den dazugehörigen Instrumenten und Massnahmen definiert werden. Das übergeordnete Logistikkonzept besteht aus den folgenden Konzepten:

- Das Baustelleninfrastrukturkonzept definiert die notwendige Baustelleneinrichtung, um den Informations- und Ressourcenfluss störungsfrei sicherzustellen.
- Das Umweltkonzept beinhaltet die Massnahmen, mit welchen die Beeinflussung der Umwelt durch die Baustellenemissionen (Verkehr, Lärm, Staub, Erschütterungen) minimiert werden.

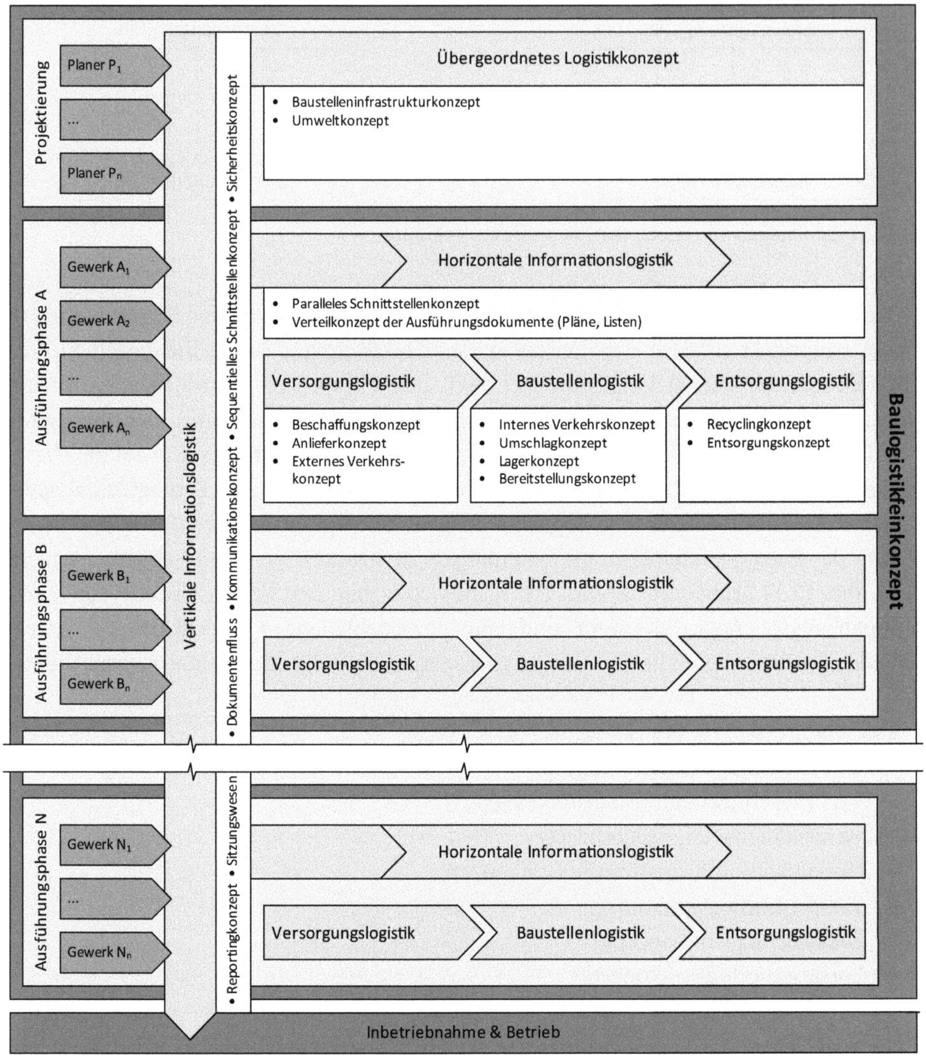

Abb. 12.55 Leistungsbereiche des zentralen Logistikmanagements

Der zweite Bestandteil ist das vertikale Informationslogistikkonzept, in welchem der Informationsaustausch zwischen den einzelnen Phasen so geregelt wird, dass die nachfolgenden Prozesse stets auf ein vollständiges Dossier mit den notwendigen Informationen zugreifen können. Dies beinhaltet somit das Reporting, das Sitzungswesen und den Dokumentenfluss. Im vertikalen Informationslogistikkonzept werden auch die Schnittstellen zwischen den einzelnen sequentiell auszuführenden Gewerken geregelt. Im ebenfalls enthaltenen Kommunikationskonzept werden die Instrumente definiert, mit welchen die betroffene Öffentlichkeit über die Baustelle aktiv wie auch passiv informiert werden wird. Ein weiterer nicht zu vernachlässigender Bestandteil ist das Sicherheitskonzept, in welchem einerseits der Sicherheits- und Gesundheitsplan (SiGePlan) und anderseits die Zutrittskontrollen auf die Baustelle geregelt werden.

Phasenabhängige zentrale Logistikkonzepte: Die phasenabhängigen Logistikkonzepte definieren für jede einzelne Ausführungsphase (z. B. Aushub, Gründung, Rohbau, Gebäudehülle etc.) ein ganzheitliches Logistikkonzept.

Der erste Bestandteil der phasenabhängigen Logistikkonzepte ist das horizontale Informationslogistikkonzept, mit welchem sichergestellt wird, dass jederzeit sämtliche Akteure auf der Baustelle die notwendigen Unterlagen für eine korrekte Ausführung haben (Pläne, Listen etc.). Zudem werden im horizontalen Informationslogistikkonzept auch die Schnittstellen zwischen den einzelnen parallel auszuführenden Gewerken geregelt.

Der zweite Bestandteil ist das Versorgungslogistikkonzept, mit welchem die Beschaffung, die Anlieferung und der externe Verkehr für einen kontinuierlichen Takt- und Fliessprozess geregelt werden. Beim Beschaffungskonzept gilt es anzumerken, dass durch das zentrale Logistikmanagement lediglich die Mindestanforderungen an die entsprechenden Ressourcen gestellt werden sollten, die Beschaffung selbst sollte durch den ausführenden Unternehmer geplant, durchgeführt und sichergestellt werden.

Der dritte Bestandteil der phasenabhängigen Logistikkonzepte ist das Baustellenlogistikkonzept. In diesem Konzept werden das interne Verkehrskonzept des Baustellenverkehrs, das Umschlagkonzept der angelieferten Materialien, das Lagerkonzept und das Bereitstellungskonzept sämtlicher Ressourcen geregelt.

Der vierte und letzte Bestandteil stellt das Entsorgungskonzept dar. In diesem wird einerseits das Recyclingwesen im Recyclingkonzept geregelt, wie aber auch das Entsorgungskonzept für die nicht wiederverwertbaren Reststoffe aufgestellt.

12.8.2.4 Aufgabenteilung Zentrales Logistikmanagement – Unternehmer

Ressourcen

In der Baulogistik müssen die verschiedenen Ressourcentypen für eine erfolgreiche Baulogistik zur Sicherstellung des Fliessherstellungsprozesses vom zentralen Logistikmanagement über die Konzepte des Baulogistikfeinkonzepts gemanagt werden. Diese Ressourcen werden folgendermassen definiert:

- Baustoffe:
  Die Baustoffe umfassen sämtliche Baumaterialien, welche auf der Baustelle in das Gesamtbauwerk eingebaut werden. Dies sind beispielsweise Beton, Schüttmaterial, Fertigteile, Lüftungsrohre etc. wie aber auch die entsprechenden Befestigungs- und Zusatzteile welche zur Montage benötigt werden. Es kann sich um Baumaterialien für das endgültige Bauwerk wie aber auch für temporäre Bauhilfskonstruktionen (z. B. Spundwände) handeln.
- Bauhilfsmittel:
  Die Bauhilfsmittel umfassen sämtliche mobilen Umschlag-, Montage- und Arbeitsgeräte und -einrichtungen, welche benötigt werden, um die Bauproduktionsprozesse ef-

fektiv und effizient auszuführen. Die Arbeitsgeräte sind nur temporär auf der Baustelle und werden im Regelfall nach der Beendigung der entsprechenden Ausführungsphase wieder entfernt. Hierzu gehören die Baugeräte wie der Hydraulikbagger, LKW, Mobilkrane, Betonpumpen, Schalung etc.

- Baustelleneinrichtung:
  Die Baustelleneinrichtung umfasst sämtliche temporären, immobilen Einrichtungen, welche für eine effektive und effiziente Bauproduktion benötigt werden. Diese Einrichtungen werden im Regelfall nach der Fertigstellung entweder rückgebaut oder umgenutzt. Zu Baustelleneinrichtungen gehören beispielsweise die Baubüros, Baustellenenergieversorgung, Baustrassen, Ortbetonanlagen, Lagerplätze, Entsorgungsinfrastruktur etc.
- Arbeitskräfte:
  Zu den Arbeitskräften gehören sämtliche personellen Ressourcen der Bauproduktion inklusive den entsprechenden persönlichen Arbeitsinstrumenten und dem Kleinwerkzeug.
- Information:
  Zu der Ressource Information gehören sämtliche digitalen und analogen Unterlagen über das technische Wissen und die Erfahrungen, welche in der Planungs- und Ausführungsphase neu entwickelt oder gesammelt wurden.
- Finanzen:
  Zu den Finanzen gehören sämtliche Geldströme, welche benötigt werden, um die Planung, Ausführung und Übergabe zu finanzieren. Die Finanzströme werden immer über den Bauherrn respektive über den GU/TU abgewickelt, wobei auch das Controlling bei diesem verbleibt. Aus diesen Gründen werden die Finanzströme in dieser Arbeit nicht weiter berücksichtigt. Es sei aber erwähnt, dass die Finanzen sorgfältig im Voraus geplant werden müssen, da bei Liquiditätsengpässen aufwendige Umplanungen, Bauverzögerungen oder Baustopps drohen.

Arbeitsphasen

Um die aufgeführten Ressourcen im Sinne einer holistischen Logistik für einen kontinuierlichen interaktiven und integrativen Fliessherstellungsprozess effektiv und effizient managen zu können, sind verschiedene Arbeitsphasen notwendig. Diese Arbeitsphasen können für die einzelnen Supply Chains (SC) der Baustoffe, Bauhilfsmittel, Baustelleneinrichtung, Arbeitskräfte und Informationen folgendermassen strukturiert werden:

- Planung:
  In der Planungsphase werden die 4-R-Aufgaben für die einzelnen Ressourcen nach Weber [1] bearbeitet. Diese Aufgabe kann in der Planung in die folgende 4-W-Aufgabenstellung [4] umformuliert werden: Was? Wie? Wann? Wo? Die Planungsphase endet im Regelfall mit dem Beschaffungsauftrag, kann aber auch rollierend weitergeführt werden.

- Beschaffung:
  In der Beschaffungsphase werden die entsprechend geplanten Ressourcen besorgt. Die Ressourcen können entweder bereits im Eigentum oder Besitz der mit der Beschaffung beauftragen Partei sein oder sie müssen erst noch besorgt werden. Die Beschaffungsphase endet meist mit der Anlieferung der entsprechenden Ressourcen auf der Baustelle. Bei den Bauhilfsmitteln, der Baustelleneinrichtung und den Arbeitskräften ist hinsichtlich einer holistischen Logistik auch die Rückführung ein Bestandteil der Beschaffung.
- Bereitstellung:
  In der Bereitstellungphase werden die Ressourcen von der Anlieferung entgegengenommen, aufbereitet, umgeschlagen, eingelagert und zum richtigen Zeitpunkt der Bauproduktion zur Verfügung gestellt. Die Bereitstellung erfolgt kontinuierlich zum Bauproduktionsprozess (z. B. bei Ortbeton) oder bei der Rückführung (z. B. bei Baugeräten) zum Lager- oder Abstellplatz.
- Koordination:
  Die Koordination läuft parallel zu sämtlichen Arbeitsphasen und umfasst die Tätigkeiten, welche für den stetigen Informationsabgleich und Reaktionen auf veränderte Bedingungen notwendig sind. Zu den Koordinationsaufgaben gehören beispielsweise Sitzungen, Rapporte sowie Anfragen für zusätzliche Ressourcen und deren Bewilligungen oder Zurückweisungen.

Bei der Sicherstellung des Informationsfluss, welcher sehr eng über die Koordinationsaufgaben mit den anderen Ressourcen verknüpft ist, sind die Aufgabenphasen anders geordnet, weil die Informationsbeschaffung und -bereitstellung nicht mehr gesondert betrachtet werden kann, sondern eine integrale Tätigkeit darstellt. Zudem ist die Planung geringfügig anders, die Wo-Frage ist nicht mehr relevant, da Informationen nicht ortsgebunden sind und durch die Frage nach dem Empfänger (Wer?) ersetzt wird. Weiter muss zwischen den Basis- und den Ausführungsdaten unterschieden werden. Die Aufgabenphasen der Informationslogistik sind entsprechend folgendermassen gegliedert:

- Konzepterstellung:
  Die Konzepterstellung entspricht der Planungsphase mit der Bearbeitung der vier folgenden Fragen: Was für Informationen werden benötigt? Wie werden die relevanten Informationen gewonnen, aufbereitet und wie werden sie bereitgestellt? Wer benötigt die Informationen? Wann werden diese Informationen benötigt? Dabei muss das horizontale wie auch das vertikale Informationskonzept ausgearbeitet werden.
- Bereitstellung Basisdaten:
  Die Bereitstellung der Basisdaten umfasst sämtliche Prozesse, um die Ausführungsunterlagen aus der Bauprojektplanung den ausführenden Unternehmer zukommen zu lassen, inklusive der Beschaffung der Daten. Mit den Basisdaten muss das Bauwerk in der geplanten Qualität und in den geplanten Zeitfenstern erstellt werden können. Die Informationen werden in Form von Plänen, Listen, Berichte etc. bereitgestellt. Die Bereitstellung der Basisdaten erfolgt gesondert pro Gewerk.

- Bereitstellung Ausführungsdaten:
  Die Bereitstellung der Ausführungsdaten umfasst sämtliche Prozesse der Beschaffung der Informationen über die tatsächlich auszuführenden Tätigkeiten. Dies sind beispielsweise Pläne, Koordinationslisten, Materiallisten etc. Nach vollendeter Ausführung sind Ausmasse und Rapporte über die ausgeführten Gewerke, insbesondere die Abweichungen zu den Basisdaten notwendig.
- Koordination:
  Zu den Koordinationstätigkeiten im Informationsfluss wird die Informationsverarbeitung zur fehlerfreien Interpretation der bereitgestellten Informationen gezählt. Die bereitgestellten Informationen müssen immer besprochen (koordiniert) werden, so dass alle beteiligten Seiten diese korrekt interpretieren. Dies kann über Sitzungen, Berichte oder auch informelle Treffen geschehen. Die Massnahmendefinition bei Abweichungen und Störungen ist ebenfalls eine Tätigkeit der Informationskoordination.

Aufgabenteilung
Im Sinne der Schnittstellenoptimierung und Konfliktvermeidung müssen für die einzelnen Ressourcen während den einzelnen Arbeitsphasen die Schnittstellen eindeutig geregelt sein. Eine Übersicht für die Aufgabenteilung ist in Abb. 12.56 dargestellt.

Die Koordination sämtlicher Ressourcen und Arbeitsphasen kann nicht auf eine Partei beschränkt werden; hier sind immer alle Akteure gleichermassen gefordert. Bei den Ressourcen Baustoffe, Baugeräte, Bauhilfsstoffe und Arbeitskräfte handelt es sich hierbei hauptsächlich um das Rapport- und Sitzungswesen, um den Informationsstand abzugleichen. Zudem beinhalten die Koordinationstätigkeiten auch die Anfragen resp. Bewilligung von ausserplanmässigen Ressourcen. Abgewickelt wird die Koordination über die Informationslogistik, weshalb diese im Bereich „Information" des Abb. 12.56 auch aufgeführt ist.

Baustoffe: Bei den Baustoffen übernimmt das zentrale Logistikmanagement die globale Planung sämtlicher Ressourcen in der Projektierungsphase. Die Planung der Baustoffe erfolgt in einem ersten Schritt durch die technische Projektierung, so dass die Funktionalität und Sicherheit des Bauwerkes sichergestellt ist. Um die Logistik und somit die Ausführung des Bauwerkes möglichst effizient durchzuführen, soll in einem zweiten Schritt das zentrale Logistikmanagement die eingesetzten Baustoffe hinsichtlich des Transportes und der Montage optimieren. Dabei soll der Fokus möglichst auf leichte Fertigteile mit geringem Transportvolumen gelegt werden, welche mit einfachen Mitteln montiert werden können. Im Rahmen der Koordination sollten für eine praxisnahe Planung auch die Unternehmer mit in den Planungsprozess einbezogen werden.

Die weiteren Arbeitsphasen für die einzelnen Ressourcen werden im Folgenden genauer erläutert. Die Beschaffung der Ressourcen in der Ausführungsphase erfolgt durch den ausführenden Unternehmer selbst, da dieser im Regelfall eigene Lieferverträge abgeschlossen hat. Ein weiterer Grund ist, dass der Wettbewerb zwischen den Baustoffzulieferern nicht behindert und dadurch etwaige Preisvorteile nicht aus der Hand gegeben werden sollen. Es obliegt somit in der Verantwortung der Unternehmer, dass die richti-

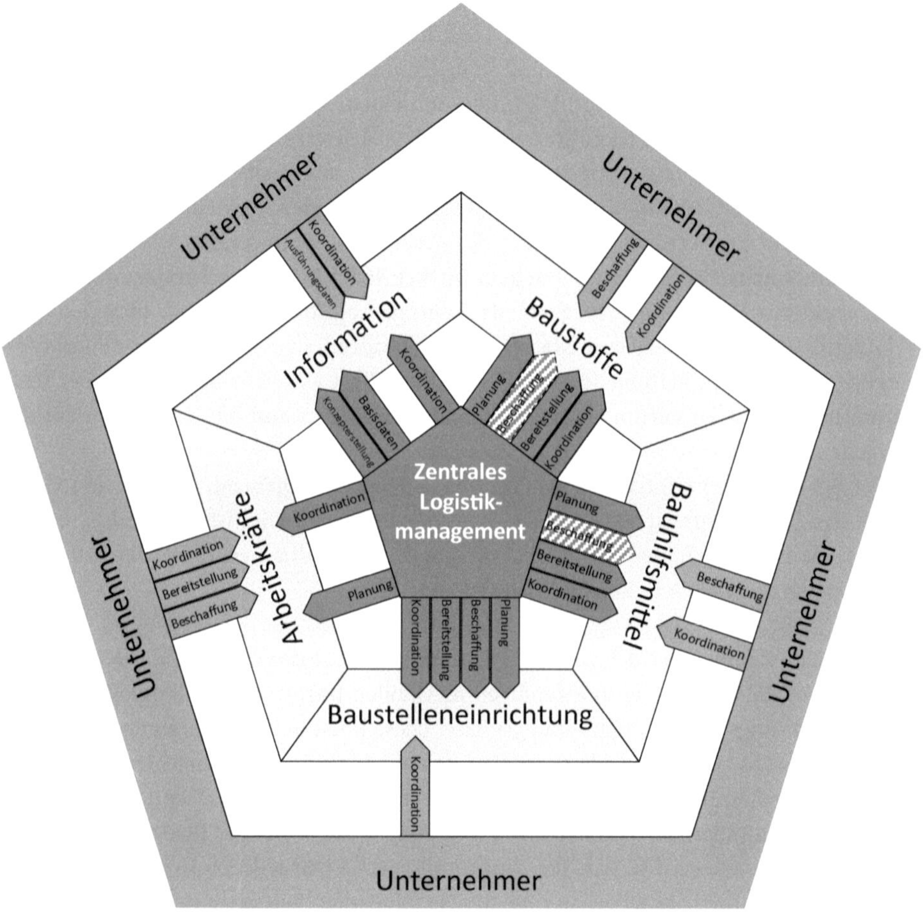

Abb. 12.56 Aufgabenteilung zentrales Logistikmanagement – Unternehmer

gen Baustoffe, im richtigen Zustand, zum richtigen Zeitpunkt auf der Baustelle angeliefert werden. Die Anlieferung erfolgt immer zentral und die Baustoffe werden vom zentralen Logistikmanagement in Empfang genommen.

Das zentrale Logistikmanagement übernimmt die Koordination der Bereitstellung der Baustoffe, das betrifft zudem das Bewirtschaften der Lagerplätze für die Baustoffe zwischen der Anlieferung und dem Einbau. Dies kann bedeuten, dass die Baustoffe bei Just-in-Time (JiT) Anlieferungen direkt weiter zur Bauproduktion geleitet oder dass sie zuerst über Zwischenlager umgeschlagen werden, um bei beispielsweise kritischen Baustoffen Lieferengpässe überbrücken zu können oder Puffer für Leistungsschwankungen der Unternehmer aufzubauen.

Bauhilfsmittel: Bei den Bauhilfsmitteln übernimmt das zentrale Logistikmanagement analog den Baustoffen die Planung sämtlicher Ressourcen in der Projektierungsphase. Im ersten Schritt werden durch die technische Planung die Mindestanforderungen und Randbedingungen aufgestellt. In einem zweiten Schritt werden durch das zentrale Logistikmanagement die exakten Arbeitsgeräte und -einrichtungen für die optimale Versorgung der Bauproduktionsprozesse evaluiert. Dies muss mit einem ständigen Abgleich der Planungen mit den Baustoffen durchgeführt werden, so dass die Geräte optimal auf die Baustoffe – insbesondere die Fertigteile – abgestimmt sind. Um eine praxisnahe Planung zu erreichen, müssen im Rahmen der Koordination ausführende Unternehmer miteinbezogen werden.

Die Beschaffung der Bauhilfsmittel in der Ausführungsphase erfolgt wiederum durch den ausführenden Unternehmer, welchem im Regelfall ein entsprechender Maschinenpark bereits zur Verfügung steht. Sollte das zentrale Logistikmanagement über den GU/TU oder Bauherrn einen eigenen Maschinenpark besitzen, ist es aus Kostengründen auch möglich, dass die Beschaffung durch diesen durchgeführt wird. Die Beschaffung der Bauhilfsmittel umfasst wiederum alle notwendigen Tätigkeiten, um die Ressourcen auf die Baustelle zu liefern.

Die Bereitstellung erfolgt über das zentrale Logistikmanagement, welches den Gerätepark der Logistikinfrastruktur auf der Baustelle unterhält. Dies ist notwendig, um die meist stark eingeschränkten Platzverhältnisse auf innerstädtischen Baustellen auf Fertigungsflächen nicht noch weiter einzuschränken.

Baustelleneinrichtung: Bei der Baustelleneinrichtung übernimmt das zentrale Logistikmanagement die Planung der notwendigen immobilen Infrastruktur auf der Baustelle in der Projektierungs- und Ausschreibungsphase. Diese muss mit den einzelnen Bauphasen abgeglichen werden, wodurch diese im Regelfall abhängig von den einzelnen Bauphasen geplant und während der Realisierung entsprechend umgestellt wird. Denn jede Baustelle ist ein sich kontinuierlich veränderndes Produktionssystem. Bei der Planung soll besonders darauf geachtet werden, dass die Umbauphasen der Baustelleneinrichtung möglichst selten und geringfügig ausfallen, um die daraus folgenden Störungen der Bauproduktion zu minimieren. Die Planung sollte ebenfalls mit den ausführenden Unternehmern koordiniert erfolgen.

Da es sich bei der Baustelleneinrichtung um die zentrale Infrastruktur auf der Baustelle handelt, sollte die Beschaffung wie auch die Bereitstellung durch das zentrale Logistikmanagement durchgeführt werden.

Während der Ausführung melden die ausführenden Unternehmer beim zentralen Logistikmanagement ihre Bedürfnisse für den jeweiligen Bauproduktionsprozess an, worauf das zentrale Logistikmanagement die entsprechenden Kapazitäten während der entsprechenden Zeitdauer zur Verfügung stellt.

Arbeitskräfte: Bei den Arbeitskräften übernimmt das zentrale Logistikmanagement die Grobplanung der Grössen der einzelnen Arbeitsequipen, um den Platzbedarf der einzelnen Gewerke in der Projektierungsphase abzuschätzen. Diese Planung der Grössen wird dann nach Vergabe an die Bauaufträge angepasst. Die genaue Anzahl der Arbeiter wird schlussendlich durch den ausführenden Unternehmer angegeben. Die Unternehmer koordinieren dies aber mit dem zentralen Logistikmanagement, so dass rechtzeitig auf etwaige Platzprobleme reagiert werden kann.

Die Beschaffung und Bereitstellung der Arbeitskräfte erfolgt durch den ausführenden Unternehmer, weil diese eingespielte Arbeitsteams haben und für die qualitäts- und termingerechte Leistung verantwortlich sind. Dies garantiert einen effizienten Produktionsprozess mit einer kurzen Einarbeitungs- und Lernphase. Der Unternehmer muss zudem verpflichtet werden, die einzelnen Arbeitskräfte dem zentralen Logistikmanagement zu melden, so dass einerseits Schwarzarbeit verhindert und andererseits die Sicherheit auf der Baustelle gewährleistet werden kann.

Durch eine entsprechende Zutrittskontrolle sollte jeweils bekannt sein, wer sich auf der Baustelle befindet. Während die Regelung der Anzahl der Arbeiter kooperativ abgewickelt wird, sind die Zutrittskontrollen vom zentralen Logistikmanagement eindeutig vorgegeben.

Information: Bei der Informationslogistik besteht die erste Arbeitsphase im Erstellen der beiden Informationskonzepte (vertikales und horizontales Informationskonzept). Das Erstellen der beiden Informationskonzepte wird durch das zentrale Logistikmanagement durchgeführt. Mit dieser Massnahme soll sichergestellt werden, dass das Informationskonzept systematisch strukturiert ist, um die Informationsflüsse einfach zu halten.

Die Bereitstellung der Basisdaten (dies beinhaltet ebenfalls deren Beschaffung) erfolgt über das zentrale Logistikmanagement, welches die entsprechenden Ausführungsunterlagen den zuständigen Unternehmern zukommen lässt.

Die Bereitstellung der Ausführungsdaten – dies beinhaltet ebenfalls deren Beschaffung (Pläne, Absteckungsdaten etc.) – erfolgt über die zentrale Logistikstelle, da diese direkt an der Informationsquelle ist und die Daten mittels eines vordefinierten Rapportsystems (im vertikalen Informationskonzept geregelt) den Unternehmern zur Verfügung stellen kann. Die Aufbereitung der Daten nach ausgeführten Arbeiten sollte möglichst beim Unternehmer geschehen (Erstellen von Ausmassen, Pläne des ausgeführten Werkes etc.), so dass das zentrale Logistikmanagement die verschiedenen Auswertungen aller Unternehmer effizient interpretieren kann, um schnellstmöglich etwaige Massnahmen definieren zu können. Die Massnahmendefinition erfolgt kooperativ mit den Unternehmern.

12.8.2.5 Fazit

Durch eine konsequente Analyse der Ressourcen- und Informationsströme als Supply Chains (SC) und durch eine entsprechend angepasste Logistik im innerstädtischen Baubetrieb kann ein hohes Effizienzpotential für die Unternehmer der Bauwirtschaft und für die Bauprojekte aktiviert werden. Um dieses Potential auszuschöpfen, sind drei grundsätzliche Änderungen im Bauwesen notwendig:

1. Um das Gesamtoptimum eines Bauprojektes zu erreichen, müssen alle Akteure ihr Silo-Denken durchbrechen und sich kooperativ verhalten.
2. Um die Kooperation in den einzelnen Projekten zu stärken, sind wiederholende Partnerschaften wertvoll. Mit langfristigen Partnerschaften können Partner von Anfang in die Planung miteinbezogen und Lernphasen in der Bauproduktion verkürzt werden.

3. Die Supportprozesse und Schnittstellen müssen zentral auf Stufe Bauherr oder GU/TU koordiniert und kontrolliert werden, um eine kontinuierliche und möglichst störungsfreie Versorgung der Bauproduktion zu gewährleisten und um damit den Takt- bzw. Fliessherstellungsprozess logistisch abzusichern.

Mit dem Konzept des zentralen Logistikmanagements können diese Grundsätze umgesetzt werden und eine entsprechende Leistungssteigerung bei gleichem personellem und zeitlichem Aufwand ist möglich. Die Zukunft eines effizienten Bauwesens liegt in der forcierten und partnerschaftlichen Kooperation und in der Sicherstellung eines systematisch geplanten Logistik-Takt- und -Fliessprozesses im Rahmen der AVOR sowie im Rahmen einer systematischen Wochentakt- und Fliessplanung der Roh- und Ausbaugewerke.

12.8.3 Logistikplanung der Gewerkeunternehmen

12.8.3.1 Prinzip der Fliessfertigung

Um die schwachstellenverdächtigen Zeiten in der Bauproduktion zu minimieren, ist es notwendig, dass die einzelnen Fertigungsprozesse zu einem ganzheitlichen Takt- und Fliessherstellungsprozess auf einander abgestimmt werden. Dies wurde einerseits durch Hasenclever, Horenburg et al. [38] mit der Strategie die Prozesse zu vereinfachen und harmonisieren, zu stabilisieren und regulieren sowie zu mobilisieren formuliert. Zudem wurde in bereits ein analytisches, generisches „Top-Down"-Vorgehen zur Entwicklung des Basisbauproduktionsprozesses und des Ressourcenplans vorgestellt. Diese systemische Bauproduktionsplanung resultiert in einer strukturierten Aufteilung des gesamten Bauproduktionsprozesses in Hauptprozesse, Modulprozesse und Elementarprozesse, deren Leistungsfähigkeit gemäss dem Fliessprozess und nach dem ökonomischen Minimalprinzip gegenseitig abgestimmt und optimiert werden muss. Die zu erreichende Fliessfertigung hat eine kontinuierliche und gleichmässige Auslastung der einzelnen Arbeitsequipen mit möglichst repetitiven Arbeiten zum Ziel. Dadurch sollen einerseits die Schnittstellenkonflikte minimiert und anderseits Lerneffekte im fortschreitenden Bauproduktionsprozess erzielt werden.

Geeignete Darstellungsformen für die Fliessfertigung sind einerseits die Gantt-Balkendiagramme für die Rohbauarbeiten, um die Zeitdauern und die Abhängigkeiten der einzelnen Prozesse darzustellen, andererseits auch sogenannte Flächenmodelle bei Ausbauarbeiten, um den verschiedenen Arbeitsgattungen für die einzelnen Arbeitstakte und Teilprozesse die notwendigen Fertigungsflächen wie aber auch Logistikflächen zuzuweisen. Im Abb. 12.57 ist exemplarisch ein Ausschnitt aus einem solchen Flächenmodell gegeben, in welchem die Fertigungszonen für die einzelnen Ausbaugewerke vorgeben sind. In Flächenmodellen können zudem Lager-, Verkehrsflächen und andere Flächen zusätzlich eingetragen werden.

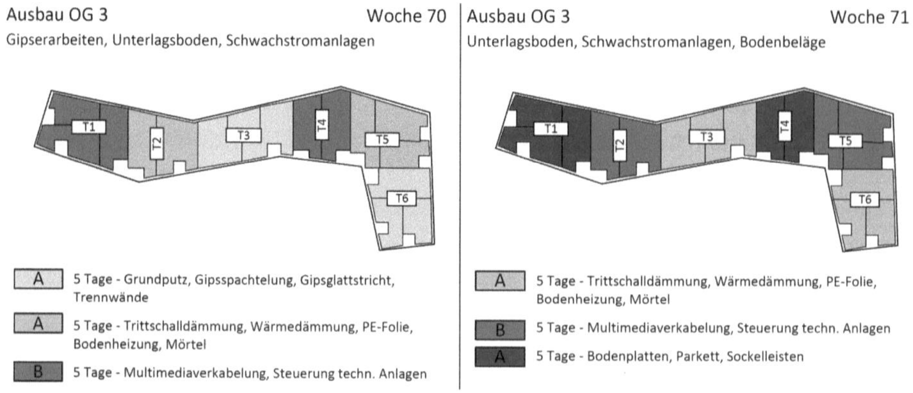

Abb. 12.57 Ausschnitt aus dem Flächenmodell einer Hochbaustelle [39]

12.8.3.2 Phasenunabhängige Konzepte

Vertikale Informationslogistik
Das vertikale Informationskonzept regelt einerseits die physischen Einrichtungen welche notwendig sind, um die Informationen ersteller- und verbrauchergerecht zu sammeln und zu verarbeiten und andererseits die informellen Strukturen um einen lückenlosen Informationsfluss zu erreichen. Das vertikale Informationskonzept hat eine zentrale Bedeutung, um einen gegen Störungen robusten Bauablauf erreichen zu können. Nur bei einem optimalen Informationsfluss können die Verantwortlichen bei Störungen sofort und korrekt entscheiden. Weiter können durch die von den Unternehmer zurückfliessenden Informationen (beispielsweise via Berichtswesen oder in Sitzungen) Korrekturmassnahmen für suboptimale Konzepte im Sinne eines KVP eingebracht werden. Zu den Bestandteilen des vertikalen Informationskonzepts gehören neben dem Organigramm des Projektes und der Baustelle folgende Inhalte:

- Das Reportingkonzept
  Wer verfasst welchen Bericht mit welchem Mindestinhalt?
- Die Definition des Sitzungswesens
  Welche Sitzungen mit welchen Traktanden und Teilnehmern in welchem Turnus?
- Der Dokumentenfluss
  Wer verfasst welche Dokumente und über welchen Weg kommen diese zum Empfänger?
- Das Kommunikationskonzept nach aussen
  Wie wird die Öffentlichkeit über die Baustelle informiert?
- Das sequentielle Schnittstellenkonzept
  Welche Arbeitsphasen laufen sequentiell ab und wie müssen diese koordiniert werden?
- Das Sicherheitskonzept
  Wer hat Zutritt auf die Baustelle, welche Sicherheitsregeln (Sicherheits- und Gesundheits-Plan) gelten auf der Baustelle?

Damit ein einheitlicher und kontinuierlicher Informationsfluss garantiert werden kann, müssen die Konzepte phasenunabhängig konzipiert werden. Bei sich ständig ändernden Abläufen in der Informationsbeschaffung, -verarbeitung und -verteilung besteht die Gefahr, dass ein mangelhafter Informationsfluss im Bauproduktionsprozess entsteht. Dies kann zu Verzögerungen oder Mängeln führen und somit Mehrkosten verursachen. Um ein innerstädtisches Grossprojekt erfolgreich und möglichst störungsfrei durchführen zu können, ist es notwendig, dass die Öffentlichkeit regelmässig informiert wird, um Akzeptanz oder mindestens Verständnis zu schaffen. Hierzu wurden von Merz [40] geeignete Massnahmen vorgestellt und erläutert.

Übergeordnetes Logistikkonzept

Baustelleninfrastrukturkonzept
Das phasenunabhängige Baustelleninfrastrukturkonzept umfasst sämtliche immobilen und mobilen Einrichtungen, welche über die gesamte Ausführungsphase auf der Baustelle im Einsatz sind. Anhand des Baustelleninfrastrukturkonzeptes werden die phasenabhängigen Konzepte ausgearbeitet. Es umfasst somit die folgenden Punkte [4]:

- Notwendige Umschlaggeräte und -einrichtungen
- Notwendige Infrastruktur zur Energieversorgung
- Notwendige Infrastruktur zur Wasser- und Abwasserversorgung
- Notwendige Büro- und Sozialeinrichtungen
- Festlegung der grundsätzlich einzusetzenden Transportsysteme

Die Feinkonzipierung der ersten vier Punkte wird über die phasenabhängigen Konzepte geregelt, da diese im Verlauf der Bauausführung teilweise umgestellt bzw. angepasst werden müssen, um eine effiziente Bauproduktion ermöglich zu können. Für das phasenunabhängige Konzept wird eine Grobplanung durchgeführt, welche als zwingende Basis für die Feinkonzepte dient. Im aufgeführten fünften Punkt des Baustelleneinrichtungskonzept wird ausgearbeitet, wie die Anlieferung grundsätzlich erfolgen soll. Im Regelfall erfolgt die Anlieferung per LKW oder per Bahn.

Umweltkonzept
Das phasenunabhängige Umweltkonzept umfasst die Auflagen der Behörden sowie die freiwilligen Massnahmen, welche zum Schutz der Umwelt im Baubetrieb getroffen werden müssen. Die Auflagen der Behörden müssen als harte Ziele des Baubetrieb aufgefasst werden, während die freiwilligen Massnahmen als weiche Ziele gelten können, im Regelfall aber auch als harte Ziele definiert werden sollten.

Diese Ziele des Umweltkonzept dienen dazu, dass die einzelnen phasenabhängigen Konzepte umwelttechnisch gesteuert werden können. Insbesondere das externe Verkehrskonzept sowie das Anlieferungs- und Entsorgungskonzept werden stark durch das Umweltkonzept beeinflusst.

Das Umweltkonzept muss phasenunabhängig ausgeführt werden, so dass die definierten Massnahmen kontinuierlich ausgeführt werden können und nicht für jede einzelne

Bauetappen neue Richtlinien gelten. Durch Phasenunabhängigkeit soll die Qualität der Umsetzung der Auflagen und Massnahmen verbessert werden.

12.8.3.3 Phasenabhängige Konzepte

Horizontale Informationslogistik

Paralleles Schnittstellenkonzept
Im parallelen Schnittstellenkonzept werden die Schnittstellen zwischen den einzelnen Unternehmern, dem zentralen Logistikmanagement sowie etwaigen sonstigen Akteuren auf der Baustelle geregelt, welche zeitgleich unterschiedliche Arbeiten durchführen.

Das parallele Schnittstellenkonzept umfasst somit ein Flächenmodell (Koordinationspläne), welches jedem Akteur auf der Baustelle die jeweiligen Fertigungs-, Lager- oder sonstigen Flächen eindeutig zuweist. Die geometrischen Grenzen parallel auszuführender Gewerke müssen so angeordnet werden, dass die gegenseitige Behinderung der Fertigungsprozesse (Lärm, Erschütterungen etc.) oder Logistikeinrichtungen und -prozesse (Materialtransporte, Lagerplätze etc.) durch Emissionen möglichst verhindert oder minimiert wird. Ein weiterer Bestandteil des parallelen Schnittstellenkonzepts ist eine Ansprech- und Koordinationsstelle im zentralen Logistikmanagement, über welche Überschneidungen oder unklar definierte Schnittstellen (z. B. Planungslücken, doppelt ausgeführte Arbeitsprozesse etc.) koordiniert werden.

Verteilkonzept der Ausführungsdokumente
Das Verteilkonzept der Ausführungsdokumente entspricht einem Verteilschlüssel, welcher Unternehmer zu welchem Zeitpunkt welche Dokumente bekommt, so dass die geforderten Leistungen korrekt ausgeführt werden können. Diese Dokumente können als Pläne, Listen, Berichte, Protokolle etc. digital wie aber auch in Papierform übergeben werden. Zudem sollte geregelt werden, wie gewisse Unterlagen (z. B. bei sicherheitsrelevanten und sensiblen Anlagen) verwendet werden dürfen, wer Einsicht haben muss und darf sowie ob diese nach der Fertigstellung der Arbeiten zurückgegeben werden müssen. Um die Informationsverteilung für die Ausführung in allen Etappen gewährleisten zu können, muss das Verteilkonzept für die Ausführungsdokumente phasenabhängig erstellt werden. Dies insbesondere deshalb, weil in innerstädtischen Grossprojekten häufig die Planung wie die Ausführung etappenweise durchgeführt wird, da die Finanzierung der einzelnen Etappen oft erst im Verlaufe des Gesamtprojekt definitiv geregelt wird.

Versorgungslogistik

Externes Verkehrskonzept
Mit dem Begriff des externen Baustellenverkehrs werden die Verkehrsströme, welche in direktem Zusammenhang mit dem Baubetrieb stehen und ausserhalb der Grenzen des Baustellenareals verlaufen, zusammengefasst. Um ein umfassendes externes Verkehrskonzept zu erstellen, müssen dazu die folgenden Punkte beachtet und ausgearbeitet werden (Abb. 12.59):

- Die innerstädtische Zufahrtsstrecke zur Baustelleneinfahrt,
- Stau- und Warteräume bei baustellenseitigen Kapazitätsengpässen,
- Rangliste der Alternativrouten bei Verkehrsstörungen auf der Zufahrtsstrecke,
- Verkehrslenkungssystem bei der Baustellenzufahrt (Ampeln, Verkehrsschilder),
- Betriebskonzept der Baustellenbahnhöfe bei der Anbindung des Logistiksystems an das öffentliche Schienennetz,
- Definierung der Mindesttransportkapazität für die Unternehmer,
- Emissionsschutz der direkten und indirekten Anstösser der Baustelle (Anwohner, Gewerbe, benachbarte Baustellen etc.).

Die Schnittstelle des externen Verkehrs zum eigentlichen Baubetrieb stellt das Tor der Baustellenzufahrt dar, welches aber im Konzept des internen Baustellenverkehrs geregelt wird.

Bei der Ausarbeitung des externen Verkehrskonzepts muss besonderes der Emissionsschutz der Anlieger beachtet werden. Dies ist insbesondere bei sukzessiv fertiggestellten innerstädtischen Grossprojekten der Fall, in welchen der Verkehr teilweise durch Bauabschnitte geführt werden muss, welche aber bereits fertiggestellt und in Betrieb sind. Der folgende Transport-Belastungs-Index (TBI) wurde von Girmscheid [41] entwickelt um die Belastung der sich in Betrieb befindenden Baufelder durch sich in Bau befindende Baufelder zu quantifizieren:

$$TBI_{Gebx} = \sum_{t=t0}^{tend} \left\{ \begin{bmatrix} \alpha_1 \cdot \left(\sum_{K1=0}^{n} l_{Gebx,k1} \cdot g_{k1} \cdot \omega_{k1} \right) \\ + \alpha_2 \cdot \left(\sum_{K2=0}^{m} A_{Gebx,k2}^{Nutz} \cdot \beta_{Gebx,k2} \cdot g_{k2} \right) \end{bmatrix} \right\} TA(t)_{Gebx} \cdot t$$

$$\beta_{Gebx,k2} = \left(\frac{l_{Geb,i}}{\sum_{i=1}^{4} l_{Geb,i}} \right) \cdot A_{Gebx,k2}^{Nutz}$$

α_1	Gewichtungsfaktor der Nutzungsperimeter EG
α_2	Gewichtungsfaktor der Nutzungsflächen oberhalb EG
$l_{Gebx,k1}$	Perimeter der Erdgeschossnutzung $k1$, die dem Baustellenverkehr ausgesetzt sind.
g_{k1}	Perimetergewichtungsfaktor (Belastungsfaktor) der Erdgeschossnutzung mit der Nutzung $k1$
g_{k2}	Perimetergewichtungsfaktor (Belastungsfaktor) der Nutzung oberhalb des Erdgeschosses mit der Nutzung $k2$
ω_{k1}	Perimetergewichtungsfaktor (Belastungsfaktor) der Gassen und Strassen mit der Anwohnernutzung $k1$
$A_{Gebx,k2}^{Nutz}$	Nutzungsfläche $k2$ des Gebäudes oberhalb EG
$\beta_{Gebx,k2}$	Perimeterparameter zur Bestimmung des Nutzungsflächenanteils pro Gebäudeseite, die den Bautransporten ausgesetzt sind
$l_{Geb,i}$	Seitenlänge der Nutzungskategorien $k1$ im Erdgeschoss oder Seitenlängen

	des Gebäudes oberhalb EG mit der Nutzung $k2$, die dem Baustellenverkehr ausgesetzt sind
$\sum_{i=1}^{4} l_{Geb,i}$	Umfang des Gebäudes, im Regelfall 4 Seiten
$TA(t)_{Gebx}$	Transportanzahl der Baustellenfahrzeuge pro Tag oder Monat oder Jahr
t	Zeiteinheit pro Tag oder Monat oder Jahr
k_1	Kategorien der Erdgeschossnutzung; $1 \leq k1 \leq n$
k_2	Kategorien der Geschosse oberhalb des EG; $1 \leq k2 \leq n$

Der erste TBI-Term bewertet die direkten Einwirkungen der Baustellentransporte auf die im Erdgeschoss befindlichen Nutzungseinheiten (z. B. Gastronomiebetriebe, Büros etc.) gemäss ihrer Sensitivität auf die Emissionen (Lärm, Abgase, Visualität) der Schwerlasttransporte. Der zweite TBI-Term bewertet die indirekten Einwirkungen der Baustellentransporte oberhalb des Erdgeschosses.

Beschaffungskonzepte
Ebenfalls zu den phasenabhängigen Konzepten gehören die Beschaffungskonzepte. Mittels diesen wird pro Ausführungsphase für die einzelnen Ressourcen geregelt, wer diese wann in welcher Qualität zu beschaffen hat. Die zu beschaffenden Ressourcen sind die Folgenden:

- Baustoffe,
- Bauhilfsmittel,
- Baustelleneinrichtung,
- Arbeitskräfte,
- Informationen,
- Finanzen.

Die Ressource Finanzen wird in dieser Veröffentlichung nicht weiter betrachtet, da das zentrale Logistikmanagement als Stabstelle keine Finanzkompetenz hat. Ob die entsprechenden Ressourcen vom zentralen Logistikmanagement oder vom ausführenden Unternehmer beschafft und auf die Baustelle geliefert werden, wurde in Kap. 12.8.2 erläutert.

Ein zentraler Aspekt des Beschaffungskonzeptes ist die Erstellung einer Materialdisposition. Für die Materialdisposition im jeweiligen Ausführungsprozess (Rohbau, Ausbau) ist der jeweilige Unternehmer verantwortlich. In der Materialdisposition wird festgelegt, wann welche Materialien benötigt werden und wie viel jeweils auf der Baustelle vorgehalten werden soll. Diese Anforderungen müssen jedoch in der und mit der zentralen Logistikstelle im Gesamtkontext der parallel laufenden Arbeitsprozesse der verschiedenen Unternehmer in den unterschiedlichen Gewerken koordiniert werden. Als Planungshilfe eignet sich hierzu eine Bewertung der einzelnen Materialien nach deren Lieferfristen und der Abhängigkeit des Bauprozesses von diesem einen Material. Das exemplarisch in Abb. 12.58 dargestellte Material M1 ist eine unkritische Ressource (keine bis wenig terminkritische Abhängigkeiten für den Bauprozess) und hat eine kurze Lieferzeit, diese Materialien müssen somit kaum auf der Baustelle vorgehalten werden, da bei einem kurz-

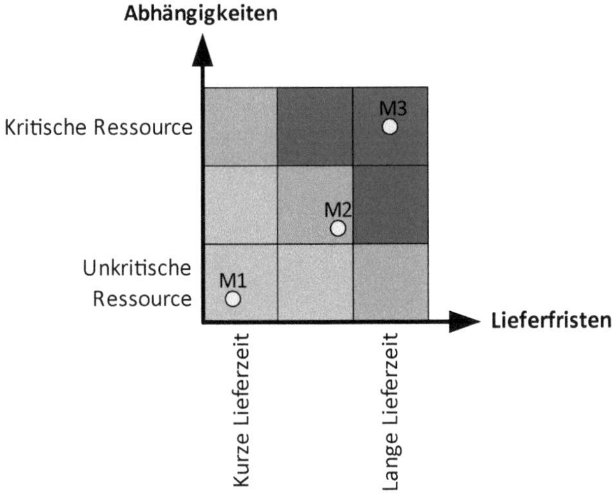

Abb. 12.58 Bewertung der zu beschaffenden Ressourcen

fristigen Engpass bei dieser Ressource keine nachfolgenden Prozesse gestört werden und zudem sofort wieder beschafft werden kann.

Anders sieht dies beim Material M3 im Abb. 12.58 aus, hier besteht eine hohe Abhängigkeit zu den nachfolgenden Prozessen und hat eine lange Lieferfrist und ein allfälliger Engpass an diesem Material stellt ein erhebliches Risiko für den Bauprozess dar. Um dieses Risiko zu minimieren ist es notwendig, dass eine entsprechende Bedarfsplanung durchgeführt oder ein entsprechender Vorrat auf der Baustelle vorgehalten wird um Lieferengpässe zu überbrücken.

Als Beispiel einer unproblematischen Ressource, wie die Ressource M1, kann Schüttmaterial aufgeführt werden, welches aus einer nahen Kiesgrube per LKW angeliefert wird. Das Schüttmaterial kann auch kurzfristig in grösseren Mengen bestellt und kann mit einer Just-in-Time (JiT) Anlieferung direkt zum Einbauort gebracht werden.

Eine etwas problematischere Ressource, wie die Ressource M2, stellen beispielsweise vorgefertigte Stahl-Fensterrahmen dar. Diese hat eine etwas längere Lieferzeit, da sie im Regelfall auf Abruf produziert werden, je nach Abmessungen aber Standardarbeiten darstellen. Zudem kann unter Umständen die Fassade bei Lieferschwierigkeiten nicht geschlossen werden, wodurch der Innenausbau verzögert werden kann.

Eine hoch problematische Ressource, wie die Ressource M3, stellt beispielsweise sehr dicke und speziell gebogene Bewehrungseisen aus hochwertigem Stahl dar. Sollten diese beispielsweise nur im Ausland produziert werden können und die Verfügbarkeit des Stahls eingeschränkt sein, resultieren sehr lange Lieferzeiten. Da sich solche hochbeanspruchte Bauteile oft an Schlüsselstellen im Bauwerk befinden und entsprechend nicht betoniert werden können, kann dies bei Lieferschwierigkeiten bis zu einem Baustopp führen.

Anlieferkonzepte

Das Anlieferkonzept regelt die Einfuhr sämtlicher beschafften Ressourcen auf das Baustellenareal. Um einen möglichst störungs- und konfliktfreien Bauablauf zu erreichen ist es notwendig, dass die Subunternehmer ihre Anlieferungen im Voraus beim zentralen Logistikmanagement anmelden, welche für die Anlieferung ein entsprechendes Zeitfenster definieren und dieses dem Subunternehmer mitteilen. Um den Baubetrieb stabil aufrecht zu erhalten, sollten im Regelfall nicht bewilligte, verfrühte oder verspätete Anlieferungen nicht akzeptiert oder so lange zurückgehalten werden, bis ein entsprechendes Anlieferungsfenster frei wird.

Um ein effizientes Entladen der Fahrzeuge zu bewerkstelligen, sollten durch das zentrale Logistikmanagement Standardgebinde definiert werden, welche für sämtliche Lieferungen verwendet werden müssen. Diese Gebinde können bei der Anlieferung durch standardisierte Hebegeräte und Umschlaggeräte direkt in die Zwischenlager oder bei Just-in-Time Anlieferungen direkt in die entsprechende Fertigungszone gebracht werden.

Um eine effiziente Materialbewirtschaftung auf der Baustelle zu erreichen, sollten die Anlieferungen direkt beim Entladen erfasst und in einer zentralen Datenbank mit dem Abladeort (das entsprechende Zwischenlager oder der Einbau-, Fertigungsort) abgespeichert werden. Dies kann einerseits vollautomatisch mit RFID-Chips und GPS Sensoren geschehen, halbautomatisch mit RFID-Chips und manueller Ortserfassung oder manuell mittels Barcodeerfassung und manueller Orterfassung der Materialanlieferung.

Bauproduktionslogistik

Internes Verkehrskonzept

Das Konzept für den internen Baustellenverkehr regelt die Anordnung und den Betrieb der notwendigen immobilen Infrastruktur für den Fahrzeug- und Personenverkehr auf dem Baustellenareal. Hierzu gehören die Anordnung der Parkplätze, Baustrassen, Zu- und Ausfahrtskontrollen, Radwaschanlagen sowie die Wege für den Personenverkehr.

Portalkonstruktionen über den Baustrassen (Abb. 12.60) werden als temporäre, immobile Infrastruktur aufgefasst und werden ebenfalls im Konzept für den internen Baustellenverkehr geregelt. Nicht dazu gehören teilmobile Einrichtungen für den Materialumschlag wie Bau- und Portalkräne oder Fassadenlifte, diese Einrichtungen werden im Umschlagkonzept geregelt.

Der zentrale Punkt bei der Planung des internen Verkehrskonzepts ist die Anordnung der Baustrassen und den Anlieferzonen. Hierbei soll insbesondere darauf geachtet werden, dass bei der Anlieferung die LKW-Abstellplätze den Verkehrsfluss auf den Baustrassen nicht stören. Eine weitere Möglichkeit, um Störungen im Baubetrieb zu vermeiden ist, dass die Baustrassen möglichst ohne Gegenverkehr geführt werden.

Bei der Konzipierung der Baustrassen im Baustellenareal ist es zudem unabdingbar, frühzeitig die Schwer- und Schwerstlaststrecken zu berücksichtigen. Es müssen in den entsprechenden Bereichen frühzeitig Bodenverbesserungen oder – bei der Überfahrt von Untergeschossen – Abspriessungen eingeplant werden, sollte die Sicherheit nicht anders garantiert werden können.

Aus dem internen Verkehrskonzept resultiert schlussendlich ein Layout des Baustellenareals, wie es beispielsweise im Abb. 12.59 aus Girmscheid [41] abgebildet ist. Entsprechen-

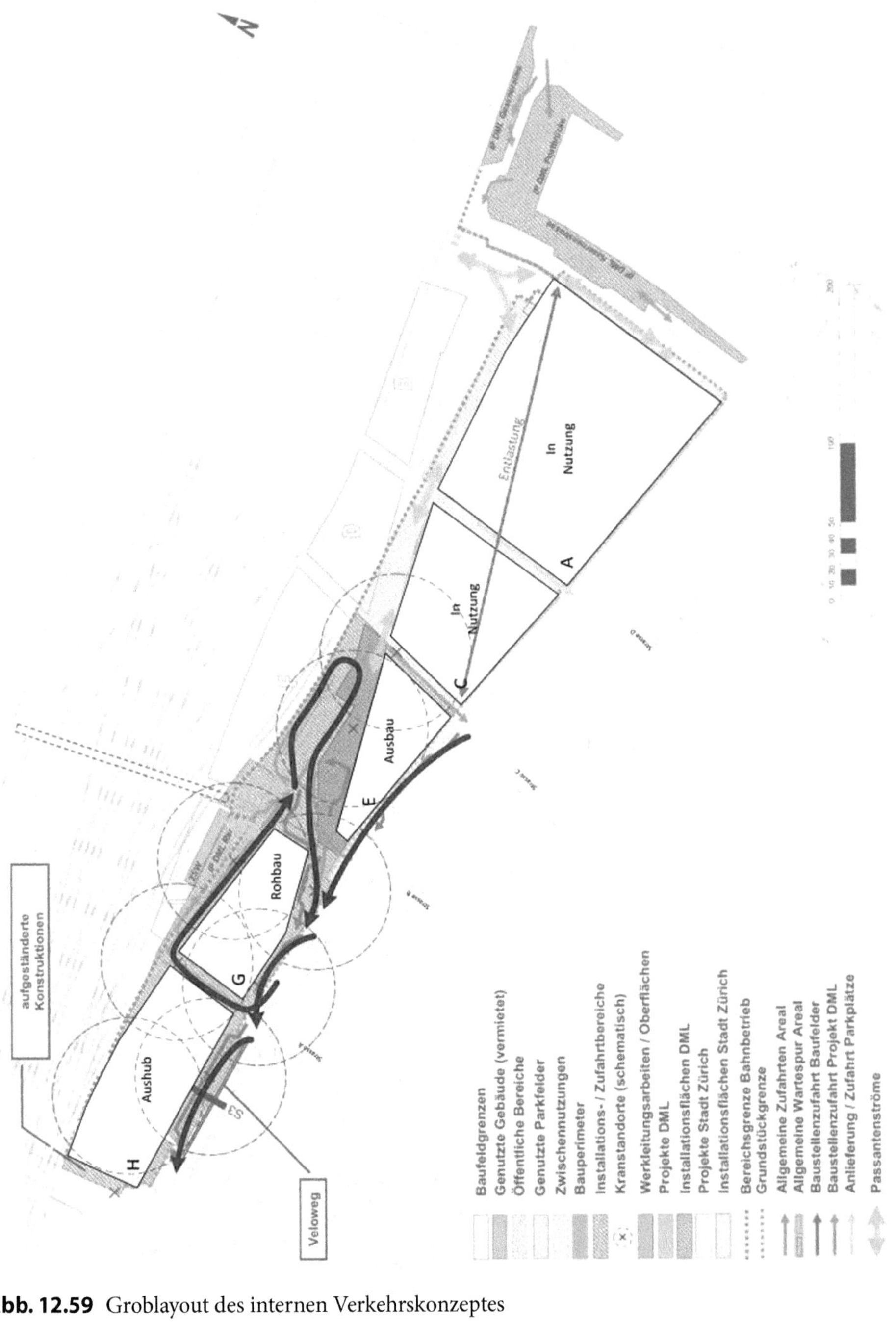

Abb. 12.59 Groblayout des internen Verkehrskonzeptes

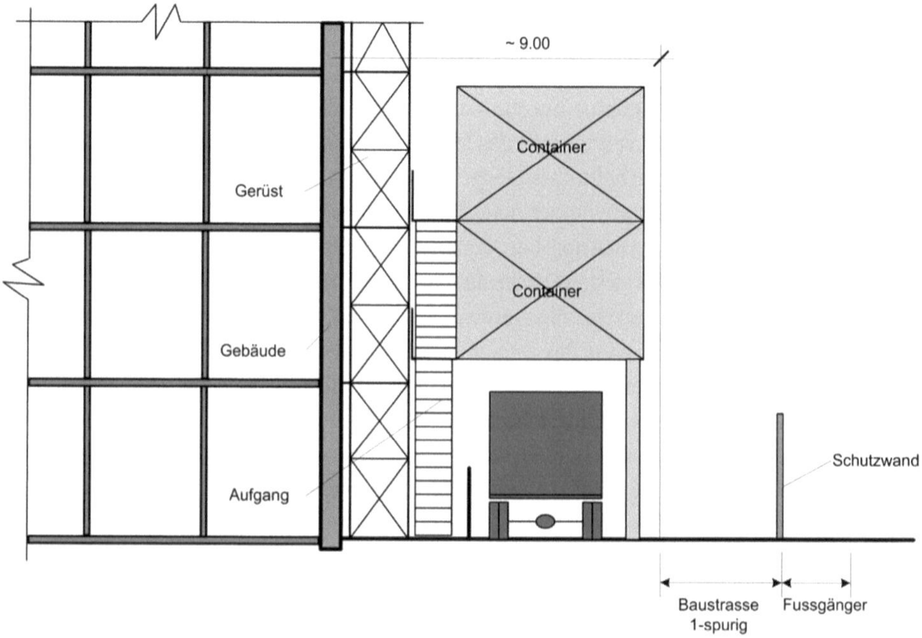

Abb. 12.60 Detailskizze der internen Verkehrswege

de Skizzen erläutern die Details der spezifischen Einrichtung – wie etwa die im Abb. 12.60 dargestellte Anordnung der Bürocontainer, des öffentlichen Fussweges, der Baustrasse und einer Anlieferungs- und Abtransportzone, welche sich alle direkt neben dem zu erstellenden Gebäude befinden.

Da in innerstädtischen Baustellen mit fortschreitendem Baufortschritt oft die Verkehrswege umgelegt werden, müssen die einzelnen Bauphasen im Voraus identifiziert und die interne Verkehrsinfrastruktur entsprechend angeordnet werden. Grundsätzlich sollten aber Umstellungen und Umbauten vermieden werden, um einerseits nicht den Baubetrieb durch Umstrukturierungen zu blockieren und um andererseits Routinen nicht zu stören, wodurch die Bauproduktion gehemmt werden könnte.

Umschlagkonzept

Das Umschlagkonzept regelt einerseits die Anordnung und Koordination der Geräte welche für den Materialumschlag benötigt werden und andererseits den Prozess des Materialumschlages selbst. Als Materialumschlag gelten folgende Prozesse:

- Entladen von Materialien in ein Zwischenlager,
- Entladen von Materialien in eine Fertigungszone,
- Umlagern von Material von einem Zwischenlager in ein anderes Zwischenlager,
- Bereitstellen von Material von einem Zwischenlager in eine Fertigungszone.

Für eine ganzheitliche Materialbewirtschaftung auf der Baustelle ist wie bei der Anlieferung die Erfassung des Materialumschlages notwendig. Dabei gilt die Regel, dass das Material zur Verarbeitung möglichst nur einmal angefasst werden sollte, d. h., dass es möglichst wenig zwischengelagert wird und das Material, wenn möglich, direkt eingebaut oder möglichst nahe an der Verarbeitungsstelle gelagert wird. Das umgeschlagene Gebinde mit dem entsprechenden Inhalt sowie der neue Bestimmungsort sind zu erfassen und zentral zu speichern. Wird diese Erfassung konsequent durchgeführt, ist jederzeit nachvollziehbar, welche Mengen von welchen Materialien sich wo auf der Baustelle befinden. Womit die Suchzeiten als schwachstellenverdächtige Zeiten grösstenteils eliminiert werden können. Für die Erfassung wird das manuelle Barcodesystem mit manueller Ortsangabe empfohlen, da dieses mit einfachen Mitteln (Handheld mit Eingabemöglichkeit, Barcode-Etiketten) umsetzbar ist. Systeme welche mit RFID-Chips über Portale automatisch erfasst und mittels GPS der Standort ebenfalls automatisiert erfasst wird, benötigen grössere finanzielle Investitionen, industrialisieren den Baubetrieb aber deutlich. Durch diese Industrialisierung kann die Effizienz in der Bauproduktion weiter gesteigert werden.

Ebenfalls in das Umschlagkonzept gehört die Anordnung der Baukräne (Abb. 12.62), welche zwischen den einzelnen Bauetappen umgesetzt werden. Die während der gesamten Bauzeit am selben Ort verbleibenden Baukränen werden im phasenunabhängigen Baustelleneinrichtungskonzept geregelt. Bei den phasenabhängigen Baukränen ist wie bei den phasenunabhängigen Baukränen darauf zu achten, dass Anlieferzonen möglichst im Überschneidungsbereich der Baukräne angeordnet werden sowie dass die Zwischenlager oder Fertigungszonen in einem einzelnen Kranspiel angesteuert werden können. Die Baukräne, die meist durch Rohbau-Fertigungsprozesse besetzt sind, können mittels Portalkran über der Anlieferzone für die Ausbaulieferung entkoppelt werden. Der Portalkran wird von einem Gabelstapler bedient, der das Material schlussendlich an den Bestimmungsort transportiert – z. B. in das jeweilige Stockwerk über den Lift. Der vertikale Materialumschlag wird durch Fassaden- und Baulifte ermöglicht, das Material kann so direkt zu den entsprechenden Etagenlagern gebracht werden. Ein entsprechendes Konzept ist im Abb. 12.61 dargestellt.

Da das Umschlagkonzept analog dem internen Verkehrskonzept den einzelnen Bauetappen angepasst werden muss, ist darauf zu achten, dass die notwendigen Einrichtungen für den Materialumschlag wie Turmdrehkrane, Personen- und Materiallifte möglichst am gleichen Ort in verschiedenen Bauphasen (Rohbau/Ausbau) genutzt werden können. Bei beinahe immobiler Einrichtung, wie z. B. bei Baukränen, ist darauf zu achten, dass diese möglichst selten umgesetzt werden. Vollständig immobile Einrichtungen werden über das Baustelleneinrichtungskonzept geregelt.

Lagerkonzept

Im Lagerkonzept werden allen ausführenden Unternehmer eindeutige Lagerflächen, die mit einem Nummernsystem ausgestattet sind, zugewiesen (Abb. 12.62). Dabei sollte beachtet werden, dass die Lagerflächen möglichst nahe am jeweiligen Fertigungsort sind, sowie nicht zu grosszügig gestaltet sind, so dass die Subunternehmer den Anreiz haben eine Just-in-Time Anlieferung einzurichten.

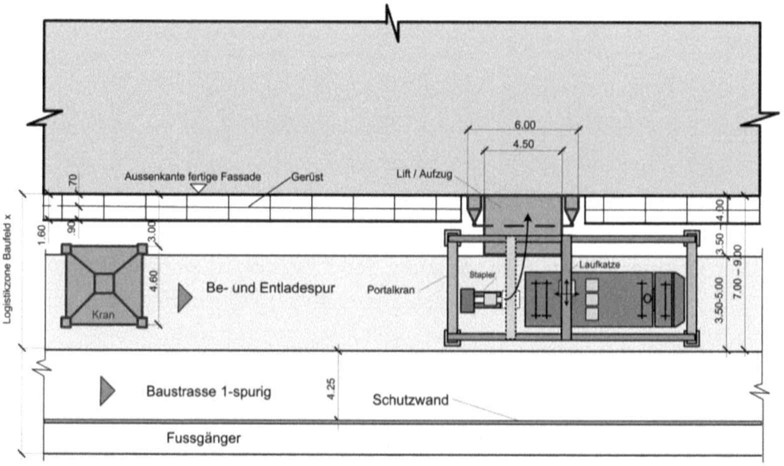

Abb. 12.61 Exemplarisches Entlade- und Umschlagkonzept

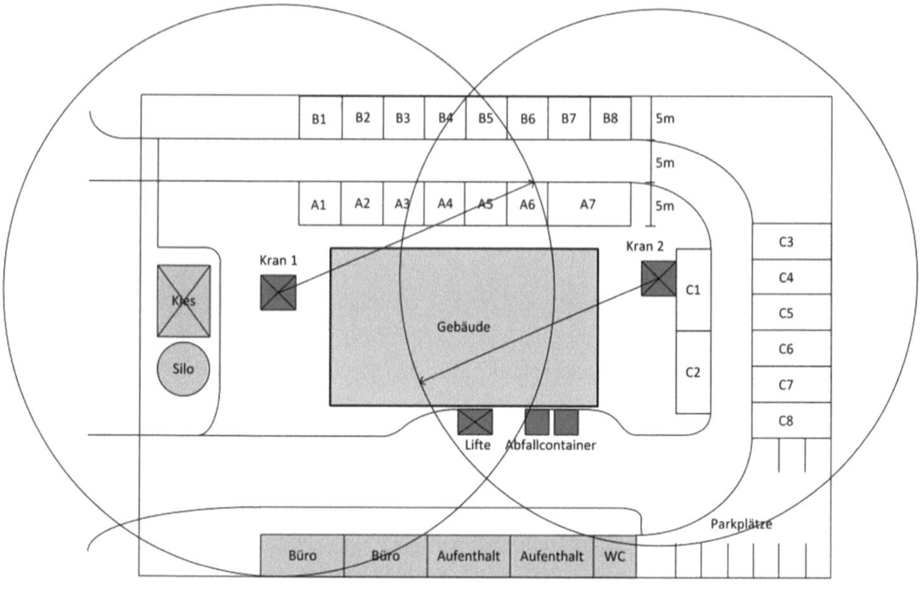

Abb. 12.62 Anordnung der Ausslagerflächen

Materiallager bilden den Puffer zwischen den unregelmässigen Materialanlieferungen und schwankendem Materialverbrauch bei der Herstellung. Daraus resultieren folgende Anforderungen an ein Lagerflächenmanagement:

- Koordinationsgespräche und Abstimmung mit allen Gewerken;
- Bereitstellung benötigter Baustoffe in bedarfsgerechten Mengen im Zeitfenster der jeweiligen Bauphase durch bedarfssynchrone Versorgung gemäss der Just-in-Time Anlieferung;

- Aufteilung der Lagerflächen in Teilflächen für die verschiedenen Materialien;
- Zuweisung der Lagerflächen in den Stockwerken zum Einbau ohne gegenseitige Behinderung in den jeweiligen Zeitfenstern des Baufortschritts;
- Eintragung des Anlieferungsplatzes und der Lagerflächen sowie der Baustrassen und Standorte der Einrichtungen für die einzelnen Bauphasen im Baustelleneinrichtungsplan;
- Verkürzen der Wegstrecken;
- Dezentrale und arbeitsplatznahe Lagerung in den Stockwerken bzw. Einbauorten, d. h. bei Anlieferung der Materialien an den Übergabepunkten unmittelbar vertikale Verteilung anstreben.

Um dies sicherzustellen, ist die Entwicklung einer bauphasenabhängigen Stockwerklogistik notwendig, die folgende Grundsätze verwirklichen soll:

- Transportwege und Lagerflächen je Stockwerk für die jeweilige Bauphase planen,
- Materialumlagerung vermeiden,
- Gegenseitige Behinderungen der parallel arbeitenden Gewerke im Ausbau verhindern,
- Materialien und bereits erbrachte Bauleistungen vor Beschädigungen schützen,
- Sauberkeit auf der Baustelle erhalten,
- Arbeitssicherheit erhöhen,
- Lagerflächenbedarf auf dem Baugelände verringern,
- Trassen freihalten (Ver- und Entsorgung),
- Lagerplatzbedarf durch koordinierte Lagerung verringern.

Daher sind grundsätzlich pro Gewerk spezifische Etagenlager (Abb. 12.63) unmittelbar beim Fertigungsort den allgemeinen Aussenlagerplätzen vorzuziehen. Das Planungs- und Zuordnungsprinzip der Lagerflächen sollte das Prinzip der Wegminimierung sein. Dies bedeutet, dass immer diejenigen Lagerflächen, welche sich am nächsten zur jeweiligen Fertigungszone befinden, vorgezogen werden müssen. Zudem muss das Gebindegewicht bzw. Einzelteilgewicht gemäss des jeweiligen zulässigen Lastmoments der Turmdrehkräne bei der Zuordnung zu den Lagerflächen berücksichtigt werden. Schwere Lasten werden also nahe bzw. näher zum Kranaufstellpunkt angeordnet als leichtere Lasten (Abb. 12.62). Die Lagerung der Materialien muss in den durch das Anlieferkonzept definierten Gebinden stattfinden, um eine saubere Ordnung auf der Baustelle zu erreichen und dadurch Materialverluste oder unnötige Suchzeiten zu minimieren. Neben der Aussenlagerung (Abb. 12.62) ist die Stockwerkslagerung (Abb. 12.63) auf die Fliessproduktion sowie die termin- und Flächenmodelle (Abb. 12.57) für die Ausbaugewerke abzustimmen.

Grundsätzlich befindet sich in den unternehmereigenen Lagern nur der kurzfristige Ressourcenbedarf (kritische Ressourcen mit langen Lieferzeiten), der mittel- und langfristige Ressourcenbedarf befindet sich in den Lagern des zentralen Logistikmanagement oder den Zulieferer. Durch diese Massnahmen soll einerseits die Kapitalbindung durch grosse Mengen an eingelagerten Ressourcen vermieden werden und andererseits soll die Ordnung auf der Baustelle gefördert werden.

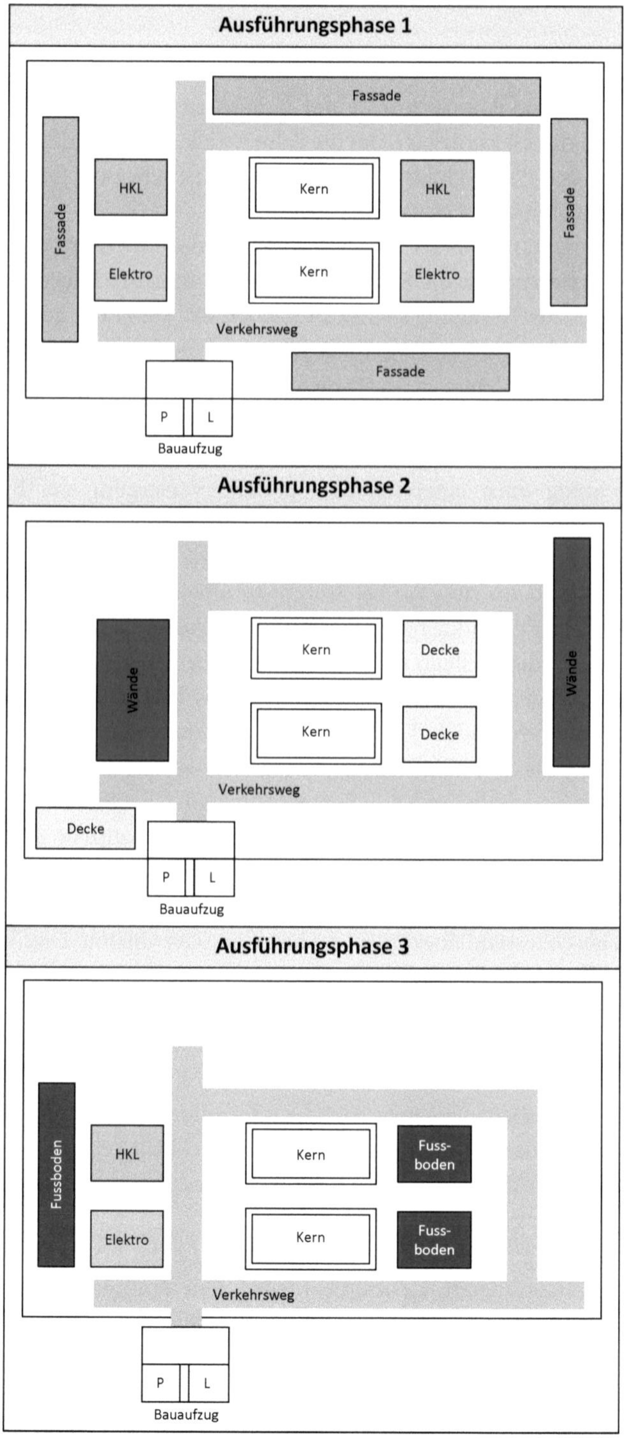

Abb. 12.63 Anordnung der Stockwerklagerflächen

Bereitstellungskonzept
Das Bereitstellungskonzept ist das rein informelle Konzept, welches direkt die optimale Versorgung der Bauproduktionsprozesse mit sämtlichen Ressourcen sicherstellen muss. Es handelt sich bei diesen Konzepten um die Schnittstelle zwischen der Anlieferung, dem Umschlagen und der Bauproduktion. Dabei wird zwischen zwei grundsätzlich unterschiedlichen Konzepttypen unterschieden:

Die Bereitstellungskonzepte der Ressourcen Baustoffe, Arbeitskräfte und Informationen müssen sicherstellen, dass die Ressourcen jederzeit in der richtigen Menge dem Bauproduktionsprozess zur Verfügung stehen. Es handelt sich somit um quantitative Konzepte. Diese quantitativen Bereitstellungskonzepte regeln die Entgegennahme der Ressourcen, das Handling auf der Baustelle sowie die Lagerhaltung.

Der andere und relevantere Typ der Bereitstellungskonzepte beschäftigt sich mit den Ressourcen Bauhilfsmittel und Baustelleneinrichtung. Mit den Bauhilfsmitteln und der Baustelleneinrichtung muss einerseits die optimale Versorgung des Bauproduktionsprozess mit den notwendigen Supportprozessen sichergestellt werden, so dass möglichst wenige Störungen auftreten. Andererseits haben die Ressourcen Bauhilfsmittel und Baustelleneinrichtung auch zur Aufgabe bei Störungen möglichst flexibel einsetzbar zu sein, so dass jederzeit schnell und korrekt auf Störungen reagiert werden kann. Diese Bereitstellungskonzepte werden deshalb als leistungsbezogene Konzepte bezeichnet. Für diese leistungsbezogenen Konzepte ist ein Kompromiss zwischen zu geringer Flexibilität und unnötigen Kapazitäten zu finden. Um diesen Kompromiss zu optimieren, ist eine Risikoabschätzung, wie sie für das Anlieferkonzept vorgestellt wurde, unerlässlich.

Eine Massnahme, um eine effektive Bereitstellung aller Ressourcen zu gewährleisten, Überkapazitäten zu vermeiden und die Unordnung auf der Baustelle zu minimieren, ist, dass die ausführenden Unternehmer die Ressourcen beim zentralen Logistikmanagement auf einen bestimmen Zeitpunkt anmelden müssen und das zentrale Logistikmanagement diese Anfragen anschliessend überprüft und bewilligt oder ablehnt. Dies kann von einem rein formellen Ablauf, dass Arbeitskräfte vom Unternehmer geplant, beschafft und auf der Baustelle eingesetzt werden ohne dass sie jemals mit dem zentralen Logistikmanagement in Kontakt traten bis zur Baustelleneinrichtung führen, welche durch das zentrale Logistikmanagement geplant, beschafft und betrieben wird. Es ist in jedem Fall unerlässlich, dass das zentrale Logistikmanagement darüber informiert ist, welche Ressourcen für welchen Bauprozess im Einsatz sind und die Ressourcen nicht wild eingesetzt werden. Nur so kann ein möglichst konfliktarmer Bauproduktionsprozess garantiert werden, welcher sich am Gesamtoptimum orientiert.

Werden die Ressourcen nicht mehr benötigt oder ist die bewilligte Einsatzdauer zu Ende, muss die entsprechende Ressource wieder dem zentralen Logistikmanagement übergeben werden, damit diese planmässig dem nächsten Gewerk zur Verfügung gestellt werden kann. Dies betrifft hauptsächlich Ressourcen, welche mittels einem leistungsbezogenen Bereitstellungskonzept gemanagt werden.

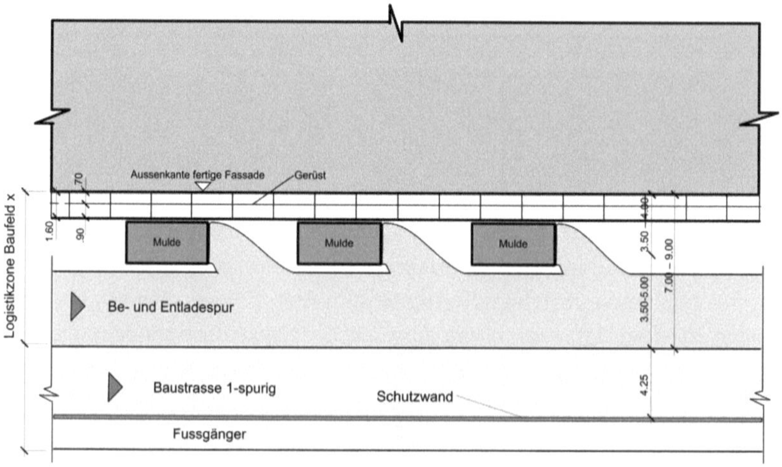

Abb. 12.64 Entsorgungskonzept

Entsorgungslogistik

Um den ganzheitlichen Materialflussaspekt des SCM gerecht zu werden, muss die Entsorgung und Aufbereitung der Baureststoffe ebenfalls beachtet werden. Dies wird durch das Entsorgungs- und das Recyclingkonzept bewerkstelligt. Durch das zentrale Logistikmanagement wird vorgegeben, wo sich die Sammelstellen für die Baureststoffe befinden und welche Materialien getrennt werden (Abb. 12.64). Eine mögliche Auftrennung der Baureststoffe wäre beispielsweise in mineralische Baureststoffe, Holzabfälle, Metallabfälle und Sonstiges (Kunststoff etc.). Zudem wird durch die Logistikzentrale definiert, ob und welche Baureststoffe direkt auf der Baustelle aufbereitet und intern wiederverwendet werden (z. B. für Aufschüttungen oder als Zuschlagstoff), in eine Deponie gebracht, extern aufbereitet und recycliert oder verbrannt werden.

Die Sammelstellen auf dem Baustellenareal können bei geringem Anfall an Baureststoffen zentral angeordnet werden (wie beispielweise auf der Baustelle im Abb. 12.64) ober bei hohem Anfall dezentral direkt bei den Fertigungszonen, um kurze Wege zu garantieren. Die Entleerungszyklen werden durch das zentrale Logistikmanagement vorgegeben bzw. müssen dort angemeldet werden, um den dadurch generierten Verkehr auf der Baustelle kontrollieren zu können. Das zentrale Logistikmanagement ist hierzu auf einen entsprechenden Informationsfluss angewiesen. Die Informationen können entweder direkt von den Subunternehmern, durch eigene Inspektionen oder durch Füllstandsensoren automatisch erhoben werden.

12.8.3.4 Fazit und Ausblick

Damit das zentrale Logistikmanagement die Logistikprozesse strukturiert und systematisch planen und umsetzen kann, wurde die gesamte Logistik in phasenunabhängige und phasenabhängige Konzepte aufgeteilt. Die phasenunabhängigen Konzepte umfassen das Baustelleninfrastrukturkonzept, das Umweltkonzept sowie das vertikale Informationskonzept. Die phasenabhängigen Konzepte befassen sich mit der direkten Versorgung der

Abb. 12.65 Supportprozesskette der Bauproduktion

Baustelle mit den Supportprozessen zur Sicherstellung eines kontinuierlichen, interaktiven und integrativen Takt- und Fliessherstellungsprozesses nach dem ökonomischen Minimalprinzip und werden in das horizontale Informationskonzept, das Versorgungskonzept, das Bauproduktionslogistikkonzept und das Entsorgungskonzept aufgeteilt. Eine Gesamtübersicht über die einzelnen Konzepte ist in Abb. 12.55 dargestellt. Die Einzelkonzepte müssen sicherstellen, dass die im Abb. 12.65 dargestellte Supportprozesskette, bestehend aus der Beschaffung, der Anlieferung und Logistikprozessen auf der Baustelle mit der anschliessenden Bauproduktion und der Entsorgung besteht, jederzeit alle Prozesse im Zusammenhang mit der Baustelle mit den richtigen Ressourcen, in der richtigen Menge, zur richtigen Zeit in der richtigen Qualität für einen Fliessherstellungsprozess versorgt.

Damit diese Supportprozesskette effizient funktioniert, ist es notwendig, dass in der Planungsphase möglichst korrekte Leistungsabschätzungen, wie beispielsweise in Girmscheid [32] erläutert, getroffen werden, so dass die Logistikprozesse korrekt dimensioniert werden können. Für die Feinplanung ist zudem zu empfehlen, dass die ausführenden Gewerke-Unternehmer ebenfalls in den Planungsprozess miteinbezogen werden. Die Gründe hierfür sind, dass die Gewerke-Unternehmer einerseits die Gesamtproblematiken sehen und verstehen können und andererseits dass auf die Bedürfnisse der Gewerke-Unternehmer eingegangen werden kann. Eine ganzheitlich optimierte Planung wird durch einen möglichst frühen Einbezug der Gewerke-Unternehmer in die Planung gefördert, weshalb langfristige Partnerschaften für das zentrale Logistikmanagement von hoher Bedeutung sind.

In der Ausführung, wenn die Logistikkonzepte umgesetzt werden, ist es für eine optimale Versorgung der Bauproduktion unerlässlich, dass das zentrale Logistikmanagement sämtliche Logistikprozesse auf die Anforderungen des Takt- und Fliessprozesses steuern kann. Um dies sicherzustellen, ist ein kontinuierlicher Informationsfluss zwischen dem zentralen Logistikmanagement und den Gewerke-Unternehmern notwendig. Dies bedeutet, dass die Gewerke-Unternehmer immer beim zentralen Logistikmanagement ihren Bedarf an Logistikdienstleistungen (Anlieferungen, Materialumschlag, Bereitstellung von Material oder Geräten, zusätzlicher Lagerplatz etc.) anmelden müssen, um eine kontinuierliche Versorgung ihrer Arbeitsabläufe im Rahmen des abgestimmten, integrativen und interaktiven Takt- und Fliessprozessess der Gewerkeunternehmen sicher zu stellen. Damit dieser Informationsfluss sichergestellt ist, muss dieser möglichst mit einfachen Mitteln und mit einem geringen Aufwand betrieben werden können. Dies kann nur durch eine zentrale computerunterstützte Datenverwaltung sichergestellt werden. Entsprechende Instrumente müssen eine automatische Datenerfassung über die gesamte Supportprozesskette ermöglichen. Zudem sollten die Logistikanforderungen direkten mit dem Bauprogramm sowie der Lagerlogistik innerhalb und ausserhalb der Stockwerke verknüpft sein. Dadurch sollte ein Soll-Ist-Vergleich hinsichtlich der Ausbausequenz der interagierenden Arbeitsgattungen und der Lagerflächennutzung möglich sein, um gegenseitige Behinderungen möglichst auszuschliessen.

Solche Systeme sind bis anhin in Grundzügen auf dem Markt erhältlich, aber noch nicht optimal ausgereift. Entsprechend besteht in diesem Bereich noch Forschungs- und Entwicklungsbedarf. Ein weiter noch nicht abgedecktes Forschungsfeld ist das zentrale Logistikmanagement im Tief- und Tunnelbau, für welches die aufgeführten Konzepte noch entsprechend adaptiert werden müssen.

12.9 Subunternehmerbeauftragung

Da nicht alle Bauleistungen von einem Bauunternehmen nach wirtschaftlichen Gesichtspunkten selbst erbracht werden können, konzentrieren sich viele Unternehmen auf das Kerngeschäft zur Erreichung der Kostenführerschaft. Das trifft im Besonderen für General- und Totalunternehmer zu, da sie Leistungen für den technischen und architektonischen Nutzerausbau anbieten, die sie selbst nicht im Unternehmen vorhalten.

Dazu kommt, dass aus Kapazitätsgründen die eigenen Ressourcen nicht immer ausreichen, um alle Leistungen zeitgerecht fertigzustellen.

Daher ist die projektspezifische Beschaffung von Subunternehmerleistungen ein wichtiger Bestandteil der Tätigkeit des Bauleiters. Für die Subunternehmerausschreibung entscheiden oft Kriterien wie:

- eigene Kapazitätsauslastung und Terminvorgaben,
- Spezialleistungen, die nicht zum Leistungsspektrum des Unternehmens gehören,
- Leistungen, die aufgrund der Spezialisierung der Subunternehmer oder der geringeren Allgemeinkosten oder auch Lohntarifkosten am Markt billiger eingekauft werden können.

Zu diesem Zweck wird oft ein Leistungsverzeichnis erstellt und an die in Frage kommenden Firmen versendet. Die Auswahlkriterien für Subunternehmer sind die firmeneigene QM-Evaluationsliste, die Erfahrungen mit den Unternehmen, die lokale Nähe zur Baustelle, die Marktposition oder der Vorschlag des Bauherrn. Es ist jedoch ratsam, unbekannte Firmen, die sich entweder initiativ beworben haben oder in Fachzeitschriften inserieren, mit anzufragen, um sie unverbindlich kennenzulernen. Zur Ausschreibung von Subunternehmer- und Lieferantenleistungen eignen sich besonders E-Commerce-Plattformen wie z. B. die OLMeRO AG in Glattbrugg bei Zürich.

Totalunternehmer schreiben oft aus Zeitgründen oder aufgrund fehlender Fachmitarbeiter technische Gewerke ohne Leistungsverzeichnis aus. In diesem Fall werden die Gewerke aufgrund einer Funktionalausschreibung und den relevanten Entwurfs- oder Ausführungsplänen ausgeschrieben. Der Subunternehmer bietet das Gewerk dann meist mit einem Pauschalpreis an. Zur Sicherung und Dokumentation des Leistungsumfangs des Angebots und für die eigene Kalkulation muss der Subunternehmer jedoch ein Leistungsverzeichnis aufstellen. Für den Totalunternehmer kann es allerdings sehr schwierig werden, die verschiedenen Angebote mit unterschiedlichen Leistungsangeboten und Leistungen miteinander zu vergleichen. Dabei ist es sehr wichtig für den Totalunternehmer, dass die Subunternehmer-Funktionalausschreibung mit der Funktionalausschreibung, die er mit dem Bauherrn vertraglich abgemacht hat, identisch ist (back to back). Der Subunternehmer sollte eine ausreichende Bearbeitungszeit erhalten. Die funktionale Ausschreibung und Vergabe von Subunternehmerleistungen vereinfacht die Abrechnung der Leistung.

Die Auswertung der Angebote erfolgt üblicherweise nach den Kriterien Preis und Erfahrung hinsichtlich Technik, Bauverfahren und Auftragsvolumen. Zudem sollte zur Feststellung der Leistungsfähigkeit des Subunternehmers sein Ressourcenumfang geprüft werden hinsichtlich:

- Maschinenpark – Anzahl, Alter, Zustand;
- Personalverfügbarkeit – Anzahl, Art, Qualifikation;
- Finanzielle Bonität – Bankenauskunft.

Im Zuge der Angebotsprüfung ist zu klären, ob das Angebot von der Ausschreibung abweicht. In den Vergabeverhandlungen sollte vom Subunternehmer verlangt werden, die Ressourcen und Kapazitäten, die ihm zum Bauzeitpunkt zur Verfügung stehen, offen zu legen und zu erläutern, wie das Unternehmen die Leistungen zu realisieren plant. Die Vorgaben aus der Arbeitsplanung des Hauptunternehmers sind deutlich zu machen und im Auftragsfall als Vertragsbestandteil zu definieren. Oft werden die Subunternehmerverträge vom Hauptunternehmer als so genannte „back to back"-Verträge zum Hauptvertrag in Bezug auf Qualität, Leistung, Zahlungs- und Gewährleistungsbedingungen gestaltet, dazu gehören auch die allgemeinen Vertragsbedingungen, die für das Gewerk bzw. den Subauftrag relevant sind. Die allgemeinen und speziellen Vertragsbedingungen sollten dem Subunternehmer vorgestellt und erläutert werden. Fallweise ist es ratsam, Vertragsstrafen zu vereinbaren, die in erster Linie als Druckmittel zur Termineinhaltung genutzt werden sollten.

12.10 Baustellenorganisation

Jedes Unternehmen hat eine seinen Aufgaben entsprechend situativ angepasste Organisationsstruktur, die meistens in der Aufbauorganisationsstruktur abgebildet ist. Die Aufbauorganisation ist normalerweise nach dem Verrichtungsprinzip und der Differentiation der Leistungserbringung gegliedert. Um die erforderliche Dezentralisierung der Leistungs- bzw. Prozesserbringung zu integrieren, sind entsprechende Projektorganisationen und Ablauforganisationen zu bilden, die sich in einem temporären Team auf das Endprodukt als Ganzes konzentrieren. Daher werden zur Baustellenabwicklung reine Ausführungsprojektgruppen zusammengestellt, die für den Leistungserstellungsprozess integrativ verantwortlich sind und von der Geschäftsleitung durch Einsetzung eines Baustellenchefs initiiert werden.

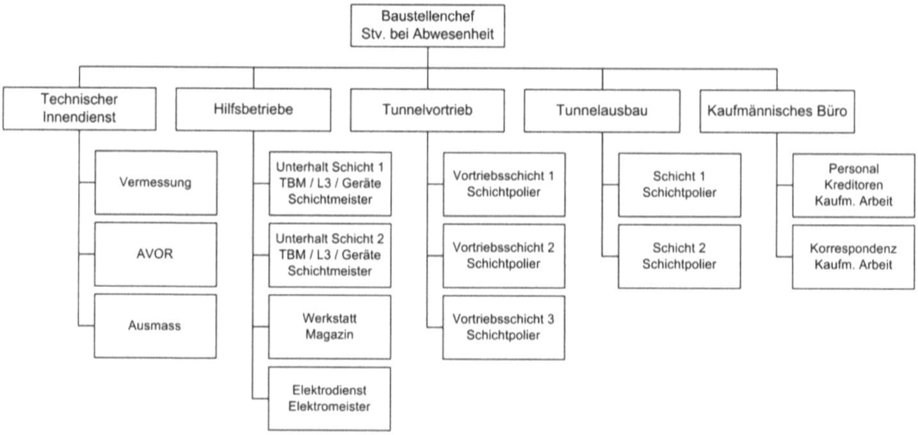

Abb. 12.66 Baustellenorganisation eines Grossprojekts

Die Mitarbeiter sind disziplinarisch, fachlich und ergebnisverantwortlich für diese temporäre Aufgabe dem Baustellenchef unterstellt. Die besondere Charakteristik der Baustellenprojektorganisation ist ihre Beschränkung auf den Zeitraum der Bauabwicklung. Es handelt sich um eine rein aufgabenorientierte, projektbezogene Organisation. Eine typische Baustellenprojektorganisation für ein Grossprojekt ist in Abb. 12.66 dargestellt.

Die Ausführungsprojektgruppe ist eine reine Projektorganisation, die sich aus Mitarbeitern der Sparte sowie Mitarbeitern der Arbeitsvorbereitung, des Werkhofs oder auch der kaufmännischen Abteilungen zusammenstellt, je nach Grösse des Ausführungsprojekts. Die operative Managementebene unterhalb des Baustellenchefs wird von den Abschnittsbauführern bestimmt. Die Abschnittsbauführer werden meist für einzelne Bauwerke oder Bauabschnitte eingesetzt. Hier ist es aus Zuständigkeitsgründen wichtig, eine deutliche Aufgabenabgrenzung vorzunehmen. Daher ist eine Aufgabenabgrenzung nach Bauteilen oder Bauabschnitten hilfreich. Den Abschnittsbauleitern sollten klare Leistungspositionen der Ausschreibung zugeordnet werden, um Leistungs- oder Zuständigkeitslücken zu vermeiden. Ferner sollte eine klare Zuteilung von Produktionsressourcen erfolgen. Gemeinsam genutzte Grossgeräte müssen beim Werkstattmeister angemeldet und koordiniert werden. Dies gilt auch bei der Betonherstellung auf der Baustelle. Zur reibungslosen Koordination der gemeinsamen Ressourcen dienen auch die wöchentlichen Bauproduktionskoordinationssitzungen, in denen das Wochenprogramm der einzelnen Bauführer besprochen wird und die Koordination der gemeinsam genutzten Produktionsressourcen erfolgt. Die Sitzung wird vom Baustellenchef geleitet. Jedem Abschnittsbauleiter sind Ausführungsgruppen zugeordnet, die von einem Polier fachlich geführt werden.

Bei kleineren Projekten bzw. Unternehmen wird die Baustellenprojektorganisation im Regelfall nicht so viele Mitarbeiter umfassen. Die Aufgaben werden dann nicht von einzelnen Spezialisten, sondern in Personalunion erledigt. Bei Unternehmen, die viele kleinere oder mittlere Projekte abwickeln, ist der Baustellenchef für mehrere Baustellen zuständig (Abb. 12.67). Die einzelnen kleineren Baustellen werden dann von den Polieren selbstän-

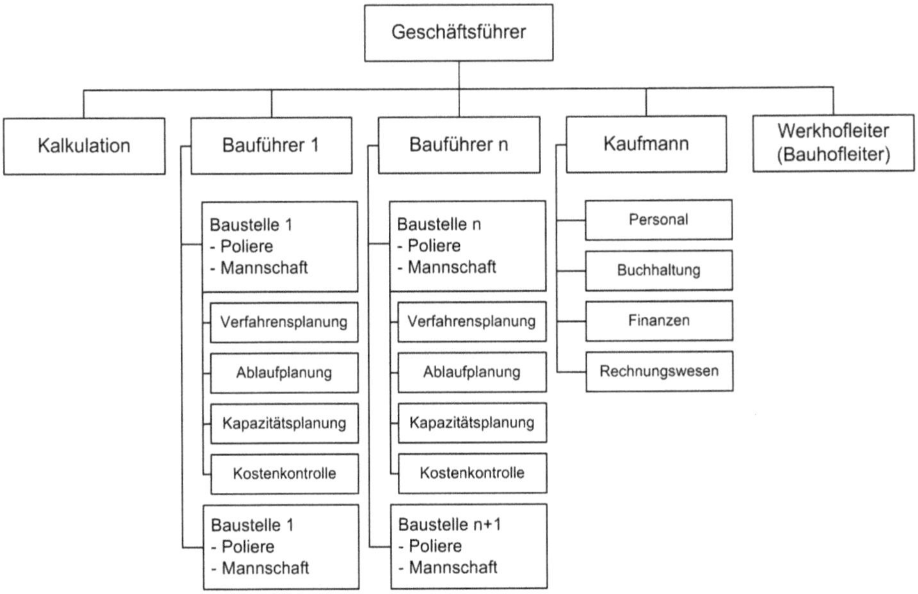

Abb. 12.67 Organisation eines mittelgrossen Bauunternehmens zur Ausführung kleinerer und mittelgrosser Projekte

dig geleitet. Die baustellenbegleitende Arbeitsvorbereitung und das Controlling werden von einer Stabsstelle oder Stabsorganisation zentral im Unternehmen für die einzelnen dezentralen Baustellen durchgeführt. Der Maschinenabruf erfolgt über den unternehmenseigenen Werkhofchef zentral. Man wird in diesem Fall keine Baugeräte und Ersatzteile in einer baustelleneigenen Werkstatt vorhalten. Diese Unternehmen organisieren ihre Ausführungsprojekte in einer Projektorganisation, in der die Stellen der operativen Mitarbeiter vor Ort abgebildet sind, und überlagern dieser Vor-Ort-Organisation eine Projekt-Matrixorganisation, in der funktional die Servicemitarbeiter des Projekts situativ, d. h. nach Bedarf, eingebunden sind (z. B. Arbeitsvorbereitung, Werkhof, kaufmännische Abteilung etc).

12.11 Qualitätsmanagement

12.11.1 Bedeutung des Qualitätsmanagements

Qualitätsmanagement ist heute ein unabdingbarer Prozess bei der Leistungserstellung in der gesamten Industrie, so auch in der Bauindustrie. Allerdings hat das Qualitätsmanagement seine Wirkung in der Bauindustrie noch nicht entfaltet, wenn man die Planungs- und Ausführungsmängel der Planer und Unternehmen der Bauwirtschaft (Bau, Elektro, Sanitär und Heizung) in den Bauprojekten betrachtet. Die Ursprünge des Qualitätsmanagements (QM) können auf zwei Grundgedanken zurückgeführt werden. Zum einen auf die mit der Arbeitsteilung verbundene Haftung für mangelhafte Leistungen und zum anderen auf die Notwendigkeit, feste Massstäbe für einen freien Warenhandel zu setzen.

Seit 1987 gilt die internationale Normenreihe ISO 9000 bis ISO 9004 (Modelle für Qualitätssicherungssysteme) zur Sicherung der Qualität von Produkten und Leistungen zum Schutz der Kunden aber auch zur Steigerung der Leistungseffizienz in den Unternehmen nach dem Motto: „Tue es einmal, dann aber gleich richtig!". Diese Norm zur Qualitätssicherung fokussiert auf die Systematisierung der Prozesse zur Erzielung definierter, möglichst gleichmässiger Ergebnisse. In ihrem Grundgedanken liegt die Verantwortung für die Qualität bei den Prozessbeteiligten und nicht erst bei einem unabhängigen Inspektor.

Anforderungen an die Qualität der Leistungen und Produkte können entweder von Kunden, vom Unternehmen (Organisation) oder durch behördliche Vorschriften festgelegt werden. Die Anforderungen können z. B. in technischen Spezifikationen, Produkt- oder Prozessnormen, Vertragsvereinbarungen oder behördlichen Anforderungen enthalten sein, d. h. eine Leistung oder ein Produkt guter Qualität ist nicht notwendigerweise hochwertig und teuer, sondern erfüllt lediglich die Anforderungen und damit die Erwartungen des Kunden, der letztendlich die Qualität definiert, da er auch derjenige ist, der mit dem Resultat zufrieden sein muss (Kundenzufriedenheit). Die Qualität im Bauwesen äussert sich vorwiegend in der Funktionalität, der Architektur- und Ausführungsqualität sowie der Einhaltung der vereinbarten Termine und Kosten. Die Qualitätsanforderungen der Kunden an die Bauunternehmen richten sich nach der Leistungstiefe der Angebote:

- Totalunternehmer müssen in der Regel die Anforderungen an die Funktionalität, die Architektur- und Ausführungsqualität sowie die Kosten und Termine eines Bauwerks erfüllen.
- Generalunternehmer müssen in der Regel die Anforderungen an die Ausführungsqualität sowie die Kosten und Termine für das gesamte Bauwerk erfüllen.
- Einzelleistungsträger müssen in der Regel nur die Anforderungen an die Ausführungsqualität ihres Gewerks nach vereinbarten Terminen und Einheitspreisen erfüllen.

In einem Bauunternehmen stellt die Qualitätssicherung einen kontrollierten, nachvollziehbaren und dokumentierten Prozess in der Wertschöpfungskette dar. Die Qualitätssicherung soll die materiellen Prozesse und Informationsprozesse regeln, die zur Herstellung des Produkts Bauwerk führen. Damit sollen die Risiken durch mangelhafte und nicht vertragsgerechte Leistungen, Verwendung mangelhafter Materialien, unzureichend qualifizierte Subunternehmer, unzureichende Informationsbasis sowie unzureichende Arbeitssicherheit reduziert werden [42].

Neben der Produktqualität steht die Prozessqualität, die dann optimal ist, wenn der Herstellungsprozess mit einem minimalen Einsatz von Ressourcen stattfindet und das Unternehmen dadurch wirtschaftlich arbeitet. Abbildung 12.68 zeigt die Optimierung von Produkt- und Prozessqualität.

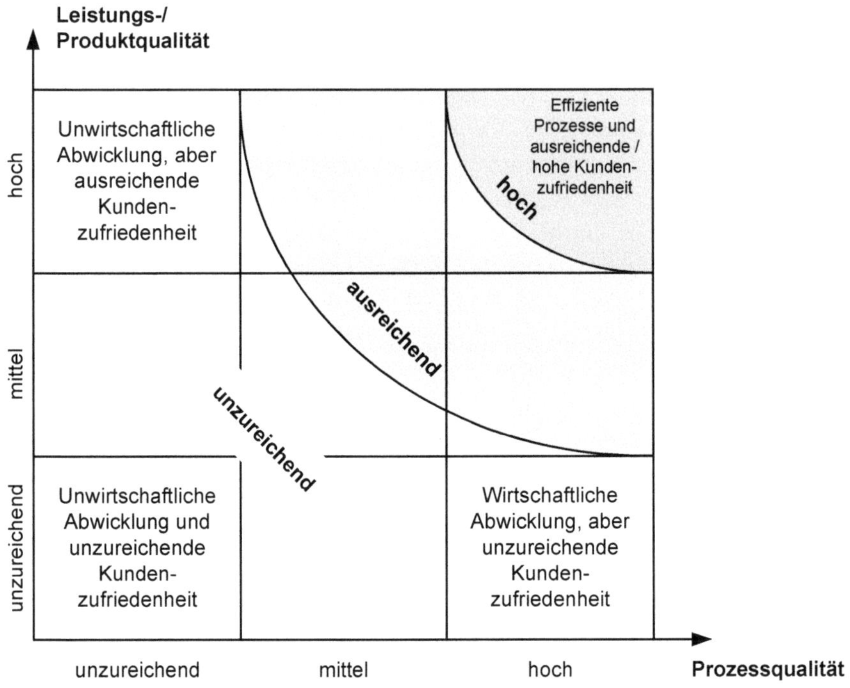

Abb. 12.68 Optimierung von Produkt- und Prozessqualität

Im Baugewerbe ist es erforderlich, den Leistungserstellungsprozess und die Supportprozesse systematisch abzusichern und den projektspezifischen Gegebenheiten anzupassen.

Im Bauwesen wird die Prozessqualität dadurch definiert:

- dass in der Planung die Funktionalität gemäss Anforderungen des Kunden umgesetzt und im Bauprozess realisiert wird.
- dass die Fachplaner inhaltlich und zeitlich interaktiv sowie integrativ koordiniert ihre Planung erstellen.
- dass die Ausführung nach klaren Takt- und Fliessprozessen mit abgestimmten Logistikprozessen durchgeführt wird und inhaltlich, zeitlich und ablaufmässig zwischen den Gewerkunternehmen koordiniert wird.

Das Ziel der Prozessqualität ist es, sicherzustellen, dass keine Funktions- und Gewährleistungsmängel entstehen. Die Produkt- oder Leistungsqualität ist das Ergebnis der Prozessqualität, wenn vereinbarte Qualität und Anforderungen an das Produkt während der Planungs- und Ausführungsprozesse systematisch umgesetzt werden und kontinuierlich gesteuert, koordiniert und geprüft werden.

Qualitätsmanagement erfordert einen Paradigmenwechsel in der Unternehmenskultur. Wenn man Qualitätsmanagement im Unternehmen einführt und lebt, muss es in

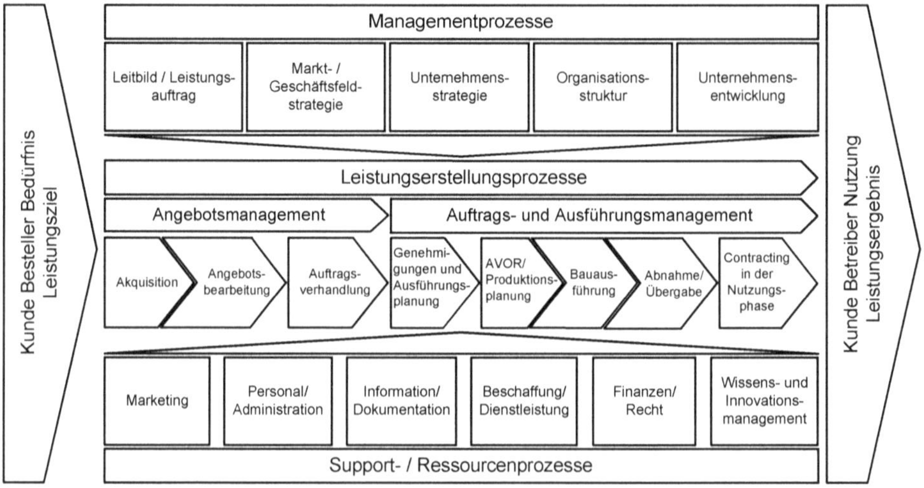

Abb. 12.69 Prozesse im Bauunternehmen

der Mission und im Leitbild des Unternehmens verankert werden. Das hat direkte Auswirkungen auf die Organisation, die Prozesse und die Vorgaben, wie diese Prozesse im Rahmen von Arbeitsanweisungen qualitätsgesichert ausgeführt werden. Das Qualitätsmanagement ist immanenter und integrativer Teil des Leistungserstellungsprozesses, der kontinuierlich umgesetzt wird. Das Qualitätsmanagement setzt auf immanente kontinuierliche Eigenkontrolle der Teams statt nur auf eine externe Kontrolle des Endergebnisses. Diese Unternehmenskultur „Mach es gleich richtig gemäss Anforderungen!“ enthält folgende Prinzipien:

- Kultur
  - Pfusch – darf von keiner Führungskraft akzeptiert werden
  - Ehrliches, kundenorientiertes Handeln muss die Grundlage der Arbeit werden
- Mitarbeiter
  - Mitarbeiter müssen qualifiziert sein, um Fehler und Pfusch am Bau zu vermeiden
- Prozess
  - Qualität wird systematisch in jedem Arbeitsschritt geprüft und Fehler sofort beseitigt
  - Aus typischen Fehlern wird im Rahmen des KVP gelernt

12.11.2 Ziele des Qualitätsmanagements

Der Weg zum Unternehmenserfolg erfordert ein systematisches und klares Managementsystem, das auf die ständige Verbesserung von Effizienz und Leistung ausgerichtet ist und die Erfordernisse aller beteiligten Parteien berücksichtigt. Das Qualitätsmanagement ist dabei ein integraler Bestandteil der gesamten Management-, Leistungserstellungs- und Supportprozesse des Unternehmens (Abb. 12.69).

Das Qualitätsmanagement beschreibt alle Tätigkeiten, die dazu dienen, ein Unternehmen (Organisation) bezüglich der Ergebnis-Qualität zu lenken [43]. Aufgabe des Qualitätsmanagement ist es, in Zusammenarbeit mit den Kunden und intern die projektbezogene Leistungserstellungs- und Logistikprozesse, mit allen betroffenen Abteilungen die festgelegten Projektanforderungen so kostengünstig wie möglich zu realisieren. Dazu ist es erforderlich dass alle Bereiche des Unternehmens frühzeitig informiert werden (offene Kommunikation), um eine prozessorientierte Zusammenarbeit (interdisziplinäre Zusammenarbeit – cross functional management) [44] sicherzustellen.

Aufgrund von Wettbewerbsdruck und technischen Fortschritten werden Unternehmen (Organisationen) zur ständigen Optimierung ihrer Prozesse angeregt, wobei das Qualitätsmanagement den Rahmen dafür bietet, dass die Zufriedenheit der Kunden und anderer beteiligter Parteien zunimmt sowie die Kostensicherheit der Ergebnisse sichergestellt wird. Ziel und Zweck eines Managementsystems (MS) ist es somit, die wertschöpfenden Prozesse (Leistungserstellungs- und Supportprozesse) in einem Unternehmen zu optimieren und die nicht wertschöpfenden Prozesse zu eliminieren oder effizienter zu gestalten (Abb. 12.69).

12.11.3 Prozessorientierter Ansatz (DIN EN ISO 9000:2000)

Ein Prozess kann als eine Ansammlung von Tätigkeiten gesehen werden, die in einer logischen strukturellen und herstellungstechnischen Abfolge miteinander verknüpft sind. Jede Tätigkeitsabfolge, die Ressourcen verwendet, um den Input in Ergebnisse umzuwandeln, kann als Prozess angesehen werden. Das Ergebnis eines Prozesses kann auch Eingabe für einen anderen Prozess und Steuerungsgrösse für einen weiteren Prozess sein [44]. Somit muss in jeder Teil-Prozessphase sichergestellt werden, dass dort die Prozess- und Ergebnisverantwortung wahrgenommen wird.

Das systematische Strukturieren und Handhaben dieser verschiedenen Prozesse bzw. Teilprozesse zu einem Ganzen innerhalb eines Unternehmens (Organisation) und vor allem ihrer Wechselwirkungen ist ein wesentlicher Bestandteil des prozessorientierten Qualitätsmanagementsystems ([43]; Abb. 12.70).

Die Zuständigkeit für einen Prozess muss eindeutig geregelt sein. Verantwortlicher ist der so genannte „Process Owner", der für den notwendigen Input (Ressourcen) sowie für den Prozess selbst und das Leistungsergebnis zuständig ist. Zur zielorientierten Steuerung der jeweiligen Projektprozesse müssen für die jeweiligen Teilprozesse (Elementarprozessebene) und Tätigkeiten, Key-Performance-Parameter bzw. Soll-Leistungsvorgaben durch eine systematische Vorbereitung festgelegt werden. Durch Soll-Ist-Vergleiche ist es dem Prozessverantwortlichen möglich, den Prozess zu steuern und zu optimieren.

12.11.4 Die Normenfamilie DIN EN ISO 9000 ff.

Die Normenfamilie DIN EN ISO 9000 ff. (Dezember 2000) [43] wurde als Hilfestellung für die Entwicklung eines unternehmensspezifischen wirksamen Qualitätsmanagement-

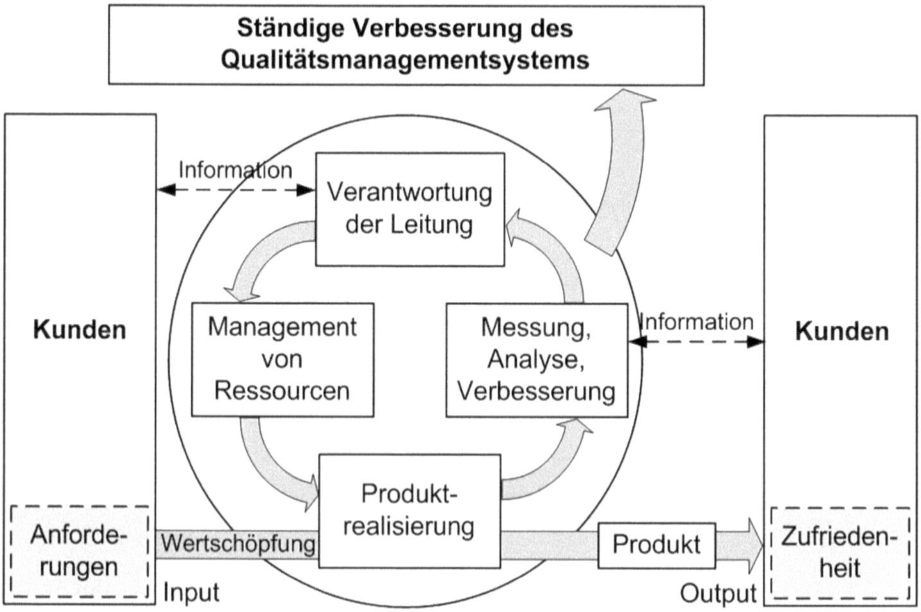

Abb. 12.70 Modell eines prozessorientierten Qualitätsmanagementsystems [43]

systems unabhängig von der Art und Grösse des Unternehmens entwickelt. Diese Normenfamilie beinhaltet folgende Teilnormen:

- ISO 9000 [43] beschreibt Grundlagen für Qualitätsmanagementsysteme und legt die Terminologie für Qualitätsmanagementsysteme fest.
- ISO 9001 [45] legt die Anforderungen an ein Unternehmens-Qualitätsmanagementsystem fest. Zu diesen Anforderungen gehört, dass die Organisation ihre Fähigkeiten Leistungen bereitzustellen bzw. Produkte herzustellen, die die Anforderungen der Kunden und die behördlichen sowie gesetzlichen Anforderungen erfüllen und eine Erhöhung der Kundenzufriedenheit anstreben darlegen muss.
- ISO 9004 [46] stellt einen Leitfaden bereit, der sowohl die Wirksamkeit als auch die Effizienz des Qualitätsmanagementsystems betrachtet. Das Ziel dieser Norm besteht in der Verbesserung der Leistung der Organisation um die Zufriedenheit der Kunden und anderer interessierter Parteien sicherzustellen.

12.11.5 Grundsätze des Qualitätsmanagements

Mittels Qualitätsmanagement soll in einem Unternehmen oder einer Organisation sichergestellt werden, dass z. B. die Angebotsbearbeitung von allen Projektgruppen nach einem gleichen Qualitätsstandard und somit nach einheitlichen Regeln und Sorgfalt durchgeführt wird. Denn „Das erfolgreiche Führen und Betreiben einer Organisation erfordert, dass sie in systematischer und klarer Weise geleitet und gelenkt wird." [43].

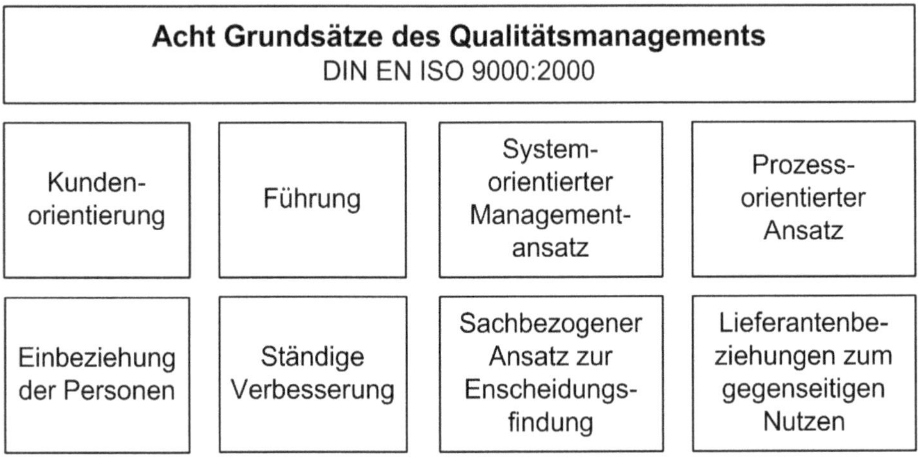

Abb. 12.71 Acht Grundsätze des Qualitätsmanagements

In der ISO 9000:2000 wurden acht Grundsätze des Qualitätsmanagements (Abb. 12.71) aufgestellt, die für die oberste Leitung des Unternehmens bzw. der Organisation zur Verbesserung der Leistungsfähigkeit beitragen sollen.

Da die Unternehmen mit ihren Leistungen und Produkten die Bedürfnisse ihrer Kunden befriedigen und erfüllen müssen, ist es von grundlegender Bedeutung, die Erfordernisse der Kunden zu verstehen und ihre Anforderungen zu erfüllen bzw. möglichst zu übertreffen.

Qualitätspolitik und Qualitätsziele dienen dazu, qualitäts- und prozessorientierte Schwerpunkte für das Führen der Organisation zu setzen, um die Anforderungen der Kunden zu erfüllen und die Effizienz des Unternehmens zur Gewinnerzielung zu optimieren. Die Qualitätspolitik und Qualitätsziele legen die gewünschten Ergebnisse fest und unterstützen die Organisation dabei, ihre Ressourcen effizient und anforderungsorientiert einzusetzen. Die Qualitätspolitik bietet einen Rahmen für das Festlegen und Bewerten von Qualitätszielen. Die Qualitätsziele müssen mit der Qualitätspolitik und der Verpflichtung zu ständiger Verbesserung (KVP) übereinstimmen. **Das Erreichen der Qualitätsziele muss messbar sein**. Qualitätsziele zu erreichen, hat eine positive Wirkung auf die Qualität der Produkte, die Effizienz der Betriebsabläufe die finanziellen internen Ziele sowie auf die Zufriedenheit und das Vertrauen der Kunden.

Die Führungskräfte sind dafür verantwortlich, die Übereinstimmung von Zweck und Ausrichtung der Organisation, d. h. das interne Umfeld zu schaffen, in dem sich das Personal für die Erreichung der Ziele einsetzt. Die Effizienz der Organisation beim Erreichen ihrer Ziele wird von der Handhabung der in Wechselbeziehung stehenden Prozesse bestimmt.

Die acht Grundsätze des Qualitätsmanagements bilden die Grundlage der Normenfamilie DIN EN ISO 9000 ff. Grundsätzlich wird in der Normenfamilie zwischen Anforderung an das Produkt und Anforderungen an das Qualitätsmanagementsystem unterschie-

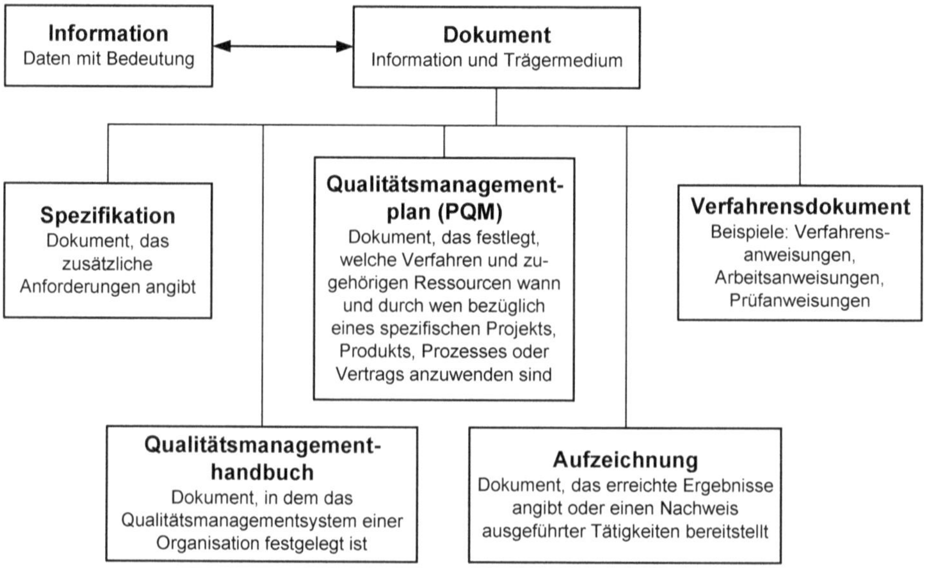

Abb. 12.72 Dokumentationsbezogene Begriffe (DIN EN ISO 9000:2000)

den. Die Anforderungen an das Produkt werden vom Kunden selbst oder von Behörden bestimmt. Die Anforderungen an Qualitätsmanagementsysteme sind in der ISO 9001 festgehalten und gelten für Organisationen in jedem Sektor.

12.11.6 Arten der im QM verwendeten Dokumente

In Qualitätsmanagementsystemen können folgende Arten von Dokumenten verwendet werden [43]:

- Dokumente, die Informationen über das Qualitätsmanagement eines Unternehmens geben, werden als QM-Handbücher bezeichnet.
- Als QM-Pläne bezeichnet man Unterlagen, die zeigen, wie das Qualitätsmanagementsystem auf ein spezifisches Projekt (auch Produkt oder Vertrag) angewendet wird. Sie sind für das Projektqualitätsmanagement (PQM) relevant.
- Dokumente, die Anforderungen enthalten, werden Spezifikation genannt.
- Informationen darüber, wie Tätigkeiten und Prozesse auszuüben bzw. auszuführen sind, findet man in dokumentierten Verfahren, Arbeitsanleitungen und Zeichnungen.
- Den Nachweis über ausgeübte Tätigkeiten oder erreichte Ergebnisse liefern die Aufzeichnungen.

In Abb. 12.72 sind die verschiedenen Dokumente nochmals grafisch dargestellt.

Anwendungsbereich	Inhalt		Zweck	Bewertung der Wirksamkeit
Ganzes Unternehmen	Aufbau- und Ablauforganisation, qualitätsbezogene Aufgaben und Zuständigkeiten	QM-Handbuch	Qualitätsfähigkeit des Unternehmens sicherstellen	- Systemaudit - Qualitätsberichtwesen
Bereiche Abteilungen	Aufgabenorganisatorische Regelungen (organisations- und fachbezogen)	Verfahrensanweisungen Prozessbeschreibungen	Qualitätsgerechtes Verhalten der Mitarbeiter sicherstellen	- Verfahrensaudit - Schwachstellen
Sachgebiet Arbeitsplatz	Vorgaben zur Arbeitsausführung	Arbeitsanweisungen, Prüfanweisungen, Zeichnungen, Pflichtenhefte, Prozess- und Produktspezifikationen, Arbeits- und Prüfpläne, Auditpläne, Liefer- und Qualitätsvereinbarungen, gesetzliche, technische u. behördliche Vorschriften	Qualitätsgerechtes Umfeld zur Erzielung der geplanten Produktqualität schaffen	- Produktaudit - Fehlermeldungen - Ausschuss - Nacharbeit

Abb. 12.73 Hierarchie der Dokumente im Qualitätsmanagementsystem [44, 47]

Der hierarchische Aufbau der verschiedenen Qualitätsmanagementdokumente eines Unternehmens ist in Abb. 12.73 gezeigt. An der Spitze steht das QM-Handbuch; es ist das übergeordnete Dokument und dient sozusagen als Leitfaden für das Qualitätsmanagement im gesamten Unternehmen. Die Beschreibung der Verantwortung, der Zuständigkeit oder der Abläufe wird (falls erforderlich) in den Verfahrens- bzw. Arbeitsanweisungen festgelegt.

12.11.7 Anforderungen an Qualitätsmanagementsysteme

Die DIN EN ISO 9001 [45] ist in Abschnitte unterteilt, die die verschiedenen Verantwortungsbereiche in einer Organisation beschreiben (Abb. 12.74).

Die Organisation muss entsprechend den Anforderungen der internationalen Norm ein Qualitätsmanagementsystem aufbauen, dokumentieren, verwirklichen und aufrechterhalten bzw. ständig verbessern. Sie muss

- die für das Qualitätsmanagementsystem (QMS) erforderlichen Prozesse erkennen,
- die Abfolge und Wechselwirkung der Prozesse festlegen,
- die Kriterien und erforderlichen Methoden für das wirksame Durchführen und Lenken der Prozesse festlegen,

Abb. 12.74 Aufbau und Hauptabschnitte der DIN EN ISO 9001:2000

- die Verfügbarkeit von Ressourcen und Informationen sicherstellen, die zur Durchführung und Überwachung der Prozesse benötigt werden,
- die Prozesse überwachen, messen und analysieren,
- Massnahmen treffen, um die geplanten Ergebnisse sowie eine ständige Verbesserung der Prozesse zu erreichen.

Neben diesen allgemeinen Anforderungen sind in der ISO 9001:2000 auch die Dokumentationsanforderungen festgehalten:

- Die Qualitätspolitik und die Qualitätsziele müssen dokumentiert sein.
- Das Qualitätsmanagementhandbuch muss in schriftlicher Form vorliegen und eventuell zusätzlich im Intranet abrufbar sein.
- Im Leistungserstellungsprozess angewandte Verfahren müssen in Form von Verfahrensanweisungen dokumentiert sein.
- Das QM-System fordert Dokumente zur wirksamen Planung, Durchführung und Lenkung der Prozesse.
- Die Norm fordert Aufzeichnungen zum Nachweis der Funktionsfähigkeit des QM-Systems.

Die oberste Leitung muss ihre Verpflichtung bezüglich der Entwicklung, Verwirklichung, ständigen Verbesserung und Wirksamkeit des Qualitätsmanagementsystems durch Kundenorientierung, Qualitätspolitik, Planung, Verantwortung, Befugnis, Kommunikation und Managementbewertung nachweisen.

Das Management von Ressourcen umfasst die Bereitstellung der Ressourcen, der Infrastruktur und der Arbeitsumgebung. In der ISO 9001 sind die Aufgaben der Organisation bezüglich des Managements der Ressourcen festgelegt. Mit der Produktrealisierung sind in der ISO 9001 alle Schritte vom Wunsch bzw. Anforderungen des Kunden bis hin zur Abnahme und Nutzung des Produkts (Inbetriebnahme) gemeint.

Die Organisation muss auch die Überwachungs-, Mess-, Analyse- und Verbesserungsprozesse planen und verwirklichen, um

- die Konformität des Produkts darzulegen,
- die Konformität des QM-Systems sicherzustellen,
- die Wirksamkeit des QM-Systems ständig zu verbessern.

Dazu müssen die zutreffenden Methoden (einschliesslich statistischer Methoden) und das Ausmass ihrer Anwendung festgelegt werden [45].

12.11.8 QM-Handbuch

Alle sich regelmässig wiederholenden Abläufe und Regelungen werden im QM-Handbuch festgelegt. Damit das Handbuch eine Unterstützung für die Mitarbeiter ist, muss es verständlich und aufs Nötigste beschränkt sein; Informationen sind nur dann nützlich, wenn sie auch leicht zu finden sind. Wegen der laufenden Veränderung des QM-Systems muss das Handbuch immer den aktuellen Istzustand der Arbeitsprozesse in der Organisation beschreiben. Der Inhalt muss die wichtigsten erfolgsrelevanten Prozesse abdecken. Der Anhang kann die wichtigsten Formblätter enthalten, um nicht jedes Mal das Rad neu zu erfinden und um eine Basisstruktur (Leitplanken) vorzugeben. Viele Organisationen stellen ihr QM-Handbuch ins Intranet, was die Aktualisierung erheblich erleichtert und die Verfügbarkeit für die Mitarbeiter sicherstellt. Eine zweite, für externe Zwecke bestimmte Ausgabe dient der Reputation der Organisation und wird auch als Vertragsgrundlage oder Nachweis für Kunden verwendet.

Die Gliederung des Qualitätsmanagementhandbuchs der Firma „SysBau" kann wie folgt aufgebaut werden:

A Einleitung
A1 Verbindlichkeitserklärung
A2 Vorwort
A3 Inhaltsverzeichnis
A4 Aufbau, Änderung und Verteilung des QM-Handbuchs
A5 Das Prozessmanagement
B QM-Handbuch
B1 Verantwortung der obersten Leitung
B2 Das Qualitätsmanagementsystem
B3 Vertragsprüfung
B4 Planungslenkung
B5 Lenkung der Dokumente und Daten
B6 Beschaffung
B7 Lenkung des Leistungserstellungsprozesses
B8 Prüfungen, Prüfmittel, Prüfstatus
B9 Korrektur und Vorbeugungsmassnahmen
B10 Lenkung von Qualitätsaufzeichnungen
B11 Interne Audits
B12 Schulungen
B13 Gewährleistung und Kundendienst
B14 Statistische MethodenAnhang

Der prinzipielle Aufbau des Qualitätsmanagementsystems ist in Abb. 12.75 dargestellt.

Das Qualitätsmanagementhandbuch, informiert über die Firmenpolitik, Qualitätsziele sowie die Aufbau- und Ablauforganisation. Aufbauend auf den Qualitätszielen des QM-Handbuchs findet man die Beschreibungen der aufgeführten Verfahren in den Verfahrensanweisungen und Qualitätsmanagementroutinen (Verfahrensschritte). Die Verfahrensanweisungen und QM-Routinen betreffen nur Teilbereiche des Unternehmens und regeln die Tätigkeiten und Zuständigkeiten der Bereiche unter Einbezug der Schnittstellen zwischen den einzelnen Prozessen. Die Arbeits- und Prüfanweisungen geben Detailan-

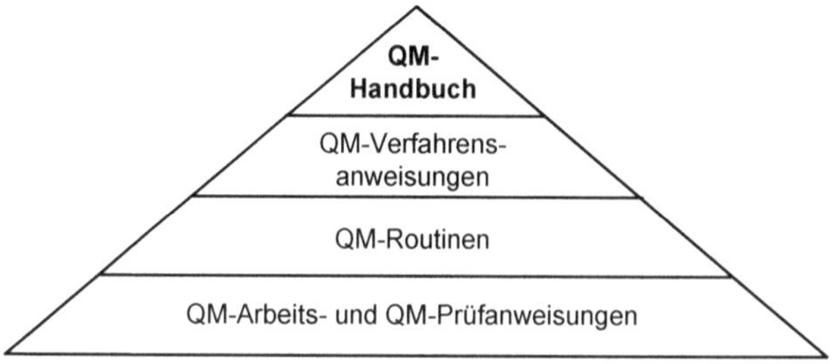

Abb. 12.75 Aufbau des Qualitätsmanagementsystems

weisungen für die einzelnen Tätigkeiten und liegen an den entsprechenden Arbeitsplätzen bereit. Verfahrensanweisungen und Arbeits- bzw. Prüfanweisungen sind nur für den internen Gebrauch gedacht.

12.11.9 Projektbezogenes QM-System des Unternehmens

Die eigentlichen Unternehmensaufgaben, d. h. die Leistungserstellungs- und Supportprozesse und ihre Schnittstellen unter Berücksichtigung von Raum, Zeit, Sachmitteln und Personen, werden in der projektspezifischen Ablauforganisation abgewickelt. Die Ablauforganisation umfasst die Planung und Steuerung des Prozesses der Leistungserstellung.

Jeder einzelne Prozess der Leistungserstellung, aber auch alle Support- und Ressourcenprozesse (Abb. 12.76), die für die Leistungserstellung notwendig sind, werden durch das QM-System definiert und überwacht. Das Ziel besteht darin, die Prozesse im Unternehmen zu optimieren und effizienter zu gestalten.

Die Fokussierung auf die Prozessqualität sichert einerseits die spezifische kundenorientierte Produktqualität und bietet betriebswirtschaftliches Potenzial, dessen Ausschöpfung Kostenvorteile gegenüber den Wettbewerbern zulässt [48].

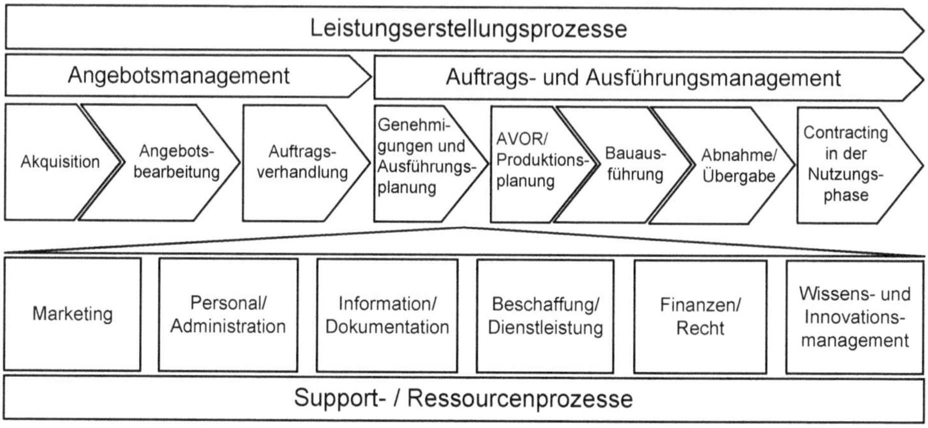

Abb. 12.76 Leistungserstellungs- und relevante Supportprozesse – QM relevante Prozesse

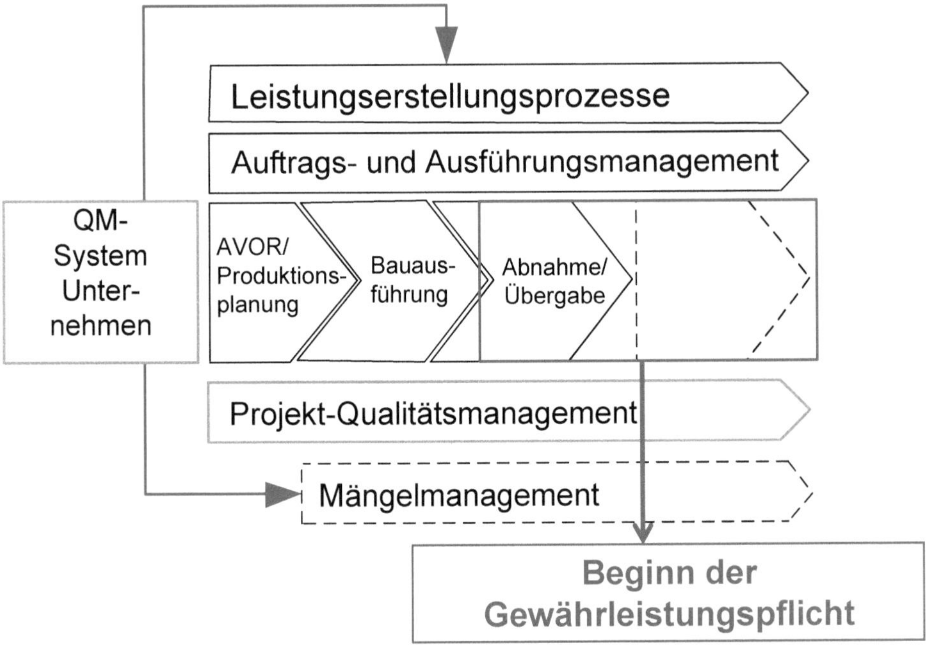

Abb. 12.77 QM-Leistungserstellungsprozesse in Bauunternehmen

Die zertifizierten Unternehmen haben eigene spezifische qualitätsgesteuerte Projektprozesse, die auf den jeweiligen Leistungstyp abgestimmt sind. Diese sind abhängig von der Leistungstiefe des Unternehmens:

- Bau- und Generalunternehmen – Realisierung des Bauwerks (siehe Abb. 12.77)
- Totalunternehmer – Planung des Vor-, Bau- und Genehmigungsprojektes sowie Ausschreibung (siehe Abb. 12.78)

12.11.10 Projektqualitätsmanagement

Unternehmen der Bauwirtschaft mit ihrem unternehmensspezifischen Qualitätsmanagementsystem erstellen ganze Projekte wie Total- und Generalunternehmen oder führen als Gewerkunternehmen einzelne Arbeitsgattungen aus. Die grossen Bauherrn fordern daher ein projektspezifisches Qualitätsmanagement, da jedes Unternehmen möglicherweise andere Prioritäten in seinem eigenen Qualitätsmanagement hat. Daher verlangen die Bauherrn ein projektspezifisches Qualitätsmanagement, indem neben den spezifischen unternehmensinternen Anforderungen, die Anforderungen des Bauherrn eingehen bezüglich:

- Projektqualitätsanforderungen,
- Prüfung der Qualitätszielerreichung im Projekt,
- Nutzung projektspezifischer Formblätter des Bauherrn zur Dokumentation.

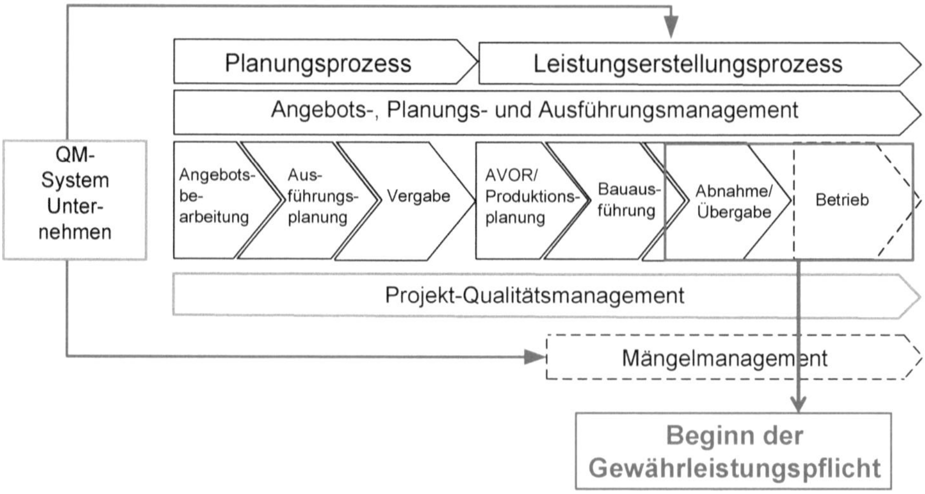

Abb. 12.78 QM-Leistungserstellungsprozesse eines Totalunternehmers

Dies ist notwendig da in einem Bauprojekt 20–30 verschiedene Unternehmen unterschiedlicher Arbeitsgattung, mit unterschiedlichen Qualitätszielen und Dokumentationsanforderungen teilnehmen. Teil dieses PQM ist es, für die Beteiligten Unternehmen die Projektorganisation und die Zuständigkeiten klar zu definieren. Zudem müssen die allgemeinen projektspezifischen Anforderungen, die Vertragsgrundlage für die Unternehmen sind, zusammengefasst werden in Bezug auf gesetzliche Vorschriften, ökologische Randbedingungen, terminliche Fixpunkte und betriebliche Anforderungen, entsprechend den Zielen des Auftraggebers. Dieser Prozess sollte von Projektbeginn an durchgeführt werden und in allen Projektphasen weitergeführt werden, damit sichergestellt ist, dass alle beteiligten Auftragnehmer die Projektanforderungen projektbegleitend erfüllen und damit Mängel bzw. Gewährleistungsmängel vermieden werden. Unklare Zielformulierungen und mangelhafte Definition der Projektorganisation sind mögliche Gründe für Probleme an den verschiedenen Schnittstellen eines Projektes.

Die qualitätsgerichteten Unternehmen haben entsprechende Verfahrensanweisungen um ein projektspezifisches PQM zu erstellen. Diese Verfahrensanweisungen (Abb. 12.79) zeigen auf, wie neben den unternehmensinternen Qualitätsanforderungen zur ziel- und wirkungsorientierten Projektsteuerung die spezifischen vertraglichen Projektanforderungen des Bauherrn integriert werden. Abbildung 12.79 zeigt eine Verfahrensanweisung „Erstellung von projektbezogenen Qualitätsmanagementplänen".

Das Projektqualitätsmanagement (PQM) hat die Aufgabe, alle Projektbeteiligten auf eine gemeinsame Qualitätspolitik und ein gemeinsames Qualitätsziel auszurichten. Durch das PQM-System soll die Qualität der Bauwerke und Bauprozesse im jeweiligen Projekt sichergestellt sowie die Effizienz und Wirtschaftlichkeit der Projektabwicklung gesteigert werden.

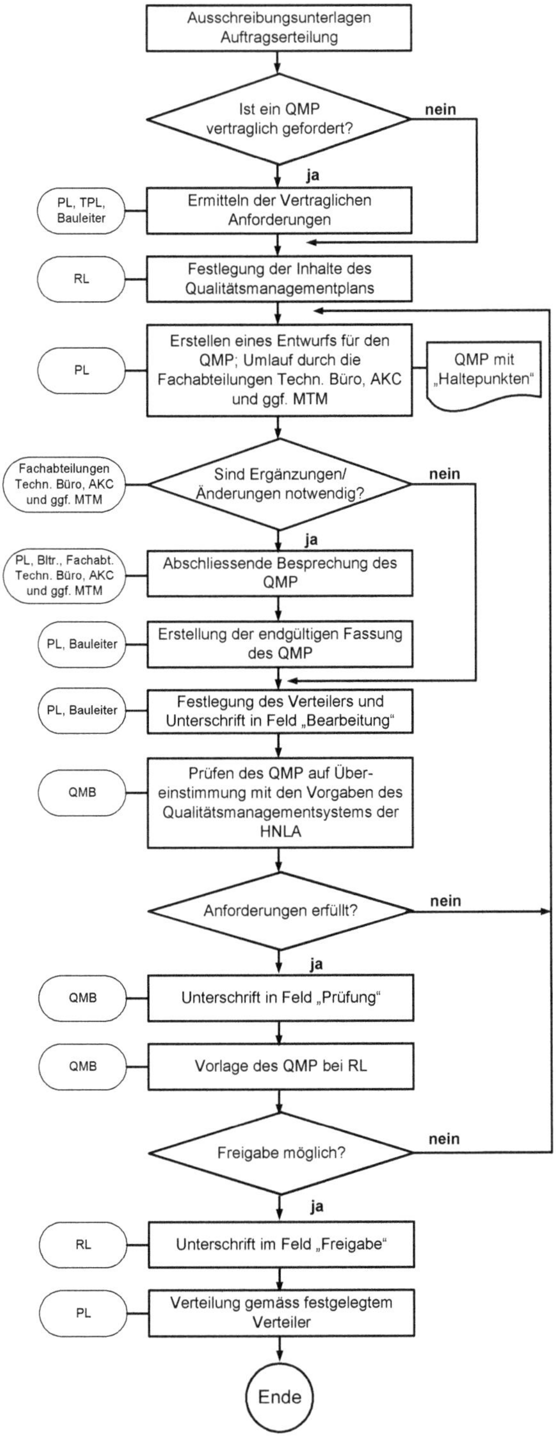

Abb. 12.79 Verfahrensanweisung „Erstellung von projektbezogenen Qualitätsmanagementplänen"

Der Schlüssel des Erfolgs liegt nicht nur darin, dass ein PQM entwickelt wird, sondern darin:

- dass die Projektleitung einen klaren detaillierten Takt- und Fliessfertigungsplan für die beteiligten Unternehmen entwickelt. Dazu benötigt man ein detailliertes Bauprogramm für den Roh- und Ausbau. Für den Ausbau benötigt man zusätzlich ein Fliessfertigungsprogramm für die Ausbauunternehmer mit Zeitangaben, Art der Arbeiten und die Kennzeichnung des entsprechenden Baufeldes zur Bauausführung und Lagerung sowie die dazugehörige Logistikinfrastruktur.
- dass die richtigen qualifizierten projektbeteiligten Personen und Unternehmen gewählt werden, die auch über ausreichende Ressourcen verfügen. Dies sind wesentliche Kriterien, um die Gesamtqualität des Projekts zu sichern, da nur qualifizierte, verantwortungsbewusste Projektbeteiligte in der Lage sind, ein qualitativ hochwertiges Produkt zu erstellen.

Im Rahmen der Arbeitsvorbereitung sind die projektspezifische Qualitätssicherung, Arbeitssicherheit und das PQM zu planen und weitestgehend vorzubereiten. Basis hierfür bilden das unternehmenseigene Qualitäts- und Arbeitssicherheitsmanagement und die Anforderungen des Bauherrn. Der Bauherr formuliert im Vertrag direkte Qualitätsanforderungen an Materialien, Geräte und Leistungen, die sich aus den späteren Nutzungsanforderungen und der Nutzungsdauer ergeben. Dies kann in Form von Produktmarken, Garantien und Qualitätskontrollen oder Ähnlichem erfolgen. Indirekt stellt der Bauherr weitere Qualitätsanforderungen durch seine Organisation und Struktur.

Der Bauherr erstellt im Idealfall durchgängige QM-Anforderungen. Diese QM-Anforderungen resultieren aus den Qualitätsschwerpunkten, die sich aus der Risikoanalyse des Projekts ergeben (Abb. 12.82). Je nach Projektabwicklungsform [14] muss der Bauherr im Rahmen des Qualitätsmanagements der Schnittstellenproblematik (z. B. bei Einzelleistungsträgerprojektabwicklungsformen) bzw. dem Schnittstellenmanagement besondere Beachtung schenken, bei Gesamtleistungsanbietern muss dies der Unternehmer tun.

Dem Aspekt des Schnittstellenmanagements zur sicheren Koordination der Anforderungen und Teilprozesse im Rahmen des Leistungserstellungsprozesses wird in der Praxis zu geringe Bedeutung beigemessen.

PQM beruht auf dem Grundsatz, dass alle Projektbeteiligten die Verantwortung für die Qualität ihres Beitrags (Teilprojekts) übernehmen und somit auf das Qualitätssystem (oder auch Managementsystem MS) in ihrem Unternehmen achten [49]. Aufgrund der spezifischen Projektanforderungen des Bauherrn ergänzt der Unternehmer sein eigenes Unternehmens-QM-System zu einem spezifischen PQM-Plan für das jeweilige Bauprojekts (Abb. 12.80).

Die prozessbezogenen QM-Anforderungen erstrecken sich auf den Leistungserstellungsprozess mit den Phasen Konzept, Vorplanung, Ausführungsplanung, Ausführung und Inbetriebnahme.

Die QM-Anforderungen des Bauherrn beziehen sich auf die inter-unternehmens- sowie bauherrenspezifische Projektorganisation, die Informations-, Dokumenten- und

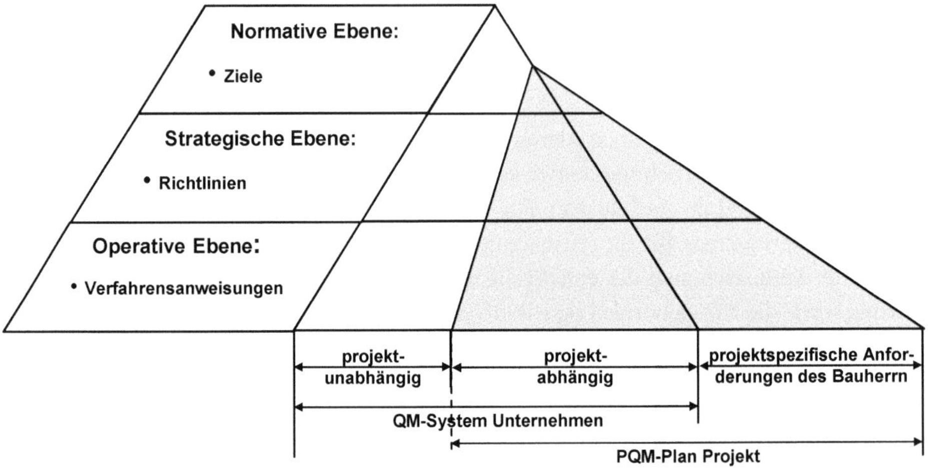

Abb. 12.80 QM-System des Unternehmers sowie des spezifischen Projekts

Kommunikationslenkung der Projektbeteiligten sowie die Terminkoordination und Termin-, Qualitäts-, Risiko- und Kostenüberwachung, ferner auf die Funktion, Sicherheit und Dauerhaftigkeit sowie auf die Investitions- und Unterhaltskosten.

Die projektabhängigen QM-Anforderungen des Unternehmers beziehen sich auf die intra-unternehmensspezifischen Anforderungen an die Projektorganisation, die Informations-, Dokumenten- und Kommunikationslenkung, Termin-, Qualitäts-, Leistungs-, Risiko- und Kostenkontrolle sowie Arbeitssicherheit.

Diese Anforderungen werden in einem PQM-Plan zusammengeführt (Abb. 12.82). Der PQM-Plan sichert die unternehmensspezifischen (internen) sowie bauherrenspezifischen (externen) Anforderungen. In der Umsetzungsphase erfolgt die Lenkung des Leistungserstellungsprozesses mittels dieses PQM-Plans (Abb. 12.82). Er wird mit dem Bauherrn/ Auftraggeber vereinbart, um für die Sicherstellung und gemeinsame Kontrolle der Projektanforderungen sowie für die möglichst reibungslose Umsetzung des Leistungserstellungsprozesses mit den externen Schnittstellen in einer einheitlichen Plattform zwischen Bauherrn und Leistungsanbieter zu sorgen.

Die verschiedenen Beteiligten wirken im Projekt an einer gemeinsamen Aufgabe in übergreifenden Prozessen mit. PQM bezieht sich deshalb in erster Linie auf das Zusammenwirken auf der vertikalen Projektachse, d. h. auf die Zusammenarbeit der Beteiligten (Abb. 12.81), die von der Gesamtprojektleitung als Takt- bzw. Fliessprozess mit und zwischen den beteiligten Unternehmen geplant und koordiniert werden muss.

Es gibt keine gemeinsame Verantwortung (Solidarhaftung) für das Qualitätsmanagement; daher muss die Verantwortung der einzelnen Projektbeteiligten und ihr Zusammenspiel klar definiert und rechtlich bindend vereinbart werden.

In Abb. 12.82 sind der Zyklus und die Instrumente des projektbezogenen Qualitätsmanagements dargestellt, die den Projektbeteiligten zur Planung, Übermittlung, Umsetzung bzw. vertraglichen Regelung der QM-Belange dienen.

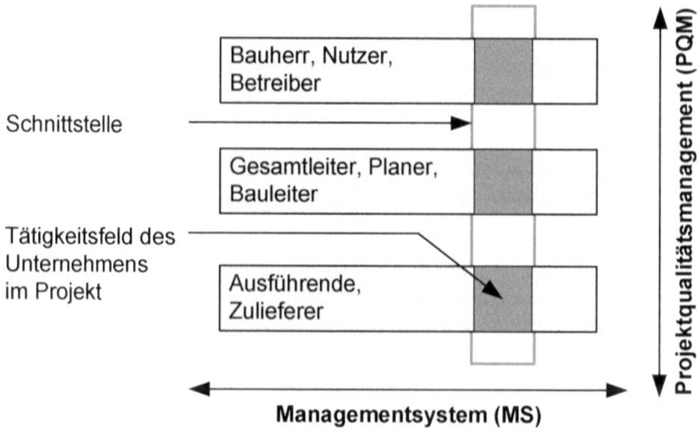

Abb. 12.81 Zusammenwirken von MS und PQM [49]

Im PQM-Plan werden die Massnahmen und internen Verantwortlichkeiten, basierend auf der QM-Vereinbarung bzw. den QM-Anforderungen des Auftraggebers, festgelegt. Die Massnahmen werden während der Projektabwicklung sukzessive umgesetzt und auf ihren Erfolg überprüft. Wie bereits erwähnt, integriert das PQM alle beteiligten Projektpartner. Ziel der PQM-Planung ist es, die Baustellenorganisation, die Bauabläufe und das Baumanagement zu organisieren und innerhalb kontrollierter Prozesse zu führen.

Das PQM regelt alle Managementprozesse zwischen Unternehmer und Bauherr sowie die Produktionsprozesse innerhalb des Unternehmens [44]. Ferner beinhaltet das PQM alle Massnahmen zur Qualitätssicherung des Produkts Bauwerk sowie die notwendige Umsetzung der Arbeitssicherheitsanforderungen und Projektrisikobegrenzung.

Die Ausführungsqualität lässt sich nicht allein durch kontrollierte, nachvollziehbare und dokumentierte Prozesse gewährleisten, sondern wird entscheidend geprägt durch:

- Qualität und Qualifikation der Mitarbeiter,
- Qualität der Produktionsinfrastruktur wie Geräte, Bauverfahren, Bauhilfsmassnahmen etc.,
- Qualität der Baustoffe,
- Organisation der Ausführung,
- äussere Bedingungen der Bauproduktion wie Wetter, Helligkeit, Umweltbelastung.

In der Arbeitsvorbereitung müssen Massnahmen getroffen werden, um diese die Qualität beeinflussenden Faktoren zu optimieren.

Im Projektqualitätsmanagement müssen neben den materiellen Qualitätssicherungsmassnahmen die Informations- und Kommunikationssicherungsmassnahmen festgehalten werden. Dazu gehören die Festlegung der externen und internen Besprechungen zwischen:

- extern:
  - Bauherr und Bauunternehmen
  - Bauherr, Planer und Bauunternehmen sowie Dritte nach Bedarf

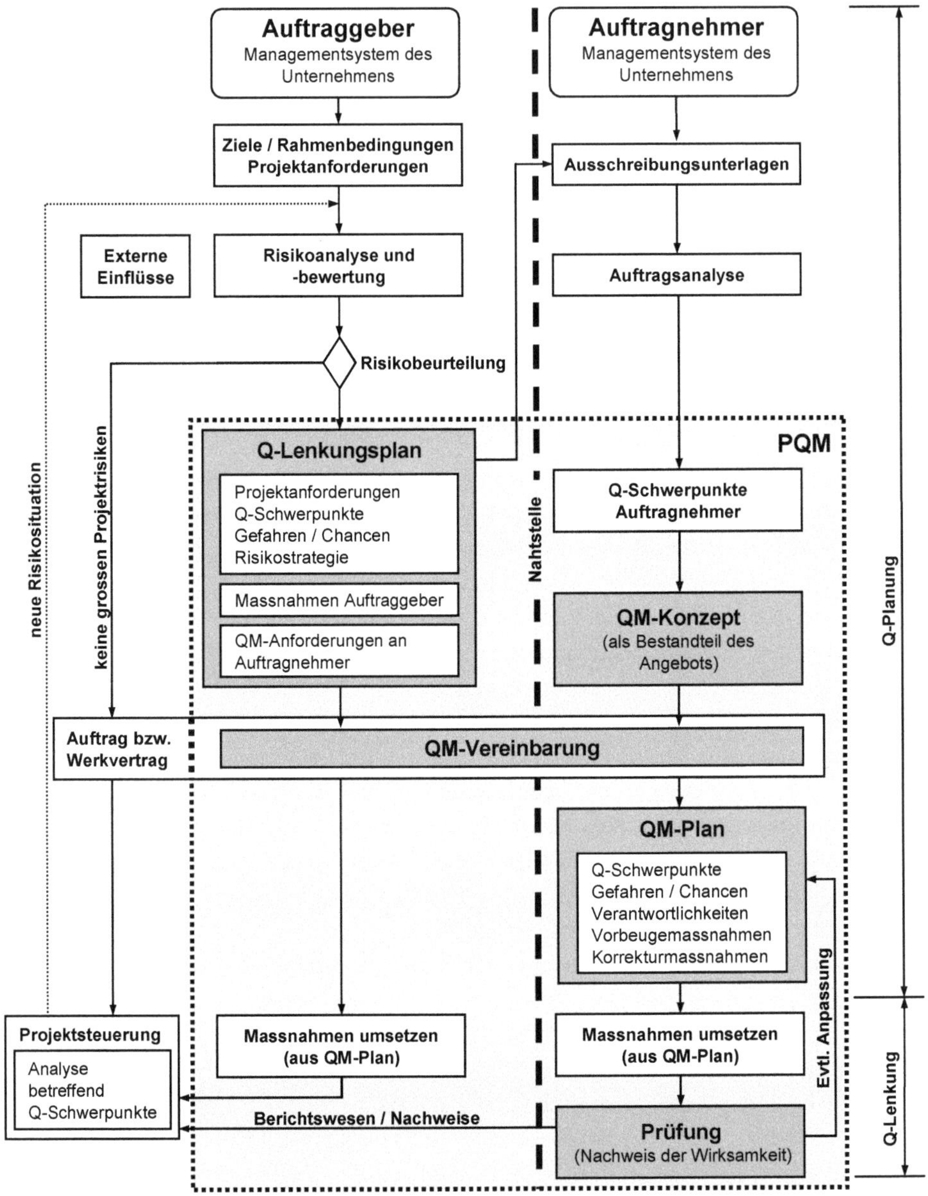

Abb. 12.82 Aufbau und Instrumente des projektbezogenen Qualitätsmanagements (PQM) [49]

- intern:
  - wöchentliche Baustellenkoordinationssitzung
  - monatliche Controlling-Besprechung
  - monatliche Baustellenchefbesprechung mit der Bereichsleitung

Ferner sollten die Mindestinhalte dieser Sitzungen umrissen werden.

Die PQM-Anforderungen des Bauherrn werden im **Qualitätslenkungsplan** festgelegt. Sie resultieren aus den Qualitätsschwerpunkten, die für die Herstellprozesse gelten und damit auf die Risikoschwerpunkte des Unternehmens und des spezifischen Projektes fokussiert sind. Zu diesen Risikosteuerungsschwerpunkten im Qualitätsmanagement gehören in den Bauprojekten:

- Die Erziehung der Produkt- und Leistungsqualität für den Kunden,
- Die Einhaltung der Soll-Stunden und Soll-Kosten,
- Die Einhaltung der Termine,
- Die Effiziente Koordination der verschiedenen Projektbeteiligten.

Diese sind für den Projekterfolg entscheiden.

Somit interagieren Risiko- und Qualitätsmanagement in den Qualitätsschwerpunkten und bilden zusammen die kritischen Erfolgsfaktoren eines Projekts (Abb. 12.80 und 12.82). Sie ergeben sich aus der Beurteilung der Risikosituation und werden vom Bauherrn (Gesamtleiter) unter Einbezug der betroffenen Auftragnehmer (projektierende, ausführende Unternehmen) festgelegt.

Im Rahmen des Qualitätsmanagements trägt der jeweilige Prozessverantwortliche das Risiko der Ergebnisqualität. Denn im Qualitätsmanagement ISO 9000 liegt die Qualitätslenkungsverantwortung beim Prozessverantwortlichen des jeweiligen Teil- oder Gesamtprozesses, die er kontinuierlich wahrnehmen muss. Somit liegt z. B. die Prozess- und Ergebnisverantwortung der SIA-Planungs- und Ausschreibungsphase drei und vier z. B. beim Bauherrn oder bei einem TU-Projekt beim Totalunternehmer bzw. bei seinen beauftragten Planer. Diese Verantwortung kann nicht auf die Prozessverantwortlichen der Nachfolgephase, z. B. auf den Generalunternehmer oder die ausführenden Unternehmen aus baubetriebswirtschaftlicher Qualitäts- und Prozessverantwortung auf der Basis des eigenen Qualitätsmanagements übertragen werden. Auch wenn dies juristisch aufgrund der freien Werkvertragsgestaltung möglich ist, wäre dies ein Verstoss gegen die eigene Qualitätsmanagementverpflichtung ein fehlerfreies, qualitätsgeprüftes Ergebnis oder Teilergebnis zu erstellen.

Die Risikostrategie des Bauherrn (Auftraggebers) zeigt auf, wer für welche Risikofaktoren verantwortlich ist. In einem professionellen qualitätsgerichteten Leistungs- und Produktionsprozess muss man von einer Kette qualitätsgerichteter Teil- und Weiterentwicklungsergebnisse ausgehen können. Wichtig dabei ist, dass in einem solchen Prozess professionelle Akteure beteiligt sind. Leider sind wir in der Baubranche trotz fast flächendeckender Qualitätszertifizierung der grossen Planungs- und Bauunternehmen, noch weit entfernt von qualitätsgerichteter Ergebnisqualität auf Projektebene. Davon zeugen einerseits die **Risiken** in den Projekten die zu **Nachträgen** führen durch:

- **Bestellungsänderungen** infolge unvollständiger Planung und Ausschreibung sowie Fehler in der Planung

- **Unzureichende Mitwirkung** durch unzureichende und mangelhafte Koordination der Ausführungsplanung auf das Soll-Detail-Bauprogramm.
- **Unzureichende Mitwirkung** bei der Takt- und Fliessplanung und Koordination des Ausbaus mit 10–30 gleichzeitig arbeitenden Unternehmen.

Andererseits zeugen die erheblichen Mängel bzw. **Gewährleistungsmängel** von einer unzureichenden, qualitätsgerichteten Herstellung der Gebäude. Dies ist darauf zurückzuführen das keine (ausser bei Betonproben) herstellungsbegleitende Qualitätssicherung bei den Unternehmen **auf der Baustelle** erfolgt. Jedoch sind die meisten Halbfertigprodukte, die in einer Fabrikumgebung zugeliefert werden (Heizungsanlagen, Rohre, Ziegel etc.), qualitätsgesichert hergestellt. Dieses grundsätzliche Problem ist auch bei den PQM-gesicherten Projekten festzustellen. Das Qualitätsmanagement muss auf der Ebene der Poliere und Mitarbeiter verankert werden, sonst bleibt es eine formale Übung.

Die herstellungsbegleitende Qualitätssicherung „Wir machen es gleich richtig und wenn etwas falsch ist, korrigieren wir es sofort!" bedarf auch der baubegleitenden Prüfung und Dokumentation sowie die Nachverfolgung entdeckter Mängel. Das Qualitäts-Controlling muss baubegleitend sein und darf nicht erst nach Fertigstellung stattfinden. Dies bedeutet für die Bauwirtschaft einen Kulturwandel in Bezug auf die Verhinderung oder zumindest Verminderung von Gewährleistungsmängeln.

12.12 Sicherheitsplanung

Die technischen und physischen Sicherheitsbereiche sowie die Unfallverhütung, der Gesundheitsschutz und die Umweltsicherheit werden im Rahmen der Sicherheitsplanung berücksichtigt [51–53].

Sicherheitsziele für die Bauphase eines Bauprojekts sind der Schutz der gefährdeten Personen vor Unfällen und Gesundheitsschäden sowie der Schutz der gebauten und natürlichen Umwelt vor schädlichen Einwirkungen [54]. Diese Ziele gelten als erreicht, wenn alle Massnahmen gegen Gefährdungen getroffen werden, die nach geltenden rechtlichen Grundlagen notwendig, dem Stand der Technik und der Erfahrung anwendbar und den gegebenen Verhältnissen angemessen sind. Die Massnahmen müssen dem Grundsatz der Verhältnismässigkeit entsprechen. Die Sicherheit für Bauarbeiter und Dritte muss im Vordergrund stehen [55]. Im Einzelnen sollten von der Arbeitsvorbereitung folgende Punkte in Kurzform beschrieben und ihre Gefahren und Gegenmassnahmen dargestellt werden:

- Standort und Erschliessung der Baustelle,
- Beschreibung und Dauer des Bauvorhabens,
- Komponenten der Baustelleneinrichtung,
- Bauetappen, Bauvorgänge und Bauwerkskomponenten,
- natürliche sowie gebaute Umwelt und Bevölkerung.

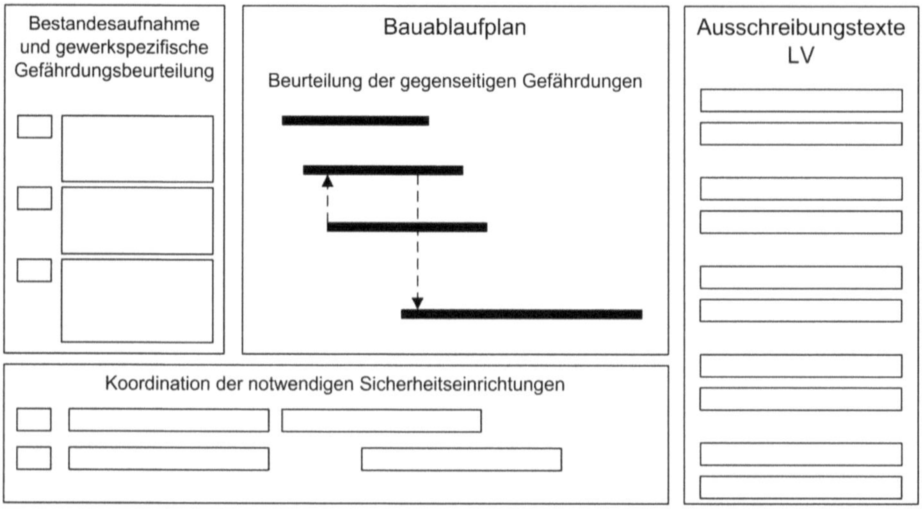

Abb. 12.83 Übersichtsplan zur Darstellung der Gefährdungen und Sicherheitsmassnahmen im Rahmen der Hauptvorgänge des Bauprozesses [52]

Zur Umsetzung der geplanten Sicherheitsmassnahmen eignen sich Sicherheitsmassnahmenpläne, die dem phasenweisen Charakter der Baumassnahme gerecht werden, sowie Überwachungspläne, Arbeitsanweisungen, Checklisten, Ablaufschemata etc.

Für die Planung und Umsetzung des Sicherheits- und Gesundheitsschutzplans (SIGEPLAN) [52] ist ein Sicherheitskoordinator festzulegen. Der SIGEPLAN soll in der Planungsphase so konzipiert werden, dass er auf einem Übersichtsplan die Schwerpunkte und Besonderheiten des Arbeitsschutzes für das jeweilige Projekt auf den ersten Blick klar aufzeigt. Der SIGEPLAN dient als Grundlage zur Planung der Sicherungs- und Arbeitsschutzmassnahmen in folgenden Bauunterlagen:

- Baustelleneinrichtungsplan: Lage und Ort der permanenten Massnahmen.
- Arbeitszykluspläne: z. B. Schutzgerüste bei Deckenschalungen, Absperrungen von Baugruben, Absturzsicherungen bei offenen Fassaden.
- Terminplan: Dauer der jeweiligen Schutzmassnahmen.

Der SIGEPLAN (Abb. 12.83) muss folgende Minimalbedingungen erfüllen:

- Er soll in der Vorbereitungsphase des Projekts erstellt und in der Ausführungsphase dem Arbeitsfortschritt und Änderungen angepasst werden.
- Die für die jeweilige Baustelle zutreffenden Bestimmungen müssen aufgeführt werden. Die Wechselwirkung Baubetrieb und Produktion oder Verkehr muss, falls relevant, berücksichtigt werden (z. B. Instandsetzungsarbeiten).
- Spezifische Massnahmen bei gefährlichen Arbeiten müssen angegeben werden, z. B. Fangnetze unterhalb von Kletterschalungen, geschlossene Arbeitsbühnen bei Decken-

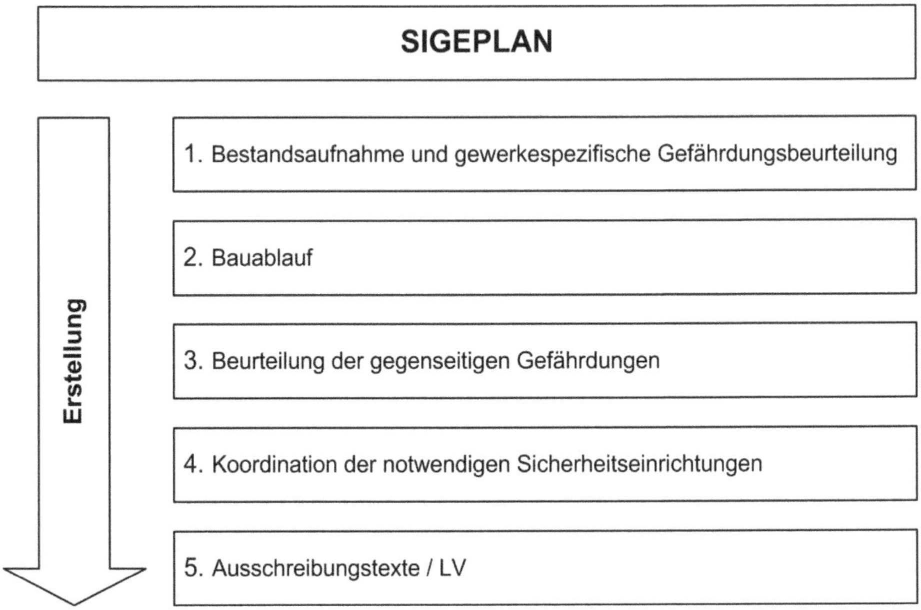

Abb. 12.84 Ablauf der Sicherheits- und Gesundheitsplanung [52]

schalungen bei mehrstöckigen Gebäuden, Massnahmen gegen Verschüttung beim Niederbruch im Tunnel, plötzlichen Bergwassereinbruch etc.

Der SIGEPLAN soll nach dem Leitfaden der Berufsgenossenschaften erstellt werden. Der schematische Aufbau des SIGEPLAN ist in Abb. 12.83 dargestellt; er gliedert sich in folgende Hauptelemente:

- Im linken Planteil sind die zu erwartenden Gefährdungen während des Baustellenbetriebs mit den dazugehörigen Lösungen, gegliedert nach Gewerken, aufgeführt.
- Im zentralen, mittleren Planteil dominiert der Bauablaufplan mit den Gefährdungen, die sich aus den zeitlichen Abhängigkeiten der verschiedenen Arbeiten ergeben.
- Im unteren Teil werden die erforderliche Koordination der notwendigen Sicherheitseinrichtungen sowie deren Standzeit eingetragen.
- Im rechten Planteil sind folgende Eintragungen vorzunehmen:
  - Hinweise auf Ausschreibungstexte zum Arbeitsschutz
  - Positionen des Leistungsverzeichnisses
  - Hinweise auf andere Pläne, Anweisungen und Bestimmungen

Der SIGEPLAN soll in fünf Schritten ausgearbeitet werden (Abb. 12.84):

1. Studium der Baugenehmigung, Baubeschreibungen, Pläne und Gutachten durch den Sicherheitskoordinator.

2. Übernahme des Bauablaufplans in den SIGEPLAN, mit zentralem Balkendiagramm für die zeitliche Planung der Sicherheitsmassnahmen.
3. Beurteilung gegenseitiger Gefährdung aus örtlicher und zeitlicher Nähe unter Beachtung und Nutzung von Checklisten.
4. Planung der Baustelleneinrichtung unter Berücksichtigung der mittels Checklisten identifizierten Gefahren und der dort festgelegten Sicherheitsmassnahmen und Koordinierung der Sicherheitsmassnahmen während des Bauablaufs.
5. Ausschreibung notwendiger und wichtiger Schutzmassnahmen im Leistungsverzeichnis, z. B. bei Subunternehmerbeauftragung.

Der SIGEPLAN muss als baubetriebliches Planungs- und Führungshilfsmittel verstanden werden, das:

- einerseits die Umsetzung der als notwendig erkannten Sicherheits- und Arbeitsschutzmassnahmen sicherstellt und
- andererseits die wöchentliche bzw. monatliche Kontrolle im Rahmen des Baustellencontrollings erzwingt.

Der SIGEPLAN sollte Bestandteil des projektbezogenen Qualitätsmanagements (PQM) sein und unter Verantwortung der Bauleitung/Bauführung umgesetzt werden. Die heutigen Anforderungen an das Baustellenmanagement verlangen eine integrale Umsetzung von

- Projektmanagement,
- Qualitätsmanagement und
- Sicherheits- und Gesundheitsmanagement.

Diese Managementelemente sollten in ein baustellenbezogenes Projekt-Qualitätsmanagementhandbuch (PQM-Handbuch) integriert werden.

Bei aller Betonung der Notwendigkeit von Sicherheits- und Gesundheitsplanungselementen muss vor Übereifer gewarnt werden. Zu detaillierte Vorgaben behindern die Einhaltung und Überwachung während der Bauphase. Die richtige, praktische Konzentration auf die wesentlichen Punkte, analog zum Qualitätsmanagement, muss gefunden werden, um eine erfolgreiche Umsetzung auf der Baustelle zu erreichen.

Literatur

1. Weber, J.: Simulation von Logistikprozessen auf Baustellen auf Basis von 3D-CAD Daten. Selbstverlag Technische Universität Dortmund, Dortmund (2008)
2. Girmscheid, G.: Kostenkalkulation und Preisbildung in Bauunternehmen, 2. Aufl. h.e.p. Bauverlag (2010)

3. Girmscheid, G.: Arbeitskalkulation. Vorlesungsskript. Institut für Bauplanung und Baubetrieb, ETH Zürich (2010)
4. Girmscheid, G.: Bauproduktionsprozesse des Tief- und Hochbaus. Vorlesungsskript. Eigenverlag des Instituts für Bau- und Infrastrukturmanagement (ETH Zürich), Zürich (2012)
5. Girmscheid, G.: Fast Track Projects – Anforderungen an das moderne Projektmanagement. Bautechnik **73**(8), 471–484 (1997)
6. Girmscheid, G., Hartmann, A.: Fast Track Projects im Brückenbau – Anwendung und Bauprozess der Segmentbauweise mit externer Vorspannung. Bauingenieur **74**(7/8), 332–344 (1999)
7. Girmscheid, G.: Leistungsermittlung für Baumaschinen und Bauprozesse. Springer, Berlin (2003)
8. SBV (Hrsg.): Standard-Analysen SBV ST-WIN Hochbau 2001 (Betrachtungsprogramm mit Datenbank). Zürich (2001)
9. Zangemeister, C.: Erweiterte Wirtschaftlichkeitsanalyse. Wirtschaftsverlag NW, Bremerhaven (1993)
10. Girmscheid, G.: Schwimmend hergestellte Pumpstation – Entwurfsauswahl und Entwurfsplanung. Bautechnik **68**(4), 118–128 (1991)
11. Girmscheid, G.: Schwimmend hergestellte Pumpstation – Einschwimmen des Basispontons. Bautechnik **68**(5), 147–153 (1991)
12. Girmscheid, G.: Schwimmend hergestellte Pumpstation – Bauausführung. Bautechnik **68**(7), 217–225 (1991)
13. Girmscheid, G.: Niederdruck-Fundamentbett-Unterwasserinjektion unter einem Bauwerk. Bautechnik **68**(10), 354–357 (1991)
14. Girmscheid, G.: Projektabwicklung in der Bauwirtschaft – Wege zur Win-Win-Situation für Auftraggeber und Auftragnehmer. Springer, Berlin (2003)
15. Girmscheid, G., Busch, Th.: Projektrisikomanagement in der Bauwirtschaft. Bauwerk-Verlag, Berlin (2008)
16. Saaty, T. L.: The Analytic Hierarchy Process Planning, Priority Setting, Resource Allocation. McGraw Hill, New York (1980)
17. Schmidli, A., Schnüriger, W.: Projektmanagement: Führung, Planung, Kontrolle. Helbig & Lichtenhahn, Basel (2001)
18. Loschert, P.: Terminmanagement im schlüsselfertigen Hochbau. Diss., Techn. Univ. Darmstadt (1999)
19. Blecken, U., Boenert, L., Blömeke, M.: Studie zur Akzeptanz einer Dienstleistung Logistik in der Bauindustrie. Universität Dortmund, Lehrstuhl Baubetrieb (2001)
20. Sullivan, G., Barthorpe, S.: Managing Construction Logistics. Wiley-Blackwell, Chichester (2010)
21. Boenert, L.: Kostensenkung durch ein zentrales Logistikmanagement. In: Clausen, U. (Hrsg.). Baulogistik-Konzepte für eine bessere Ver- und Entsorgung im Bauwesen. Verlag Praxiswissen, Dortmund (2010)
22. Krauss, S.: Die Baulogistik in der schlüsselfertigen Ausführung: ein Modell für die systematische Entwicklung projekt- und fertigungsspezifischer Logistikprozesse. Bauwerk Verlag, Berlin (2005)
23. Schmidt, N.: Wettbewerbsfaktor Baulogistik: neue Wertschöpfungspotenziale in der Baustoffversorgung. Deutscher Verkehrs-Verlag, Hamburg (2003)
24. Seemann, Y.F.: Logistikkoordination als Organisationseinheit bei der Bauausführung. Verlag Mainz, Aachen (2007)
25. Schönsleben, P.: Integrales Logistikmanagement – Operations and Supply Chain Management innerhalb des Unternehmens und unternehmensübergreifend. Springer, Heidelberg (2011)
26. APICS Dictionary: APICS – The Association for Operations Management. APICS, Chicago (2010)

27. Hilletofth, P.: Demand-supply chain management: industrial survival recipe for new decade. Industrial Manage. Data Syst. **111**(1–2), 184–211 (2011)
28. Ebrahimy, Y., AbouRizk, S.M.: Symphony Supply Chain Simulator: a simulation toolkit to model the supply chain of construction projects. Simul.-Trans. Soc. Modeling Simul Int. 87(8) 657–667 (2011)
29. Simchi-Levy, D., Kaminsky, P., Simchi-Levy, E.: Designing And Managing The Supply Chain: Concepts, Strategies, and Case Studies. McGraw Hill, Boston (2009)
30. Akintoye, A., McIntosh, G.: A survey of supply chain collaboration and management in the UK construction industry. Eur. J. Purch. Supply Manage. **6**(3–4), 159–168 (2000)
31. Vrijhoef, R., Koskela, L.: The four roles of Supply Chain Management in Construction. Eur. J. Purch. Supply Manage. **6**(3–4), 169–178 (2000)
32. Girmscheid, G. Strategisches Bauunternehmensmanagement – prozessorientiertes integriertes Management für Unternehmen in der Bauwirtschaft. Springer, Heidelberg (2010)
33. Fischer, T., Sterzenbach, S.: ZP-Stichwort: Shared Service Centers. Z. Plan. Unternehmenssteuerung **17**(1), 123–128 (2006)
34. Ibold, F., Mauch, H.: Shared Services zwischen Zentralisierung und Dezentralisierung. In: Keuper, F, Oecking, C. (Hrsg.) Corporate Shared Services, S. 449–456. Gabler, Wiesbaden (2008)
35. Sobotka, A., Czarnigowska, A.: Analysis of supply system models for planning construction project logistics. J. Civil Eng. Manage. **11**(1), 73–82 (2005)
36. Sobotka, A., Czarnigowska, A.: Logistics of construction projects. Found. Civil Environ. Eng. **6**, 203–216 (2005)
37. Schweizerischer Ingenieur- und Architektenverein: SIA 112– Leistungsmodell. Selbstverlag SIA, Zürich, (2001)
38. Hasenclever, T., Horenburg, T.: Logistikmanagement in der Bauwirtschaft. In: Günther W., Borrmann A. (Hrsg.) Digitale Baustellen – innovativer Planen, effizienter Ausführen, S. 205–290. Springer, Berlin (2011)
39. Etter, S.: Logistikplanung eines Hochhauses im innerstädtischen Bereich. Masterarbeit ETH Zürich (2011)
40. Merz, M.: Interne und externe Kommunikation in grossen Infrastrukturprojekten – Arbeitsinstrumente für die praktischen Planung und Umsetzung. Masterarbeit ETH Zürich (2010)
41. Girmscheid, G.: Studie zu einem übergeordneten Logistikkonzept (unveröffentlicht). Institut für Bau- und Infrastrukturmanagement der ETH Zürich, Zürich (2011)
42. SIA Merkblatt 2007: Qualität im Bauwesen: Aufbau und Anwendung von Managementsystemen. Hrsg. vom Schweizerischen Ingenieur- und Architektenverein SIA. Zürich (2001)
43. DIN EN ISO 9000:2000: Qualitätsmanagementsysteme Grundlagen und Begriffe. DIN Deutsches Institut für Normung (Hrsg.), Berlin, Dezember (2000)
44. Becker, P.: Prozessorientiertes Qualitätsmanagement: nach der Ausgabe Dezember 2000 der Normenfamilie DIN EN ISO 9000 – Zertifizierung und andere Managementsysteme, 2. Aufl. Expert Verlag, Renningen (2002)
45. DIN EN ISO 9001:2000: Qualitätsmanagementsysteme Anforderungen. DIN Deutsches Institut für Normung (Hrsg.), Berlin, Dezember (2000)
46. DIN EN ISO 9004:2000: Leitfaden zur Leistungsverbesserung. DIN Deutsches Institut für Normung (Hrsg.), Berlin, Dezember (2000)
47. Seghezzi, H.D.: Integriertes Qualitätsmanagement. Carl Hanser Verlag, München (1996)
48. Kamiske, G.F., Brauer, J.P.: Qualitätsmanagement von A bis Z, 4. Aufl. Carl Hanser Verlag, München (2003)
49. SIA Merkblatt 2007: Qualität im Bauwesen. SIA Schweizerischer Ingenieur- und Architektenverein (Hrsg.), Zürich (2001)
50. Institution of Civil Engineers (Hrsg.): Design and Construct Conditions of Contract. London (1992)

51. N.N.: Richtlinie 92/57/EWG des Rates über die auf zeitlich begrenzte oder ortsveränderliche Baustellen anzuwendenden Mindestvorschriften für die Sicherheit und den Gesundheitsschutz. Brüssel (1992)
52. TBG (Hrsg.): SIGEPLAN – Leitfaden zur Erstellung eines Sicherheits- und Gesundheitsplanes. Arbeitsgemeinschaft der Bau-Berufsgenossenschaften. Hrsg. von der Tiefbau-Berufsgenossenschaft, Abruf-Nr. 631. München (1998)
53. Girmscheid, G.: Baubetrieb und Bauverfahren im Tunnelbau. Ernst & Sohn Verlag, Berlin (2000)
54. SIA 465: Sicherheit von Bauten und Anlagen. Hrsg. vom Schweizerischen Ingenieur- und Architektenverein SIA. Zürich (1997)
55. Girmscheid, G.: Integrale Sicherheitspläne im Bauwesen. Vorlesungsunterlage. Institut für Bauplanung und Baubetrieb, ETH Zürich (2002)

Baustelleneinrichtung 13

13.1 Einflussfaktoren auf die Baustelleneinrichtung

Die Besonderheit der Bauproduktion – im Gegensatz zur stationär produzierenden Industrie – ist, dass am jeweiligen Entstehungsort des neuen Bauwerks die gesamte spezifische Infrastruktur zur Errichtung des Gebäudes jedes Mal neu aufgebaut werden muss (mobile Industrie). Daher ist für jedes Bauwerk eine individuelle Baustelleneinrichtung zu planen und zu errichten, die auf folgende Aspekte abgestimmt werden sollte:

- Grösse der Baumassnahme,
- Art der Baumassnahme (Industrie-, Hoch-, Brücken-, Tunnelbau etc.),
- vorhandene öffentliche Infrastruktur (Stadt, Gebirge, Ausland etc.),
- Art der Bauverfahren und Produktion der Halbfertigprodukte, z. B. Beton,
- Erbringung der Leistung durch Subunternehmer oder eigene Mannschaft,
- Baustoffversorgungs- und Lagerungsmöglichkeiten,
- Bauzeit etc.

Daher sind die Anforderungen an die Baustelleneinrichtung je nach Grösse, Art und Komplexität der Baumassnahme naturgemäss sehr unterschiedlich. So empfiehlt es sich ab einer gewissen Grösse, Vorfertigungsanlagen in die Baustelleneinrichtung zu integrieren, z. B. Betonmischanlagen anstelle von Transportbeton, Betonfertigteilproduktion auf der Baustelle anstelle der Lieferung ab einem entfernteren Werk. Die Entscheidung, ob eine Baustellenproduktion von Halbfertigprodukten wie z. B. Beton oder Fertigteilen erfolgen soll, hängt von der Wirtschaftlichkeit, Versorgungssicherheit und den Umweltauflagen ab.

G. Girmscheid, *Angebots- und Ausführungsmanagement – prozessorientiert*,
DOI 10.1007/978-3-642-55291-5_13, © Springer-Verlag Berlin Heidelberg 2015

In diesem Zusammenhang muss für das Baufeld zuerst geklärt werden:

- Ist genügend Platz zum Bau solcher Vorfertigungsanlagen vorhanden?
- Welche Umweltauflagen bestehen hinsichtlich Lärm- und Staubemissionen, die den Aufbau und Betrieb einer solchen Anlage verhindern können?

Danach muss für eine „just-in-time-Belieferung" geprüft werden, ob die Versorgungssicherheit vorhanden ist bzw. hergestellt werden kann:

- Haben die Lieferwerke ausreichende Produktions- und Transportkapazitäten?
- Sind die Zufahrten zur Baustelle bezüglich Steigung, Lichtraum und Belastung der Fahrwege ausreichend dimensioniert?
- Sind die Zufahrten bezüglich ihrer Frequentierung durch andere Verkehrsteilnehmer zeitgerecht versorgungssicher?

Ferner muss überprüft werden, ob qualifiziertes Personal zur Betreibung der Produktionsanlagen vor Ort zur Verfügung steht oder akquiriert werden kann.

Werden diese Determinanten alle positiv beantwortet, stehen für die Baustelle beide Varianten der Versorgung mit Halbfertigprodukten zur Verfügung. Die Entscheidung, welcher Methode der Vorzug zu geben ist, fällt dann durch den Wirtschaftlichkeitsvergleich (Abb. 13.1).

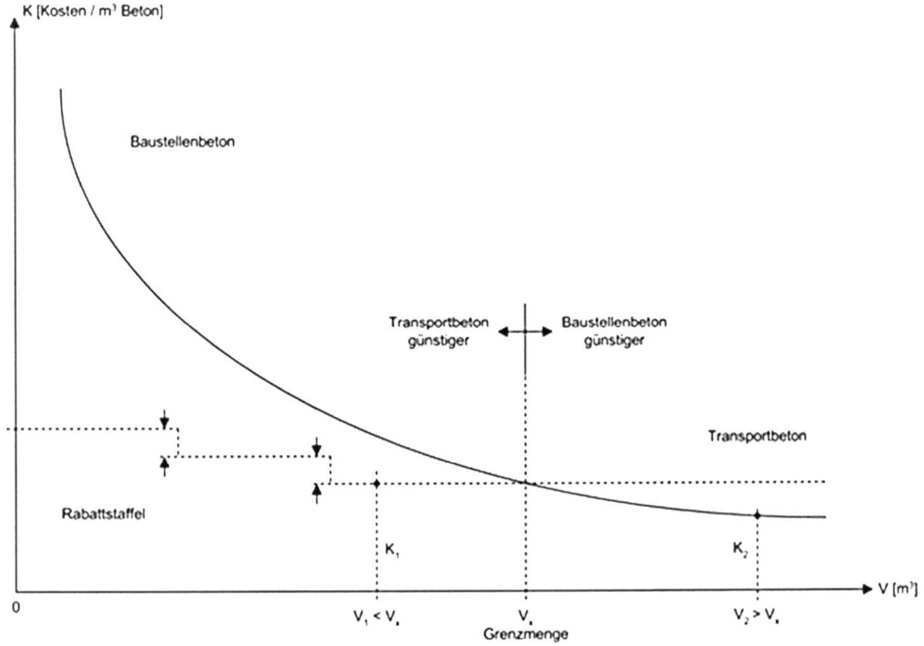

Abb. 13.1 Kostenvergleich Baustellenbeton – Transportbeton [1]

Ist die „just-in-time-Versorgungssicherheit", z. B. durch Transportbeton oder Fertigteile, nicht gegeben, bietet sich die Baustellenbetonherstellung für Ortbeton an. Für Fertigteile eignen sich Zwischenlager. Voraussetzung ist allerdings, dass die Baustellenbedingungen geeignet sind. Eine Zwischenlösung für Baustellen ohne ausreichende Platzreserven ist z. B. das Anmieten eines weiteren, nahe gelegenen Grundstücks als Zwischenlager.

Der Vorteil der Baustellenbetonherstellung besteht darin, dass man die Anlieferung der Rohstoffe unabhängig vom Verbrauch auf der Baustelle koordinieren kann. So kann die Anlieferung z. B. in verkehrsarmen Zeiten erfolgen, oder wenn auf der Baustelle keine anderen Transport- oder Ladeaktivitäten stattfinden.

Beim Antransport von Fertig- oder Halbfertigprodukten sollte generell der Grundsatz „möglichst vom Transportgerät direkt zur Einbaustelle" gelten, um ein doppeltes Handling, das unproduktive Lohnstunden verursacht, zu vermeiden. In diesem Fall ist jedoch eine sorgfältige und robuste Transport- und Lagerlogistik aufzubauen.

Diese Überlegungen sind auch hinsichtlich der Art der Baumassnahme anzustellen. Beispielsweise steigen die Anforderungen an die Planung der Transportlogistik proportional mit dem Umfang der Massen, z. B. bei einer verhältnismässig grossen Erdbaumassnahme, bei Staudammbauten etc.

Die vorhandene öffentliche Infrastruktur beeinflusst die Baustelleneinrichtung in hohem Mass. Generell ist zwischen Baustellen auf der „grünen Wiese" und Baustellen im innerstädtischen Bereich zu unterscheiden. Letztere sind meist durch grosse Einschränkungen hinsichtlich Platz, Lärm, Arbeitszeit und Verkehrsanbindung charakterisiert. Bei innerstädtischen Baustellen, besonders in Baulücken, ist bei Neubauten und Instandsetzungsarbeiten meist kaum Platz für eine Baustelleneinrichtung vorhanden. In diesen Fällen muss das Baustelleneinrichtungs- und Baulogistikkonzept aufeinander abgestimmt werden, so dass auf dem verbleibenden Platz nur ein Minimum an Installationen notwendig wird.

Das Baustellenkonzept wird auf eine „just-in-time-Belieferung" abgestellt. Möglicherweise ist sogar eine Anlieferung in den Abend- oder Nachtzeiten notwendig, z. B. bei Geschäftsstrassen. Die Baustelleneinrichtung besteht meist nur noch aus Kran, Büro- und Mannschaftscontainern sowie Lagereinrichtungen, die über dem Fussgängerbereich und dem Gebäudevorplatz aufgeständert angeordnet werden (Abb. 13.2, 13.3, 13.4 und 13.5). Man kann auch die Baubüros und Sanitäreinrichtungen für die Mannschaft in eine angemietete Wohnung in der Nähe der Baustelle verlegen, wenn dies aus Platzgründen technisch erforderlich oder wirtschaftlicher ist.

Besondere Anforderungen werden an die Sicherheit der Öffentlichkeit gestellt. Die Baustelle muss von einem geschlossenen Bauzaun umgeben sein, so dass Fussgänger geschützt sind, auch gegen Steinschlag aus höheren Stockwerken. Daher sollte der Fussgängerbereich von Baustellen, die direkt an Bürgersteige angrenzen, massiv eingehaust werden (Abb. 13.2 und 13.4).

Ferner müssen die im Rohbau fertiggestellten Stockwerke mit einem Bodenschutzbrett und Geländer mit Netz versehen werden, damit versehentlich abgleitende Werkzeuge und Materialien zurückgehalten werden. Schalungen müssen mit geschlossenen Arbeitsbüh-

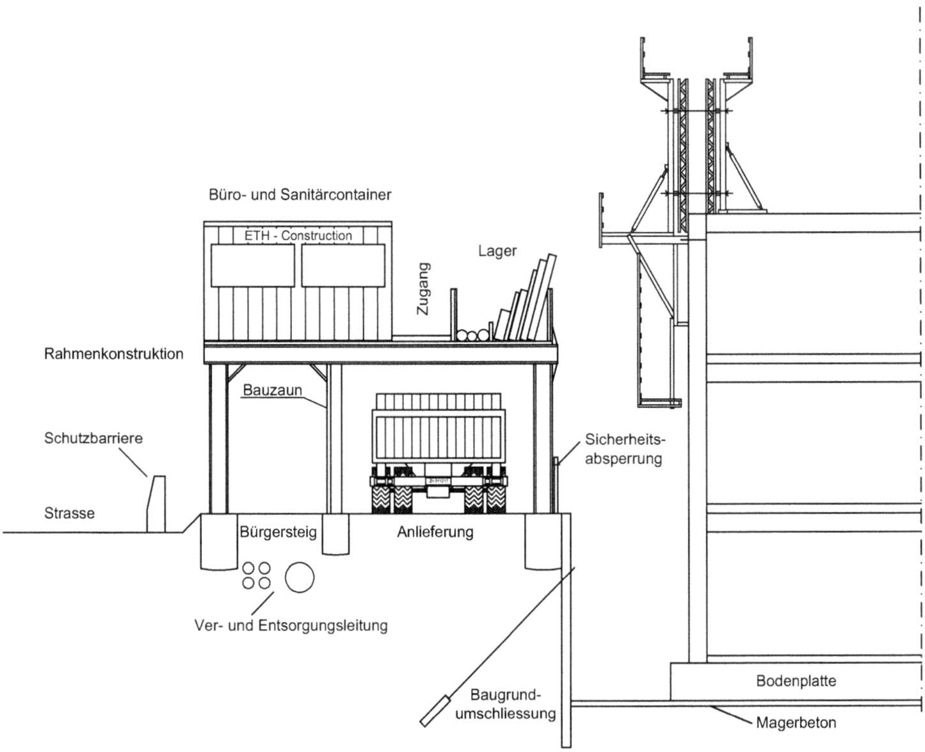

Abb. 13.2 Innerstädtische Baustelleneinrichtung: Variante 1 – Infrastruktur und Anlieferung

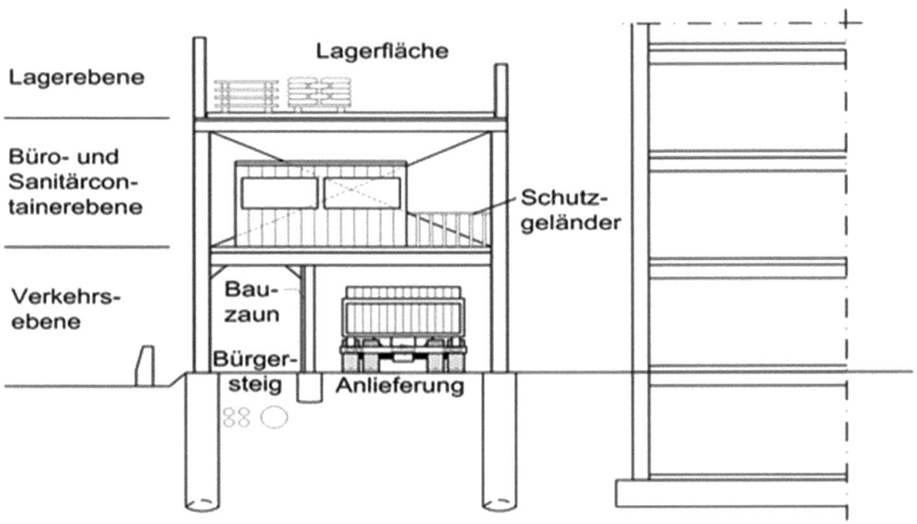

Abb. 13.3 Innerstädtische Baustelleneinrichtung: Variante 2 – Infrastruktur und Anlieferung

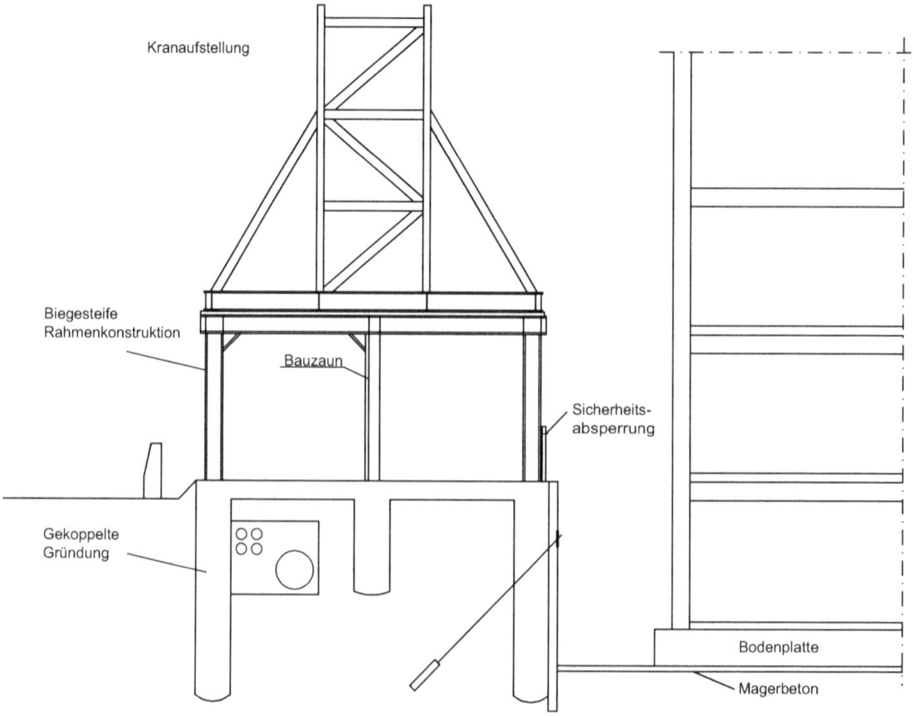

Abb. 13.4 Innerstädtische Baustelleneinrichtung: Kranaufstellung

nen (Abb. 13.5) ausgerüstet werden. Falls notwendig, sind unterhalb der Rohbauarbeiten Netze über eine Kragarmkonstruktion zu spannen, die im Innern der Rohbaustockwerke verankert und nach jeweils fünf fertiggestellten Stockwerken nachgeführt werden müssen. Alle Lasten am Kran müssen in geschlossenen oder mit Folie versiegelten Paletten oder Hebekisten transportiert werden, damit sich nicht versehentlich Einzelteile lösen und die Arbeitssicherheit gefährden.

Bei Baustellen auf der „grünen Wiese" (Abb. 13.6) kann es im Extremfall notwendig sein, vor Baubeginn eine Mindestinfrastruktur zu schaffen (Baustellen in unbesiedelten Gebieten ohne Versorgungsleitungen etc.). Besondere Sorgfalt ist bei der Baustelleneinrichtungsplanung auf die Nutzung des zur Verfügung stehenden Raums zu verwenden, um einen möglichst störungsfreien Bauablauf sicherzustellen. Daher ist eine Abstimmung mit der Logistik- und Lagerplanung unter Beachtung der sich in der Bauphase verändernden Verhältnisse unumgänglich.

Die Baustelleneinrichtung hängt auch davon ab, ob und welche Teile der Bauproduktion durch Eigen- oder Subunternehmerleistungen erstellt werden. Subunternehmer planen für gewöhnlich ihre eigene Baustelleneinrichtung. In diesem Fall ist abzuklären, welche Leistungen vom Auftraggeber bzw. vom Hauptauftragnehmer zu erbringen sind (Strom, Wasser, Sanitäranlagen etc.), welche Einrichtungen der Subunternehmer benötigt und welche Platzverhältnisse erforderlich sind.

Abb. 13.5 Hochhausbau in New York

Abb. 13.6 Dock Midfield Zürich

Mit fortschreitender Bauzeit sind Anpassungen der Baustelleneinrichtung vorzunehmen, z. B. von der Rohbauphase in die Ausbauphase. Diese Anpassungen sind konzeptionell als Weiterentwicklungen der ursprünglichen Einrichtung zu planen und mit der Logistikplanung abzustimmen, um unnötige und kostspielige Massnahmen zu vermeiden.

13.2 Baustelleneinrichtungsplan

Die Aufgabe der Baustelleneinrichtungsplanung besteht darin, die optimal angepasste Bauproduktion zur Durchführung einer bestimmten Baumassnahme mit den notwendigen ortsfesten Anlagen, Maschinen und Geräten, Ausstattungen, Lager- und Verkehrsflächen vor Ort festzulegen. Des Weiteren ist im Rahmen der Logistikplanung die Optimierung des Materialflusses durch eine sinnvolle Lagerung mit kürzesten Wegen für die Baustellentransporte und den Einsatz optimaler Transportmittel vorzunehmen.

Für die optimale Gliederung der Betriebsabläufe sowie die notwendige Trennung der Materialflüsse wie auch der Arbeits- und Fertigungsabläufe ist die Zweckzuweisung bestimmter Flächen des Baugeländes erforderlich. Die abhängigen Abläufe sollen auf dem kürzesten Weg ohne gegenseitige Behinderungen möglich sein. Die Baustelleneinrichtungsplanung ist auch zur Aufrechterhaltung der allgemeinen Ordnung und für das Zusammenwirken der verschiedenen Unternehmer (Bauhauptgewerbe, technische Gebäudeausrüstung, handwerklicher Ausbau, Einrichtung, Aussenanlagen und Freiflächen) bei komplexen Bauvorhaben notwendig. Zur Vorbereitung der Baustelle müssen die in Tab. 13.1, 13.2 und 13.3 aufgeführten Vorerhebungen gemacht werden.

Installations- und Lagerflächen

- Bestimmung der verfügbaren Flächen
- Anmietung ergänzender Flächen (je nach Bedarf)
- Massnahmen wie Roden, Planieren, Boden stabilisieren, Gründen etc. (falls notwendig)

Tab. 13.1 Baugelände

Lage:	**Grenzen/Anlieger/Verkehrswege**
Verhältnisse über Terrain:	Freileitungen/Terrainneigung usw.
Bodenverhältnisse:	Geologische Verhältnisse/Bodenarten/Lagerung/Grundwasser (höchster und tiefster Stand/Strömung) usw.
Unterirdische Leitungen:	Elektrische Kabel/Telefon/Gas/Wasser/Abwasser etc.
Hydrologische Verhältnisse:	Wasserstände/Fliessgeschwindigkeit/Wassertemperatur/zeitlicher Verlauf von Hoch- und Niederwasserstand
Klimatische Verhältnisse:	Temperaturverlauf Sommer/Winter/Niederschlagsmengen/Frostperiode/Schneeverhältnisse/Lawinengefahr etc.

Tab. 13.2 Transportverhältnisse

Öffentlicher Verkehr:	**Nächste Bahnstation/Umschlagsmöglichkeit (Rampe/Kran)/ Seilbahntransporte**
Zufahrtsstrassen:	Öffentliche Strassen: Befahrbarkeit/Breite/Durchfahrtshöhe und Breite bei Hindernissen/Tragkraft von Brücken/notwendige Behelfsmassnahmen
	Baustrassen (zwischen öffentlichen Strassen und Baugelände): Länge/Breite/notwendiger Ausbaustandard
Wasserzufahrt:	Umschlagmöglichkeit: Land/Wasser; Art der Befahrbarkeit/Schutzmöglichkeit bei Flüssen etc.

Tab. 13.3 Versorgung der Baustelle

Stromversorgung/Kommunikation:	**Nächste Anschlussmöglichkeit/Hoch- oder Niederspannung/Kapazität des Anschlusses (KVA)/Länge und Art der Zuleitung/notwendige Trafos/Telefon/Funk**
Wasserversorgung:	Möglicher Wasseranschluss mit Ø und Kapazität des vorhandenen Netzes/Druckverhältnisse/separate eigene Wasserversorgung ab öffentlichem Gewässer evtl. zusätzlich notwendige Einrichtungen: Pumpen, Druckerhöhungsanlage, Reservoir etc.
Abwasser:	Anschlussmöglichkeit an vorhandenes Netz: Leitungslänge/Kapazität/eigene Abwasseranlage (Fäkalientank/ Kläranlage/Neutralisation etc.)
Baustoffe:	Eigengewinnung von Baustoffen/Recycling

Der Baustelleneinrichtungsplan (M = 1:500, 1:200) legt die Flächennutzung am Baugelände fest. Das Ergebnis der Planung wird in einem Baustelleneinrichtungsplan (Abb. 13.7 und 13.8) zusammengefasst, dieser enthält:

- Bauwerke und Nebenanlagen,
- Beschaffenheit des Baugeländes,
- Verkehrsverhältnisse,
- Zufahrten auf das Baugelände,
- Baufeldumschliessungen,
- Baufeldeinrichtungen,
- Ver- und Entsorgungseinrichtungen der Baustelle,
- Kanäle, Leitungen, Kabel,
- Lager- und Betriebsflächen der Baustelle.

Um die Baustelle als „mobile" phasenorientierte Produktionsstätte effizient und wirtschaftlich zu gestalten, müssen die Infrastruktur- und Produktionseinrichtungen sorgfältig auf die Bauverfahren, Abläufe, Leistungen und Bauphasen abgestimmt und dimensioniert werden [2].

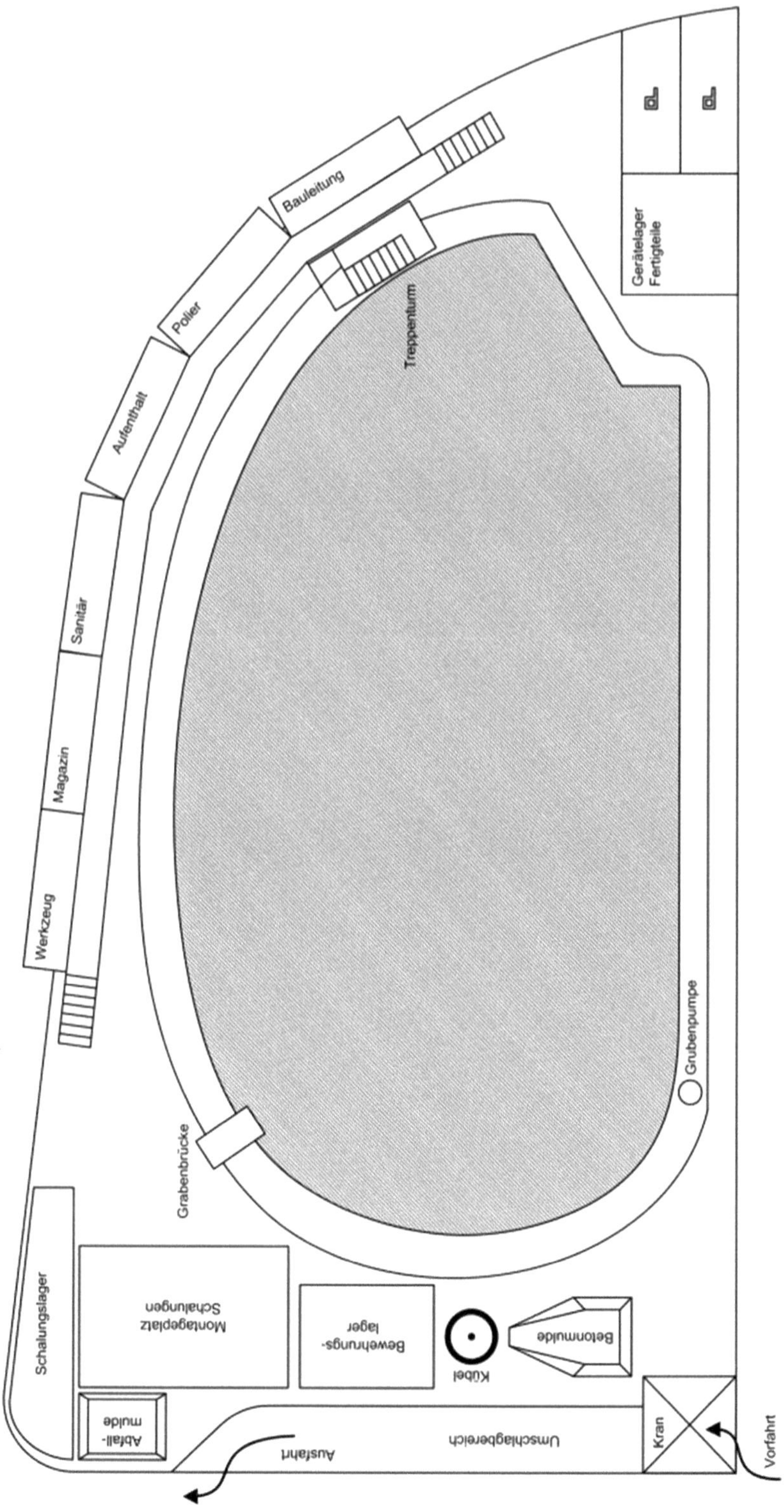

Abb. 13.7 Baustelleneinrichtungsplan – innerstädtische Baustelle in Frankfurt

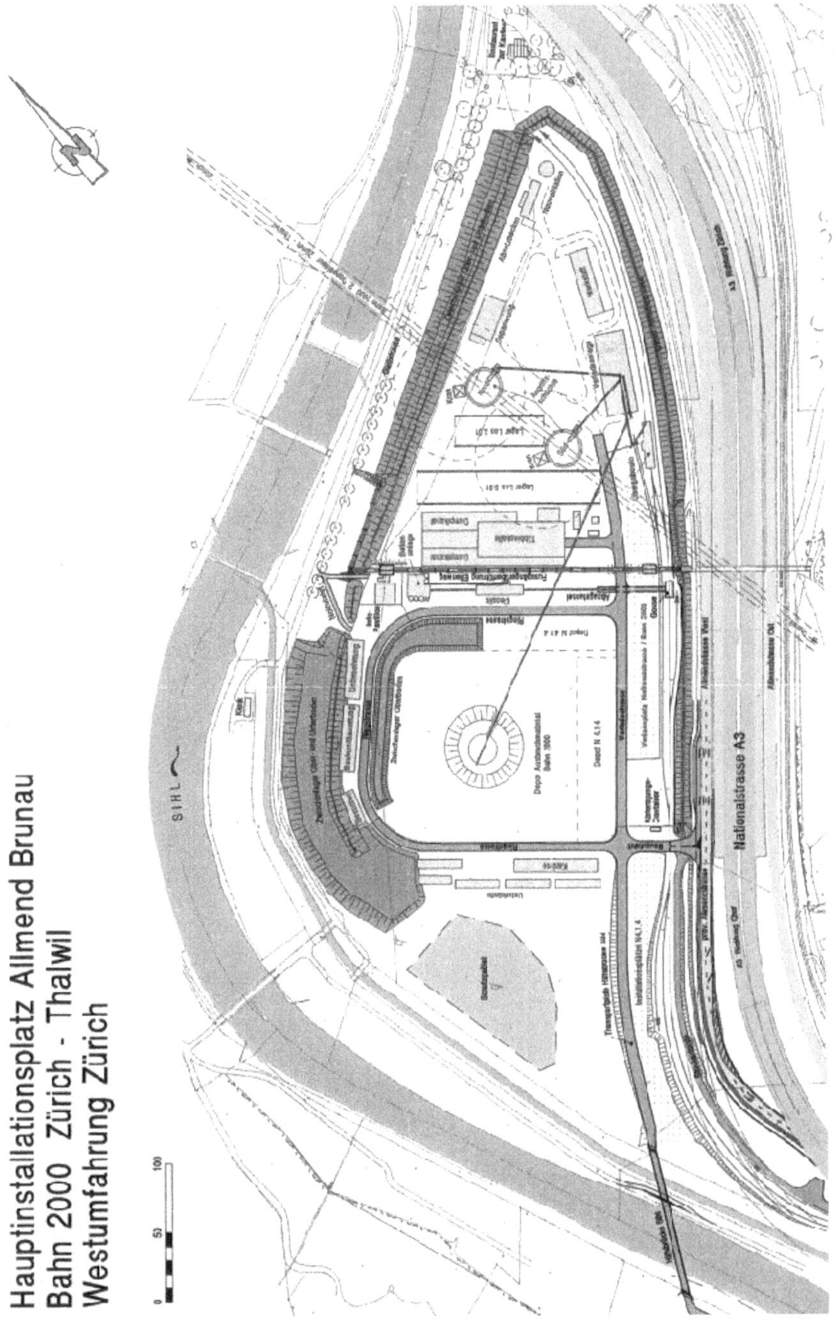

Abb. 13.8 Baustelleneinrichtungsplan – Tunnelbaustelle Allmend Brunau, Zürich [3]

13.3 Versorgungseinrichtungen

Verkehrserschliessung

Bei der Verkehrserschliessung der Baustelle muss zwischen dem vorhandenen öffentlichen Strassennetz, Baustrassen zum Anschluss des Baugeländes an das öffentliche Strassennetz und Baustrassen innerhalb des Baugeländes unterschieden werden.

Das öffentliche Strassennetz ist vorgegeben und nicht veränderbar. Es kann also im Rahmen der Arbeitsvorbereitung lediglich eine Rolle bei der Überlegung spielen, ob z. B. der Antransport grossformatiger Maschinen- oder Schalungsteile möglich oder eine zuverlässige Versorgung mit Transportbeton zu jeder Tageszeit gewährleistet ist. Dies kann zu unterschiedlichen Ergebnissen bei der Planung der Baustelleneinrichtung führen.

Beim Anschluss an das öffentliche Strassennetz ist zu berücksichtigen, dass eine möglichst reibungslose Ein- und Ausfahrt gewährleistet wird. Baustellenfahrzeuge sollen nach Möglichkeit nicht eine Hauptstrasse überqueren oder als Linksabbieger in sie einfahren bzw. von ihr abbiegen.

Die Anbindung an das öffentliche Verkehrsnetz sollte so erfolgen, dass:

- der Verkehrsfluss möglichst nicht gestört wird,
- die Unfallgefahr, z. B. wegen kreuzenden Verkehrs, nicht erhöht wird,
- der Baustellenverkehr schnell und einfach ins öffentliche Strassennetz einfädeln kann, ohne Rückstau in die Baustelle zu erzeugen.

Auch auf der Baustelle muss der Verkehr möglichst ohne gegenseitige Behinderung und aufwändige Wendevorgänge zügig zu den Lager- und Umladestellen geführt werden. An den einzelnen Entladepunkten für die verschiedenen Materialien und Geräte sollten daher Ladebuchten vorgesehen werden, um ein ungehindertes Passieren zu ermöglichen.

In jedem Fall ist bei der Linienführung darauf zu achten, dass der LKW-Transport unproblematisch durchgeführt werden kann und Sicherheitsvorgaben eingehalten werden.

Die Baustrasse kann angelegt werden als:

- Ringstrasse:
  Eine Ringstrasse mit einer aufgeweiteten Anbindung (Ein- und Ausfahrt) an eine an das Baugelände angrenzende öffentliche Strasse stellt die verkehrstechnisch beste Lösung dar. Sie erlaubt Einbahnstrassenverkehr auf dem Baugelände und vermindert damit die gegenseitige Behinderung der Transportfahrzeuge und die Unfallgefahr.
- Durchfahrt:
  Ist das Baugelände von zwei Seiten von öffentlichen Strassen begrenzt, kann eine Durchfahrt angelegt werden. Diese erlaubt ebenfalls Einbahnstrassenverkehr und hat gegenüber der Ringstrasse eine geringere Länge. Der Vorteil ist die zweifache Anbindung an das öffentliche Strassennetz.
- Stichstrasse:
  Ist eine Ringstrasse oder Durchfahrt zu aufwändig oder aus räumlichen Gründen nicht möglich, so wird eine Stichstrasse gewählt. Nachteilig ist die notwendige Wendemög-

lichkeit, besonders bei Lastwagen mit Anhängern, für die ein Wendekreis mit einem Durchmesser von mindestens 20–24 m erforderlich ist.

Linienführung von Baustrassen
Die Linienführung von Baustrassen sollte so gewählt werden, dass möglichst folgende Bedingungen erfüllt werden:

- Heranführen der LKW-Transporte möglichst nahe an ihren Bestimmungsort,
- Erreichen des Schwenkbereichs von Kranen und Hebezeug, um ein problemloses Abladen von Geräten und Baustoffen zu ermöglichen,
- Einhalten eines gewissen Abstands zum Bauwerk, um Lager- und Bearbeitungsflächen zwischen Bauwerk und Baustrasse freizuhalten,
- ausreichende Sicherheitsabstände von Maschinen, Gerüsten, Unterkünften und Baugruben.

Längsprofil von Baustrassen
Als Strassenlängsneigung können für Lastkraftwagen angesetzt werden:

- bei normalen Verhältnissen 5–10 %
- bei extremen Geländeverhältnissen (Hochgebirge, Baugrubenrampen) bis zu 15 %
- auf kurzen Rampen bis über 40 %

Querschnittgestaltung von Baustrassen
Für mittlere Baustellen sind im Allgemeinen einspurige Baustrassen ausreichend, wenn an Entladestellen – und bei grosser Länge auch an Zwischenpunkten – Ausweichmöglichkeiten geschaffen werden. Die erforderliche Breite liegt zwischen etwa 3.50 und 4.25 m im Normalbetrieb. An den Ausweichstellen müssen Baustrassen auf mindestens eine Fahrzeuglänge einschliesslich Hänger ausgelegt sein.

Bei grösseren Baustellen mit starkem Zulieferverkehr können zweispurige Baustrassen erforderlich werden. In diesem Fall beträgt die notwendige Breite 5.50 bis 6.00 m. Nur auf diese Weise können, trotz baustellenbedingter Unebenheiten der Strasse, relativ hohe Geschwindigkeiten in beiden Richtungen realisiert werden.

Strassenaufbau
Der Aufbau der Baustrasse wird der Verkehrsbelastung und der vorgesehenen Nutzungsdauer angepasst. Im Allgemeinen wird man sich mit einer Schotterauffüllung von 15 bis 20 cm Stärke begnügen, die nach Abschluss der Bauarbeiten mit geringen Mitteln ausgebaut werden kann und eine Weiterverwendung des Schottermaterials ermöglicht.

Bei langgezogenen Baustrassen oder wenn grosse Verkehrsflächen erforderlich sind, wird vielfach eine Bodenverbesserung durch Bodenstabilisierung durchgeführt, um die Tragfähigkeit zu erhöhen und die Böden wasserunempfindlich zu machen. Hierbei wird die oberste Bodenschicht (15 bis 20 cm) mit Kalk oder Zement vermischt und damit so weit verbessert, dass der anstehende Boden nach der Verdichtung den Baustellenverkehrsbelastungen über längere Zeit standhalten kann. Für sehr kurzfristige Verkehrsbelastung bzw. um die Überfahrt einzelner schwerer Geräte über weiche Böden zu ermöglichen, verwendet man vorgefertigte Elemente aus Stahl, Holz oder Beton. Hierbei kommen insbesondere so genannte Baggermatratzen zum Einsatz. Sie bestehen aus Weich- oder Hartholzprofilen in einem Stahlrahmen (U-Profil) mit Abmessungen von 3.00 bis 5.00 m Länge und 0.80 bis 1.20 m Breite. Sie werden mit einem Kran oder Bagger verlegt und ergeben eine verbesserte Lastenverteilung, die ein Befahren auch wenig tragfähiger Böden ermöglicht. Wegen der hohen Kosten für die Herstellung und den späteren Abbruch sind Betonstrassen oder bituminöse Strassendecken für Baustrassen wenig geeignet.

Eine vorgezogene Fertigstellung der permanenten Zuwege und Strassen der Baumassnahme ist nur in Ausnahmefällen sinnvoll, da schweres Gerät oder Raupenfahrzeuge die Wege hoch beanspruchen und zerstören können.

Wasserversorgung

Die Wasserversorgung orientiert sich an dem maximalen Bedarf auf der Baustelle und ist die Summe der Wassermengen, die zu einem definierten Zeitpunkt von den anwesenden Gewerkeunternehmen, zuzüglich der Versorgung der Baustelleneinrichtung, für einen reibungslosen Baubetrieb benötigt wird. Ein Mangel an Wasser kann bei einigen Gewerken (Beton) zu kostspieligen Stillständen führen. Ist die Möglichkeit gegeben, die Trinkwasser- und Brauchwasserversorgung zu entkoppeln, so kann es wirtschaftlich sein, getrennte Systeme für bestimmte Verbraucher zu installieren. Hierbei dient das Brauchwasser zur Eigenherstellung von Beton und Mörtel sowie zur Nachbehandlung von Beton, zur Reinigung der Schalungen vor dem Betonieren und zum Waschen und Reinigen von Geräten, Bauteilen und Baustoffen.

Ist eine Versorgung aus dem öffentlichen Netz möglich, so werden meistens alle Qualitätsanforderungen erfüllt. Es ist wichtig, den Bedarf überschlägig zu ermitteln, um eine ausreichende Versorgung mit genügenden Druckverhältnissen sicherzustellen. Bei erheblichem Wasserbedarf oder bei nicht ausreichender Versorgung durch das Netz erweist sich eine Eigenversorgung aus einem offenen Gewässer oder aus einem Grundwasservorkommen durch Abteufen eigener Brunnen als zweckmässig.

Zur Dimensionierung der Versorgungsquelle, der Versorgungsleitung und eventueller Zusatzeinrichtungen, Pumpanlagen oder Vorratsbehälter ist eine Wasserbedarfsermittlung erforderlich. Die Dimensionierung erfolgt gemäss „Leistungsermittlung für Baumaschinen und Bauprozesse“ [2].

Abwasserentsorgung

Die Baustellenbetriebe müssen die gültigen Gewässerschutzgesetze und die dazu erlassenen Vorschriften strikt einhalten. In Gebieten mit vorhandener Kanalisation und Kläranlage sind die Abwässer an das bestehende Netz anzuschliessen. Hierzu sind besondere Genehmigungen einzuholen. In Gebieten ausserhalb, z. B. bei Hochgebirgsbaustellen, sind Massnahmen zu ergreifen, um den Gewässerschutz zu gewährleisten. Das hat in den letzten 20 Jahren dazu geführt, dass bei solchen Baustellen vollbiologische Kleinkläranlagen eingesetzt werden. Die heute üblichen Kompaktanlagen (z. B. Metoxy) lassen sich wie Baustellencontainer auf Lastwagen transportieren, sind schnell versetzt und wieder demontiert.

Bei Gerätewaschplätzen auf Baustellen sind Ölabscheider vorzusehen. Fahrzeuge, die von der Baustelle auf das öffentliche Strassennetz fahren, müssen eine Radwaschanlage durchfahren.

Nachgeschaltet zu den Betonieranlagen sind für die Betonwaschwässer Neutralisationsanlagen (mit pH-Messung) vorzusehen, bevor die Wässer der Vorflut zugeleitet werden.

Das anfallende Grundwasser im Tiefbau wird bei Abbrucharbeiten oft durch Sand, Staub und Zement kontaminiert. Diese Verschmutzungen müssen entfernt bzw. die chemische Kontamination muss neutralisiert werden, um die Gewässer nicht nachhaltig zu schädigen. Das Gleiche kann für saure Bergwässer notwendig sein, die während des Vortriebs im Tunnelbau angestochen oder durch Spritzbeton basisch kontaminiert wurden.

Stromversorgung

Auf der Baustelle wird elektrische Energie in der Form von Kraft- und Lichtstrom hauptsächlich für den Antrieb von Geräten und Maschinen, Beleuchtung, Sicherheitsbeleuchtung sowie Kühlung und Heizung benötigt. Es ist zwingende Vorschrift, dass die Einrichtung, Änderung oder Instandhaltung elektrischer Anlagen nur von Elektrofachleuten vorgenommen werden darf. Diese Anforderung resultiert aus den grossen Gefahren, die bei unsachgemäss geplanten oder ausgeführten elektrischen Installationen entstehen. Die Elemente der elektrischen Einrichtung einer Baustelle sind:

- **Transformator**:
  Transformatoren werden benötigt, wenn auf der Baustelle sowohl Hoch- als auch Niederspannung eingesetzt wird, z. B. bei Tunnelbohrmaschinen, Bohrjumbos, Wasserhaltungsanlagen, Mischanlagen oder Feldfabriken.
- **Baustromverteiler**:
  Man unterscheidet zwischen dem Anschluss- und Verteilerschrank. Der Anschlussschrank enthält die Zählertafel, die Hauptsicherungen, den Fehlerstromschutzschalter und die Anschlussklemmen für die beweglichen Verbindungsleitungen zu den Verteilerschränken. Der Verteilerschrank enthält Sicherungen, Fehlerstromschutzschalter, Anschlussklemmen für die beweglichen Verbindungsleitungen und Steckdosen zum Anschluss einzelner Geräte.
- **Leitungen**:
  Für oberirdische Überbrückungen kurzer Strecken werden gummigeschützte Leitungen verwendet. Kabel werden üblicherweise unterirdisch verlegt, Freileitungen über Masten geführt.
- **Drehstromerzeuger**:
  Der Drehstromerzeuger ist erforderlich, wenn entweder aus Standortgründen ein Netzanschluss nicht möglich oder nicht ausreichend ist und eine Eigenversorgung mit Generator- und Dieselmotor installiert werden muss, oder aber als Notstromversorgung, wenn bei Ausfall des öffentlichen Versorgungsnetzes eine Gefährdung des Personals, Schäden am Bauwerk oder Ausfall von Arbeitszeit eintreten könnten. Eine solche Notstromversorgung ist üblich bei Grundwasserabsenkungsanlagen, bei Schildvortrieb unter Druckluft und bei Sicherheitsbeleuchtungen.

- **Beleuchtung:**
  Eine Baustellenbeleuchtung ist in zweifacher Hinsicht erforderlich, einmal zur Beleuchtung des Arbeitsplatzes und zum anderen als Absperrungs- und Sicherheitsbeleuchtung.

Stromlieferungsverträge für Baustellen sind für die Energieversorgungsunternehmen kurzfristige Verträge. Weiter werden Geräte und Maschinen auf Baustellen normalerweise mit grösseren, ablaufbedingten Unterbrechungen betrieben, so dass sich ein sehr ungünstiges Verhältnis zwischen installierter Leistung und tatsächlich abgenommener elektrischer Arbeit ergibt. Die elektrische Energie muss daher auf Baustellen gegenüber stationären Betrieben mit vergleichbaren Anschlusswerten verhältnismässig teuer bezahlt werden. Die Dimensionierung der elektrischen Einrichtung erfolgt gemäss „Leistungsermittlung für Baumaschinen und Bauprozesse" [2].

Die Arbeitsplatzbeleuchtung erfolgt punktförmig im Einsatzbereich einzelner Arbeitskolonnen oder aber grossflächig zur Ausleuchtung im Bereich der Eisenverlegung und des Betonausbaus, ferner im Schwenkbereich von Kranen, bei Lagerflächen oder wichtigen Bereichen der Baustelleneinrichtung. Je nach Arbeitsintensität wird auch der Grad der Ausleuchtung unterschiedlich sein.

Die Absperrungs- und Sicherheitsbeleuchtung ist zur Sicherung von Baugruben, Einrichtungsflächen, entlang grösserer Baustrassen und bei Verkehrsregelungen durch Verkehrszeichen oder Lichtsignalanlagen an Engstellen erforderlich. Die Dimensionierung der Beleuchtung erfolgt gemäss „Leistungsermittlung für Baumaschinen und Bauprozesse" [2].

Die elektrotechnische Planung setzt die Kenntnis des Strombedarfs der eingesetzten Geräte voraus; zudem sind hierbei die gesetzlichen Vorschriften und Sicherheitsbestimmung zu beachten. Die Leistungsabnahme wird, wie beim Wasser, nach der Summe der Anschlusswerte ermittelt, jedoch durch einen Gleichzeitigkeitsfaktor abgemindert. Dieser trägt der Wahrscheinlichkeit Rechnung, dass die Geräte nicht gleichzeitig mit maximaler Leistung laufen.

Die HKL-Planung hängt naturgemäss von den klimatischen Bedingungen auf der Baustelle, dem Bauobjekt (z. B. Tunnelbau oder Hochbau) und den vertraglichen Rahmenbedingungen (z. B. Nachtbaustellen) ab.

Kommunikationssysteme

Auf jeder Baustelle benötigt man, neben der selbstverständlichen Telefon- bzw. Funktelefonausrüstung mit der Verbindung zum öffentlichen Netz, aus folgenden Gründen Baustellenkommunikationssysteme, die die einzelnen Arbeitsstätten und mobilen Fahrzeuge miteinander verbinden:

- zur zeitsparenden Weitergabe von Informationen und Anweisungen
- zur Anforderung von Versorgungsfahrzeugen
- zur schnellen Mobilisierung von Rettungsdiensten

Auf fast allen Baustellen werden Telefaxgeräte als Kommunikations- und Datenaustauschmittel zwischen Baustelle und Zentrale oder Lieferanten eingesetzt. Dies dient nicht nur der schnellen Nachrichtenübermittlung, sondern hat gegenüber dem Telefongespräch auch den vertragsrechtlichen Vorteil der Schriftform.

Mittels eines Telefon- oder besser High-Speed-Anschlusses können über Internet E-Mails und Dateien übermittelt werden. Mit der entsprechenden Infrastruktur lassen sich vor Ort Pläne ausdrucken und Korrespondenz, Berichte etc. ohne Verzögerung empfangen und versenden.

Druckluftversorgung

Druckluft ist ein Energieträger mit relativ schlechtem Wirkungsgrad. Sie wird durch Kompressoren erzeugt, die durch Elektro- oder Verbrennungsmotoren angetrieben werden. Es gibt verschiedene Kompressorsysteme. Die gebräuchlichsten im Bauwesen sind:

- der Kolbenkompressor mit selbsttätigen Ventilen (sehr verbreitet und zuverlässig),
- der Schraubenkompressor, der sich durch kontinuierliche und stossfreie Drucklufterzeugung sowie geringe Geräuschentwicklung auszeichnet.

Jedem Kompressor sind ein Luftkühler und ein Wasserabscheider zugeordnet, um Kondensationswasser vor dem Arbeitsgerät aufzufangen und es vor dem Einfrieren zu schützen. Werden mehrere Kompressoren zu einer Kompressorenstation zusammengefasst, ist es vorteilhaft, jedes Gerät durch einen separaten Schieber an das Gesamtsystem anzuschliessen, um im Reparaturfall das betreffende Gerät abkoppeln zu können.

Hinter dem Kompressor ist ein Vorratskessel als Puffer (Windkessel) erforderlich, um Druckschwankungen am Druckluftwerkzeug abzumindern und die Anzahl der Ein- bzw. Ausschaltvorgänge des Kompressors zu reduzieren. Mit Druckluft werden vor allem Bohrmaschinen mit pneumatischen Bohrstützen, Pickhämmer, Winden sowie Spritzbetonmaschinen im Dünnstromverfahren angetrieben. Druckluftwerkzeuge sind nahezu wartungsfrei (ausser Spritzbetonmaschinen), langlebig, unempfindlich gegen Nässe, robust und leicht. Die Geräuschentwicklung ist meist sehr hoch und muss wirkungsvoll durch Schalldämpfung gemindert werden, was allerdings einen Leistungsverlust zur Folge hat.

Je nach Grösse der Baustelle erfolgt die Druckluftversorgung über

- fahrbare Einzelkompressoren (Elektro- oder Dieselantrieb),
- Druckluftversorgungsnetz (stationärer Kompressor, Windkessel, Leitungsnetz).

Fahrbare Einzelkompressoren

Auf Baustellen, wo die Druckluft von einer Arbeitsstelle zur anderen verschoben wird, eignen sich fahrbare Kompressoreneinheiten mit einer Leistung von 3 bis 20 m^3/min.

Druckluftversorgungsnetz

Das Druckluftversorgungsnetz besteht aus einer Kompressorenstation mit Windkesseln mit ein bis mehreren Kompressoren und dem Druckluftleitungsnetz mit Schiebern und

Abzweigungen. Das Leitungsnetz besteht aus Stahldruckrohren mit den gebräuchlichen Durchmessern 4", 6" und 8". Die Feinverteilung erfolgt dann mit Druckluftschläuchen von 2", 1" oder ¾" Durchmesser mit direktem Anschluss an die Verbraucherstelle. Der Leitungsdruck beträgt üblicherweise 6 bar.

In die Berechnung der Druckluftversorgung fliessen Faktoren zur Berücksichtigung des Verschleisses und Ausnutzungsgrads der Geräte sowie möglicher Verluste durch undichte Leitungen mit ein. Die Dimensionierung erfolgt gemäss „Leistungsermittlung für Baumaschinen und Bauprozesse" [2].

13.4 Bauten der Baustelle

Aus der Notwendigkeit, Menschen und Materialien gegen Witterungseinflüsse zu schützen, ist für die Dauer der Bauzeit eine Reihe von Hilfsgebäuden innerhalb der Baustelleneinrichtung vorzuhalten, z. B. Baracken, Bauwagen oder Container.

Der Umfang der Baustellenbauten hängt von der Grösse der Baustelle, d. h. von der Anzahl der Mitarbeiter (Abb. 13.9), Geräte etc. und den spezifischen situativen Bedingungen der Baustelle ab, die aus der Art und dem Betrieb der Baustelle resultieren und sich aus den örtlichen und geografischen Gegebenheiten ergeben.

Heute werden meist Container verwendet, einerseits für kleinere Hilfsgebäude (wie z. B. Poliercontainer, Magazin) und andererseits für den Zusammenbau grosser Baustellenbüros, Magazingebäude etc.

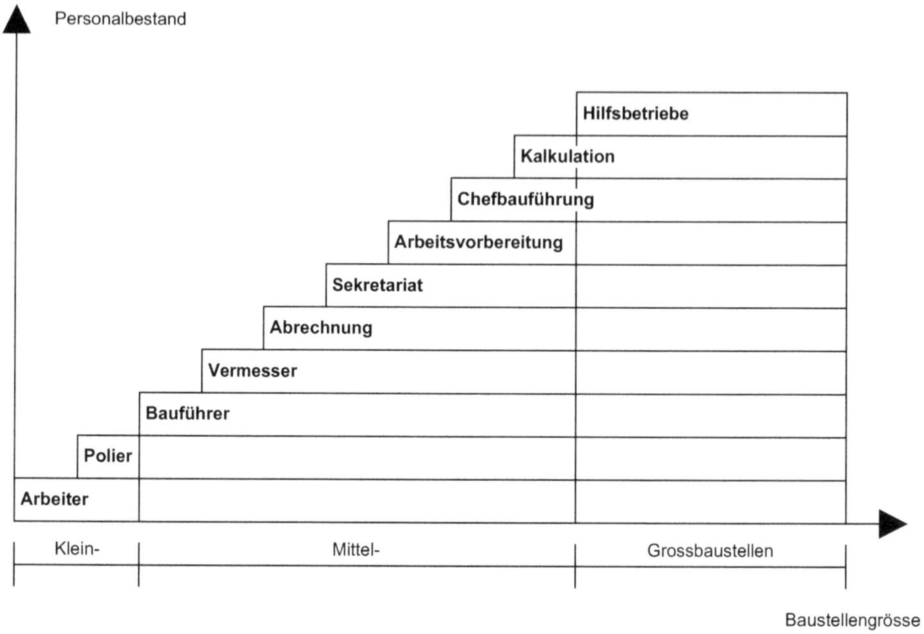

Abb. 13.9 Baustellenpersonal in Abhängigkeit von der Baustellengrösse

Baracken werden meist bei Bauzeiten von mehr als 10 bis 12 Monaten kostengünstiger. Neben diesen wirtschaftlichen Überlegungen wird die Entscheidung natürlich auch davon bestimmt, was dem Bauunternehmen bei Übernahme des Auftrags an eigenen Einrichtungsgegenständen gerade zur Verfügung steht. Man unterscheidet grundsätzlich:

- Büros
- Werkstätten
- Magazine
- Unterkünfte für Menschen für Arbeitspausen, Freizeit und Übernachtung

Büros, Werkstätten, Magazine
Die Poliere werden meist in Poliercontainern oder -baracken in unmittelbarer Nähe ihrer Tätigkeit auf der Baustelle untergebracht, um eine permanente Überwachung der Arbeiten zu erleichtern (Abb. 13.10).

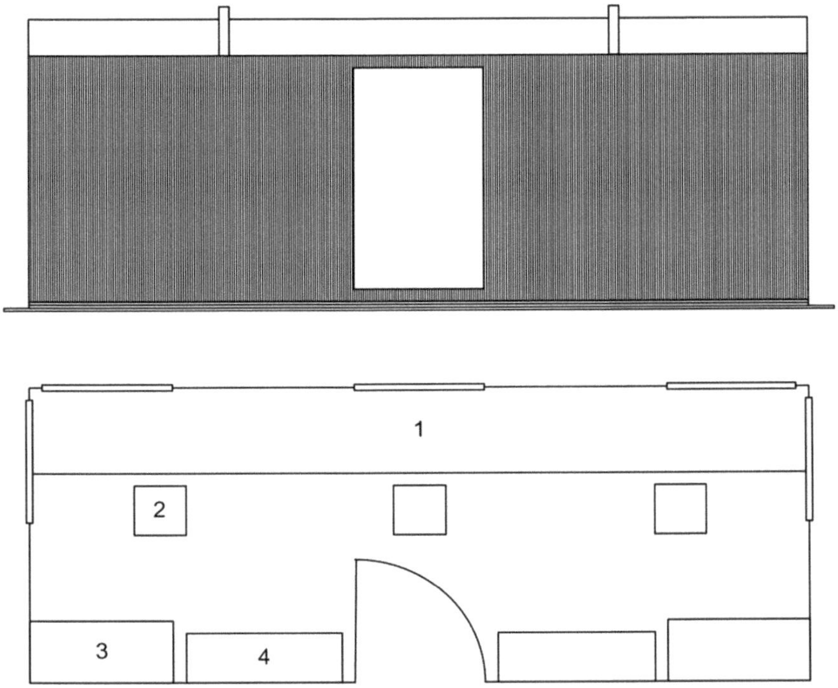

1 Schreibpult
2 Stühle
3 Doppelkasten
4 Gestell mit 4 Tablaren
Beleuchtung und elektrische Heizung

Masse (L x B x H): 6.4m x 2.5m x 2.5m
7.3m x 3.0m x 2.5m

Abb. 13.10 Bürocontainer einer mittelgrossen Baustelle [4]

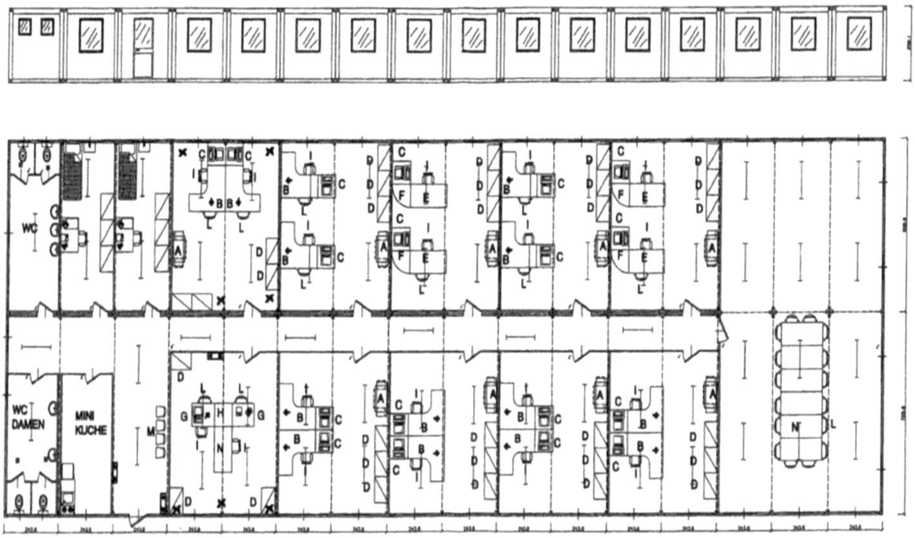

Abb. 13.11 Baustellenbüro – Grossbaustelle Tunnel Mitholz

Auf grösseren Baustellen sind, neben den Büroräumen für die Bauleitung des ausführenden Unternehmens, oft auch Räume für das kaufmännische Personal sowie für die Vermessung, Arbeitsvorbereitung etc. erforderlich (Abb. 13.9). Eine Abschätzung der erforderlichen Bürofläche ist nach der Zahl der Angestellten möglich.

Heute kann man Container zu Büromodulen zusammenfassen und somit ein Büro für eine Grossbaustelle errichten (Abb. 13.11). Bürocontainer können auch Platz sparend mehrstöckig (zwei bis drei Container übereinander) aufgestellt werden.

Container können schnell und flexibel errichtet werden. Sie sind jedoch nur in Normbreiten erhältlich.

Baustellenwerkstatt

Falls eine Baustellenwerkstatt erforderlich ist, sollte sie mindestens einen Stand für Fahrzeuge und sonstige Baugeräte (Raupen, Bagger) haben, darüber hinaus Räume für Werkstattpersonal und die Lagerung von Ersatzteilen und Schmierstoffen. Unmittelbar neben der Werkstatt sind im Freien Abstellplätze vorzusehen, die nach Möglichkeit befestigt sein sollten und auf denen Reparaturen von Baumaschinen oder grösseren Konstruktionsteilen vorgenommen werden können (Abb. 13.12). Grössere Baustellenwerkstätten werden meist in leicht montierbaren Stahlblechhallen untergebracht (Abb. 13.13).

Magazin

Das Magazin dient zur Lagerung von Kleingeräten und Werkzeugen, von Bauhilfs- und Nebenstoffen wie Nägeln, Bindedraht, Kleineisenteilen usw. sowie für Arbeitsschutzkleidung und Vermessungsgeräte. Das Magazin sollte nahe bei den Einsatzschwerpunkten auf der Baustelle liegen, um Verlustzeiten bei der Versorgung zu vermeiden. Die Ausgabe in einem Magazin muss kontrolliert werden, entweder durch einen eigens hierfür eingesetzten Magaziner oder aber durch den Polier. In diesem Fall muss das Magazin in unmittelba-

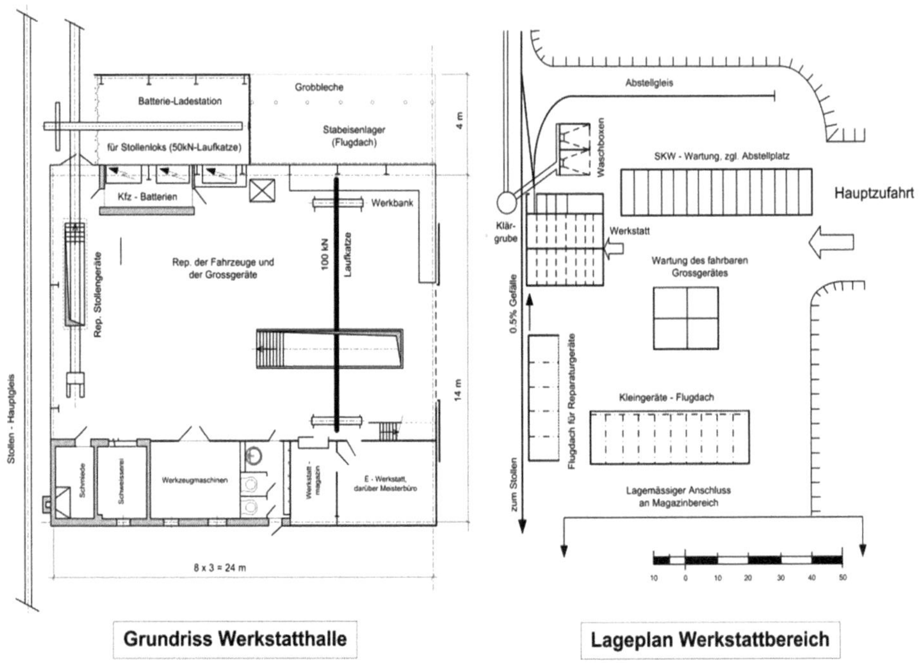

Abb. 13.12 Baustellenwerkstatt einer Tunnelbaustelle [4]

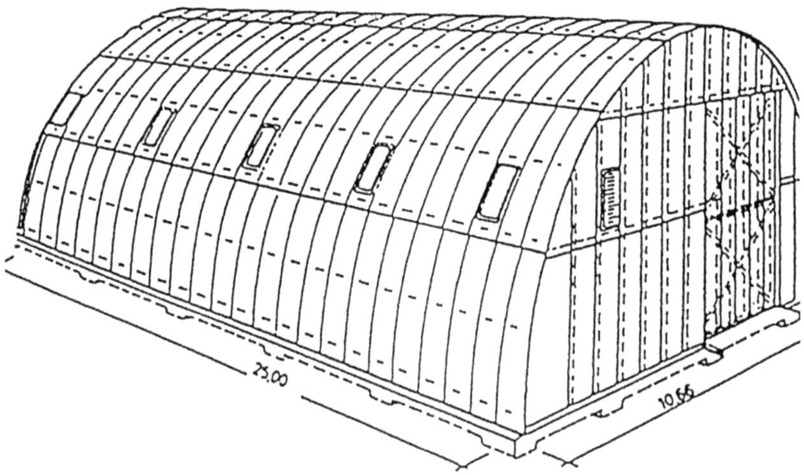

Abb. 13.13 Magazin- und Werkstattbaracke [4]

rer Nähe des Poliercontainers angeordnet werden. Im Übrigen müssen gegebenenfalls ein Baustoffmagazin, z. B. für Einbauteile, sowie ein Treibstoffmagazin bzw. eine Tankanlage mit besonderen Anforderungen an Sicherheitsbestimmungen vorgehalten werden.

Unterkünfte
Die Anforderungen an Unterkünfte sind meist durch Gesetze geregelt. Unterkünfte sollen aus Sicherheitsgründen nicht in unmittelbarer Nähe von Gerüsten, Baukranen und Aufzügen aufgestellt werden.

Tagesunterkünfte: Tagesunterkünfte dienen als Aufenthaltsmöglichkeit für die Arbeiter während der Arbeitspausen (Abb. 13.14).

Wohn- und Schlafräume in Baubaracken: Die Räume müssen eine mittlere Höhe von mindestens 2.3 m haben. Wände, Dächer und Fussböden müssen wetterdicht sein. Es sollten höchstens sechs Bettstellen pro Raum und getrennte Schlafräume je Schicht geplant werden. Heute werden z. B. auf den Tunnelbaustellen in der Schweiz 1 bis 2 Personen in einem Schlafcontainer untergebracht (Abb. 13.14). Damit drückt man die persönliche Wertschätzung der Mitarbeiter aus, die in einem harten Leistungseinsatz stehen.

WC- und Duscheinrichtungen
Vor Baubeginn müssen Aborte errichtet werden. Ausserdem sind Waschstellen bzw. Duschen erforderlich (Abb. 13.14).

Sanitätscontainer
Grosse Baustellen, besonders in abgelegenen Gebieten, benötigen eine Erste-Hilfe-Einrichtung für eine Sofortversorgung nach Unfällen. Bei Baustellen mit mehr als 50 Mitarbeitern ist ein Sanitätsraum erforderlich.

Baustellenkantine
Grossbaustellen, besonders in abgelegenen Gebieten, benötigen eine Kantine, um die Mitarbeiter rationell und schnell mit Essen und Erfrischungen zu versorgen (Abb. 13.15). Die Dimensionierung der Bauten erfolgt gemäss „Leistungsermittlung für Baumaschinen und Bauprozesse" [2].

13.5 Lager- und Bearbeitungsanlagen

Zur Herstellung und Errichtung des Bauwerks werden Roh- sowie Halbfertigprodukte zur Baustelle geliefert; zu ihnen gehören folgende Gruppen:

- Baustoffe
- Bauhilfsstoffe
- Einbauteile
- Installationsmaterial
- Haustechnikgeräte

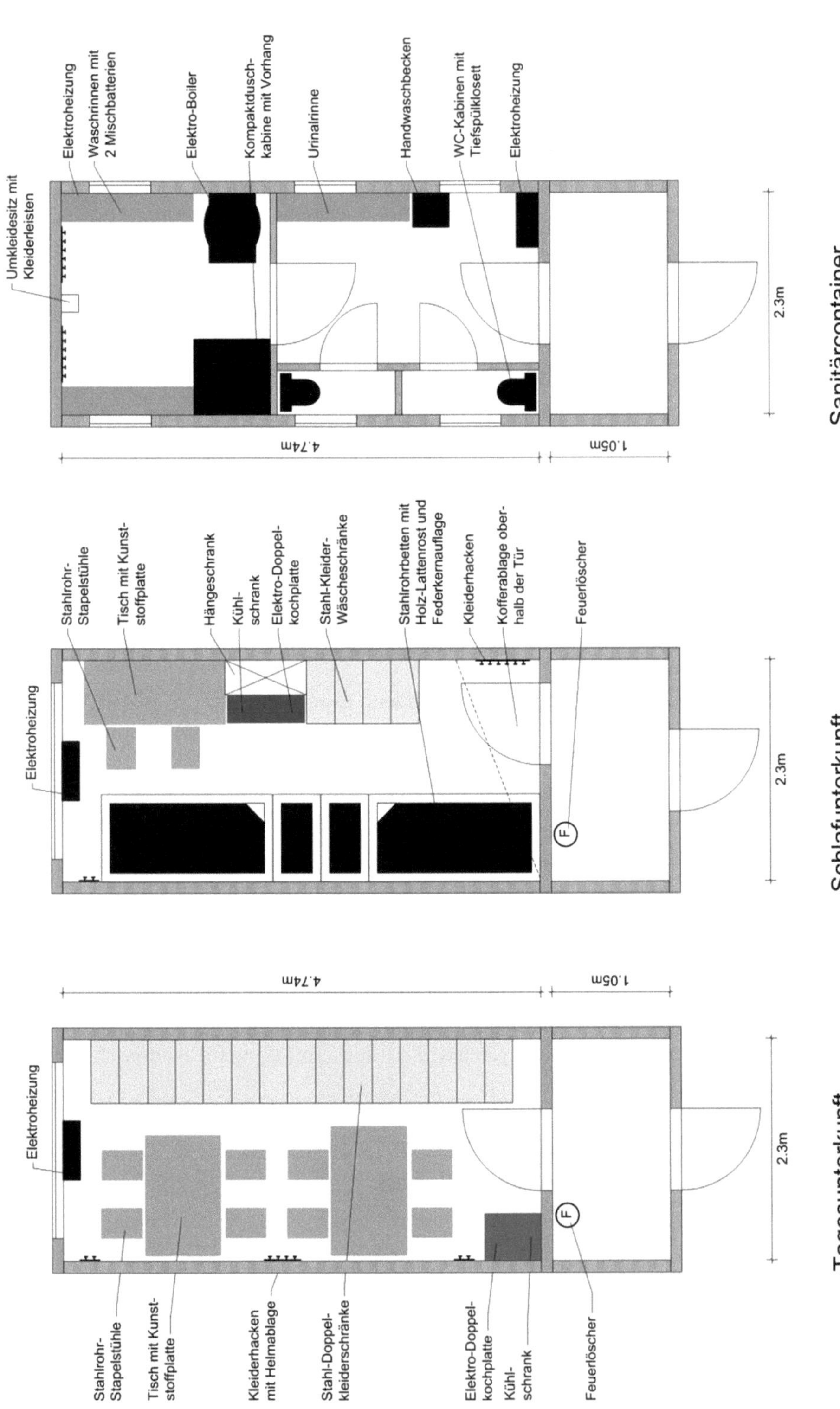

Abb. 13.14 Tages-, Schlaf-, und Sanitärcontainer [4]

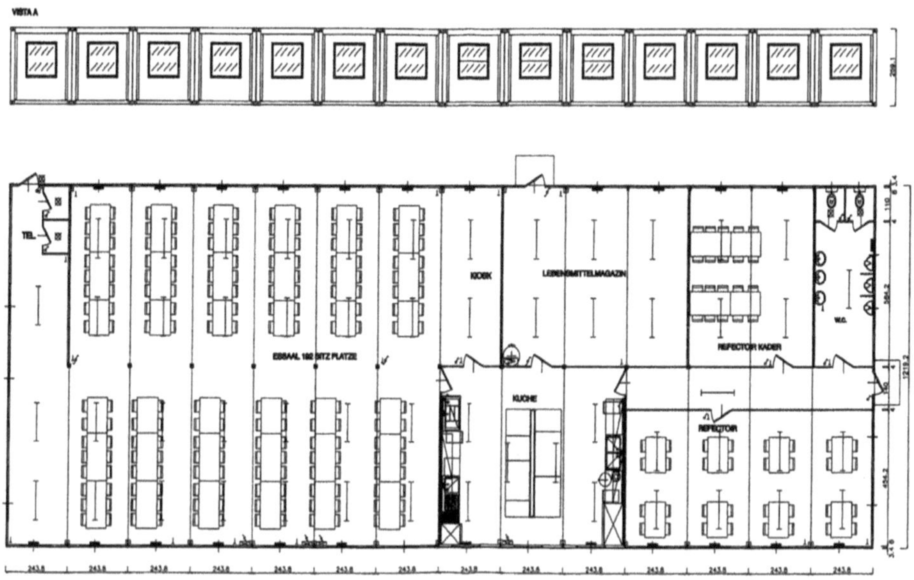

Abb. 13.15 Baustellenkantine – Grossbaustelle Tunnel Mitholz

Diese müssen meist kurzfristig zwischengelagert werden, entweder zum späteren Einbau oder aber zur Weiterverarbeitung. Daher sind Lagerflächen für diese Materialien und Einrichtungen zur Weiterverarbeitung vorzusehen. Zu diesen Einrichtungen zählen u. a.:

- Schalungsvorbereitung/Zimmermannsplatz
- Baustahlbiegeplatz
- Kiesaufbereitung
- Betonmischanlage

Lagerflächen können für folgende Baustoffe, Bauhilfsstoffe und Einbauteile erforderlich sein:

- Baustahl
- Baustahlmatten
- Stahleinbauteile
- Schal- und Rüstmaterial
- Stahlträger und Einbaubögen
- Rohre
- Fertigteile
- Kies, Sand
- Zement
- Ausbaumaterial
- Installationsmaterial
- HKL-Geräte

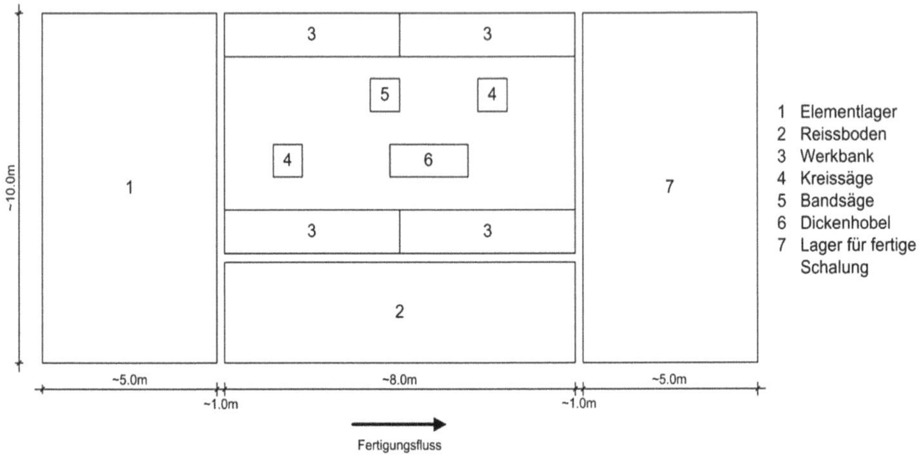

Abb. 13.16 Zimmermannsplatz einer Grossbaustelle

Lagerflächen sollten optimal an die Zufahrt angebunden sein, im Schwenkbereich eines Krans und, nach Möglichkeit, in geringer Entfernung von der Verwendungsstelle liegen. Die Lagerung der Materialien muss so erfolgen, dass sie gegen Verschmutzung gesichert sind (z. B. Lagerung von Bewehrungsstahl auf Kanthölzern oder in Boxen) und vom Kran leicht aufgenommen werden können. Ausserdem sollte die Lagerung eine einfache Handhabung zum Zeitpunkt der Verwendung gewährleisten [3].

Zimmermannsplatz

Aus wirtschaftlichen Gründen wird man bei grösseren Schalungsvorbereitungsarbeiten anstreben, Schalelemente in einer zentralen Werkstatt aus Systemteilen für den situativen Verwendungszweck zusammenzubauen, z. B. zu Deckentischen oder Kletterschalungen, und in Teilen oder komplett auf die Baustelle zu transportieren. Hierdurch besteht die Möglichkeit einer witterungsunabhängigen Fertigung mit speziell für diese Arbeiten eingearbeiteten Mitarbeitern. Da im Strassentransport die zulässigen Abmessungen durch eine Breite von 2.50 m und eine Höhe von 3.50 bis 4.00 m begrenzt sind und darüber hinaus der Umbau von Schalungsteilen oder die örtliche Anpassung an die Gegebenheiten auf der Baustelle erforderlich ist, wird man bei grossen Baustellen auf einen Zimmermannsplatz nicht verzichten können (Abb. 13.16).

Die Bearbeitungsfläche besteht aus einem Reissboden zum Anzeichnen und Zusammenbau der Schalungs- und Rüstungsteile und einem daneben liegenden maschinellen Arbeitsbereich, der je nach Umfang der Arbeiten mit Kreissäge, Werkbank, Bandsäge und Dickenhobel ausgerüstet sein sollte. Dieser Bereich ist nach Möglichkeit gegen Witterungseinflüsse zu sichern. Die Bearbeitungsflächen werden durch einen Dielenbelag auf Lagerhölzern mit darunter liegenden Fundamenten gegen aufsteigende Feuchtigkeit und Verschmutzung geschützt.

Heute verwendet man meist Systemschalungen der Firmen Peri, Doka usw. Diese übernehmen zum Teil den gesamten Schalungsauftrag.

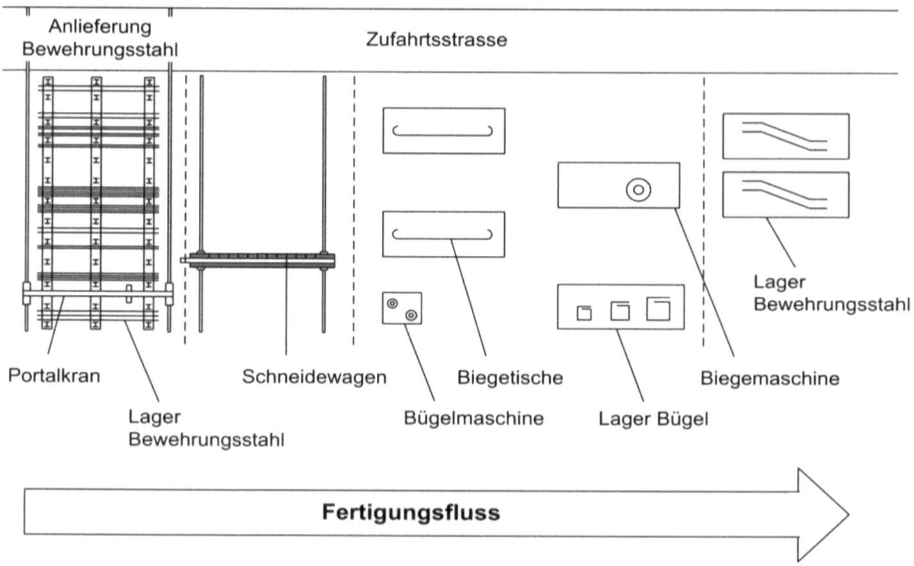

Abb. 13.17 Beispiele für Biegeplätze

Das Element- und Schalungslager muss im Schwenkbereich des Krans liegen.

Biegeplatz und Stahllager

Das Biegen von Betonstahl wird heute meist an ein externes Biegeunternehmen vergeben.

Üblicherweise wird der Betonstahl heute in zentralen Anlagen geschnitten, gebogen und auf die Baustelle geliefert, da diese wesentlich schneller und damit wirtschaftlicher arbeiten.

Der Betonstahl wird heute nur noch auf abgelegenen Baustellen vor Ort bearbeitet. Dies erfordert folgende Einrichtungen (Abb. 13.17):

- Stahllager, in Boxen nach Durchmesser getrennt
- Schere, stationär oder verfahrbar
- Lagerfläche für geschnittenen Stahl und Abfall
- Biegemaschine mit Biegetischen
- Lagerfläche für gebogenen Stahl
- evtl. Flechtplatz zur Herstellung von Bewehrungskörben

Je nach den Abmessungen des zur Verfügung stehenden Geländes kommt eine Längs- oder Querentwicklung in Frage, wobei auch hier wiederum auf den Fertigungsfluss zu achten ist.

Die Anordnung der gesamten Anlage ist entsprechend dem Fertigungsfluss zum Bauwerk hin auszurichten, das Stahllager und die Lagerflächen für den gebogenen Stahl müssen im Schwenkbereich des Krans liegen. Zur Vereinfachung des Abladens sollte das Stahl-

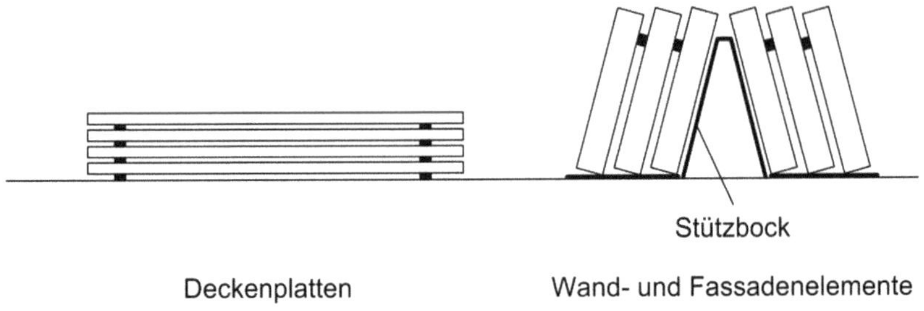

Abb. 13.18 Lagerung von Fertigteilen [4]

lager möglichst direkt mit dem LKW angefahren werden können und mit einem Portalkran bedient werden, der die Stahlbündel nach Durchmesser geordnet in die Lagerboxen legt.

Spannstahlbearbeitung und -lagerung

Heute werden Spannglieder oft fabrikmassig hergestellt und auf Coils zur Baustelle geliefert. Diese werden mittels Kran an Ort und Stelle abgerollt und verlegt. Eine andere Variante ist, dass man die Hüllrohre von einer Haspel abspult, die konischen Hüllrohrendstücke mit Ankerkopf separat verlegt und ans Hüllrohr anschliesst und isoliert. Nach dem Betonieren wird dann der Spannstahl – Litzen und Drähte – vom Coil (endlos) mittels Einfädelmaschine „eingeschossen", lokal abgelängt und anschliessend angespannt und injiziert. Für beide Varianten braucht man eine Lagerhalle mit Kran (Brückenkran oder variabel einsetzbarer Autokran).

Fertigteillagerung/Installationsmaterial/Geräte etc.

Fertigteile, Installationsmaterial, Geräte etc. sollten auf einer sauberen Unterlage, z. B. einem Betonboden, standsicher gelagert werden. Bei Fertigteilen sollten klare Vorgaben zur Lagerung und zum Transport gemacht werden, um Beschädigungen zu verhindern (Abb. 13.18).

Betonmischanlage

Beton gehört zu den Massenprodukten einer Baustelle. Zur sicheren Bereitstellung und Versorgung der Baustelle muss geprüft werden, ob die Baustelle mit Lieferbeton oder durch eine Baustellenmischanlage versorgt werden soll. Die Entscheidung wird immer aus wirtschaftlichen Überlegungen getroffen. Die wirtschaftlichen Fragestellungen sind wie folgt:

- Ist der Lieferbeton oder der Baustellenbeton pro m^3 kostengünstiger (unter Beachtung aller Kosten)?
- Kann der Lieferbeton jederzeit „in time" für die Baustelle bereitgestellt werden, so dass es auf der Baustelle nicht zu Wartezeiten mit Ausfallzeiten für die Mannschaft und einhergehenden Zeitverzögerungen kommt?

In vielen Fällen ist der Lieferbeton die einfachere logistische, organisatorische und kostenmässig bessere Lösung, besonders bei kleinen und mittleren Baustellen.

Für die normalerweise auf Baustellen anzutreffenden Betonmischanlagen sind folgende Angaben für die Anordnung im Einrichtungsplan erforderlich:

- Platzbedarf des Mischers einschliesslich Beschickeraufzug und Waagen
- Radius und Öffnungswinkel des Zuteilsterns, Aufteilung der Boxen mit Angabe der Körnungen oder Angaben über Zuschlaghochsilo bzw. Zuschlaghorizontalsilos
- Platzbedarf, Anordnung und Fassungsvermögen des Zementsilos

Man unterscheidet Turm-, Reihen- und Dosiersternmischanlagen. Für die Aufstellung solcher Mischanlagen sind Detailzeichnungen für die Verankerung und Anordnung der Aussparungen, die Höhenlage des Mischers, die Anordnung der Beschickergrube, der Waage und der Zementschnecke zwischen dem Zementsilo und der Zementwaage erforderlich. Stammen die einzelnen Elemente einer Anlage alle vom gleichen Hersteller, so werden die für den Aufbau erforderlichen Detailzeichnungen mitgeliefert.

Entscheidend für die Auswahl einer Mischanlage ist in der Regel der Leistungswert in m^3 Festbeton pro Stunde.

Vertikale Mischanlagen (Turmanlagen) können eine erheblich grössere Leistung erbringen.

Da auf Betonbaustellen beim Einbau des Betons die grössten Massen zu bewegen sind, ist die Betonmischanlage möglichst in der Nähe des Verbrauchsschwerpunktes anzuordnen, um die Transportwege so klein wie möglich zu halten.

Dabei braucht nur der Mischerauslauf im Schwenkbereich des Krans zu liegen. Es ist darauf zu achten, dass der Zuteilstern bzw. die Silos durch Lastkraftwagen angefahren werden können, um den Zement und die Zuschlagstoffe zu entladen.

Zu bemerken ist zudem noch, dass die Betonmischanlage wie auch die Materialsilos im Gebirge ausreichend gegen Gefriertemperaturen isoliert werden müssen.

Die Leistung und damit die Grösse der einzusetzenden Aufbereitungsanlage ergeben sich aus den vorgesehenen Betonierabschnitten. In diesen ist die in einer Schicht oder Stunde erforderliche Leistung in m^3 fertig verdichtetem Beton festgelegt, nach der die Mischanlage dimensioniert werden muss [2].

Ergeben sich für einzelne Etappen Betonierleistungen, die wesentlich über der erforderlichen Durchschnittsleistung liegen, so empfiehlt sich der Einsatz von zusätzlichem Transportbeton. Hierdurch werden Geräte zur Abdeckung des Spitzenbedarfs, die nur geringfügig ausgenutzt würden, eingespart.

Der Betontransport ab Werk zur Baustelle erfolgt entweder mit Betontransportmulden oder Fahrmischern. Diese haben eine Ladekapazität von 3.0–6.5 m^3 Beton für Mulden und von 5–8 m^3 für Fahrmischer. Entweder kann der Beton direkt mit Rutschen eingebracht werden, oder die Weiterverteilung erfolgt mit Betonpumpen oder Krankübeln.

Bei Grossprojekten ist jedoch oft eine eigene Mischanlage auf der Baustelle die kostengünstigere und flexiblere Lösung. Der Unternehmer kann für die grossen Mengen an Zement und Kies besondere Rabatte aushandeln (economies of scale). Bei grösseren Projekten im innerstädtischen Bereich ist die Bereitstellungssicherheit von Transportbeton bedingt durch Verkehrsstaus ein Problem, das die Kosten der Baustelle durch Fehlzeiten extrem nach oben treibt und somit das Baustellenergebnis verschlechtert. In solchen Fällen sind Turmmischanlagen die Lösung (just in time delivery), falls dies platzmässig möglich ist. Bei solchen Anlagen können Kies und Sand zu verkehrsarmen Zeiten angeliefert werden. Die Betonproduktion ist dann völlig autark vom Strassenverkehr oder anderen Zugangsauflagen bei innerstädtischen Baustellen.

13.6 Lade- und Transporteinrichtungen der Baustelle

Zum Laden und Transportieren von Aushub, Baumaterialien und Bauhilfsmaterialien, Ausbau- und Installationsmaterial sowie Geräten für Heizung und Lüftung über kurze oder grössere Distanzen benötigt man effiziente und angepasste leistungsfähige Geräte auf der Baustelle wie z. B. Ladegeräte für loses Material:

- Bagger
- Rad- und Raupenlader

Transportgeräte für loses Material:

- Lastwagen/Japaner/Dumper/Spezialfahrzeuge
- Gleisgebundene Transportmittel (Züge)
- Förderbänder
- Betonpumpen
- Materialelevatoren (vertikal)

Hebe- und Transportgeräte für gepacktes, palettiertes Material sowie Geräte und Personen:

- Krane
- Bauaufzüge
- Aufzüge

Einsatzbereich für Hebe- und Transportgeräte
Lastwagen/Dumper dienen als flexibel einsetzbare Fahrzeuge zum Transport diverser Materialien wie Aushub, Ausbruch, Beton, Kies, Sand etc [4].

Gleisgebundene Beförderungsmittel dienen zum Transport von Aushub- und Ausbruchmaterial sowie von Sicherungsmaterial und Beton [5].

Förderbänder in verschiedenen Längen transportieren loses Material wie Aushub, Ausbruch, Betonzuschlagstoffe, Beton [5]. Mit Förderbändern lassen sich grosse kontinuierliche Leistungen bei relativ geringen Unterhaltskosten erzielen; sie sind deshalb in Kombination mit TSM und TVM ideal einsetzbar.

Elevatoren: Eimerförderbänder und Senkrechtförderer mit Wellenkantenbändern werden zum stetigen Transport von Ausbruchmaterial aus Schächten verwendet. Elevatoren und Förderbänder lassen sich in idealer Weise kombinieren, ohne dass das Material umgeladen werden muss [5].

Betonpumpen werden zum Fördern (horizontal und vertikal) und Füllen der Schalungen mit Beton verwendet. Man unterscheidet Betonpumpen mit und ohne Knickausleger zum Verteilen des Betons. Neben den Betonpumpen für Ortbeton werden auch Nass- und Trockenspritzgeräte für Spritzbeton eingesetzt [4].

Hebezeuge dienen ausschliesslich zur vertikalen Lastbewegung, zu ihnen gehören:

- einfache Seilzüge (Flaschen- und Kettenzüge)
- hydraulische Pressen zum Heben extrem schwerer Lasten
- Schrauben- oder Bockwinden, insbesondere für den Gerüstbau
- Hebebühnen (Kombination von Arbeitsebene und Hebefunktion)

Die Dimensionierung der Geräte erfolgt in Verbindung mit den gewählten Bauverfahren und Leistungsprozessketten gemäss „Leistungsermittlung für Baumaschinen und Bauprozesse" [2].

Krane

Krane dienen zum Heben und Transportieren von gepacktem Material oder Einzelstücken über kürzere Entfernungen. Sie werden nach mehreren Gesichtspunkten klassifiziert, z. B. nach dem Konzept des Unterwagens, des Auslegers, der Beweglichkeit, der Aufbaumöglichkeit usw. Die Kombinationsmöglichkeit der verschiedenen Bausysteme führt zu einer grossen Zahl von Krantypen (Abb. 13.19).

Der **Turmdrehkran** ist das am häufigsten eingesetzte Hebegerät. Er besteht aus einem Unterwagen (fahrbarer Kran) bzw. Fundament (ortsfester Kran) und einem Mast mit angesetztem Ausleger, über den die Lasten durch das Lastseil vertikal bewegt werden. Durch die Schwenkmöglichkeit des Auslegers um die Mastachse, das Verfahren der Laufkatze am Ausleger sowie durch Verfahren des gesamten Krans wird eine horizontale Beweglichkeit ermöglicht. Die Schwenkbewegung des Kranauslegers kann zusammen mit einer Drehbewegung des Kranturms oder, bei feststehendem Turm, durch einen oben angebrachten Drehkranz mit entsprechender Motoreinrichtung erfolgen.

Das System mit **beweglicher Kransäule** hat die Vorteile, dass Drehkranz, Ballast und Motorwinde beim Aufbau nicht um die Höhe des Kranturms angehoben werden müssen. Hierdurch kann der Kran einfach aufgebaut sowie an- und abtransportiert werden.

Das System mit **feststehender Säule** hat den Ballast und den Drehkranz in Höhe des Auslegers. Der Turm wird weniger durch Biege- und Drillmomente und der Drehkranz weniger durch Kippmomente belastet. Gegenüber einem Kran mit beweglicher Kransäule können grössere Hubhöhen erreicht werden.

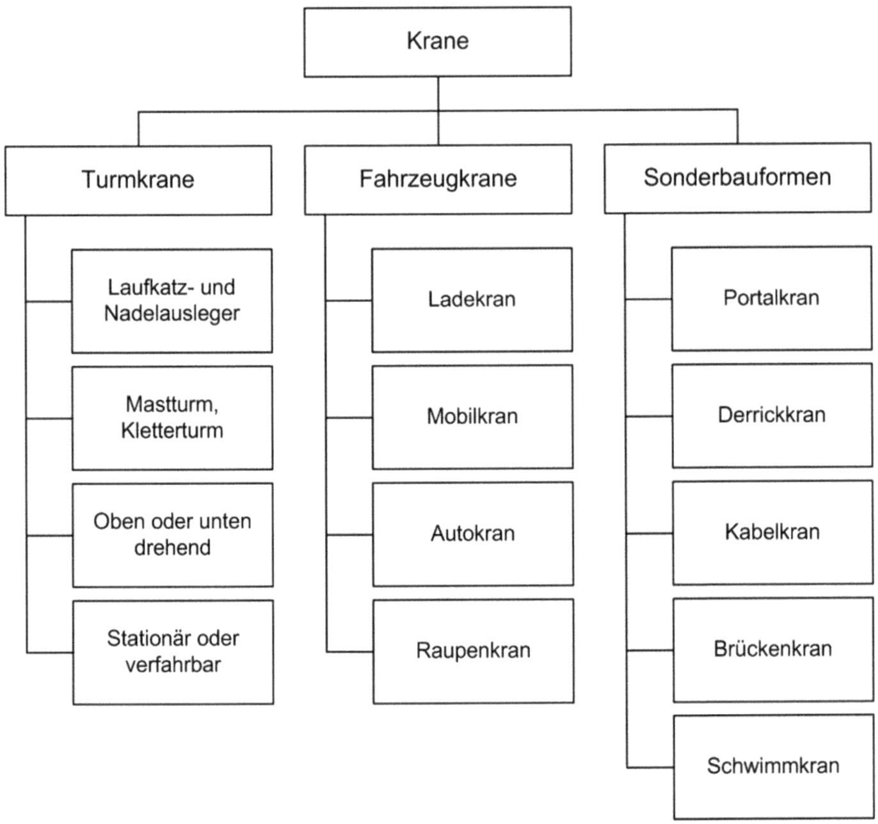

Abb. 13.19 Kranarten [4]

Die verschiedenen Auslegersysteme für Turmdrehkrane sind in Abb. 13.20 dargestellt.

Bei Nadelauslegern sind die Neigung sowie die Höhe des Auslegerpunktes durch ein spezielles Auslegerseil veränderlich; sie können damit horizontale sowie vertikale Lastbewegungen durchführen. Der Nadelausleger wird auch als Wippausleger bezeichnet. Der Nadelausleger mit Gegengewicht und Auslegerseil-Umlenkbock ist meist über einen Drehkranz an dem nichtdrehbaren Turm befestigt. Das Hubseil ist an der Auslegerspitze geführt. Zur Positionierung der Last muss der gesamte Nadelausleger mittels Auslegerseil bewegt werden. Bei gleicher Turmhöhe kann der Nadelausleger gegenüber dem Waagebalkenausleger grössere Höhen erreichen. Er hat eine gute Beweglichkeit in Baulücken und eine einfache Seilführung. Nachteilig ist, dass die Last nicht bis zum Turm herangeführt werden kann. Der Nadelausleger wird nur mit einer Normalkraftkomponente beansprucht.

Der Waagebalkenausleger ist an der höchsten Spitze der Kransäule über einen Drehkranz befestigt und muss zusätzlich noch einen Momentenlastanteil aufnehmen. Der Knickausleger entspricht dem Waagebalkenausleger. Er ermöglicht eine schnelle und einfache Hubvergrösserung durch Abknicken des Auslegers auch unter Last. Waagebalken- und Knickausleger werden auch als **Laufkatzenausleger** bezeichnet. Die Last wird horizontal

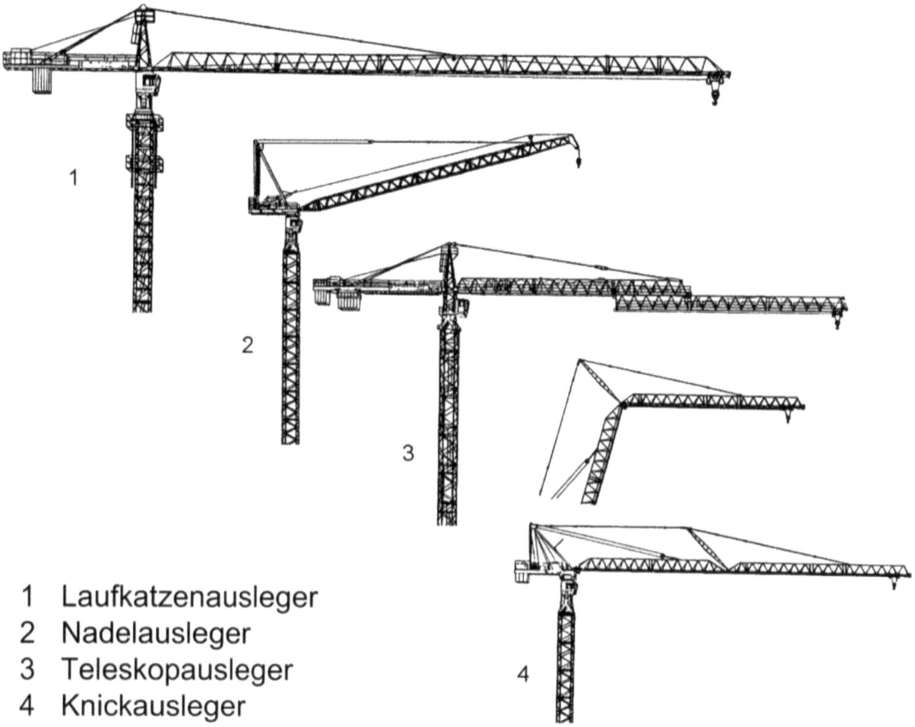

Abb. 13.20 Auslegersysteme [4]

entlang des Auslegers mit Hilfe einer auf dem Ausleger angehängten Laufkatze bewegt. Vorteile dieser Krantypen sind, dass sehr exakte horizontale und vertikale Lastbewegungen möglich sind und dass eine nicht drehbare Kransäule beim ortsfesten Kran gegen das Bauwerk ausgesteift werden kann, wodurch grössere Lasten und Höhen möglich sind. Des Weiteren kann die Last unmittelbar bis an den Turm herangeführt werden.

Grosse Turmdrehkrane sind mit **Kletterausrüstung** ausgestattet (Abb. 13.21). Die vorgehend beschriebenen Baukrane sind in der Regel zu Beginn eines Bauvorhabens in ihrer Gesamthöhe zu errichten. Kletterkrane können dagegen in relativ geringer Höhe aufgestellt und entsprechend dem Baufortschritt aufgestockt werden.

Der Aufstellort des Turmdrehkrans wird aus bauablaufbedingten und sicherheitstechnischen Grundsätzen gewählt.

- Technische Grundsätze zur Kranaufstellung:
- Erreichbarkeit aller Lagerplätze
- Vermeidung langer Fahrwege für den Kran
- Bestreichung kranintensiver Bereiche gegebenenfalls mit mehreren Kranen

Schnellmontagekrane eignen sich besonders für kleinere Baustellen (Abb. 13.22). Dieser Turmdrehkran wird zusammengefaltet auf einem selbstfahrenden Unterteil per Zugmaschine auf die Baustelle gebracht. Der Schnellmontagekran wird ohne zusätzliche Hebe-

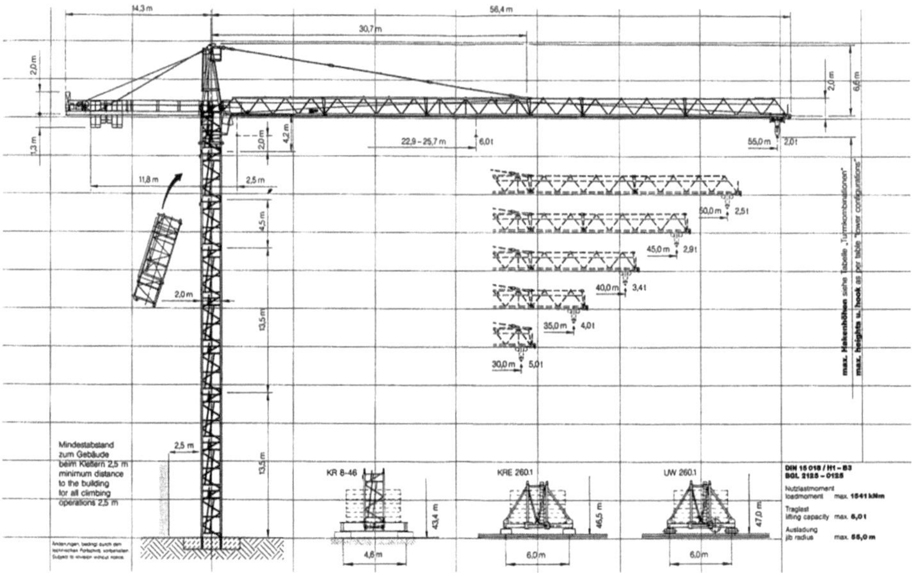

Abb. 13.21 Turmdrehkran mit Kletterausrüstung [4]

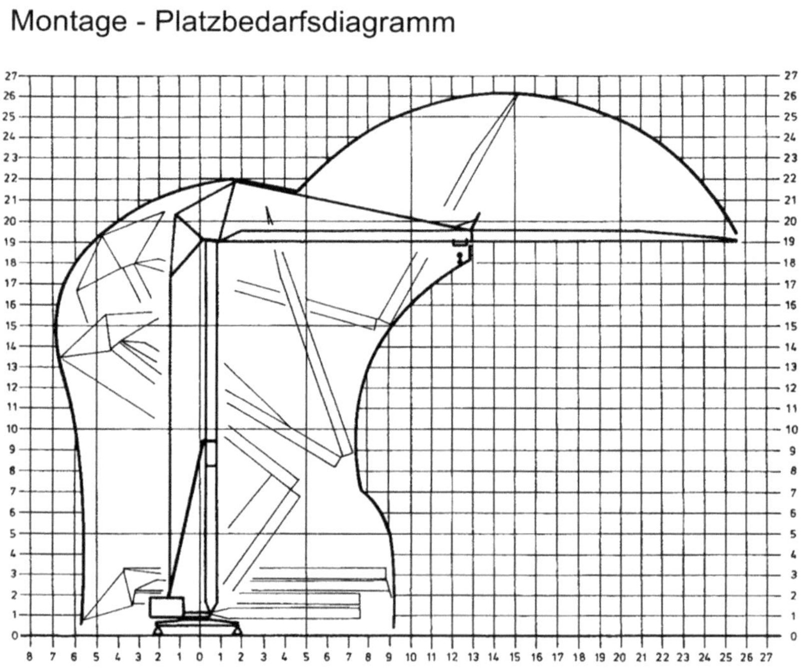

Abb. 13.22 Schnellmontagekran [4]

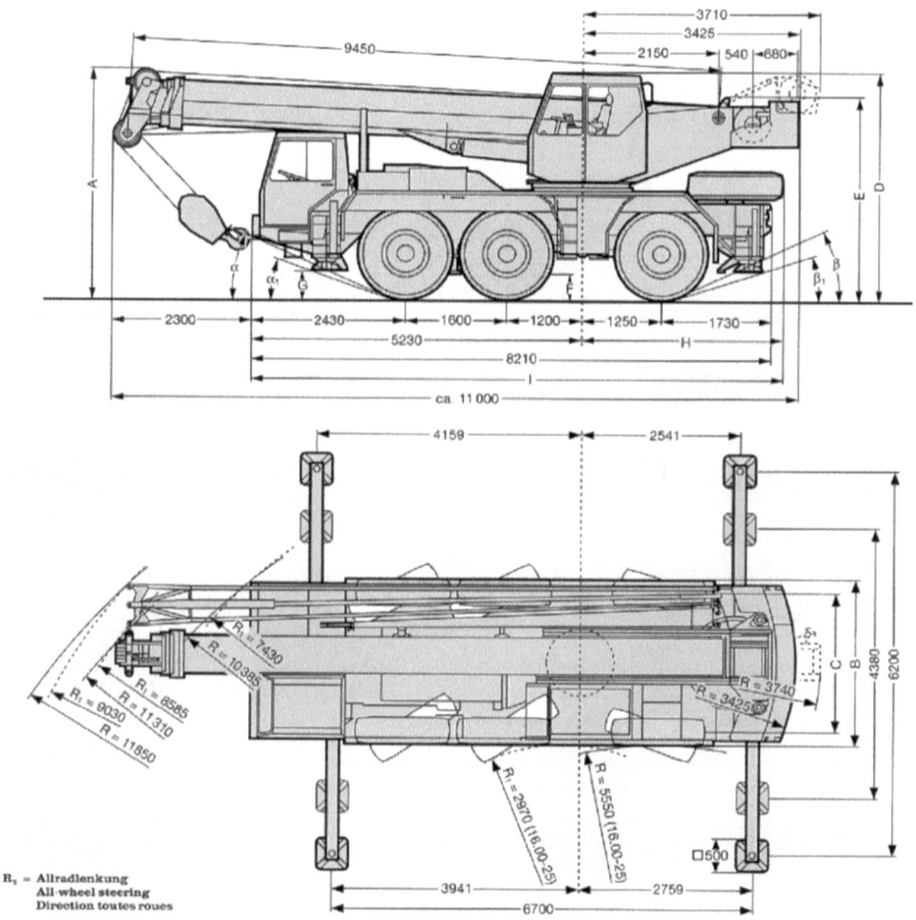

Abb. 13.23 Autokran [4]

mittel selbstaufstellend mittels eigener Hydraulik bzw. Seilzugsystem in die endgültige Arbeitsstellung aufgefaltet. Die einzelnen Schüsse müssen dann vor Inbetriebnahme noch gesichert werden.

Der **Autokran** ist eine auf einem LKW-Träger aufgebaute Krananlage mit drehbarem Kranturm, Führerkabine, Ausleger und Gegengewicht. In der Regel müssen beim Autokran beim Hebeeinsatz zusätzliche Stützenfüsse ausgefahren werden, um dem Fahrzeug eine breite Abstützbasis zu geben. Schwere Autokrane (Abb. 13.23 und 13.24) mit teleskopierbaren Auslegern oder hydraulisch ausfahrbaren Auslegern sind für Tragfähigkeiten bis 2'500 tm entwickelt worden. Autokrane sind auf öffentlichen Strassen verhältnismässig schnell von Baustelle zu Baustelle verschiebbar und werden bei Montagen vorgefertigter Teile, also bei kurzfristig hohen Lastbewegungen, sowie auf Linienbaustellen wirtschaftlich eingesetzt.

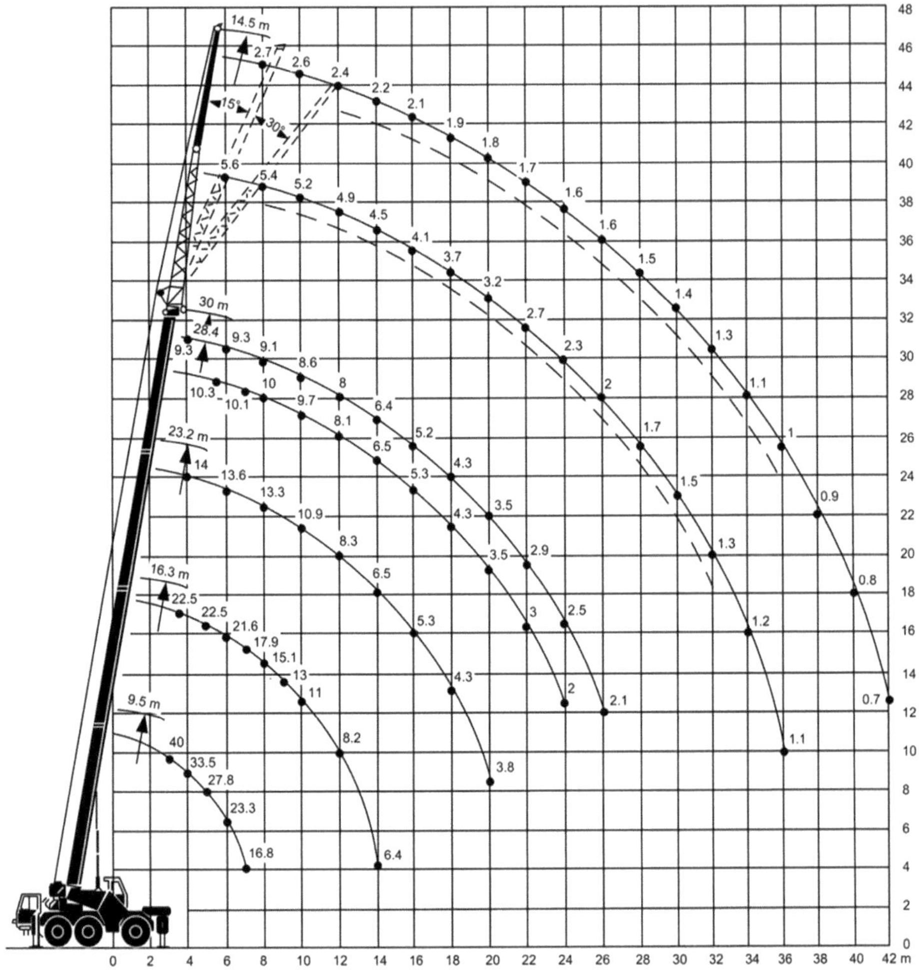

Abb. 13.24 Autokran [4]

Die für den Baustellenbetrieb notwendige Hubkraft des Krans bestimmt seine Dimension. So muss an den entsprechenden Anschlagpunkten die Hubkraft grösser als die maximal zu hebende Last sein. Der einzelne theoretische Arbeitstakt eines Hebevorgangs setzt sich zusammen aus:

- der Zeit für das Anschlagen der Last
- der Hub-, Dreh- und Verfahrzeit der Last zum Abschlagort
- der Zeit für das Lösen der Last
- der Rückfahr-, Senk- und Drehzeit des Lasthakens

Der **Portalkran** entspricht einem Brückenkran, dessen Kranbrücke mit seitlichen Querrahmenstützen aufgeständert ist und der mit einem Schienen- oder Radfahrwerk als Ganzes verfahren werden kann. Der Portalkran kann z. B. bei schweren Lasten in Eisenbiegewerkstätten und Fertigteilwerken, auf Rohrvortriebs-baustellen und über schmalen Baugruben eingesetzt werden.

Die Dimensionierung der Kräne erfolgt gemäss „Leistungsermittlung für Baumaschinen und Bauprozesse" [2].

Bauaufzüge

Im Hochbau verwendet man neben Kranen auch Bauaufzüge für den vertikalen Transport. Bauaufzüge (Abb. 13.25) sind heute im Hochbau ein unverzichtbares Mittel, um Menschen und Materialien zügig und sicher zu transportieren. Besonders in der Phase des Ausbaus sind Bauaufzüge, ausser für den zügigen Personentransport, auch für den Materialtransport in die Stockwerke unabdingbar. Krane können die Stockwerke dann nicht mehr einfach von oben bedienen, sondern müssen ihre Andienung über eine auskragende Bühne (Abb. 13.26) machen, die stationär in jedem Stockwerk sein oder jedes Mal umgehängt werden müsste. Wenn dann die Fassade installiert wird, ist eine Bühnen-Andienung ein Problem bei der Fertigstellung. Bauaufzüge sind dagegen, neben den immer noch notwendigen und unverzichtbaren Turmdrehkranen, für eine kontinuierliche Bedienung der Stockwerke in der Ausbauphase einfacher (Tab. 13.4).

Sicherheitsbestimmungen für Bauaufzüge ohne Schachtgerüst:

- Die Fahrbahn des Aufzugs ist an der unteren Ladestelle, mit Ausnahme der Zugangsseite, in einer Entfernung von 2 m ringsherum abzuschranken.
- Schutzdächer sind zu errichten über der unteren Ladestelle, dem Triebwerk, dem Bedienungsstand und jenem Bereich, um den die Abschrankung an der unteren Ladestelle näher als 2 m an der Fahrbahn des Aufzugs liegt.
- Sämtliche Fahrbahnzugänge sind durch eine nicht wegnehmbare Absperrung, z. B. schwenkbare oder verschiebbare Schranken, zu sichern.
- Zur Verständigung des Maschinisten ist beim Bedienungsstand eine elektrische Klingel anzubringen, die von jeder Ladestelle aus betätigt werden kann.
- Bei den Ladestellen muss sich das Fördergerät sicher aussetzen lassen.
- Das Fördergerät muss so umwehrt sein, dass das Ladegut nicht abstürzen kann.
- Das Mitfahren von Personen bei Materialtransporten ist verboten; bei jeder Ladestelle ist eine Warntafel anzubringen.

Tab. 13.4 Arten von Bauaufzügen

Typ	Traglast	Eigenschaften
Schrägaufzüge	Bis 200 kg	Stationär, bis 20 m Länge oder fahrbar, teleskopierbar bis 30 m Länge
Schnellbau-Materialaufzüge	Bis 1500 kg	Senkrecht, bis 100 m, leichte Ausführung mit Seilantrieb, schwere Ausführung mit Zahnstangenantrieb
Personen- und Materialaufzüge	Bis 4500 kg oder 30 Personen	Zahnstangenantrieb mit einem oder zwei Fahrkörben

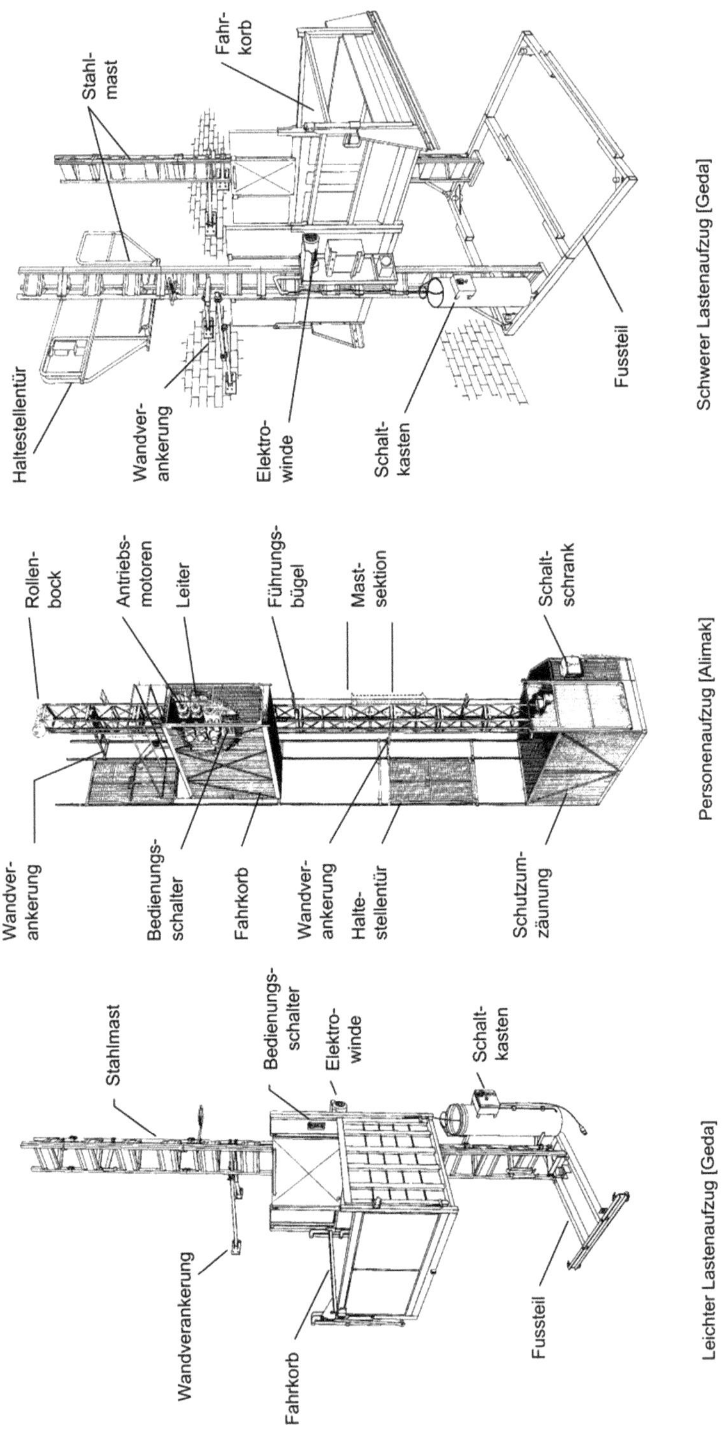

Abb. 13.25 Bauaufzüge

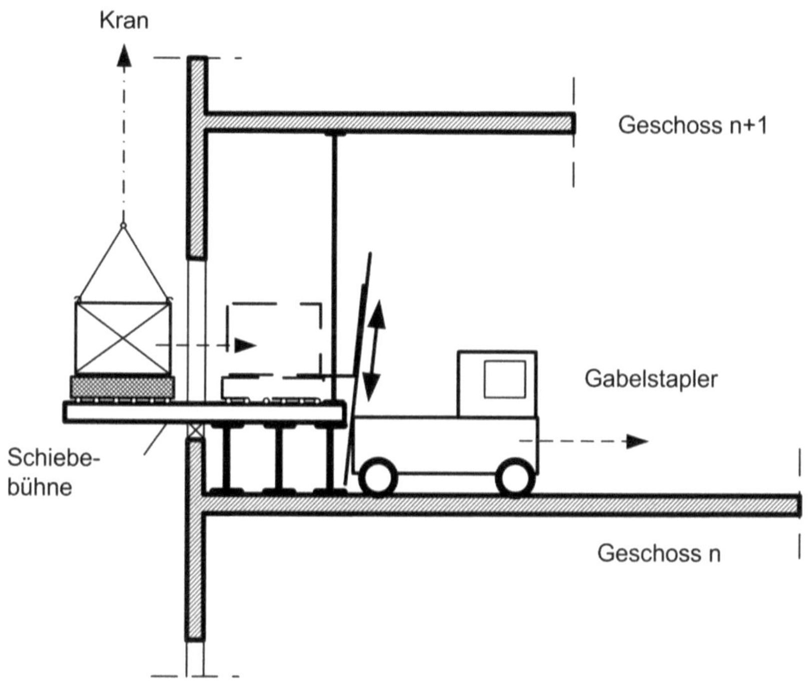

Abb. 13.26 Schema einer umsetzbaren Ladebühne

Horizontaltransport im Gebäude

Die Andienung des Materials in die Stockwerke erfolgt mittels Schwerlastaufzügen oder über Krane, die ihre Last auf einer auskragenden Ladeplattform auf das Stockwerk übergeben.

Die Ladeplattform zum Andienen mittels Kran muss sicherheitstechnisch so ausgerüstet sein, dass bei der Übergabe des Materials unbeabsichtigtes Herunterfallen verhindert wird (Abb. 13.26). Daher muss die Plattform rundum mit einem Fussbrett versehen sein, damit Kleinmaterial durch diese Aufkantung zurückgehalten wird. Ferner müssen die Abspriessungen, die im hinteren Teil der Plattform angeordnet sind und die Abhebekräfte aus dem Kragmoment aufnehmen müssen, gegen unbeabsichtigtes Anfahren der Gabelstapler geschützt werden.

Der Horizontaltransport im Stockwerk erfolgt mittels Gabelstapler oder Handgabelhubwagen.

13.7 Energieumsetzung auf der Baustelle

Folgende Energiearten bzw. -formen werden heute auf Baustellen vorwiegend verwendet:

- elektrische Energie
- Verbrennungsmotoren
- Hydraulik
- Druckluft
- Dampf

Elektrische Energie
Elektrische Energie mit 220/380 V ist die bedeutendste Energieart auf den meisten Baustellen. Elektrizität wird u. a. für folgende Aufgaben verwendet:

- Heben und Fördern von Lasten
- Pumpen von Wasser
- Betonieren: Beton pumpen, rütteln, abziehen
- Bohren
- Schleifen
- Schweissen

Auf Baustellen wird **3-Phasen-Wechselstrom** verwendet. Zwischen zwei Phasen sind jeweils 220 V Spannung. Zur Entnahme von 220 V Strom werden nur zwei Phasen, bei 380 V drei Phasen benutzt.

Der **Anschlusswert** für eine Baustelle ist so zu ermitteln, dass alle benötigten Verbraucher gleichzeitig in Betrieb sein können [2]. Transformator und Anschlussschrank werden in der Nähe der Hochspannungsleitung installiert, die Verteilerschränke werden möglichst zentral aufgestellt (Abb. 13.27). Je Arbeitsbereich können mehrere Verteilerschränke erforderlich sein.

Elektrische Geräte müssen abgesichert werden. Die Absicherung gegen Überlastung wird von einer trägen Sicherung übernommen, die kurzzeitig eine um das 5- bis 7fach grössere Strommenge zum Anlaufen übertragen kann und bei einer Überlastung mit einer entsprechenden Trägheit reagieren darf. Die Absicherung gegen Stromschlag erfolgt durch so genannte FI-Schalter. Sie haben zwei Funktionen: ein Teil des Schalters misst ständig die zu- und abfliessende Strommenge; bereits bei einer kleinen Differenz (je nach Typ verschieden, jedoch maximal 0.5 A) unterbricht der andere Teil sofort die Stromzufuhr.

Allgemein weisen elektrische Antriebsmotoren die folgenden Vorteile auf:

- geringe Störanfälligkeit und kaum Wartungsbedarf
- guter Wirkungsgrad
- grosser nutzbarer Drehmomentbereich

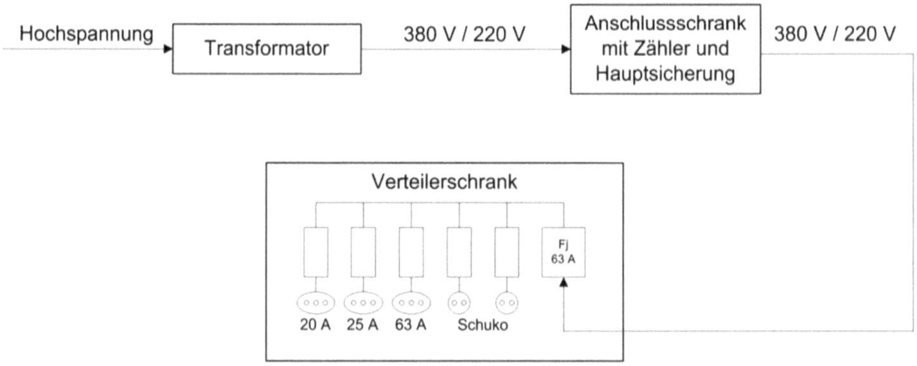

Abb. 13.27 Schema eines Elektroanschlusses

Heute werden weitestgehend frequenzumschaltbare Elektroantriebe verwendet, da sie, im Gegensatz zu den hydraulischen Antrieben, die elektrische Energie mit geringen Verlusten in Antriebsleistung umsetzen. Die Steuerung dieser Antriebe wirkt auf den Frequenzumrichter, der den Motor mit einer Frequenz einspeist, die der gewünschten Geschwindigkeit entspricht. Beim Umschalten gewährleistet der Frequenzumrichter den progressiven Geschwindigkeitswechsel und die Präzision durch die Frequenzrampe. Dieses Konzept macht den Motor geräuscharm. Die Frequenzumrichtertechnik ist gekennzeichnet durch Messen, Steuern und Regeln. Dies lässt sich durch die hochentwickelte Starkstrom-Halbleitertechnik realisieren.

Die heutigen frequenzgesteuerten Elektromotoren sind sehr robust. Der komplexe elektronische Aufbau macht die Reparatur bei auftretenden Problemen jedoch aufwändig.

Die Dimensionierung der elektrischen Installationen einer Baustelle erfolgt gemäss „Leistungsermittlung für Baumaschinen und Bauprozesse" [2]. Für die Installationen muss ein Installationsplan entworfen werden, der während der Bauphase gemäss den Änderungen der Anforderungen angepasst werden muss. Dies ist aus Arbeitssicherheitsgründen und zur gezielten Behebung von Störungen notwendig.

Verbrennungsmotoren

Ein weiterer Teil der erforderlichen Energie wird durch Verbrennungsmotoren geliefert. Für den Betrieb sind der entsprechende Kraftstoff und ein gewisser Wartungsaufwand vorzusehen, der von Bauart und Betriebsbedingungen abhängt.

Es wird zwischen Zwei- und Viertakt-Motoren sowie Diesel- oder Benzinantrieb unterschieden. Verbrennungsmotoren sind robuste und dauerhafte Aggregate und finden in fast allen Baumaschinen Anwendung. Gegenüber den Elektromotoren haben sie den Vorteil der Netzunabhängigkeit. Als Nachteile sind zu nennen:

- höhere thermische Verluste und schlechterer Wirkungsgrad
- höherer Wartungsaufwand und hoher Verschleiss

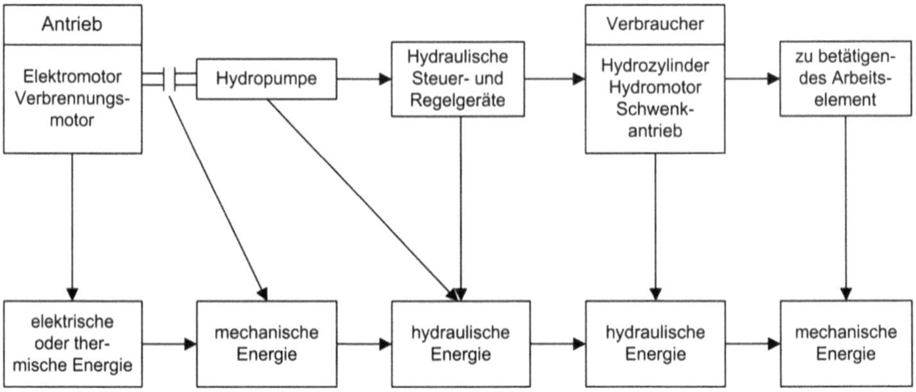

Abb. 13.28 Prinzip der Hydraulik

Druckluft

Die Druckluftversorgung geschieht meist durch einen fahrbaren Kompressor mit Elektro- oder Dieselmotorantrieb. Druckluft wird zum Antrieb von Presslufthämmern etc. benötigt, allerdings spielt sie im Hoch- und Tiefbau nur eine geringe Rolle [2, 5].

Hydraulik

Die Hydraulik als Kraft hat sehr grosse Bedeutung. In vielen Baumaschinen werden, wegen des Korrosionsschutzes, der Schmierfähigkeit und der fast gleich bleibenden Zähigkeit bei Kälte und Hitze sowie der Elastizität des Antriebs, hydraulische Kraftübertragungen durch Öl eingesetzt. Im Bauwesen werden sowohl die statische wie auch die dynamische Hydraulik verwendet. Das Prinzip der Ursachen-Wirkungsbeziehung von Hydrauliksystemen ist in Abb. 13.28 dargestellt.

Statische Hydraulik

Generell bestehen statische Hydrauliksysteme aus einem Ölvorrat, einer Hydraulikölpumpe, einem Steuerblock und Arbeitszylindern. Zur Kraftübertragung wird nur ein kleiner Teil des Ölvorrats in den Arbeitszylinder gepumpt. Der Arbeitszylinder ist das zentrale Bauteil der statischen Hydraulik. Trotz seiner kompakten Bauweise kann er meist in beiden Richtungen grosse Kräfte ausüben. Die statische Hydraulik wird z. B. beim Hydraulikbagger zur Schaufelbewegung und bei allen hydraulischen Pressarbeiten eingesetzt (Abb. 13.29).

Dynamische Hydraulik

Bei der dynamischen Hydraulik werden grössere Teile des Ölhaushalts ständig mit grossen Geschwindigkeiten bewegt, und die kinetische Energie wird zu Antriebszwecken benutzt. Bei dynamischen Hydrauliksystemen erfolgt die Bewegung des Öls z. B. mit Flügelrädern. Die dynamische Hydraulik kommt vor allem bei folgenden Antriebssystemen zur Anwendung (Abb. 13.30):

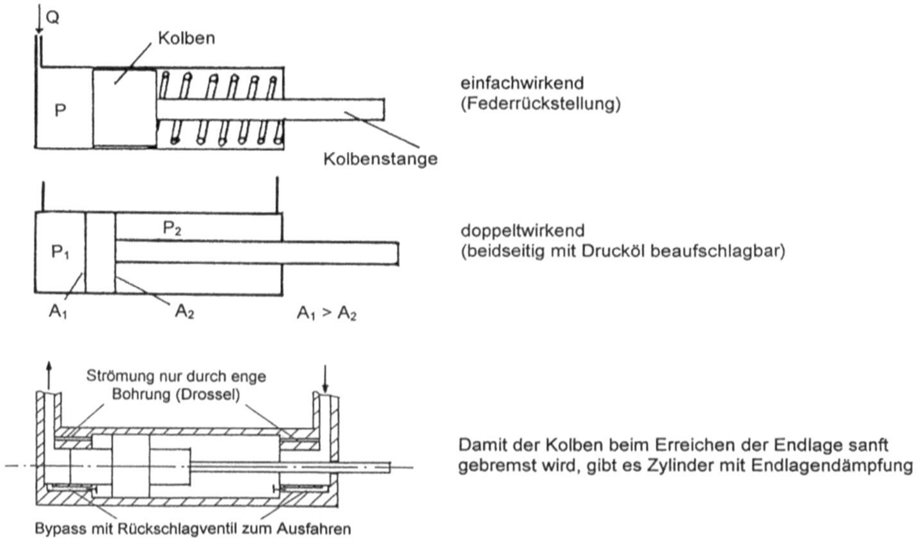

Abb. 13.29 Hydraulikzylinder – Wirkungsprinzip

- Turbokupplungen
- Drehmomentwandler
- Lastschaltgetriebe
- Hydroantriebe

Hydroantriebe können grosse Kräfte und Drehmomente nahezu verschleissfrei übertragen (Drehbohrantrieb, Kettenfahrwerkantrieb, Tunnelbohrmaschinen, Schildmaschinen etc.). Die Hydroantriebe sind durch weiches, ruckfreies Anfahren unter hoher Last gekennzeichnet. Das Anfahren erfolgt stufenlos durch die selbständige Wandlung des Drehmoments. Zudem sind sie durch die Kraftübertragung mittels Öl sehr verschleissarm. Der Energieverlust durch die hohe Fliessgeschwindigkeit des unter Druck stehenden Öls ist relativ hoch. Ca. 30 bis 40 % der zugeführten Energiemenge werden in Wärmestrahlung umgewandelt und stehen nicht als nutzbare Leistung zur Verfügung. Daher werden für die grossen Motoren der Tunnelvortriebsmaschinen oft frequenzgesteuerte Elektromotoren eingesetzt, die eine den Hydraulikmotoren vergleichbare Flexibilität aufweisen. Die frequenzgeregelten Elektromotoren sind technisch jedoch meist aufwendiger; dies betrifft auch das Know-how bei Reparaturen.

Dampfenergie

Die Dampfenergie wird vereinzelt zum Zweck der Wärmeübertragung und Reinigung wie folgt benutzt:

- Heizung von Betonzuschlagstoffen zum Betonieren bei tiefen Temperaturen
- Beschleunigung des Abbindeprozesses von Beton bei der Tübbingherstellung
- Reinigung mit Dampfstrahlgeräten

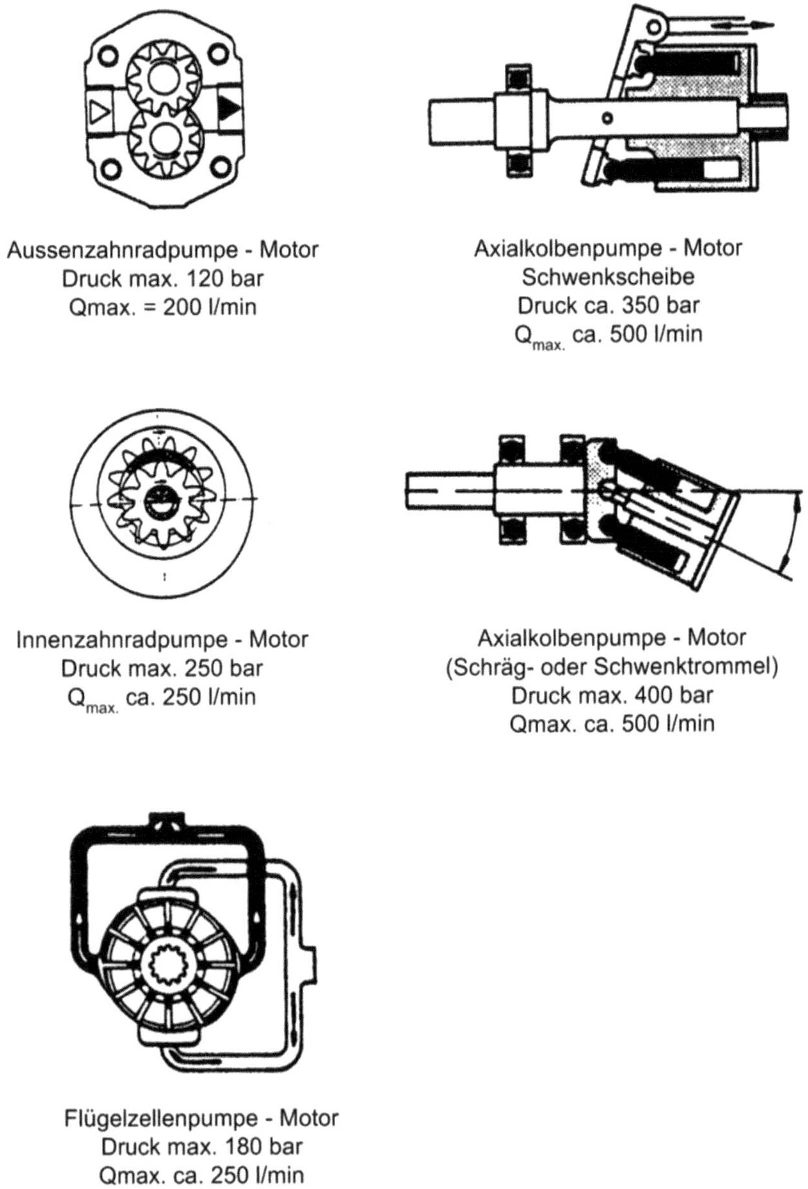

Abb. 13.30 Hydraulikpumpen und -motoren – Wirkungsprinzip

13.8 Vermessungsgeräte

Zur Aufnahme von Geländeflächen und -profilen, für Lageabsteckungen sowie zur Vermessung von Deformationen, Verschiebungen, Setzungen und Ähnlichem sind Vermessungsgeräte für die Baustelle vorzusehen. Zum Einsatz kommen Prismeninstrumente und Stahlbänder, Theodolite, Nivelliergeräte etc.

13.9 Leistungsgeräte

Die Planung der Baustelleneinrichtung umfasst auch die Auswahl und Dimensionierung der Produktionseinrichtung einschliesslich der Hilfs- und Baugeräte [2]. Der Mechanisierungsgrad einer Baustelle ist den Gegebenheiten und dem Bauobjekt anzupassen und hängt von der Wahl der Bauverfahren sowie der Bauzeit ab. Es ist zwischen den Leistungsgeräten für den Tief-, Hoch-, Brücken- und Tunnelbau zu unterscheiden.

Geräte im Tiefbau für den Aushub sind in erster Linie die unterschiedlichen Baggertypen. Dies sind vor allem Hydraulikbagger oder Seilbagger. Die Hydraulikbagger werden mit Tieflöffel, Ladeschaufel, Grabgreifer oder anderem Sonderzubehör ausgerüstet. Als Fahrwerk wird, je nach Anforderungen, ein Raupen- oder Reifenfahrwerk gewählt. Die Seilbagger sind vorzugsweise für Greiferarbeiten sowie als Universalgerät zum Rammen und Bohren ausgelegt. Nach entsprechendem Umbau könne sie auch als Hebezeuge eingesetzt werden. Die Auswahl der Geräte wird durch die Vorgaben der Baustelle bestimmt. Die Bodenklassifizierung, die Art der Baustrassen und die Bauzeit sind hierbei die gewichtigsten Kriterien [4].

Ladegeräte sind notwendig, um loses oder mittelfestes Aushubmaterial oder allgemeines Baumaterial auf Transportfahrzeuge zu laden bzw. auf der Baustelle über kurze Distanzen zu transportieren. Zum Einsatz kommen Raupenlader mit Front- oder Schwenklader, Radlader oder Bagger. Ausgerüstet werden die Geräte mit Ladeschaufel, Klappschaufel oder Stapelschaufel. Bei Transportwegen über 100 m ist der Einsatz von Kippfahrzeugen und LKWs wirtschaftlich [2, 4].

Ankerbohrgeräte werden auf Tief- und Tunnelbaustellen eingesetzt und gemäss den lokalen Anforderungen (Geologie und Mineralogie, Druckfestigkeit des Gesteins, Schichtung, Wasserverhältnisse, Durchmesser) dimensioniert. Unterschieden werden pneumatische oder hydraulische Bohrmaschinen.

Der Turmdrehkran ist das Universalgerät der Hochbau-Baustelle. Zur Herstellung der Betonbauteile sind auch Schalungen, Gerüste und Betonier- und Verdichtungsgeräte elementare Ausrüstungen einer Hochbau-Baustelle. Die Schalung richtet sich nach den Ansprüchen der Baustelle und den Anwendungsbereichen (Bauteile) [4]. Der Vorteil der Schalungssysteme ist der mehrmalige Einsatz und die zeitsparende Elementierung der Schalung und ihrer Hilfsmaterialien (Anker, Systemträger, Laststützen etc.) und das damit Lohnkosten sparende Handling zum Ein- und Ausschalen.

Zur Dimensionierung dieser Geräte und Bauhilfsmaterialien und zur Gestaltung der Prozesse wird auf das Buch „Leistungsermittlung für Baumaschinen und Bauprozesse“ [2] verwiesen.

13.10 Zusammenfassung

Der Erfolg einer Baustelle wird stark beeinflusst durch eine effiziente und wirtschaftliche Baustelleneinrichtung – gut installiert ist halb gebaut. Die Planung kann mit Hilfe der angegebenen Checklisten wesentlich erleichtert werden [6, 7]. Jede Baustelleneinrichtung muss auf die spezifische Art und die besonderen Abläufe der Baustelle abgestellt werden. Die Baustelleneinrichtung muss den operativen Baubetrieb optimal mit den notwendigen Serviceleistungen unterstützen. Für eine geordnete Abwicklung und einen optimalen Versorgungsprozess müssen die Unterstützungsbetriebe, Lagerplätze, Transportwege, Geräte, Büros etc. in einem Baustelleneinrichtungsplan dargestellt werden. Im Baustelleneinrichtungsplan müssen auch die Anforderungen aus dem Sicherheitsplan berücksichtigt werden.

Literatur

1. Bauer, H.: Baubetrieb. Springer, Berlin (1994)
2. Girmscheid, G.: Leistungsermittlung für Baumaschinen und Bauprozesse. Springer, Berlin (2003)
3. Blecken, U., Boenert, L., Blömeke, M.: Studie zur Akzeptanz einer Dienstleistung Logistik in der Bauindustrie. Universität Dortmund, Lehrstuhl Baubetrieb (2001)
4. Girmscheid, G.: Bauproduktionsprozesse des Tief- und Hochbaus. Vorlesungsskript. Eigenverlag des Instituts für Bau- und Infrastrukturmanagement (ETH Zürich), Zürich (2012)
5. Girmscheid, G.: Baubetrieb und Bauverfahren im Tunnelbau. Ernst & Sohn Verlag, Berlin (2000)
6. ÖNorm B2110: Allgemeine Vertragsbestimmungen für Bauleistungen – Werkvertragsnorm. ON-Österreichisches Normungsinstitut, Wien (2002)
7. TBG (Hrsg.): SIGEPLAN – Leitfaden zur Erstellung eines Sicherheits- und Gesundheitsplanes. Arbeitsgemeinschaft der Bau-Berufsgenossenschaften. Hrsg. von der Tiefbau-Berufsgenossenschaft, Abruf-Nr. 631. München (1998)

14 Ablauf der Ausführung

14.1 Hauptaufgaben

Verantwortlich für die Ausführung und die Abwicklung der Baumassnahme ist bei Grossbaustellen der Baustellenchef (CH) bzw. Bauleiter (D). Er sollte bereits bei der Angebotsbearbeitung beteiligt gewesen sein, um optimale Kenntnisse des Vertrags und des Projekts zu haben. Bei grossen Projekten werden die einzelnen Bauwerke oder Bauabschnitte wie z. B. Vortrieb, Ausbau etc. von den Abschnittsbauführern (CH) bzw. Abschnittsbauleitern (D) auf der zweiten Leitungsebene verantwortlich geleitet. Dies geschieht in Zusammenarbeit mit den Polieren, die die Ausführungsmannschaften führen, und welche auf der dritten Leitungsebene angesiedelt sind. Bei kleineren Projekten übernimmt der Baustellenchef/Bauleiter oder Bauführer die Verantwortung für mehrere Baustellen. Die Baustellen werden dann direkt durch den Polier der Ausführungsgruppe geleitet; eine stellenbildende Organisationsstufe entfällt.

Die Hauptaufgabe der Baustellenführung in der Ausführungsphase ist das Bauproduktionsmanagement mit:

- Organisation und Erstellung der Bauproduktionsanlagen am Ort der Nutzung des Bauwerks (Baustelleneinrichtung),
- Abwicklung der Bauproduktion.

Der Baustellenchef ist direkt – und in gewissem Umfang die gesamte Führungsmannschaft indirekt – auch für das Key Account Management zuständig.

Die erste Hauptaufgabe, die der Baustellenleiter zu erfüllen hat, ist die Erstellung der **Baustelleneinrichtung** vor Ort auf der Basis des Baustelleninstallationsplans. Das Ziel der Errichtung der Baustelleninstallation ist es, die Baustelle möglichst schnell produktionsfähig zu machen.

Das **Leistungserstellungs-/Bauproduktionsmanagement** ist die zweite Hauptaufgabe des Baustellenleiters. Er hat die Umsetzung der Produktionsplanung und Produktions-

G. Girmscheid, *Angebots- und Ausführungsmanagement – prozessorientiert*,
DOI 10.1007/978-3-642-55291-5_14, © Springer-Verlag Berlin Heidelberg 2015

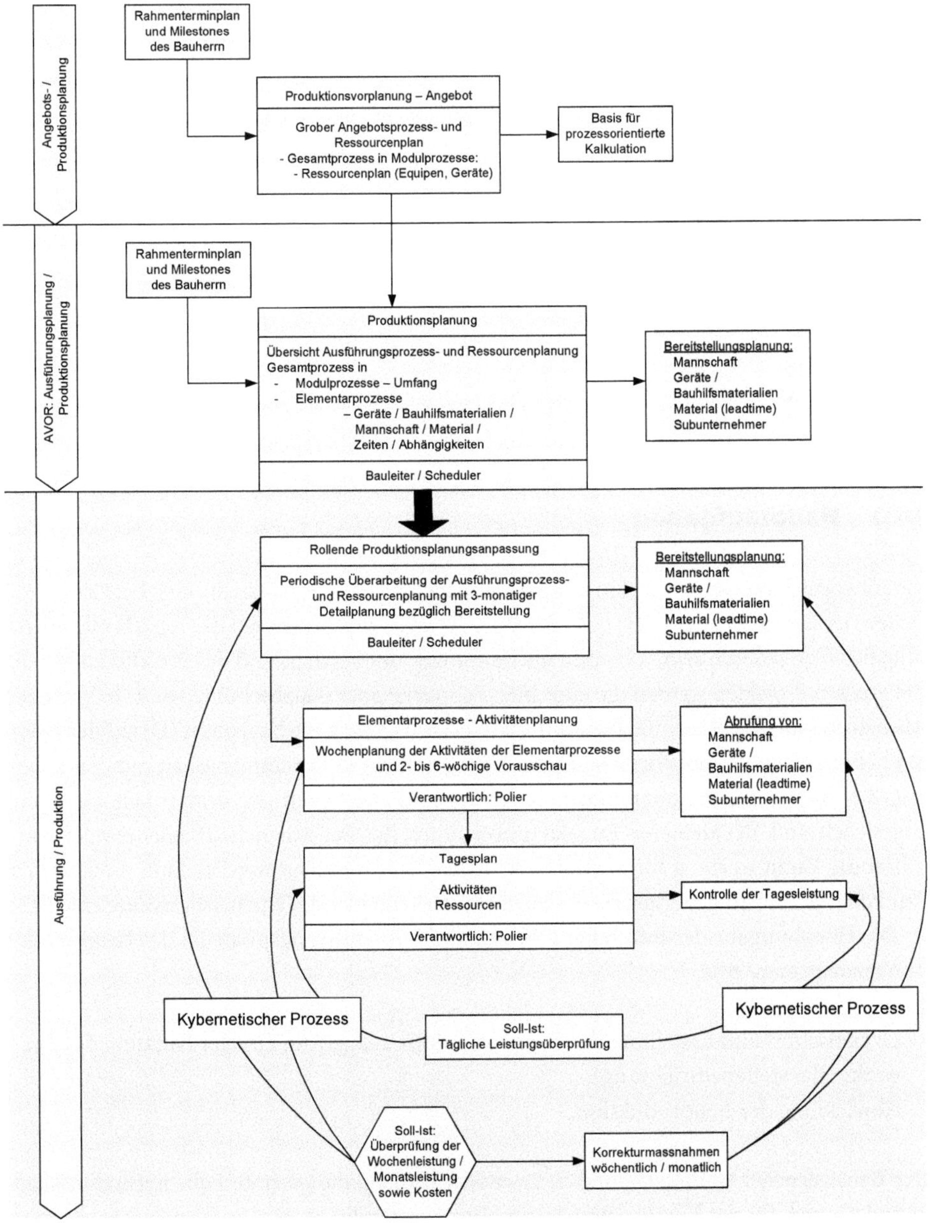

Abb. 14.1 Kybernetischer Produktionsplanungsprozess – Ausführungsphase

steuerung der AVOR zu koordinieren. Seine Arbeit soll zum Ziel haben, das Ineinandergreifen der verschiedenen Arbeitsabläufe, die ggf. von unterschiedlichen Unternehmen ausgeführt werden, vorzubereiten, durchzuführen, zu fördern und zu kontrollieren.

Zum Leistungserstellungsmanagement gehören die folgenden Hauptaufgaben (Abb. 14.1):

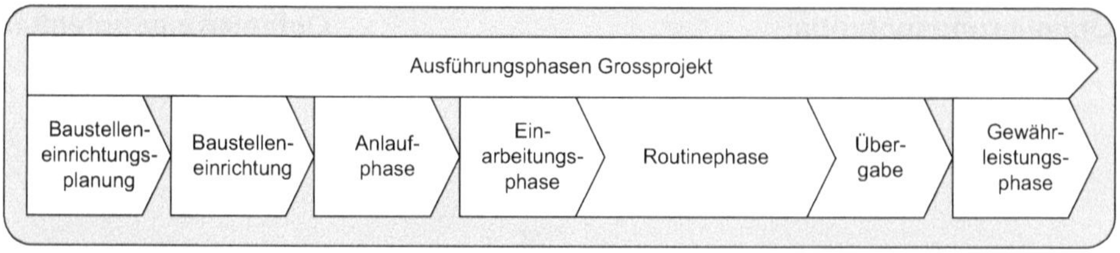

Abb. 14.2 Ausführungsphasen von Grossprojekten

- Umsetzung der Leistungserstellungsplanung (Bauabläufe, Bauverfahren) und Produktionssteuerung (stetige Verbesserung),
- Einführung und regelmässige Umsetzung eines kontinuierlichen Verbesserungsprozesses (KVP),
- Aufbau und kontinuierliche Pflege des Kommunikationsmanagements
  - extern zum Bauherrn, zu Ingenieuren, Architekten, den Nachbarn und der Öffentlichkeit,
  - intern zu Vorgesetzten, Baustellenführung, internen Serviceabteilungen,
- Termin-, Ressourcen- und Kostenmanagement,
- Qualitäts- und Arbeitssicherheitsmanagement,
- Administrationsmanagement.

Der wirtschaftliche Erfolg eines Projekts ist das Ziel eines jeden Bauunternehmens; somit muss der Baustellenleiter jederzeit über den Stand der Leistungserstellung, der Termine und Kosten seiner Baustelle informiert sein. Hierzu stehen ihm die Instrumente des Controllings zum Prozess-, Termin- und Kostenmanagement zur Verfügung.

Dabei muss der Produktionsprozess von der Anlauf- und der Einarbeitungsphase einem **kontinuierlichem Verbesserungsprozess (KVP)** (Abb. 14.2) unterworfen werden. Dadurch wird erreicht, dass in der Routinephase des Projektes die nicht-wertschöpfenden Aktivitäten minimiert werden und der Produktionsprozess höchste Effizienz erreicht. Die verschiedenen Ziele sowie KVP-Massnahmen sind in Tab. 14.1 aufgezeigt und müssen in der Routinephase fortgesetzt werden.

Tab. 14.1 KVP-Massnahmen während der Bauproduktionsphase

	Anlaufphase	Einarbeitungsphase	Routinephase
Dauer	Etwa drei Monate	Etwa zwei Monate	Restbauzeit
Ziele	Erprobung und Verbesserung	Umsetzung der endgültigen Technik	Erreichen gleichbleibender Qualität und Produktivität
KVP-Massnahme	– Erstes Hantieren mit Bauverfahren und -gerät – Erhöhung der Produktivität – Stärken- und Schwächenanalyse – Umfangreiche Verbesserungsvorschläge	– Einführung der Verbesserungen – Stabilisierung der Produktivität – Kleinere Verbesserungen	– Ständige Wiederholung der Arbeitsabläufe – Gleichbleibende Produktivität
Kennzeichnung	Kreative Tüftlerphase	Industrielle Produktionsabstimmung	Ständige Anstrengung zur Einhaltung der Qualität

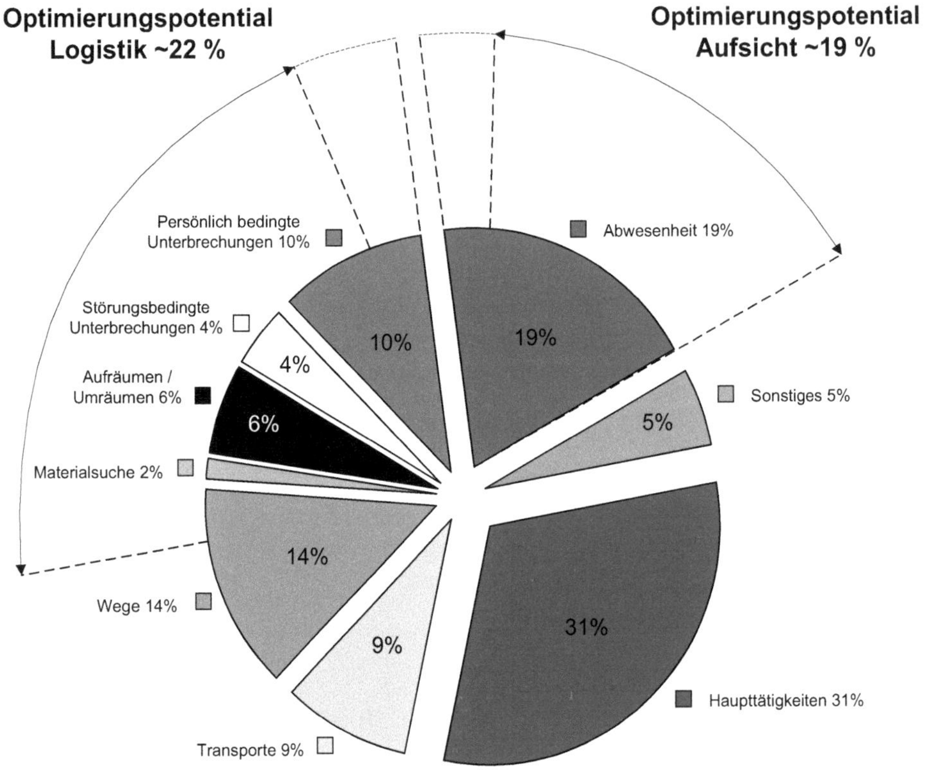

Abb. 14.3 KVP-Potential Nutzung der Arbeitszeit [1]

Der kontinuierliche Verbesserungsprozess sollte auf jeder Baustelle durchgeführt werden, wie er in Tab. 14.1 beschrieben wurde. Die meisten Baustellen haben erhebliches Optimierungspotential (Abb. 14.3), wie Studien zeigen ([1, 2]).

Einen systematischen Überblick über die wertschöpfenden und nicht-wertschöpfenden Arbeitszeiten zeigt Abb. 14.4. Diese Übersicht ergibt das Grundraster, um die nicht-wertschöpfenden Aktivitäten zu minimieren. Dies wird erreicht mittels eines durchdachten AVOR-Prozesses und einer Logistikplanung. Beides wird kontinuierlich nachgeführt, um den Imponderabilien der Unikatsproduktion durch korrigierende Massnahmen zu begegnen. Dabei erfolgt die AVOR in einem Top-Down-, d. h. zeitlich vorlaufenden Grundplanungsprozess, in dem der Basisproduktionsprozess zeitlich, ressourcen- und leistungsmässig analysiert und festgelegt wird. Dieser Basisproduktionsplan wird dann Bottom-Up von den Polieren und Bauleitern wöchentlich angepasst und weiter optimiert. Dieser kontinuierliche Verbesserungsprozess dient dazu

- Abweichungen von Zielvorgaben zu erkennen,
- Massnahmen zur Optimierung der Prozesse einzuleiten, um Zeit und Kosten zu reduzieren,
- Anpassungs- und Korrekturmassnahmen kontinuierlich und frühzeitig einzuleiten.

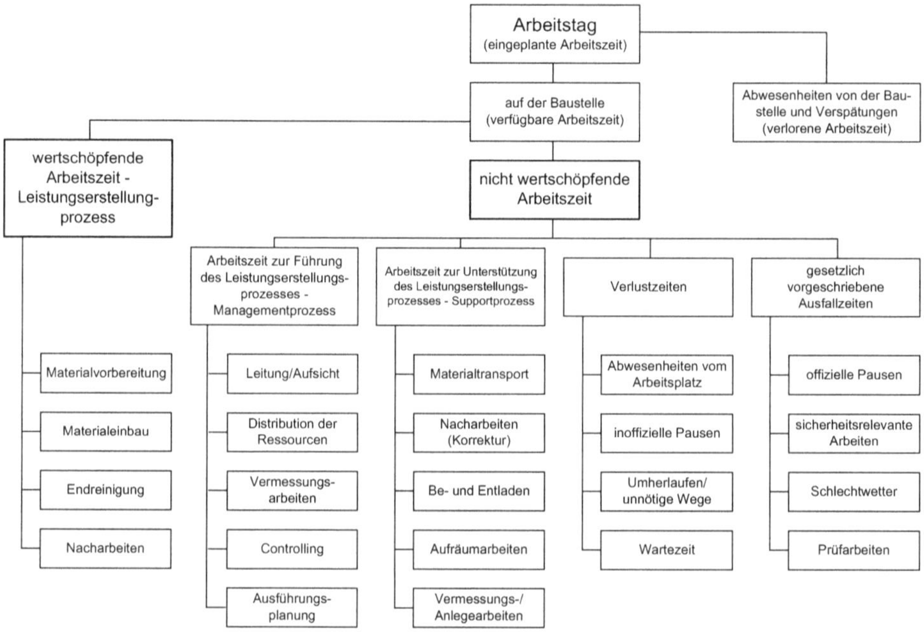

Abb. 14.4 Systematisierung der Arbeitszeiten auf einer Baustelle

Der Produktionsprozess muss während der Bauproduktion in einem kybernetischen, kontinuierlichen Verbesserungsprozess (KVP) „Bottom-Up" durch Soll-Arbeitswochen- und Tagespläne detailliert organisiert werden. Dies wird wie folgt erreicht:

- Aufbauend auf dem Soll-Bauproduktionsprozessplan und dem Ressourcenplan sowie den Leistungsvorgaben müssen die Monats-, Wochen- und Tagesarbeitspläne von den Ausführenden (Operativen) erstellt werden.
- Die Soll-Monatsarbeitspläne mit den Elementarprozessen, Ressourcenallokationen und Leistungsvorgaben dienen als Basis für die Soll-Wochenarbeitspläne des jeweiligen Teams. Hier werden den aktuell geplanten Tätigkeiten je Tag Personen, Geräte und Bauhilfsmaterialien zugeordnet.
- Die Soll-Wochenarbeitspläne werden wöchentlich fortlaufend mit einem zweiwöchigen Vorlauf bezüglich der Tätigkeiten detailliert, die aufgrund der Soll-Leistungsvorgaben bzw. realen Leistungen mit Stunden hinterlegt werden. Zu-dem müssen die Teams, die den Wochenarbeitsplänen zugeordnet sind, ihre Aktivitäten koordinieren, um nicht wertschöpfende Aktivitäten zu eliminieren.
- Die Soll-Monatsarbeitspläne werden aufgrund des „Bottom-Up"-Prozesses monatlich überprüft und zur Kontrolle der Zielerreichung durch Ist-Monatspläne fortgeschrieben. Bei Abweichungen werden Korrekturmassnahmen bzw. Risikoverhinderungs-/-reduzierungsmassnahmen eingeleitet, um die Meilensteine und die vorgegebene Gesamtdauer sowie das Kostenziel einzuhalten.

- Die Monatsarbeitspläne haben eine Vorausschau und sind Grundlage für die Bereitstellungsplanung und den koordinierten Abruf von Materialien, Spezialisten, Subunternehmern, Geräten und Bauhilfsmaterial.
- In den Wochenarbeitsplänen werden die Detailtermine für kollaborative Nachfolgeteams und Arbeiten bestimmt. Ferner erfolgt die Abstimmung mit parallel arbeitenden Teams bezüglich gemeinsamer Nutzung der allgemeinen Baustelleneinrichtung, räumliche und zeitliche Abstimmung von Aktivitäten und Tätigkeiten. Ferner werden der Abruf von Ressourcen im Wochenarbeitsplan Bottom-Up zum übergeordneten Disponieren von Bestellungen, Subunternehmern, Geräten und Personaleinsatz zeitlich genau festgelegt, um Verlustzeiten, z. B. durch Warten, zu eliminieren.

Der Bauproduktionsprozess wird durch die Zielvorgaben des „Top-Down" Soll-Bauproduktionsplans kybernetisch gestaltet durch

- „Bottom-Up"-Elementarprozesse und Tätigkeiten und deren Zielerreichungsgrad sowie Vorschläge von Massnahmen zur Zielerreichung durch KVP,
- „Top-Down"-Überprüfung der Auswirkung der Wochenzielerreichung auf die Vorgaben des Soll-Gesamtbauprozesses und des erzielten Ist-Bauprogramms bzw. der Rückkopplung auf die „Bottom-Up"-Vorschläge bezüglich Wirkung auf die Gesamtzielerreichung. Ziel ist es, die Teamverantwortung für die Zielerreichung sicherzustellen.

Das **Kommunikationsmanagement** erfolgt extern und intern. Der Baustellenleiter hat dafür Sorge zu tragen, dass Kommunikationsformen eingeführt und gepflegt werden, die den Ablauf der Ausführung unterstützen und Transparenz erzeugen. Dies wird auch im Rahmen des Projektqualitätsmanagement etabliert. In vielen Unternehmen fällt dem Baustellenleiter die Aufgabe des Ansprechpartners für externe Kommunikation zu. Dies hat den Vorteil, dass Informationen zentriert in das Unternehmen gelangen und vom Baustellenleiter entsprechend weitergeleitet werden. Der Informationsverlust wird weitgehend reduziert, und für die externen Partner werden die Informationsstränge vereinfacht.

Das **Qualitätssicherungs- und Arbeitssicherheitsmanagement** sind zwei weitere Aufgabengebiete, die der Baustellenchef/Bauleiter betreut und für die er verantwortlich ist.

Das **Administrationsmanagement** sichert das Betriebs- und Bestellwesen sowie Abrechnungen, Rechnungsstellungen etc. Es findet in allen vorgenannten Aufgabengebieten des Baustellenleiters Anwendung.

14.2 Erstellung der Baustelleneinrichtung

Die Erstellung der **Baustelleneinrichtung** vor Ort ist die erste Hauptaufgabe, die der Baustellenleiter zu erfüllen hat. Sie bildet die Grundlage zur Produktionsaufnahme am Entstehungsort des Bauwerks. Die Baustelleneinrichtung wird auf der Basis der Arbeitsvorbereitungsplanung und der terminierten Bereitstellung von Geräten, Anlagen, Gebäuden und Material durchgeführt. Im Rahmen dieser Aufgabe müssen die Genehmigungen für die Versorgung und Entsorgung auf der Baustelle eingeholt, die entsprechenden Verträge und die notwendigen Versicherungen abgeschlossen werden. Das Aufstellen der Baustelleneinrichtung erfolgt meist durch eine der Ausführungspoliergruppen mit Spezialisten des Werkhofs wie z. B. Elektrikern und Mechanikern. Bei grossen Baustellen sollte für die Erstellung der Baustelleneinrichtung ein separater Termin- und Ressourcenplan angefertigt werden, der Listen über die Art, Menge und Qualität des folgenden Inventars/folgender Aktivitäten enthält:

- Geräte und Anlagen
- Hilfsgebäude/Container
- Magazinausrüstung
- Gebäude-/Containerausrüstung
- Materiallisten für die Installation der Ver- und Entsorgung
- Materiallisten für die Erstellung der Verkehrswege
- Materiallisten für die Baustellenabzäunung und Sicherheitseinrichtungen
- Baustellenschild und andere Warn- und Hinweisschilder
- Anmeldung der Baustelle bei den zuständigen Behörden

Die Ressourcen werden bereits während der Arbeitsvorbereitung terminiert und abgerufen. Der Aufbau der Produktionsanlage vor Ort umfasst folgende Aufgaben:

- Erstellung der Grundinstallationen für die Produktionsinfrastruktur wie Bau der Versorgungs- und Entsorgungsleitungen, Baustrassen, Fundamente für die Anlagen und Gebäude
- Errichtung der Gebäude und Anlagen wie Büros, Lagerplätze, Magazine, Baustellenumschliessung, Sicherheitseinrichtung etc.
- Installation der stationären Baugeräte wie Krane, Betonmischanlagen etc.
- Abschluss der Versorgungs- und Entsorgungsverträge sowie Einholung von Genehmigungen
- Anschluss an Ver- und Entsorgung (Strom, Telefon, Wasser, Abwasser)
- Ausrüstung der Magazine und Servicegebäude

Bei der Einrichtung der Baustelle sind Aufbauzeiten und Lieferzeiten zu beachten. Zudem setzen die einzelnen Grundausrüstungen bestimmte Vorleistungen voraus, die vorab erbracht werden müssen.

14.3 Administration

Die Baustelle ist im Regelfall eine eigene temporäre Organisationseinheit, die zum geregelten Ablauf eine Administration benötigt. Die Aufgaben der Administration sind:

- Aufgaben zu verteilen, Verantwortlichkeiten festzulegen und dem dynamischen Leistungserstellungsprozess anzupassen;
- Arbeitsroutinen wie z. B. Unterschriftenzuständigkeiten, Bestellwesen, Abruf von Personal, Geräten und Materialien zu etablieren;
- das Ablagesystem für die vertraglichen Unterlagen und interne Dokumentation festzulegen;
- Formulare oder Programmmasken für Stundenerfassung, Geräte- und Materialbestellungen bzw. -abruf, Berichtswesen, Besprechungsprotokolle, Nachtragserfassung, Rechnungsstellung, Aufmassprotokolle vorzubereiten;
- Personal zu managen, d. h. die richtigen Fachkräfte zur richtigen Zeit in erforderlicher Quantität bereitzustellen und zurückzuführen;
- Geräte, Materialien und Bauhilfsmaterialien zur richtigen Zeit in der erforderlichen Menge bereitzustellen und zurückzuführen;
- Routinebesprechungen festzulegen:
  - intern: Baustellenführung mit Bauführern, Polieren, Serviceabteilungen etc.
  - extern: mit dem Bauherrn, mit Architekten, Fachingenieuren, Subunternehmern, Behörden etc.;
- interne Kontrolldaten wie z. B. Lohn- und Gerätestunden nach Bauwerken, Bauteilen, Leistungspositionen, Materialmengen etc. zu erfassen und zu verarbeiten;
- den monatlichen Leistungsstand und die Materialreserven etc. abzugrenzen;
- das Berichtswesen zu etablieren:

  intern:
  - Bautagebuch
  - Leistungsmeldung
  - Termin- und Kostenkontrolle
  - Arbeitssicherheitsrapporte
  - Nachtragsmeldungen
  - Rechnungsstellung und Zahlungskontrolle

  extern:
  - Leistungsmeldung
  - Terminkontrolle
  - Nachtragsmeldungen
  - Zwischenabnahmen, Rechnungsstellung und Zahlungskontrolle
- ein Controllingsystem für Qualität, Termine und Kosten zu etablieren und funktionsfähig zu halten;
- Rechnungen an den Bauherrn zu erstellen und Zahlungseingänge zu prüfen;
- Subunternehmerrechnungen zu prüfen und die Zahlung durch die Finanzabteilung einzuleiten.

Die Administrationsprozesse sollten im Projektqualitätsmanagementhandbuch (PQM-System) mittels Flussdiagrammen und Beschreibung der Inhalte und Ziele in übersichtlicher Form als Routineprozesse niedergeschrieben werden. Diese können nach projektspezifischen Modifikationen auf jede Baustelle übertragen werden. Damit soll die Organisation der Baustelle schnell arbeitsfähig und wirtschaftlich steuerfähig gemacht werden. Dies setzt ein geregeltes, standardisiertes Administrationsmanagement voraus.

Beim Abruf von Personal sind genaue Angaben über die Qualifikationen der Arbeitskräfte zu formulieren und Ausfälle wegen Krankheit oder Urlaub einzuplanen. So sollte der Ausfall z. B. eines Kranfahrers nicht zum Stillstand des Krans führen, sondern kurzfristig vom Vorarbeiter oder anderen kompensiert werden können. Leiharbeitsfirmen bieten die Möglichkeit, Fachkräfte für kurz- und mittelfristige Einsätze einzustellen, um so einen möglichen Fachkräftemangel auszugleichen. Die Einführung von Arbeitsroutinen erleichtert die Steuerung der Baustelle. Die Aufgaben und Verantwortlichkeiten der Führungs- und Arbeitskräfte einer Baustelle sind vom Baustellenchef eindeutig zu definieren. Diskussionen um Kompetenzen und Zuständigkeiten, die den Betriebsfluss behindern, werden somit frühzeitig vermieden. Zudem muss der Baustellenchef die operativen Aufgaben delegieren, um sich für andere Aufgaben Zeit zu verschaffen, z. B. für Verbesserungen des Leistungserstellungsprozesses durch Steuerung und „just in time"-Bereitstellung von Ressourcen sowie für die Pflege der Kontakte zum Bauherrn und Projektsteurer.

Zur Datenerfassung für das Controlling sollten ein Bautagebuch geführt, Stundenberichte verfasst und regelmässige Kontrollen und Bestandsaufnahmen durchgeführt werden. Zur Beweissicherung, besonders für Nachträge, bieten sich Aufnahmen mittels Video- oder Fotokameras mit elektronischem Speichermedium an. Die regelmässige Kontrolle von Baumassen, Detailausführungen und anderen Leistungen sollten zur Arbeitsroutine zählen. Diese Arbeitsroutinen zur Datenerfassung stehen naturgemäss in engem Zusammenhang mit dem Berichtswesen, das auf jeder Baustelle etabliert sein muss. Das Berichtswesen ist in interne und externe Adressaten zu untergliedern.

Unter dem internen Berichtswesen sind Leistungsmeldungen, Termin-, Leistungs- und Kostenkontrollen sowie das Bautagebuch zu verstehen. Ferner zählen dazu auch das Nachtragsmanagement, die Rechnungsstellung und die Zahlungskontrolle. Das interne Berichtswesen richtet sich ausschliesslich an unternehmensinterne Stellen und sichert den stetigen Informationsfluss zwischen den am Projekt beteiligten Führungskräften und der Unternehmensführung. Es dient zur Kommunikation mit dem oberen Management, untermauert dessen Vertrauen in den Baustellenleiter und ermöglicht die frühzeitige Erkennung von Abweichungen von den Soll-Vorgaben und die Einleitung von Steuerungsmassnahmen, damit das Ergebnisziel erreicht wird.

Das externe Berichtswesen richtet sich in erster Linie an den Bauherrn, seine Vertreter, beteiligte Ingenieurbüros oder öffentliche Stellen. Es umfasst Leistungsmeldungen, Terminkontrollen, Planbereitstellungskontrollen und -manage-ment, Nachtragsmanagement sowie Rechnungsstellungen und Zahlungskontrollen.

Das Ablage- bzw. Datenspeichersystem sichert die Ordnung innerhalb der Baustellenadministration, erleichtert das gezielte, einfache Auffinden der Vertragsunterlagen und dokumentiert Abläufe, Vorgänge und Entscheidungen. Besondere Bedeutung ist dabei Plänen, Verträgen und Baustellenberichten sowie Lieferscheinen, Stundenberichten etc. beizumessen. In der Regel werden Ausführungszeichnungen während des Baubetriebs abgeändert oder angepasst. Daraus resultieren Nachträge, Entwurfsänderungen oder Änderungen der Randbedingungen (baubehördliche Auflagen, Statik, Baugrund etc.). Die neuen Pläne müssen entsprechend verteilt und die alten Pläne archiviert werden. Die Bauausführung muss nach den neusten, genehmigten Plänen erfolgen. Dies ist bei Grossprojekten eine nicht triviale Organisationsaufgabe im Rahmen der Administration [3]. Ferner müssen die Pläne geprüft werden, ob sie Leistungen enthalten, die nicht vertragskonform sind. Ähnlich sind Vertragsänderungen zu handhaben [4].

Das Ablagesystem für Hartkopien und EDV-Dateien muss gewährleisten, dass alle relevanten Unterlagen nach einem numerischen Ablageschlüssel personen-unabhängig abgelegt und schnell und einfach wiedergefunden werden können. Zudem muss das System so aufgebaut sein, dass es bei personellen Ausfällen von entsprechenden Ersatzmitarbeitern gehandhabt werden kann.

Im Rahmen des internen Informationsmanagements und der Delegation der Verantwortung muss die notwendige Dokumentation und Korrespondenz an die entsprechenden Stellen verteilt werden und/oder jederzeit einsehbar und zugänglich sein. Heute verwendet man für das elektronische Ablagesystem und Informationsmanagement Dokumentenmanagement- und Workflowsysteme [5]. Diese Programmhilfsmittel basieren auf einer Intranet- oder Internetplattform und sind Teil des instrumentellen Wissensmanagements. Das Dokumentenablagesystem ist klar und nach einem einfachen numerischen Schlüssel gegliedert. Jeder Teilnehmer hat eine Eingangsdatei, in der er seine Informationen von den Projektbeteiligten erhält. Formularvorlagen haben einen automatischen Verteilerschlüssel, so dass alle Teilnehmer die Informationen zwangsläufig erhalten. Ferner können alle Transfers dokumentiert werden. Mittels Workflowprogrammen kann der Dokumentationsprozess verfolgt werden. Dies ist besonders bei der Erstellung der Ausführungspläne mit vielen Fach- und Prüfungsbeteiligten ein grosser Vorteil [3].

Dokumentenmanagement- und Workflowsysteme können in zwei Varianten umgesetzt werden:

- Einsatz eines zentralen Servers mit installierter Dokumentenmanagement-Software,
- Verwendung von „virtuellen Projekträumen", die über Internet den Zugang zu gemeinsam verwendeten Dokumenten ermöglichen.

Das Anwendungsgebiet der Dokumentenmanagement-Systeme (DMS) beinhaltet die Verwaltung und Steuerung elektronisch gespeicherter Dokumente, die im Leistungserstellungsprozess beispielsweise in Form von Korrespondenz, technischen Berichten, Plänen, Leistungsverzeichnissen oder Verträgen anfallen. Informationen über den gesamten Bauprozess werden so den Projektbeteiligten simultan zur Verfügung gestellt. Dadurch wird eine weitestgehende Informations-transparenz unter den Beteiligten und zeitlich über den gesamten Bauprozess sichergestellt. Die Aufgaben eines DMS beinhalten grundsätzlich das Scannen,

Erstellen, Verwalten, Weiterleiten, Archivieren und gezielte Suchen von Dokumenten. Unproduktive, durch Informationssuche verursachte Zeitaufwendungen können durch eine Verkürzung der Suchzeit mit DMS minimiert werden.

Das Ziel eines Dokumentenmanagement-Systems besteht darin, die elektronisch gespeicherten Dokumente ohne Redundanzen zu verwalten, d. h., dass beispielsweise alle Zugriffsberechtigten nur mit den jeweils aktuellen Planversionen arbeiten. Der Systemadministrator kann den Projektbeteiligten jeweils unterschiedliche Rechte auf die einzelnen Ordner einräumen. Zudem kann für die einzelnen Projektbeteiligten festgelegt werden, ob sie in den einzelnen Ordnern nur Leserechte besitzen sollen oder ob sie Dateien auch verändern dürfen.

In Dokumentenmanagement-Systeme integrierte Workflowsysteme ermöglichen zudem eine prozessorientierte Steuerung von Vorgängen, womit sich beispielsweise die Durchlaufzeiten bei der Plangenehmigung optimieren lassen. Ein Workflowsystem dient damit dazu, eine programmierte Steuerung von Dokumenten zwischen den Projektbeteiligten vorzunehmen. So kann beispielsweise festgelegt werden, welche Personen welche Änderungen vornehmen dürfen; bei einer Planprüfung kann der Architekt, Bauingenieur, Elektro- und Sanitärtechniker feststellen, welche Person zu welchem Zeitpunkt welche Änderungen vorgenommen hat. Durch den Einsatz von Workflowsystemen ist es so möglich, die Projektbeteiligten bei administrativen Routinearbeiten zu entlasten und den Ablauf der Prozesse effizienter zu gestalten. Hierzu ist es allerdings erforderlich, dass die jeweiligen Geschäftsprozesse vorgängig analysiert und modelliert werden.

Anstelle eines zentralen Unternehmensservers (Abb. 14.5) mit Dokumentenmanagement-Software kann für die Dauer eines Projekts bei entsprechenden Anbietern auch ein so genannter „virtueller Projektraum" im Internet eingerichtet werden. Für die reibungslose Benutzung dieses Projektraums sind allerdings definierte Konventionen wie z. B. Datenformate, Dokumentenvorlagen, Gliederungsstrukturen einzuhalten.

Ferner bieten Routinebesprechungen die Möglichkeit eines direkten Informationsaustauschs unter den Projektbeteiligten. Auch sie sind nach internen und externen Bespre-

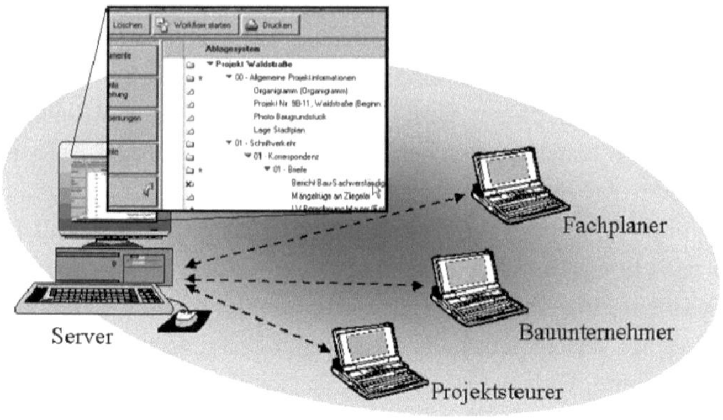

Abb. 14.5 Dokumentenmanagement-System mittels zentralem Server

chungen zu unterscheiden. Während interne Besprechungen mit der Baustellenführung, den Bauleitern, den Polieren, den technischen Angestellten etc. stattfinden, sind die externen gemeinsam mit dem Bauherrn, mit Ingenieuren, Subunternehmern oder Behörden durchzuführen. Für die wöchentliche baustelleninterne Besprechung zwischen Baustellenchef und Baustellenführer kann eine mögliche Agenda wie folgt gestaltet werden:

- Stand der Arbeiten und Termine im Vergleich zum Programm
- Abnahmen und Rechnungsstellung
- Planlieferung
- Nachträge
- Wochenarbeitsprogramm
- Gerätedispositionen
- Materialdisposition
- Subunternehmer
- Personal
- Probleme
- Informationen aus anderen Sitzungen
- Allgemeines

Schliesslich ist das Controllingsystem im Rahmen der Organisation administrativ zu etablieren. Es dient der Qualitäts-, Termin-, Leistungs- und Kostenkontrolle.

14.4 Arbeitsorganisation auf der Baustelle

14.4.1 Lean Construction – Wochenarbeitsprogramm

Die Takt- und Fliessproduktion des Roh- und Ausbaus sollte regelmässig detailliert für einen definierten, direkt folgenden Zeitabschnitt geplant werden. Eine Form dieser Planung sind Wochenarbeitsprogramme, die in ihrer Grundform den Termin- und Kapazitätsplanungen entsprechen, jedoch detaillierter sind. Die Erstellung der Wochenarbeitsprogramme zu den entsprechenden Leistungspositionen/Abschnitten ist aber erst kurz vor der Ausführung der jeweiligen Arbeiten möglich, da erst dann Einflüsse wie z. B. Wetter, Ausfälle, Stand der Abhängigkeit von anderen Bauaktivitäten berücksichtigt werden können. Zudem gewährleistet eine solche detaillierte Arbeitsvorbereitung und Logistikplanung die Verfügbarkeit von Materialien, Geräten und Fachkräften zum jeweils richtigen Zeitpunkt. Materialfehlmengen können noch rechtzeitig bestellt und Kapazitäten gesichert werden. Im Wochenarbeitsprogramm werden die täglichen Aktivitäten der Arbeitsgruppen für den jeweiligen Arbeitsabschnitt sowie für das jeweilige Bauelement nach detaillierten Leistungsvorgaben wie z. B. Ab- und Aufbau von m^2 Schalung, Verlegen von Tonnen Baustahl, Betonieren von m^3 Beton geplant. Neben der Vorgabe der Gruppenleistung werden damit die Vorgaben für die Betonbestellung (Menge, Zeit) und die benötigten Geräte wie Betonpumpen und Innenrüttler, Mobilkrane

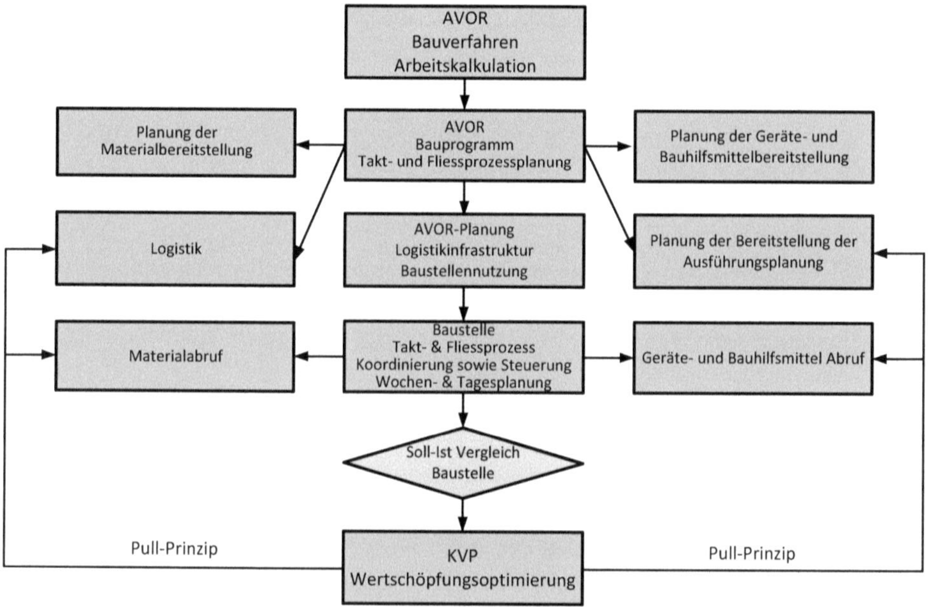

Abb. 14.6 Takt- und Fliessprozessplanung und Umsetzung in der Bauproduktion

etc. ermittelt. Dadurch können die gemeinsamen Ressourcen der verschiedenen Ausführungsgruppen, die je für sich das Wochenarbeitsprogramm aufstellen, vom Baustellenchef oder Logistikkoordinator der AVOR koordiniert werden. Zudem kann dadurch die Lagerung, der Transport und der Einbau von Materialien zwischen den Gewerken koordiniert werden. Dazu gehört auch die stockwerksweise Bereitstellung von Arbeits- und Lagerflächen. Die Logistikplanung muss im Rahmen der wöchentlichen baubegleitenden AVOR-Revision durchgeführt werden (siehe Kap. 10.3.7). Als Koordinationssitzung dient die wöchentliche Bauführerbesprechung.

Für die Arbeitsorganisation des Takt- und Fliessprozesses (Abb. 14.6) muss man infolge der Intensität und Interaktivität sowie der Abhängigkeiten zwei Bauphasen unterscheiden:

- Rohbauphase
- Ausbauphase

Für die Arbeitsorganisation auf der Baustelle ist die Gesamtleitung, also die Bauleitung des Bauherrn oder der TU bzw. der GU, verantwortlich. Der Gesamtleitung obliegt es, eine störungsfreie, leistungsorientierte, effiziente und interagierende Zusammenarbeit der Arbeitsgruppen in den verschiedenen Arbeitsgattungen zu organisieren. Das Ziel dieser Arbeitsorganisation muss es sein, die Wertschöpfung der beteiligten Unternehmen zu steigern, Verlustzeiten zu eliminieren und alle auf den Erfolg des Projekts auszurichten.

Um eine solche koordinierte, wertschöpfende Zusammenarbeit auf einer Baustelle zu inszenieren, muss die Bauleitung bzw. der TU oder GU folgende Massnahmen ergreifen:

- AVOR – Bauprogramm und Arbeitskalkulation (Soll-Vorgaben) erstellen (Top-Down)
- Workshop 1 – Bauprogramm vorstellen und grundsätzliche Regeln der Zusammenarbeit bestimmen um bei den Beteiligten eine gemeinsame Teamverantwortung für das Projekt zu generieren
- AVOR – Vorbereitung der Einlegeteams auf Grundlage des Bauprogramms der Bauunternehmung mit
  - Mengenermittlung
  - Leistungsbestimmung
  - Bestimmung der Einlegezeiten und Teamgrössen

  je Bauabschnitt und Bauelement.
- Workshop 2 – Abstimmung und Koordination der Arbeitsteams sowie Vorbereitung der ersten Wochenplanung mit Vorausschau über drei bis vier Wochen
- Wochensitzungen – Vereinbarung der Wochen- und Tagesplanung am Freitag-Nachmittag mit Vorbereitung der Einlegeteams in Bezug auf Materialart, Materialmengen, Leistung, Zeitbedarf und Teamstärke vor der Sitzung
- Wochensitzungen – Abstimmung der interaktiven Arbeitsjobs mit Zeitfenster an den jeweiligen Einsatztagen
- Wochensitzungen – Dienen dazu Behinderungen der Arbeitsteams zu verhindern, die Effizienz zu steigern und nicht-wertschöpfende Aktivitäten zu eliminieren
- Wochensitzungen – Soll-Ist-Analyse mit kontinuierlichem Verbesserungsprozess (KVP) ist als wertsteigernde Aktivität systematisch zu nutzen
- Wochensitzungen – Systematische Vorausplanung der Materialien in Menge, Art und Qualität sowie die Nutzung der Logistikinfrastruktur (Transport und Lagerung)

14.4.1.1 Rohbauphase

AVOR – Top-Down-Produktionsplanung

In der Rohbauphase bilden die Rohbauarbeiten zur Errichtung der Konstruktion durch den Bauunternehmer den Leitprozess. Diesem Leitprozess sind die Einlegearbeiten für HKL, Sanitär und Elektro untergeordnet. Der in der AVOR und auf Grundlage der Arbeitskalkulation entwickelte Takt- und Fliessprozess der Konstruktionserstellung mit Bauabschnitten und Bauelementen sowie den Arbeitsjobs bzw. den Arbeitsschritten (schalen, bewehren, betonieren oder mauern) geben den Takt für die Einlegearbeiten vor für:

- Elektroleerrohre
- Lüftungskanäle
- Passiv-Energiespeicher
- Etc.

Tab. 14.2 AVOR-Teil-Job-Liste Rohbau – Arbeitsschritte, Geräte, Bauhilfsmittel, Materialien und Mengen zur Herstellung eines Vorgangs (hier Wand A1) im Bauprogramm

ETH
Eidgenössische Technische Hochschule Zürich
Swiss Federal Institute of Technology Zurich

TT consulting gmbh
Prof. Dr.-Ing. G. Girmscheid

Nr.	Teil-Job Vorgangsbeschreibung	Menge	Material/Geräte /Hilfsmittel		Verant-wortung	Bemer-kung
			bestellt	Abruf		
Job: Betonarbeiten						
1	Schalen • Rahmenschalung • Spannanker • 2 x Betonierbühnen	 H=2.75m, L=10.00m 22 Stk. L=10.00m				
2	Bewehren • Vertikal • Horizontal • Bügel	 Ø 22, l=3.25m Ø 12, l=10.50m, N=11 Ø 10, N=60				
3	Betonieren • C20/25	d=25cm V=6.875m^3				
Job: Elektro-Arbeiten						
4	Leerrohre verlegen	Ø 25, l=20m				
5	Dosen setzen	4 Stk.				
Job: HKL-Arbeiten						
6	Lüftungsschacht erstellen	20/100, l=3m				
7	Leerrohre Steigleitung	Ø 25, l=3m				
Job: Sanitär-Arbeiten						
8	Abwasserfallleitung Stockwerk verlegen	Ø 25, l=3m				
9	Wasserversorgungsleitung Stockwerk verlegen	Ø 25, l=3m				

Zur Abstimmung der Arbeitsgruppen

- Bauunternehmen
- Elektrofirma
- HKL-Unternehmer
- Sanitärunternehmen

muss der Bauunternehmer **Top-Down ein detailliertes Bauprogramm** (Abb. 14.8 und 14.11) im Rahmen der AVOR erstellen. In diesem Bauprogramm müssen die Herstellabschnitte und Bauelemente detailliert ausgewiesen werden. Dazu ist es erforderlich die einzelnen zusammenhängend hergestellten Bodenplatten-, Wand- und Deckenteilabschnitte als Vorgang mit Beginn und Ende auszuweisen (Abb. 14.8 und 14.11).

Im Rahmen der AVOR werden zur Sicherstellung der Arbeitsinhalte und des Arbeitsumfangs eines jeden Vorgangs bzw. Teil-Jobs im Bauprogramm Teil-Job-Listen (Tab. 14.2) erstellt. In diesen Teil-Job-Listen werden für jeden Vorgang oder Teilvorgang, der z. B. Arbeitsabschnitte oder Bauelemente umfasst, folgende Angaben gemacht (Tab. 14.2):

- Rohbau-Bauabschnitt
- Teil-Jobs des Bauabschnitts nach Arbeitsgattung gegliedert
- Liste der Teil-Jobs mit Angabe von
  - Geräten zur Herstellung
  - Bauhilfsmittel zur Herstellung
  - Materialien sowie deren Mengen, Dimensionen und Qualität

Damit ist die Grundlage für die Produktionsplanung und Produktionssteuerung der Baustelle gelegt, auf der die Wochen- und Tagesplanung mit einem vollständigen Material-, Geräte- und Bauhilfsmittelgerüst aufbaut. Auf dieser Basis kann auch die Logistik der Beschaffung, der Bereitstellung und des Abrufs zielorientiert aufgebaut und gesteuert werden.

Baustellenarbeitsorganisation – Bottom-Up

In den Wochenprogrammen der Baustelle, die von dem Leitteam der Bauunternehmen erstellt werden und auf dem AVOR-Bauprogramm aufbauen, können dann die Teil-Jobs in Arbeitsabschnitte unterteilt werden (Abb. 14.10 und 14.12).

Auf Basis des geplanten Wochenprogramms (Abb. 14.10) des Bauunternehmers müssen nun die Einlegearbeitsgruppen ihre Mengen, ihre Leistungen und ihren Arbeitskräfteeinsatz planen. Denn nach der ersten Lage Bewehrung werden im Regelfall, z. B. bei Decken, die Einlegearbeiten vorgenommen. Bei Wänden erfolgen diese auf der späteren Nutzungsseite des jeweiligen Raums.

Die Wochenarbeitsplanung der interagierenden Baustellenteams muss von der Bauleitung des Bauherrn oder vom TU bzw. GU verantwortlich inszeniert und geleitet werden. Der Bauunternehmer muss die Koordinierung mit den Einlegeunternehmen vornehmen. Im Streitfall muss die Bauleitung Lösungen vorschlagen und entscheiden.

In der Wochensitzung erfolgt dann auf Basis des Wochentaktplans der Bauunternehmung (Abb. 14.12) die Koordination der Einlegeunternehmer:

- Elektro
- Sanitär
- HKL

in Bezug auf die genauen Tage und Zeitfenster sowie den Arbeitsbereich. Die Einlegeunternehmen müssen dazu ihre Materialarten, Mengen, Leistungen und Teamstärken für die jeweiligen Zeitfenster der Verlege-Arbeiten bestimmen. Evtl. müssen Veränderungen der Zeitfensterdauern vereinbart werden, um unnötige Verluste zu eliminieren. Zudem

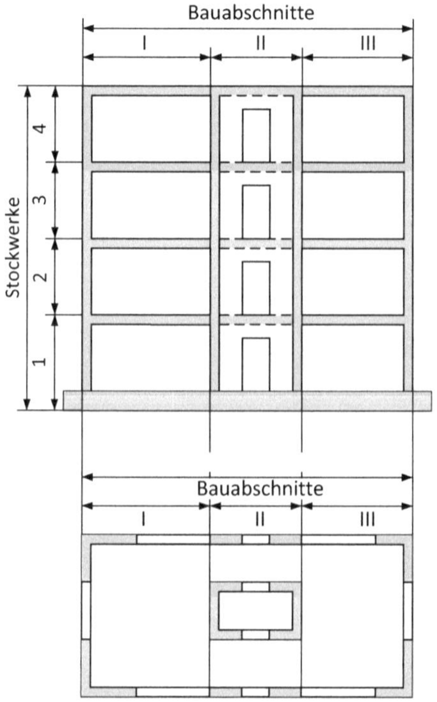

Abb. 14.7 Rohbausystem – Bauabschnitte

müssen die Arbeitspläne über drei bis vier Wochen im Voraus geplant werden, um die Materialbereitstellung sicherzustellen und Spezialgeräte etc. bereit zu stellen (Abb. 14.13).

Daher ist die Arbeitsumsetzung und Arbeitsorganisation auf der Baustelle selbst im Rahmen des Lean Management von besonderer Bedeutung. Denn die Baustelle muss das AVOR-Bau- bzw. -Arbeitsprogramm (Abb. 14.8 und 14.11) auf der Baustelle weiter in Wochen- und Tagesziele (Abb. 14.10) herunterbrechen.

Dieser AVOR- und Arbeitsorganisationsprozess auf der Baustelle wird für das in Abb. 14.7 dargestellte Gebäude erläutert. Für dieses Projekt ist in Abb. 14.8 das AVOR-Termin- und Bauprogramm dargestellt. In diesem AVOR-Bauprogramm sind die Bauabschnitte und Bauteile mit ihren Jobs aufgeführt. So wird die Bodenplatte in drei Abschnitten im Taktverfahren hergestellt. Die Gesamtdauer dieser Jobs beinhaltet die folgenden Teil-Jobs:

- Schalen je Bauabschnitt
- Bewehren je Bauabschnitt
- Betonieren je Bauabschnitt

Diese Teil-Jobs wurden im AVOR-Bauprogramm nicht in ihrem Takt- und Fliessablauf detailliert geplant. Dies ist dann Aufgabe der Baustelle im Rahmen ihrer Arbeitsorganisation. Jedoch wurden die Jobdauern unter Berücksichtigung der Teil-Jobs aufgrund der

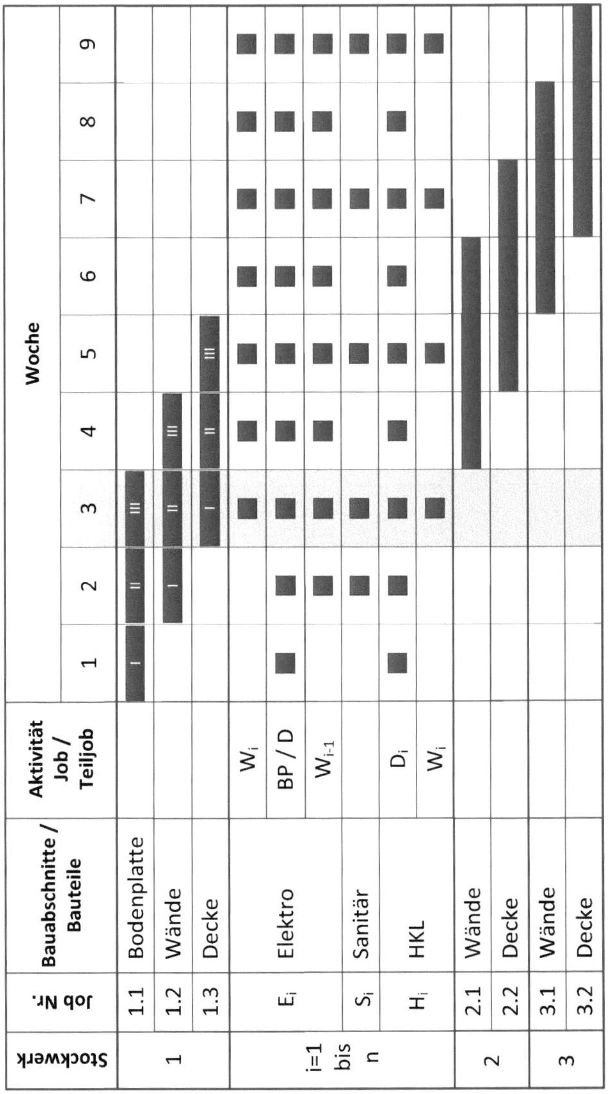

Abb. 14.8 AVOR-Top-Down-Termin- und Bauprogramm der Takt- und Fliessfertigung

Soll-Stunden-Vorgaben für die Teil-Jobs aus der Arbeitskalkulation und der gewählten Teamstärke der AVOR ermittelt. Ferner wurden dabei die Zeitdauern der jeweiligen Einlegarbeiten für:

- Elektrorohre
- Sanitärleitungen
- HKL-Rohre und – Kanäle
  berücksichtigt (Abb. 14.8).

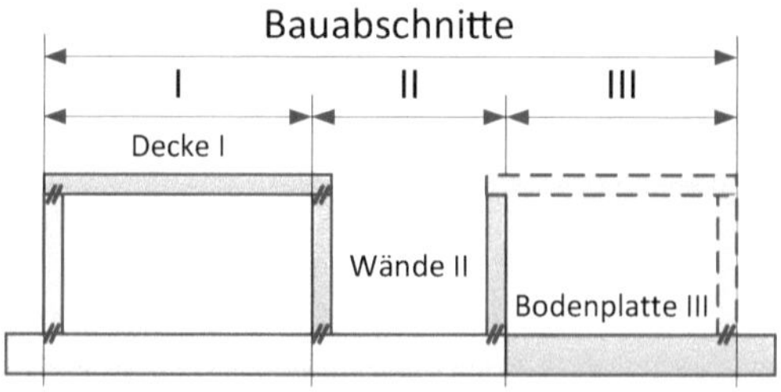

Abb. 14.9 Wochenplan – 3. Woche – Arbeitsabschnitte

Die Umsetzung in die Soll-Wochen- und -Tagesarbeitsplanung auf der Baustelle (z. B. für die 3. Woche) wird in Abb. 14.9 und 14.10 dargestellt. Denn die Arbeitsorganisation auf Basis der Soll-Vorgaben der AVOR und Arbeitskalkulation erfolgt durch das Baustellenteam bestehend aus:

- Baustellenchef
- Abschnittsbauführer

Teil-Job Nr.	Aktivität Job / Teiljob		Woche										
			Mo		Di		Mi		Do		Fr		Sa / So
			V	N	V	N	V	N	V	N	V	N	
1.1.III	Bodenplatte III	Schalen	■										
		Bewehren 1		■	■	■	■						
		Bewehren 2							■	■	■		
		Betonieren										■	
E:BP1	Elektro							■					
HKL:BP1	HKL							■					
1.2.II	Wände II	Schalen 1	■										
		Schalen 2									■		
		Bewehren 1		■	■	■							
		Bewehren 2						■	■	■			
		Betonieren										■	
E:W1-II	Elektro						■						
S:W1-II	Sanitär						■						
HKL:W1-II	HKL						■						
1.3-I	Decke I	Schalen	■	■	■								
		Bewehren 1				■	■	■					
		Bewehren 2								■	■		
		Betonieren										■	
E:D1-I	Elektro								■				
HKL: D1-I	HKL								■				

Abb. 14.10 Bottom-Up-Wochen- und -Tagesplanung Takt- und Fliessfertigung der Teil-Jobs in den Arbeitsabschnitten

- Poliere – Bau
- Projektleiter – Elektro
- Projektleiter – Sanitär
- Projektleiter – HKL

Der Bauunternehmer bildet das Leitteam im Rohbau mit Abschnittsbauleitern und Polieren. Diese Soll-Wochen- und -Tagesplanung (Abb. 14.10) erfolgt detailliert auf Teil-Job-Basis. Die Teil-Jobs der Bauunternehmen bilden den Leit-Takt- und -Fliesprozess, weil hier der Kern des Gebäudes von der Bauunternehmung erstellt wird. Die Ausbauunternehmen Elektro, Sanitär und HKL müssen ihre Einlegearbeiten auf den Soll-Takt- und -Fliessprozess der Bauunternehmung abstellen. Im Soll-Wochen- und -Tagesarbeitsprogramm werden die einzelnen Teil-Jobs und ihre Dauern aufgrund der Soll-Stunden-Vorgaben aus der Arbeitskalkulation auf die einzelnen Bauabschnitte und deren Teil-Jobs Schalen, Bewehren und Betonieren sowie auf die Einlegearbeiten für Elektro, Sanitär und HKL herunter gebrochen (Abb. 14.10).

Die Einlegearbeiten konzentrieren sich auf folgende Bauelemente:

- Bodenplatte – Elektro und Heizung
- Wände – Elektro, Sanitär und HKL
- Decke – Elektro und HKL

Die Sanitäreinrichtungen befinden sich im Bereich Bauabschnitt II – Kern. Auch die Steigleitungen HKL und Elektro sind im Kern. Die Elektroleitungen sowie HKL werden im Stockwerk vom Kern aus über einen Unterverteiler in die einzelnen Räume geführt. Die Einlegearbeiten für Elektroleerrohre, Sanitär und HKL werden im Regelfall dann durchgeführt, wenn die erste Bewehrungslage verlegt wurde. Nach den Einlegearbeiten wird dann die zweite Bewehrungslage verlegt. Die Einlegearbeiten müssen stark und robust mit Abstandshaltern an der Bewehrung fixiert werden. In Abb. 14.10 ist der Soll-Wochen-Tagestakt- und -Fliessplan der Herstellung dargestellt.

Dazu ist es unabdingbar, dass eine Arbeitskalkulation erstellt wurde, die eindeutige Soll-Stundenvorgaben für die Herstellung der Bauelemente und für deren Arbeitsschritte vorgibt, z. B. Schalen, Bewehren, Betonieren oder Elektro-Leerrohre pro Betonierabschnitt verlegen. Die einzelnen Bauabschnitte und Bauteile bzw. Bauelemente werden dann auf Basis des Bauprogramms in Wochenleistungen aufgeteilt. Im Wochenprogramm werden die Soll-Wochenleistungen festgelegt und damit die Soll-Arbeitsschritte pro Tag. Diese werden auf der Basis der Arbeitskalkulation mit Soll-Stunden hinterlegt. Damit wird einerseits die Teamstärke pro Arbeitsschritt und die Soll-Dauer festgelegt. Dann werden vom Polier die einzelnen Arbeitsschritte mit Mannstärke und Soll-Zeiten pro Arbeitstag für die jeweilige Planwoche festgelegt.

In einem weiteren Beispiel soll aus dem AVOR-Bauprogramm (Abb. 14.11) das Arbeitsprogramm auf der Baustelle für einen Soll-Wochentakt der Takt- und Fliessprozess eines Hochbaustockwerks entwickelt werden (Abb. 14.12). Dieser Soll-Arbeitsablauf wurde vom

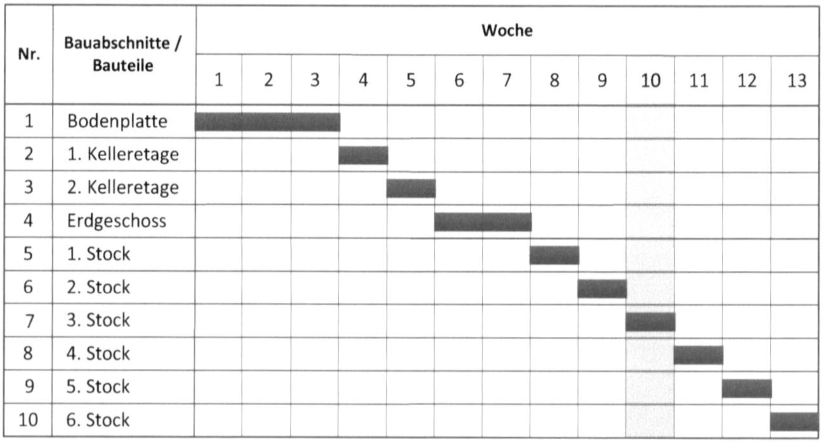

Abb. 14.11 Hochhaus-Rohbauprogramm – AVOR-Takt- und -Fliessprozess

ausführenden Baustellenteam der Baufirma auf Basis der AVOR geplant. Dabei wurden das Soll-Top-Down-Bauprogramm und die Stundenvorgaben der Arbeitskalkulation berücksichtigt. Auf dieser Basis werden die Einlegearbeiten von Elektro, HKL und Sanitär geplant.

Im Rahmen des Lean-Construckions oder auch des Lean-Managements werden oft Arbeitskarten mit den Soll-Leistungen pro Tag für die einzelnen Arbeitsteams erstellt (Abb. 14.13). Mit diesen Arbeitskarten werden analog zu Abb. 14.10 die Zeitfenster bestimmt, in denen die einzelnen Teil-Jobs ausgeführt werden sollen. Zudem werden auf jeder Arbeitskarte die wichtigsten

- Arbeiten
- Materialien
- Hilfsmittel
- Geräte

aufgelistet. Dies ist eine hervorragende Tagesarbeitsvorbereitung. Denn damit wird sichergestellt, dass (Abb. 14.13)

- Vorlaufzeit – das Material frühzeitig bestellt wird.
- Vorlaufzeit – Geräte und Bauhilfsmittel frühzeitig disponiert werden.
- Vorbereitung – jeder Folgetag abends hinsichtlich Materialdisposition, Geräten, Handwerkszeug sowie Sicherstellung der Zugänglichkeit der Arbeitsstelle vorbereitet wird.

Es werden pro Team die Tagesarbeiten auf einer Arbeitskarte aufgelistet (siehe Abb. 14.13). Dies wird für alle beteiligten Teams durchgeführt.

Diese Arbeit wird am Donnerstag oder spätestens am Freitagmorgen von dem Leitteam vorbereitet. In der Freitags-Besprechung wird dann am Nachmittag das Wochen- und T

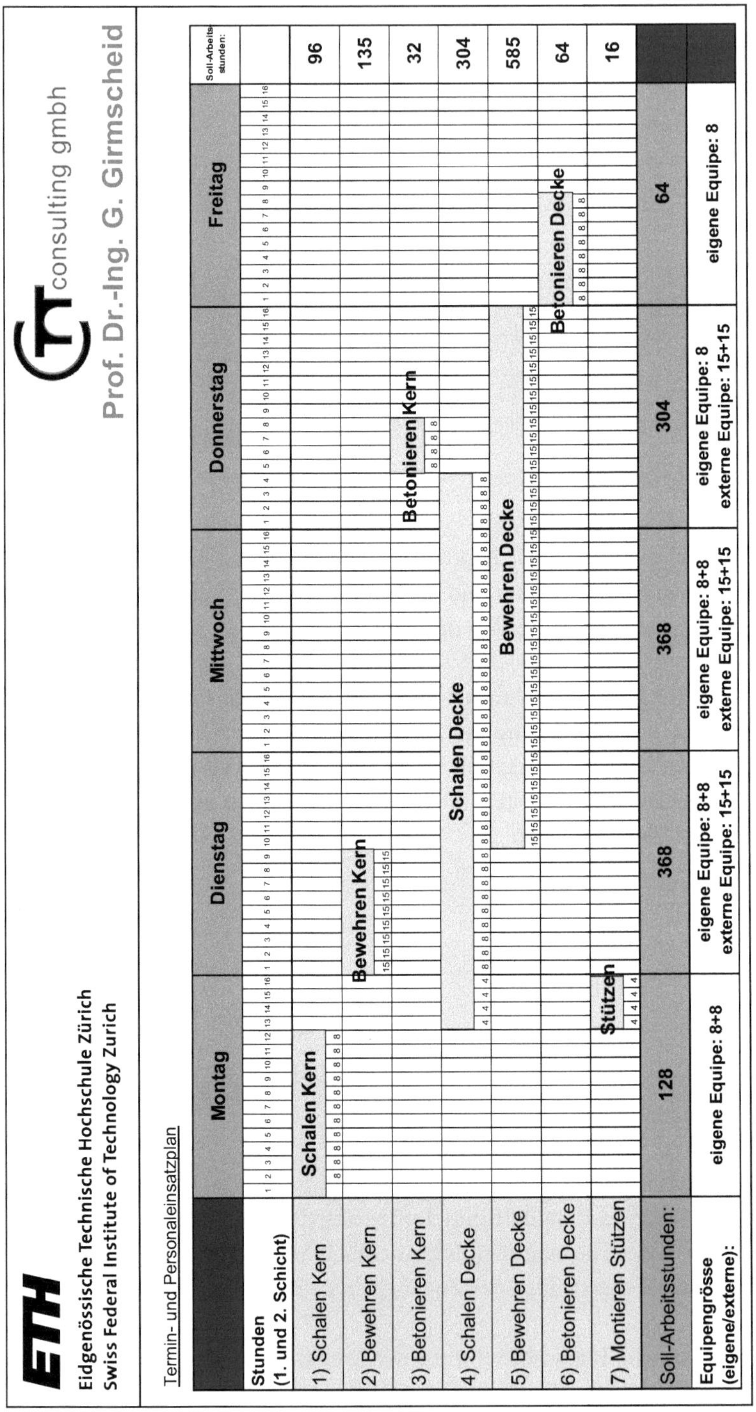

Abb. 14.12 Lean Construction – 3. Stock Ausführungsorganisation mit Wochenbauprogrammauf der Baustelle

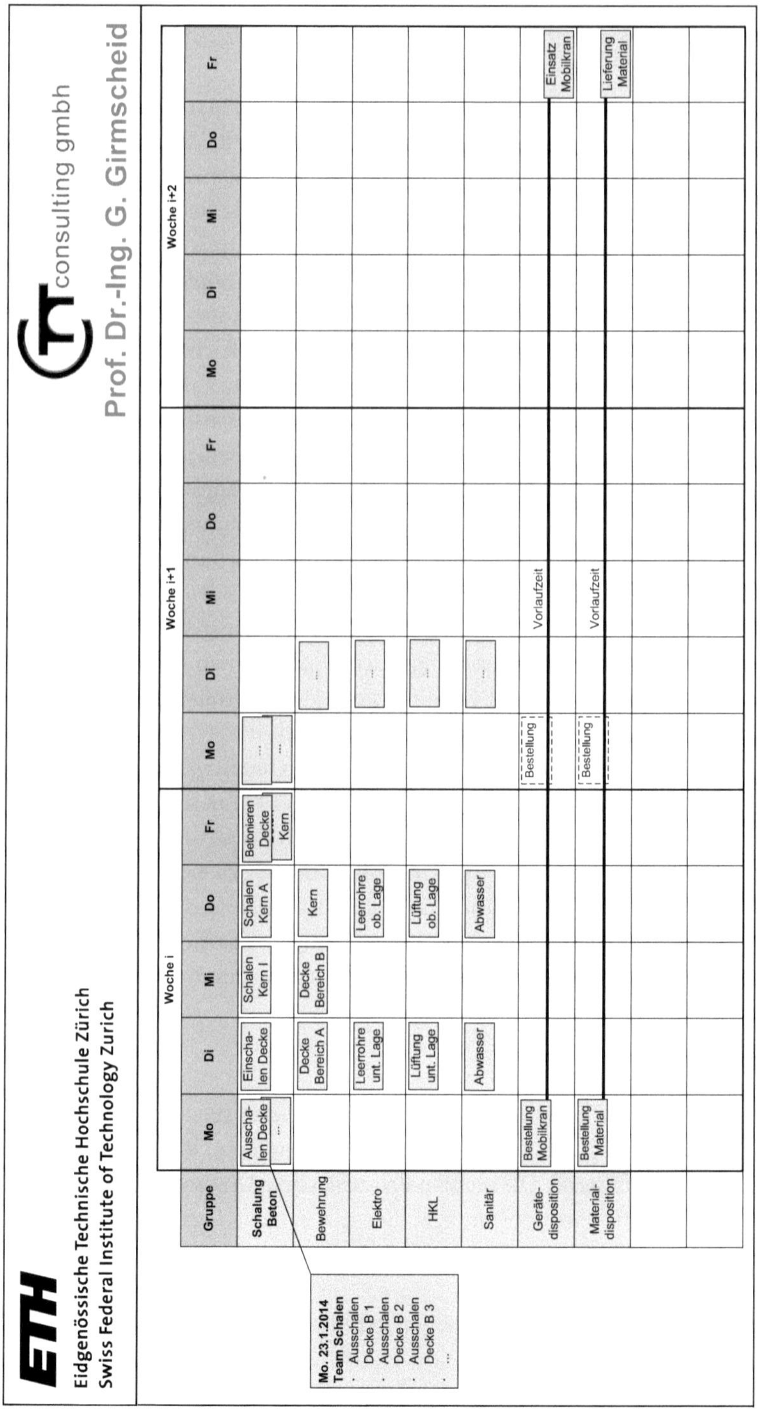

Abb. 14.13 Lean Construction – 3. Stock Ausführungsorganisation mit Wochen- und Tagesprogramm auf der Baustelle (10. Woche) sowie Material- und Gerätebereitstellung

agesarbeitsprogramm mit den beteiligten Teams besprochen, abgestimmt und anschliessend beschlossen.

Im Fall des Rohbaus eines Hochbaus bildet das Baumeisterteam das Leitteam. Denn Elektro, Lüftung und Sanitär müssen gemäss Baufortschritt des Baumeisters z. B. ihre Leerrohre und Leitungen auf der unteren Lage der Deckenbewehrung verlegen bevor die oberste Lage der Bewehrung eingebaut wird. Die Präsenz der technischen Gewerkeunternehmen (Elektro, Lüftung, Sanitär) wird dabei auf den Tag bzw. auf den halben Tag genau abgestimmt. Damit wird sichergestellt, dass die nicht-wertschöpfenden Wartezeiten für alle Unternehmen reduziert werden. In der Freitags-Koordinations- und Wochenplanungssitzung werden dann weitere Abstimmungen getroffen. Vielleicht schlägt die Elektrofirma vor alle Leerrohre am Dienstag zu verlegen um ihren Einsatz auf der Baustelle zu optimieren. Dies muss sich allerdings im Gesamtkontext der Prozesse und der Beteiligten nahtlos einfügen. Damit wird sichergestellt, dass alle abhängigen Beteiligten interaktiv denken und handeln. Zudem müssen alle Beteiligten das Wochenprogramm für die nächsten zwei bis drei Wochen grob skizzieren, so dass Geräte, Bauhilfseinrichtungen und Materialien frühzeitig bestellt werden können, um eine just-in-time Bereitstellung zu sichern (Abb. 14.13).

Während der Umsetzung der Tagesprogramme werden Störungen möglichst direkt beseitigt, z. B. durch Überstunden. Treten dennoch Verzögerungen auf die für den nächsten Tag erkennbar sind, werden die nachfolgenden Unternehmen (z. B. Elektro) informiert, dass ihre Arbeitsgruppe z. B. nicht vormittags sondern nachmittags kommen soll.

Ein weiterer Vorteil der detaillierten, wöchentlichen Arbeitsvorbereitung und Logistikplanung ist die ständige Kontrolle der Terminvorgaben und folglich die Terminanpassung. Verzögerungen lassen sich frühzeitig erkennen, und es können gegebenenfalls Massnahmen getroffen werden, sie wieder aufzuarbeiten (durch Anpassung der Ressourcen: Extrakolonnen, -geräte, -stunden), um den Gesamtterminplan zu sichern. Arbeitsabläufe und Baumethoden werden in ihrer Leistungsfähigkeit transparent dargestellt und können somit überprüft und verbessert werden. Auch abhängige parallele Bauvorgänge zwischen den Arbeitsgruppen und Subunternehmern lassen sich dadurch gut und meist konfliktfrei koordinieren.

14.4.1.2 Ausbauphase

Die Organisation eines behinderungsfreien Ausbaus der verschiedenen interagierenden Arbeitsgruppen an den gleichen Bauabschnitten, Stockwerken, Räumen und Bauelementen ist besonders herausfordernd. Die meisten Baustellen bzw. Unternehmungen haben in dieser Phase die höchsten Effizienzprobleme bzw. die meisten nicht-wertschöpfenden Arbeitszeiten fallen an. Diese Bauablaufstörungen werden durch zwei Einflüsse ausgelöst:

- Gegenseitige Behinderungen in gleichen Räumen durch Arbeiten und Materiallagerungen.
- Unterbrechung der einzelnen Jobs durch unzureichende Vorgängerarbeiten.

Viele Baustellen werden gerade in dieser Ausbauphase als Chaosbaustellen erlebt. Materialsuchen, Materialumstellen sowie gegenseitiges Behindern mit unterbrochenen Arbeitsabläufen durch unvollständige Vorgängerarbeiten sind an der Tagesordnung. Die Stunden laufen den meisten Unternehmern davon. Besonders Baustellen, die im starken Wettbewerb standen, entpuppen sich häufig als Verlustbaustellen. Die meisten haben eine einfache Entschuldigungserklärung an der Hand. „Es liegt am Wettbewerb." Dem ist in der Regel nicht so. Diese Baustellen sind entweder vom Bauherrn bei der Einzelvergabe oder vom TU oder GU schlecht geplant worden. Anschliessend versuchen die KMUs durch ihre Selbstorganisation die Situation improvisierend zu verbessern.

Die Lösung liegt in der Workflow-Planung der Gewerke/Arbeitsgattungen und Arbeitsgruppen als Takt- und Fliessprozess. Der Takt- und Fliessprozess mit der dazugehörigen Logistik muss

- räumlich – stockwerks- und raumweise,
- ablaufmässig – gemäss den Arbeitsgruppen mit ihren Job-Paketen und Teil-Jobs geplant werden.

Dabei ist es wichtig, dass die Jobs inhaltlich und räumlich interaktiv und integrativ abgestimmt sind, so dass

- die einzelnen Arbeitsbereiche (work stations) möglichst räumlich oder zeitlich voneinander getrennt werden, um gegenseitige Behinderungen zu vermeiden.
- die Job-Pakete strukturell lagenweise aufgebaut sind, so dass der Nachfolger seine Installation parallel oder in der nächsten Lage ohne Behinderung einbauen kann.
- die Job-Pakete stufenweise behinderungsfrei und in optimaler Zusammensetzung erstellt werden, so dass die jeweilige Arbeitsgattung ihre Aufgaben möglichst zusammenhängenden erfüllt.
- die Job-Pakete optimal auf die nachfolgende Arbeitsgruppe/Arbeitsgattung abgestimmt sind, so dass der Nachfolger einfach ohne strukturelle Behinderung die Nachfolgearbeiten möglichst vollständig erfüllen kann.

Um die Job-Pakete inhaltlich, räumlich und zeitlich abzustimmen, sind folgende AVOR-Tätigkeiten mit den betroffenen Arbeitsgattungen interaktiv und integrativ in einem Workshop durchzuführen:

- Festlegung der Job-Pakete und Teil-Jobs pro Stockwerk und pro Raum
- Festlegung der Reihenfolge der Arbeitsgattungen und derer Job-Teilpakete bzw. Teil-Jobs
- Festlegung der zeitlichen Dauer der jeweiligen Job-Teilpakete bzw. Teil-Jobs

Zu den im Ausbau befindlichen Arbeitsgattungen und nach logischer Reihenfolge gegliederten Job-Paketen bzw. -Teilpaketen gehören:

- Herstellung gemauerter Trennwände mit Installationsschlitzen und Türrahmen.
- Herstellung von Installationsschächten.
- Installation von Trockenwandrahmen und Beplankung der ersten Seite sowie Installation der Schall- und Wärmeisolierung und der Türrahmen.
- Installation der Sanitärleitungen.
- Verlegung der Elektro-Leerrohre.
- Verlegung der HKL-Rohre.
- Trockenwände: Schliessen der zweiten Seite der Trockenwand.
- Mauerwerk: Schliessen der Schächte und Schlitze.
- Installation der Trockendecke.
- Aufbringen der Fussbodenschallisolierung sowie Estrich.
- Schalldichtes Verschliessen von Sanitärleitungen, Elektrorohren und evtl. Elektroinstallationen an den Decken- und Wandurchdringungen.
- Verputzen und Streichen der Wände.
- Fussbodenverlegung.
- Installation der Türen.
- Installation der Armaturen:
  - Sanitär – Waschbecken, Toilette, etc.
  - HKL – Auslässe, Heizkörper, etc.
  - Elektro – Schalter, Steckdosen, etc.

In einem ersten Folgeschritt nach Festlegung der Teil-Jobs des Ausbaus und deren Grundsequenz muss die Teil-Job-Liste durch die einzelnen Arbeitsgruppen bzw. Arbeitsgattungen erstellt werden. In diesen Teil-Job-Listen des Ausbaus (Tab. 14.3) ist für jede Arbeitsgattung und für jeden Arbeitsschritt das Mengen- und Bauhilfsmaterialgerüst systematisch zusammengestellt. Diese Teil-Job-Liste dient jeder Arbeitsgruppe zur Planung der Leistung mit Dauer und Mannstärke sowie zur Steuerung der Logistik, der Materialbestellung und Materialbereitstellung mit der notwendigen Lagerlogistik und der erforderlichen Logistikinfrastrukturbelegung.

Im nächsten Schritt wird der geometrisch-räumliche Ablauf der Job-Pakte für die Arbeitsgattungen festgelegt. Dazu eignen sich Job-Flächenpläne (Abb. 14.14) innerhalb derer den einzelnen Job-Pakete und -Teilpakete zeitliche Flächen zugewiesen werden. Diese Flächen dienen den Arbeitsgattungen temporär auf Taktbasis aufgebaut als Arbeits- und Lagerflächen. In den im Taktplan für die einzelnen Teil-Jobs ausgewiesenen Zeiten dürfen diese Flächen von den Arbeitsgruppen als Arbeits- und Lagerfläche genutzt werden. Falls nicht besonders ausgewiesen, muss das Material der jeweiligen Arbeitsgruppe nach Fertigstellung des Teil-Jobs entfernt werden. Zudem muss jede Arbeitsgruppe ihre genutzten Arbeitsflächen räumen und reinigen.

Das Ausweisen von temporären Lagerflächen für die einzelnen Arbeitsgruppen ist besonders wichtig, um die Arbeitswege kurz zu halten. Es darf jedoch nicht erlaubt werden,

Tab. 14.3 Teil-Job-Liste Elektro-Ausbau – Arbeitsschritte, Geräte, Bauhilfsmittel; Materialien und Mengen für jede Arbeitsgattung

ETH
Eidgenössische Technische Hochschule Zürich
Swiss Federal Institute of Technology Zurich

TT consulting gmbh
Prof. Dr.-Ing. G. Girmscheid

Nr.	Teil-Job Vorgangsbeschreibung	Menge	Material/Geräte /Hilfsmittel		Verant-wortung	Bemer-kung
			bestellt	Abruf		
Job: Elektro-Ausbau						
1	Zuführen der Leerrohre vom Raumverteiler zu den Verbraucherpunkten	Ø 25, l=25m				
2	Leerrohre an Durchbrüchen mit Körperschalldämmung ausrüsten	d=25mm, b=30cm, l=3m				
3	Elektrokabel ziehen • Zimmerverteiler installieren • Kabel ziehen • Dosen in Wände setzen	 1 Stk. 25m 5 Stk.				
4	Elektroarmaturen einbauen • Schalter • Steckdosen • Steuereinrichtung	 4 Stk. 5 Stk. 1 Stk.				

dass z. B. die Gipsplatten für die zweite Seite in den Räumen gelagert werden, in denen vorher noch Elektroleerrohre, Heizungs- oder Sanitärleitungen verlegt werden müssen. In solchen Fällen müssen die Nachfolgearbeitsgruppen Elektro, Sanitär und Heizung mehrmals die Räume für den gleichen Arbeitstyp betreten, weil sie durch die Lagerung der Vorgängerunternehmung für die Nachfolge-Arbeiten stark behindert werden.

In einem weiteren Schritt werden die Kapazitäten und Arbeitsdauern der einzelnen Teil-Jobs für die Taktplanung festgelegt. Diese Arbeiten der AVOR werden von den einzelnen Arbeitsgattungen nach den ersten Workshops auf Basis der Teil-Job-Listen vorbereitet. In einem zweiten Workshop werden die Takt- und Fliessplanung mit den Job-Flächenzuweisungen diskutiert und deren zeitliche und räumliche Disposition abgestimmt.

Jede einzelne Arbeitsgruppe muss intern die einzelnen Abläufe und notwendige Ressourcen auf Basis der Teil-Job-Listen festlegen, um die entsprechenden Taktzeiten einzuhalten. Hierzu ist es notwendig den Arbeitsablauf in einem Wochen- und Tagesprogramm festzulegen. Ein Elektrounternehmer muss z. B. zur Installation seiner Leerrohre in einem Hotelstockwerk festlegen, welche Arbeiten er in welcher Reihenfolge durchführt:

- Installation der Kabeltragsystem-Trassen vom Stockwerksverteiler durch den Flur
- Leerrohre als Bündel auf die Kabeltragsystem-Trasse heben
- Verlegen der Leerrohre vom Stockwerksverteiler bis zu den einzelnen Zimmerverteilern
- Leerrohre von den Zimmerverteilern in die einzelnen Zimmer verlegen

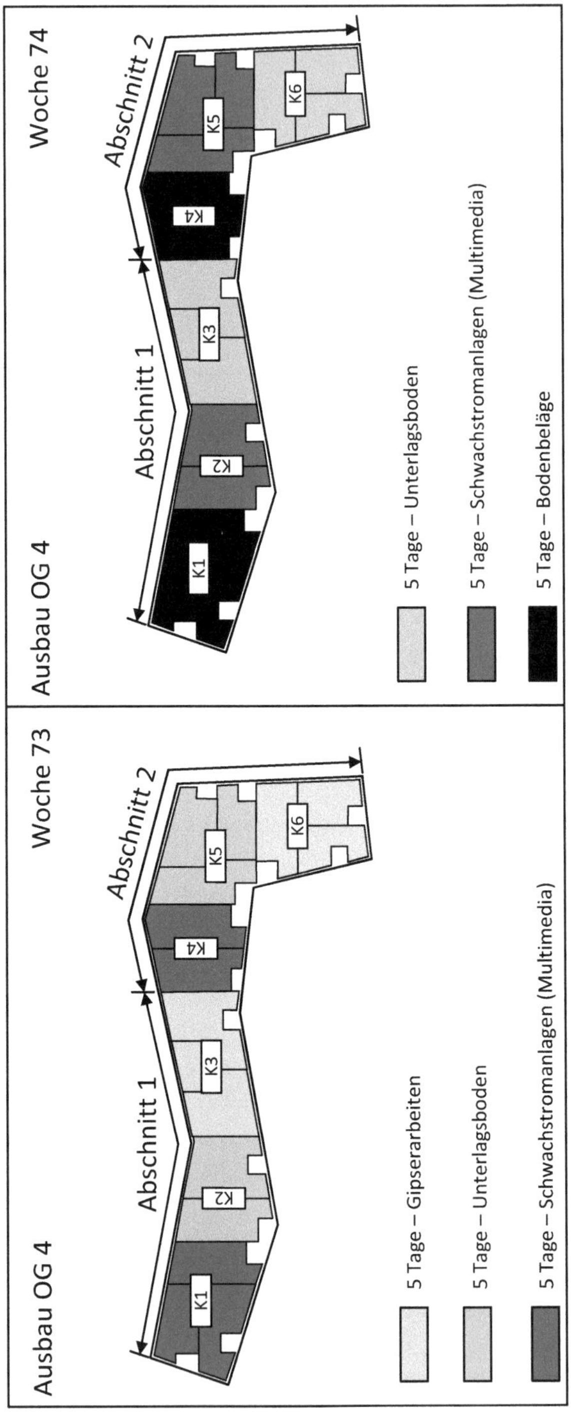

Abb. 14.14 Job-Flächenpläne – Ausschnitt aus dem Flächenmodell einer Hochbaustelle

Dazu ist es erforderlich:

- sich die Arbeitsschritte zu überlegen
- Zeitaufwand aus der Arbeitskalkulation vorgeben
- die Teamgrösse pro Arbeitsschritt festzulegen
- Arbeiten festzulegen, die parallel durch mehrere Teams ausgeführt werden können
- Materialmengen zu bestimmen
- Arbeitshilfsmittel, wie Bühnen, Geräte und Handwerkzeug zu bestimmen

Daraus erhält man einen ersten Takt- und Ressourcenplan, den man im Allgemeinen optimieren muss, um das ökonomische Minimalprinzip zu erfüllen. Auf Basis dieser Soll-Planung erhält man sofort die arbeitstechnischen Soll-Stunden. Diese müssen mit den Vorgaben aus der Arbeitskalkulation übereinstimmen. Andernfalls muss der Taktplan überarbeitet werden. Diese Soll-Leistungen und Soll-Stunden, die interaktiv zusammen hängen und nicht verändert werden, weder bezüglich Leistung noch Stunden, bilden die Grundlage für den täglichen und wöchentlichen Soll-Ist-Vergleich. Der geplante Takt- und Fliessprozess wird gemäss gemeinsamer AVOR- und Wochenarbeitsplanung umgesetzt. Die Grundplanung des Takt- und Fliessprozesses sowie die Koordination der Arbeitsgattungen und deren Arbeitsgruppen und deren wöchentliche Steuerung ist die Kernaufgabe der Gesamtbauleitung des Bauherrn bzw. des TU und GU.

Am Ende jeder Woche (Freitagnachmittag) muss die Planungs- und Koordinationssitzung der Bauleitung mit allen interagierenden Ausbauunternehmen stattfinden. Besprechungspunkte sind:

- Soll-Ist-Vergleich
- Ursache von Verzögerungen und Behinderungen
- Massnahmenplanung zur Soll-Erreichung mit jeweils drei bis vier Wochen Vorschau
- Stand Materialbestellung und -lieferung sowie Materiallagerung
- Sauberkeit und Sicherheit der Baustelle
- Lagernutzung sowie Nutzungsplanung der Logistikinfrastruktur

Die einzelnen Unternehmen müssen diese Planungsbesprechung für ihre Arbeitsgattung und Teil-Jobs spätestens Donnerstagabends oder Freitagmorgens selbst vorbereiten. Die Besprechung dient dazu Soll-Ist-Abweichungen festzustellen und Massnahmen zur Zielerreichung zu planen sowie Vorschläge zur Verbesserung des Gesamt-Takt-Fliessprozesses auszuarbeiten. Durch eine solche systematische Vorgehensweise ist das Ziel der Weg zum Erfolg. Die heutige Improvisation am Bau, besonders während des Ausbaus, ist eine Verschwendung von Ressourcen und besonders des Gewinns. Das kann sich kein rational handelndes Unternehmen bzw. keine Unternehmensführung leisten. Dies betrifft auch jeden Bereichs-, Niederlassungs- und Projektleiter. Jeder Projektleiter/Baustellenchef ist zugleich Unternehmer der jeweiligen Bau-Produktion eines Projekts. Wer seine Produktion nicht systematisch planen und koordinieren kann oder will, ist fehl am Platz. Projektleiter, Baustellenchef und Bauleitung müssen unternehmerisch handeln. Die Werkzeuge hierzu sind eindeutig feststellbar. Es handelt sich um

- eine Top-Down-AVOR mit Takt- und Fliessprozessplanung sowie Logistik- und Logistikinfrastrukturplanung basierend auf der Arbeitskalkulation, abgestimmt auf die Phasen und Bedürfnisse der Baustelle.
- eine Arbeitskalkulation mit klaren Soll-Vorgaben für jeden Teil-Job aus den einzelnen Leistungspositionen der Angebotskalkulation.
- eine Verkettung von Soll-Leistungen und Soll-Stunden-Vorgaben für jeden Bauabschnitt, für jede Baugruppe, für jedes Bauelement sowie für die dazugehörigen Teil-Jobs (Arbeiten).
- eine Bottom-Up-Produktionstakt- und -fliessorganisation auf der Baustelle für jedes Unternehmen, für seine Arbeitsgattung sowie der interaktiven, integrativen Koordination der interagierenden Prozesse.
- eine Wochen- und Tagesarbeitsplanung der einzelnen Teil-Jobs sowie Arbeiten mit drei bis vier Wochen Vorausschau für Geräte- und Materialbestellungen.
- ein wöchentliches Soll-Ist-Controlling mit Abweichungsanalyse inklusive Massnahmenplänen bei Abweichungen und KVP-Massnahmen.
- eine wöchentliche Abstimmung der verschiedenen Unternehmen bezüglich Taktablauf, Logistikinfrastruktur, Lagerflächen, Sicherheit und Ordnung.

Diese Grundsätze führen zum Erfolg des Projektes für Bauherrn und Bauleitung sowie für die beteiligten Unternehmen!

14.4.1.3 Beispiel: Wochen- und Tagesfliessprogramm – Gesamtinstallation der Ausbau-Job-Pakete

Im Folgenden wird die räumliche und ablaufmässige Koordination der verschiedenen interagierenden Arbeitsgruppen zur Erzielung eines effizienten und behinderungsfreien Ausbaus beispielhaft anhand eines Stockwerks in einem Hotel betrachtet. Dazu wird der Takt- und Fliessprozess mit der dazugehörigen Logistik stockwerksweise geplant und ein Wochenprogramm für die Ausbau-Jobpakete zur Gesamtinstallation der Trockenwände, Sanitär-, HKL- und Elektroinstallation sowie Estrich und architektonische Fertigstellung wird entwickelt.

Der Grundriss des betrachteten Stockwerks ist in Abb. 14.15 dargestellt. Massivwände sind grau hinterlegt. Die Innenwände werden in Trockenbauweise erstellt. Die Zuführung der Versorgungs- und Entsorgungsmedien ist wie folgt gelöst:

- Serviceraum – Hier befindet sich die zentrale Steigzone und die Stockwerks-verteilung für
  - Elektro mit Stockwerksverteiler
  - Heizung und Lüftung mit Stockwerksabzweigung und Abstelleinrichtung
  - Wasser mit Stockwerksabzweigung und Abstelleinrichtung
- Gangwände – Hier befinden sich die direkten Fallleitungen für die Abwasserentsorgung.

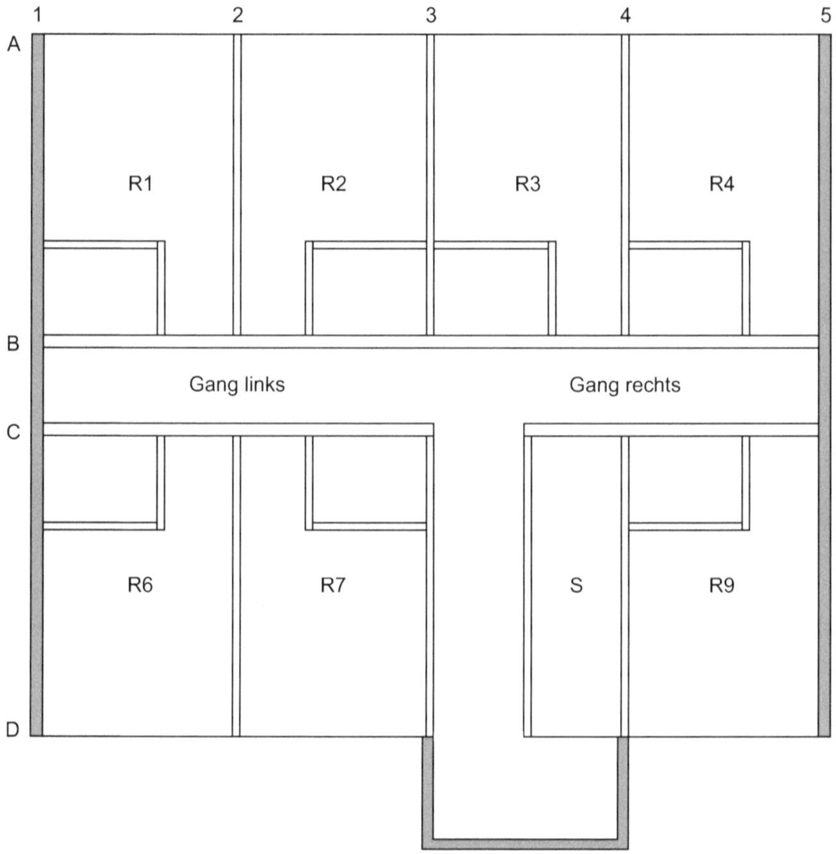

Abb. 14.15 Grundriss des Stockwerks

Alle Medien Wasser, Heizung mit Vor- und Rücklauf sowie Elektro mit Strom, TV und Radio, Internet, Sprinkleralarm werden zu den Zimmerverteilern zugeführt. Die Zimmerverteiler mit den Sicherungs- und Abstellorganen befinden sich im Unter- und Oberschrank der Zimmergarderobe.

Folgende Begriffsbestimmungen liegen den weiteren Ausführungen zu Grunde:

Job-Paket-Gesamtaufgabe einer Arbeitsgattung, z. B.:

- Bauunternehmen: Rohbau erstellen
- Elektro: Gesamtinstallation mit Lehrrohrinstallation sowie Kabelverlegung und allen Elektroverteilern, Schalt- und Abnahmeeinrichtungen
- HKL: Gesamtinstallation mit Verlegen der Heizrohre vom Stockwerksverteiler zum Raumverteiler, Zuführen zu den Einzelräumen, Verlegen der Lüftungsrohre sowie Einbau aller Armaturen
- Sanitär: Gesamtinstallation der Wasser- und Abwasserleitungen und Einbau aller Sanitärarmaturen

Teil-Job-Teilarbeitspaket eines Job-Pakets, z. B.:

- Bauunternehmen: Decke im 5. Geschoss erstellen mit den Teil-Jobs: schalen, bewehren, betonieren
- Elektro: Leerrohre in Decke verlegen, Kabel ziehen
- HKL: Verlegen der Heizrohre
- Sanitär: Verlegen der Sanitärleitungen Abwasser und Wasser

Arbeitsschritte: Innerhalb eines Teil-Jobs, z. B. Elektro:

- Verlegen der Leerrohre im Gang
- Montieren der Trasse
- Verlegen der Leerrohre im Raum 1-n etc.

Im Wochenprogramm sind die verschiedenen Teil-Jobs mit den einzelnen Arbeitsschritten, der gewählten Mannschaftsstärken und der jeweiligen Dauer in chronologischer Reihenfolge vertikal dargestellt. Horizontal im Wochenprogramm werden die Teil-Jobs in ihrer sequentiellen und parallelen Reihenfolge ihrer Takt- und Fliessfertigung abgebildet. Ein Ausschnitt des Wochenprogramms mit Teil-Job 1 bis 3 für die Gesamtinstallation der Trockenwände in einem Hotel ist in Tab. 14.4 dargestellt. Die Teil-Jobs sind jeweils blau hinterlegt.

Teil-Job 1: Installation der Trockenwände
Teil-Job 1 umfasst die Installation der Trockenwand durch die Arbeitsgruppe Trockenbau mit den in Abb. 1.2 angeführten Arbeitsschritten. Mit der gewählten Mannschaftsstärke von acht Mann für die Trockenbau-Gruppe können an einem Tag die Rahmen für vier Räume gestellt werden. In R1, R2, R6 und R7 werden die Rahmen am ersten Tag und in R3, R4, S und R9 werden sie am zweiten Tag gestellt. Wie in Abb. 14.16 dargestellt werden die Rahmen für die beiden gegenüberliegenden Zimmer jeweils am Gang gelagert. Am nächsten Tag werden die Türrahmen für 15 Türen gesetzt und gleichzeitig mit der einseitigen Beplankung der Rahmen begonnen in den Räumen R1, R2, R6 und R7 sowie am nächsten Tag in den Räumen R3, R4, S und R9. Dies wird für alle acht Räume innerhalb von zwei Tagen erledigt. An den folgenden beiden Tagen wird die Schall- und Wärmeisolierung eingebaut.

Teil-Job 2: Verlegen der Sanitärleitungen – Abwasser
Daran schliesst Teil-Job 2 Verlegen der Sanitärleitungen Abwasser (Abb. 14.17) an. Während in R3, R4, S und R9 die Schall- und Wärmeisolierung eingebaut wird, können bereits von der Sanitär-Gruppe die Abwasserfallleitung für das Stockwerk sowie die Abwasserleitungen für Toilette, Waschbecken und Bad/Dusche in R1, R2, R6 und R7 verlegt werden. Die Sanitärleerrohre werden wie in Abb. 14.17 dargestellt in den Räumen gelagert.

Tab. 14.4 Ausschnitt des Wochenprogramms – Teil-Job 1–3

ETH
Eidgenössische Technische Hochschule Zürich
Swiss Federal Institute of Technology Zurich

TT consulting gmbh
Prof. Dr.-Ing. G. Girmscheid

Projekt: Hotel **Phase:** Ausbau **Stock:** k

Ausbau-Jobpakete		Woche i					Woche i+1				
Teil-Jobs	**Arbeitsgruppe**	**Mo**	**Di**	**Mi**	**Do**	**Fr**	**Mo**	**Di**	**Mi**	**Do**	**Fr**
1 Installation der Trockenwand	**Trockenbau**										
1.1 Rahmen erstellen	8 Mann	R1, R2, R6, R7	R3, R4, S, R9								
1.2 Einbau Türrahmen	8 Mann			15 Türen							
1.3 Beplankung Seite 1	8 Mann			R1, R2, R6, R7	R3, R4, S, R9						
1.4 Einbau Schall- und Wärmeisolierung	8 Mann					R1, R2, R6, R7	R3, R4, S, R9				
2 Verlegen der Sanitärleitungen	**Sanitär Abwasser**										
2.1 Abwasserfallleitung Stockwerk	8 Mann						R1, R2, R6, R7	R3, R4, S, R9			
2.2 Abwasserleitungen Toilette	8 Mann						R1, R2, R6, R7	R3, R4, S, R9			
2.3 Abwasserleitungen Waschbecken	8 Mann						R1, R2, R6, R7	R3, R4, S, R9			
2.4 Abwasserleitungen Bad/Dusche	8 Mann						R1, R2, R6, R7	R3, R4, S, R9			
3 Verlegen der Sanitärleitungen	**Sanitär Wasser**										
3.1 Verlegen Trasse links und rechts	8 Mann						Trasse L+R				
3.2 Wasserversorgung Toilette	8 Mann							R1, R2, R6, R7	R3, R4, S, R9		
3.3 Wasserversorgung Waschbecken	8 Mann							R1, R2, R6, R7	R3, R4, S, R9		
3.4 Wasserversorgung Bad/Dusche	8 Mann							R1, R2, R6, R7	R3, R4, S, R9		

In Abb. 14.18 ist die Führung der Abwasserleitungen in den Nassräumen dargestellt. Die Abwässer des Waschbeckens und der Dusche werden einer gemeinsamen Fallleitung zugeführt. Für die Toilettenabwässer ist eine separate Fallleitung vorgesehen. Für alle acht Räume ist Teil-Job 2 mit acht Mann innerhalb von zwei Tagen durchgeführt.

Teil-Job 3: Verlegen der Sanitärleitungen – Wasser

Zeitgleich zu Teil-Job 2, der in den Räumen R1, R2, R6 und R7 durchgeführt wird, kann mit Teil-Job 3 Verlegen der Trasse der Sanitärleitung Wasser im Gang begonnen werden. Die Installation im Gang erfolgt an der Decke zwischen der untergehängten Decke. In diesem Arbeitsschritt wird die Trasse zur Wasserversorgung vom Serviceraum in den Zugangsflur und dann links und rechts im Zimmerzugangsflur verlegt (Abb. 14.19) Am nächsten Tag wird die Installation der Wasserversorgungsleitungen für Toilette, Waschbecken und Bad/Dusche (Abb. 14.18) in den Räumen R1, R2, R6 und R7 während die Sanitärabwasserinstallation in den Räumen R3, R4, S und R9 stattfindet. Teil-Job 3 ist mit acht Mann nach drei Tagen abgeschlossen.

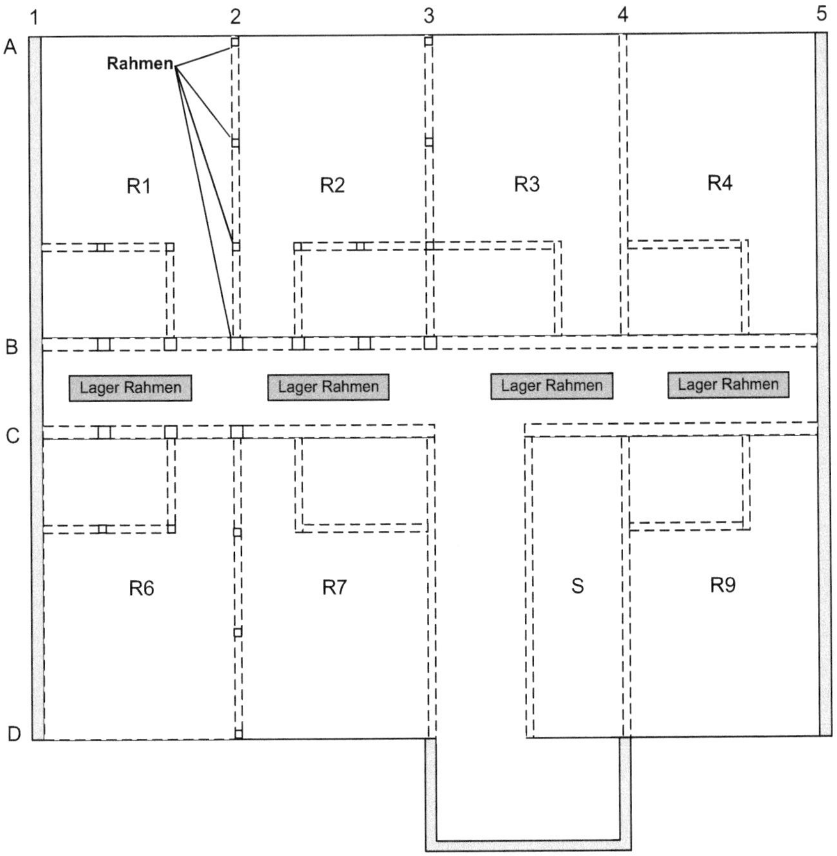

Abb. 14.16 Teil-Job 1 – Installation der Trockenwand

Teil-Job 4: Verlegen der Heizrohre

Während die Verlegung der Wasserleitungen in den Nasszellen der Räume am Dienstag und Mittwoch der Woche i + 1 erfolgt, wird auch das Verlegen der Heizungstrasse vom Serviceraum durch den Zugangsflur und von dort in den Zimmerflur links und rechts durchgeführt. Das Verlegen beginnt im Serviceraum, wo sich die Steigleitung und der Stockwerksverteiler aus der Steigzone befinden. Die Steigleitung wird verlängert und die Anschlüsse und Absperrventile für die Versorgung des Stockwerks werden installiert. Gleichzeitig wird die Flurtrasse mit Vor- und Rücklauf an die Decke gehängt und befestigt. Diese Trasse wird vom Stockwerksverteiler zu den Raumverteilern für Rücklauf und Vorlauf verlegt. Die Installation in den Räumen erfolgt von dem Zimmerverteiler mit dem Verlegen der Bodenschlaufen (Abb. 14.20). Als letzter Arbeitsschritt werden die Lüftungsrohre mit Ventilator in den Abluftschächten im Stockwerk verlegt. Wie in Tab. 14.5 dargestellt ist dieser Teil-Job mit vier Mann nach fünf Tagen abgeschlossen.

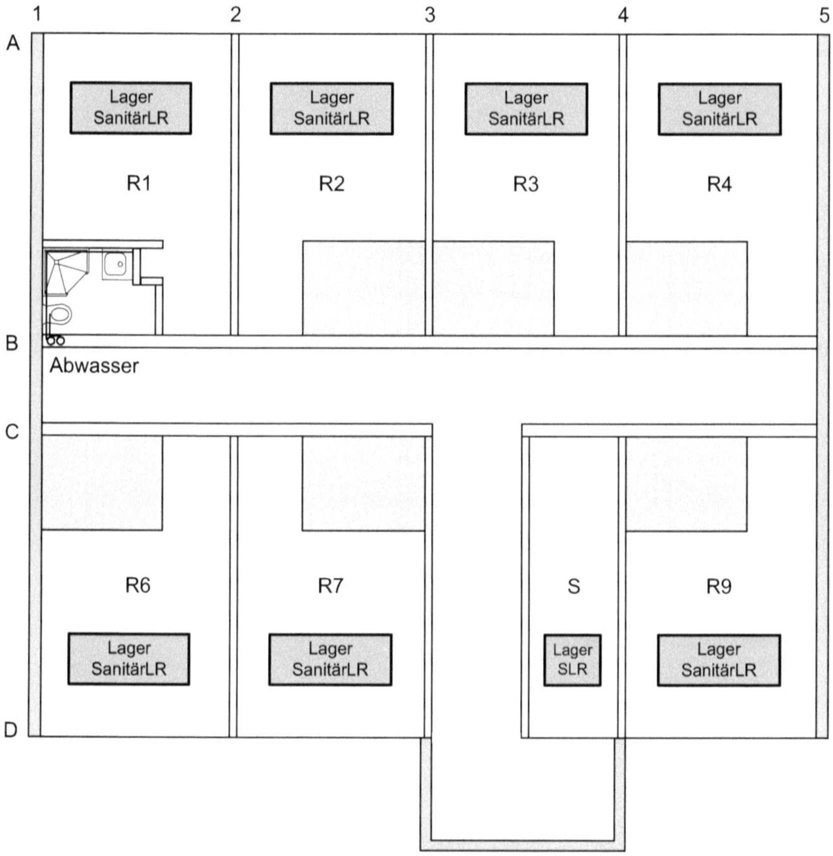

Abb. 14.17 Teil-Job 2 – Verlegen der Sanitärleitungen Abwasser

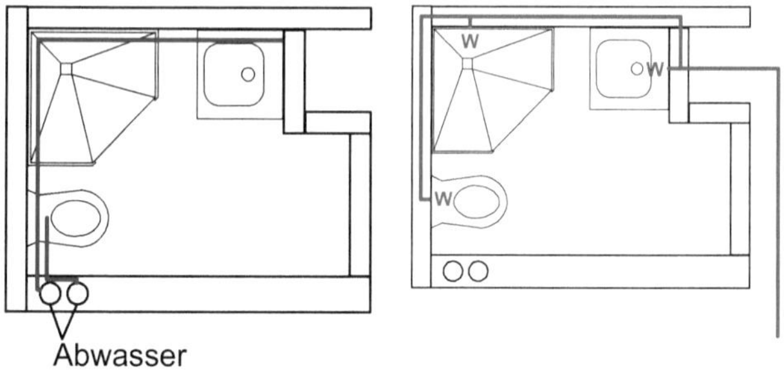

Abb. 14.18 Nassraum mit Abwasser- und Wasserleitungen

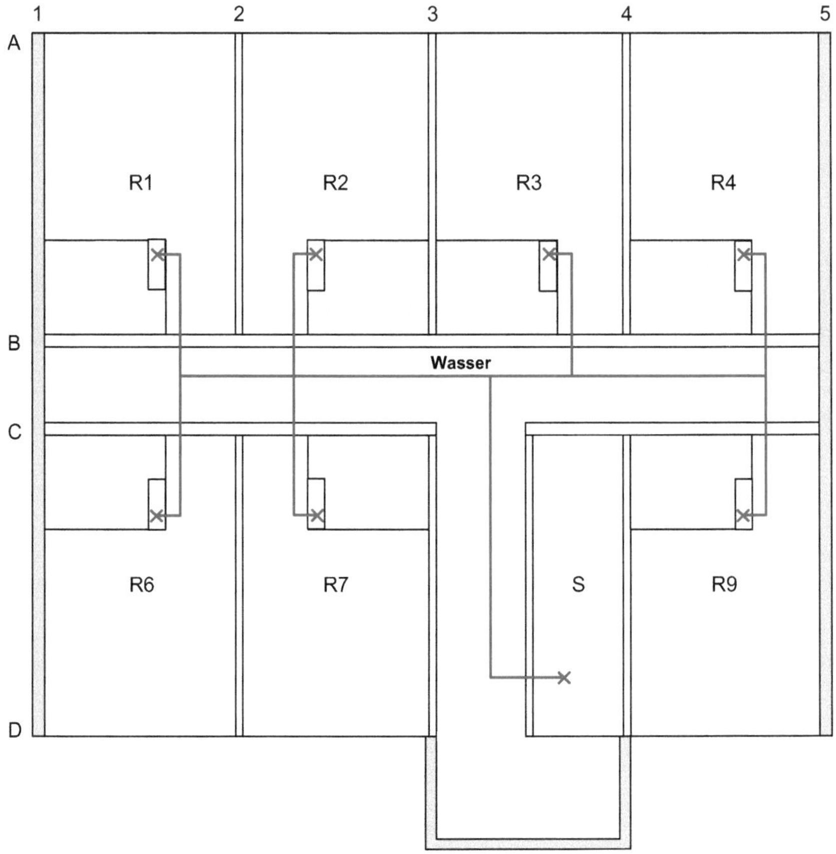

Abb. 14.19 Teil-Job 3 – Verlegen der Sanitärleitungen Wasser

Teil-Job 5: Verlegen der Elektroleerrohre

Für die Elektroleerrohre wird ebenfalls zuerst die Trasse vom Stockwerksunterverteiler im Serviceraum im Zugangsflur und dann im Zimmerflur links und rechts zu den Zimmern bis zum Raumverteiler im Zimmer verlegt und anschliessend werden die Leerrohre für Strom, TV und Radio, Internet und Telefon vom Raumverteiler zu den einzelnen Verbraucherpunkten in den Zimmern zugeführt (Abb. 14.21). Dafür werden mit vier Mann vier Tage benötigt (Tab. 14.5).

Um einen effizienten Einbau der Leerrohre zu erzielen, ist auf eine kreuzungsfreie Anordnung der Leerrohre für Elektro, Wasser und Heizung zu achten (Abb. 14.22 und 14.23).

Teil-Job 6: Schliessen der Trockenwand

Nach dem Verlegen aller Leerrohre wird die zweite Seite der Trockenwand beplankt und die Wand wird damit geschlossen.

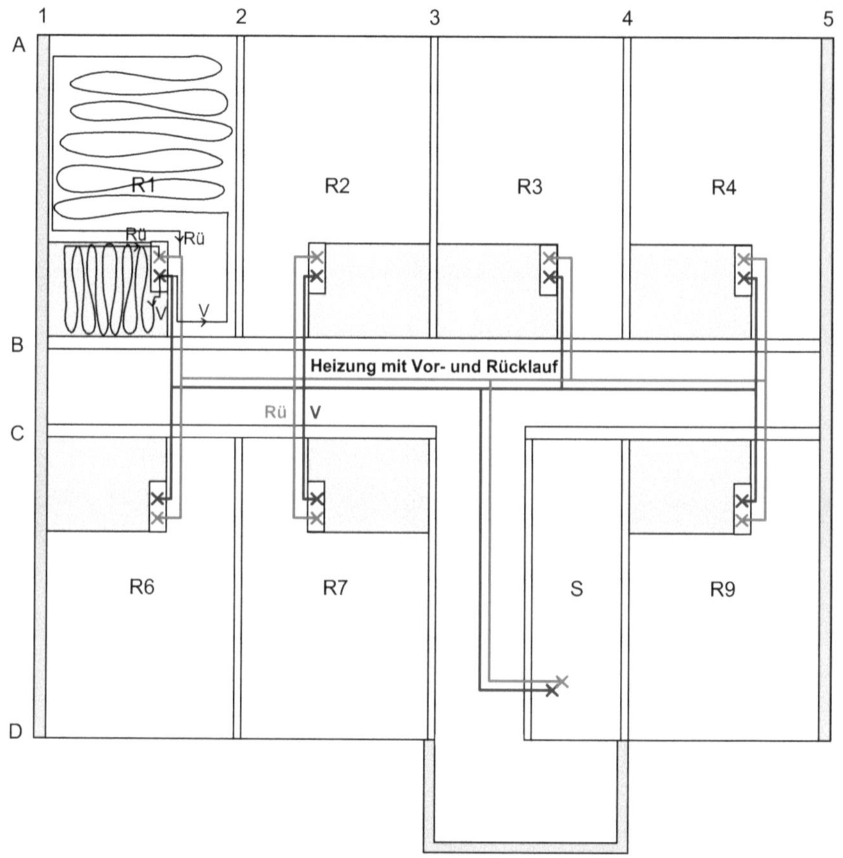

Abb. 14.20 Teil-Job 4 – Verlegen der Heizrohre mit Vor- und Rücklauf

Tab. 14.5 Ausschnitt des Wochenprogramms – Teil-Job 4–7

ETH
Eidgenössische Technische Hochschule Zürich
Swiss Federal Institute of Technology Zurich

consulting gmbh
Prof. Dr.-Ing. G. Girmscheid

Projekt: Hotel **Phase:** Ausbau **Stock:** k

Ausbau-Jobpakete		Woche i+1					Woche i+2				
Teil-Jobs	**Arbeitsgruppe**	**Mo**	**Di**	**Mi**	**Do**	**Fr**	**Mo**	**Di**	**Mi**	**Do**	**Fr**
4 Verlegen der Heizrohre	**HKL**										
4.1 Stockwerksverteiler zum Raumverteiler Rücklauf und Vorlauf	4 Mann		Trasse links	Trasse rechts							
4.2 Zuführen zu den Einzelräumen, Bodenschlaufen verlegen	4 Mann				R1, R2, R6, R7	R3, R4, S, R9					
4.3 Verlegen der Lüftungsrohre in Abluftschächten im Stockwerk: nur Ventilator	4 Mann						R1-R9				
5 Verlegen der Elektroleerrohre	**Elektro**										
5.1 Zuführen der Leerrohre vom Stockwerksverteiler zum Raumverteiler	4 Mann					Trasse links	Trasse rechts				
5.2 Zuführen der Leerrohre vom Raumverteiler zu den Verbraucherpunkten	4 Mann							R1, R2, R6, R7	R3, R4, S, R9		
6 Schliessen der Trockenwand	**Trockebau**										
6.1 Beplankung der Seite 2	8 Mann								R1, R2, R6, R7	R3, R4, S, R9	
7 Istallation der abgehängten Trockendecke	**Trockenbau**										
7.1 Abgehängte Trockendecke installieren	8 Mann								Gang	R1, R2, R6, R7	R3, R4, S, R9

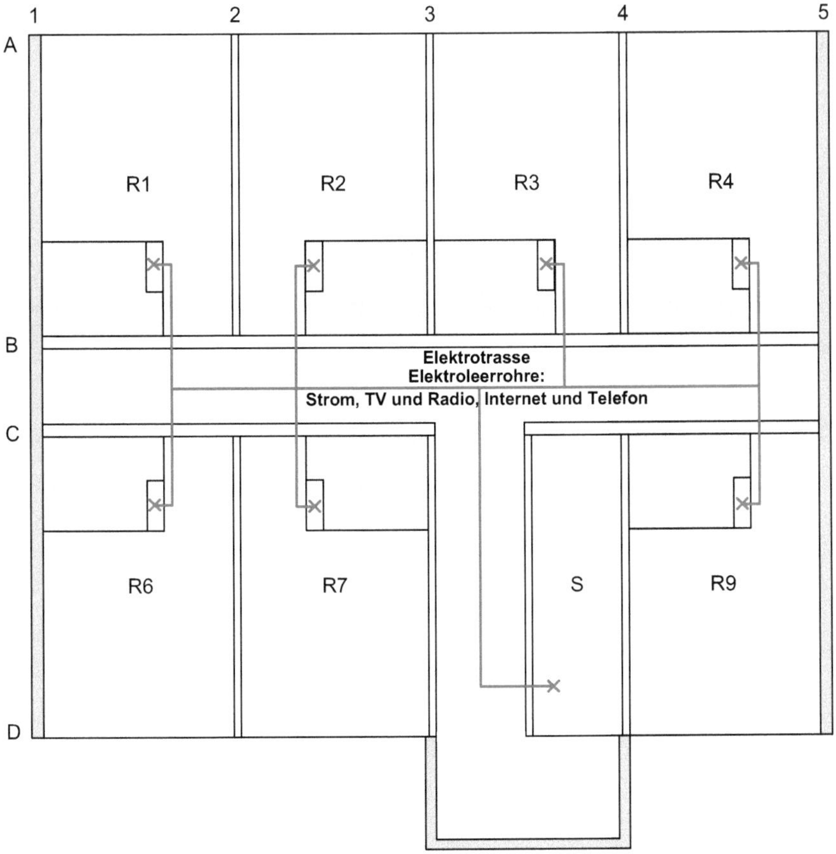

Abb. 14.21 Teil-Job 5 – Verlegen der Elektroleerrohre

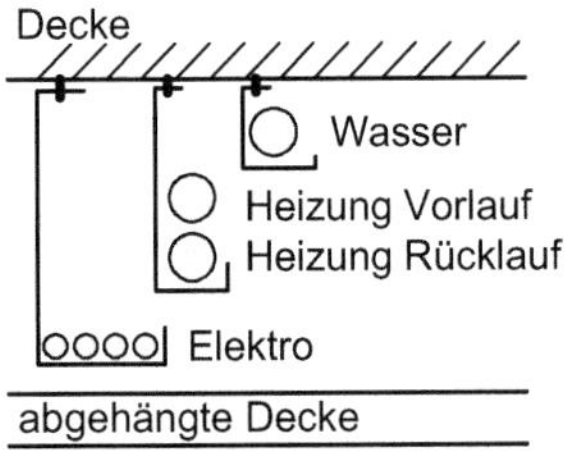

Abb. 14.22 Querschnitt der Decke mit Anordnung der Leerrohre

Teil-Job 7: Installation der abgehängten Trockendecke

Sobald die Trockenwand geschlossen ist, kann die abgehängte Trockendecke installiert werden. Die Trockendecke wird im Zugangs- und Zimmerzugangsflur installiert sowie in dem Eingangsbereich in den Zimmern (Vorräume gegenüber dem Bad).

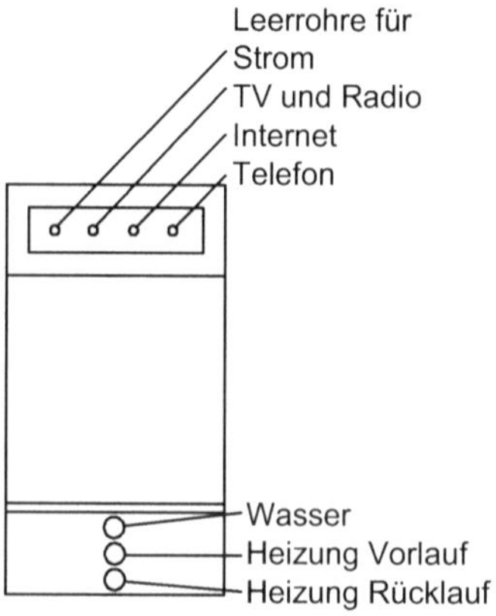

Abb. 14.23 Anordnung der Leerrohre für Elektro, Wasser und Heizung im Unter- und Oberschrank der Zimmergarderobe

Teil-Job 8: Estrich Zimmer und Gang herstellen

Als nächstes Arbeitspaket erfolgt mit Teil-Job 8 die Herstellung des Estrichs. Dazu wird im ersten Arbeitsschritt die Fussbodenschallisolierung in den Zimmer aufgebracht und anschliessend wird der schwimmende Estrich dort eingebracht. Danach wird die Fussbodenschallisolierung am Gang aufgebracht und der schwimmende Estrich am Gang eingebracht. Wie Tab. 14.6 entnommen werden kann, ist dieser Teil-Job mit vier Mann nach fünf Tagen abgeschlossen. Am Freitag und über das Wochenende kann der Estrich abbinden.

Teil-Job 9: Schalldichtes Verschliessen

Am Montag und Dienstag der Woche i + 4 werden im Teil-Job 9 alle Leitungen (Sanitär, HKL und Elektro) an den Decken- und Wanddurchbrüchen mit Körperschalldämmung ausgerüstet. Diese Arbeiten können mit vier Mann pro Gewerkearbeitsgruppe innerhalb von zwei Tagen abgeschlossen werden (Tab. 14.7).

Tab. 14.6 Ausschnitt des Wochenprogramms – Teil-Job 8

ETH
Eidgenössische Technische Hochschule Zürich
Swiss Federal Institute of Technology Zurich

TT consulting gmbh
Prof. Dr.-Ing. G. Girmscheid

Projekt: Hotel **Phase:** Ausbau **Stock:** k

Ausbau-Jobpakete		Woche i+2					Woche i+3				
Teil-Jobs	**Arbeitsgruppe**	**Mo**	**Di**	**Mi**	**Do**	**Fr**	**Mo**	**Di**	**Mi**	**Do**	**Fr**
8 Estrich Zimmer und Gang herstellen	**Estrich**										
8.1 Fussbodenschallisolierung aufbringen	4 Mann					R1, R2, R6, R7	R3, R4, S, R9			Gang	
8.2 Schwimmenden Estrich einbringen	4 Mann							R1, R2, R6, R7	R3, R4, S, R9	Gang	

Tab. 14.7 Ausschnitt des Wochenprogramms – Teil-Job 10–14

ETH
Eidgenössische Technische Hochschule Zürich
Swiss Federal Institute of Technology Zurich

TT consulting gmbh
Prof. Dr.-Ing. G. Girmscheid

Projekt: Hotel **Phase:** Ausbau **Stock:** k

Ausbau-Jobpakete		Woche i+4					Woche i+5				
Teil-Jobs	**Arbeitsgruppe**	**Mo**	**Di**	**Mi**	**Do**	**Fr**	**Mo**	**Di**	**Mi**	**Do**	**Fr**
9 Schalldichtes Verschliessen	**Sanitär, HKL, Elektro**										
9.1 Sanitärleitung an Durchbrüchen mit Körperschalldämmung ausrüsten	4 Mann	R1, R2, R6, R7	R3, R4, S, R9								
9.2 HKL-Leitungen an Durchbrüchen mit Körperschalldämmung ausrüsten	4 Mann	R1, R2, R6, R7	R3, R4, S, R9								
9.3 Elektro-Leitungen an Durchbrüchen mit Körperschalldämmung ausrüsten	4 Mann	R1, R2, R6, R7	R3, R4, S, R9								
10 Elektrokabel ziehen	**Elektro**										
10.1 Zimmerverteiler installieren	4 Mann	R1-R9									
10.2 Kabel ziehen	4 Mann		R1-R9								
10.3 Dosen in Wände setzen	4 Mann			R1-R9							
11 Verputzen und Anstreichen	**Anstreicher**										
11.1 Spachteln der Wände	4 Mann				R1, R2, R6, R7	R3, R4, S, R9					
11.2 Streichen der Wände	4 Mann						R1, R2, R6, R7	R3, R4, S, R9			
12 Fussboden verlegen	**Fussboden**										
12.1 Fusboden verlegen	4 Mann								R1, R2, R6, R7	R3, R4, S, R9	Gang
13 Installation der Türen	**Türen**										
13.1 Türen einhängen und ausrichten	2 Mann									15 Türen	
14 Armaturen einbauen	**Sanitär, HKL, Elektro**										
14.1 Sanitäramaturen einbauen (Waschbeckenarmaturen, Handtuchhalter etc.)	4 Mann									R1, R2, R6, R7	R3, R4, S, R9
14.2 HKL-Armaturen einbauen (Lüftungsdeckelauslässe, Ventile, Heizkörper etc.)	4 Mann									R1, R2, R6, R7	R3, R4, S, R9
14.3 Elektro-Armaturen einbauen (Schalter, Steckdosen, Steuerungseinrichtungen etc.)	4 Mann									R1, R2, R6, R7	R3, R4, S, R9

Teil-Job 10: Elektrokabel ziehen

Gleichzeitig zum schalldichten Verschliessen werden im Zuge des Teil-Jobs 10 die Elektrokabel gezogen. Dazu werden im ersten Arbeitsschritt die Zimmerverteiler installiert, anschliessend die Kabel gezogen und danach die Dosen in die Wände gesetzt. Mit vier Mann ist dieser Teil-Job wie in Tab. 14.7 dargestellt nach zwei Tagen abgeschlossen.

Teil-Job 11:

Verputzen und Anstreichen Im nächsten Teil-Job werden die Wände gespachtelt und gestrichen. Dies nimmt mit vier Mann vier Arbeitstage in Anspruch (Tab. 14.7).

Teil-Job 12:

Fussboden verlegen Danach wird mit vier Mann der Fussboden in allen Räumen und abschliessend am Gang verlegt, wofür drei Arbeitstage benötigt werden (Tab. 14.7).

Teil-Job 13: Installation der Türen

Gleichzeitig können mit zwei Mann an einem Tag die 15 Türen eingehängt und ausgerichtet werden (Tab. 14.7).

Teil-Job 14: Armaturen einbauen

Als letzter Teil-Job erfolgt der Einbau der Armaturen. Dies betrifft die Sanitärarmaturen wie Waschbeckenarmaturen, Handtuchhalter etc, die HKL-Armaturen wie Lüftungsdeckelauslässe, Ventile, Heizkörper, etc. und die Elektro-Armaturen wie Schalter, Steckdosen und andere Steuerungseinrichtungen. Mit vier Mann pro Gewerkearbeitsgruppe wird dieser Teil-Job innerhalb von zwei Tagen abgeschlossen (Tab. 14.7).

Von den einzelnen Arbeitsgruppen werden für die Arbeitsziele basierend auf der Teil-Job-Liste (Tab. 14.3) die Tagesarbeitskarten erstellt.

Tabelle 14.8 zeigt eine solche Tagesarbeitskarte für eine Arbeitsgruppe des Trockenbaus. In der Arbeitskarte werden die

- Arbeitsziele und Arbeitsschritte
- Materialien und Mengen
- Hilfsmittel
- spezielle Werkzeuge

aufgeführt.

Zur übersichtlichen Darstellung werden die Arbeitskarten in einem Arbeitskartenboard mit ca. drei Wochen Vorschau eingeordnet (Tab. 14.9). Nach Ausführung der Arbeiten werden die Karten entfernt. Ist die Arbeit an dem jeweiligen Tag nicht fertiggestellt, wird die Karte abends nicht entfernt, sondern erhält einen roten Punkt. Zudem wird auf der Karte vermerkt, welches Problem dazu geführt hat, dass die Aufgabe nicht komplett erfüllt werden konnte. Ausserdem trifft sich die Arbeitsgruppe jeden Abend an dem Arbeitskartenboard, um die Arbeit des nächsten Tages zu besprechen. Zudem können Nachfolgearbeitsgruppen über eventuelle Störungen informiert werden. Das Projektmanagement weiss an jedem Abend, ob die Arbeiten planmässig voranschreiten oder ob Probleme aufgetreten sind. Somit bestehen sofortige Interventionsmöglichkeiten, um Massnahmen mit den Gruppen zu besprechen, anzuordnen und durchzusetzen. Jede Arbeitsgruppe wird somit diszipliniert und motiviert, ihre Leistungen programmgereicht umzusetzen. Ein Aufschaukeln von Problemen nach dem Motto „das bekommen wir schon im Laufe der Woche hin" wird verhindert, indem ziel- und ergebnisorientierte Massnahmen täglich getroffen werden. Nur durch eine solche detaillierte Arbeitsplanung kann ein Takt- und Fliessprozess koordiniert und gesteuert werden.

Fazit

Durch die systematische Workflowplanung der Gewerke und Arbeitsgruppen als Takt- und Fliessprozess entsprechend dem hier dargestellten Beispiel werden die einzelnen Job-Pakete und Arbeitsschritte inhaltlich und räumlich interaktiv und integrativ abgestimmt und damit wird die Effizienz des Ausbauprozesses maximiert.

Tab. 14.8 Tagesarbeitskarte – Trockenbau

ETH
Eidgenössische Technische Hochschule Zürich
Swiss Federal Institute of Technology Zurich

TT consulting gmbh
Prof. Dr.-Ing. G. Girmscheid

Tagesarbeitskarte: Trockenbau

Stock: k

Tag: Montag Woche i

Team: 2 Mann

Raum R1 – Rahmen stellen

Arbeiten:

1. Einmessen von Fluchtpunkten
2. Boden- und Decken-U-Profile installieren
3. Ständer einmessen/anpassen
4. Ständer einstellen und mit L-Winkle befestigen

Hilfsmittel:

1. Theodolit/Messbänder
2. 2 Bockleitern
3. 2 x Hilti-Bohrer
4. 2 x Hilti-Schrauber

Material:

	Type	Menge	Einzellänge	Total
1. U-Profil	U 5x10	5	3.00m	15.0m
2. Ständer	□ 10x10	8	2.73m	21.9m
3. Befestigungswinkel	L 10x10	16		

Probleme:

14.4.2 Geräte- und Materialabruf

Im Rahmen der Arbeitsvorbereitung und Logistikplanung werden der Mannschafts- und Geräteeinsatz, die Subunternehmereinsätze sowie Materiallieferungen disponiert. Jede Termin- und Bauablaufplanung beruht auf Leistungsannahmen, die in die Leistungsberechnung und in die Planung der Ressourcenbereitstellung und der Dauer von Aktivitäten eingehen. Die Termin- und Ablaufplanung ist während des Herstellungsprozesses eines Bauwerks verschiedensten Störgrössen wie z. B. schlechtem Wetter oder Lernkurven, die Abweichungen von den Planvorgaben erzeugen, unterworfen.

Nach Vertragsabschluss teilt die Arbeitsvorbereitung der Personal- und Maschinenabteilung und den Subunternehmern die antizipierten Einsatz- und Liefertermine für die

Tab. 14.9 Arbeitskartenboard Ausbau k. Stock – Ausführungsorganisation mit Wochen- und Tagesprogramm

ETH
Eidgenössische Technische Hochschule Zürich
Swiss Federal Institute of Technology Zurich

TT consulting gmbh
Prof. Dr.-Ing. G. Girmscheid

	Woche i					Woche i+1					Woche i+2				
Arbeitsgruppe	Mo	Di	Mi	Do	Fr	Mo	Di	Mi	Do	Fr	Mo	Di	Mi	Do	Fr
Trockenbau Arbeitsteam 1	Rahmen R1, R2	Rahmen R3, R4	Türen / Beplanken R6, R7	Beplanken R3, R4	Isolierung R1, R2	Isolierung R3, R4							Beplanken R1, R2, R6, R7	Beplanken R3, R4, S, R9	
Trockenbau Arbeitsteam 2	Rahmen R6, R7	Rahmen S, R9	Beplanken R1, R2	Beplanken S, R9	Isolierung R6, R7	Isolierung S, R9							Abgehängte Decke Gang	Abg. Decke R1, R2, R6, R7	Abg. Decke R3, R4, S, R9
Sanitär Arbeitsteam 1						AW-falltg. R1, R2, R6, R7	AW-falltg. R3, R4, S, R9								
Sanitär Arbeitsteam 2						AW-ltg. R1, R2, R6, R7	AW-ltg. R3, R4, S, R9								
Sanitär Arbeitsteam n						Wasser Trasse L+R	W-ltg R1, R2, R6, R7	W-ltg. R3, R4, S, R9							
HKL Arbeitsteam 1							Heizung Trasse L1	Heizung Trasse R1	Boden-schlaufen R1, R2	Boden-schlaufen R3, R4	Lüftung R1, R2, R6, R7				
HKL Arbeitsteam 2							Heizung Trasse L2	Heizung Trasse R2	Boden-schlaufen R6, R7	Boden-schlaufen S, R9	Lüftung R3, R4, S, R9				
Elektro Arbeitsteam 1										Elektro Trasse L1	Elektro Trasse R1	E-Leerrohre R1, R2	E-Leerrohre R3, R4		
Elektro Arbeitsteam 2										Elektro Trasse L2	Elektro Trasse R2	E-Leerrohre R6, R7	E-Leerrohre S, R9		
Estrich Arbeitsteam															
Anstreicher Arbeitsteam															
Fussboden Arbeitsteam															

ungefähre Disposition der Ressourcen mit. Unter Beachtung der vereinbarten Vorankündigungszeiten ruft die Baustellenleitung gemäss dem Baufortschritt die Ressourcen für die Baustelle ab. Die Bauleitung hat dabei folgende Punkte zu beachten:

- Wann werden diese Geräte, Mannschaften, Materialien benötigt?
- Wie lang sind die minimalen Abrufzeiten für die Beteiligten zur Bereitstellung der Ressourcen auf der Baustelle?
- Sind genügend Lager- und Abstellflächen bzw. Sozialeinrichtungen vorhanden?

Man sollte bei der Abwicklung einer Baustelle eine „just in time delivery"-Strategie anvisieren, d. h., Baustoffe werden nicht auf dem Werkhof zwischengelagert, sondern direkt zum Verbrauchsort, der Baustelle, geliefert. Damit wird das zweifache Anfassen und Transportieren des Materials verhindert und die erforderliche Werkhofzwischenlagerkapazität reduziert, jedoch sind die jeweiligen Vorlauffristen entscheidende Vorgaben für den Geräte- und Materialabruf. Vor allem zur Vermeidung von unproduktiven Arbeitsstunden durch Wartezeiten auf Geräte und Material oder durch wiederholtes Umsetzen von Material, weil die Lagerung den Arbeitsablauf stört, ist eine baubegleitende Logistik unumgänglich (Kap. 10.3.7). Besonders wichtig ist die Baustellenlogistik bei beengten Platzverhältnissen im innerstädtischen

Bereich und bei der Abwicklung von TU- und GU-Aufträgen in der Phase, in der mehrere Unternehmer den Ausbau parallel durchführen.

Mit der baubegleitenden Logistik, die wöchentlich im Rahmen der Überprüfung und Überarbeitung der Arbeitsvorbereitung angepasst wird, lassen sich die „heimlichen Stundenfresser", die in keinem konventionellen Controlling aufgedeckt werden, zu produktiven Leistungen lenken und damit die monetären Erfolgspotentiale der Unternehmen nachhaltig verbessern.

Die Lieferung und Lagerung von Subunternehmermaterial muss, bei mangelnden Lagerkapazitäten auf der Baustelle, mit den Subunternehmern bereits zu Vertragsabschluss geregelt werden. Bei der Subunternehmerbeauftragung während der Bauabwicklung muss unbedingt auf die möglichen Liefertermine des Subunternehmermaterials geachtet werden. Der Subunternehmer wird das Material erst nach Auftragseingang definitiv bestellen; in jedem Fall sollte diese Vorlauffrist zur Bestimmung des spätesten Beauftragungstermins berücksichtigt und im Vertrag geregelt werden.

Beim Materialabruf sind Produktions- und Lieferzeiten zu beachten. Produktionszeiten resultieren aus den Anforderungen an das Produkt, der Leistungsfähigkeit des Unternehmens und der Menge. Hinzu kommen Lieferzeiten, die je nach Produkt oder Herkunft mehrere Wochen in Anspruch nehmen können. Am Tag der Lieferung ist für ausreichende Lagerfläche, Geräte zum Abladen und ggf. zusätzliche Arbeitskräfte zu sorgen.

Beim Abruf von Grossgeräten ist die Aufbau- und Installationszeit in die Terminplanung einzukalkulieren. So kann der Aufbau von besonders grossen Kranen durchaus eine Woche in Anspruch nehmen; noch schwieriger verhält es sich bei Produktionsanlagen für den Baustellenhilfsbetrieb wie z. B. einer Betonmischanlage oder sogar einer Fertigungsanlage für Betonfertigteile. Für den Tag der Anlieferung ist für eine ausreichende und geräumte Installationsfläche zu sorgen. Dies trifft besonders für Grossgeräte wie z. B. Tunnelbohrmaschinen zu, aber auch für Spezialschalungen im Hochbau und für die vorbereitende Installation von selbstkletternden Kernschalungen.

14.4.3 Organisation des Bauablaufs, der Baumethoden und der Arbeitssicherheit

Die wichtigste Aufgabe des Ausführungsmanagements ist es, die gewählten Baumethoden zu optimieren und die Bauabläufe dem dynamischen Prozess, der oft verschiedenen internen und externen Störungen unterworfen ist, möglichst flexibel und leistungssteigernd anzupassen.

Die Leistungen auf der Baustelle werden im Rahmen der Arbeitskalkulation zeit- und kostenmässig bewertet. Die Organisation des Bauablaufs orientiert sich an diesen Ansätzen; Bauabläufe und Baumethoden sind regelmässig daraufhin zu kontrollieren. Es ist sicherzustellen, dass die geplanten und kalkulierten Leistungsvorgaben der Bauverfahren umgesetzt und die Konzepte verwirklicht werden können, wie es in der Arbeitsvorbereitung und Arbeitskalkulation vorgesehen war.

Da jedes Projekt Unikatcharakter hat, muss man für jedes Bauverfahren eine gewisse Lernphase berücksichtigen. Auch bei Bauverfahren, die der Baustellenmannschaft bekannt sind, muss bei einer neuen Zusammensetzung der Gruppe und neuen Bedingungen vor Ort mit Lernphasen gerechnet werden. Bei neuen Bauverfahren oder Bausystemen (Schalungen etc.) sind Anlaufschwierigkeiten zu erwarten. Die Aufgabe der Baustellenleitung ist es, die Minimierung der Lernphase zu gewährleisten. Regelmässige Wochenarbeitsbesprechungen können dazu genutzt werden, Probleme technischer Art anzusprechen und zu klären. In Bezug auf Subunternehmer sind diese Besprechungen besonders wichtig, um ihre Integration in den Bauablauf (z. B. bei einer Taktplanung) zu fördern. Nach der Lernphase sind die Bauproduktionsleistungen einem weiteren kontinuierlichen Verbesserungsprozess (KVP) zu unterziehen. Dazu ist es erforderlich, für routinemässig wiederkehrende Leistungen Arbeitsstudien durchzuführen, um das Verbesserungspotential zu erkennen.

Ist der Bauablauf mit besonderen Anforderungen an die Belastung der Mitarbeiter verbunden, so sind persönliche Anerkennungen, z. B. in Form von Bonuszahlungen, und andere leistungsfördernde Massnahmen einzusetzen. Eine positive Stimmung auf der Baustelle ist der beste Leistungsgarant.

Die Durchsetzung des Sicherheits- und Gesundheitsplans zur Sicherstellung der Arbeitssicherheit gehört auch zu den Hauptaufgaben der Bauführung/-leitung. Schutzkleidungen, Absperrungen, Hinweise und die Einhaltung der Sicherheitsmassnahmen sind regelmässig zu kontrollieren. Der Baustellenleiter ist für seine Mitarbeiter verantwortlich und darf nicht in den Glauben verfallen, diese seien von selbst ausreichend sicherheitsbewusst. Das Konzept der Arbeitssicherheit sollte auf präventiven und ausmassvermindernden Massnahmen beruhen. Das Ziel dieses abgestuften Vorgehens ist es, das Eintreten von Ereignissen mit möglichst hoher Wahrscheinlichkeit zu vermeiden. Tritt doch ein Ereignis ein, so müssen Massnahmen zur Bekämpfung bereitstehen, um das Ausmass der Auswirkungen auf Personen, Bauwerke und Umwelt möglichst gering zu halten. Neben der Beachtung der technischen Arbeitssicherheit am Arbeitsplatz und an den Geräten ist es erforderlich, das Personal für verschiedene Gefahrensituationen zu schulen. Für grössere Ereignisse sollten Rettungspläne ausgearbeitet werden [6].

14.5 Projektqualitätsmanagement versus Fehler- und Gewährleistungsmanagement

14.5.1 Mängelvermeidung durch PQM

Wenn man die Presse verfolgt, dann muss man zu dem Schluss kommen, dass PQM bis heute bei vielen Projekten eine unzureichende Wirkung entfaltet:

- Schaden, der jedes Jahr durch mangelhafte Planung und schlampige Arbeit an Neubauten entsteht, geht in die Milliarden.
- Untersuchungen des Bauherren-Schutzbundes zeigen:
  - 300 Bauvorhaben wiesen im Schnitt 10 bis 20 Mängel auf;

Abb. 14.24 Mängel im Stadionbau

- Schadenssummen betragen bis zu 50.000 EUR je Eigenheim.

Dabei haben Untersuchungen festgestellt, dass fast 40 % der Fehler auf eine unzureichende oder fehlerhafte Planung und Ausschreibung zurück zu führen sind, die die Funktionalität oder den Unterhalt beeinträchtigen (Abb. 14.24).

Zu diesen häufigen Fehlern gehören:

- Wärme- und Schallschutz nicht ausreichend,
- Einregnen in Flachdächern durch fehlerhafte Abschlüsse/Übergänge,
- Eindringende Feuchtigkeit aufgrund mangelhafter Abdichtung der Bodenplatte und der Kelleraussenwand,
- Tiefgaragen: Wasser dringt ein – keine weisse Wanne oder nicht abgedichtete Dehnfugen,
- Verwitterung der Fassade durch falsches Gefälle an Brüstungen und Fensterbänken,
- Befall mit Schimmelpilzen, weil Bauteile bei schlechtem Wetter nicht geschützt werden und der Baukörper nicht richtig austrocknen kann,
- Falsch eingefügte Fenster,
- Mangelnder Schallschutz durch Fehler beim Einbau von Treppen, zwischen Doppel- und Reihenhauseinheiten sowie Rohrschächten.

14.5.2 Qualitätsmängel – Ursache

Ein Qualitätsmangel liegt vor, wenn eine Bauwerksleistung:

- Nicht die vertraglich vereinbarte Beschaffenheit hat,
- Nicht dem vertraglich vorausgesetzten Verwendungszweck entspricht,
- Nicht für die gewöhnliche Verwendung geeignet ist,
- Nicht den anerkannten Regeln der Technik entspricht,
- Mit visuellen oder substanziellen Fehlern behaftet ist.

Die heute meist in Vielzahl auftretenden Baumängel führen zu:

- Ärger bei den Kunden (Value for Money),
- Unnötigen Auseinandersetzungen zwischen Auftraggeber und Auftragnehmer,
- Unnötigem Kosten- und Zeitaufwand bei den Unternehmen, weil die Arbeit (Ausbesserungen) zweimal getan werden muss, anstelle des Qualitätslenkungsprinzips „Tue es einmal, aber richtig!".

Dabei ist der Mangel die Ursache und der Schaden (visuell, funktional, konstruktiv, etc.) die Wirkung. Diese Wirkung stellt neben den Schadensbeseitigungskosten immer eine Wertminderung dar.

14.5.3 Qualitätsmängel – Nachweis

Einen Qualitätsmangel stellt man durch Vergleich des vertraglich vereinbarten Soll- mit dem Ist-Zustand fest. Der vertraglich vereinbarte Soll-Zustand wird durch

- gesetzliche Bestimmungen mit unabdingbaren Charakter festgelegt.
- Normen, die den Stand der Technik repräsentieren festgelegt. Dabei haben Normen, die die öffentliche Sicherheit aufrechterhalten (Tragwerksnormen, etc.), unabdingbaren Charakter. Andere Normen geben gewisse Standards vor, die vereinbart werden müssen.
- allgemeine und spezielle Anforderungen an den Soll-Zustand (insbesondere technische Anforderungen) festgelegt.
- Leistungsverzeichnisse und Pläne detailliert festgelegt.

Auf diesen Grundlagen aufbauend wird dann der Ist-Zustand festgestellt und daraus der Soll-Erfüllungszustand ermittelt. Bei unzulässigen Toleranzen im Vergleich zum Soll-Erfüllungszustand, werden diese als Mangel deklariert. Die Unterteilung der Abweichung vom Soll- zum Ist-Zustand erfolgt in folgenden Kategorien:

- Mängelfrei,
- Unwesentliche Mängel,
- Wesentliche Mängel.

In die Kategorie „unwesentliche Mängel" fallen einzelne kleinere Sichtmängel. In die Kategorie „wesentliche Mängel" fallen einerseits eine Vielzahl kleiner und mittlerer Mängel sowie einzelne gravierende Mängel. Im Regelfall wird bei wesentlichen Mängeln die Nutzung oder der Wert beeinträchtigt. Grundsätzlich kann sich der Bauherr bei der Feststellung eines Mangels auf die Symptomtheorie abstützen. Somit braucht er nicht die Ursache des Mangels selbst zu ermitteln (z. B. Feuchtigkeitsstelle in der Flachdachdecke oder Schimmelpilz an der Wand).

Abb. 14.25 Mängel im Hochbau – Typische Wärmebrücken

Stellt der Bauherr Bauschäden/-mängel fest, sollte er diese zunächst gegenüber dem Bauunternehmer schriftlich rügen. Es reicht aus, wenn der Bauherr das Erscheinungsbild, welches Veranlassung für die Rüge des Bauschadens/- mangels gibt, so beschreibt, dass der Bauunternehmer die Rüge nachvollziehen kann, z. B. wenn sich in den Fensterlaibungen im Bereich des Dachschrägenfensters Schimmel gebildet hat (siehe Abb. 14.25). Nicht erforderlich ist es, dass der Bauherr die Ursache des Bauschadens/-mangels feststellt.

14.5.4 PQM-Prozesse – Qualitätslenkung

Für jedes Projekt müssen zur Qualitätslenkung die Qualitätsschwerpunkte auf die Spezifitäten der projektspezifischen Arbeitsgattungen festgelegt werden. Diese müssen auf die einzelnen Takte und Arbeitsschritte abgestimmt werden. So sollte die Schalung auf die QM-Anforderungen geprüft werden, bevor mit der der Verlegung der Bewehrung begonnen wird. Betoniert wird erst, wenn die Bewehrung abgenommen wurde. Das gleiche arbeitsabschnittsweise Vorgehen wird beim Ausbau angewendet. Bei den Elektroarbeiten werden erst die Leerrohre und Fixierungen geprüft, bevor betoniert wird. Vor dem Einziehen wird geprüft ob die Leerrohre durchgängig sind. Daher muss neben einer durchgängigen Arbeitsprüfung durch die

Teams selber vor jedem weiteren Arbeitsschritt und Takt die Anforderungskonformität der Teilleistung geprüft werden, insofern:

- dass die geleistete Arbeit beim nächsten Arbeitsschritt keinen Schaden nimmt.
- dass die geleistete Arbeit den technischen Regeln und Anforderungen des Bauherrn bzw. des Leistungsverzeichnisses und der Pläne entspricht.

Dazu ist es erforderlich einen projektspezifischen Abnahmeplan zu erstellen. In der Planungsphase sollte dieser vom Prozessführer der Planung mit dem Bauherrn bzw. vom Bauherrn erstellt werden. Dieser Abnahmeplan muss:

- die Planung inhaltlich und zeitlich kontinuierlich auf die Ziele und Anforderungen des Bauherrn hin prüfen und Abnahme-Meilensteine festlegen bevor die nächste Planungsphase beginnt und das Projekt detaillierter bzw. je nach Projektphase konkreter weiterentwickelt wird.
- die Fachplanung auf interaktive, integrative Abhängigkeiten prüfen, koordinieren und optimieren.

In der Realisierungs- bzw. Bauphase muss für jede Arbeitsgattung (Gewerk) ein spezifischer Qualitätslenkungs- und Abnahmeplan erstellt werden. Auch in dieser Phase ist es besonders wichtig ein stufenweises Vorgehen zu wählen, dass den einzelnen Arbeitsschritten gerecht wird. Ziel des integrierten Qualitätsmanagements ist es:

- Leistungen direkt mängelfrei herzustellen,
- Bauabschnitte/Elemente bezüglich Funktionsfähigkeit bzw. Beschädigungsfreiheit zu prüfen,
- entdeckte Mängel sofort zu beheben – nicht zu verdecken,
- Checklisten zur Prüfung abgeschlossener Arbeitsabschnitte auf Mängelfreiheit zu verwenden.

Dadurch wird die Kundenzufriedenheit gesichert und die internen Kosten werden gesenkt:

- Kosten aufgrund teurer Mängelbehebung werden reduziert – „Tue es einmal, aber richtig!“;
- Kundenzufriedenheit wird gesteigert – Kunden werden gebunden.

Es muss folgender Grundsatz gelten: „Es wird nicht betoniert, bevor die Einlagen (Bewehrung, Leerrohre und andere technische Installationen) die Anforderungen an Beschädigungssicherheit sowie technische und spezifische Anforderungen erfüllen“.

Dafür müssen die Bauabschnitte, Takte und Arbeitsschritte gewerkeweise auf Ausführungsmängel geprüft werden (z. B. vor einem weiteren Ausbau oder der Hinterfüllung):

- Richtige Rissbewehrung – Keller/Tiefgarage,
- Dichtungsisolierung – Anschlüsse prüfen,
- Gefälle – bestimmen und messen,
- Schallschutz – richtige und vollständige Dämpferanordnung prüfen,
- Schallschutz – Decken-Wand-Schallübertragungsisolierung.

Zudem sollte man eine Abnahmecheckliste mit Gefahrenpunkten erstellen. Die gesamten Abnahmen, auch der Teilschritte, sollte/muss protokolliert werden. Dies ist zwar sehr formal aber andernfalls lässt der Elan nach und es erfolgt keine oder, wie heute meist, eine unzureichende herstellungsbegleitende „Kontrolle". Zudem sollte die Endabnahme sowie die darauf folgende Mängelbeseitigung und Inbetriebsetzung zeitlich im Bauprogramm eingeplant werden. Dazu gehört eine frühzeitige Koordination und Kommunikation mit dem Bauherrn.

14.5.5 Gewährleistungsmängel – aus Fehlern lernen

Im Rahmen eines gelebten, gesteuerten und durchgesetzten PQM sollten bei der Endabnahme nur noch geringe unwesentliche Mängel feststellbar sein. Zudem wäre die Gefahr versteckter Mängel äusserst gering. Treten doch Mängel auf, so sollten diese umgehend vollständig beseitigt werden. Dieses qualitätsgesteuerte und kundenorientierte Vorgehen erfordert die Planung von Ressourcen und Personalkapazität für die verschiedenen Mängelbeseitigungsmassnahmen. Diese „last minute" Kundenorientierung erfordert ein systematisches Mängelmanagement:

- **Vor der Abnahme**:
  - Mängel möglichst verhindern (aktiv!),
  - Mängel vor der Abnahme erfassen,
  - Mängel vor der Abnahme beheben.
- **Nach der Abnahme**:
  - Mängel erfassen,
  - Mängel bewerten (eventuell Gutachten),
  - Kunden informieren,
  - Reale Mängel umgehend beheben,
  - Mängelbeseitigung prüfen,
  - Kunden informieren und abnehmen.

Um Fehler in Zukunft zu vermindern bzw. zu verhindern, ist es erforderlich aus Fehlern zu lernen. Dazu ist es erforderlich:

- Fehler nach Häufigkeit und Kostenwirkung zu priorisieren,
- Massnahmen zur Verhinderung von „Standardfehlern" zu erarbeiten,
- Fehler nach Planungs- und Ausführungsfehlern zu differenzieren,

- Fehler systematisch pro Projekt im GU-Bereich zu erfassen,
- Massnahmen im Prozesshandbuch zu erfassen um aus den Fehlern zu lernen (Checklisten erstellen für: Planung/Ausschreibung/Ausführung),
- Schulung der Mitarbeiter zur Erkennung typischer Fehler, z. B. Schalschutz (worauf achte ich in der Planung/worauf achte ich in der Ausführung → neuralgische Punkte).

Das Resultat einer solchen Fehleranalyse ist die „Clusterung" der Mängel. Wenn man solche Cluster identifiziert hat, müssen Massnahmen festgelegt werden, um solche Fehler bei zukünftigen Projekten zu vermeiden:

- Wasserdichtigkeit von Keller-/Tierfgaragen – Rissbewehrung statt nur Mindestbewehrung,
- Schallschutz in Schächten – Bauphysiker einbeziehen,
- Verschmutzung von Fassaden durch Brüstungen – leichtes Gefälle nach innen vorsehen,
- Eisbildung bei Aussentreppen – seitliche Rinnen anordnen,
- Etc.

Es sollte ein Fehlerwissen entwickelt werden. Dazu ist es erforderlich:

- Fehlerursachen zu erfassen,
- Massnahmen zur künftigen Verhinderung festzulegen,
- Gruppen- bzw. teamübergreifende Information durchzuführen,
- Massnahmen im Prozess- bzw. QM-Handbuch festzulegen,
- Fachingenieure bei neuen und schwierigen Aufgaben heranzuziehen.

TU/GU und Bauunternehmen müssen Generalwissen entwickeln und aktiv aus Fehlern lernen!

Es empfiehlt sich eine Checkliste mit Gefahrenpunkten zu erstellen, die allerdings periodisch überprüft werden muss. Alle Fachplaner, Architekten oder auch Unternehmer sowie Subunternehmer sollten nach klaren Selektionskriterien (Know-how, Zuverlässigkeit, Finanzen, etc.) ausgewählt werden. Dies reduziert Qualitätsprobleme bereits dem Grunde nach.

14.6 Controlling im Bauwesen

Controlling wird im Allgemeinen als Planung, Steuerung und Kontrolle verstanden. Organisatorisch wird das Controlling meist der Unternehmensführung als Stabstelle bzw. als Teilbereich angegliedert. Controlling erfolgt auf verschiedenen Stufen. In Bauunternehmen findet auf der untersten Stufe ein Projekt- und Baustellencontrolling statt, die Erkenntnisse hieraus werden bis zum Unternehmenscontrolling (oberste Stufe) verdichtet.

Controlling wurde zunächst in der Praxis entwickelt, auf dieser Basis versucht die Forschung, das Controlling zu beschreiben. Aus diesem Grund existieren sehr viele unterschiedliche Definitionen von Controlling. Im Folgenden wird ein kurzer historischer Abriss der Entwicklung des Controllings gegeben und eine vereinfachte Arbeitsdefinition hergeleitet.

14.6.1 Der Begriff Controlling

Im 15. Jahrhundert wurde in Frankreich und Grossbritannien eine „staatliche" Stelle geschaffen, die die Aufgabe hatte, die Aufzeichnungen über den Geld- und Güterverkehr beider Staaten zu überwachen (GB: „countrollour", F: contre-rôle") [7]. Ende des 18. Jahrhunderts wurde im amerikanischen Staatsdienst zur Überwachung des staatlichen Haushalts und der Mittelverwendung die Stelle des „Comptroller" (franz.: „compter" = zählen) eingerichtet.

Im Jahre 1880 wurde die erste Controllingstelle in einem Wirtschaftsunternehmen in den USA geschaffen, die die gesamte Verwaltung der Finanzanlagen, des Grundkapitals und der Sicherheiten der Gesellschaft übernehmen sollte. Ab diesem Zeitpunkt wurden in den USA weitere Controllingstellen in Unternehmen eingeführt.

Die Aufgaben des Controllers haben sich kontinuierlich gewandelt. Der amerikanische Controller nahm und nimmt noch heute im Wesentlichen finanzwirtschaftliche Aufgaben wahr und ist damit deutlich rechnungswesenorientiert.

Durch die Weltwirtschaftskrise 1929–1931 wurde die Stellung des Controllers erheblich aufgewertet.

In den 50er Jahren wurde die Controllingstelle vornehmlich von amerikanischen Unternehmen auch in Europa eingeführt, wobei die Stellen ebenfalls stark rechnungswesenorientiert waren. Durch den kontinuierlichen Wirtschaftsaufschwung in den Nachkriegsjahren war der Einsatz jedoch nur verhalten und die Weiterentwicklung schleppend. Erst die dynamische Umweltveränderung der letzten zwei Jahrzehnte und die damit einhergehenden Strukturkrisen in der Wirtschaft werteten das Interesse an Controlling in Theorie und Praxis auf.

Weit verbreitet, aber nicht unumstritten ist die Controlling-Definition von Horváth ([8]; Abb. 14.26):

Das Controlling(system) gehört zu den Supportprozessen im Bauunternehmen und ist ein Subsystem der Führung, aber nicht die Führung (beispielsweise Unternehmensleitung) selbst. Die Führung koordiniert durch die Primärkoordination den Leistungserstellungsprozess. Das Controlling(system) koordiniert das Informationsversorgungssystem (im Wesentlichen das betriebliche Rechnungswesen) mit dem Planungs- und Kontrollsystem (die Planung und Kontrolle der Prozesse). Das Controlling hat keinen unmittelbaren Einfluss auf den Leistungserstellungsprozess. Es verknüpft die Informationsversorgung (Rechnungswesen) mit der Planung und Kontrolle. Dabei initiiert das Controllingsystem diese Prozesse und ist für die laufende Verknüpfung zuständig.

Vereinfacht dargestellt soll das Controlling im Rahmen der Supportprozesse unterstützend tätig werden und Entscheidungshilfen für die Unternehmensleitung bei der Erfüllung ihrer Aufgaben erarbeiten.

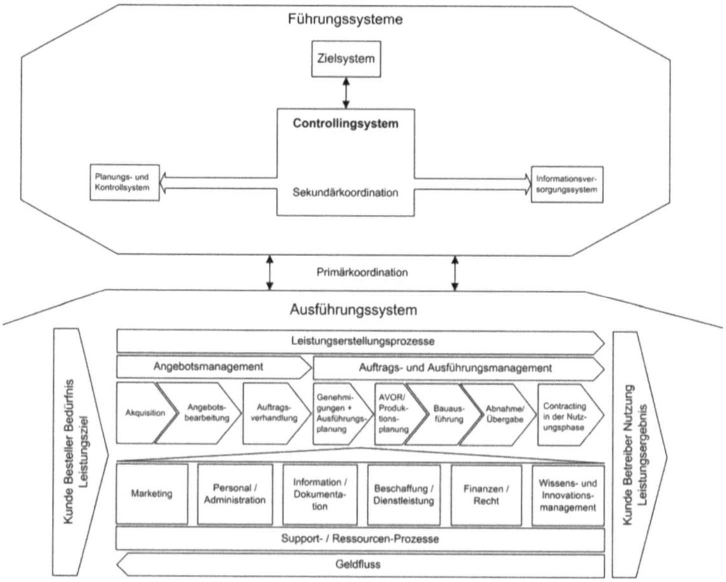

Abb. 14.26 Koordinationsaspekte des Controllings [nach 8]

14.6.2 Abgrenzung Baustellencontrolling zu Unternehmenscontrolling

In Bauunternehmen wird zwischen dem Baustellen- und dem Unternehmenscontrolling differenziert. Das Baustellencontrolling als Hilfsmittel für die Planung, Kontrolle und Steuerung einer Baustelle betrachtet die zurückliegenden Projektabläufe an einem Stichtag bzw. am Schluss sehr detailliert und unterstützt die Bau- und Projektleitung in der Prognose der zu erwartenden Projektergebnisse. Mit aufsteigender Hierarchiestufe im Unternehmen, von der Oberbauleitung über die Bereichsleitung zur Unternehmensleitung, werden diese Informationen weiter verdichtet und vergröbert. Die konkrete Ausgestaltung des Unternehmenscontrollings ist unternehmensspezifisch. Aus diesem Grund wird im Folgenden das Baustellencontrolling fokussiert betrachtet.

14.6.3 Qualitäts-, Termin-, Leistungs- und Kostenkontrolle

Für die erfolgreiche Abwicklung einer Baustelle und zur Sicherung der Kundenbindung sind Qualitätssicherungsmassnahmen, Termin-, Leistungs- und Kostenkontrollen im Rahmen des Projektqualitätsmanagements (PQM) umzusetzen und routinemässig zu überprüfen.

Im Rahmen des Bauvertrags sind die gestellten Qualitätsanforderungen durch Angabe der Soll- und Grenzwerte der Normen oder aber in Form einer individuellen klassifizierenden Leistungsbeschreibung meist eindeutig formuliert. Zur Überprüfung der Qualitäten stehen Mess- und Prüfverfahren zur Verfügung, deren Anwendung vertraglich vereinbart sein sollte, sofern sie nicht in Normen verankert sind. Die Überprüfungen der Qualität sollten regelmässig während des Leistungserstellungsprozesses stattfinden, um Qualitätsminderungen frühzeitig entgegenwirken zu können. Die Abnahme stellt den letzten Schritt einer Qualitätsprüfung dar. Muster werden besonderes für Materialien gefordert, die die architektonische Gestaltung eines Bauwerks betreffen (Farben, Oberflächen, Innenausbau etc.). Dem Auftraggeber sollte jeweils ein entsprechendes Muster ausgehändigt werden.

Monatlich ist eine umfassende Termin-, Leistungs- und Kostenkontrolle [9–11] mit dem Ziel durchzuführen, Abweichungen aufzudecken und Massnahmen zur Zielerreichung einzuleiten. Bestandteil der allgemeinen Termin-, Leistungs- und Kostenkontrolle ist also, u. a. dafür zu sorgen, dass alle für die Ausführung notwendigen Pläne, Materialien und Geräte termingerecht auf der Baustelle sind und die Bauproduktionsleistung rechtzeitig abgeschlossen werden kann.

Im Rahmen des Kapitels „Logistik" wurde bereits auf die Ausarbeitung eines Wochenarbeitsplans und auf die Anpassung der Terminplanung hingewiesen. Des Weiteren ist es ratsam, auch den Auftraggeber frühzeitig an die ihn betreffenden Aufgaben und Leistungen zu erinnern. Bei negativen Abweichungen von den Leistungsvorgaben sind Ansätze zur Leistungssteigerung zu entwickeln, um die Termin- und Kostenziele wieder erreichen zu können. Dazu stehen vier Mittel zur Verfügung: Arbeitsabläufe, Arbeitskräfte, Arbeitsverfahren und Arbeitsdauer.

Mittels Zeitstudien kann geprüft werden, ob Arbeitsabläufe rationalisiert werden können. Oft liegen unproduktiven Zeiten Logistikprobleme zugrunde, die angemessen gelöst werden müssen. Durch zusätzliche Arbeitskolonnen lässt sich die Leistung einer Baustelle bis zu einem bestimmten Grad erhöhen. Voraussetzung hierfür ist, dass die Kolonnen so eingesetzt werden können, dass sie sich ergänzen und nicht behindern. Ist eine Erhöhung der Arbeitskräftezahl ungeeignet oder aber nicht ausreichend, so ist zu prüfen, ob die tägliche Arbeitszeit in Form von Überstunden, Wochenendarbeiten oder Schichtbetrieb erhöht werden kann. Die entsprechenden kostensteigernden Lohnzuschläge sind besonders hinsichtlich der Einhaltung des Kostenrahmens zu überprüfen. Eine weitere Möglichkeit, die Leistungsfähigkeit zu erhöhen, besteht in der alternativen Wahl der Bauverfahren. Es ist zu prüfen, ob das Bauverfahren gänzlich geändert werden kann oder muss, oder ob ein Mehreinsatz von Bauhilfsmaterialien (Schalung, Spundwände etc.) und/oder Geräten ausreicht. Eine Änderung des Bauverfahrens kostet, im Vergleich zu dem vorher eingesetzten Verfahren, im Regelfall zusätzliche Mobilisations- und Demobilisationszeit für Geräte und Bauhilfsmaterialien etc. sowie Lernphasenzeit für das Personal.

In gleicher Form sind die Kosten zu prüfen, die den Bauablauf begleiten. Bei negativen Abweichungen sind die Gründe zu ermitteln; die Ansätze aus der Soll-Auftrags-Arbeitskalkulation sind mit den Ist-Werten zu vergleichen. Es ist zu prüfen, ob die Fehler bereits in der Kalkulation aufgetreten sind oder ob die Abläufe auf der Baustelle nicht optimal organisiert sind und durch einen kontinuierlichen Leistungsverbesserungsprozess noch Leistungsreserven aktiviert werden können. Es muss auch untersucht werden, inwieweit sich die Abweichungen auf das Gesamtergebnis auswirken (Ist-Prognose). Im nächsten Schritt müssen Leistungssteigerungs- und Kostensenkungspotentiale untersucht, ausgearbeitet, umgesetzt und kontrolliert werden. In jedem Fall ist die Geschäftsführung von einer solchen Entwicklung zu unterrichten; dies sollte routinemässig am Ende eines jeden Monats im Rahmen der Leistungsmeldung und des Soll-Ist-Vergleichs der Kosten erfolgen.

Neben den Kosten müssen auch die Termine ständig kontrolliert werden, da eine Bauzeitverlängerung – abgesehen von Nachträgen – meist automatisch eine Kostensteigerung nach sich zieht. Die grössten Auswirkungen haben dabei jedoch nicht, wie vielleicht erwartet, die direkten Kosten, sondern die indirekten Kosten wie die Baustelleneinrichtung oder die Löhne des Führungspersonals bzw. auch die Konventionalstrafen.

Aktivitätsverlängerungen bei Leistungspositionen, die auf dem kritischen Weg der Gesamtbauzeit liegen, verursachen Verlängerungen der Gesamtbauzeit, die im Regelfall mit Kostensteigerungen verbunden sind. Zur Veranschaulichung werden im Folgenden drei unterschiedliche Fälle untersucht.

Im ersten Fall wurde davon ausgegangen, dass die Aufwandswerte korrekt angenommen wurden und der Bauleiter auch tatsächlich die von ihm kalkulierte Anzahl von Arbeitern auf der Baustelle vorhalten kann; die Baustelle kann also im kalkulierten Zeitrahmen beendet werden.

Im zweiten Fall bleiben die Kosten für die Montage und Demontage konstant; auch die Aufwandswerte wurden korrekt angenommen. Der Bauleiter kann jedoch nur noch die Hälfte der kalkulierten Mannstärke auf der Baustelle vorhalten; die Dauer der Baumassnahme verdoppelt sich. Damit bleiben zwar die Lohnkosten konstant (halbe Anzahl Arbeiter, doppelte Zeit), die Vorhaltezeit für Schalung und Klettergerüst verdoppelt sich jedoch. Somit steigen die Inventarkosten. Ausserdem wurde angenommen, dass die Position „Wandschalung" auf dem kritischen Weg liegt, weshalb die gesamte Baustelleneinrichtung länger vorgehalten werden muss. Dadurch entstehen zusätzliche Mehrkosten für das verlängerte Vorhalten der Baustelleneinrichtung.

Im dritten untersuchten Fall wurde angenommen, dass die Aufwandswerte falsch geschätzt wurden. Lässt sich dieser Effekt auf unvorhersehbare Umstände zurückführen, sollte jeder Bauleiter versuchen, die ihm entstehenden Kosten über Nachträge einzufordern. Mit einer Veränderung der Aufwandswerte ändern sich sowohl die Lohnkosten wie auch möglicherweise die Vorhaltezeit des Inventars sowie die Inventarkosten. Auch hier müssen dann, wie im zweiten Fall, die Kosten der Baustelleneinrichtung berücksichtigt werden, wenn dies eine Verlängerung der Aktivitätsdauer auf dem kritischen Bauzeitweg erzeugt.

Die hier in den Beispielen betrachteten Abweichungen lagen alle in einer Grössenordnung, die so auf einer realen Baustelle selten vorkommen und zur Verdeutlichung des Sachverhalts beitragen sollen. Im täglichen Baugeschehen sind die schleichenden Verzögerungen, die sich über Wochen und über unterschiedliche Positionen hinweg aufsummieren, weitaus gefährlicher. Wird keine regelmässige objektive Terminkontrolle durchgeführt, so wird man erst dann aufmerksam, wenn es bereits zu spät für geeignete Gegenmassnahmen ist.

Im Bereich des Rechnungswesens sind Rechnungsstellungen und Zahlungseingänge zu kontrollieren. Überfällige Zahlungen sind anzumahnen.

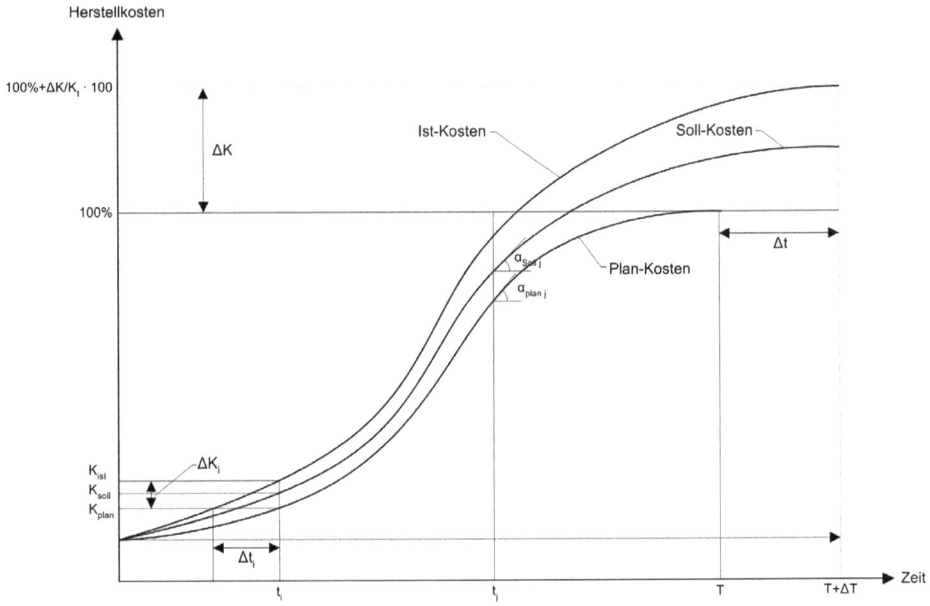

Legende

Plan-Kosten	=	geplante Menge x kalkulierte Herstellungskosten pro Mengeneinheit
Soll-Kosten	=	geleistete Menge x kalkulierte Herstellungskosten pro Mengeneinheit
Ist-Kosten	=	angefallene Kosten in Bezug auf die geleistete Menge
Δt_i	=	Zeitverzögerung oder -vorsprung zum Zeitpunkt t_i
ΔK_i	=	Kostenüber- / -unterschreitung zum Zeitpunkt t_i
Δt	=	Projektterminüber- / -unterschreitung
ΔK	=	Projektkostenüber- / -unterschreitung
K_t	=	Geplante Projektherstellkosten total
$\alpha_{soll\,j}$	=	Soll-Leistung zum Zeitpunkt j
$\alpha_{ist\,j}$	=	Ist-Leistung zum Zeitpunkt j
$\alpha_{plan\,j}$	=	Plan-Leistung zum Zeitpunkt j
t_j	=	Stichtag z. B. einer Leistungs- und Kostenmeldung sowie Hochrechnung auf das Projektende (Prognose

Abb. 14.27 Soll-Ist-Herstellungs- und Leistungskontrolle

Für eine schnelle Orientierung müssen die monatlichen Termin-, Leistungs- und Kostenkontrollen sowie die Rechnungsstellungs- und Zahlungseingangskontrolle grafisch dargestellt werden. Dies wird mit Histogrammen dargestellt, und dient dem monatlichen Soll-Ist-Vergleich. Die Auswirkungen über die Bauzeit werden mittels Summenlinien dargestellt (Abb. 14.27).

14.6.4 Das Baustellencontrolling

Die Aufgabe des Baustellencontrollings besteht darin, die Baustellenabläufe zu planen, zu steuern und zu kontrollieren. Hierzu führt das Controlling eine finanzielle Bewertung von Leistungserstellungsprozessen vergangener Projekte und, im Rahmen von Prognosen, eine Bewertung von Leistungserstellungsprozessen zukünftiger Projekte durch. Durch das Baustellencontrolling soll eine wirtschaftlich optimale Bauausführung unterstützt und der kontinuierliche Verbesserungsprozess unterstützt werden. Dies bedeutet im Einzelnen [12]:

- Kostenreduzierung durch optimierten Bauablauf
- laufende Überwachung der Baustellenergebnisse
- frühzeitige Erkennung von Störungen im Bauprozess
- Einleitung von Gegensteuerungsmassnahmen
- Korrektur von Vorgabewerten
- Lieferung von Prognosewerten für das laufende Projekt
- Lieferung von Erfahrungswerten für zukünftige Projekte

Das phasenorientierte Bauprojektcontrolling gliedert sich in das Controlling

- vor der Bauausführung
- während der Bauausführung
- nach der Bauausführung

und stützt sich dabei auf eine zweigliedrige Arbeitskalkulation (Soll-Auftrags-Arbeitskalkulation und Ist-Prognose-Arbeitskalkulation).

Basis des Baustellencontrollings ist die Arbeitskalkulation (vgl. Kap. 10.3.2.). Um Soll-Ist-Abweichungen ermitteln zu können, müssen die Soll-Werte definiert werden. Während die Plan-Werte in der Auftragskalkulation festgelegt werden, beinhaltet die Soll-Auftrags-Arbeitskalkulation die Soll-Werte für die Steuerung der Baustelle (Tab. 14.10).

Die Auftragskalkulation berücksichtigt den Kalkulationsstand zum Zeitpunkt des Vertragsschlusses zwischen Auftragnehmer und Bauherr. Die hier definierten Budgets stellen Plan-Werte dar, die den vorhandenen Kostenrahmen je Gewerk definieren. Zu Beginn des

Tab. 14.10 Entwicklung von Leistungs- und Aufwandswerten im Bauprozess

	Menge (m)	Leistung (m/h)	Stunden (h)
PLAN	LV	Kalkulation PLAN-Leistung	Terminplan PLAN-Stunden
IST	Ausmass	IST-Menge durch IST-Sturden	Gezählt
SOLL	SOLL-Stunden mal PLAN-Leistung	SOLL-Menge durch PLAN-Stunden	SOLL-Menge durch PLAN-Leistung
WIRO	Geschätzt	Ev geschätzt	WIRD-Menge durch WIRD-Leistung

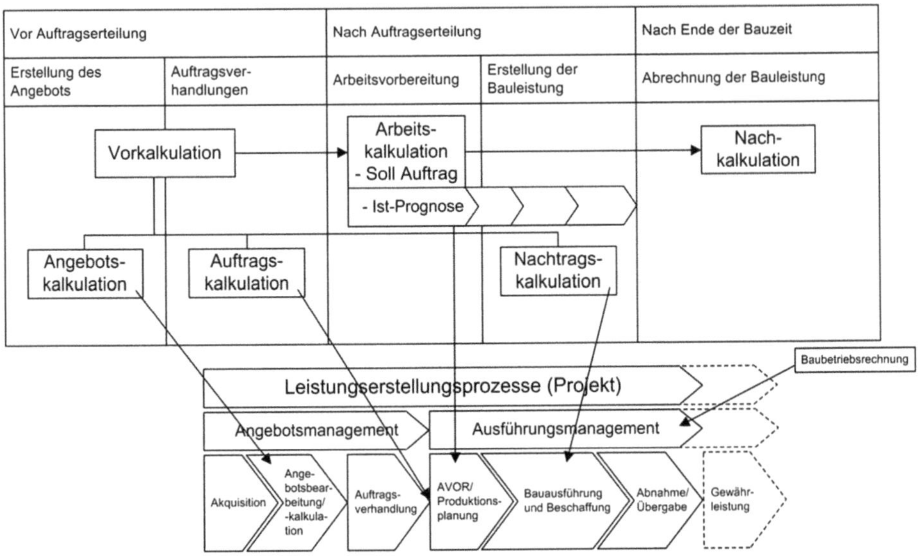

Abb. 14.28 Kalkulationsphasen

Ausführungsmanagements (Abb. 14.28) startet die AVOR-Phase. Durch Konkretisierung des Bauablaufs werden die Annahmen der Auftragskalkulation überprüft und, falls erforderlich, modifiziert. Dieser Prozess entspricht der Weiterschreibung der Auftragskalkulation durch die Soll-Auftrags-Arbeitskalkulation. In der Soll-Auftrags-Arbeitskalkulation müssen intendierte Prozessoptimierungen, voraussichtlich zum Einsatz kommende Ressourcen und eine eventuelle Verschiebung zwischen Eigen- und Fremdleistung berücksichtigt werden. Die Ergebnisse der Arbeitskalkulation stellen die umlagefreien Budgetwerte für die Nachunternehmervergaben und Budgetwerte für unternehmenseigene Organisationseinheiten, die in den Leistungserstellungsprozess eingebunden werden, dar. Die Soll-Auftrags-Arbeitskalkulation dient während des gesamten Leistungserstellungsprozesses als unveränderbare Soll-Messlatte, die „eingefroren" und von der Geschäftsleitung genehmigt und im Unternehmen hinterlegt wird. Grundsätzlich sollten nur genehmigte Nachträge in die Soll-Auftrags-Arbeitskalkulation eingearbeitet werden; dies hängt jedoch unternehmensspezifisch von der Geschäftspolitik des Unternehmens ab. Damit die Arbeitskalkulation als Arbeitsmittel des Baustellencontrollings verwendet werden kann, müssen die finanztechnischen Werte während des gesamten Leistungserstellungsprozesses aktualisiert und vervollständigt werden. Dazu dient die Ist-Prognose-Arbeitskalkulation, die permanent fortgeschrieben wird. Werden beispielsweise Änderungen im Leistungserstellungsprozess erforderlich, so müssen sie in die Arbeitskalkulation eingearbeitet werden. Nur so kann die Arbeitskalkulation ihre Aufgabe als Kontroll- und Steuerungsinstrument erfüllen.

Eine besondere Art der Änderung des Leistungserstellungsprozesses stellen die so genannten Nachträge dar. Nachträge beruhen auf Leistungsänderungen und Behinderungen, die zu Abweichungen im Vertrag führen.

Die Soll-Auftrags-Arbeitskalkulation liefert die Soll-Werte für das Baustellencontrolling. Der für das Baustellencontrolling notwendige Soll-Ist-Vergleich kann in fünf Bereiche eingeteilt werden:

- Leistung
- Termine
- Ergebnis
- Kosten
- Mengen (Arbeitsstunden, Gerätestunden und Baustoffmengen)
  Diese fünf Bereiche sind sehr eng miteinander verzahnt.

Die **(Bau-)Leistung** stellt die nach Vertrag erbrachte, abrechenbare Bauproduktion dar. In den Arbeitskalkulationen wird die gesamte, vertraglich geschuldete Leistung erfasst. Schuldet der Auftragnehmer beispielsweise die schlüsselfertige Erstellung eines Bürogebäudes und hat hierfür 2000 m^2 Deckenfläche zu erstellen, liegt diese Soll-Leistung den Arbeitskalkulationen zugrunde.

Die Soll-**Termine** ergeben sich aus den Soll-Leistungsmengen der Soll-Auftrags-Arbeitskalkulation, verknüpft mit den Plan-Aufwandswerten der Soll-Auftrags-Arbeitskalkulation. Wird in der Arbeitskalkulation beispielsweise für die Deckenschalung ein Aufwandswert von 0,75 h/m^2 vorgesehen, so kann mit Hilfe der Soll-Leistungsmenge von beispielsweise 2000 m^2 Deckenfläche der erforderliche Zeitbedarf ermittelt werden. Unter Berücksichtigung des vorgesehenen Personals und der Zwänge des Bauablaufs kann ein Soll-Termin definiert werden.

Das Ist-**Ergebnis** ergibt sich aus der Differenz zwischen der Ist-Leistung und den Ist-Kosten. In der Soll-Auftrags-Arbeitskalkulation wird das Soll-Ergebnis in Form eines Deckungsbeitrags erfasst. Die Soll-Auftrags-Arbeitskalkulation weist die umlagefreien Soll-Einzelkosten der Teilleistungen und die umlagefreien Soll-Baustellengemeinkosten aus. Der mit dem jeweiligen Projekt zu erzielende Soll-Deckungsbetrag (Allgemeine Geschäftskosten sowie Wagnis und Gewinn) wird ebenfalls mit der Arbeitskalkulation geplant. Das Ist-Ergebnis der erbrachten Leistung wird dazu benutzt, mittels Ist-Prognose-Arbeitskalkulation (PK(i)) das zum Zeitpunkt i voraussichtliche Projektergebnis zu prognostizieren. Dies erfolgt durch Ermittlung der Ist-Einheitskosten und unter Beachtung möglicher Vergabegewinne und -verluste sowie der begründeten Wirkung von KVP-Massnahmen.

In der Soll-Auftrags-Arbeitskalkulation sind die Soll-**Kosten** im Rahmen der Budgets definiert. Beim Soll-Ist-Vergleich werden sie den durch die Betriebsbuchhaltung ermittelten Kosten gegenübergestellt.

Sowohl die Soll-**Baustoffmengen** als auch die Soll-**Gerätestunden** und die Soll-**Arbeitsstunden** sind in der Soll-Auftrags-Arbeitskalkulation als Soll-Werte definiert. Die Soll-Baustoffmengen ergeben sich aus der Soll-Leistungsmenge, beispielsweise der einzubauenden Menge Deckenbeton. Die Soll-Gerätestunden werden über die Leistungswerte der von den Geräten zu erbringenden Leistung definiert und in der Arbeitskalkulation fixiert, beispielsweise x h/m³ Erdaushub. Die Soll-Stunden sind über die bereits beschriebenen Aufwandswerte in der Arbeitskalkulation berücksichtigt.

Wie gezeigt, liefert die Soll-Auftrags-Arbeitskalkulation im Rahmen des Baustellencontrollings die Basis für alle notwendigen Soll-Werte.

Wie ebenfalls gezeigt wurde, liegt zwischen den fünf Bereichen des Baustellencontrollings eine enge Verzahnung vor. Wichtige Grössen der Arbeitskalkulation sind die Kostenansätze und die verwendeten Aufwandswerte. Aus diesem Grund werden im Folgenden die beiden wichtigen Soll-Ist-Vergleiche vertieft erörtert: der Kosten- und der Stunden-Soll-Ist-Vergleich.

14.6.5 Arbeitskalkulation – Vorgaben des Baustellencontrollings: Controllingprozess der Abweichungen und Wird-Kosten

Zur Sicherung des Controllingprozesses benötigt man einerseits Ziel-Vorgaben für die Soll-Leistungen und Grenzkosten für die jeweilige Leistung. Andererseits müssen während des Produktionsprozesses die Ist-Leistung und die dazugehörigen Kosten (Wertverzehr) ermittelt werden.

Aus dem Soll-Ist-Vergleich kann der Zielerreichungsgrad ermittelt werden. Zu diesem Zweck dient die in Kap. 10.3.3. vorgestellte Arbeitskalkulation [13]. Diese wird unterteilt in:

- Soll-Auftrags-Arbeitskalkulation (AK)
- Ist-Prognose-Arbeitskalkulation (PK)

Die **Soll-Auftrags-Arbeitskalkulation (AK)** weist die von der Geschäftsleitung festgelegten und genehmigten Soll-Vorgaben bezüglich Leistungen und Kosten aus, die aus dem **Vertragsverhältnis zwischen Auftraggeber und Auftragnehmer** resultieren. Die Soll-Vorgaben der AK(0) dürfen nur bei genehmigten Nachträgen geändert werden. Damit fokussiert diese Datensicht auf die (vertraglich zugesicherte) Erlössituation eines Bauprojekts zum Projektende (Abb. 14.29).

Die **Ist-Prognose-Arbeitskalkulation (PK)** konzentriert sich auf die Entwicklungssicht der Bauproduktion in Bezug auf Ist-Leistungen und Ist-Kosten (Abb. 14.30). In ihr werden alle realisierten Herstellkosten und Leistungen periodengerecht berücksichtigt. Diese Datensicht dient somit zur Bestimmung des Ist-Zustandes und in Verbindung mit der AK als Soll-Ist Vergleich, sowie zur Prognose auf das Projektende unter Berücksichtigung bereits eingetretener oder zukünftiger Abweichungen von den prognostizierten Soll-Vorgaben.

Die Arbeitskalkulation wird also auf der Basis der Auftragskalkulationen datentechnisch in zwei Sichtweisen auf das Bauprojekt aufgespaltet, zunächst in eine Soll-Auftrags-Arbeitskalkulation AK(0) und eine Ist-Prognose-Arbeitskalkulation PK(0) im Rahmen der

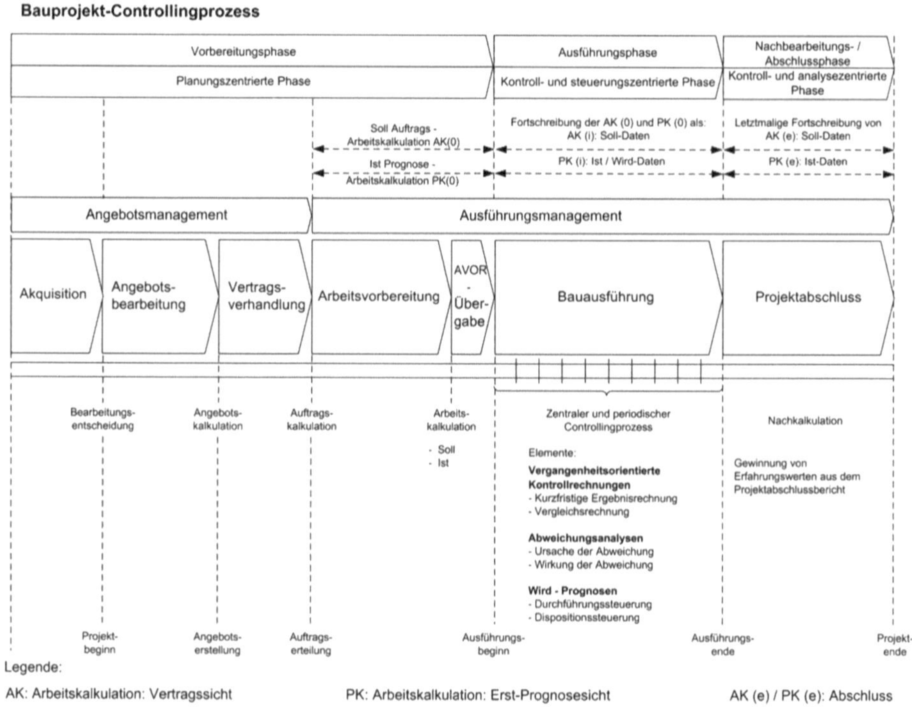

Abb. 14.29 Bauprojekt-Controllingprozess mit Soll-Auftrags- und Ist-Prognose-Arbeitskalkulation

AVOR. In der Soll-Auftrags-Arbeitskalkulation AK(0) werden die ursprünglichen Plan-Daten des Bauprojekts, die während der AVOR festgelegt werden, nur im Fall von auftraggeberseitig zu vertretender Veränderungen des Bausolls aktualisiert. Die Aktualisierung der AK(0) erfolgt in Form der AK(i) nur bei genehmigten Nachträgen (Abb. 14.30). Die Ist-Prognose-Arbeitskalkulation PK(0) ist im Normalfall identisch mit der Soll-Auftrags-Arbeitskalkulation AK(0). Die (Erst-)Prognose PK(0) wird in Form der PK(i) aktualisiert, sobald Ist-Abweichungen aufgetreten sind oder sichtbar werden. Die letztmalige Fortschreibung ergibt die Projekt-Ist-Kosten in Form der PK(e) (Abb. 14.30).

Der Ablauf der Erstellung und Pflege dieser Arbeitskalkulationen im Rahmen des Controllings ist wie folgt (Abb. 14.29):

- Vor der Bauausführung:
  - **AK(0): Soll-Auftrags-Arbeitskalkulation: Vertragssicht**. Sie beinhaltet in Form von Plan-Daten, die Soll-Leistungs-Vorgaben und die Grenzkosten aus der AVOR für die Bauleitung sowie den Deckungsbeitrag und den Vertragswert.
  - **PK(0): Ist-Prognose-Arbeitskalkulation: Erst-Prognosesicht**. Sie beinhaltet in dieser Phase die Soll-Vorgaben aus der AVOR, wie in der Soll-Auftrags-Arbeits-Kalkulation AK(0). Mit der PK wird allerdings das Veränderungspotential von Herstell-

	Soll Vorgaben	Ist-Situation	Abweichungen	Prognose
t = 0	$AK(0)$	$PK(0)$	Soll-Ist	Endergebnis (EP)
t = 1. Quaral	$AK_{t_1}(0)$	$PK_{t_1}^{Ist}(1)$	$\Delta_{t_1}(1) = AK_{t_1}(0) - PK_{t_1}^{Ist}(1)$	$EP_{t_1} = PK_{t_1}^{Ist}(1) + \Delta PK^{Ende}(1)$
t = 2. Quartal	$AK_{t_2}(0)$	$PK_{t_2}^{Ist}(2)$	$\Delta_{t_2}(1) = AK_{t_2}(0) - PK_{t_2}^{Ist}(2)$	$EP_{t_2} = PK_{t_2}^{Ist}(2) + \Delta PK^{Ende}(2)$
t = 3. Quartal	Nachtrag 1 $AK_{t_3}(1)$	$PK_{t_3}^{Ist}(3)$	$\Delta_{t_3}(1) = AK_{t_3}(1) - PK_{t_3}^{Ist}(3)$	$EP_{t_3} = PK_{t_3}^{Ist}(3) + \Delta PK^{Ende}(3)$
...	...	...	...	...
t = i. Quartal	Nachtrag j $AK_{t_i}(j)$	$PK_{t_i}^{Ist}(i)$	$\Delta_{t_i}(1) = AK_{t_i}(j) - PK_{t_i}^{Ist}(i)$	$EP_{t_i} = PK_{t_i}^{Ist}(i) + \Delta PK^{Ende}(i)$
...	...	...	...	...
t = Bauende	Nachtrag n $AK_{t_{end}}^{Ende}(n)$	$PK_{t_{end}}^{Ende}(n)$	$\Delta_{t_{end}}(1) = AK_{t_{end}}^{Ende}(n) - PK_{t_{end}}^{Ende}(n)$	$EP_{t_{end}} = PK_{t_{end}}^{Ende}$

Abb. 14.30 Ablauf des Soll-Ist-Vergleiches mit Soll-Auftrags- und Ist-Prognose-Arbeitskalkulation

kosten und Auftragswert, hochgerechnet auf das Bauende, sowie die Ist-Leistungen ermittelt.

- Während der Bauausführung:
  - Monatliche Kontrollrechnungen mit Unterscheidung von auftraggeber- und auftragnehmerseitig zu vertretenden Abweichungen. Auftraggeberseitig zu vertretende Aspekte wirken sich primär auf die Erlössituation aus; auftragnehmerseitige beeinflussen primär die Kostensituation.
  - **AK(i): Soll-Auftrags-Arbeitskalkulation: Ausführungssicht zu Soll-Daten**. Fortschreibung, falls schriftlich genehmigte Nachträge zu einer Veränderung der vertraglich fixierten Herstellkosten und des entsprechenden Auftragswerkes führen.
  - **PK(i): Ist-Prognose-Arbeitskalkulation: Prognose-Sicht zu Wird-Daten**. Aktualisierung mittels Ist-Daten aus der Bauwerksrealisierung und Prognose der Veränderungen der Wird-Daten in Bezug auf Herstellkosten und Auftragswert.
- Nach der Bauausführung:
  - **AK(e): Soll-Auftrags-Arbeitskalkulation: Ausführungssicht zu Soll-Daten**. Beinhaltet alle Herstellkosten, die durch schriftlich genehmigte Nachträge zu einer veränderten Auftrags-/Abrechnungssumme geführt haben.
  - **PK(e): Ist-Prognose-Arbeitskalkulation: Prognosesicht zu Ist-Daten**. Beinhaltet die tatsächlichen Ist-Kosten zum Ende der Bauausführung.

Die Differenz aus PK(e) und AK(e) ergibt das erwirtschaftete Projektergebnis bzw. den Deckungsbeitrag (Abb. 14.30).

14.6.6 Der Stunden-Soll-Ist-Vergleich

Beim Stunden-Soll-Ist-Vergleich werden die Soll- und Ist-Mengen der Lohnstunden verglichen. Aufgrund des auf dem deutschsprachigen Markt dominierenden Lohnanteils ist hier eine möglichst optimale Prozessgestaltung und deren Kontrolle und Steuerung sehr wichtig. So kann ein Stunden-Soll-Ist-Vergleich erforderlich werden, wenn mit dem Kosten-Soll-Ist-Vergleich eine Abweichung ermittelt wurde und die Ursachen bei den Lohnstunden vermutet werden.

Die Soll-Stunden ergeben sich aus den Aufwandswerten der Soll-Auftrags-Arbeitskalkulation. Für den Soll-Ist-Vergleich der Stunden werden die Verfahren des Bauarbeitsschlüssels, des Job Control und der REFA-Studien beschrieben.

Während mit dem Bauarbeitsschlüssel und dem Job Control Stunden-Soll-Ist-Abweichungen ermittelt werden, ermöglichen die REFA-Studien deren vertiefte Analyse. Diese ist Grundlage für fundierte Massnahmen, um aufgetretenen Stunden-Soll-Ist-Abweichungen zu begegnen.

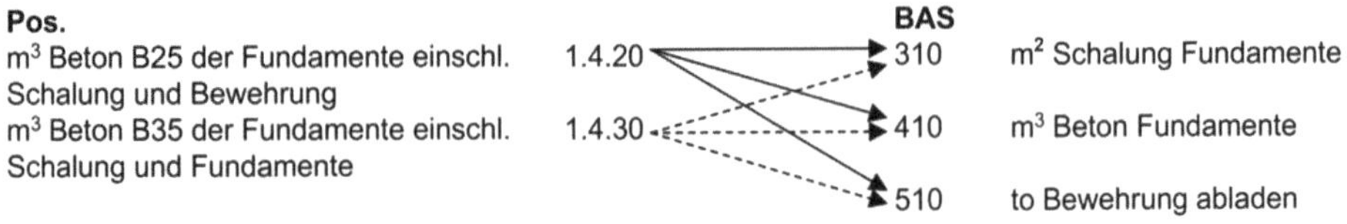

Abb. 14.31 Beispiel Bauarbeitsschlüssel

Der Bauarbeitsschlüssel – BAS

Der Bauarbeitsschlüssel ist ein Katalog aller Arbeiten, die auf der Baustelle mit eigenem Personal durchgeführt werden sollen. Er dient der Überwachung der Lohnstunden. Der Bauarbeitsschlüssel sollte verwendet werden, wenn eine detaillierte Analyse der Lohnstunden erfolgen soll, da die Arbeitskalkulation lediglich die Soll-Stundenwerte für die einzelnen Positionen enthält, die meist aus mehreren Tätigkeiten des Bauarbeitsschlüssels zusammengesetzt sind. Der Bauarbeitsschlüssel kann individuell nach den Bedürfnissen der Baustellen und des Unternehmens gegliedert sein.

Die einzelnen Arbeiten sind jedoch so zu gliedern, dass der Polier die Ist-Zeiten mit vertretbarem Aufwand erfassen kann (Abb. 14.31). So sind Teilleistungen, die in einem Arbeitsgang und von der gleichen Belegschaft durchgeführt werden, in einer BAS-Position zu erfassen. Wird bei der Gestaltung des Bauarbeitsschlüssels zu wenig auf die praktische Durchführbarkeit geachtet, so führt dies meist zu ungenauen Ist-Werten, die die intendierte Analyse verfälschen.

Als Basis für die Ermittlung der Soll-Werte der Tätigkeiten des Bauarbeitsschlüssels kann die Soll-Auftrags-Arbeitskalkulation verwendet werden.

Die Qualität des Soll-Ist-Vergleichs mittels des Bauarbeitsschlüssels hängt in sehr hohem Mass von der Genauigkeit der Erfassung der Ist-Mengen ab. Ist-Stunden sind vom Polier ausreichend genau zu ermitteln und zu dokumentieren. Die dazugehörige Ist-Leistung muss, meist vom Bauleiter, gleichfalls exakt erfasst werden. In der Praxis werden diese Erfassungen in der Regel im Wochen- oder Monatsrhythmus durchgeführt.

Das Potential einer Steuerung der Baustelle mit Hilfe des Bauarbeitsschlüssels hängt sehr stark von der schnellen Verfügbarkeit der Analyseergebnisse der Soll-Ist-Abweichung ab. Aus diesem Grund muss der erforderliche Input möglichst zeitnah an die auswertende Stelle gegeben werden. Unterstellt man für die Dauer der Erstellung des Soll-Ist-Vergleichs unter Praxisbedingungen eine Woche und berücksichtigt, dass die Erfassung der Ist-Leistung in den meisten Fällen monatlich erfolgt, so liegen die Erkenntnisse des Soll-Ist-Vergleichs der am Monatsanfang durchgeführten Arbeiten fünf Wochen nach deren Ausführung vor. Es ist leicht ersichtlich, dass ein Soll-Ist-Vergleich der Lohnstunden mit Hilfe des BAS nur bei lang dauernden Baustellen und einem hohen, vorhandenen Wiederholungsgrad zum Ziel führt.

Job Control

Das Job Control [9] ist eine Alternative zur Auswertung mit dem Bauarbeitsschlüssel. Während beim Bauarbeitsschlüssel die Positionen sehr fein aufgegliedert werden, werden sie beim Job Control zu grossen Einheiten zusammengefasst. Nach Gehri [9] soll die Bauaufgabe in 100 bis 150 zeitlich, räumlich oder sachlich abgegrenzte Teilaufgaben, die Jobs, gegliedert werden. Ein Job kann ein klar abgrenzbares Bauwerksteil wie beispielsweise einen Brückenpfeiler beinhalten, oder auch eine abgrenzbare Tätigkeit wie die Baugrubensicherung. Jeder Job wird mit den Positionen der Soll-Auftrags-Arbeitskalkulation bzw. des Leistungsverzeichnisses verknüpft, so dass jeder Job prozentuale Anteile der Position des Leistungsverzeichnisses umfasst (Abb. 14.32, 14.33). Durch diese Verknüpfung und unter Berücksichtigung des Terminplans erhält ein Job Termin- und Kostenvorgaben (Abb. 14.34).

Der Ist-Leistungsstand eines Jobs wird von der Baustellenleitung in regelmässigen Abständen geschätzt. Hierfür können entweder im Vorfeld je Job definierte, einfach zu ermittelnde Richtgrössen dienen, z. B. die Anzahl fertig gestellter Brückenpfeiler, oder die Fertigstellung des Jobs wird prozentual geschätzt. Das Job Control priorisiert schnell verfügbare Soll-Ist-Vergleiche zu Unterstützung der Baustellensteuerung. Die hierdurch entstehende Unschärfe des Soll-Ist-Vergleichs wird bewusst toleriert.

Diese Möglichkeit der Baustellensteuerung wurde beispielsweise vom Autor bei einem grossen Brückenbauprojekt erfolgreich angewendet. Hierbei wurden ablaufbestimmende Bauelemente wie Pfahlherstellung, Herstellung der Pfahlkopfplatte, Pfeiler und Vorproduktion der Segmente für den Brückenüberbau als jeweils ein „Job" zusammengefasst. Für diese Jobs wurden Soll-Werte aus der Soll-Auftrags-Arbeitskalkulation und dem Terminplan definiert und mit den Ist-Werten verglichen. Diese Art der Auswertung ermöglichte einen Vergleich der Leistung verschiedener Kolonnen. So wurde beispielsweise die Pfeilerherstellung von mehreren unterschiedlichen Kolonnen durchgeführt. Mit Hilfe der beschriebenen Auswertung konnten Schwachstellen bei einzelnen Kolonnen frühzeitig erkannt und Steuerungsmassnahmen ergriffen werden.

Durch ein Fortschreiben der durchgeführten Soll-Ist-Vergleiche lassen sich mit der Ist-Prognose-Arbeitskalkulation Trendanalysen durchführen, um den weiteren Verlauf des Bauprojekts abschätzen zu können.

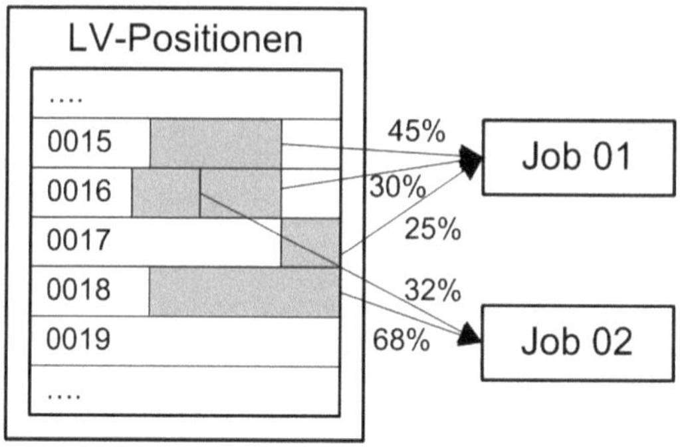

Abb. 14.32 Zusammenhang zwischen LV-Positionen, Jobs und Positionen des BAS [9]

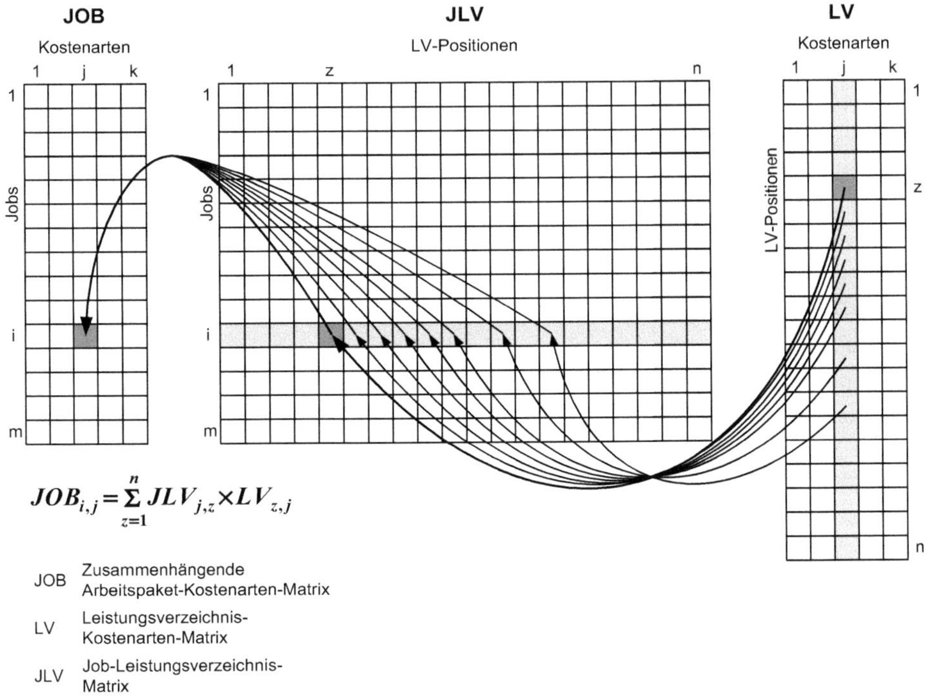

$$JOB_{i,j} = \sum_{z=1}^{n} JLV_{j,z} \times LV_{z,j}$$

Abb. 14.33 Zusammenhang JOB – LV-Position – Kostenarten

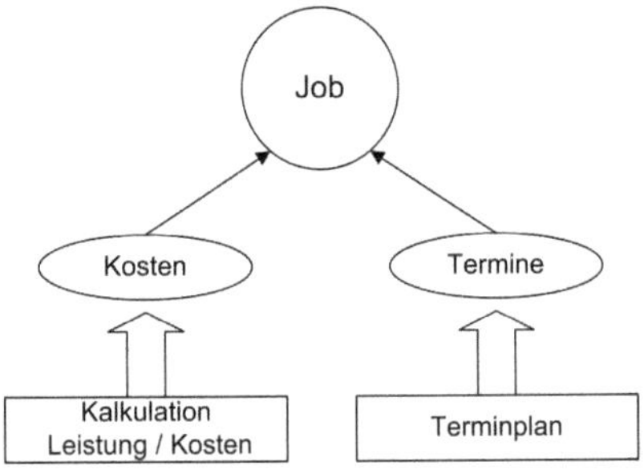

Abb. 14.34 Verbindliche Vorgaben für einen Job

14.6.7 Der Kosten-Soll-Ist-Vergleich

Zur Steuerung einer Baustelle werden die erforderlichen Soll-Ist-Vergleiche in einem regelmässigen Turnus, in der Regel monatlich, durchgeführt. Hierfür muss die Ist-Leistungsmenge auf der Baustelle stichtagsbezogen ermittelt werden, z. B. 1200 m^2 von insgesamt 2000 m^2 Deckenfläche. Das Produkt aus dieser Ist-Leistungsmenge und dem Soll-Einzelkostenansatz ergibt die Soll-Kosten. Die Ist-Kosten werden der Baubetriebsrechnung entnommen.

Die regelmässig durchgeführte Ermittlung der Ist-Leistungsmenge erfolgt in der Regel durch die so genannte Leistungsmeldung, die meist vom Projekt- oder Bauleiter auf der Baustelle erstellt wird. Um zutreffende Aussagen für die Kontrolle und Steuerung einer

Baustelle zu erhalten, müssen bei der Leistungsmeldung mehrere Aspekte diskutiert werden.

- Leistungsabgrenzung
- Genauigkeit der Leistungsermittlung

Leistungsabgrenzung
Die im Rahmen des Soll-Ist-Vergleichs zu vergleichenden Kosten sollten die gleiche Leistungsmenge als Basis aufweisen. Diese triviale Aussage stellt im Bauwesen eine nicht zu vernachlässigende Einflussgrösse dar. Vor diesem Hintergrund sind im Folgenden einige Aspekte an Beispielen erläutert.

Bereits bezahlte, aber noch nicht eingebaute Leistung: Vielfach wird im Rahmen eines Liefervertrags Material auf die Baustelle geliefert, das zu einem Stichtag bereits bezahlt, aber noch nicht vollständig eingebaut ist. Wird beispielsweise für 2000 m^2 Deckenfläche Bewehrungsstahl auf die Baustelle geliefert und die Lieferung bezahlt, so entstehen Ist-Kosten. Bei der Erfassung der Ist-Leistungsmenge zum Stichtag wird ermittelt, dass beispielsweise 1200 m^2 Deckenfläche hergestellt sind und hierfür 60 % des gelieferten und bezahlten Bewehrungsstahls eingebaut wurden. Wird für den Soll-Ist-Vergleich lediglich die Ist-Leistungsmenge Deckenfläche berücksichtigt, so fehlen in den Soll-Kosten 40 % der Lieferkosten des Bewehrungsstahls. Es entsteht eine Soll-Ist-Abweichung, die nicht durch Baustellenabläufe verursacht ist.

Unterschiedliche Fertigstellungsgrade innerhalb einer Leistungsmenge: Bei der stichtagsbezogenen Betrachtung der Kosten muss berücksichtigt werden, dass Positionen der Arbeitskalkulation meist mehrere Unterpositionen umschliessen. So kann die Position „2000 m^2 Deckenfläche herstellen" die Unterpositionen „2000 m^2 Schalung", „400 to Bewehrungsstahl verlegen" und „400 m^3 Ortbeton liefern und einbauen" umfassen. Stichtagsbezogen wird festgestellt, dass 1800 m^2 Deckenfläche geschalt, 240 to Bewehrungsstahl verlegt und 200 m^3 Ortbeton geliefert und eingebaut sind. Die Ermittlung der Soll-Kosten über die Leistungsmenge von 1000 m^2 Deckenfläche weist eine gewisse Unschärfe auf. Die so ermittelten Soll-Kosten vernachlässigen 800 m^2 Deckenschalung und ca. 40 t verlegten Bewehrungsstahl. Auch hier kommt es zu einer Soll-Ist-Abweichung aufgrund ungenauer Leistungsabgrenzung.

Abgrenzung von Nachunternehmerleistungen: Eine weitere Schwierigkeit sind beispielsweise Nachunternehmerleistungen, die zum Stichtag fertig gestellt und aus diesem Grund in der Ist-Leistungsmenge enthalten sind, vom Nachunternehmer jedoch noch nicht in Rechnung gestellt wurden. Den auf dieser Basis ermittelten Soll-Kosten liegt eine höhere Ist-Leistungsmenge als den Ist-Kosten zugrunde. Die Ist-Kosten basieren auf dem Abrechnungsstand der letzten vom Nachunternehmer gestellten Abschlagsrechnung.

Genehmigte Nachträge, sonstige Auftragsmehrungen: Genehmigte Nachträge und sonstige Auftragsmehrungen führen zu einer Erhöhung der Leistungsmengen, die in die Arbeitskalkulationen „eingepflegt“ werden müssen. Geschieht dies nicht, so werden die Soll-Leistungsmengen auf der Grundlage eines geringeren Leistungsumfangs ermittelt und Ist-Kosten gegenübergestellt, die bereits Kosten für den zusätzlichen Leistungsumfang enthalten.

In der Baupraxis werden Vertragsergänzungen des Bauherrn oft ohne dessen eindeutige Zustimmung, insbesondere hinsichtlich der damit verbundenen Kosten, ausgeführt. Diese werden umgangssprachlich als „nicht genehmigte Nachträge“ bezeichnet und stellen ein erhebliches Risiko für das Baustellenergebnis dar, da die Höhe der später vom Bauherrn akzeptierten Kosten der Vertragsänderungen im Vorfeld nur geschätzt werden kann. Dieser geschätzte Betrag würde die Soll-Kosten erhöhen und steht den tatsächlich höheren Ist-Kosten der Vertragsänderung gegenüber. Werden in der Soll-Auftrags-Arbeitskalkulation nur genehmigte Nachträge berücksichtigt, so ergibt sich ein rechnerisch ungünstigeres Baustellenergebnis, da die Leistungsmenge der Ist-Kosten höher ist als die Leistungsmenge der Soll-Kosten. Im anderen Extrem, wenn die nicht genehmigten Nachträge in die Soll-Kosten eingerechnet werden, kann eine während des Bauablaufs zu positiv dargestellte Baustelle nach der Genehmigung der Nachträge ein starkes Absacken des Baustellenergebnisses aufweisen. Wie die offenen Nachträge in der Soll-Auftrags-Arbeitskalkulation erfasst werden, ist eine unternehmenspolitische Frage. Es empfiehlt sich auf jeden Fall, nicht genehmigte Nachträge im Soll-Ist-Vergleich eindeutig zu kennzeichnen und von einer zu optimistischen Bewertung abzusehen.

Rückstellungen

Die notwendige Aktualisierung der Arbeitskalkulationen umfasst auch das ständige Überprüfen auf ihre Vollständigkeit. Treten insbesondere bei Fremdleistungen Leistungslücken auf, so sind die zu erwartenden Ist-Kosten um Rückstellungen zu ergänzen. Nur so ist eine effektive Kontrolle und Steuerung der Baustelle möglich.

Genauigkeit der Leistungsermittlung

Die im Rahmen der Leistungsmeldung monatlich vom verantwortlichen Pro-jektleiter durchzuführende Leistungsermittlung ist in der Praxis an mehrere Randbedingungen geknüpft.

Gewöhnlich versucht der verantwortliche Projektleiter und Ersteller der stichtagsbezogenen Leistungsmeldung, die Soll-Kosten möglichst niedrig anzusetzen und somit die Baustelle bezüglich des Ergebnisses schlechter darzustellen als sie tatsächlich ist. Dies soll zum Stichtag nicht erkannte, später auftretende und in den Arbeitskalkulationen nicht berücksichtigte (Ist-)Kosten decken und niedrige Ergebniserwartungen der Vorgesetzten erzeugen. Diese bewusst unzutreffenden Leistungsmeldungen stellen ein grosses Hindernis in der richtigen Kontrolle und Steuerung von Baustellen dar.

Im vorangegangenen Abschnitt wurde die Notwendigkeit einer ordnungsgemässen Leistungsabgrenzung aufgezeigt. Die mit den Soll-Ist-Vergleichen ermittelten Abweichungen setzen sich aus Abweichungen, die auf einer falschen Leistungsabgrenzung beruhen, und aus Abweichungen, die mit den Soll-Ist-Vergleichen identifiziert werden sollen, zusammen. Je ungenauer die Leistungsabgrenzung vorgenommen wird, desto höher werden die hieraus erwachsenden Abweichungen und desto mehr wird der Soll-Ist-Vergleich verfälscht. Deshalb gilt, dass Soll-Ist-Vergleiche umso aussagekräftiger sind, je exakter eine stichtagsbezogene Leistungsabgrenzung durchgeführt wird. In der Praxis sind jedoch die verantwortlichen Projekt- und Bauleiter in einem so hohen Mass in die operative Steuerung des Baustellengeschehens eingebunden, dass der Genauigkeitsgrad der stichtagsbezogenen Leistungsabgrenzung durchdacht werden muss. Eine exakte, stichtagsbezogene Leistungsabgrenzung kann zu einer Vernachlässigung der operativen Steuerung der Baustelle oder aber zu einer verspätet erstellten Leistungsmeldung führen. Ersteres kann sich unmittelbar negativ auf das Baustellenergebnis auswirken, Letzteres widerspricht dem Ziel einer möglichst zeitnahen Steuerung der Baustelle durch das Baustellencontrolling.

Fazit
Ein allgemein gültiger Genauigkeitsgrad einer Leistungsermittlung kann nicht definiert werden. Auch kann die vom Ersteller der Leistungsmeldung bewusst eingebaute Unschärfe mit verhältnismässigem Aufwand nur schwer korrigiert werden. Aus diesem Grund muss dem Ersteller der Leistungsmeldung der Sinn und der Nutzen des Baustellencontrollings vermittelt werden, so dass er die relevanten Aspekte erkennt und sein Handeln danach ausrichtet. Dies umfasst auch eine angemessene Schwerpunktbildung bei der Leistungsmeldung.

14.6.8 Baustellencontrollingprozess

Die Baustelle muss einem regelmäßigen Controllingprozess unterzogen werden [14, Kap. 23]. Auf Basis eines kontinuierlichen Baustellencontrollings wird es erst möglich, die optimal geplanten Baustellenabläufe während der Herstellprozesse zielorientiert zu steuern und damit die regelmäßige Kontrollaufgabe wahrzunehmen. Im Zuge eines effizienten Controllings ist es notwendig, dass die Vorgaben aus der Arbeitskalkulation in ein Controlling-Sheet überführt werden, um so Abweichungen zwischen den Soll-Leistungen und Ist-Leistungen zeitnah festzustellen und Gegenmaßnahmen zur Ergebnisverbesserung treffen zu können.

Es ist unerlässlich, dass die jeweiligen Überprüfungen der Soll-Vorgaben der Arbeitskalkulation mit den Ist-Werten der Baustelle regelmäßig sowohl im wöchentlichen als auch im monatlichen Rhythmus erfolgen. Erst dadurch kann eine effiziente Führung der Baustelle mit kontinuierlichen Verbesserungen gewährleistet werden. Während die Soll-Stundenvorgaben klar festgelegte Steuerungsfunktionen besitzen, ergeben sich die Prognosewerte aus den real erzielten Ist-Stundenwerten der Baustelle projiziert auf das festgelegte Bauende.

14.6.8.1 Leistungsvorgaben

Abbildung 14.35 zeigt die Soll-Stundenvorgaben der Arbeitskalkulation für das Baustellencontrolling basierend auf der in [14, Kap. 24.6] Arbeitskalkulation. Dabei werden die Vorgaben aus der Arbeitskalkulation, die die Ziel- bzw. Soll-Stunden je Woche und Geschoss

Wo	Soll-h und Aktivität		Soll-Stunden
1	Soll-h	Vorbereitung K + D K 1.G. + ST 1.G.	176
2	Soll-h	D über 1.G. + K 2.G.	203
3	Soll-h	D über 2.G. + K 3.G. +ST 2.G.	200
4	Soll-h	D über 3.G. + K 4.G. +ST 3.G.	230
5	Soll-h	D über 4.G. + K 5.G. +ST 4.G.	230
6	Soll-h	D über 5.G. + K 6.G. +ST 5.G.	230
7	Soll-h	D über 6.G. + K 7.G. +ST 6.G.	230
8	Soll-h	D über 7.G. + K 8.G. +ST 7.G.	230
9	Soll-h	D über 8.G. + K 9.G. +ST 8.G.	230
10	Soll-h	D über 9.G. + K 10.G. +ST 9.G.	230
11	Soll-h	D über 10.G. + K 10.G. ausschalen + ST 10.G.	208
14	Soll-h	Nachbereitung	95

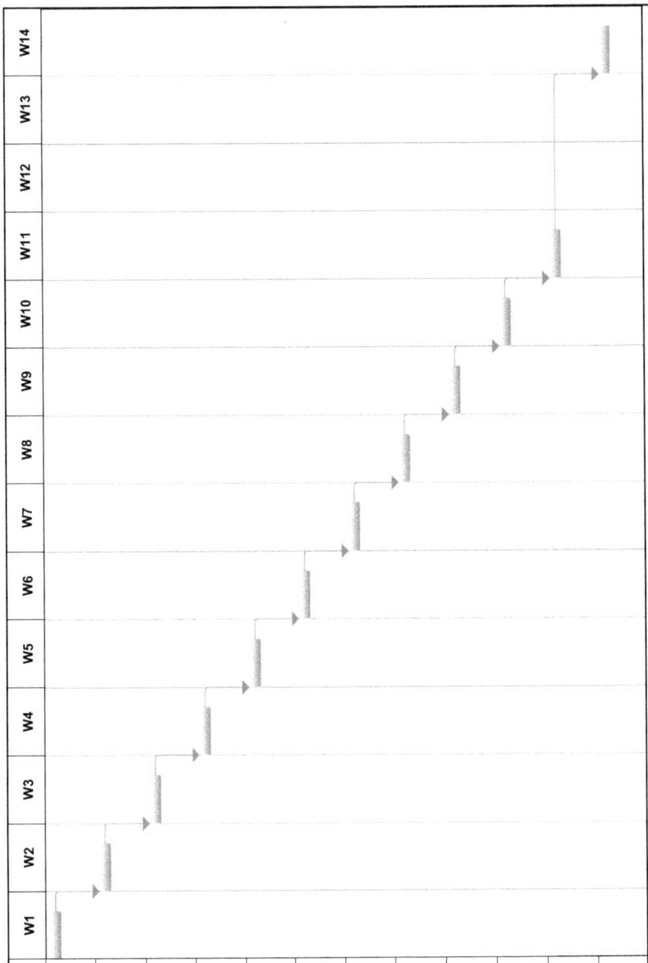

Legende: D = Decke K = Kern ST = Stützen — Soll-Stunden

Abb. 14.35 Soll-Terminplan

Tab. 14.11 Baustellencontrolling – Soll-Vorgaben in h/Woche

	Institut für Bau- und Infrastrukturmanagement Professur für Bauprozess- und Bauunternehmensmanagement Prof. Dr.-Ing. Gerhard Girmscheid	1. Wo	2. Wo	3. Wo	4. Wo	5. Wo	6. Wo	7. Wo	8. Wo	9. Wo	10. Wo	11. Wo	12. Wo	13. Wo	14. Wo	Soll-Total
	Rohbau 1.-10. G.															
Vor-bereitung	**Schalungsvorbereitung**															
	Kern	27														27
	Decke	65														65
Bau-produktion	**1. Geschoss**															
	Kern 1.G.+ Stützen 1. G.	84														84
	Decke über 1. G.		110													110
	2. Geschoss															
	Kern 2. G.		93													93
	Decke über 2. G.			110												110
	3. Geschoss															
	Kern 3. G. + Stützen 2. G.			90												90
	Decke über 3. G.				140											140
	4. Geschoss															
	Kern 4. G. + Stützen 3. G.				90											90
	Decke über 4. G.					140										140
	5. Geschoss															
	Kern 5. G. + Stützen 4. G.					90										90
	Decke über 5. G.						140									140
	6. Geschoss															
	Kern 6. G. + Stützen 5. G.						90									90
	Decke über 6. G.							140								140
	7. Geschoss															
	Kern 7. G. + Stützen 6. G.							90								90
	Decke über 7. G.								140							140
	8. Geschoss															
	Kern 8. G. + Stützen 7. G.								90							90
	Decke über 8. G.									140						140
	9. Geschoss															
	Kern 9. G. + Stützen 8. G.									90						90
	Decke über 9. G.										140					140
	10. Geschoss															
	Kern 10. G. + Stützen 9. G.										90					90
	Decke über 10. G.											140				140
	Kern ausschalen + Stützen 10. G.											47				47
Nach-bereitung	**Nachbereitung**															
	Kern											21				21
	Decke - 9.Geschoss															
	Decke - 10.Geschoss														95	95
	8. Stock Hilfsstützen															
	Summe	176	203	200	230	230	230	230	230	230	230	208			95	2492
	Ist-Wochenstunden															
	Soll-Ist-Differenz															
	Summierte Differenz															

ausweisen, in eine Tabelle übertragen. Dies kann auch in einem Soll-Terminplan eingetragen werden (Abb. 14.35). Es ist Aufgabe des Bauführers die auf der Baustelle verbrauchten Ist-Stunden mit den Soll-Vorgaben der Baustelle gegenüberzustellen und die Soll-Ist-Differenzen zu ermitteln.

14.6.8.2 Wochenleistungs-Controlling

Das Wochenleistungs-Controlling dient zur „bottom-up" Arbeitsorganisation und Vorgabe für die Baustelle. Mit ihrer Hilfe lässt sich die Baustelle auf Polierebene steuern und ermöglicht, mit den Polieren einen wöchentlichen kontinuierlichen Verbesserungsprozess durchzuführen. Zudem bilden diese Vorgaben eine ideale Grundlage zur Arbeitsplanung der Arbeitsgruppe.

Basierend auf den Leistungsvorgaben (Tab. 14.11) wird in einem weiteren Schritt ein Wochenleistungs-Controlling für den Baufortschritt von Decke und Kern vorgenommen. Tabelle 14.12 dient dabei als Vorlage für ein effizientes Wochenleistungs-Controlling und ordnet die jeweiligen Stundenvorgaben für die Erstellung von Decke und Kern systematisch in die Bereiche Job-Leistung, als Soll- bzw. Zielstundenvorgabe bzw. als Ist-Stundenerfassung zur Erstellung der jeweiligen Bauelemente und der Summenleistung einschließ-

Tab. 14.12 Wochenleistungs-Controlling

Woche	Geschoss	Aktivität	Job-Leistung Ziel / Soll Stunden [h]	Job-Leistung Ziel / Soll Fertigstellungsgrad [%]	Job-Leistung Ist Stunden [h]	Job-Leistung Ist Fertigstellungsgrad [%]	Summenleistung Ziel / Soll Stunden [h]	Summenleistung Ziel / Soll Fertigstellungsgrad [%]	Summenleistung Ist Stunden [h]	Summenleistung Ist Fertigstellungsgrad [%]	Summenleistung Prognose Stunden [h]	Summenleistung Prognose Fertigstellungsgrad [%]	Bemerkung
1	Vorbereitung	Kern	27	100	27	100							
		Decke	65	100	70	100							
	1	Kern	84	100	90	100							
		Σ	**176**	**100**	**187**	**100**	**176**	7	**187**	7			
2		Decke	110	100	114	100							
	2	Kern	93	100	95	100							
		Σ	**203**	**100**	**209**	**100**	**379**	15	**396**	15			
3		Decke	110	100	112	100							
	3	Kern	90	100	93	100							
		Σ	**200**	**100**	**205**	**100**	**579**	23	**601**	23			
4		Decke	140	100	142	100							
	4	Kern	90	100	91	100							
		Σ	**230**	**100**	**233**	**100**	**809**	32	**834**	32			
5		Decke	140	100	141	100							
	5	Kern	90	100	91	100							
		Σ	**230**	**100**	**232**	**100**	**1039**	42	**1066**	42			
6		Decke	140	100	141	100							
	6	Kern	90	100	90	100							
		Σ	**230**	**100**	**231**	**100**	**1269**	51	**1297**	51			
7		Decke	140	100	135	100							
	Verzug 7 + 8	Kern	90	100	85	100							
		Σ	**230**	**100**	**220**	**100**	**1499**	60	**1517**	60			
8		Decke über 7. Stock	56	40	105	40							7h/Tag
		Kern - 8. Stock	36	40	70	40							7h/Tag
		Σ	**92**	**40**	**175**	**40**	**1591**	64	**1692**	64	**1692**	**64**	VERZUG !!
9		Decke über 7. Stock	84	60							175		3+2 Leertage
		Kern - 8. Stock	54	60	gesamt: 230h = 100%								
		Σ	**138**	**60**			**1729**	69			**1867**	69	
10		Decke	140	100							220		8.Stock
	9	Kern	90	100									9. Stock
		Σ	**230**	**100**			**1959**	79			**2087**	79	
11		Decke	140	100							220		9. Stock
	10	Kern	90	100									10. Stock
		Σ	**230**	**100**			**2189**	88			**2307**	88	
12		Decke	140	100							200		10. Stock
		Kern inkl. Nachbereitung	68	100									
		Σ	**208**	**100**			**2397**	96			**2507**	96	
15	Nachbereitung	Decke	95	100			95				95		
		Σ	**95**	**100**			**2492**	**100**			**2602**	100	
TOTAL		**Σ**	**2492**	**100**			**2492**	**100**			**2602**	100	

lich des Berichtsmonats sowie der Prognose-Leistung bis zum Bauende. Die Prognose-Leistung simuliert den zu erwartenden Gesamtstundenaufwand bis zur Fertigstellung auf Basis des erzielten Ist-Ergebnisses bis zum Ende des Berichtsmonats sowie der sich ergebenden Bauumstände bzw. unter Berücksichtigung der eingeleiteten Verbesserungsmaßnahmen.

In der Spalte Job-Leistung werden in der Zeile Σ (Summe) die Stunden der Bauelemente summiert, die in der jeweiligen Woche hergestellt werden sollen. Diese dienen einerseits als Soll- bzw. Grenzstunden der Leistungsvorgabe und andererseits werden die verbrauchten Ist-Stunden diesen Soll- bzw. Grenzstunden gegenübergestellt. Dabei ist die Ziel- bzw. Soll-Leistung als Vorgabe aus der Arbeitskalkulation von der Ist-Leistung als tatsächliche Leistung der Baustelle abzugrenzen. Der dazugehörige Fertigstellungsgrad in % bezieht sich auf abgeschlossene Leistungen der betrachteten Woche.

Der Job-Fertigstellungsgrad wird aus dem Verhältnis der realen physischen Fertigstellung der Bauelemente ermittelt; z. B. Decke über dem 7. Geschoss und Kern im 8. Geschoss zum Berichtszeitpunkt (z. B. 70 % der Decke und 50 % des Kerns) und die dafür aufzuwendenden Soll-Stunden

$$(h^{Soll}_{n,teilfertig,Decke} = 0,7 * h^{Soll}_{n,Decke} \text{ und } h^{Soll}_{n,teilfertig,Kern} = 0,5 * h^{Soll}_{n,Kern})$$

für diese erreichte physische Fertigstellung sowie der Soll-Gesamtstunden $h^{Soll}_{n,total} = h^{Soll}_{n,Decke} + h^{Soll}_{n,Kern}$ zur 100 %-igen Fertigstellung dieser Bauelemente:

$$FG^{rel}_{n} = \frac{\sum_{i=1}^{l} h^{Soll}_{n,teilfertig,i}}{\sum_{i=1}^{l} h^{Soll}_{n,total,i}} * 100\% \quad [\%]$$

n Berichtswoche

l Anzahl der Bauelemente hergestellt in der Berichtswoche n

$h^{Soll}_{n,teilfertig,i}$ Soll-Stunden in der Berichtswoche n der einzeln fertiggestellten Bauteile i (z. B. Kern/Decke/etc.) anteilsmäßig oder bei 100 % Fertigstellung der gesamten vorgesehen Soll-Stunden

$h^{Soll}_{n,total,i}$ Soll-Stunden für die Bauteile i (Vorgaben) in der Berichtswoche n

Die Summenleistung hingegen bildet den gesamten Bauprozess ganzheitlich ab und summiert die Leistungsstunden beginnend mit der Vorbereitung über den Leistungserstellungsprozess über 10 Stockwerke bis hin zu den Nachbereitungen der Bauarbeiten. Die Summen-Ist-Stunden werden jeweils zum Ende der jeweiligen Berichtswoche bzw. des jeweiligen Berichtsmonats erfasst und den Soll-Stunden gegenübergestellt.

Auch hier muss systematisch die Abgrenzung zwischen Ziel-/Soll-Stunden und den tatsächlichen Ist-Stunden vorgenommen werden. Erst so sind Abweichungen erkennbar, auf deren Basis Verbesserungsmaßnahmen eingeleitet werden können.

Der Summen-Fertigstellungsgrad wird ermittelt aus dem Verhältnis der realen physischen Fertigstellung aller bis zum Berichtszeitpunkt fertiggestellten Bauelemente; z. B. alle Decken bis über dem 6. Geschoss sind fertiggestellt; ferner ist der Kern im 7. Geschoss komplett fertiggestellt; die Decke über dem 7. Geschoss sowie der Kern im 8. Geschoss ist zu 40 % fertig in Bezug zur Gesamtfertigstellung des Rohbaus.

Dabei werden die Soll-Stunden herangezogen, die bis zu dem erreichten Fertigstellungsgrad „verbraucht werden durften" in Bezug zu den Gesamtstunden des Projektes:

$$FG^{abs}_{Woche\ i=n} = \frac{\sum_{j=1}^{n-1}\sum_{i=1}^{l} h^{Soll}_{i,j,fertig} + \sum_{i=1}^{l} h^{Soll}_{j,n,teilfertig}}{\sum_{j=1}^{n}\sum_{i=1}^{l} h^{Soll}_{i,j,gesamt}} * 100\% \quad [\%]$$

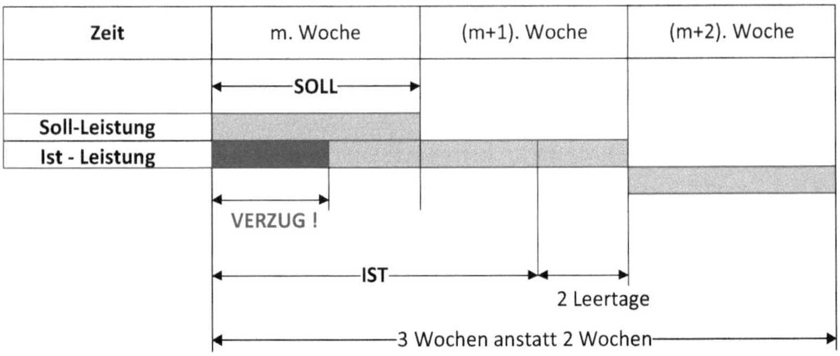

Abb. 14.36 Soll-Ist-Abweichung durch Verzug auf der Baustelle

j	Wochen pro Stockwerk
i	Bauteile/Bauelemente pro Stockwerk
n	Ende der letzten Berichtswoche n
m	Gesamtwochen der geplanten Herstellung
$h_{i,j,gesamt}^{Soll}$	Soll-Stunden gesamt pro Stockwerk j
$h_{i,j,fertig}^{Soll}$	Soll-Stunden der bis zur Berichtswoche fertiggestellten Bauteile i bzw. Stockwerke j (100 %)
$h_{j,n,teilfertig}^{Soll}$	Soll-Stunden der in der Berichtswoche teilfertiggestellten Bauteile i, entweder anteilsmäßig oder bei 100 %

Die Spalte Prognose zeigt jeweils die bis zum Stichtag angefallenen Ist-Stunden der Baustelle (siehe Zeile Stichtag) und antizipiert nach dem Stichtag die Prognose-Stunden für den zukünftigen Baufortschritt bis zur Fertigstellung auf Basis der vorhanden Soll-Vorgaben aus der Arbeitskalkulation bzw. den Ist-Ergebnissen bei Leistungsverände-rungen, die zu einer Tendenz in Richtung Mehr- oder Minderstunden während der vergangenen Periode führten.

In dem Beispiel (Tab. 14.12) wird angenommen, dass am Ende der 8. Woche der Stichtag für das Baustellencontrolling festgesetzt ist. Zu diesem Zeitpunkt kommt es aufgrund einer Verzögerung in der Planlieferung zu einem Leistungsverlust. Dabei werden die Decke des 7. Geschosses sowie der Kern des 8. Geschosses lediglich zu 40 % fertiggestellt. Dies hat zur Folge, dass die restlichen 60 % der Leistung zur Fertigstellung der Decke und des Kerns eine Woche später nachgeholt werden müssen. Tabelle 14.12 zeigt das Wochenleistungs-Controlling für das 10-stöckige Verwaltungsgebäude.

Abbildung 14.36 zeigt schematisch die Abweichungen der Ist-Leistung von jenen der Soll-Leistung aufgrund einer Planlieferungsverzögerung durch den AG (Ursache) und der daraus sich ergebenden Produktionsstörung und der einhergehenden Terminverzögerung beim AN (Wirkung) infolge Leistungshemmung und Leistungsunterbrechung. Aufgrund einer verspäteten Planlieferung und eines daraus resultierenden Leistungsabfalls auf der Baustelle kann die Erstellung der Decke und des Kerns nicht zeitgerecht erfolgen. Die aufgetretenen Leistungsverluste müssen somit eine Woche verspätet nachgeholt werden (→ 3 zusätzliche Arbeitstage + 2 Leertage).

Die Arbeitsgruppen Decke und Kern begannen – trotz fehlender Spezialpläne für nutzerbedingte Deckendurchbrüche und Ankerkonsolen in den Kernwänden – in der m.-Woche mit dem Stellen der Schalung sowie dem Verlegen der Standardbewehrung. Jedoch wurde durch die verspätete Lieferung der Pläne

- 1. für die Zusatzbewehrung der Aussparungen und Konsolen sowie
- 2. für die genaue Größe und Lage der Aussparungen
  die Leistung der Gruppen gehemmt und behindert.

Erst montags in der (m + 1).-Woche wurde die Spezialaussparungs-Schalung sowie die Zusatzbewehrung geliefert. Von Montag bis Mittwoch erfolgten die Korrekturarbeiten sowie das Betonieren der Decke über dem (n – 1).-Stockwerk und der Kern im n.-Stockwerk.

Die Mannschaft hatte somit 2 Tage (Donnerstag und Freitag) Leerzeiten aufgrund der Abbindedauer des Betons in der (m + 1.).-Woche. Erst am Montag in der (m + 2).-Woche konnte der normale, zyklische Bauablauf mit der Decke über dem n. Stock und dem Kern im (n + 1).-Stock begonnen werden (Abb. 14.36).

Die Mannschaft hat aufgrund der Planlieferungsbehinderung in der 8. Woche nur eine Fertigstellung erreicht im Soll-Umfang von 56 Soll-Leistungsstunden für die Deckenherstellung und 36 Soll-Leistungsstunden für die Kernherstellung. Dies ergibt Gesamt-Soll-Leistungsstunden von 92 h und entspricht einem Soll-Fertigstellungsgrad von 40 %. Aufgrund der Behinderung werden aller-dings nur 175 Ist-Stunden verbraucht, da die Mannschaft ihre Normalarbeitszeit auf 7 h/AT reduzieren konnte, um so die Zusatzkosten der Behinderung minimieren zu können.

Somit ist der Fertigstellungsgrad nach der 8. Woche:

- Alle Decken unter dem/und im 6. Stock und alle Kerne unter/und im 7. Stock – 100 % fertiggestellt,
- Decke über 7. Stock – 40 % fertiggestellt,
- Kern im 8. Stock – 40 % fertiggestellt.

In der folgenden 9. Woche muss die Rest-Soll-Leistung von 60 % (Decke und Kern) mit einem wertschöpfenden Soll-Stundenanteil von

- Decke: $h_{D,9.Woche}^{Soll} = 140 - 56 = 84h$
- Kern: $h_{K,9.Woche}^{Soll} = 90 - 36 = 54h$
- Total: $h_{9.Woche,teilfertig}^{Soll} = 138\ h$
  erbracht werden.

Auch in der 9. Woche sind ca. 175 Ist-Stunden angefallen, da die Mannschaft in ihrem Fertigungsfluss durch die Leerzeit behindert wurde, die zum Abbinden des Betons während der Woche (Donnerstag und Freitag) anfiel, anstatt der geplanten Wochenendnutzung (Samstag und Sonntag) zum Abbinden des Betons.

Diese relative Wochenleistungsschätzung erfolgt nach ungefähren Zuweisungen der Soll-Stunden zu den einzelnen Abschnitten der Decke und des Kerns. Eine solche Soll-Leistungsabgrenzung für ein ungeplantes Zwischenstadium kann sehr genau, z. B. nach Tonnen verlegtem Stahl oder nach geleisteter Schalarbeit, zum Gesamtumfang rechnerisch zugewiesen werden oder relativ genau geschätzt werden.

Diese eingetretenen Behinderungen mit den einhergehenden nicht wertschöpfenden Stunden werden folgendermaßen berechnet:

$$h^{Nachforderung} = (140 - 56) + (140 - 84) = 140h$$

Dieser Stundenwert muss der Unternehmer beim Eintreten der Behinderung beim Bauherrn anzeigen sowie den Bauherrn über die Beendigung (z. B. nach der 2. Woche) informieren. Diesen Mehraufwand kann der Unternehmer im Rahmen einer Nachforderung als Mehrkosten geltend machen.

Die notwendigen Stunden zur Fertigstellung des Bauwerkes nach dem jeweiligen Stichtag sind in der Spalte Prognose zu erfassen, wobei die erforderlichen Leistungsstunden bis zum Bauende antizipiert werden müssen. Es wird dabei ersichtlich, dass sich die Leistungserstellung um eine Woche nach hinten verschiebt und ebenso die totalen Stunden aufgrund der zusätzlichen Arbeits- bzw. Verlustzeiten erhöhen. Es obliegt somit dem Bauführer rechtzeitig Gegenmaßnahmen zu treffen, um weitere Abweichungen von den Soll-Vorgaben zu verhindern und das Bauprojekt erfolgreich in der vertraglich festgelegten Bauzeit abzuwickeln.

Neben der tabellarischen Darstellung kann auch eine grafische Auswertung der Soll-Vorgaben und der Ist-Leistungen mit den entstandenen Abweichungen durchgeführt werden. In der Baupraxis wird üblicherweise der Terminplan zur graphisch zeitlichen Darstellung des Soll-Ist-Leistungsstandes herangezogen. Dieser kann auch mit den Soll-Ist-Stunden belegt werden (Abb. 14.37).

Wochenleistungs-Controlling

Das Wochenleistungs-Controlling (WLC) ist das interne Steuerungswerkzeug für die Arbeitsgruppen („bottom-up") der Baustelle. Abbildung 14.38 zeigt grafisch die Soll-Stundenvorgaben sowie die dazugehörigen tatsächlichen Ist-Stunden der Baustelle. Ebenso werden grafisch anhand des roten Balkens die Abweichungen der tatsächlichen Ist-Stunden der Baustelle von den Soll-Vorgaben gezeigt. In der 8. Woche ist der Stichtag des Baustellencontrollings festgelegt. Alle zukünftigen Stunden werden als prognostizierte Werte bis zum Fertigstellungstermin inklusive zusätzlich anfallender Leerzeiten dargestellt. Aufgrund einer Bauverzögerung kommt es zu einem Leistungsverzug (drei Tage zur Fertigstellung der Decke im 7. Stockwerk und des Kerns im 8. Stockwerk und den damit verbundenen Leerzeiten von 2 Tagen), weshalb sich die Fertigstellung der Bauleistung um eine Woche nach hinten verschiebt.

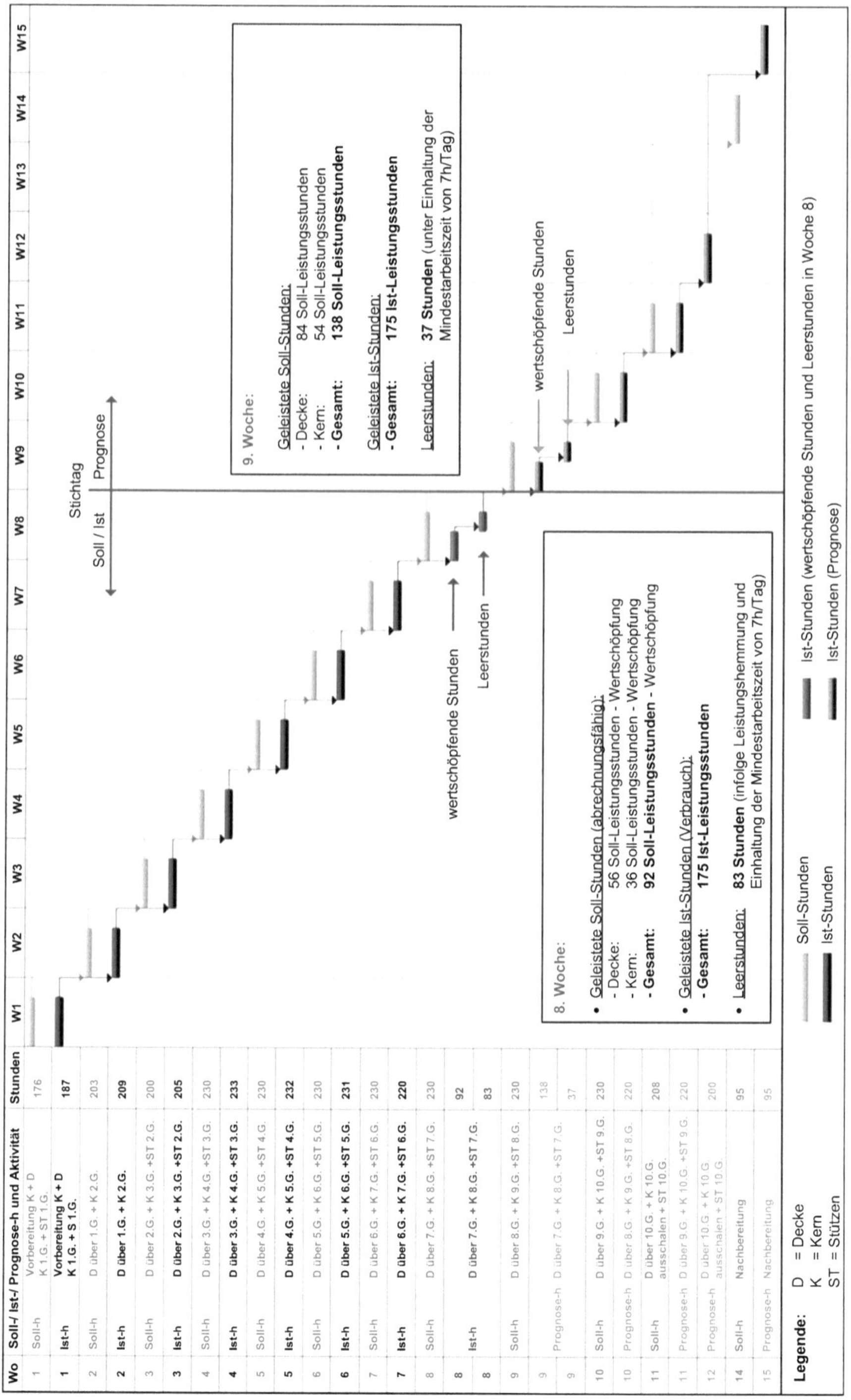

Abb. 14.37 Terminplan: Soll-Ist-Stunden

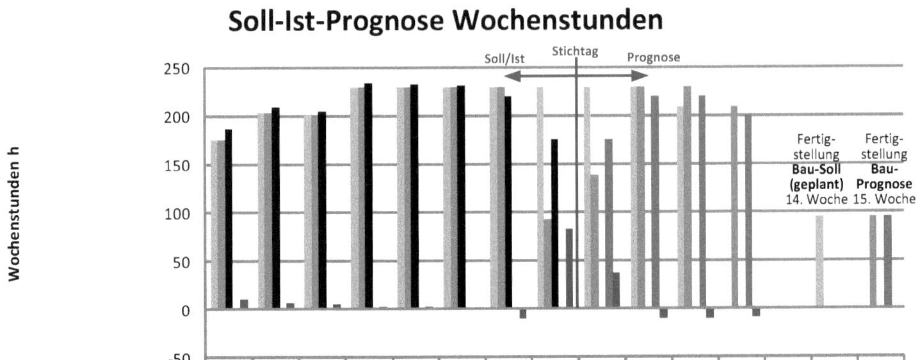

Woche	1	2	3	4	5	6	7	8	9	10	11	12	13	14	15
Soll-Stunden (geplant)	176	203	200	230	230	230	230	230	230	230	208			95	
Soll-Leistungsstunden (Ist)	176	203	200	230	230	230	230	92	138	230	230	208			95
Ist-Stunden	187	209	205	233	232	231	220	175							
Prognose-Stunden									175	220	220	200			95
Differenz	11	6	5	3	2	1	-10	83	37	-10	-10	-8	0	0	0

Abb. 14.38 Soll-Ist-Prognose der Wochenstunden

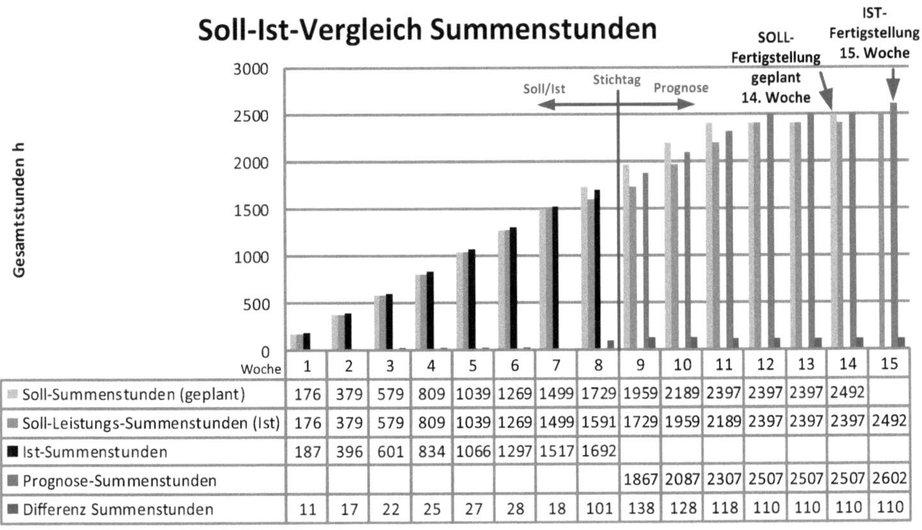

Woche	1	2	3	4	5	6	7	8	9	10	11	12	13	14	15
Soll-Summenstunden (geplant)	176	379	579	809	1039	1269	1499	1729	1959	2189	2397	2397	2397	2492	
Soll-Leistungs-Summenstunden (Ist)	176	379	579	809	1039	1269	1499	1591	1729	1959	2189	2397	2397	2397	2492
Ist-Summenstunden	187	396	601	834	1066	1297	1517	1692							
Prognose-Summenstunden									1867	2087	2307	2507	2507	2507	2602
Differenz Summenstunden	11	17	22	25	27	28	18	101	138	128	118	110	110	110	110

Abb. 14.39 Soll-Ist-Vergleich der Summenstunden

Abbildung 14.39 bildet den Soll-Ist-Vergleich der akkumulierten Summenstunden mit den jeweiligen Abweichungen der Ist-Vorgaben von den Zielwerten ab. Es ist ersichtlich, dass das Soll-Bauende bereits in der 14. Woche hätte erreicht werden sollen, es aufgrund von Verzögerungen jedoch einen verspäteten Fertigstellungstermin um eine Woche ergibt. Dies hat wiederum eine Differenz in den Summenstunden zum ursprünglich vereinbarten Bau-Soll zur Folge.

In Abb. 14.40 wird der Summen-Soll-Fertigstellungsgrad der jeweiligen Woche dem Ist-Fertigstellungsgrad in % gegenübergestellt. Während bis zur 8. Woche (Stichtag) nur unwesentliche Abweichungen (z. B. durch Einarbeitungseffekt etc.) auftreten, zeigt sich

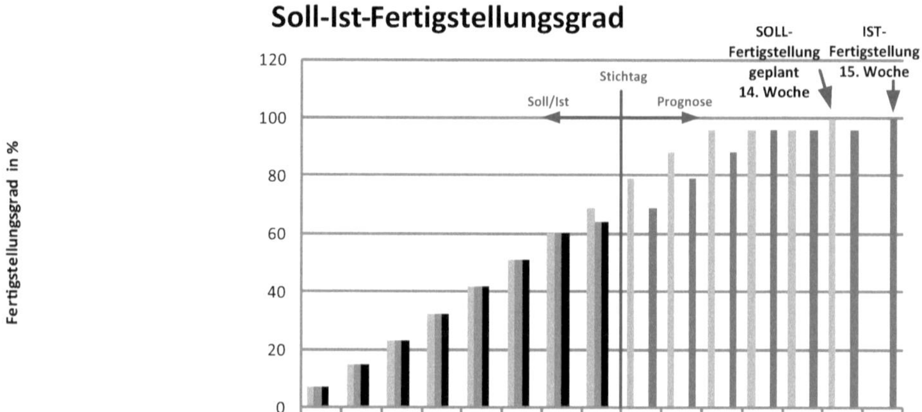

Woche	1	2	3	4	5	6	7	8	9	10	11	12	13	14	15
Soll-Fertigstellungsgrad (geplant)	7	15	23	32	42	51	60	69	79	88	96	96	96	100	
Soll-Leistungs-Fertigstellungsgrad (Ist)	7	15	23	32	42	51	60	64							
Fertigstellungsgrad Ist	7	15	23	32	42	51	60	64							
Prognose-Fertigstellungsgrad									69	79	88	96	96	96	100

Abb. 14.40 Soll-Ist-Fertigstellungsgrad in %

ab der 8. Woche der Leistungsverzug durch verspätete Planlieferung sehr deutlich im verringerten Fertigstellungsgrad gegenüber dem geplanten Soll. Ab der 8. Woche erfolgt der Vergleich des verschobenen Soll-Fertigstellungsgrades mit dem Prognose-Fertigstellungsgrad.

Monatsleistungs-Controlling

Das Monatsleistungs-Controlling (MLC) ist ein Element des internen Berichtswesens eines Unternehmens. Mittels MLC ist der Entwicklungsstand und die Entwicklungstendenz der Baustelle in Bezug auf die Leistungsvorgaben, die die Geschäftsleitung mit der Arbeitskalkulation der Baustelle vorgegeben hat, zu überprüfen.

Auf Basis des wöchentlichen Controllings der Baustelle wird üblicherweise auch ein Monatsleistungs-Controlling durchgeführt, um im Überblick Abweichungen der tatsächlichen Ist-Stunden vom Leistungsziel der Geschäftsleitung aufzeigen zu können. Tabelle 14.13 zeigt ein Beispiel eines Monatsleistung-Controllings analog zum Wochenleistungs-Controlling zur anschaulichen Darstellung der Soll- bzw. Ist-Stunden der Baustelle.

Die Durchführung eines Monatsleistungs-Controllings ist besonders bei Bauwerken, deren Bauzeit sich über ein oder mehrere Jahre erstreckt, sehr empfehlenswert. Oft werden neben den Leistungen auch die entstandenen Kosten kontrolliert, um allfälligen Abweichungen entgegenwirken zu können. Dies ist notwendig, um die finanzielle Lage der Baustelle im Rechnungswesen zu bewerten.

Der Monatsbericht enthält neben dem Monatsleistungs-Controlling noch einen systematischen Baustellenkurzbericht. Dieser Baustellenkurzbericht enthält im Regelfall folgende Berichtsstruktur:

Tab. 14.13 Monatsleistungs-Controlling

Monat	Geschoss	Summe Fertigstellungsgrad [%]	Woche Fertigstellungsgrad [%]	Job-Leistung Soll [h]	Job-Leistung Ist [h]	Summenleistung Soll [h]	Summenleistung Ist [h]	Endergebnis Prognose [h]	Bemerkung
1	Vorbereitung	4	100	92	97	92	97		
	1	7	100	84	90	176	187		
	2	15	100	203	209	379	396		
	3	23	100	200	205	579	601		
	4	27	40	92	93	671	694		
	∑ 1. Monat			**671**	**694**				
2	4	32	60	138	140	809	834		
	5	42	100	230	232	1039	1066		
	6	51	100	230	231	1269	1297		
	7	60	100	230	220	1499	1517		
	8	64	40	92	175	1591	1692	1692	VERZUG!!
	∑ 2. Monat			**920**	**998**				**STICHTAG**
3	8	69	60	138		1729		1867	
	9	79		230		1959		2087	
	10	88		230		2189		2307	
	11	96		208		2397		2507	
	∑ 3. Monat			**806**					
4	Nachbereitung	100		95		2492		2602	
	∑ 4. Monat			**95**		**2492**		**2602**	

Leistung

- Kurze Beschreibung der ausgeführten Leistungen
- Gründe für eine Leistungsumstellung
  - interne
  - externe
- Beschreibung der Leistungsabweichung von den Soll-Vorgaben
- Eingeleitete Maßnahmen zur Leistungssteigerung

Bauherr/Planer

- Projektsitzungen – Hauptinhalte
- Anordnungen des Bauherren

Behinderungen/Nachträge

- Behinderungsanzeigen – Gründe
- Nachträge (meist separate Liste)
  - in Vorbereitung
  - gestellte Nachträge
- Offene Nachtragsforderungen

Rechnungsstellung/Zahlungseingang (separate Liste)

- Rechnungsstellung
- Zahlungseingänge
- Verspäteter Zahlungseingang
- Offene Forderungen
- Gründe, warum der Bauherr offene Forderungen nicht zahlt
- Maßnahmen

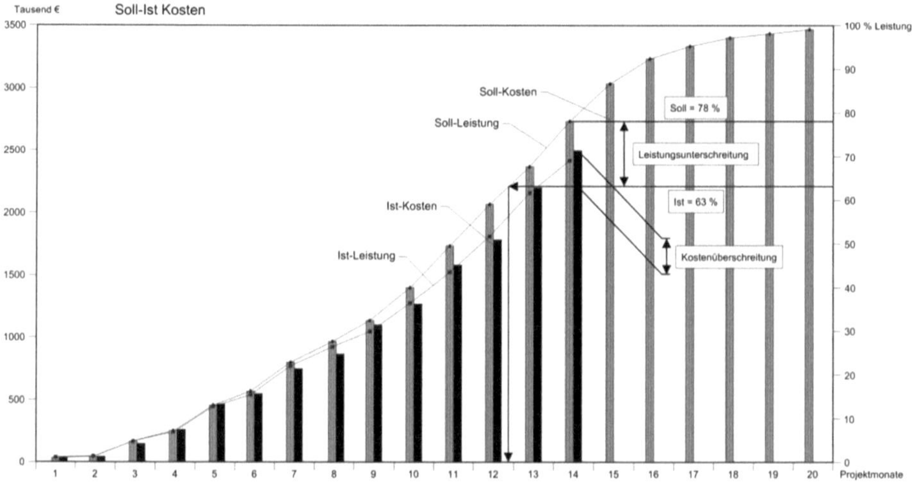

Abb. 14.41 Leistungs- und Kostenkontrolle der Ingenieurleistungen der Ausführungsplanung

Besondere Vorkommnisse

- Unfall
- Besucher
- etc.

Das Baustellencontrolling basierend auf einer systematischen, bauteilbezogenen Arbeitskalkulation ermöglicht in Verbindung mit der Ressourcen- und Terminplanung eine systematische Steuerung der Baustelle bis hin zur Poliergruppe. Dabei werden die entsprechenden Arbeitsprozesse in ihrer Folge und logistischen Interaktion mit den beauftragten Leistungspositionen für die zu erstellenden Bauelemente gekoppelt.

14.6.9 Beispiele zum Baustellencontrolling

Im Folgenden ist die Leistungsmeldung eines grossen Brückenbauprojekts dargestellt. Da es sich um ein TU-Projekt mit baubegleitender Planung handelt, werden die Planungsleistung (Abb. 41) sowie die Bauausführung (Abb. 14.42, 14.43, 14.44, 14.45, 14.46, 14.47) überwacht. Die ausführungsbezogene Leistungsmeldung ist auf die ablaufbestimmenden Bauelemente wie Pfahlherstellung, Pfahlkopfplatte, Pfeiler sowie die Vorproduktion der Segmente für die Herstellung der Brückenüberbauten im Fertigteilwerk abgestellt. Ferner sind die Herstellung der Überbauten aus den vorgefertigten Segmenten und die gesamten Kosten der Leistungserstellung übersichtlich in einer Grafik dargestellt.

In den Histogrammen und Summenkurven der ablaufbestimmenden Bauelemente sind die monatlichen Planleistungen vorgegeben und die Ist-Leistung zum Vergleich dargestellt. In der monatlichen Leistungsmeldung werden dann die monatlich erzielten

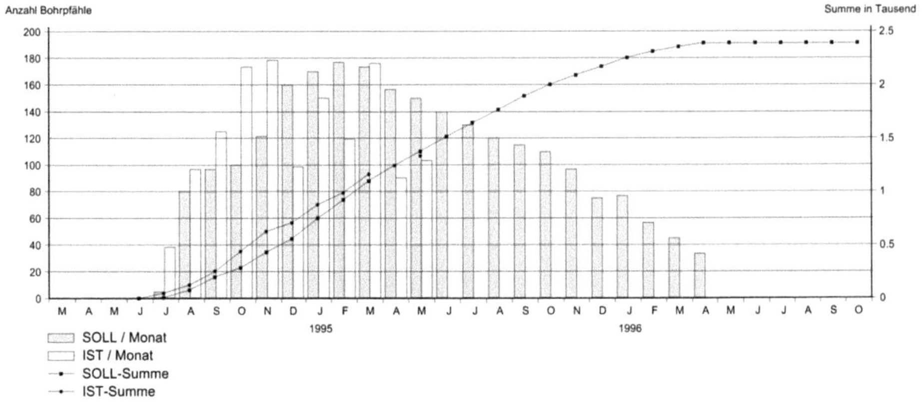

Abb. 14.42 Leistungsmeldung Bohrpfähle

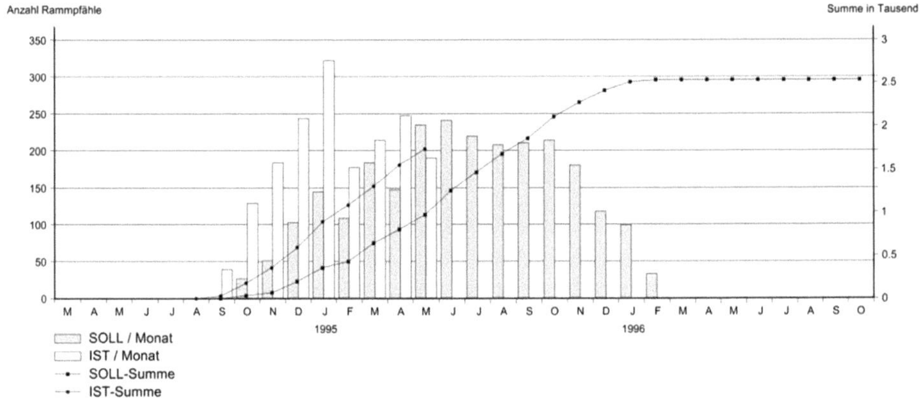

Abb. 14.43 Leistungsmeldung Rammpfähle

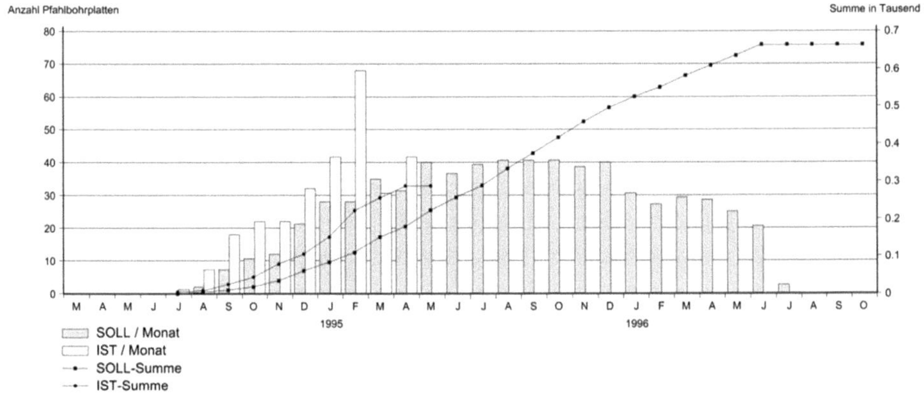

Abb. 14.44 Leistungsmeldung Pfahlkopfplatte

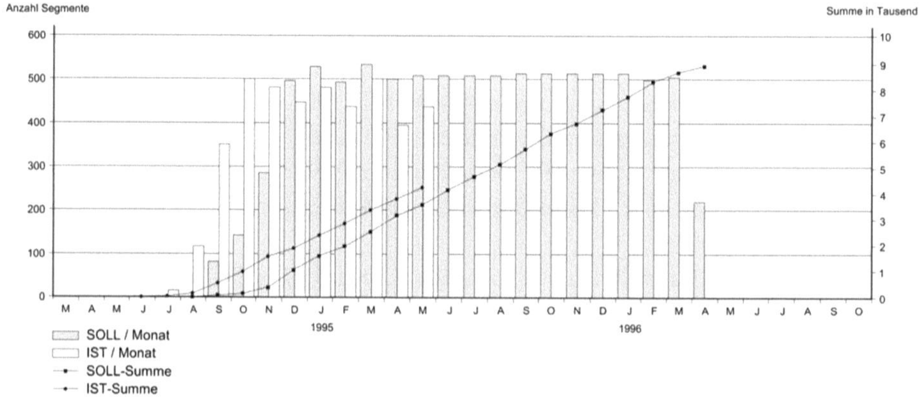

Abb. 14.45 Leistungsmeldung des Fertigteilwerks: Brückensegmentherstellung

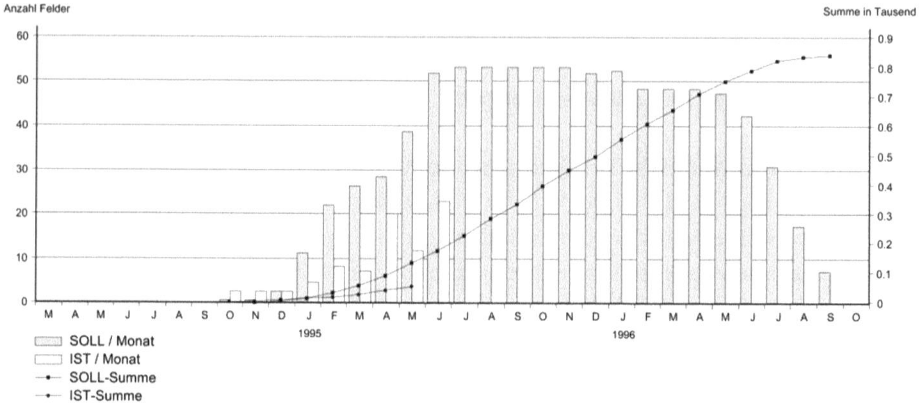

Abb. 14.46 Leistungsmeldung Überbauherstellung (Anzahl der Felder)

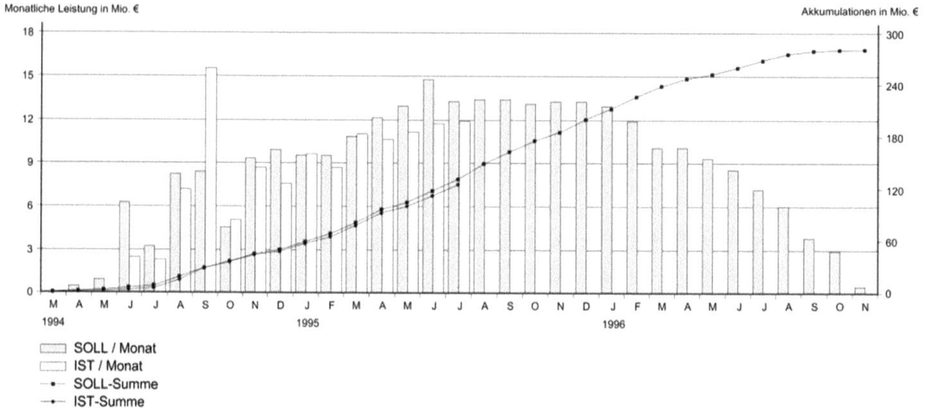

Abb. 14.47 Leistungsmeldung Expressway Bangkok

Leistungen eingetragen. Aus der Ist-Summenlinie erkennt man relativ deutlich die akkumulierte Abweichung. In der Projektkostenübersichtsgrafik werden die monatlichen und akkumulierten Plan- den Soll-Kosten gegenübergestellt (Abb. 14.47). Daran lässt sich sehr gut auch der Gesamtleistungsstand des Projekts/der Baustelle ablesen. Die Ist-Kosten lassen sich damit jedoch nicht feststellen, sondern nur die erbrachte, abrechenbare Leistung. Die Ist-Kosten müssen in der kaufmännischen, betrieblichen Kostenrechnung ermittelt werden.

Durch eine solche Darstellung erhält man eine schnelle Übersicht über die Leistung der Baustelle. Es ist jedoch nicht erkenntlich, ob durch Leistungsdefizite bei einzelnen Bauelementen der kritische terminliche Ablauf der Baustelle tangiert wird. Diesen Aufschluss gibt nur der Terminnetzplan, der zu einer solchen Leistungsmeldung mit den Soll- und Ist-Terminen gehört. Für die Leistungsmeldung ist monatlich ein Aufmass aller Bauhilfs- und Baumassen notwendig. Dieses Aufmass bildet die Grundlage zur Ermittlung der Ist-Leistung und der verbrauchten Materialien. Zur Ermittlung der Soll-Kosten werden die erbrachten Ist-Leistungen mit den Soll-Kostenansätzen der Arbeitskalkulation gewichtet.

14.6.10 Analyse der Abweichungen

14.6.10.1 Trendanalyse für Termine und Kosten

In den beiden Kapiteln „13.6.6 Der Stunden-Soll-Ist-Vergleich" und „13.6.7 Der Kosten-Soll-Ist-Vergleich" wurde bereits auf die Ermittlung der Ist-Leistung und der Soll-Leistung und den anschliessenden Soll-Ist-Vergleich eingegangen. Auch die damit einhergehenden Ungenauigkeiten und deren Gründe wurden betrachtet. Die unterschiedlichen Möglichkeiten der grafischen Darstellung von Abweichungen bzw. die Entwicklung von Prognosen für den weiteren Verlauf des Projekts wurden bisher jedoch noch nicht beschrieben.

Ein Nachteil von herkömmlichen, reinen Soll-Ist-Vergleichen besteht darin, dass nur der momentane Zustand des Projekts untersucht und bewertet wird. Es werden dabei keine fundierten Aussagen bezüglich zukünftiger Tendenzen und zu erwartender Entwicklungen gemacht. Eine gute Projektsteuerung besteht aber nicht nur aus dem Bewältigen bereits eingetretener, unerwünschter Entwicklungen, vielmehr soll sie Schwachstellen oder Engpässe frühzeitig erkennen, um dann mit gezielten Massnahmen gegensteuern zu können. Mit einer Beschränkung auf die Gegenwart ohne Verwendung von prognostizierenden Trendaussagen bzw. genauen Analysen der Ist-Werte ist demnach keine Projektsteuerung möglich.

Insgesamt ergibt sich daher als Voraussetzung einer guten Projektsteuerung die Kombination der Auswertung der Ist-Werte, der Analyse des Soll-Ist-Vergleichs und der Beobachtung dieser beiden Controllingergebnisse über einen längeren Zeitraum, um Tendenzen und Trends feststellen zu können. Da laut Baus [11] in den unerwarteten positiven Abweichungen durchaus Chancen für zukünftige Gewinnverbesserungen liegen, sollte man sich bei der Analyse aber nicht nur auf die negativen Abweichungen konzentrieren.

Zur grafischen Darstellung der Soll-Ist-Analyse und des Projektfortschritts eignen sich vor allem Balken- und Liniendiagramme. Bei der Verwendung von Balkenplänen werden

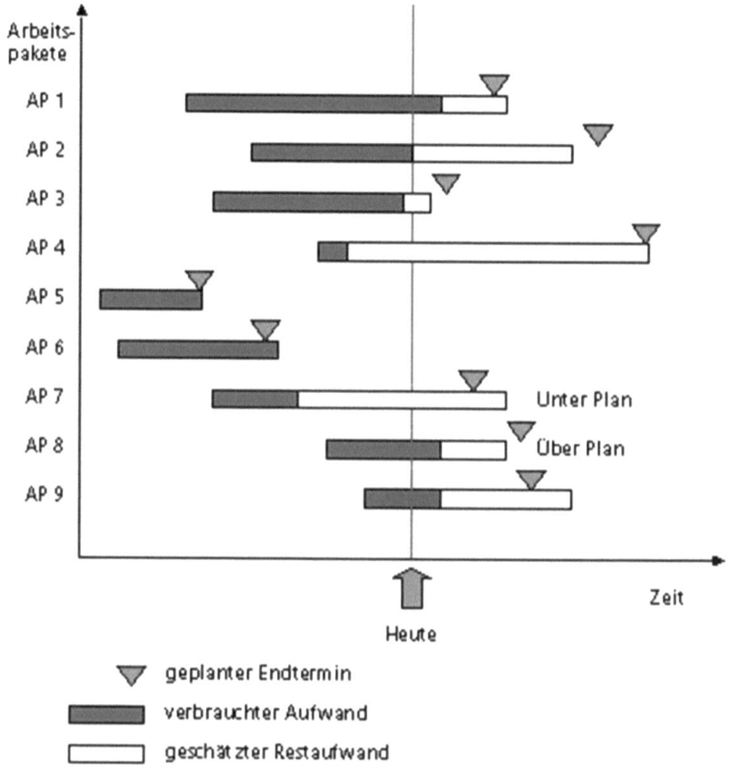

Abb. 14.48 Balkendiagramm zum Projektfortschritt [15]

den geplanten Werten der einzelnen Vorgänge die Ist-Werte entweder mit einem zusätzlichen Ist-Balken, einer Prozentangabe oder durch Einfärbung gegenübergestellt. Bei Vorgängen, die sich noch in der Ausführung befinden, muss der erreichte Stand in Prozent und eine Prognose auf den Endtermin, ein so genannter Plan-Wert, angegeben werden. Anhand der Tageslinie erhält man dann einen guten Überblick über den Projektfortschritt. Ein Beispiel für ein Balkendiagramm zeigt Abb. 14.48.

Die Aufnahme des Fertigstellungsgrads eines einzelnen Vorgangs ist – wie in Kap. 13.6.5 bereits beschrieben – die grösste Schwierigkeit bei der Terminüberwachung.

Bei der Darstellung der Soll-Ist-Analyse im Liniendiagramm können Abweichungen ebenfalls schnell und einfach abgelesen werden. Auch hier sollte bei angefangenen Arbeitsschritten eine Prognose auf den Endtermin vorgenommen werden.

Sowohl mit einem Balken- wie auch einem Liniendiagramm ist es relativ einfach, Soll-Ist-Analysen anschaulich darzustellen. Die Darstellung der Veränderung von Plan-Werten über einen längeren Zeitraum erweist sich dagegen bei diesen Arten von Diagrammen als sehr schwer.

Aus diesem Grund verwendet man in solchen Fällen so genannte Trendanalysen, die hervorragend geeignet sind, zukünftige Engpässe und Tendenzen erkennen zu lassen. Trendanalysen liefern eine Prognose für die weitere Entwicklung des Projekts, indem sie

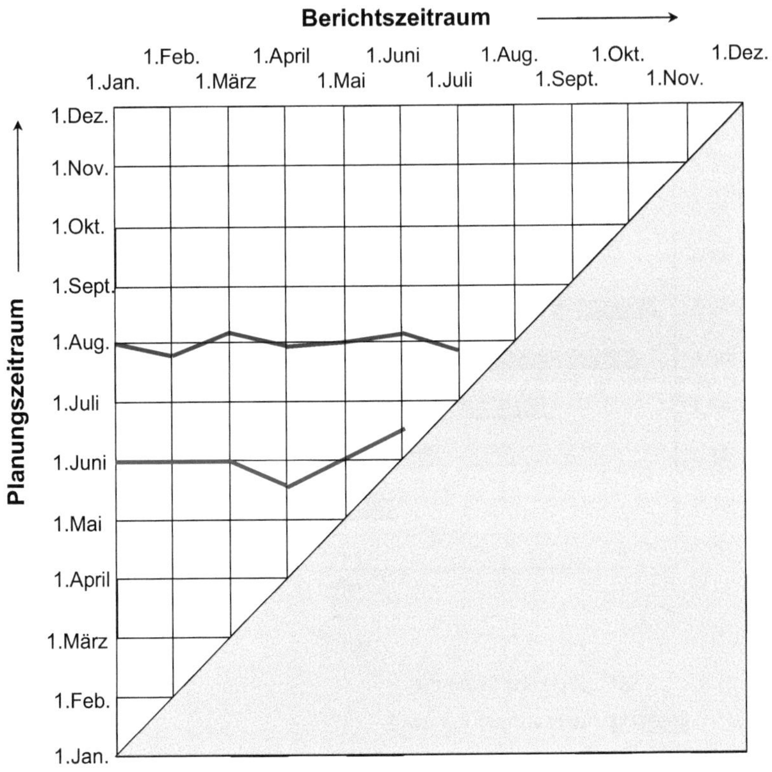

Abb. 14.49 Meilenstein-Trendanalyse (MTA) [15]

in übersichtlicher Darstellung die zu verschiedenen Berichtszeitpunkten veränderte Einschätzung von Plan-Werten zeigen. Prinzipiell kann jedes definierte Arbeitspaket Betrachtungsgegenstand einer solchen Analyse sein, allerdings sollte man sich auf projektentscheidende Arbeitsvorgänge und Faktoren wie z. B. Zeit oder Kosten beschränken.

Eine besondere Form von Trendanalysen ist die Meilenstein-Trendanalyse (MTA). Mit diesem Instrument werden Projekt-Meilensteine überwacht, indem in einem regelmäßigem Turnus, in der Regel monatlich, überprüft wird, zu welchem Termin die Meilensteine voraussichtlich erreicht werden können.

Selbstverständlich eignet sich diese Art der Analyse nicht nur für Zeituntersuchungen. Genauso gut kann mit diesem Verfahren die Kostenentwicklung mit ihren Tendenzen, d. h. den noch zu erwartenden Kosten, oder die Stundenanzahl mit den noch zu erwartenden Stunden untersucht werden.

14.6.10.2 Die Meilenstein-Trendanalyse (MTA)

In Abb. 14.49 ist ein Beispiel für eine Meilenstein-Trendanalyse (MTA) zu sehen. Auf der horizontalen Achse des Rasters wird der Berichtszeitraum von links nach rechts aufgetragen, auf der vertikalen Achse der Planungszeitraum mit identischer Zeiteinteilung, die 45-Grad-Linie stellt somit das Diagrammende dar.

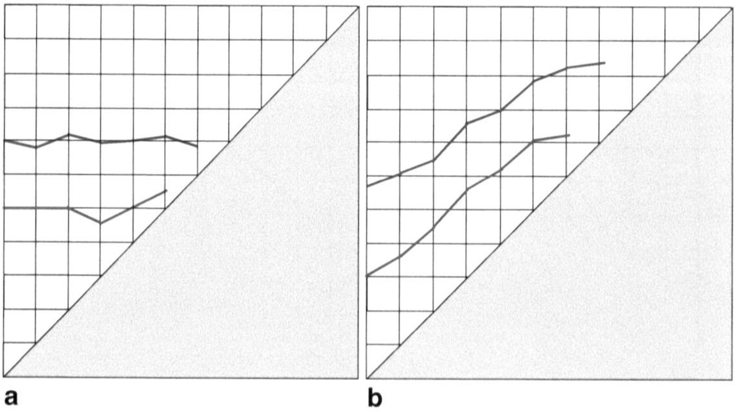

Abb. 14.50 Meilenstein-Trendanalyse (MTA) [15]
a normaler Verlauf einer MTA,
b extrem ansteigender Verlauf einer MTA

Die einzelnen betrachteten Meilensteine werden durch Symbole oder Farben eindeutig gekennzeichnet. Während der Projektdurchführung werden in konstanten zeitlichen Abständen, z. B. an jedem Ersten eines Monats, die aktuellen Prognosen für die beobachteten Meilensteine eingetragen. Wird die 45-Grad-Linie von den sich so ergebenden Polygonzügen geschnitten, sind die Meilensteine erreicht.

Weicht der erwartete von dem ursprünglich geplanten Termin ab, so verlässt der Polygonzug den horizontalen Verlauf. So können sich unterschiedliche Kurvenarten ergeben, die wie folgt zu interpretieren sind:

In Abb. 14.50a ist ein normaler Verlauf einer MTA dargestellt. Der geplante Termin wird sehr wahrscheinlich eingehalten werden können, da Terminverschiebungen nach „oben" (späteres Erreichen) ebenso viele Terminverschiebungen nach „unten" (früheres Erreichen) entgegenstehen.

In Abb. 14.50b kann man erkennen, dass laufend viel zu optimistische Schätzungen gemacht wurden. Der Endtermin des Projekts wird sich erheblich verzögern.

Abbildung 14.51a zeigt einen so genannten Trendwende-Verlauf. Das bedeutet, dass bis kurz vor den jeweils geplanten Fertigstellungsterminen bei allen Aufgaben eine Terminerfüllung vorhergesagt wurde. Erst kurz vor dem Ende werden erhebliche Terminverschiebungen angekündigt. Hier mangelt es an einer frühzeitigen realistischen Terminaussage, die den rechtzeitigen Einsatz von Steuerungsmassnahmen ermöglicht hätte.

Verlaufen unterschiedliche, aber im Prozess voneinander abhängige Meilensteine stark divergierend, so ist davon auszugehen, dass eine der Tendenzen nicht realistisch ist (vgl. Abb. 14.51b). Zum besseren Verständnis kann man sich die Herstellung einer Brücke im Taktschiebeverfahren vorstellen. Dabei könnte der untere Meilenstein für die Lieferung der Schalungspläne stehen und der obere für die Fertigstellung der Schalung. Da der Zeitraum, der für die Herstellung der Schalung benötigt wird, konstant bleibt, müsste sich mit der Verzögerung der Planlieferung auch die erwartete Fertigstellung der Schalung ver-

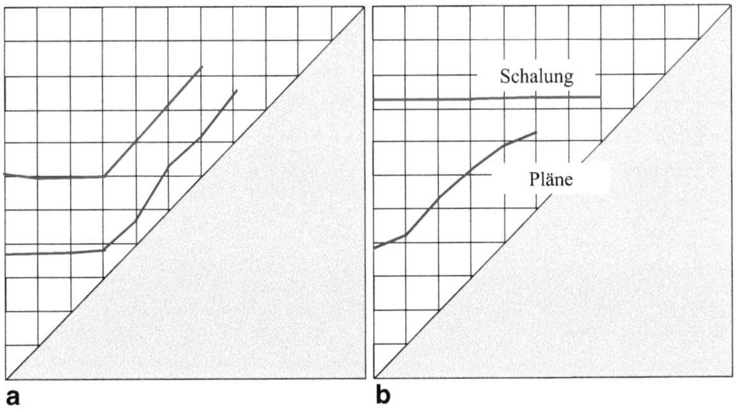

Abb. 14.51 Meilenstein-Trendanalyse (MTA) [15]
a Trendwende-Verlauf,
b divergierender Verlauf

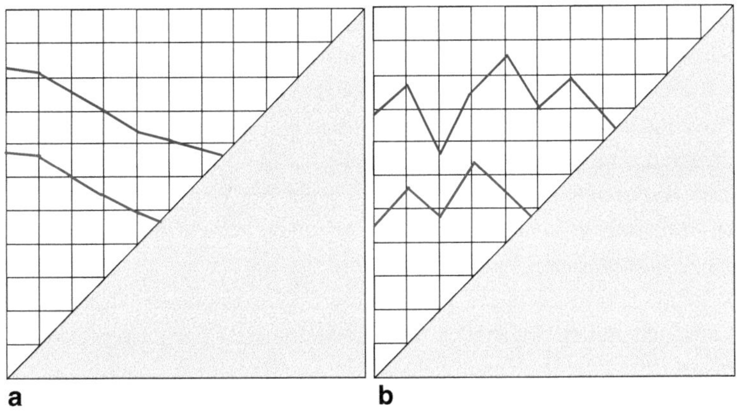

Abb. 14.52 Meilenstein-Trendanalyse (MTA) [15]
a gleichmässig fallender Verlauf,
b ZickZack-Verlauf

zögern. Dies ist aber laut Abb. 14.51b nicht der Fall. Aus diesem Grund scheint eine der Tendenzen nicht realistisch zu sein und eine klare Aussage über den Endtermin ist nicht möglich.

Weisen alle Meilensteine laufend eine Terminvorverlegung auf, so ergibt die MTA einen gleichmässig fallenden Verlauf wie in Abb. 14.52a dargestellt. Hier liegt die Vermutung nahe, dass von Anfang an mit zu großen Sicherheitspuffern gearbeitet wurde. Die Projektplaner sollten deshalb angehalten werden, künftig realistischere Schätzungen vorzunehmen, um eine erneute Kapazitätsverschwendung zu vermeiden. Das Projekt wird voraussichtlich früher fertig gestellt.

Stellt sich die MTA wie in Abb. 14.52b dar, so zeigt dies die erhebliche Unsicherheit der Planer in den jeweiligen Terminaussagen. Anhand dieser Analyse ist keine Aussage zur Fertigstellung möglich.

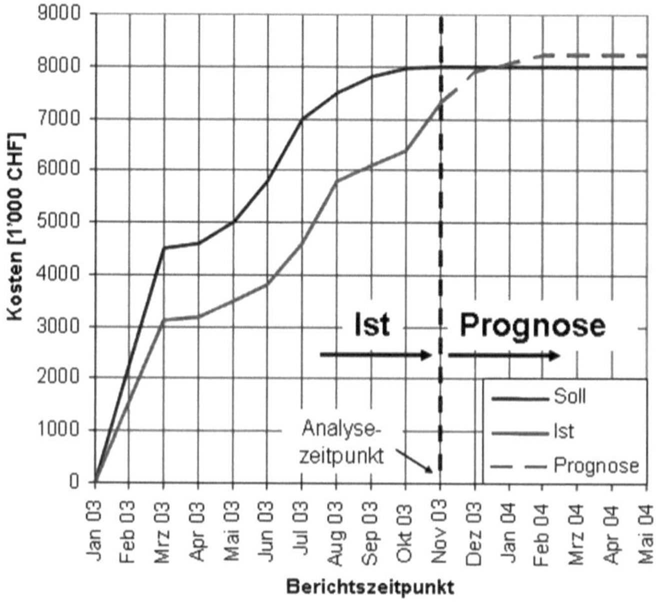

Abb. 14.53 Kosten-Trendanalyse (KTA) [16]

Die Vorteile einer grafisch visualisierten MTA für das Unternehmen können sich bereits nach wenigen Berichtszeitpunkten ergeben. So ermöglicht sie bei periodischer Aktualisierung ein frühzeitiges Erkennen von Terminengpässen und ist schnell und einfach erlern- und anwendbar. Ausserdem kann mit ihr die Terminentwicklung übersichtlich dargestellt und somit das Terminbewusstsein der Mitarbeiter verbessert werden. Ein Ausdruck der Grafiken stellt auch ein gutes Kommunikationsmittel für Meetings aller Projektbeteiligten dar.

14.6.10.3 Die Kosten-Trendanalyse (KTA)

Die Kosten-Trendanalyse (KTA) ist eine Methode zur Kostenverfolgung in Projekten. Ähnlich wie bei der MTA werden auch hier die zu untersuchenden Werte über einen Berichtszeitraum hinweg beobachtet und in Form einer Grafik dargestellt.

Der Unterschied zur MTA besteht darin, dass bei der KTA Ist-Werte eingetragen werden und anhand der vorliegenden Ist-Werte eine Prognose angestellt wird, während die Prognosen bei der MTA auch schon auf prognostizierten Werten, den Fertigstellungsdaten, beruhen.

Der geplante Kostenverlauf (Soll-Werte) wird als Funktion dargestellt. Die tatsächlichen Kosten (Ist-Werte) werden aufsummiert und in dasselbe Diagramm eingetragen. Weichen diese Werte voneinander ab, entsteht eine so genannte Kostendivergenz im Projektverlauf.

Ähnlich wie bei der Meilenstein-Trendanalyse kann eine Prognose mit Plan-Werten generiert werden, die dann als nützliche Grundlage für die Aufwands- bzw. Kostenschätzung herangezogen werden kann.

In Abb. 14.53 ist eine KTA dargestellt. Der Soll-Verlauf der Kosten ist für den gesamten Projektverlauf eingetragen, der letzte Wert des Ist-Verlaufs ist dagegen derjenige vom

November 2003. Anhand der eingetragenen Werte des Ist-Verlaufs wird eine Prognose erstellt, die mit dem Soll-Verlauf verglichen wird und die in diesem Fall eine Kostenüberschreitung für Mitte Dezember erwarten lässt.

Die Trendanalyse zur Untersuchung der Stunden ist der KTA ähnlich. Der einzige Unterschied besteht in der Beschriftung der vertikalen Achse, auf der dann nicht die Kosten, sondern Stunden aufgetragen werden.

Nicht zu vergessen sind bei allen drei beschriebenen Trendanalysen die Nachteile bzw. Ungenauigkeiten, auf die in den vorangegangenen Kapiteln bereits eingegangen wurde.

Prinzipiell ist noch anzumerken, dass jede Prognose nur so gut sein kann wie die Daten, auf denen sie aufbaut.

14.6.10.4 Abweichungsanalyse durch REFA-Studien – Arbeitsstudien

Wurde beispielsweise durch eine Analyse mit dem BAS, eine Untersuchung mit dem Job Control oder eine vorliegende Abweichung vom Projektterminplan eine Differenz zwischen den Ist-Stunden zu den Soll-Vorgaben festgestellt, so müssen Gegenmassnahmen ergriffen werden. Hierzu müssen in einem ersten Schritt die Gründe für die Abweichung in einer Abweichungsanalyse ermittelt werden. Die Abweichungsanalyse ist ein zentrales Element des Controllings. Insbesondere bei Soll-Ist-Abweichungen der Lohnstunden kann eine so genannte Arbeitsstudie zur gezielten Aufdeckung von Schwachstellen verwendet werden.

Bei einer Arbeitsstudie wird der Arbeitsablauf in hinreichend kleine Ablaufschritte eingeteilt (Tab. 14.14). Die Wahl des Detaillierungsgrads der Ablaufschritte muss das Ziel der Untersuchung widerspiegeln und wird im Folgenden durch Beispiele verdeutlicht.

Wie Berner zeigte [17], ist bei Hochbaustellen eine Gliederung bis zu Teilvorgängen unter wirtschaftlichen Gesichtspunkten möglich. Dieser De-taillierungsgrad ist gleichzeitig Voraussetzung für die Identifizierung von Schwachstellen auf der Baustelle.

Die einzelnen zu definierenden Arbeitsschritte können in der vom REFA vorgeschlagenen Gliederung klassifiziert werden (Tab. 14.15).

Für die Erfassung der Ist-Werte sind mehrere Varianten möglich. In der Praxis ist es jedoch zweckmässig, mit Hilfe von Formblättern die einzelnen von den Mitarbeitern ausgeführten Ablaufschritte in definierten Zeitintervallen zu erfassen. Im Baubetrieb sollte eine Intervalldauer von 0.5 bis 3 min gewählt werden. Die hierbei zu beobachtende Anzahl der Mitarbeiter steht in Abhängigkeit mit dem festgelegten Zeitintervall: Bei einer Intervalldauer von 0.5 min können unter praktischen Gesichtspunkten höchstens vier, bei

Tab. 14.14 Gliederung in Ablaufschritte, nach REFA

Projekt	Teilprojekt	Projektstufe	Vorgang	Teilvorgang	Vorgangsstufe	Vorgangselement
Bürogebäude	3. OG	Stützen	Einschalen	Verbinden der Schalelemente	Keil aufsetzen und einschlagen	Keil greifen

Zunehmende Detaillierung

Tab. 14.15 Klassifizierung der Arbeitsschritte [nach 17]

Klassifizierung	Beschreibung	Beispiel
Haupttätigkeit	Planmässige, unmittelbar der Erfüllung der Arbeitsaufgabe dienende Tätigkeit	Einschalen
Nebentätigkeit	Planmässige, nur mittelbar der Arbeitsaufgabe dienende Tätigkeit	Material holen
Zusätzliche Tätigkeit	Tätigkeit, deren Vorkommen oder Ablauf nicht vorausbestimmt werden kann	Wartezeit
Ablaufbedingtes Unterbrechen	Planmässiges Warten des Menschen auf das Ende von Ablaufabschnitten, die beim Betriebsmittel oder Arbeitsgegenstand selbstständig ablaufen	Planmässiges Warten
Störungsbedingtes Unterbrechen	Zusätzliches Warten des Menschen infolge von technischen oder organisatorischen Störungen und Informationsmängeln	Technischer Mangel
Erholungsbedingtes Unterbrechen	Unterbrechen der Tätigkeit, um tätigkeitsbedingte Arbeitsermüdung abzubauen	Pause bei Überkopfarbeiten
Persönlich bedingtes Unterbrechen	Unterbrechen der Tätigkeit aus persönlichen Gründen	Aufsuchen der Toilette

einer Intervalldauer von 3 min bis zu 15 Mitarbeiter erfasst werden. In Abb. 14.54 ist ein Beispiel für einen Auszug aus einem ausgefüllten Aufnahmenbogen dargestellt; es wurden drei Arbeiter beobachtet.

In den Zeilen sind die einzelnen Teilvorgänge aufgelistet. Eine Spalte entspricht einem Zeitintervall. Die Tätigkeiten der in diesem Beispiel beobachteten drei Mitarbeiter werden je Intervall den Teilvorgängen zugeordnet. Um eine eventuelle Vergleichbarkeit verschiedener Arbeitsanalysen herzustellen, sind die praktischen Randbedingungen der Erfassung noch zu dokumentieren (z. B. Bauvorhaben, Geschoss, Wochentag, Witterung, Arbeitsbedingungen, Art des Arbeitsab-laufs und Bemerkungen).

Für die Auswertung des Aufnahmenbogens werden die einzelnen Teilvorgänge gemäss der in Tab. 14.15 erläuterten Klassifizierung eingeteilt. Berner [17] empfiehlt, dass der Anteil der Haupttätigkeit über 50 % der Gesamtzeit betragen soll. Die übrigen Tätigkeiten, einschliesslich der Nebentätigkeiten, sollten nur einen geringen Anteil der Gesamtzeit einnehmen. Liegen hier Verschiebungen vor, so bestehen Schwachstellen in der Baustellenorganisation.

Fällt beispielsweise ein hoher Anteil an Handtransport an, ist die Arbeitsplatzorganisation unzureichend. Das für eine Tätigkeit benötigte Arbeitsmaterial und die Werkzeuge liegen nicht in unmittelbarer Nähe des Arbeitsplatzes. Wird bei der Materialsuche zu viel Zeit verbraucht, so müssen zur Beseitigung der Schwachstelle beispielsweise zusätzliche Ordnungssysteme für die Arbeitsmaterialien bereitgestellt werden, eventuell muss der Be-

Intervall	0		1		2		3		4		5		6		7		8		9		0		1		2		3		4
Teilvorgang																													
Verspannung lösen																|	||	||											
Verbindung lösen																													
Ausschalung																													
Aussteifung lösen															|														
Reinigen, Ölen																													
Ablegen der Elemente																													
Ausbessern																	|												
Aufräumen											|	|	|																
Gerüste aufstellen																													
Vorbereiten														|	|	|													
Anhängen																													
Bewehrung ausschneiden																													
Handtransport													|	|	|	|													
Materialsuche													|	|															
Transport Turmdrehkran																													
Unnötiges Handeln																													
Wege zum Arbeitsplatz	|||	|||	|||	|||	|||	|||	|||	|||	||	||																			
Information									|	|	||	||						|										
Randarbeiten																													
Warten auf Turmdrehkran																													
Warten auf Vorarbeiter																													
Rauchen																													
Bedürfnis																													
Privatgespräch																													
Erholung																													
Gesamt	3	3	3	3	3	3	3	3	3	3	3	3	3	3	3	3	3	3											

Abb. 14.54 Auszug aus ausgefülltem Aufnahmenbogen [nach 17]

stand der vorhandenen Arbeitsmaterialien und Werkzeuge erhöht werden, oder aber die Mitarbeiter sind zu mehr Ordnung anzuhalten.

14.7 Kontinuierlicher Verbesserungsprozess

14.7.1 Grundlagen

Aufgrund des Baustellen-Controllings erhält man die Abweichungen gegenüber den Soll-Vorgaben aus der Arbeitskalkulation. Zur Zielsteuerung und Verbesserung des Baustellenergebnisses ist es heute erforderlich, das Team mit seiner Erfahrung und Kreativität in die Verbesserung der Baustellenorganisation, der Abläufe und der Leistung einzubinden. Dieser Bottom-Up-Ansatz wird im Rahmen des kontinuierlichen Verbesserungsprozesses (KVP) genutzt.

Das Ziel des KVP ist es, die Wertschöpfung im Produktionsprozess zu steigern. Die Steigerung der Wertschöpfung soll dadurch erreicht werden, dass

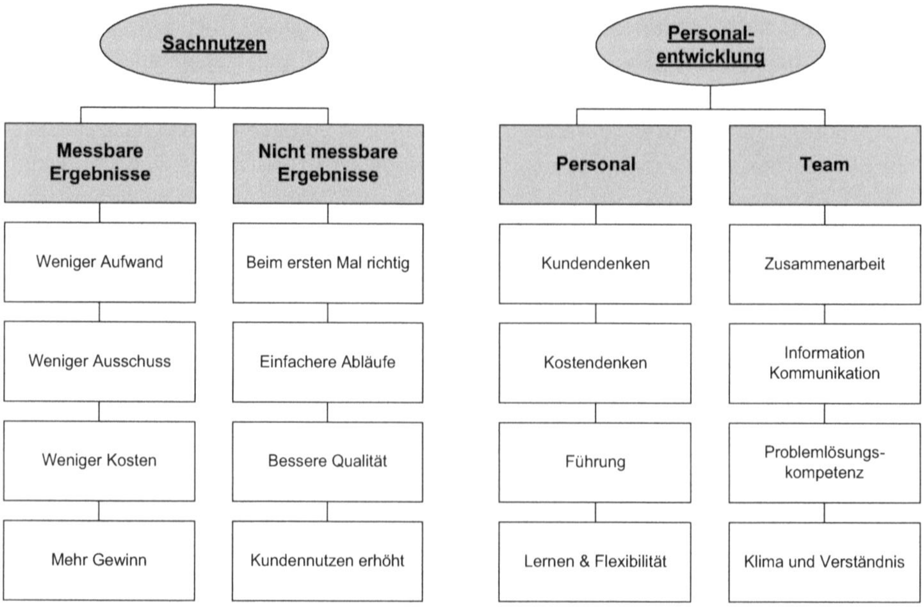

Abb. 14.55 Konzept des kontinuierlichen Verbesserungsprozesses

- die Effektivität der Prozesse und Tätigkeiten für die Erstellung einer Leistung gesteigert wird, um das ökonomische Minimalprinzip zu erreichen,
- unerwartete Probleme schnell und kreativ gelöst werden,
- die Risiken reduziert bzw. effektiv gesteuert werden können.

Der KVP beabsichtigt einerseits den Sachnutzen zu steigern und andererseits zur Personal- und Teamentwicklung beizutragen (Abb. 14.55).

Beim KVP wird die gesamte Baustellenleitung möglicherweise bis zu den Arbeitern eingebunden, um nicht-wertschöpfende Aktivitäten und Probleme zu eliminieren und die Arbeitsabläufe effizienter zu gestalten.

Der KVP basiert auf dem Respekt im Team und dem Verantwortungsbewusstsein für die gemeinsame Leistung. Somit erhält nicht nur der Baustellenchef die Prämie, sondern das gesamte Team wenn die Soll-Vorgaben verbessert werden oder wenn durch gute Ideen des Teams der drohende Verlust reduziert wird.

Das KVP baut auf den Vorgaben des AVOR-Prozesses auf und setzt diesen durch wöchentliche detaillierte Arbeitsplanung um. Diese wöchentliche Arbeitsplanung wird von den Polieren in Abstimmung mit den Abschnittsbauleitern und dem Baustellenchef durchgeführt.

Diese Vorplanung der Wochenarbeitsabläufe wird in den wöchentlichen Arbeitssitzungen, z. B. am Freitagnachmittag, durchgeführt. In dieser Besprechung werden gleichzeitig die Soll-Ist-Ergebnisse der letzten Woche diskutiert. Basierend auf diesem Soll-Ist-Vergleich werden Verbesserungsvorschläge, die der Polier mit seinem Team erarbeitet hat, diskutiert und nach Zustimmung der Bauleitung umgesetzt. Dabei ist es wichtig, dass alle Beteiligten motiviert zum KVP beitragen. Zudem müssen die guten Ideen mit Name, Bild und Team in den Meeting- und Personal-Räumen ausgehängt werden. KVP muss eine Teamkultur auf der Baustelle entwickeln. Die Teamkultur entbindet jedoch nicht die Baustellenleitung von ihrer Verantwortung für das Ergebnis der Baustelle.

Voraussetzung für den Erfolg der KVP ist es, dass die Mitarbeiter über den Sinn, ihre Verantwortung und die Abläufe des KVP in ihrem Unternehmen geschult werden. Die Mitarbeiter müssen vor allem hinsichtlich ineffizienter Abläufe in der Produktion sensibilisiert werden. Nur mit einem Problembewusstsein bezüglich der Leistungsziele und der Tatsache, dass Ineffektivität den Leistungsdruck erhöht, lassen sich Verbesserungen erreichen. Dies muss in einer Kultur der Verantwortung gegenüber den Unternehmens- und Projektzielen und des Respekts gegenüber der Erfahrung, dem Know-how und dem Können der Mitarbeiter eingebettet werden.

Neben der Optimierung der Abläufe der Bauproduktion muss die Bereitstellung und der Abruf von Material, Mitarbeitern, Geräten und Handwerkzeug wöchentlich voraus geplant werden. Auch hier wird bei fast allen heutigen Baustellen Geld verschwendet, weil Material, Handwerkzeug und Geräte nicht ausreichend disponiert werden und oft nur ad hoc bereit gestellt werden können. Auf den heutigen Baustellen werden immer noch viel zu viele Kleintransporte durchgeführt, um trotz unzureichender Disposition die Baustelle „am Laufen" zu halten.

14.7.2 Der KVP-Ablauf auf der Baustelle

Der kontinuierliche Verbesserungsprozess muss eingebettet sein in das Projekt-Qualitätsmanagement-Handbuch und muss sich auf die Projektziele des Unternehmens ausrichten. Eine Verbesserung ist nur dann möglich, wenn das Messen der Zielerreichung machbar ist („If you can not measure, you can not manage"). Die Verbesserungen im Projekt richten sich nach den jeweiligen projektspezifischen Soll-Vorgaben aus, z. B.:

- Leistungsverbesserung der direkten Produktionsabläufe durch Vereinfachung der Tätigkeitsabläufe, veränderte Verfahren, etc.
- Leistungsverbesserungen der Logistikabläufe, bzgl.
  - Materialbereitstellung
  - Materiallagerung
  - Geräteeinsatz
  - Veränderung der Abläufe
  - Abgestimmte Nutzung von Baustellentransportgeräten und von Geräten zwischen verschiedenen Teams
- Sicherheitsverbesserung in den einzelnen Bauphasen zur Verringerung der Unfallgefahr und Verbesserung der Leistung durch erhöhte Sicherheit
- Qualitätsverbesserung zur Verhinderung von Nachbearbeitung

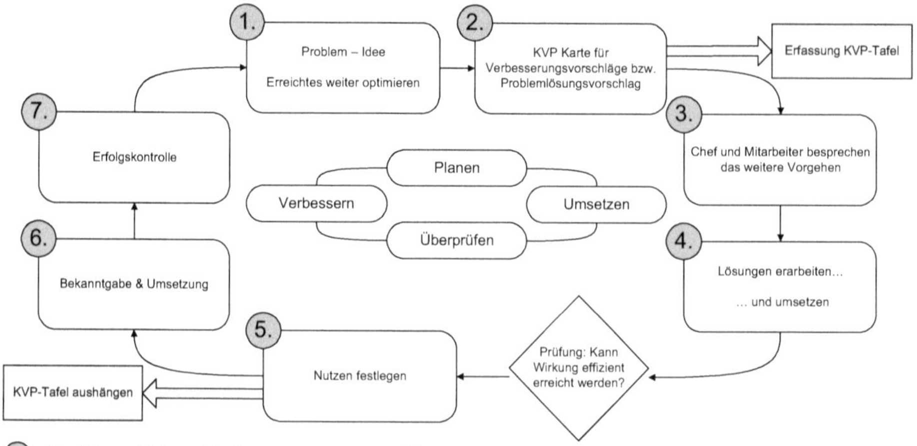

1. Problem / Idee, Verbesserungsvorschlag
2. MA, welcher die Idee hatte, übergibt eine ausgefüllte KVP-Karte seinem Vorgesetzten. Diese wird dann im IQ-Soft erfasst.
3. Chef und MA besprechen das weitere Vorgehen
4. Lösungen mit Hilfe der Kurzmoderation oder einer der erlernten Moderationstechniken erarbeiten und umsetzen
5. Nutzen festlegen
6. Bekanntgabe & Umsetzung der Massnahme mit den erforderlichen Ressourcen
7. Erfolgskontrolle und falls weitere Verbesserungen möglich sind, erneuter Start bei Punkt 1

Abb. 14.56 Ablauf eines KVP-Vorschlages auf der Baustelle

- Umwelteinflussminimierung (Lärm, Staub, etc.) zur Minimierung von Beschwerden und Behinderungen der eigenen Baustelle

Der kontinuierliche Verbesserungsprozess [KVP] wird meist in den in Abb. 14.56 dargestellten Stufen umgesetzt:

Der Problemlösungsprozess soll wie folgt durchgeführt werden (Abb. 14.57):

- Problem, welches zu Ineffizienzen führt, muss erkannt werden, z. B. Sicherheitsproblem, Warten auf Material, Material umstellen, Ist-Stunden grösser als Soll-Stunden, Nacharbeiten aufgrund von Fehlstellen
- Lösungsvarianten mittels Brainstorming in einer Teamsitzung erarbeiten und auf Ideenkarte festhalten
- Lösungsvariante bewerten auf
  - Effektivität
  - Kosten
  - Risiken
  - Vorteile und Nachteile
- Lösungsvariante auswählen
- Aktivitätsplan für die Genehmigung und Umsetzung ausarbeiten

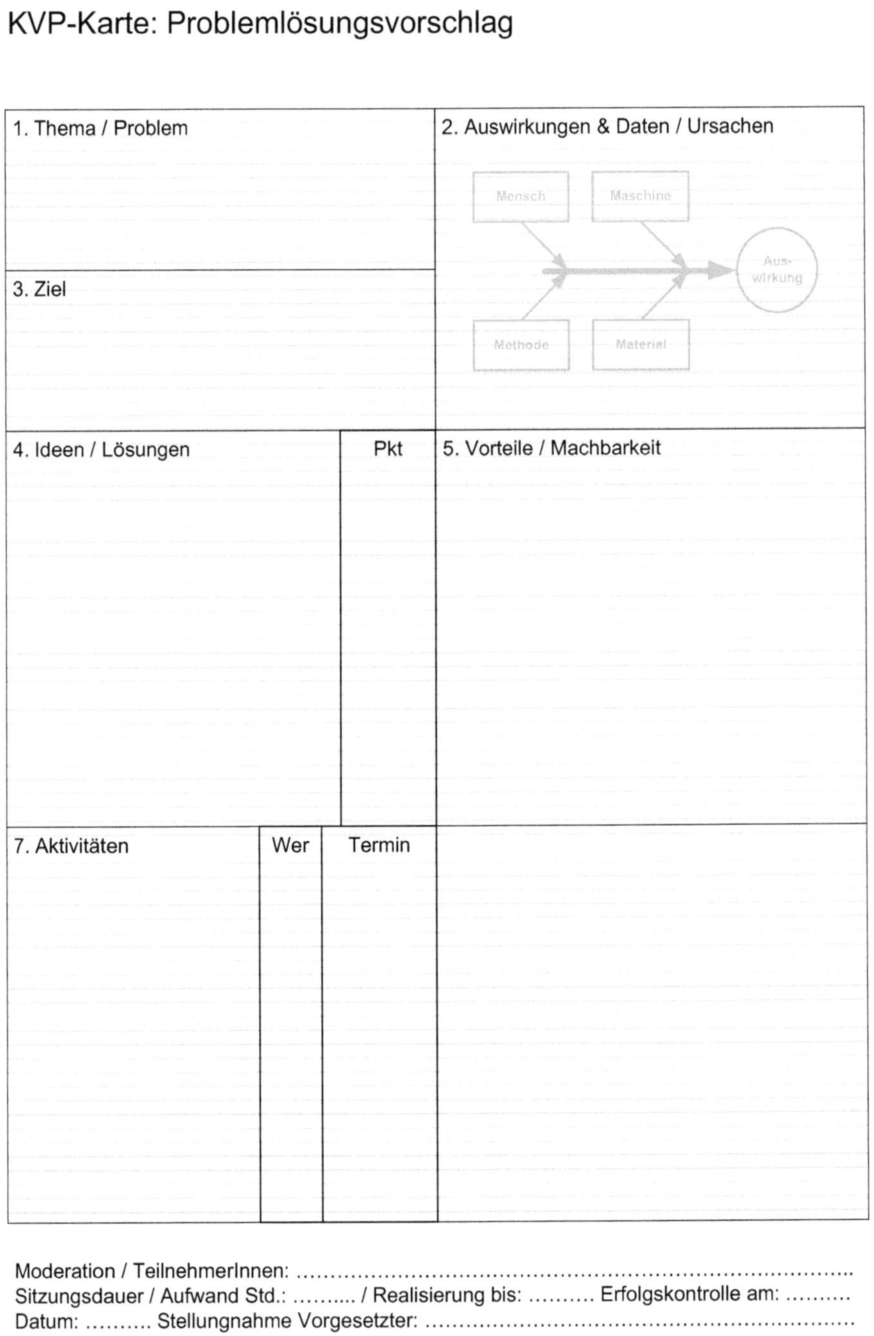

KVP-Karte: Problemlösungsvorschlag

1. Thema / Problem

2. Auswirkungen & Daten / Ursachen

Mensch
Maschine
Methode
Material
Aus-wirkung

3. Ziel

4. Ideen / Lösungen | Pkt

5. Vorteile / Machbarkeit

7. Aktivitäten	Wer	Termin

Moderation / TeilnehmerInnen: ....
Sitzungsdauer / Aufwand Std.: .... / Realisierung bis: .... Erfolgskontrolle am: ....
Datum: .... Stellungnahme Vorgesetzter: ....

Abb. 14.57 KVP-Karte auf der Baustelle Problemlösungsvorschlag

In der wöchentlichen Bausitzung zwischen Baustellenchef, Baustellenführer und Polier werden die Soll-Ist-Abweichungen sowie die Probleme der Baustelle diskutiert. Dann werden die Lösungsvorschläge besprochen und bewertet. Je nach Umfang und Wirkung der KVP-Massnahmen kann diese

- direkt beschlossen werden, z. B. zur direkten Gefahrenabwendung oder zur direkten Verbesserung der Arbeits- oder Logistikabläufe ohne grundsätzliche Veränderung der jeweiligen Elementarprozesse,
- zur vertieften Prüfung an die AVOR- bzw. Kalkulationsabteilung weiter gegeben werden, um die interaktive Wirkung auf Parallel- bzw. Folgeabläufe zu prüfen und die Leistungs- und Kostenwirksamkeit zu überprüfen.

Jeder Problemlösungsvorschlag wird bewertet und beurteilt. Die erfolgreichen Lösungsvorschläge werden durch den Baustellenchef bzw. den Baustellenführer bekannt gegeben. Je nach Ressourcenbedarf werden sie:

- Formell mündlich in den wöchentlichen Baustellensitzung bekannt gegeben und die Ergebnisse werden im Protokoll vermerkt.
- Schriftlich und mit Anweisungen über Gerätebereitstellung, Ablaufänderungen, etc. und neuen Soll-Vorgaben sowie Planänderungen bekannt gegeben und veranlasst.

Nach der Instruktion der Mitarbeiter und Beginn der Umsetzung beginnt gleichzeitig das Erfolgscontrolling bezüglich der Zielerreichung der Soll-Vorgaben bzw. inwieweit die KVP-Massnahmen greifen und die erwartete Verbesserung eingetreten ist. Die KVP-Massnahme sollte wiederum kritisch auf Verbesserungen vom Team und der Baustellenleitung hinterfragt werden.

Beim KVP ist es wichtig, dass der Respekt gegenüber den Mitarbeitern im Mittelpunkt des Erfolges steht. Dann ist der Polier bereit seine Ideen für Detailabläufe einzubringen und der Bauführer leitet das Gesamtkonzept. Wenn diese Symbiose funktioniert ist der KVP erfolgreich.

14.8 Nachtragsmanagement

14.8.1 Nachtragsmanagement – Eine unvermeidbare Plage?

14.8.1.1 Nachtragsmanagement – Ein Kompetenzproblem der Auftraggeber?

Nachtragsmanagement hat sich heute zu einer Pandora-Büchse in weiten Teilen der Baubranche entwickelt. Viele Unternehmen und Berater sehen im Nachtragsmanagement ein „Geschäftsmodell", um Projektergebnisse bei hartem Preiswettbewerb zu verbessern. Zudem hat sich eine ganze Legion hochspezialisierter baubetrieblicher und juristischer Berater etabliert, die ausführende Unternehmen beim Aufstellen der Nachtragsforderungen bzw. beim Ablehnen der Nachträge auf Bauherrenseite unterstützen. In manchen grösseren Bauunternehmen bilden solche Nachtragsabteilungen Grössenordnungen wie die eigentliche Arbeitsvorbereitung. Anstatt die Produktions- und Logistikprozesse der Baustelle optimal zu planen, werden grosse Anstrengungen getroffen, herauszufinden, wo Nachtragspotential besteht. Einige Auftraggeber versuchen Fakten zu schaffen, indem sie die Nachtragsforderungen der Auftragnehmer verschleppen, möglichst auf Bauzeitende – „wir werden uns schon einigen". Dann aber werden keine Entscheidungen gefällt, um sich nicht negativ zu exponieren für die eigene Karriere. So werden Nachtragsforderungen lieber an Juristen und Gerichte delegiert. Auf der anderen Seite der Medaille können nur Nachträge und Nachforderungen auftreten, wenn der Bauherr seine Aufgaben unvollständig wahrnimmt. Jedes Bauprojekt ist ein Unikat und jeder Planungs- und Bauprozess hat einen gewissen Grad an Imponderabilien. Das liegt daran, dass der Planungsprozess bei einer Idee beginnt und dann immateriell, interaktiv und integrativ von den Projektzielen zum Projektergebnis umgesetzt werden muss. Daher kann kaum ein Bauprojekt 100 %tig detailliert ausgeschrieben werden. Das Recht des Bauherrn/Investors bzw. Auftraggebers auf Bestelländerungen muss bei Bauprojekten weiter bestehen aufgrund der genannten Spezifikation der Bauprojekte. Die Frage, die sich stellt, ist: Müssen Bauprojekte dadurch improvisiert ablaufen mit der Folge von Nachträgen, Nachtragsforderungen und der sich längst im Baumarkt etablierten Streitkultur. Um diese Frage zu klären, muss man analysieren wodurch Nachträge und Nachtragsforderungen entstehen. Die Gründe liegen in:

- Bestelländerungen und
- verspätete bzw. unzureichende Mitwirkungsobliegenheiten des Bauherrn.

Einzelne wenige Bestelländerungen sind meist unproblematisch, wenn dabei nicht wesentliche Teile oder Herstellungsprozesse betroffen sind. „Time-to-Market" ist heute die Devise vieler Auftraggeber. Viele Projekte, besonders Hochbauprojekte, werden ausgeschrieben und beauftragt, obwohl nur ein kleiner Teil der Mieter feststeht und somit die Anforderungen an die Projekte unzureichend festgelegt sind. Dann kommt es während der Auftragserfüllungsphase zu einer Lawine von Bestelländerungen (die ETH hat mehrere solcher Projekte untersucht, bei einem Einkaufszentrum waren es 350 Bestelländerungen).

Dies führt nicht nur zu Nachträgen, wie die meisten Bauherren glauben, sondern zu erheblichen verketteten Herstellungsprozessstörungen bei den interaktiv verkoppelten Unternehmerleistungen, besonders des Ausbaus. Dies hat zur Folge, dass die Herstellungsfliessprozesse, die im Taktverfahren immer wieder gestört werden, nicht nur die Bestelländerungen (Nachträge) selbst, sondern auch die Hauptaufträge beeinflussen. Dies löst dann eine Lawine von Nachtragsforderungen infolge Bauablaufstörungen bei den Roh- und Ausbauunternehmen aus mit erheblichen Mehrkosten. Des Weiteren werden solche Nachtragsforderungen gestellt bei unzureichenden Mitwirkungsobliegenheiten des Bauherrn. Hierzu zählen verspätete Planlieferung, nachträgliche Plankorrekturen nach der Soll-Bereitstellung und während des Herstellprozesses sowie verspätete Baufeldfreigabe etc.

Somit wird deutlich, dass der Verursacher auf Auftraggeberseite liegt für Nachträge, Nachforderungen und bei den subsequent auftretenden Streitigkeiten. Hierzu ist eine Prophylaxe seitens des Bauherrn notwendig zur Vermeidung der Ursache der Probleme wie:

- Bestelländerungen (Vielzahl),
- verspätete Mitwirkungsobliegenheiten.

Um gezielt ein Prophylaxekonzept zu entwickeln, muss man die Ursachen kennen. An der ETH Zürich haben wir bei der Analyse verschiedenster Nachforderungsstreitigkeiten folgende Ursachen festgestellt:

- Unzureichende Ziel- und Anforderungsvorgaben und unzureichende zielorientierte Steuerung in den Projektphasen durch den AG (unabdingbare/hinreichend zu erfüllende Ziele und Anforderungen).
- Ausschreibung von Bauleistungen vor endgültiger Festlegung der Planungs- und Ausführungsinhalte (unklares Bau-Soll z. B. 350 Projekt- bzw. Bestellungsänderungen bei einem Einkaufsprojekt).
- Fehlendes Risiko- und unzureichendes zielorientiertes Kostenmanagement in der Planungs- und Ausführungsphase beim AG.
- Einseitige Risikoübertragung des AG mit unkalkulierbaren Leistungsinhalten auf den AN.
- Spekulatives nachforderungsorientiertes Angebots- und Ausführungsverhalten des AN.
- Komplexe, unklare Entscheidungsstrukturen und Entscheidungskompetenzen des AG.
- Unzureichendes ziel- und ergebnisorientiertes Projektmanagement, das mehr als nur Kosten, Qualität und Termine buchhalterisch überwacht bei AG und AN.

Zudem treten neben den Nachforderungen dann Streitigkeiten in Projekten auf, wenn

- das Budget des Bauherrn sehr eng bemessen ist,
- der Preis des Bauherrn an oder nahe an der Kostengrenze liegt infolge eines reinen Preiswettbewerbs.

Bei solchen Projekten kommt es dann sehr schnell nach Vertragsunterzeichnung zu opportunistischem Verhalten der Parteien. Besonders wenn der Bauherr das Projektmanagement unzureichend auf die Erarbeitung der klaren inhaltlichen und prozessorientierten Ziele ausgerichtet hat.

Nachtragsforderungen infolge verspäteter oder unzureichender Mitwirkungsobliegenheiten in der Herstellungsphase können sicherlich durch ein kompetentes problem- und lösungsorientiertes Projektmanagement, das nicht nur buchhalterisch Qualität, Termine und Kosten kontrolliert, sondern Projekte auch inhaltlich steuert und führt, vermieden werden. Dazu gehört, dass man seinen Planer führt und steuert sowie die ausführenden

Unternehmen. Planung der Planung auf die Vorlaufzeiten der entsprechenden Soll-Ausführungsvorgänge ist ein wichtiges Element, verspätete Planlieferung mit der Wirkung von Bauablaufstörungen zu vermeiden. Das reicht allerdings nach den Untersuchungen der ETH Zürich bei verschiedenen Projekten nicht aus. Denn in den meisten Ingenieurbüros findet eine unzureichende Kapazitätsplanung für die Projekte selbst und für die Kapazitätsplanung der gleichzeitig laufenden Projekte statt. Hier muss der Bauherr nicht nur eine Planlieferungsliste verlangen, die abgestimmt ist auf die Herstellungsprozesse (Vorgänge) der Unternehmen, sondern auch die Kapazitätsbereitstellung an Ingenieuren, Zeichnern etc. überprüfen.

Zusammenfassend kann man feststellen, dass die Bauherren den Schlüssel in der Hand haben, Nachtragsforderungen zu minimieren und „nichtwertschöpfendes" Nachtragsmanagement in Grenzen zu halten. Dazu braucht es besonders auf Auftraggeberseite entsprechend erhöhte Kompetenz der Projektführung und Steuerung, auch wenn man sich externer Projektmanager bedient. Denn diese muss man führen können und Entscheidungen frühzeitig fällen. Besonders die frühzeitige Klärung der Ziele und Anforderungen mit den Steuerungsgrössen für unabdingbare und hinreichend zu erfüllende Ziele müssen definiert werden. Es müssen klare Ergebnismeilensteine nach jeder Projektphase festgelegt werden bevor die nächste Projektphase begonnen werden kann. Dabei hat das Risiko- und Kostenmanagement eine besondere Funktion als Ergebnis der Umsetzungen der Anforderungen. Während der Ausführung muss man sicherstellen, dass die Mitwirkungsobliegenheiten zielorientiert und zuverlässig erfüllt werden. Das erfordert mehr als nur einen Planer oder Unternehmer zu beauftragen, sondern erfordert deren Kapazität ausreichend zu beurteilen, um die Qualität, Termine und Kosten einzuhalten. Zudem muss der AG Entscheidungen verbindlich, zeitnah und rational begründet fällen. Dazu ist Planungs-, Bau-, Entscheidungs- und Führungskompetenz neben den unabdingbaren Projektmanagementtools erforderlich auf Seiten der Auftraggeber.

Die Unternehmer müssen sich wieder auf ihre Produktionskompetenz konzentrieren. Nicht mehr „alle" Kraft ins Nachtragsmanagement, sondern in die wertschöpfende Planung, Ausführung und Steuerung der Bauproduktionsprozesse legen. Dazu gehört eine Top-Down Arbeitsvorbereitung und Logistikplanung basierend auf der Arbeitskalkulation mit Optimierung des Personal- und Geräteeinsatzes und deren Auslastung. Eine Soll-Arbeitskalkulation für die Wochen- und Tagesplanung sowie das Controlling der Baustelle ist unabdingbar. Auf der Baustelle muss wöchentlich die Wochen- und Tagesplanung mit 4-Wochen-Vorausschau gemacht werden. Wöchentlich muss der Soll-Ist-Vergleich gemacht werden und mittels kontinuierlichen Verbesserungsprozess (KVP) muss die Zielerreichung vom Baustellenteam verbessert werden. Eine Kompetenzaufrüstung auf Auftraggeber- wie Auftragnehmerseite ist unabdingbar – nicht nur im Nachtragsmanagement, sondern in dem geschilderten Kontext, um diese Spirale der Konflikte im Bau zu reduzieren bzw. zu vermeiden. Trotz der erforderlichen Professionalisierung der Planungs-, Steuerungs- und Entscheidungsprozesse wird es zu Imponderabilien kommen aufgrund der begrenzten Rationalität der Beteiligten sowie durch unzureichend erkannte natürliche und anthropogene Störungen, die zu Nachforderungen führen.

14.8.1.2 Nachtragsmanagement – Rettungsanker für Unternehmen?

Viele Unternehmen glauben, dass mittels Nachtragsmanagement der möglicherweise fehlende Erfolg in einem Geschäftsbereich hergestellt werden kann.

Nachtragsmanagement ist nur ein Element, das den Erfolg in einem Geschäftsbereich wiederherstellen kann.

In den meisten Fällen liegen die Probleme in einem Unternehmen tiefer, wenn ein Geschäftsbereich keinen ausreichenden Gewinn mehr erzeugt oder sogar Verluste macht. Dann liegt das nicht am Marktpreis, sondern an der Ineffizienz der internen Prozesse. Zu dieser Ineffizienz zählen:

- keine durchgängige Projekt- und Prozessverantwortung,
- eine unzureichende Angebotsbearbeitung,
- unerkannte Risiken, die zu Gefahren führen mit Kostenwirkung,
- unzureichende AVOR,
- keine Soll-Arbeitskalkulation mit Ziel-Leistungsvorgaben für die Baustelle,
- keine Wochen- und Tagesarbeitsplanung der Poliere auf der Baustelle,
- kein oder kein aussagefähiges Soll-Ist-Controlling,
- unzureichende Führung auf der Baustelle,
- „Handylogistik" mit Leerläufen auf der Baustelle statt geplanter Logistik,
- unzureichendes zeitnahes Controlling,
- kein KVP des Baustellenteams, um erkannte Ineffizienz zu ändern,
- nichterkannte Nachträge aus:
  - Bestelländerungen,
  - Behinderungen.

Aus dieser Vielzahl von ergebnisbestimmenden Erfolgseinflussfaktoren erkennt man, dass das Nachtragsmanagement nur eine Stellschraube ist, um Projekte erfolgreich abzuschliessen. Oft sind die anderen Faktoren sogar wichtiger. Deswegen müssen neben einem fairen, aber schlagkräftigen Nachtragsmanagement die Prozesse „Lean" = „schlank" gestaltet werden, um effizient und ohne Verluste an Arbeitszeit (Warten auf Material etc.) die Projekte erfolgreich abzuschliessen. Denn wenn sie keine effizienten Prozesse in der Angebots- und Ausführungsphase mit einer durchgehenden Projektverantwortung haben mit Soll-Vorgaben, dann erkennt man oft auch nicht das wirkliche Ausmass und die Folgekosten einer Störung z. B. durch zu späte Planlieferung auf der Baustelle. In diesem Beitrag werden die Grundprinzipien des Nachtragsmanagements thematisiert.

14.8.1.3 Nachtragsmanagement – Auslöser und Vermeidungsmassnahmen

Risiken sind immer die Auslöser für Nachträge bzw. Nachforderungen des Unternehmers. Diese Nachträge müssen in der Verantwortung bzw. Risikosphäre des Bestellers/Bauherrn ausgelöst werden und beim Unternehmer zusätzliche Kosten verursachen. Die Gründe solcher Nachträge sind im Abb. 14.58 dargestellt.

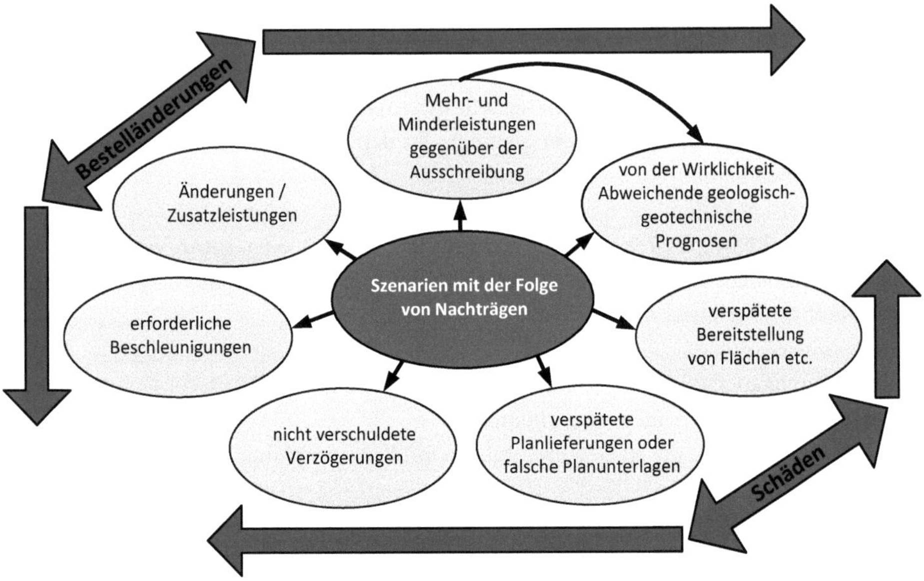

Abb. 14.58 Gründe für Nachträge

Die Auslöser sind einerseits unvollständige Verträge, die zu Bestelländerungen führen oder ineffizientes Bauherrenmanagement, das zu Störungen und Behinderungen eines geplanten Bauprozesses und zu finanziellen Schäden/Folgekosten beim Unternehmen führt.

Zu den Bestelländerungen mit Kostenfolgen gehören:

- Mengenänderungen > 10 %/20 %,
- Leistungsänderungen, z. B. andere Konstruktion oder anderes Bauverfahren,
- Zusätzliche Leistungen, die nicht im Vertrag waren,
- Leistungen ohne Auftrag zur Abwehr von Gefahr.

Zu den Einwirkungen mit Kostenfolgen gehören:

- Fristenüberschreitungen, die zu Behinderungen oder Unterbrechungen führen, z. B. bei der Planlieferung oder Baufeldfreigabe,
- Unvollständige oder fehlerhafte Planung,
- Behinderung durch ungelöste Schnittstellen, z. B. durch Vorgänger oder parallel arbeitende Unternehmen,
- Beschleunigungsanforderungen,
- Bauzeitverlängerungen/Beschleunigungen infolge Bestelländerungen.

Der Bauherr hat es in der Hand, ein Projekt fast ohne Nachträge auszuführen. Die Massnahmen, die der Bauherr hat zur Verhinderung der Nachträge, sind in Abb. 14.59 dargestellt.

Abb. 14.59 Verhinderung von Nachträgen

Der Bauherr sollte sicherstellen, dass die Angebotspläne, die spätere Ausführung ausreichend wiedergeben. Oft werden Konstruktionsänderungen einfach in die Ausführungspläne eingearbeitet, die zu herstellungstechnischen Erschwernissen führen, z. B. wesentlich erhöhter Bewehrungsgehalt, Schubbewehrung in den Wänden, zusätzliche Fugenbänder. Dies sind indirekte Bestellungsänderungen, die zusätzlich meist zu Leistungsminderungen aufgrund der höheren Herstellungserschwernisse führen. Besonderen Wert sollte der Bauherr auf eine transparente und vollständige Ausschreibung mit ausreichenden Planunterlagen legen. Denn der Unternehmer bildet aufgrund dieser Unterlagen seinen Preis. Bei Auftragsvergabe bilden diese Unterlagen im Regelfall die Vertragsgrundlage. Während der Bauphase muss der Bauherr dafür sorgen, dass die Planer die Pläne zeitgerecht abgestimmt auf den geplanten Bauablauf des Unternehmers auf die Baustelle ohne permanente Änderungen bringen. Die Planung sollte unter Berücksichtigung der Vorlaufzeit, aber auch in der endgültigen Fassung für die Ausführung übergeben werden. Oft werden während der Ausführung eines Vorgangs erneut Pläne mit Korrekturen (neuer Index) versehen und auf die Baustelle gesendet. Dies hat meist produktionsstörende und leistungsmindernde Auswirkungen bei den ausführenden Unternehmen. Man kann durchaus dann von fehlerhafter Planung sprechen, wenn dies zu Ergänzungsarbeiten oder Nachbestellungen, z. B. von Bewehrung, führt, die meist auch Leerzeiten und Ineffizienz auf der Baustelle mit Kostenfolgen verursachen.

Damit möglichst keine Änderungen an dem Ausschreibungsprojekt durch Änderungswünsche oder Planungsprobleme entstehen, sollte der Bauherr ein effizientes und quali-

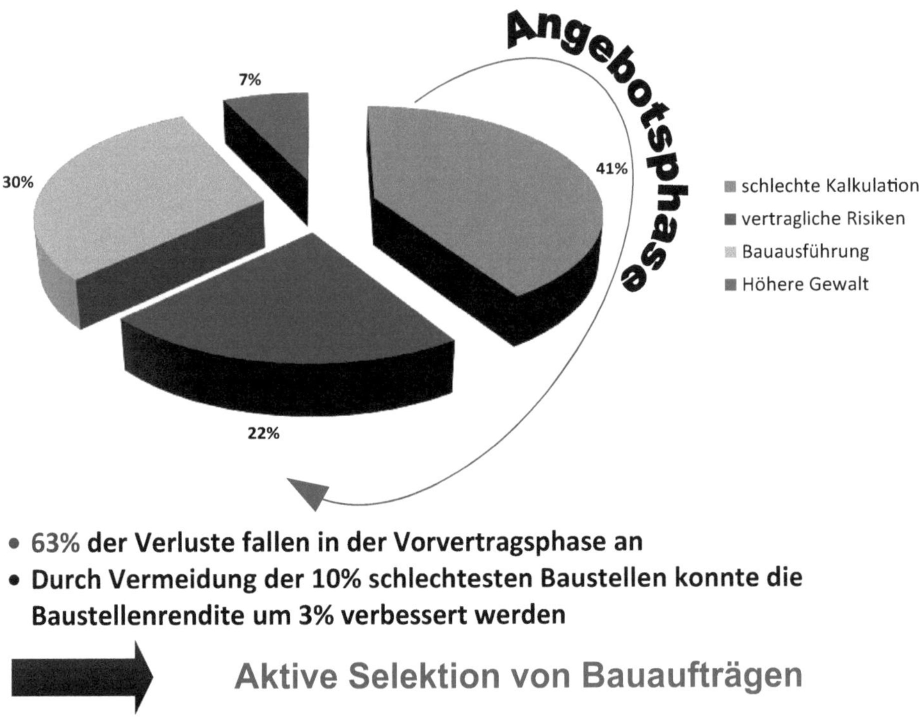

Abb. 14.60 Angebotsphase – Verlustbringer in Projekten

fiziertes Projektmanagement haben, um Inhalt, Qualität und Termine der Vorleistung zu sichern.

14.8.1.4 Nachtragsmanagement – Unternehmenserfolg beginnt in der Angebotsphase

Unternehmen haben berechtigte Gründe, Nachträge zu stellen zur Vergütung von Bestelländerungen oder auch für Behinderungen ihres Bauprozesses durch den Bauherrn. Meist verursachen Bestelländerungen auch Wirkungen auf den Bauablauf. Diese Wirkungen können zur Verlängerung der Bauzeit führen oder zu Beschleunigungsmassnahmen, wenn die Bauzeit unverändert bleibt. Der Bauunternehmer hat ein Recht, seine Folgekosten beim Bauherrn einzufordern. Dies muss er auch tun durch ein systematisches Nachtragsmanagement. Jedoch wird das Nachtragsmanagement dann falsch verstanden, wenn es als Mittel zur Verbesserung der Gewinnsituation bei Preiskampf-Aufträgen benutzt wird.

Im Rahmen einer Auswertung von verlustbringenden Projekten haben wir festgestellt, dass die Verlustbringer im operativen Geschäft schon zum grössenteil in der Angebotsphase entstehen (Abb. 14.60). Dies beginnt schon bei der Selektion der Ausschreibungen.

Das Ziel sollte es sein, nur Offerten zu erstellen, die in den Angebotsunterlagen keine sogenannten K.O.-Kriterien enthalten, die jedes Unternehmen für sich aufstellen sollte. Zum Beispiel sollte man keine Offerten bearbeiten, die Folgekosten bei Terminüberschreitungen enthalten oder wo der Unternehmer das Baugrundrisiko übernehmen soll. Bei der

Angebotsbearbeitung sollten Ausschreibungen nach Risiken geprüft werden. Denn die Gefahren von versteckten Risikoübertragungen können zu Mehrkosten führen, die nicht kalkuliert wurden. Risiken mit Chancenpotential eröffnen jedoch die Möglichkeiten zu Nachträgen.

Zu diesem Zweck ist es notwendig, dass man die Angebotsunterlagen bzw. den Vertrag prüft auf

- interpretierbare Leistungsvereinbarungen,
- technische Bedingungen, Leistungsverzeichnis und Pläne auf Widersprüche,
- Vollständigkeit des Leistungsverzeichnisses,
- Vorlauffristen bei Plänen für die Ausführung,
- geologische und hydrologische Risikoübertragung.

Die Angebotsprüfung sollte im Ergebnis die vertraglichen Mängel und Widersprüche aufspüren, die einerseits den Unternehmer pauschal für alle Mängel der Ausschreibung haftbar machen bzw. mögliches Nachtragspotential ergeben.

Darauf aufbauend kann man eine Strategie der Risikominimierung und des Nachtragsmanagements erstellen. Die Positionen, die als Grundlage für mögliche Nachtragsabrechnungen herangezogen werden können, gewichten die meisten Unternehmen kostenmässig. Andere Positionen, die kein Potential für Nachträge aufweisen werden kostenmässig geringer bewertet. Dadurch bleibt der Angebotspreis gleich. Jedoch im Fall von Nachträgen kann dann der Unternehmer die kostenmässig höher bewerteten Positionen mit einem „höheren" Preis in Ansatz bringen. Somit kann er nicht nur den Umsatz erhöhen, sondern auch den Gewinn. Diese Spekulation geht dann in die Verlustzone, wenn Mehrleistungen auftreten, die mit geringer gewichteten Positionen abgerechnet werden müssen. Dies erfordert, dass man bereits in der Angebotsphase erkennt

- welche Positionen Mehr- oder Mindermassen haben könnten.
- bei welchen Positionen in der Ausführung Behinderungen durch die Planung oder Baufeldfreigabe entstehen könnten.

Zur Preisbildung kann dann der Unternehmer eine Umlagekalkulation machen mit folgender Nachtragsstrategie:

- Gemeinkosten und Stunden in sichere LV-Positionen im Rahmen der Preisbildung bringen.
- LV-Positionen, die wahrscheinlich mengenmässig geringer ausfallen mit geringeren Lohnstunden gewichten.
- Vergleichs-LV-Positionen für Zusatzleistungen mit hohen Stunden und Gemeinkosten pro Einheit gewichten.
- Kostengrundlagen für Nachträge (Nachtragsforderungen/terminliche Schäden) günstig aufbereiten.

Durch diese Massnahmen versuchen die Unternehmen heute oft, dem Ziel näher zu kommen, verdeckt den Deckungsbeitrag bei der Abrechnung der Nachträge zu erhöhen bei einem nominal wettbewerbskonformem Angebotspreis.

14.8.1.5 Nachtragsmanagement – Unternehmenserfolg in der Ausführungsphase

Um Nachtragspotential und Risiken frühzeitig zu erkennen, ist es erforderlich, dass ein Übergabegespräch mit dem Kalkulator und Angebotsprojektleiter mit dem Baustellenchef und der AVOR stattfindet. Ziel des Übergabegespräches ist es, die in der Angebotsphase festgestellten Risiken mit den Gefahren für negative Ergebnisse sowie die Chancen für mögliche Nachträge dem Baustellenteam deutlich zu machen. Dabei muss das Baustellenteam besonders die gewichteten Abrechnungspositionen kennen, um die richtigen Massnahmen zu treffen beim Eintreffen von Abweichungen. Bei den Risiken werden zwei Gruppen unterschieden:

- vertraglich übernommene Risiken und
- interne Risiken in den Vorbereitungs- und Herstellprozessen.

Wichtig ist, dass die Baustellenleitung die latenten und übernommenen Risiken kennt. Zu diesen Risiken gehören:

- Zusatz-Massnahmen bei heissem Wetter oder Frostwetter für Betonarbeiten,
- Zusatzmassnahmen zur Böschungssicherung bei Starkregen,
- mögliche Findlinge in der Schlitzwand,
- kritisch zu erreichende Zwischentermine,
- besondere Qualitäts-, Material- oder Herstellungsanforderungen.

Dann kann die Baustellenleitung zumindest Massnahmen planen. Zu den internen Risiken zählen besonders die identifizierten Verlustbringer wie:

- unzureichende oder keine AVOR mit Baumethoden, Geräte und Schalungssystem,
- unzureichende oder keine Arbeitskalkulation,
- unzureichende Terminplanung der einzelnen Herstellungsvorgänge,
- keine Material-, Geräte- und Teambereitstellungspläne (Anzahl, Typ, Qualifikation und wann und wie lang),
- keine Soll-Leistungs- und Soll-Stundenvorgabe zur Herstellung der Bauteile bzw. Vorgänge,
- keine wöchentliche Arbeitsplanung mit den Polieren sowie Vorausschau für Material-, Inventar- und Mannschaftsabruf,
- kein kontinuierlicher Verbesserungsprozess auf der Baustelle.

Diese Risiken werden in einem Kontrollblatt erfasst und mit Massnahmen, Umsetzterminen und Kontrollterminen versehen.

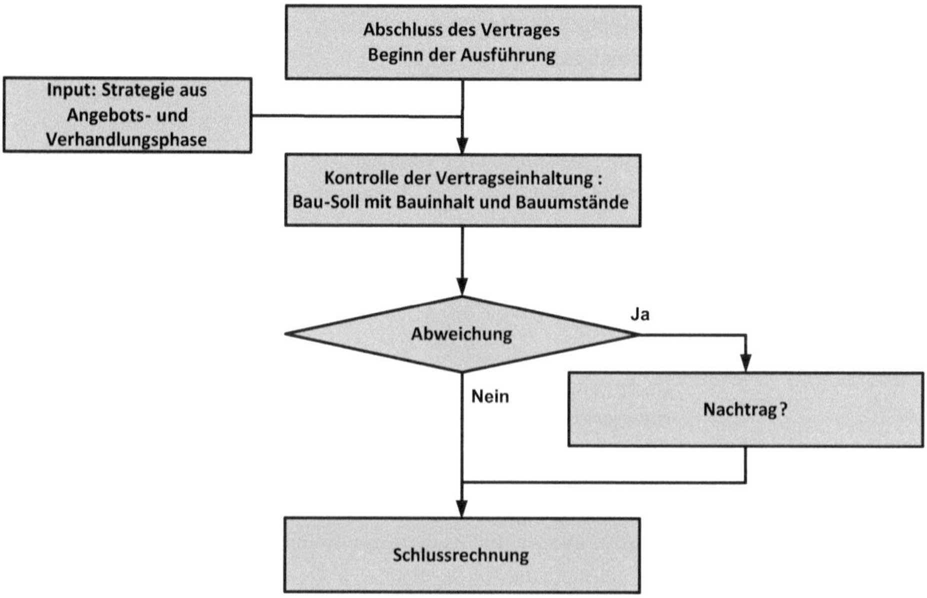

Abb. 14.61 Prozess zur Prüfung der Vertragseinhaltung während der Ausführung

Um Nachträge zu erkennen und zu dokumentieren, müssen einheitliche Vorgaben im Unternehmen vorhanden sein (Abb. 14.61). Nur wenn die Baustelle Nachträge vorgangs- und einzelfallbezogen kausal mit Ursache, Wirkung und Folgekosten nachweisen kann, hat man auch den Erfolg, dass diese Kosten auch fair und begründet vom Bauherrn erstattet werden bzw. auch gerichtlich durchsetzbar sind.

Die Baustellenleitung muss sensibilisiert sein über die möglichen Nachträge:

- bei kritischen Vorleistungen des Bauherrn muss der Unternehmer zu diesen Terminen einsatzbereit sein. Dann kann der Unternehmer z. B. bei verspäteter Baufeldfreigabe oder verspäteter Planlieferung meist Nachträge stellen.
- durch Erfassung der Soll-Ist-Planlieferungen. Dazu ist es erforderlich, dass der Unternehmer die Vorlaufzeit der Planung für jeden Vorgang bzw. jedes Bauteil mit dem Bauherrn festgelegt hat. Denn der Unternehmer braucht eine ausreichende Vorlaufzeit für Materialbestellungen, z. B. Bewehrung, Beton sowie Inventarvorbereitung, z. B. Schalung, Spezialschalung, Einbauteile, Aussparungen.
- durch Kontrolle von Abweichungen von Angebots-/Auftragsplänen sowie Leistungsbeschreibung zu den Ausführungsplänen. Daher müssen die Ausführungspläne geprüft werden, z. B. auf Änderungen der Arbeitsfugen und zusätzliche Fugenbänder, Erhöhung des Bewehrungsgehaltes. Änderung der Konstruktion, z. B. Flachfundamentplatte verändert in gevoutete Fundamentplatte unter Stützen

Tab. 14.16 Kontrollplan – Nachtragsmanagement

	Nachtragselement	Massnahmen	Kontrolltermine
1	**Planlieferungs-verspätung/Planänderungen während der Hertellung**	Planlieferungstermine vereinbaren (Vorlaufzeit)	Vertraglich, spätestens 1. Bausitzung
		AVOR – Terminplan der Vorgänge bauteilbezogen	Vertraglich, x Tage nach Auftrag
		Planlieferungsliste bauweks- und bauteilbezogen anlegen	gleichzeitig mit Terminplan
		Soll-Ist Termine der Planlieferung erfassen	Zu Beginn jedes Vorgangs, z. B Herstellung Bodenplatte PST
		Ist-Abweichungen von Relevanz – Behinderumgsanzeige an Bauherrn	Innerhalb 2–5 Tage vom Soll
		lst-Abweichung – Wirkung erfassen im Bautagebuch: terminlich/leistungsmässig mit Leerzeiten für Geräte, Mannschaft etc. Zusatzleistungen und Änderungsaufwand	Während des Behinderungsvorgangs/Während der Behinderung
		Behinderungsabmeldung: Bauherrn informieren	Nach Ende der Behinderung
2	**Verspätete Baufeldfreigabe**	Analog wie 1.	
3	**Planänderungen zwischen Auftrags- und Ausführungspläne**	Vergleich der Schalpläne	Nach Lieferung der Ausführungspläne
		Bewehrungsgehalt aus Tonnage der Ist-Stahllisten und Ausschrelibungsmenge vergleichen	Nach Herstellung eines grösseren Bauteils oder Abschnittes
		Bei Abweichung: Änderungsanzeige an Bauherrn	Zeitnah
		Zusatzaufwand gegenüber Vertrag ermitteln und Folgekosten sowie Nachtragspries ermitteln	Zeitnah
		Folgekosten anzeigen und Nachforderung einreichen. Mögliche Hinweise auf Bauzeitverlängerung durch Zusatzaufwand aukündigen	Zeitnah

Beim Kontrollplan Nachtragsmanagement (Tab. 14.16) werden wie beim Kontrollplan für die Risikogefahren die wesentlichen Risikochancen erfasst mit den notwendigen Massnahmen, um die Kausalität für Nachtragsforderungen nachzuweisen. Beispielhaft können folgende Massnahmen mit Umsetzterminen und Kontrollterminen vorgegeben werden:

- Baufeldfreigabetermin – Alle Mobilisierungsmassnahmen müssen zu diesem Zeitpunkt abgeschlossen sein
- Planlieferungsverspätung – Vorlauftermine für baufähige Planung müssen vereinbart werden. Planlieferungen müssen in einer Planlieferliste mit Planindex und Soll-Ist-

Zeit erfasst werden. Bei verspätetet Lieferung oder bei Planänderungen während der Vorlaufzeit bzw. während der Herstellung muss die Wirkung im Bautagebuch erfasst werden mit Skizzen, Fotos und Beschreibung, welches Bauteil betroffen wurde, welche Behinderungen und Leerläufe sind aufgetreten mit Teamanzahl, Geräte etc. sowie der Behinderungszeit

- Behinderungsanzeige – zudem muss als Massnahme bei Planlieferungs- sowie Baufeldfreigabeverspätung der Bauherr eine Behinderungsanzeige erhalten sowie nach Ende der Behinderung eine Abmeldung
- Planabweichungen – jedes Bauteil muss auf grobe Änderungen zwischen Auftragsvereinbarung und Ausführungspläne untersucht werden. Zusatzarbeiten durch Planänderungen müssen angezeigt werden sowie Wirkung (Zusatzaufwand) und Kostenfolgen.

Wichtig ist eine einfache, klare und robuste Dokumentation (Tab. 14.16). Diese Dokumentation muss vorgangsbezogen auf die Bauteile bezogen sein und muss für den Einzelfall Ursache und Wirkung darlegen. Zudem sind Fotos und Skizzen immer nützlich mit einem Ausschnitt aus dem Terminplan oder einem Vergleich und einer Gegenüberstellung von Angebots-/Vertragsplänen mit Ausführungsplänen mittels Kopien.

Ein bekannter Schweizer Baurechtsexperte aus Zürich, Dr. iur. Roland Hürlimann, äussert sich wie folgt dazu:

„Denn bei Abschluss des Werkvertrages gehen Unternehmer und Besteller von der Vorstellung aus, dass das Projekt unter *optimalem Einsatz aller Produktionsfaktoren* und somit *ohne wesentliche Behinderungen* realisiert werden kann.

Die *Wirklichkeit* auf der Baustelle sieht zuweilen allerdings anders aus: Bei Baubeginn fehlt es an den erforderlichen Bewilligungen oder es fehlt an freigegebenen Plänen und Eisenlisten oder sogar an der vorausgesetzten Finanzierung. Oder: Der Arbeitsablauf kann nicht (wie geplant) störungsfrei realisiert werden. Wegen der rollenden Planung kommt es zu unzähligen Bestellungsänderungen. Das Baugeschehen ist geprägt von einem steten *stop-and-go*, Personal muss abgezogen, Geräte verlegt und dann wieder (allenfalls sogar in verstärktem Ausmass) mobilisiert bzw. reinstalliert werden, um die (unter Umständen pönalisierten) Endtermine einhalten zu können.

Bei komplexen Projekten ist es nicht immer leicht festzustellen, ob überhaupt eine kosten- oder zeitrelevante Ablaufstörung vorliegt und welchem Baubeteiligten diese anzulasten ist. Zuweilen kommt es vor, dass die Bauablaufstörung die Folge *multipler Ursachen* ist, die teils in den Verantwortungsbereich des Bauherrn (und seiner Hilfspersonen) fallen, teils zum Unternehmerrisiko gehören, weil es sich um innerbetriebliche Probleme handelt, wie zum Beispiel um unzureichend geschulte Kader, untaugliche Gerätschaften, etc.

Kommen dann noch *Drittursachen* (z. B. Verspätung von Vorunternehmern) oder *‚Force Majeure'-Ereignisse* (z. B. ungünstige Witterung) dazu, so wird die Frage nach den finanziellen und terminlichen Konsequenzen einer Bauablaufstörung im Streitfall häufig zu einem komplexen *juristischen Spiessrutenlauf*, wenn die Baubeteiligten nicht hinreichend von ihren Rechten und Pflichten Kenntnis haben.

Sämtlichen geschilderten Konstellationen ist gemeinsam, dass der Unternehmer *in der Ausführung des Werkes* behindert wird: *Entweder*, weil der Besteller eine ihm obliegende

Mitwirkungshandlung unterlässt, oder, weil er diese verzögert und es aus dem einen oder andern Grund zu einem gestörten Bauablauf kommt, welcher den (vorausgesetzten) optimalen Einsatz der vorgesehenen Kräfte negativ beeinträchtigt. Kann der Unternehmer nachweisen, dass seine *Produktionseinbusse* ganz oder zumindest teilweise ursächlich auf ein Fehlverhalten des Bestellers respektive seiner Hilfspersonen zurückzuführen ist, so stellt sich die Frage nach den vermögensrechtlichen und terminlichen Konsequenzen der Behinderung. Die Frage ist – wie in Kommentaren zum Werkvertragsrecht in Deutschland und in der Schweiz zu Recht ausgeführt wird – wirtschaftlich von *eminenter Bedeutung*, da ‚Störungen im Arbeitsablauf eine wichtige Verlustquelle' bei der Projektabwicklung bilden. Dies trifft auf die Baubranche zu, ist aber auch in anderen Industriezweigen (insbesondere auch im Anlagenbau) seit längerem ein heisses Thema. Für Bauwerkverträge wurde in Deutschland ermittelt, dass die mit Ablaufstörungen verbundenen *Mehrkosten* ‚nicht selten eine Grössenordnung von *30 % bis 50 % der Plankosten* (Soll-Vorgabe) erreichen oder sogar überschreiten'. Für Verhältnisse in der Schweiz fehlen empirische Untersuchungen; doch ist anzunehmen, dass die in unserem Nachbarland ermittelten Schätzungen in etwa auch die Verhältnisse in der Schweiz reflektieren."

14.8.1.6 Fazit

Nachtragsmanagement ist ein Ergebnis von unzureichender Ausführungsvorbereitung und ineffektivem Bereitstellungs- und Koordinationsmanagement. Der Auftraggeber kann die Exzesse des Nachtragsmanagements und der dabei meist begleitenden ineffektiven „Streitkultur" weitgehend verhindern. Dies erfordert hohe Projektmanagements- und Entscheidungskompetenz. Das Projektmanagement muss mehr sein als die buchhalterische Kontrolle von Qualität, Terminen und Kosten. Das Projektmanagement muss sich inhaltlich mit der Ziel- und Anforderungssteuerung der Projekte phasenorientiert auseinandersetzen und klare Meilensteine mit klaren Messgrössen (Key Performance Indikatoren) setzen. Zudem muss das Projektmanagement die beteiligten Planer und Unternehmer hinsichtlich der Zielerreichung führen und steuern. Die Einstellung vieler Bauherren „dafür habe ich ja meinen Planer" reicht nicht, wenn dieser z. B. die Ausführung seiner Planung der Planung, die er auf dem Bauprogramm des Unternehmers machen sollte, nicht mit einer klaren Kapazitätsplanung hinterlegt. Dann kommt es wie bei zahlreichen Projekten zur verspäteten Planlieferung mit erheblichen Bauablaufstörungen, Nachtragsforderungen und zu den Streitigkeiten am Bau. Die Unternehmer auf der anderen Seite reagieren opportunistisch auf diese Unzulänglichkeiten auf Auftraggeberseite, um ihr Geld für die Bestellungsänderung sowie für die eingetretenen Leistungsstörungen zu erhalten. Dies ist berechtigt!

Die mangelnde Kompetenz bei vielen Auftraggebern hinsichtlich eines qualifizierten, führenden und steuernden Projektmanagements mit der Folge, dass Bauverträge ein unklares Bau-Soll enthalten und Koordinationsprobleme auf der Baustelle auftauchen, führt bei den Unternehmen zum Aufrüsten ihrer Nachtragsabteilungen. Nachtragsmanagement wird dann zu einem Geschäftsmodell, das nicht nur nachträglich versucht, nicht berechtigte Forderungen durchzusetzen, sondern auch noch das Ergebnis gegenüber der Angebotskalkulation opportunistisch zu verbessern. Statt Arbeitsvorbereitung, Baustellenlogistik, Arbeitskalkulation und Controlling aufzurüsten, werden Nachtragsmanagementabteilungen in den Unternehmen hochgerüstet. In vielen Projekten fehlt dann noch bei den Projektleitern auf Auftraggeberseite der Entscheidungswille zur Lösung von Nachforderungen. Dieser mangelnde Entscheidungswille hat etwas zu tun mit der Fehlerkultur. Man muss das Projekt gemäss Angebotspreis ins Ziel bringen – das ist der Zielerfolg – Abweichungen bedeuten, dass Fehler gemacht wurden und dies ist nicht karrierefördernd. Nachtragsmanagement muss es geben, trotz der erforderlichen Professionalisierung der Planungs-, Steuerungs- und Entscheidungsprozesse. Es wird bei jedem Projekt zu Imponderabilien kommen aufgrund der begrenzten Rationalität der Beteiligten sowie durch unzureichend erkannte natürliche und anthropogene Störungen, die zu Nachforderungen führen. Es muss jedoch das Ziel auf Auftraggeber-, Planer- und Unternehmerseite sein, sich wieder auf gutes, professionelles Planen, Bauen und Steuern zu konzentrieren, anstatt das juristische Hochrüsten auf beiden Seiten fortzusetzen ohne damit die Projekte zu verbessern.

14.8.2 Mehrvergütungsansprüche des Unternehmers

14.8.2.1 Nachtragsanspruch bei Bestellungsänderungen

Der Bauherr hat ein grundsätzliches Recht, bei Bauverträgen zusätzliche Leistungen zu beauftragen oder auch zu streichen. Allerdings müssen diese Bestellungsänderungen im Leistungsspektrum des Unternehmers liegen. Die Gründe der Bestellungsänderungen liegen in dem spezifischen Planungs- und Ausführungsprozess sowie dem Unikat-Charakter der Bauwerke. Der Kunde kann kein fertiges Produkt wählen, sondern dieses Bauwerk wird für die individuellen Ziele und Anforderungen des Bauherrn geplant und am gewählten Ort hergestellt. Somit ist die Planungs- und Ausführungsphase von einem hohen Individualitätsgrad des Bauwerks geprägt. Zudem ist ein intensiver Interaktionsgrad zwischen dem Bauherrn sowie seinen Fachplanern, Architekten, Fassaden-, Heizungslüftungsplanern, Statikern, Bauphysikern und Unternehmern erforderlich. Die Ziele des Bauherrn sind bis zu Beginn der Ausführung immateriell auf Plänen sowie technischen Beschreibungen und erfordern eine intensive Interaktivität zwischen den Beteiligten, um widerspruchsfrei und vollständig die Planung für die Genehmigung und Ausführung zu erstellen. Dazu kommt, dass oft bei Geschäftsbauten ein Teil der Mieter erst nach Beauftragung der Unternehmen gewonnen werden und dadurch zusätzliche Anforderungen entstehen.

Die häufigsten Rechtsfragen bei der Beurteilung von Nachträgen aus Bestellungsänderung

Haben Auftraggeber und Unternehmer ihrem Projekt einen schriftlichen Bauwerkvertrag zugrunde gelegt, so wird sich der Auftraggeber regelmässig eine relativ weitreichende Befugnis einräumen lassen, die bei der Ausschreibung festgelegte Bauleistung im Zuge der Projektrealisierung einseitig zu ändern. Der Auftraggeber wird sich im Bauwerkvertrag namentlich ermächtigen lassen, durch Weisungen oder durch die Änderung von Plänen zu verlangen, dass der Unternehmer Leistungen, zu denen dieser durch den Werkvertrag verpflichtet ist, auf andere Art als vereinbart, in grösseren oder kleineren Mengen oder überhaupt nicht ausführt, ohne dass diese einseitig erklärte Anordnung zu ihrer Verbindlichkeit die Zustimmung des Unternehmers voraussetzen würde.

Weisungen sind Anordnungen über die Ausführung der geschuldeten Werkleistung, die der Auftraggeber nach Vertragsabschluss erteilt und die der Unternehmer befolgen muss. Aufgrund dieses Weisungsrechts kann der Auftraggeber etwa verlangen,

- dass der Unternehmer eine werkvertraglich geschuldete Leistung auf andere Art als vereinbart ausführen muss (z. B. „unter veränderten Ausführungsvoraussetzungen"):
- dass der Unternehmer eine werkvertraglich geschuldete Leistung in grösseren oder kleineren Mengen ausführen muss;
- dass der Unternehmer eine werkvertraglich geschuldete Leistung überhaupt nicht ausführen muss;
- dass der Unternehmer eine werkvertraglich nicht vorgesehene Leistung zusätzlich ausführen muss (oder nicht ausführen darf).

Einer Weisung gleichgestellt ist in Bauwerkverträgen regelmässig die Aushändigung eines gegenüber der Ausschreibung geänderten Ausführungsplans. Auch eine solche „Änderung von Plänen" gilt als Bestellungsänderung, jedenfalls dann, wenn dieser neue Plan gewollte (!) Änderungen gegenüber dem Entwurfsplan der Ausschreibung enthält und die darin enthaltenen abweichenden Ausführungsanweisungen nicht nur als Konkretisierungen der ursprünglich bereits zu erwartenden Leistungspflicht zu qualifizieren sind.

Die Abgrenzung, ob geänderte Pläne oder sonstige Ausführungsunterlagen als mehrvergütungspflichtige Bestellungsänderung im Sinne des Gesetzes oder der anwendbaren Vertragsbestimmungen einzuordnen sind oder vom Unternehmer als nachträgliche Konkretisierung *entschädigungslos* hinzunehmen sind, ist nicht immer leicht vorzunehmen und häufig bilden diese Rechtsfragen Gegenstand von gutachterlichen oder gerichtlichen Streitigkeiten. Eine Bestellungsänderung mit den entsprechenden finanziellen Konsequenzen wird im Regelfall dann vorliegen,

- wenn die nach Werkvertragsabschluss erfolgte (Plan-) Änderung Leistungsanforderungen enthält, mit denen ein Unternehmer aufgrund der Ausschreibungsunterlagen (und den dort beigelegten Entwurfs- oder Submissionsplänen) nicht zu rechnen brauchte.
- wenn der Besteller Leistungsanforderungen in der Ausschreibung – bewusst oder unbewusst – unbestimmt oder unvollständig bekannt gibt oder allenfalls sogar Leistungsziele definiert (z. B. bei funktionaler Ausschreibung), nach Werkvertragsschluss dann aber die ursprünglich suggerierte Gestaltungfreiheit bei der Leistungserbringung durch nachträgliche Weisungen oder detaillierte Planunterlagen an den Unternehmer einschränkt.
- wenn der Unternehmer Mehrleistungen „aus technischer Notwendigkeit" erbringen muss, und zwar selbst dann, wenn es der Auftraggeber (was häufig vorkommt) versäumt, solche Mehrleistungen explizit anzuordnen.

Eine sinnvolle Abwicklung eines Bauprojektes wird sich, jedenfalls bei grösseren Vorhaben, ohne die Anordnung von Leistungsänderungen nicht realisieren. Trotz dieser Erkenntnis, Projekte auch nach Abschluss des Werkvertrags möglichst optimieren zu können, muss die Befugnis des Auftraggebers, die werkvertraglich festgelegte Leistungspflicht nachträglich zu ändern, in gewissen Leitplanken geschehen.

Inhaltlich wird das Bestellungsänderungsrecht nur dann zulässig sein, wenn im Ergebnis der Gesamtcharakter des zur Ausführung übernommenen Werkes unberührt bleibt.

Letztlich darf die Anordnung einer Bestellungsänderung also nicht zu einer tiefgreifenden Umgestaltung der vom Unternehmer geschuldeten (Gesamt-) Bauleistung führen. Vielmehr muss das Bauwerk trotz der Bestellungsänderung seine spezifische Eigenart (seinen ursprünglichen Charakter) beibehalten.

Im Zusammenhang mit Claim Management bei grösseren Bauprojekten interessiert namentlich der Fragenkomplex, wie die Werkvertragspartner die Rechtsfolgen von Bestellungsänderung geregelt haben. In den Bauwerkverträgen finden sich zuweilen Bestimmungen zur Vergütungsanpassung, also zur Frage, ob und wie sich die Festpreise (z. B. Einheitspreise) verändern, wenn eine Bestellungsänderung veränderte Mengen zur Folge hat respektive wenn die Leistung unter veränderten Ausführungsvoraussetzungen zu erbringen ist. Des öfteren enthält der Bauwerkvertrag auch Regeln, ob und in welchem Ausmass dem Unternehmer in Ergänzung des Mehrvergütungsanspruchs ein Anspruch auf Anpassung der Bauzeit einzuräumen ist, wenn dies eine Bestellungsänderung erfordert.

Folgende Punkte werden im Hinblick auf ein geordnetes und faires Nachtragsmanagement häufig in Bauwerkverträge aufgenommen:

- Eine verbreitete Klausel ist die sogenannte Toleranzklausel: Sie besagt, dass auch bei Bestellungsänderungen der Einheitspreis unverändert bleibt, solange die im Leistungsverzeichnis vorgesehene (ausgesetzte) Menge beim endgültigen Ausmass nicht mehr als 10 oder 20 % abweicht. Somit bleibt der vereinbarte Einheitspreis für die gesamte Menge (nicht nur für das Vorausmass im Leistungsverzeichnis) massgebend.
- Damit verknüpft ist häufig ein vertraglich festgelegter Mechanismus, der dann zu einer Vergütungsanpassung (nach oben oder nach unten) berechtigt, wenn die endgültige Gesamtmenge 110/120 % der vorgesehenen Menge übersteigt oder um 90/80 % unterschreitet. Dadurch wird auf Verlangen eines Vertragspartners für den 110/120 % übersteigenden Teil bzw. für die ganze 90/80 % nicht erreichende Menge ein neuer Einheitspreis auf der Basis der ursprünglichen Kostengrundlage festgelegt.
- Der Bauwerkvertrag kann eine andere Toleranzgrenze als 10 % oder 20 % festlegen, insbesondere dann, wenn das Leistungsverzeichnis für Baustelleneinrichtungen besondere Positionen vorsieht. Desweiteren kann im Werkvertrag festgelegt werden, dass nicht die Veränderung einer einzelnen Menge, sondern einer bestimmten Gruppe gleichartiger Mengen massgebend ist.

Die Toleranzklausel (sei sie nun 10 oder 20 %) enthält eine kluge Zuweisung des Mengenrisikos. Danach hat der Unternehmer bereits bei Kalkulation und Preisbildung zu berücksichtigen, dass das tatsächlich ermittelte Ausmass vom Vorausmass, also von den mutmasslich geschätzten Mengen im Leistungsverzeichnis der Ausschreibung um +/– 10 oder 20 % abweichen kann. Sind die Voraussetzungen für die Vergütungsanpassung erfüllt, dann darf hingegen die betroffene Partei (Unternehmer oder Auftraggeber) einen „neuen" Einheitspreis beanspruchen und der Streit wird sich dann häufig lediglich noch auf die Frage beschränken, ob dieser neue Preis auf der Basis der ursprünglichen Kostengrundlage festzulegen ist oder ob der Unternehmer an diese Preisgrundlage nicht mehr gebunden ist.

Ferner sind im Bauwerkvertrag die Rechtsfolgen zu regeln, wenn die Bestellungsänderung eine Leistung erfordert, für die der Werkvertrag noch keinen Einheitspreis vorsieht oder diese angeordnete „neue" Leistung unter veränderten Ausführungsvoraussetzungen zu erbringen ist. Zuweilen fehlen allerdings solche Bestimmungen. In jedem Einzelfall ist zu prüfen, ob und inwieweit es die Positionen des Leistungsverzeichnisses gestatten, den Nachtragspreis auf Grund des Preises für die ähnlichste vertragliche Leistung festzusetzen, unter Berücksichtigung des Unterschiedes zwischen ihr und der erforderlichen Leistung und auf der Basis der ursprünglichen Kostengrundlage. Falls dies im Einzelfall zu keinem Ergebnis führt, weil nach dem Leistungsverzeichnis ein solcher Preisaufbau nicht möglich ist, so wird der Unternehmer vor Inangriffnahme der Arbeiten, spätestens aber im Rahmen der Nachtragsverhandlungen einen neuen Einheitspreis begründen müssen. Häufig ist dann zwischen den Beteiligten streitig, ob der neue Preis auf der Basis der ursprünglichen Kostengrundlage festzulegen ist oder ob der Unternehmer einen komplett neuen Einheitspreis beanspruchen darf.

Kommt keine Einigung über den Nachtragspreis zustande, so wird die neue Leistung im Regelfall nach Aufwand („in Regie") ausgeführt. Ob und unter welchen Voraussetzungen der Bauherr berechtigt ist, sich einer Einigung über den Nachtragspreis zu widersetzen und stattdessen auf Ausführung in Regie beharren kann, ist im Bauwerkvertrag häufig nur ungenau oder nur lückenhaft geregelt. Klar scheint, dass der Auftraggeber sein Recht auf Anordnung der Arbeiten in Regie innerhalb kurzer Frist ausüben muss und dieses Recht spätestens dann verwirkt, wenn er es nicht vor Inangriffnahme der fraglichen Arbeit ausgeübt hat.

Im Einzelfall wird ein Unternehmer sich dem „Recht auf Regie", das sich der Auftraggeber einräumen liess, widersetzen dürfen, etwas dann, wenn diese Erklärung dem Gebot von Treu und Glauben widerspricht. Das kommt in der Praxis selten (aber doch zuweilen) vor, wenn beispielsweise der Auftraggeber meint, er könne mit der Verweigerung seiner Zustimmung zu einem Nachtragspreis eine Abrechnung nach günstigeren Aufwandpreisen „erzwingen", obwohl der Unternehmer die Erbringung der (durch Bestellungsänderung neu umschriebenen) Leistung zu einem sachgerechten neuen Einheitspreis angeboten hat.

Was gilt im Sonderfall, wenn der Unternehmer nicht bestellte Zusatzleistungen ausführt? Auch darüber wird zwischen den Baubeteiligten häufig gestritten. Mangels einer vertraglichen Regelung wird gelten, dass der Unternehmer im Regelfall keinen Anspruch auf Mehrvergütung hat, wenn der vom Unternehmer betriebene Zusatzaufwand nicht Folge einer Bestellungsänderung ist. Denn: Grundsätzlich hat der Unternehmer sämtlichen Aufwand (auch allfälligen Mehraufwand) zu betreiben, der erforderlich ist, um den vereinbarten Leistungserfolg zu erbringen. Zu darüber hinausgehendem Aufwand ist der Unternehmer nicht befugt und auch nicht berechtigt (vor allem wenn er in die Rechte des Bauherrn eingreift). Dies gilt auch, wenn der Unternehmer eine Eventualposition ausführt, ohne dass der Besteller deren Ausführung angeordnet hat. Abgesehen vom Sonderfall, dass die Ausführung von unbestellten Arbeiten dringlich und zur Abwendung von Gefahr und Schaden unerlässlich waren und aus diesem Grunde eine vorgängige Weisung des Bauherrn nicht eingeholt werden konnte, wird der Unternehmer für nicht bestellte Zusatzleistungen aus Vertrag grundsätzlich keine Mehrvergütung verlangen können, soweit nicht ausnahmsweise ein gesetzlicher Ausgleichsanspruch nach den Regeln über die ungerechtfertigte Bereicherung und/oder nach der Geschäftsführung ohne Auftrag vorliegt.

Baubetriebliche Aspekte – Direkte und indirekte Bestellungsänderungen

Während der Ausführung eines Bauauftrages kommt es immer wieder zu direkten und indirekten Bestellungsänderungen. Diese Bestellungsänderungen werden ausgelöst durch:

- Ziel- oder Anforderungsänderungen der Auftraggeber oder Nutzer,
- zeitlich und fachlich schlecht abgestimmte Interaktivität und Integrativität der Planer untereinander, z. B. durch zu spät dimensionierte Lüftungsanlagen. Dadurch kommt es oft zu Änderungen in den Ausführungsplänen mit mehr und grösseren Öffnungen in Decken und Unterzügen als in den Vertragsplänen,
- zu späte hydrologische Erkundungen bzw. durch Nichtberücksichtigung in den Ausschreibungsunterlagen. Dies hat z. B. zur Folge, dass in den Angebots- und Vertragsplänen keine Fugenbänder in den Arbeitsfugen waren, jedoch aber in den Ausführungsplänen,
- Änderungswünsche des Auftraggebers, indem z. B. die Fassade von einer Alu-Normalbeton- in eine Sichtbeton-Fassade geändert wird
- Mengenverhältnisänderungen des Aushubmaterials, wenn sich z. B. Sandsteinanteil gegenüber dem Kiesbodenanteil erhöht oder vermindert.

Diese Änderungen beruhen oft auf einer unzureichenden Vorabklärung und Koordination der Vorleistungen des Auftraggebers und sind somit in der Risikosphäre des Auftraggebers. Diese direkten und indirekten Bestellungsänderungen beruhen auf der Zunahme der Konkretisierung und Genauigkeit der Planung zwischen Angebots- und Ausführungsplanung oder auf ungenauen Ermittlungen der LV-Massen.

Direkte Bestellungsänderungen werden (häufig schriftlich) durch den Auftraggeber ausgelöst. Ein oft unterschätztes Problem sind die indirekten Bestellungsänderungen. Diese Art der Bestelländerung befindet sich in den Ausführungsplänen. Die Planer sind sich oft nicht bewusst, dass solche Änderungen auch Kostenfolgen für den Unternehmer haben. In solchen Fällen wird auch oft an den Teamgeist appelliert, um solche Plankorrekturen (Änderungen gegenüber Vertragsgrundlage) zwischen Planern und Unternehmern direkt

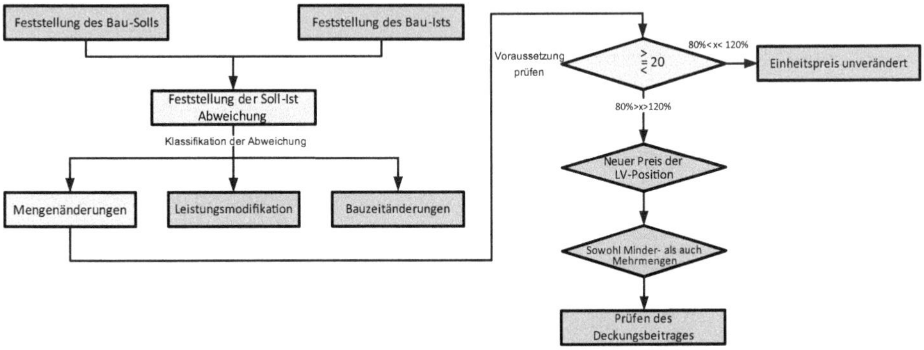

Abb. 14.62 Ablauf der Vergütungsanpassung bei Mengenänderungen

zu lösen. Grundsätzlich sehr nobel, aber irgendwann werden diese Änderungen kostenrelevant und müssen somit gegenüber dem Auftraggeber offen kommuniziert werden in Bezug auf Ursache, Wirkung und Folgekosten.

Erkennen von indirekten Bestellungsänderungen
Folgende Vorgehensweise, die im Risiko- bzw. Nachtragskontrollplan der Baustelle festgehalten sein sollte, wird empfohlen:

- Während der Angebotsphase sollten Hauptmassen geprüft werden und bei festgestellten Abweichungen sollte eine Strategie der spekulativen Preisbildung geprüft werden.
- Während der Ausführung sollten für jedes Bauwerk und Bauteil die Ausführungspläne mit den Angebots- und Vertragsplänen sowie technischen Bedingungen bezüglich Konstruktions-, Mengen- und Qualitätsänderungen geprüft werden.
- Bewehrungsmengen sollten zwischen LV-Positionen und abgerechneten Mengen verglichen werden.

Dieser Aufwand zur Überprüfung von indirekten Bestellungsänderungen ist für die Beteiligten auf der Baustelle relativ gering und muss Routine sein. Voraussetzung ist allerdings, dass die Beteiligten auf der Baustelle die Angebotsgrundlage und den Vertrag kennt. Nur so wird der Unternehmer die indirekten Bestellungsänderungen, die ihm möglicherweise sonst unentdeckt „untergejubelt" werden, entdecken. Der Ablauf zur Prüfung der Bestellungsänderungen ist in Abb. 14.62 und 14.63 dargestellt.

Beispiele indirekter Bestellungsänderungen
Fall 1 – Deckenänderung

- Ursache:
  In den Angebotsplänen der Ausschreibung sind Flachdecken ohne Unterzüge dargestellt. In den Ausführungsplänen sind die Decken als Flachdecke mit Unterzügen dargestellt.

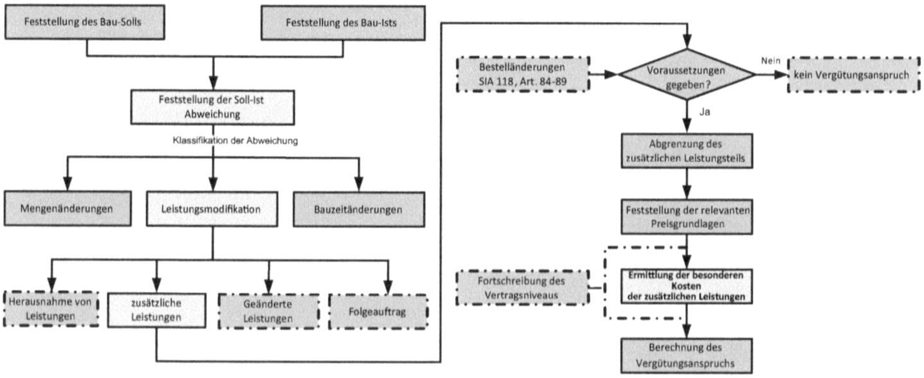

Abb. 14.63 Ablauf der Vergütungsanpassung bei Zusatzleistungen

- Wirkung:
  Kalkulationsgrundlage hat sich wie folgt verändert: Für die Flachdecke waren Deckentische mit geringen Beischalarbeiten vorgesehen. Für die geänderte Unterzugdecke muss das Schalungskonzept geändert werden. Die m^2-Schalfläche hat sich durch die Unterzüge nur um 10 % erhöht.

Für die Unterzugdecke muss nun eine Systemträgerschalung verwendet werden mit erheblichem Beischalaufwand in jedem Deckenfeld durch die Unterzüge. Der Schalaufwand für die Unterzüge ist nicht in der Vertragskalkulation berücksichtigt. Somit steigen der Stundenaufwand und der verlorene Schalmaterialeinsatz für das Beischalen. Zudem muss der Unternehmer möglicherweise Beschleunigungsmassnahmen (Überstunden, mehr Schalmaterial) treffen, um die Termine einzuhalten.

Wenn der ausführende Bauführer die Angebotsunterlagen nicht kennt, bleiben diese Änderungen möglicherweise unentdeckt. Die vom Ingenieur geforderte Abrechnung nach m^2 für Decke und Unterzüge nach Vertragsposition „Decke" ist nicht ausreichend zur Kostendeckung des Unternehmers (Abb. 14.64). Daher muss der Unternehmer beim Bauherrn eine offizielle Bestelländerung einfordern und einen entsprechenden Nachtrag stellen.

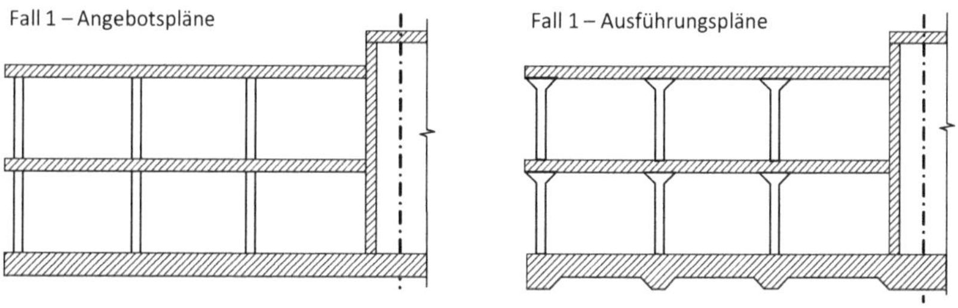

Abb. 14.64 Fall 1 – Änderungen des Decken-Stützensystems

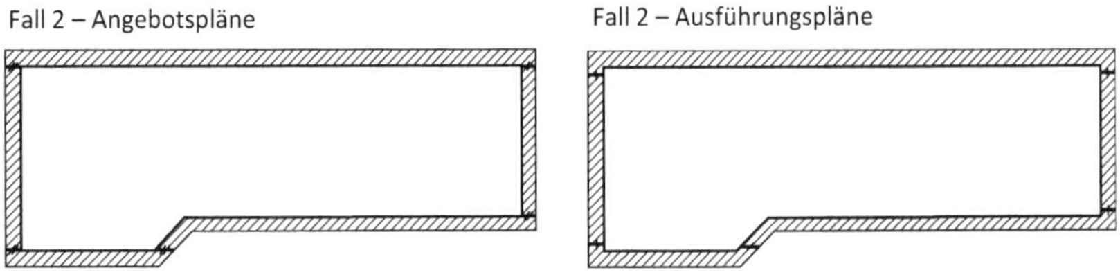

Abb. 14.65 Fall 2 – Fugenbänder nachträglich ergänzt

Fall 2 – zusätzliche Fugenbänder

- **Ursache:**
  In den Angebotsplänen sind die Arbeitsfugen ohne Fugenbänder ausgewiesen und direkt im Anschnitt Bodenplatte-Wand bzw. Wand-Decke ausgewiesen. Im LV ist eine Alternativposition für Fugenbänder liefern und einbauen vorgesehen, jedoch ohne Bezug auf ein Bauteil. In den Ausführungsplänen sind jedoch ohne offizielle Bestellungsänderungen entsprechende Fugenbänder und Absätze dargestellt. Die m^2-Schalfläche hat sich nicht geändert.
- **Wirkung**:
  Es haben sich die Kostengrundlagen des Unternehmens gegenüber dem Vertrag geändert. Im Bereich Bodenplatte-Wand ist eine Aufkantungsschalung bzw. ein Kantholz vorzusehen mit entsprechender Fixierung. Für die Deckenschalung ist eine zusätzliche Wandabsatzschalung vorzusehen, um die Abkantung des Wand-Deckenabsatzes für das Fugenband zu schalen (Abb. 14.65). Diese Zusatzkosten (Lohn/Schalmaterial) sind nicht abgedeckt in den angebotenen Schalkosten für Wand und Decke. In der Alternativposition Fugenband ist das Liefern und Einbauen (Befestigen) des Fugenbandes abgedeckt, jedoch nicht die Zusatzschalung. Da der Schalungsaufwand im Decken- und Bodenbereich sowie im vertikalen Wandbereich sehr unterschiedlich ist, konnte der Unternehmer dies auch nicht in der Kalkulation abschätzen. Daher muss der Unternehmer auch hier beim Bauherrn eine offizielle Bestelländerung der Schalung einfordern und einen entsprechenden Nachtrag stellen.

Fall 3 – veränderte Aussparung in der Decke

- **Ursache**:
  Die Planer für Heizung und Lüftung haben für ein Bürogebäude in der Angebotsphase für den Bauherrn eine überschlägliche auf Erfahrung basierende Vordimensionierung vorgenommen. Dies führte zu 50 Deckenaussparungen $a = 400$ cm^2 für zehn Decken. Dies ist auch in der Ausschreibung enthalten (Wiederholungsgrad und wiederverwendbar). Allerdings sind in den Ausführungsplänen 50 Deckenaussparungen in folgenden Grössen angegeben:
  13 Stück à 400 cm^2, 16 Stück à 600 cm^2
  8 Stück à 750 cm^2, 13 Stück à 1000 cm^2.

- **Wirkung:**
  Die Kostengrundlage hat sich gegenüber der Kalkulation geändert:
  - Repetition und Wiederverwendung reduziert
  - Stoffmenge für Schalmaterial erhöht
  - Herstellungsaufwand erhöht

Auch in diesem Fall muss der Unternehmer eine offizielle Bestelländerung einfordern und einen Nachtrag stellen.

Solche und ähnliche Bestellungsänderungen infolge von Mengen- und Leistungsänderungen sowie Zusatzleistungen verursachen im Regelfall Zusatzaufwand und damit Zusatzkosten, die nicht in der Vertragskalkulation abgedeckt wurden.

Diese Bestellungsänderungen verursachen zudem oft Störungen des Soll-Bauablaufs mit der Folge von verändertem Inventar und Bauhilfsmassnahmen mit einhergehender Bauzeitverlängerung oder Beschleunigungsmassnahmen.

Folgen von Bestellungsänderungen
Die grundsätzlichen Folgen von Bestellungsänderungen sind:

- Mindermengen führen zu Unterdeckung der Deckungsbeiträge;
- Mehrmengen führen zur Überdeckung des Deckungsbeitrages, aber auch möglicherweise zu Bauzeitverlängerungen oder Beschleunigungskosten;
- Bei Unter- und Überschreibung der vertraglichen Mengentoleranz sind im allgemeinen Preisanpassungen gerechtfertigt;
- Eventuell werden Beschleunigungsmassnahmen erforderlich, wenn die Mehrmengen auf dem kritischen Weg sind oder dadurch kommen. Dies verursacht meistens Beschleunigungskosten oder Bauzeitverlängerungen mit erhöhten Baustellenvorhaltungskosten.

Die Folgekosten müssen fallweise nachgewiesen werden.

14.8.2.2 Nachtragsanspruch bei verspäteten Vorleistungen – Gestörter Bauablauf

Gründe eines gestörten Bauablaufs
Ein besonders komplexes Problembündel verursachen Behinderungen und Verzögerungen des Bauablaufes. Diese Behinderungen und Verzögerungen sind die Wirkung von Ursachen. Entscheidend für die richtige Zuordnung der Folgekosten, die aus den Behinderungen und Verzögerungen entstehen, ist, wer diese verursacht hat.

Ist die Ursache aus der Risikosphäre des Unternehmers entstanden, weil er nicht zeitlich und kapazitätsmässig leistungsbereit war oder eine schlechte Arbeitsorganisation hatte, so bleiben die Folgekosten seine Kosten.

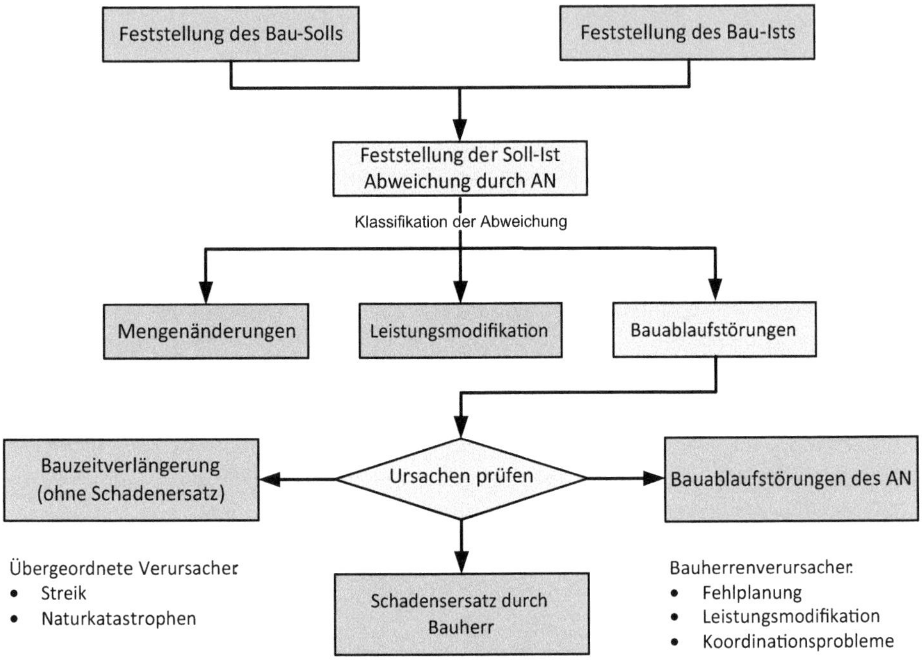

Abb. 14.66 Ablauf der Vergütungsanpassung bei Bauablaufstörungen

Die Gründe für Leistungsstörungen durch den Unternehmer sind wie folgt:

- ungenügende AVOR (Top-Down),
- unzureichende Baustellenbesetzung und Organisation,
- unzureichende Baustellenausstattung,
- störungsempfindliches Bauverfahren und Geräte,
- falsche Leistungsvorgaben,
- falsche Ressourcenplanung (Menge, Zeitpunkt),
- ungenügende Baustellenführung und Steuerung,
- kein KVP während der Ausführung (Bottom-Up).

Diese Umstände liegen in der Verantwortungssphäre des Unternehmers.

Ist die Ursache in der Risikosphäre des Auftraggebers entstanden (Abb. 14.66) z. B. durch zu spät bereitgestellte Baustelleneinrichtungsfläche, zu spät übergebene Bauflächen aus Vorunternehmerverspätungen oder verspätete Planlieferung, so muss im Prinzip der Auftraggeber diese Zusatzkosten tragen, da er den Schaden für den Unternehmer verursacht hat. Diese Zusatzkosten sind auch nicht in der Angebots-/Vertragskalkulation hinterlegt.

Ursachen von Bauablaufstörungen – Auftraggebersphäre

Folgende wesentlichen Ursachen und somit Auslöser eines solchen Schadensanspruches liegen in der Bauherrenrisikosphäre:

- fehlerhafte und unvollständige Leistungsbeschreibungen,
- fehlende Pläne,
- fehlende Genehmigungen,
- fehlende Vorleistung Dritter,
- unzureichende Baustellenzugänglichkeit.

Diese Ursachen liegen in der Verantwortungssphäre des Auftraggebers und können folgende Wirkungen auf den geplanten und mit Soll-Stunden und Soll-Kosten hinterlegten Bauablauf haben (Abb. 14.68):

- Verzögerungen im Bauablauf mit einhergehender, geringerer Arbeitsleistung des eingesetzten Personals und der Geräte; dies verursacht einen Schaden für den Unternehmer,
- Unterbrechungszeiten (Leerzeiten) durch z. B. fehlende Pläne. Dies hat oft folgende Wirkung: Stilllegung von Geräten, Mannschaft muss auf andere Baustelle transferiert werden etc. mit Kostenfolgen für den Unternehmer,
- Umstellzeiten für neue Ablauffolgen sowie dazugehörige Vorbereitungs- und Umsetzzeiten z. B. durch Geräteumsetzung (Schalung oder Erdbaugeräte) auf anderen Bauabschnitt mit Kostenfolgen,
- Demobilisierungs- und Mobilisierungszeiten bei Unterbrechungen oder Umstellung der Bauabfolge oder des Bauverfahrens,
- Wiederanlaufzeiten mit Leistungsminderung (Lernkurve – Einarbeitung)
- Leistungsminderung (höherer Stundenaufwand) durch Verschiebung von Bauabläufen aus witterungsgünstigen in witterungsungünstige Jahreszeiten.

Wirkungen von Bauablaufstörungen
Es entstehen Behinderungen und Verzögerungen durch:

- nicht rechtzeitig erfüllte Bauherrnpflichten, wie Baubewilligung, Baufeldzugang, Planungsunterlagen,
- mangelnde Koordination von Planern und Unternehmern (fehlende Vorleistung),
- änderung des Bauentwurfs, Anordnungen über zusätzliche bzw. geänderte Leistungen oder Änderungen des Bauablaufs
- ausserordentliche Umstände

Diese Wirkungen verursachen Bauablauf- bzw. Produktionsstörungen mit Kostenfolgen für den Unternehmer, die Mehrvergütungs- und Schadenersatzansprüche an den Auftraggeber auslösen können.

Solche Schadensansprüche, die zu Behinderungen und Verzögerungen des Bauablaufs durch den Auftraggeber führen, kann man wie folgt erkennen:

- Anordnung des Auftraggebers zur Umstellung des Bauablaufs oder Bauverfahrens,
- Änderung in der Planung mit der Folge von Umstellungen im Bauablauf, oft verbunden mit Änderungen z. B. des Schalungskonzeptes (Bestelländerungen),

- ad hoc Umstellung des Unternehmers zur Schadensminderung bei ausserordentlichen Umständen z. B. durch fehlende Pläne oder durch Behinderung durch Vorunternehmer (Anzeige/Abmahnung an Bauherrn),
- unerwartetes Auftreten von Grundwasser während des Aushubs oder unerwartetes Auftreten von Findlingen bei Schlitz- und Bohrpfahlwänden,
- verspätete Bereitstellung des Baufeldes oder Bauabschnitten.

Der Unternehmer ist verpflichtet, solche Störungen sofort dem Planer bzw. Auftraggeber anzuzeigen, damit er Schadensminderungsmassnahmen einleiten kann. Viele Unternehmer entdecken am Ende der Bauzeit, dass die Ist-Kosten die kalkulierten Kosten überschritten haben. Das Unternehmen identifiziert im Nachhinein Planlieferungs- oder andere Störeinwirkungen durch den Auftraggeber. Zwar wurde mündlich während des Bauablaufs mit dem Ingenieurbüro darüber gesprochen und es wurden einige E-Mails ausgetauscht, aber der Auftraggeber wurde nicht informiert. Im Nachhinein stellt der Unternehmer einen Nachtrag über seine Zusatzkosten. Er kann jedoch nicht einzelfallbezogen den Wirkungsnachweis auf die betroffenen Vorgänge erbringen, weil dies nicht oder nur unzureichend im Bautagebuch registriert wurde. Die Durchsetzung dieses Nachtrags wird schwierig:

- Der Auftraggeber bzw. rechtliche Vertreter wurden nicht informiert, nur der Planer. Somit konnte der Bauherr keine Massnahmen ergreifen, damit der Planer rechtzeitig die Planung bereitstellt.
- Zudem konnte zwar ein Nachweis dem Grunde nach einigermassen erbracht werden, aber nicht vorgangsbezogen die Wirkung auf den Bauablauf und in der Höhe der Kostenfolgen.

Ein solcher Nachtrag wird es schwerer haben, anerkannt zu werden.

Bei all diesen Ursachen, die in der Risikosphäre des Auftraggebers liegen, ist es oft nicht einfach, die Wirkung im Nachhinein sauber abzugrenzen von den möglichen Ursachen, die der Unternehmer durch Ineffizienz verursacht hat abzugrenzen. Zu diesem Zweck ist es oft erforderlich, einen Spezialisten des Nachtragsmanagements zu Rate zu ziehen.

Solche Behinderungen und Verzögerungen führen zu Leistungsverlusten und Leerläufen beim Unternehmer mit den in Abb. 14.67 dargestellten Störungen. Diese Störungen (Wirkung) führen zu nicht kalkulierten Zusatzkosten (Schäden):

- Kosten der Unterbrechung, Umstellzeiten, Demobilisierung und Mobilisierung sowie Anlaufzeiten können in jedem Fall geltend gemacht werden (mit Nachweis) sowie Verschiebungen in witterungsungünstige Zeiten
- Kosten möglicher Bauzeitverlängerungen oder Beschleunigungskosten, falls angeordnet

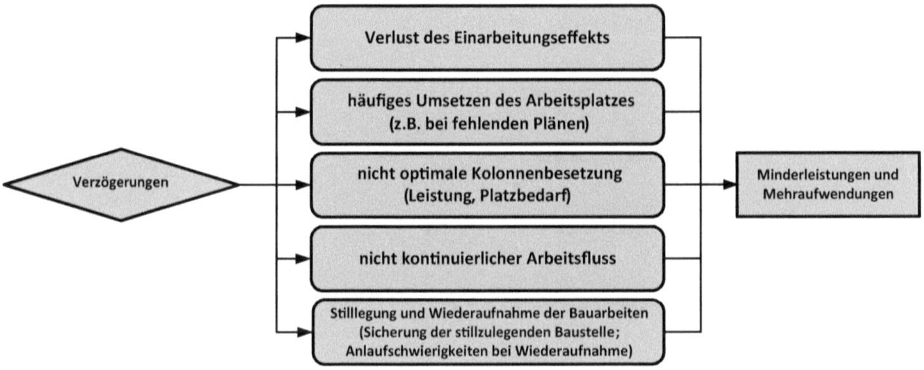

Abb. 14.67 Behinderungen und Verzögerungen – Mehrforderungsnachweis

Kausalnachweis
Der Unternehmer muss einzelfallbezogen die Folgekosten der Ursachen-Wirkungskette nachweisen:

- Berücksichtigung der Kosten der Baustelleneinrichtung über die Verlängerung,
- nachweisbare Leerzeitkosten,
- Anlaufzeiten,
- Nachweis zusätzlicher Rüstzeiten (Umsetzung, Montage, Demontage, Stilllegung),
- Verschiebung in ungünstige Jahreszeiten.

Der Nachweis von Bauablaufstörungen kann einzelfall- und vorgangsbezogen mittels Soll-Ist-Vergleichen bzw. störungsmodifiziertem Bauablaufplan mittels Pufferkonto nachgewiesen werden (Abb. 14.68).

Zudem kann man die Folgekosten bzw. Leerzeiten anschaulich in einem Balkendiagramm mit Tabelle nachweisen (Abb. 14.69). Diese Nachweise erfordern allerdings bei den meisten Firmen eine Unterstützung eines ausgewiesenen Fachmanns.

14.8.2.3 Nachtragsanspruch bei schleichenden Änderungen der Herstellungsabläufe oder bei sonstwie veränderten Ausführungsvoraussetzungen

Bestellungsänderungen und potentielle Folgen
Behinderungen und Störungen des Bauablaufes sind zuweilen ein innerbetriebliches Problem des Unternehmers oder haben allenfalls ihre Ursache auch in ausserbetrieblichen Umständen (force majeure). Solche Ursachen sind nicht dem Auftraggeber anzulasten. Sind Behinderungen und Bauablaufstörungen hingegen auf eine unzureichende Mitwirkung des Auftraggebers und seiner Hilfsperson zurückzuführen, weil diese für die Vorbereitung oder für die Ausführung des Bauwerkes erforderliche Handlungen nicht, nicht

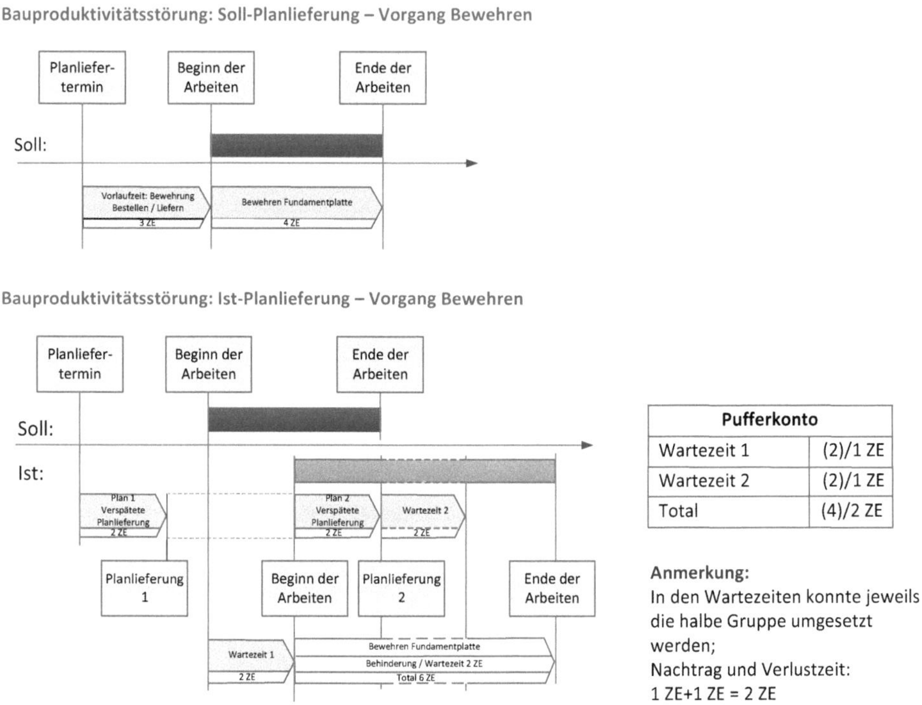

Abb. 14.68 Nachtragsmanagement – Nachweis der Produktionsstörung: Ursache und Wirkung [18]

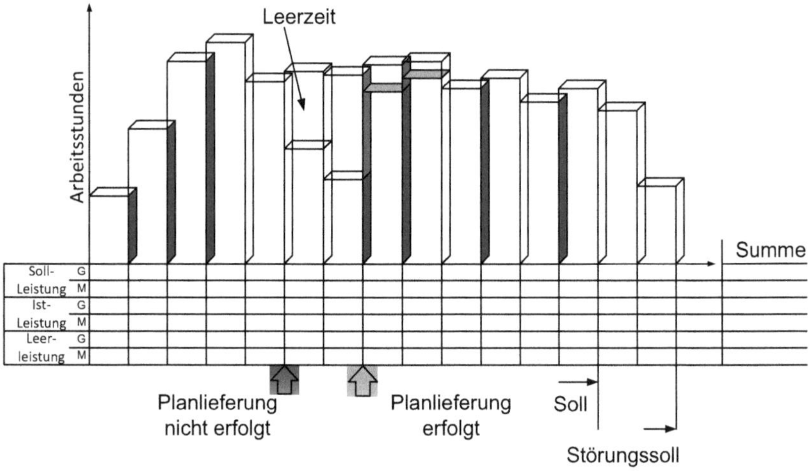

Abb. 14.69 Schadenkosten: Soll-Ist-Vergleich

richtig oder nicht rechtzeitig veranlassen (z. B. infolge verspäteter Planlieferungen), so wird der Auftraggeber dem Unternehmer bei gegebenen Voraussetzungen verantwortlich. Die Verletzung einer Mitwirkungspflicht durch den Auftraggeber und seine Planer ist eine der häufigsten Ursachen für „Bauablaufstörungen".

Im Einzelfall kann eine Behinderung und die daraus resultierende Bauablaufstörung selbstverständlich auch auf eine oder mehrere Bestellungsänderung zurückzuführen sein. Auch in diesen Fällen liegt der Grund für die Behinderung bzw. die Störung nicht in der Risikosphäre des Unternehmers. Wenn sich diese hindernden Umstände auf den Bauablauf, den Aufwand und die Kosten des Unternehmers auswirken, dann kann dies den Unternehmer zu einer Anpassung der Vergütung und der Bauzeit berechtigen.

Im Folgenden gehen wir dem Phänomen nach, dass (an sich zulässige) Bestellungsänderungen wegen ihrer Vielzahl oder wegen ihrer späten Anordnung im Projektverlauf schleichend und permanent den Bauprozessablauf beinträchtigen und letztlich dann von veränderten Ausführungsvoraussetzungen und einem gestörten Bauablauf auszugehen ist. Ist dies der Fall, so kommt es zu einer Ereigniskette, die der Unternehmer wegen der ständigen Veränderungen seines geplanten und kalkulierten Herstellungsprozesse häufig nicht mehr abschätzen kann. Nicht bestimmbar ist für den Unternehmer dann namentlich, wie stark und intensiv die Bestellungsänderungen auf die Folge-Herstellungsprozesse einwirken bzw. sich auswirken.

Die rechtzeitige Festlegung der Unternehmerleistung (möglichst in der Ausschreibung) ist eine wichtige (wenn nicht sogar die bedeutsamste) Mitwirkungshandlung des Auftraggebers. Letztlich muss der Unternehmer bereits bei der Ausschreibung über sämtliche kalkulatorisch relevanten Angaben verfügen, um ein wirtschaftlich angemessenes und für ihn auskömmliches Angebot unterbreiten zu können. Rechtzeitig muss die Mitwirkung des Auftraggebers auch im Zuge der Ausführung sein. Rechtzeitig im bedeutet, dass der Auftraggeber dem Unternehmer die zur Einhaltung der vertraglichen Fristen benötigte Vorlaufzeit einräumen muss. Diesen Grundsatz gibt im Zusammenhang mit Bauablaufstörungen regelmässig zu Diskussionen Anlass, namentlich auch deswegen, weil Inhalt und Umfang der Mitwirkungshandlungen, die dem Auftraggeber und seinen Planern obliegen, im Werkvertrag nicht klar festgelegt wurden.

Sehr häufig geht es bei grösseren Bauprojekten um schleichende Änderungen der Herstellungsabläufe, die nicht im Kleid einer ordentlichen Bestellungsänderung daherkommen und dann vom Unternehmer, weil es sich bloss um eine mündliche Anweisung oder um – auf erstes Hinsehen – vermeintlich unscheinbare Änderungen oder Ergänzungen in einem Detailplan handelt, was die preislichen und terminlichen Auswirkungen betrifft, vorerst nicht oder zumindest nicht in der gesamten Tragweite erkannt werden.

Dennoch wird es sich bei solchen schleichenden Änderungen der Herstellungsabläufe im Ergebnis regelmässig um die Anordnung von Bestellungsänderungen handeln. Solche Bestellungsänderungen können unterschiedliche Auswirkungen auf Leistung und Termine für den ausführenden Unternehmer zur Folge haben (Abb. 14.70).

Abb. 14.70 Wirkung und Leistungsfolgen von Bestellungsänderungen

Diese baubetrieblich „schleichende" Veränderung des Herstellungsablaufs verändert somit permanent den geplanten Ausführungsverlauf und damit die Ausführungsvoraussetzungen, die der Unternehmer bei der Kalkulation angesetzt bzw. vorausgesetzt hat, um zur Kostenermittlung und Preisbildung zu gelangen.

Baubetrieblich kann man unter dem heutigen intensiven Preiswettbewerb des Marktes weder erwarten noch verlangen, dass der Unternehmer seine Preisbildung unter Berücksichtigung eines virtuellen gestörten Bauablaufs infolge des Bestellungsänderungsrechts antizipiert. Vielmehr muss der Unternehmer seine Preisbildung nach dem ökonomischen Minimalprinzip gestalten, unter Erzielung der Kundenanforderungen des Vertrages und der dort beschriebenen Leistungen. Macht der Auftraggeber von seinem Bestellungsänderungsrecht Gebrauch, muss er auch die Kostenfolgen tragen, denn beides liegt in seiner Risikosphäre. Denn es steht dem Auftraggeber frei, ein Bauprojekt mit fertigen Ausführungsplänen zu beginnen oder diese „just in time" mit der Gefahr von Änderungen umzusetzen.

Bestellungsänderungen – Prozessstörung der Ausführung

Besonders bei sehr grossen Projekten mit vielen unterschiedlichen Nutzern und ihren unterschiedlichen Bedürfnissen können Behinderungen und Prozessstörungen auftreten. Besonders gravierend treten solche Prozessstörungen auf, wenn der Bauherr sich aus Gründen wie „wer zu spät kommt, den bestraft der Markt" entschliesst, das Projekt schnell zu realisieren ohne dass das Hauptkontingent der Nutzer feststeht. Wenn dann nach Auftragserteilung (besonders in der letzten Fertigstellungsphase des technischen und architektonischen Ausbaus) ein Grossteil der späteren Nutzer akquiriert wird, kommt es

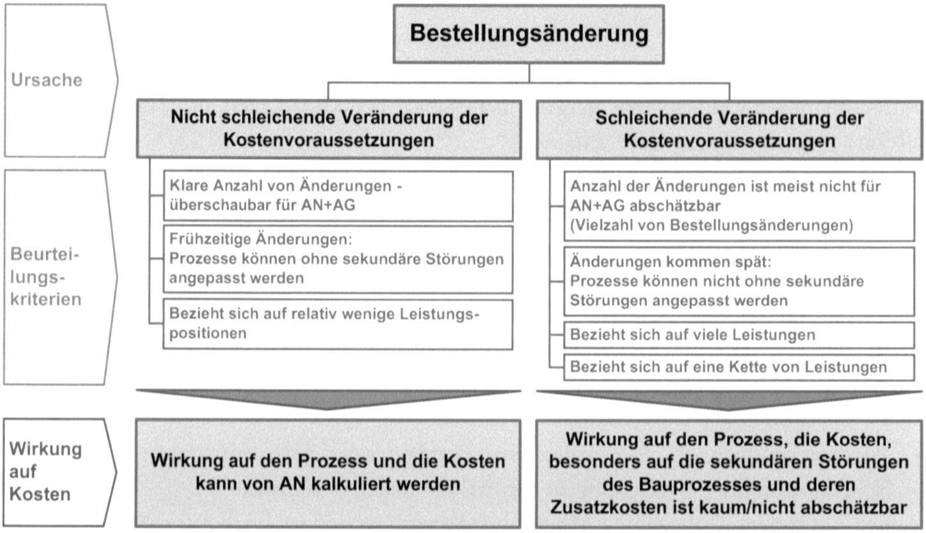

Abb. 14.71 Veränderung der Ausführungs- und Kostenvoraussetzungen

meist zu einer Lawine von (expliziten und schleichenden) Bestellungsänderungen. Dies betrifft Einzelleistungs- sowie TU-Verträge mit der Folge von veränderten Kosten- und Ausführungsvoraussetzungen (Abb. 14.71). Diese Vielzahl und Intensität von Bestellungsänderungen können nicht oder nur unzureichend auf die Folgewirkung des laufenden Bauprozesses und auf die bereits in der Umsetzung befindlichen bzw. zukünftigen Bestelländerungen analysiert werden. Folgende Wirkungen können eintreten:

- Behinderung der Bauabläufe durch Einfädeln der Vielzahl und Intensität der Bestelländerungen in den ursprünglichen Bauprozess sowie in die schon vollzogenen und laufenden, gegenseitig sich beeinflussenden Bestelländerungen
- Unterbrechen und permanentes Umstellen bestehender, kontinuierlicher Herstellprozesse bei den Subunternehmern und Einfädeln der geänderten Bestellungen in die ursprünglichen Herstellabläufe
- Beschleunigungen der Bauabläufe aufgrund der Leistungsintensitätssteigerung sowie Konzentrierung der Herstellabläufe aufgrund der Auftragsvolumenerhöhung sowie „stop and go"-Störungen bei unverändertem Endtermin (Überstunden, Wochenendarbeit)
- Einarbeiten von erneuten Planungsänderungen in den laufenden Bestellungsänderungsprozess

Dadurch entstehen Zusatzkosten, die schwierig kalkulierbar sind zur Bestimmung der Nachtragskosten der Bestellungsänderungen. Dies wird dann unübersichtlich für den Unternehmer, wenn die Bestellungsänderung Änderungen bei dritten Unternehmen verursacht, die nicht direkt von der Leistungsänderung betroffen sind.

Dadurch entstehen für die ausführenden Firmen, meist des technischen und architektonischen Ausbaus wie Heizungsfirmen, Fassadenbauer, Bodenleger, Gipser, technische Ausbaufirmen für abgehängte Decken, Sicherheit, Sprinkleranlagen, die weitgehend parallel arbeiten, erschwerende Verhältnisse:

- Kaum ein Produktionsablauf wird nicht unterbrochen
- „stop and go"-Bauabläufe werden zur Tagesordnung

Dies nicht nur bei den beauftragten Unternehmen, sondern auch bei Dritten. Durch solche permanent einwirkenden Änderungen können sich die kalkulierten Soll-Leistungen, die zur Kosten- und Preisbildung zugrunde gelegt wurden, nicht entfalten, mit der Folge von:

- Minderleistungen (I) – Rekoordinierung von laufenden Arbeitsprozessen
- Nebenleistungen – Umrüstung an den Arbeitsstellen (auf und ab)
- Behinderungen – überhöhte Arbeitsablaufkonzentration und Arbeitskräfte
- Beschleunigungen – Überstunden und Wochenendarbeiten
- Minderleistungen (II) – physische Überstundenbelastung

Die Minderleistungen (I) werden ausgelöst durch (Abb. 14.72):

- Unterbrechung der Arbeiten des Unternehmers X an der Arbeitsstelle (i), an der die Bestellungsänderung durch Unternehmer Y eingebaut werden muss
- Neustart des Unternehmers X an der Arbeitsstelle (j):
  - Planen, wo was gebraucht wird (Pläne, Material, Handwerkzeug, Hilfseinrichtungen)
  - Pläne, Material, Handwerkzeug, Hilfseinrichtungen zusammenstellen
  - Transport von Material, Handwerkzeug, Hilfseinrichtungen zur Arbeitsstelle (j)
  - Hilfsmittel an Arbeitsstelle (j) aufbauen
  - Start der Arbeiten an der Arbeitsstelle (j)
  - Mögliche Behinderungen bei beengten Platzverhältnissen des bereits dort arbeitenden Unternehmers (Z)
- Unterbrechung der Arbeiten des Unternehmers X an der Arbeitsstelle (j), weil die Arbeiten des Unternehmers Y an der Arbeitsstelle (i) abgeschlossen sind:
  - Material, Handwerkzeug und Hilfseinrichtungen von Arbeitsstelle (j) umsetzen
  - Transport von Material, Handwerkzeug, Hilfseinrichtungen zur Arbeitsstelle (i)
  - Hilfsmittel an Arbeitsstelle (i) aufbauen
  - Erneutes Aufstarten der Arbeiten des Unternehmers X an der Arbeitsstelle (i)

Die Nebenleistungen werden ausgelöst durch meist nicht im Voraus kalkulierbare Massnahmen wie:

- Temporäre Massnahmen wie Gerüste/Bühnen verfahren, ab- und aufbauen
- Öffnen fertiggestellter Arbeiten sowie Schliessen der temporären Veränderungen

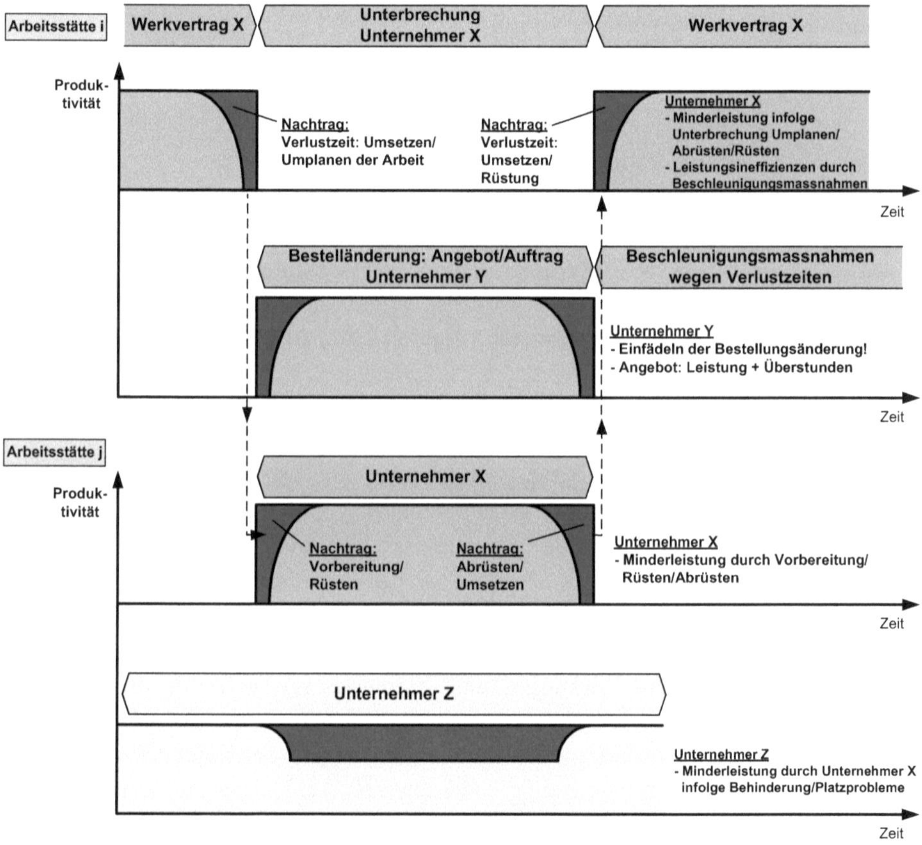

Abb. 14.72 Wirkung der Bauablaufstörungen bei einer Vielzahl von Bestellungsänderungen

Behinderungen werden ausgelöst durch:

- Überhöhte Konzentration von Arbeitsabläufen und Arbeitskräften auf engem Raum durch die temporären Umsetzungsmassnahmen und
- Beschleunigungsmassnahmen zur Bewältigung des überhöhten Arbeitsumfangs mit der einhergehenden Teamverstärkung

Minderleistungen (II) werden ausgelöst durch Überstunden und Wochenendarbeiten infolge der Beschleunigungsmassnahmen: Reduzierung der Leistung durch Überschreiten der physischen und geistigen Leistungskapazität durch überlange Arbeitszeiten

Zudem treten beim TU-Management bzw. bei den Projektmanagern der Auftraggeber bei Einzelleistungsvergabe zusätzliche Koordinationskosten auf für die Umplanung der Planung durch Einfügen der Bestellungsänderung, Ausschreibung, Beauftragung und Koordination.

Meist sind diese Kosten aufgrund der Kleinteiligkeit und dem extrem hohen Koordinationszusatzbedarf auf der Baustelle nicht in der ursprünglichen Kosten- und Preisvereinbarung abgedeckt.

Vielzahl von Bestellungsänderungen – Gewinnglaube und Realität
In vielen Unternehmen herrscht die Meinung, dass bei einer Auftragserhöhung bei gleicher Bauzeit nicht nur der Betriebsertrag steigt, sondern gleichzeitig der Gewinn bzw. das Baustellenergebnis. Dies muss allerdings differenziert betrachtet werden. Eine Ergebnisverbesserung der Baustelle tritt ein, wenn die Bestellungsänderung ohne Überstunden und Beschleunigungsmassnahmen durchgeführt werden kann, also auf dem nicht-kritischen Weg liegt und die Bauzeit sich nicht verlängert. Zudem dürfen durch die Bestellungsänderungen keine Störung bei den ursprünglichen Produktionsprozessen verursacht werden. Dann erhöht sich das Baustellenergebnis durch zusätzliche BGK + AGK-Erträge.

Eine Ergebnisverschlechterung tritt dann ein, wenn durch die Bestellungsänderung die realen Herstellungsprozesse gestört werden und die Abrechnung nach analogen LV-Positionen des Werkvertrages erfolgt. Wenn zudem das Volumen der Bestellungsänderungen nicht auf dem nicht-kritischen Weg eingefädelt werden kann, sondern auf dem kritischen Weg, dann kommt es zu einer Bauzeitverlängerung oder wenn der Bauherr auf dem Fertigstellungstermin beharrt, kommt es zu Beschleunigungsmassnahmen.

Im Regelfall sind alle drei Wirkungen mit Zusatzkosten verbunden, die in der Ur-Kalkulation der Grundlage zur Preisbildung des Unternehmers für den Werkvertrag nicht berücksichtigt wurden. Besonders gravierend sind Störungen und Behinderungen in der Ausbauphase. Dann löst eine Bestellungsänderung meist bei Unternehmen, die nicht mit der Bestellungsänderung beauftragt waren, Störungen aus. Dies verursacht neben den Bestellungsänderungen meist Nachträge oder Regiekosten durch diese Unternehmen (Abb. 14.72).

Vorgehensweise bei Einzelleistungsaufträgen – Vielzahl von Bestellungsänderungen
Bei Bestellungsänderungen muss und sollte der Unternehmer prüfen:

- wird der laufende Bauprozess des eigenen Auftrags gestört und/oder
- ist zusätzliches Personal, Inventar oder Material erforderlich?

Störungen treten meist dann auf, wenn die Bestellungsänderung in einer Phase beauftragt wird, in der die Ausführungsvorbereitungsarbeiten bereits eingeleitet wurden oder der Ausführungsprozess bereits stattfindet.

Im Regelfall möchte der Auftraggeber in solchen Konstellationen eine ähnliche Leistungsposition aus dem LV des Werkvertrages heranziehen, um seine Bestellungsänderung abzurechnen. Der Preis beinhaltet zwar die Abrechnung der Leistung ohne Berücksichtigung von Störungen des Bauprozesses durch Einfädeln dieser Leistung und von Zusatzaufwand, der entsteht. Der Zusatzaufwand wird bei einem solchen Abrechnungsmodus nicht vergütet. Der Zusatzaufwand besteht aus:

- Überarbeitung der AVOR,
- zusätzliche Transportkosten für Inventar von und zur Baustelle,
- Unterbrechung des laufenden Arbeitsprozesses mit Abrüst- und Aufrüstzeiten sowie Leistungsminderung in diesen Phasen,
- Umsetzung zu einer anderen Arbeitsstelle,
- evtl. Beschleunigungsmassnahmen mit Überstunden oder zusätzlichem Personal mit der Folge von zusätzlichen Sozialeinrichtungen.

Diese Zusatzkosten müssen zur Kostendeckung des Unternehmers vom Auftraggeber im Rahmen des Nachtrags eingefordert werden. Diese Nachforderungen stossen bei Auftraggebern oft auf Unverständnis, da man die Grössenordnung der Störung des laufenden Arbeitsprozesses nur grob vorbestimmen kann. Jedoch sollte der Unternehmer seine Nachforderung immer umgehend nach Kenntnisnahme der Kosten- und Zeitauswirkungen dem Bauherrn anzeigen. Oft lässt der Auftraggeber solche Nachträge bis zum Abschluss der Bauarbeiten unbearbeitet oder lehnt sie ab; alsdann bleibt dem Unternehmer im Regelfall nichts anderes übrig, als bis zum Bauende abzuwarten und dann die ausstehenden Forderungen zusammen mit der Schlussabrechnung erneut zur Anmeldung zu bringen.

Namentlich dann, wenn etwa bei HKL + Sanitär eine Vielzahl von Bestellungsänderungen eintreffen und der Auftraggeber am Endtermin festhält, kann der Unternehmer die Bauablaufstörungen und den nach und nach steigenden Beschleunigungsaufwand nicht im Voraus bestimmen.

Der Unternehmer sollte daher unbedingt in seinem Nachtrag, den er zeitnah zur Aufforderung der Bestellungsänderung einreicht, alle Zusatzkosten (inklusive Zusatzkosten der Beschleunigung) ausweisen und auch darauf aufmerksam machen, dass die Änderungen auch terminliche Auswirkungen haben, die unter Umständen nicht durch Beschleunigung aufgefangen werden können. Zudem sollte der Unternehmer darauf hinweisen, dass bei einer Vielzahl sequentieller Bestellungsänderungen, die Störungen und Behinderungen des geplanten Herstellungsprozesses verursachen, die Folgekosten nicht mehr prognostizierbar sind und kalkuliert werden können. Somit muss der Unternehmer vor der Ausführung der Bestellungsänderung mit dem Auftraggeber ein Nachweis und Abrechnungsmodus vereinbaren, falls eine Vielzahl von Bestellungsänderungen zu erwarten ist z. B. bei einer verspäteten Entscheidung des Mieterausbaus mit unterschiedlichen Anforderungen.

Andernfalls überträgt der Auftraggeber die Risiken der Bauablaufstörungen infolge Bestellungsänderungen, die er verursacht hat, durch zu späte Abklärungen auf den Unternehmer. Der Unternehmer sollte den Bauherrn frühzeitig überzeugen, dass dauernde Änderungen in einem geplanten Herstellungsprozess Leistungsstörungen verursachen und dass diese nicht kosten- und terminneutral sind. Dies ist auch eine Hilfe für den Auftraggeber, damit er frühzeitig Abklärungen trifft, so dass nur im reduzierten Masse Bestellungsänderungen ausgelöst werden müssen.

Behinderung Dritter durch Bestellungsänderungen
Im Regelfall sind bei solchen Bestellungsänderungen während des Ausbaus weitere Unternehmen tangiert, die zwar keine Zusatzaufträge erhalten haben, aber in ihrer Arbeit durch den beauftragten Unternehmer gestört, behindert bzw. unterbrochen werden in ihrem Arbeitsablauf. Diese Unternehmen müssen dann vorgangsbezogen die Ursache, Wirkung und Folgekosten anmelden und einen Nachtrag unterbreiten.

Eine solche Dokumentation muss folgende Nachweiselemente enthalten:

- Störung durch Unternehmen X infolge Ausführung einer Bestellungsänderung,
- Art der Störung,
- Ort der Störung,
- Dauer der Störung,
- Wirkung der Störung,
- Datum/Zeit/Zeugen/Fotos/Markierungen im Planausschnitt,
- Auflisten der Zusatzarbeiten z. B. Verschieben, Abbauen der Arbeitsbühne, temporäres Wechseln zu einem anderen Arbeitsort etc.

Man erahnt schon, dass dies eine robuste und belastbare Dokumentation erfordert, um den Nachtrag stichhaltig zu präsentieren.

Vielzahl von Bestellungsänderungen – Vorgehensweise bei einem TU-Vertrag
Besonders schwierig gestaltet sich die Problemlösung bei einer Vielzahl von Bestellungsänderungen in der Ausbauphase. Der Auftraggeber erwartet vom TU, dass er die Gesamtleitung wahrnimmt und für ihn Gesamtkosten jederzeit ermitteln kann. Löst der Auftraggeber Bestellungsänderungen aus, erwartet er, dass der TU ihm diese Bestellungsänderungen mit einem Pauschalpreis anbietet. Die Beteiligten müssen sich allerdings bewusst sein, dass das gleiche Problem aufgrund der Subunternehmervergabe auf der Ebene der Subunternehmer wie bei der Einzelgewerkvergabe auftritt. Die Subunternehmer werden bei Störungen ihres Herstellablaufes durch den für die Ausführung bestellten Subunternehmer an den TU Regierapporte bzw. Nachträge stellen. Somit befindet sich der TU sehr schnell in einer Sandwich-Position. Auf der einen Seite steht der Auftraggeber, der die Bestellungsänderungen verlangt, und zwar zu einem Pauschalpreis möglichst auf der Basis der direkten Vergabepreise. Auf der anderen Seite stehen die Subunternehmer, die die Folgekosten der „echten" Bauablaufstörungen infolge anderer Subunternehmer einfordern. Bei einer Vielzahl von Bestellungsänderungen besonders in der Endphase des Projektes wird gehandelt und improvisiert, um den Endtermin einzuhalten. In der Zwischenzeit laufen dem TU die Kosten davon, namentlich wegen der Bauablaufstörungen, die die Bestellungsänderungen bei „Dritten" verursachen, also wegen Subunternehmer, die nur indirekt betroffen sind. Auch in diesem Fall muss der TU geplant, organisiert und koordiniert agieren. Hierzu muss der TU ein Konzept mit dem Bauherrn aushandeln, wie die Bauablaufstörkosten minimiert, erfasst und abgerechnet werden. Ein Vertrösten des Auftraggebers („Wir werden uns schon einigen bei der Schlussrechnung") ist ein unakzeptables Herausschieben. Meist enden solche Versprechen in einem hässlichen Streit. In

solchen Fällen sollte der TU dem Bauherrn unmissverständlich deutlich machen, dass die Bestellungsänderungen das Leistungsvolumen vergrössern oder verändern und die Bauzeit nicht mehr eingehalten werden kann, um den Ablauf kontrolliert zu steuern. Denn zur Einhaltung der Bauzeit sind neben dem Einfädeln der Bestellungsänderungen in den laufenden Bauprozess meist zusätzliche Beschleunigungsmassnahmen auch bei den Hauptaufträgen der Subunternehmer notwendig. Die Bestellungsänderungen müssen zusätzlich während der gleichen Bauzeit ausgeführt werden. Zudem müssen die Verlustzeiten und Leistungsineffizienzen infolge des Einspeisens der Bestellungsänderungen in den laufenden Bauprozess zusätzlich durch Beschleunigungsmassnahmen in der gleichen Soll-Bauzeit ausgeglichen werden. Somit verursachen Bestellungsänderungen nicht nur bei den beauftragten Unternehmern Beschleunigungsmassnahmen der Hauptaufträge. Zudem erfordert es meist auch Beschleunigungsmassnahmen bei den „betroffenen Dritten" Subunternehmern, deren Ablauf gestört bzw. behindert wird durch die Arbeit der mit den Bestellungsänderungen beauftragten Subunternehmern.

Der TU ordnet bei den Subunternehmern die ursprüngliche Endtermineinhaltung an: dies verursacht dann die Beschleunigungsmassnahmen mit Überstunden und Wochenendarbeit. Diese Zuschläge sind natürlich im Hauptauftrag des Subunternehmers nicht kalkuliert. Der Subunternehmer muss den TU allerdings in Kenntnis setzen, dass Zusatzkosten entstehen, wenn der Endtermin trotz dauernder Bestellungsänderungen eingehalten werden soll. Der TU muss direkt oder indirekt diese Beschleunigungsmassnahmen anfordern bei seinen Subunternehmen.

Durch diesen Dominoeffekt der Bauablaufstörungen, verursacht durch eine Vielzahl von Bestellungsänderungen, wird eine Lawine von Nachforderungen an den TU eintreffen. Bei diesen Nachforderungskosten hat er grosse Schwierigkeiten, diese beim Auftraggeber einzufordern, wenn er keine klaren Prozeduren zur Beurteilung, Bewertung, Dokumentation, Anerkennung und Abrechnung vereinbart hat.

Entscheidend für den Projekterfolg für Auftraggeber, Totalunternehmer und Gewerkeunternehmer ist die frühzeitige bzw. zumindest die rechtzeitige Problemlösung. Dies ermöglicht allen Parteien Entscheidungs- und Handlungsoptionen, die Bestellungsänderungen möglichst zu minimieren. Zudem wird sichergestellt, dass ein klarer Prozess und Dokumentation etabliert sind, um solche Zusatzkosten zu minimieren. Dadurch bezahlt der Auftraggeber nur das, was er verursacht hat. Damit ist der Erfolg für alle Parteien in einer fairen Weise gesichert.

Folgen solcher schleichender Bestellungsänderungen (Vielzahl)

Der Unternehmer darf bei seiner Kalkulation und Preisfestlegung von einem Bauablauf ohne wesentliche Behinderungen und Störungen ausgehen. Er muss also in seine Preise keine Zuschläge wegen schleichender Änderung der Herstellungsabläufe einrechnen. Er muss auch nicht einkalkulieren, dass seine Arbeitskräfte, Geräte oder Maschinen wegen solcher externer Faktoren dann stunden- oder sogar tagelang nicht optimal ausgelastet sind oder über einen längeren Zeitraum überhaupt nicht eingesetzt werden können. Dies gilt erst recht dann, wenn der Unternehmer gezwungen ist, den optimalen Einsatz der vorgesehenen personellen und maschinellen Ressourcen wegen solcher schleichender

Bestellungsänderungen zu reduzieren oder anzupassen, etwa, indem er den Arbeitstakt zur Beibehaltung der Produktivität bzw. zur Verringerung der Leistungseinbussen durch zusätzliche Ressourcen intensivieren muss.

Wird der Unternehmer wegen einer solchen schleichenden Anpassung des Herstellungsprozesses bei der Ausführung des Werkes behindert oder kommt es zu Bauablaufstörungen, weil es der Auftraggeber versäumt hat, die Unternehmerleistung in der Ausschreibung und im Zuge der Ausführung rechtzeitig und auch sonst gehörig festlegen, was nun im Nachhinein eine Unzahl von Bestellungsänderungen oder deren verspätete Anordnung erforderlich macht und haben diese hindernden Umstände bzw. Störungen finanzielle oder zeitliche Auswirkungen auf die Erfüllung des Werkvertrages, so wird der Unternehmer über einen Anspruch auf Anpassung der Vergütung und der Bauzeit sowie unter den gegebenen Voraussetzungen auch über einen zusätzlichen Anspruch auf Schadenersatz verfügen:

- Anspruch auf Anpassung der Vergütung: Wird der Unternehmer aus Gründen, die in der Risikosphäre des Auftraggebers und seiner Hilfspersonen liegen, in der Vorbereitung bzw. bei der Durchführung der Werkserstellung behindert oder gestört, so hat er Anspruch auf Vergütung des Mehraufwandes, welcher Folge dieser Bauablaufstörung ist. Bei jeder versäumten bzw. nicht rechtzeitigen Mitwirkung ist gesondert zu prüfen, ob es für die Berechtigung des Mehrvergütungsanspruches auf ein Verschulden des Auftraggebers ankommt. Verfügt der Unternehmer im Einzelfall über einen Anspruch auf Vergütungsanpassung, dann wird er neben dem nachgewiesenen Mehraufwand auch einen Zuschlag für Risiko und Gewinn beanspruchen dürfen.
- Anspruch auf Entschädigung: Bestellungsänderungen sind so frühzeitig bekanntzugeben, dass sie die Vorbereitung und Ausführung der Arbeiten nicht beeinträchtigen. Arbeiten, Materialbestellungen und sonstige Aufwendungen, die vor Bekanntgabe der Bestellungsänderung vorgenommen und wegen der Änderung nutzlos werden, sind dem Unternehmer zu entschädigen; die nutzlos gewordenen Arbeiten sind nach Werkvertrag vergütet. Ist die nicht rechtzeitige Festlegung der Unternehmerleistung vom Auftraggebern und seinen Planern zu vertreten, so kann im Einzelfall auch ein vertraglicher Schadenersatzanspruch des Unternehmers zur Anwendung gelangen, bei welchem der Auftraggeber dem Unternehmer für Schäden aus Fristüberschreitungen haftet, die er verschuldet hat. Dieser Anspruch wird man dem Unternehmer allerdings nur in Ausnahmefällen zugestehen, denn grundsätzlich ist der Bauherr befugt, einseitig Bestellungsänderungen auszuführen, ohne dass deswegen eine ersatzpflichtige Vertragsverletzung vorliegt.
- Anspruch auf Anpassung der Bauzeit: Haben die „schleichenden“ Bestellungsänderungen, was häufig der Fall ist, nicht nur Auswirkungen auf die Kosten, sondern auch auf die Termine, so ist der Unternehmer unter den gegebenen Voraussetzungen zu einer angemessenen Bauzeitanpassung berechtigt. Erfordern Bestellungsänderungen die Anpassung vertraglicher Fristen, so hat der Unternehmer Anspruch auf angemessene neue Fristen.

- Anspruch auf Bezahlung der Beschleunigungsmassnahmen: Unabhängig vom Anspruch auf Bauzeitanpassung hat der Unternehmer Anspruch auf Mehrvergütung, wenn der Auftraggeber oder seine Bauleitung auf vorgängige Anzeige des Unternehmers Beschleunigungsmassnahmen anordnet, und zwar aus einem Grund, der dem Risikobereich des Auftraggebers zuzuordnen ist. In diesem Fall hat der Auftraggeber sämtliche Mehrkosten inkl. Zuschlag für Risiko und Gewinn zu ersetzen, falls der Unternehmer dem Auftraggeber die Verzögerung und deren Ursache rechtzeitig angezeigt und darüber in Kenntnis gesetzt hat, in welchem Umfang mit Mehrkosten bei einer Beschleunigung zu rechnen ist.

14.8.2.4 Zusammenfassung

Nachtragsmanagement darf zu keinem Geschäftsmodell werden, um unbegründet Nachtragsforderungen zu stellen oder begründete Nachtragsforderungen abzulehnen und auf den langwierigen Rechtsweg zu senden.

Ein professioneller Auftraggeber hat seine Projekte so gut vorbereitet, dass der Unternehmer klare Grundlagen hat zur Leistungsprognose sowie Kosten- und Preisbildung. Denn ein klares Bau-Soll und ein exzellent gesteuertes Projekt hat kaum eine Basis oder Ansatzpunkte für berechtigte Nachträge. Aufgrund des Unikatcharakters und der begrenzten Rationalität wird es trotz der geforderten Professionalisierung des Auftraggeber-Projektmanagements zu Nachtragsforderungen in begrenztem Umfang kommen.

Für die beteiligten Stakeholder eines Projektes ist es dabei wichtig, die Ursachen und Wirkungen zu kennen, die zu Nachtragsforderungen führen. Zudem müssen die Beteiligten die Grundsätze des einzelfall- und wirkungsbezogenen Kausalnachweises kennen, der bauteilbezogen auf die Herstellungsprozesse abgestimmt sein muss.

14.8.3 Warum treten Produktionsstörungen auf und was kosten sie?

14.8.3.1 Einleitung

In gut geführten Bauunternehmen sowie technisch und architektonischen Ausbauunternehmen werden die Produktions- bzw. Montageabläufe für die Baustelle im Rahmen der AVOR geplant (siehe Kap. 1 und [19]). Das Ziel dieser AVOR- und Logistikplanung ist es, einen bauteilorientierten, kontinuierlichen bzw. repetitiven Arbeitsfliessprozess möglichst ohne Arbeitszeitverlust zu erzielen (siehe Kap. 11.8). Dabei muss sichergestellt werden, dass die Materialversorgung, Bauhilfsmittel, Geräte und Handwerkzeuge auf den geplanten Ablauf „just-in-time" durch eine gute Logistikplanung mit der AVOR gekoppelt werden. Zu dieser Arbeitsplanung gehören die Zielvorgaben z. B. an Stunden für die Herstellung einzelner Arbeitsvorgänge basierend auf einer Arbeitskalkulation [14]. Mit dieser Ziel- bzw. Soll-Vorgabe erfolgt die Umsetzung der Arbeitsorganisation auf der Baustelle mit dem Team. Das Team muss dann die Arbeiten mit Wochen- und Tagesarbeitsplänen umsetzen. Mittels Soll-Ist-Vergleich besonders auf Stundenbasis erkennt man sogar die wöchentlichen Zielabweichungen bei der Herstellung der einzelnen Bauteile. Im Rahmen des kontinuierlichen Verbesserungsprozesses (KVP) versucht das Team, auf der Baustelle den Herstellprozess zu optimieren und nichtwertschöpfende Arbeiten wie Suchen von Material, Warten auf fehlendes Werkzeug oder Material zu eliminieren – Lean Construction heisst dieses Konzept (siehe Kap. 13.8.1).

14.8.3.2 Störungen des Herstellungsprozesses von aussen

Wenn nun Störungen von aussen auf den gut geplanten und auf der Baustelle gut organisierten Herstellprozess einwirken, kommt es zu Produktionsstörungen, die nicht in der Risikosphäre des ausführenden Bauteams liegen [4, 18, 20–22].

Mögliche Gründe, die den geplanten Bauproduktionsprozess von aussen d. h. durch den Bauherrn stören, sind:

- Mehr- und Mindermassen gegenüber der Ausschreibung,
- abweichende geologische oder geotechnische Prognosen,
- Veränderungen der Baumethoden durch geänderte Planung oder durch neue Produkte,
- falsche Planunterlagen,
- nicht verschuldete Verzögerungen durch fehlende oder zu späte gelieferte Planunterlagen,
- nicht verschuldete Verzögerungen durch Vorgängerunternehmen,
- erforderliche Beschleunigungsmassnahmen durch auftraggeberseitig verschuldete Verzögerungen.

Störungen des Bauprozesses haben oft zwei Ursachen:

- schlechte Koordination, Bauablauf- und Logistikplanung des Unternehmers,
- Bestelländerungen, verspätete Mitwirkung des Bauherrn und Beschleunigungsmassnahmen.

In diesem Beitrag stehen die von aussen auf den Bauprozess einwirkenden Ursachen, die der Bauherr zu vertreten hat, im Mittelpunkt.

Bauablaufstörungen durch verspätete Mitwirkung

Im folgenden Beispiel soll gezeigt werden, welche leistungsreduzierende Wirkung auf den Bauablauf entstehen kann. Dabei betrachten wir zwei Szenarien.

Gemäss Terminplan muss mit dem Aushub der Baugrube begonnen werden. Der Unternehmer hat termingerecht den Aushubplan erhalten, jedoch sind im Aushubplan die Aushubkoten nicht angegeben, verbunden mit dem Hinweis, dass eine separate Absteckliste folgt. Daraufhin beginnt der Unternehmer termingerecht seine Arbeit. Der Unternehmer deponiert jedoch eine Behinderungsanzeige, um auf die Dringlichkeit der Endaushubkoten hinzuweisen. Daraufhin weist der Unternehmer zusätzlich in einem Meeting auf die Folgen einer Verzögerung der Arbeiten und auf den Endtermin hin, falls die Aushubkoten nicht umgehend geliefert werden. Der Auftraggeber weist den Unternehmer daraufhin an, trotzdem die Arbeiten zu beginnen. Die Absteckpläne werden allerdings trotzdem 2 ZE zu spät geliefert.

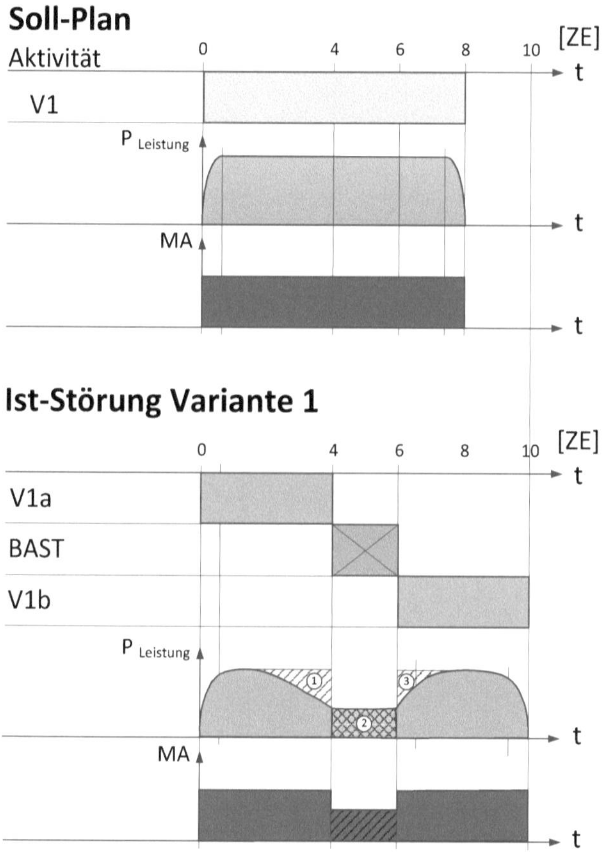

Abb. 14.73 Fall 1 – Bauablaufstörungen durch zu spät gelieferte Aushubkoten

Fall 1

Im ersten Szenario (Abb. 14.73) wird bzw. kann die Mannschaft nur zum Teil auf eine andere Arbeitsstelle umgesetzt werden, da zum Zeitpunkt der Störung kein weiterer Einsatz möglich war.

Während des Aushubs nimmt die Baustelle an, dass die Aushubkoten 2 ZE nach Beginn der Aufnahme der Arbeiten noch geliefert werden. Die Aushubkoten kommen jedoch 2 ZE zu spät. Da die Mannschaft mit Aushubgerät nicht kurzfristig umgesetzt werden kann, entstehen durch die zu spät gelieferten Aushubkoten Produktivitätsverluste. Diese behinderungsbedingte Minderleistungen entstehen durch (Abb. 14.73):

- Mannschaft reduziert intuitiv Leistung aufgrund fehlender Endaushubpläne, um Leistung kontinuierlich fortzusetzen – nicht steuerbar.
- Mannschaft wird reduziert – umgesetzt auf anderen Einsatz. Für Restmannschaft ist keine sofortige Umsetzmöglichkeiten gegeben – uneffektive Gruppengrösse.

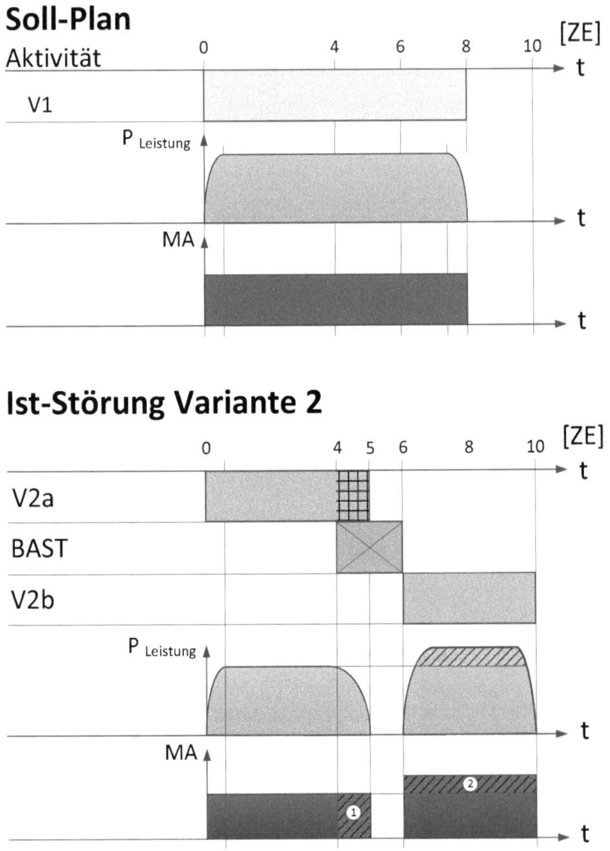

Abb. 14.74 Fall 2 – Bauablaufstörungen durch zu spät gelieferte Aushubkoten

- Erneute Einarbeitungszeit nach Lieferung der Pläne mit zusätzlicher Mannschaftsstärke bzw. Rückversetzung der Mannschaft.

Dadurch entsteht eine Bauzeitverlängerung von 2 ZE auf dem kritischen Weg, wenn der Unternehmer keine Aufforderung zu Beschleunigungsmassnahmen erhält. Die erhöhten Folgekosten für den Unternehmer ergeben sich aus:

- 2 ZE dauernde Verlängerung der Arbeiten durch verminderte Leistung des Restteams (höherer Stundenaufwand),
- Kosten der Umsetzung der Hälfte der Mannschaft auf eine andere Arbeitsstelle (AVOR, Vorbereitungsarbeiten, Einweisung, etc.) sowie Ein- und Ausarbeitungsleistungsverluste
- zusätzliche Inventarkosten für die längere Vorhaltung der Erdbaugeräte und Transportfahrzeuge,
- verlängerte Vorhaltung der Baustelleneinrichtung,
- verlängerte Vorhaltung von Aufsicht und Führung.

Fall 2
Im zweiten Szenario (Abb. 14.74) wird die ganze Mannschaft während des Unterbruchs bzw. der Störung zeitnah an einer anderen Arbeitsstelle eingesetzt.

Im Fall 2 kommen wie im Fall 1 die Aushubskoten um 2 ZE zu spät. Der Unternehmer reagiert wie im Fall 1 zur Schadensbegrenzung für den Auftraggeber und setzt die Mannschaft mit Geräten auf einen anderen Bauabschnitt um. Der Bauherr ist der Meinung, dass die zu späte Aushublieferung keine Kostenfolgen hat. Wenn man die Abläufe genauer baubetrieblich analysiert, entstehen dem Unternehmer trotzdem Zusatzkosten, die er in einem Nachtrag nachfordert (Abb. 14.74):

- zusätzliche Arbeitsvorbereitung für das Umsetzen,
- Umsetzen der Mannschaft und Geräte an der Arbeitsstelle des Vorgangs V2a zu einer anderen, dazu braucht der Unternehmer 1 ZE,
- Einarbeitungsverlust an der neuen Arbeitsstelle – zu Beginn Leistungsminderung bis der Ablauf fliesst,
- Umsetzen der Mannschaft und Geräte nach Beendigung der Behinderung (Vorliegen der Aushubkoten) zum Vorgang V2b – Zeitverlust durch Abrüsten auf der temporären Arbeitsstelle; Einarbeitungsverluste an der Arbeitsstelle V1b bis alle Abläufe abgestimmt sind (geringere Anfangsleistung),
- Beschleunigungsmassnahmen – Auftraggeber verlangt vom Unternehmer den Arbeitsablauf nach dem Umsetzen zu beschleunigen (schriftliche Anforderung erforderlich).

Der Unternehmer setzt mehr Personal ein, ordnet Überstunden und Samstagsarbeit an und setzt einen zusätzlichen Bagger und Transportgeräte ein. Zudem kann der Unternehmer den Überstunden- und Samstagszuschlag und – aufgrund der Grösse der Baugrube – die Leistungsreduzierung durch Einsatz von Zusatzgeräten einfordern. Zudem entstehen Zusatzkosten für die AVOR, Um- und Abrüstzeiten sowie Einarbeitungsverluste.

14.8.3.3 Auswirkungen von Beschleunigungsmassnahmen

Überstunden
Im Regelfall steigt bei Überstunden und Samstagsarbeit nicht die Effizienz der Leistung. Somit steigen bei Beschleunigungsmassnahmen oft die Kosten durch:

- Zuschläge für Überstunden und Wochenendarbeiten
- Leistungseinbussen aufgrund Ermüdung und Konzentrationsabschwächung

Untersuchungen der Arbeitswissenschaft [23] haben dieses Phänomen der Leistungseinbussen [24] untersucht und nachgewiesen für mässig anstrengende und anstrengende physische Arbeit (Abb. 14.75). Diese Untersuchungen wurden zwar nicht in der Bauwirtschaft gemacht, jedoch treffen sie qualitativ auch für den Bau zu.

Aus Abb. 14.75 erkennt man deutlich, dass man bei Beschleunigungsmassnahmen die Kostenfolgen durch reduzierte Leistung und Zuschläge beachten muss, um die Kosten-

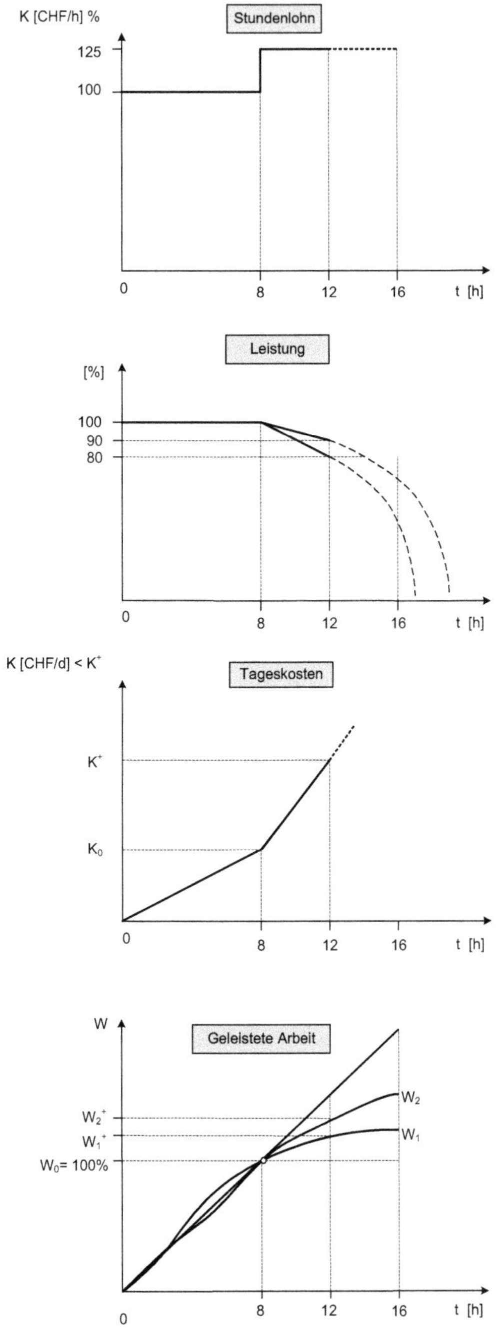

Abb. 14.75 Leistungsminderung und Kostensteigerung infolge Überstunden

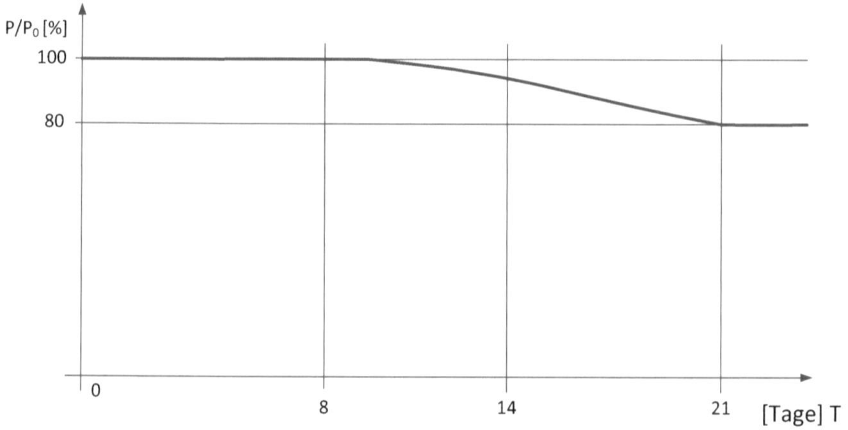

Abb. 14.76 Wirkung von langfristigen Überstunden

deckung zu sichern. Falls sich solche Überstunden und Wochenendarbeiten über mehrere Wochen ausdehnen, sinkt die Arbeitsleistung weiter (Abb. 14.76).

Es ist selbstverständlich, dass im Rahmen von Mehrarbeit die gesetzlichen Bestimmungen über die Arbeitszeit eingehalten werden müssen. Zudem steigt bei länger andauernder Überzeitdauer die Unfallgefahr.

Ressourcenerhöhung

In vielen Fällen wird bei Beschleunigungsmassnahmen der Ressourceneinsatz d. h. die Mannschaft verstärkt oder vervielfacht und die Geräteanzahl sowie der Umfang an Bauhilfsmitteln wie Schalung erhöht oder vervielfacht, statt Mehrarbeitszeiten bzw. zusätzlich zur Mehrarbeitszeit. Für die meisten Arbeitsabläufe gibt es ein Optimum der Teamgrösse, die das Maximum an Leistungseffizienz erzielt. Dies wurde u. a. in einer Forschungsarbeit beim Ausschalen u. a. bei Deckentischen festgestellt [25–27]. In Abb. 14.78 ist dies qualitativ dargestellt. Sind zu wenige Arbeitskräfte eingesetzt, braucht diese Gruppe mehr Arbeitszeit, um einen Schaltisch auszuschalen, da die Arbeiter wesentlich mehr ineffiziente Wege haben z. B. um den Tisch abzusenken. Werden zu viele Arbeitskräfte in einer Decktischgruppe eingesetzt, geht das Absenken des Tischs schneller, aber beim Verschieben werden einige Arbeitskräfte nicht benötigt und somit entstehen Leerzeiten (Abb. 14.77).

Beschleunigungsmassnahmen sind meist/immer mit Zusatzkosten verbunden und in der Leistungs- und Kostenstruktur des angebotenen Preises im Grundvertrag nicht abgedeckt. Neben der beschriebenen Kostenfolge für Überzeit, Ressourcenverstärkung kommen noch Mobilisierungs-, Demobilisierungskosten und AVOR-Kosten dazu.

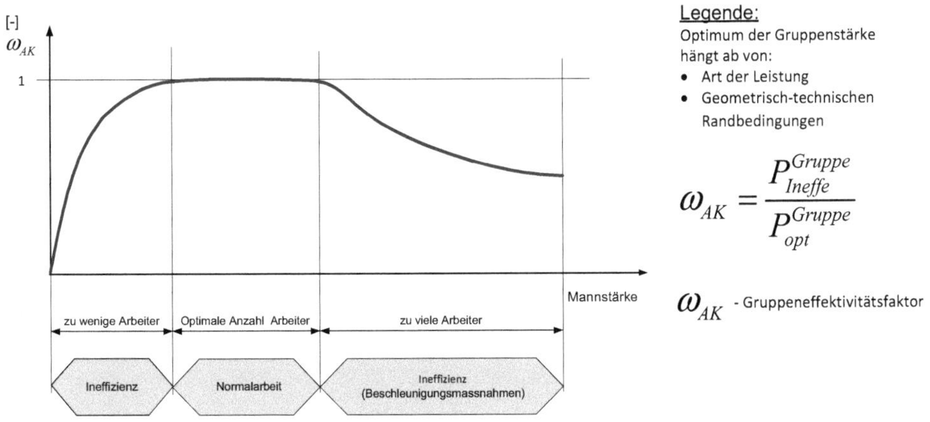

Abb. 14.77 Arbeitseffizienz der Gruppe

14.8.3.4 Aus- und Einarbeitungsverluste – Stop and go-Arbeitsabläufe

Muss die Arbeit unterbrochen werden z. B. durch fehlende Pläne und an einer anderen Arbeitsstelle temporär fortgesetzt werden, so tritt mehr oder weniger das Phänomen der Einarbeitungsverluste ein. Diese Einarbeitungsverluste entstehen durch:

- Eingewöhnen in die Arbeitsabläufe des neuen Arbeitsplatzes,
- Abstimmen der Arbeiten innerhalb des Teams,
- Koordinieren und optimieren der Arbeitsabläufe und Logistik.

Meist nach wenigen Tagen bzw. Wiederholungen ist der Rhythmus gefunden und die Leistung vergleichmässigt sich (Abb. 14.78).

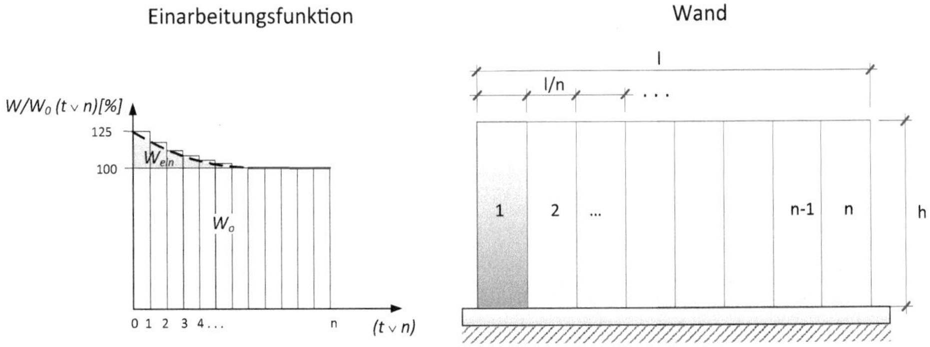

Schalfläche: $A = h \cdot l$ Wandschalung: $\Delta A = h \cdot \frac{l}{n}$

Schalelement: $\Delta A_{Sch} = h \cdot \frac{l}{n}$

Einsätze: n

Aufwands-/ Leistungswert: a_{SchG} - Grundleistung / Aufwandswert z.B. Schalung

Abb. 14.78 Verlust durch Einarbeitung – Variante mit Formeln

14.8.3.5 Wirkungen von Störungen

Produktionsstörungen durch fehlende Vorleistungen des Bauherrn oft verbunden mit Beschleunigungsmassnahmen müssen immer produktionstechnisch und kostenmässig analysiert werden, um die versteckten Zusatzkosten zu identifizieren. Die Zusatzkosten sind in der Basiskalkulation des abgeschlossenen Bauvertrages kalkulatorisch nicht enthalten. Daher müssen die Bauherren baubetrieblich überzeugt werden, welche Zusatzkosten aufgrund dieser Einwirkungen und Massnahmen auftreten. Dazu braucht es oft kompetente externe Beratung mit einem neutralen und fairen Ansatz, um den vorgangs- und ursachenbezogenen Kausalnachweis wirkungsbezogen zu führen.

14.8.3.6 Dokumentieren und Durchsetzen von Nachträgen

Die Rechtspraxis verlangt von den Baubetrieblern, dass sie für die Nachforderungen den Kausalnachweis erbringen müssen. Der Qualitätsanspruch ist relativ hoch und basiert auf dem vorgangsbezogenen Einzelfall. Dieser Einzelfall muss kausal nachgewiesen werden, d. h. Ursache und Auslöser der Bestelländerung, Wirkung der Bestelländerung mit Störung bzw. Behinderung auf die baubetriebliche Produktion sowie die Folgekosten müssen robust nachweisbar aufgearbeitet werden. Auf der Baustelle selbst besteht für den Aussenstehenden z. B. Bauherrn die Schwierigkeit darin, die Behinderung und Störung augenscheinlich zu erkennen, weil trotz der Störung alle arbeiten, jedoch mit einer geringeren Produktivität. Nur durch eine gute AVOR und Arbeitskalkulation [14] mit Soll-Vorgaben z. B. in Stunden für einzelne Bauteile und deren Herstellungsabschnitte verbunden mit einer gezielten Arbeitsorganisation (siehe Kap. 1 und [19]) auf der Baustelle mit Wochen- und Tagesplanung der Arbeitsgruppen, lässt sich eine Soll-Ist-Analyse machen. Mit einem solchen Soll-Ist-Controlling kann ein stichhaltiger Nachweis der Produktivitätsstörung nachgewiesen werden. Treten Störungen auf, die der Bauherr verursacht hat, hat die Baustelle zur Erfassung der Ursache und Wirkung die im Abb. 14.79 dargestellten Dokumentationsmittel zur Verfügung.

Diese Dokumentationsmittel müssen sachgerecht und vorgangsbezogen eingesetzt werden, um die Beweisbarkeit der Wirkung auf den baubetrieblichen Ablauf sicherzustel-

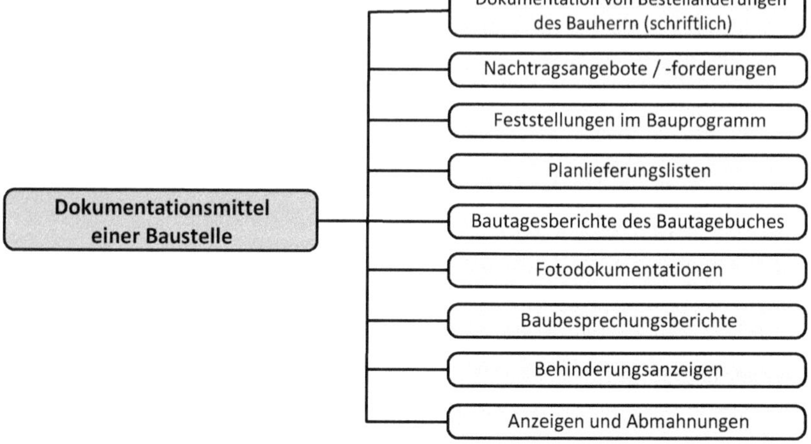

Abb. 14.79 Dokumentationsmittel einer Baustelle

len (siehe Abb. 14.79). Eine Möglichkeit der systematischen Erfassung und Ordnung der Dokumentation besteht in der vorgangsbezogenen Zuordnung auf die Bauteile und deren Vorgangsbezeichnung im Terminplan. Da der Nachweis der Forderung einzelfall- und vorgangsbezogen in Bezug auf Ursache und Wirkung nachgewiesen werden muss, ist es erforderlich, gleich zu Beginn eines Auftrages ein solches Register anzulegen. Dies erspart der Baustellenmannschaft Zeit beim effizienten Aufarbeiten der Nachtragsforderungen und erspart das zeitintensive Zusammensuchen der Dokumente am Ende der Bauzeit.

Besonders das Bautagebuch (siehe Kap. 13.8.2) mit Fotos und Skizzen eignet sich für Poliere oder Abschnittsbauführer, um die Wirkung, d. h. Behinderung, Störung oder Leerlauf einer Ursache, z. B. verspätete Planlieferung, aufzuzeichnen. Wichtig dabei ist, dass die Wirkung der Produktivitätsstörung oder Beschleunigung immer in Bezug zur Ursache, z. B. Plan xy für Bauteil z wurde zu spät geliefert, dargestellt wird. Die Planlieferung für die Vorgänge bzw. Bauteile und Herstellungsabschnitte muss in der Planlieferungsliste mit Soll-Ist erfasst werden. Wenn jedoch im Bautagebuch kein klarer Bezug auf die Ursache mit Plannummer gemacht wird, beginnt immer zum Zeitpunkt der Nachtragsbearbeitung die aufwendige „Suche" der Zuordnung von Ursache und Wirkung.

Im Tagebuch wird die Wirkung mit Anzahl der beteiligten Produktionskräfte und des Inventars erfasst.

Dokumentation – Wirkung von Planänderungen

Als Beispiel soll die Planänderung der Drainage bei einer Flachgründung (Bodenplatte) dienen. Nach termingerechter Ausführungsplanlieferung einer Bodenplatte mit Drainage wird nach dem Verlegen der Drainage und der Ummantelung mit Filterbeton ein neuer Ausführungsplan mit Index a geliefert, in dem das Gefälle geändert wurde. Die Drainage mit Filterbeton musste ausgebrochen werden und der Graben von Hand auf das neue Gefälle angepasst werden. Die Gruppe besteht aus sechs Facharbeitern.

Im Bautagebuch sollte dieser Vorgang kurz beschrieben werden und die Wirkung aufgelistet werden:

- gesetzte Randschalung für Bodenplatte musste entfernt werden,
- zwei Boschhämmer mussten vom Bauhof geliefert werden,
- zusätzliche 10 m Drainagerohre Ø 200,
- Aufladen und Abtransport des Abbruchmaterials – 3 m^3 mit kleinem LKW,
- Vertiefung des Drainagegrabens,
- Neuverlegung der Drainagerohre,
- Filterbeton 2.5 m^2 liefern und einbauen,
- Erneutes Setzen der Randschalung für Bodenplatte,

  Störung: 10 h, 6 Facharbeiter.

Zudem sollte man eine DIN A4 Plankopie (scannen) anfertigen, damit man das Bauteil im Bauwerk zuordnen kann.

Dokumentation – Wirkung von Verschiebung des Bauablaufs

Kommt es durch Bestelländerungen oder andere Verzögerungen, die in der Risiko- und Entscheidungssphäre des Bauherrn liegen zur Verschiebung des Bauablaufs in eine witterungsungünstigere Jahreszeit, so entstehen möglicherweise für den Bauunternehmer Leistungseinbussen im Bauablauf und zusätzliche Sicherungsmassnahmen (Abb. 14.80).

In einem solchen Fall müssen folgende Nachweise erbracht werden:

- Witterungsaufzeichnungen zum Soll-Termin und Ist-Termin,
- Ermittlung der zusätzlichen Regen-, Frost- und Schneetage,
- Aufzeichnung der Zusatzarbeiten, z. B. Schnee von Schalung und Geräten entfernen, zusätzliche Heizlüfter installieren oder zusätzliche Massnahmen zur Böschungssicherung bei Starkregen, zusätzliche Pumparbeiten und Massnahmen zur Verhinderung der Verschlammung und Aufweichung des Bodens unter der Fundamentplatte in der verschobenen Jahreszeit,
- Ist-Leistung bzw. Leistungsreduktion gegenüber Soll-Leistungen zum Soll-Termin,
- Unterbrechungen der Arbeiten, z. B. Lenzen der Baugrube nach unerwartetem nächtlichen Starkregen in der verschobenen Jahreszeit,
- Zusätzliche Befestigungen der Baustellenverkehrswege, um Aufweichungen zu verhindern in der verschobenen Jahreszeit,
- Unterbrechung der Arbeiten durch Starkregen oder intensiven Schneefall.

Diese Behinderungen müssen ursachenbezogen im Bautagebuch entsprechend ihrer Wirkung erfasst werden.

Dokumentation – Wirkung von Behinderungen

Die Ursache und Wirkung von z. B. Planlieferungsverzögerungen lassen sich sehr gut mittels Soll-Ist-Terminplänen darstellen (Abb. 14.81). Neben dieser grafischen Dokumentation ist der Wirkungsnachweis im Bautagebuch nachvollziehbar in Bezug auf die Produktionsstörung der Mannschaft und der Geräte festzuhalten.

14.8.3.7 Wann sollte ein Nachtrag gestellt werden?

Wichtig ist, dass der Unternehmer zu Beginn einer Behinderung eine Anzeige dem Bauherrn einreicht. Schon hier stellt sich die Frage, ab wann man wirklich von einer verspäteten Planlieferung sprechen kann, die Produktivitätsstörungen und/oder zusätzliche organisatorische Umtriebe verursacht. Dies hat rechtliche und baubetriebliche Aspekte.

Im Regelfall wird man bei den ersten paar Planlieferungsverspätungen bei drei Wochen Vorlaufzeit um zwei bis fünf Tage keine Behinderungsanzeige aufgeben. Allerdings sollte der Unternehmer in der Wochenbesprechung diesen Umstand vortragen und darauf hinweisen, dass es für einen planmässigen Bauablauf erforderlich ist, die termingerechte Planlieferung in Zukunft sicherzustellen. Dies sollte auch protokolliert werden. Wenn Planlieferungsverspätungen zum Dauerthema werden, z. B. mit der Problematik, dass die

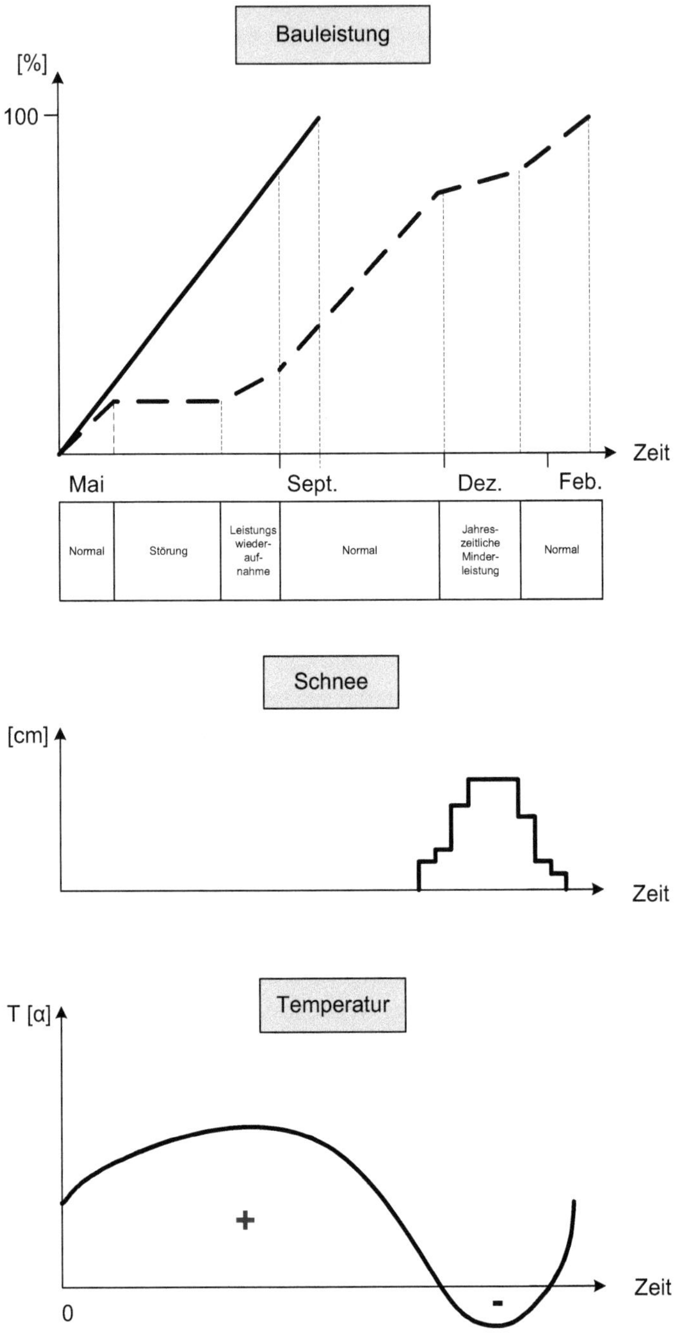

Abb. 14.80 Leistungsminderung infolge schlechter Witterung

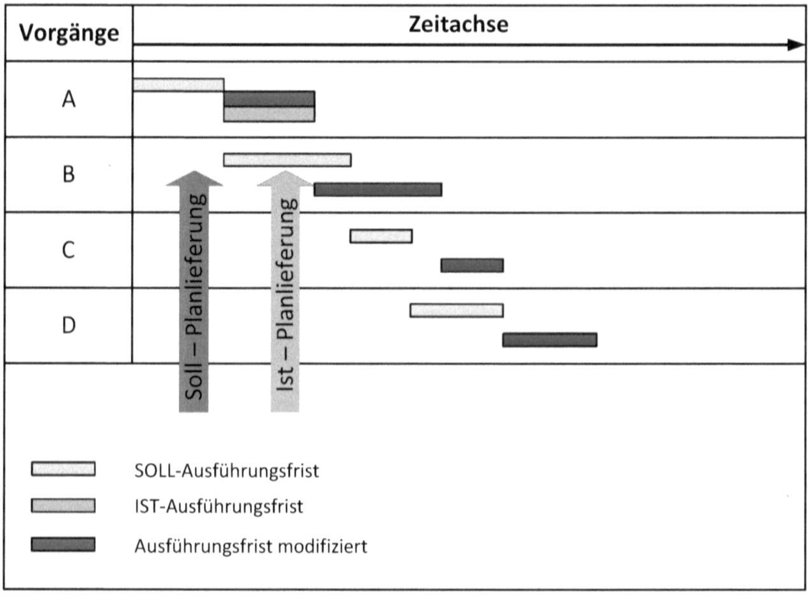

Abb. 14.81 Wirkung von Planlieferungsverspätung – Ausführungsfristen

Biegelisten zu spät kommen und jedes Mal der Bewehrungslieferant zur Beschleunigung (möglicherweise mit Überstunden) aufgeboten wird, dann wird das Thema zu einer Kostenfrage verbunden mit der Überbelastung der Baustellenführung infolge der Improvisation der Materiallieferung auf die Baustelle „in time".

Besonders gravierend wirkt sich das nachträgliche Ändern von Schalungsplänen mit veränderten Aussparungen und Bewehrungsänderungen aus. Dies führt immer zu Wartezeiten auf die zusätzliche geänderte Bewehrung und zu Zusatzstunden, um diese Bewehrung einzubauen sowie zu Korrekturarbeiten.

In diesen Fällen sind Anzeigen der Behinderung unabdingbar, um den Anspruch auf Zusatzvergütung sicherzustellen. Sicherlich wird man nicht einen Nachtrag nach jeder Behinderung stellen, sondern wird dies erst tun wenn ein Bauabschnitt fertig ist bzw. wenn die Ursache abgestellt ist.

Jedoch sollte man den Bauherrn unbedingt schriftlich auf den zu erwartenden Nachtrag bzw. Nachtragsforderung informieren. Es ist sicherlich ein gutes Verhalten beider Parteien, wenn man das Einreichen des Nachtrags auf die verschiedenen Behinderungseinwirkungen abstimmt. Wichtig ist es, dass der Bauherr informiert wird über die Behinderungen, damit er frühzeitig Massnahmen ergreifen kann, diese in seinem eigenen Interesse abzustellen.

14.8.3.8 Nachtragsforderungsdokument

Das Nachtragsforderungsdokument sollte folgende Inhalte für den baubetrieblichen Nachweis enthalten:

- Vertragsparteien,
- Vertragsgrundlagen,
- Begründung der Nachtragsforderung – Abweichungen gegenüber dem Vertrag (juristische Argumentation),
- Dokumentation der Ursache und Wirkung-Anzeigen/Abmahnungen/Terminpläne/technische Begründung etc. (baubetriebliche Argumentation),
- Qualifizierung der Wirkung – von Bestelländerungen und Schaden (baubetriebliche Argumentation),
- Kostenfolgen – Kostenmässige Erfassung der Bestelländerung und des Schadens (kalkulatorische Argumentation),
- Zusammenfassung der Nachtragsforderungen,
- Anlagen,
- Anschreiben.

14.8.3.9 Durchsetzen von Nachträgen

Die Durchsetzung von Nachträgen hängt von zwei Elementen ab:

- Ist der Nachtrag juristisch gerechtfertigt gemäss dem von beiden Partnern abgeschlossenen Vertrag.
- Ist der Nachtrag baubetrieblich kausal einzelfall- und vorgangsbezogen begründet in Bezug auf die Ursache als Auslöser auf die Wirkung, die zu Änderungen des baubetrieblichen Herstellprozesses geführt hat mit den Folgen von Zusatzkosten, die ausserhalb der kalkulatorischen Kostengrundlagen des eingegangenen Bauvertrags liegen.

Sind diese Grundlagen vorhanden bzw. nachvollziehbar aufgearbeitet, ist die Basis geschaffen für eine erfolgreiche Durchsetzung.

Für den Unternehmer ist es vorteilhaft, wenn er Nachträge in Partnerschaft aushandeln und abwickeln kann. Das Einfordern der Nachträge für Bauablaufstörungen löst aber meist bei den Betroffenen emotionale Verhaltensmuster aus, da irgendein Partner, Planer, Bauherr oder Projektsteuerer die Störungen ausgelöst hat. Dies löst immer die Frage nach der Schuld aus. Solche Diskussionen werden sehr schnell emotional geführt mit gegenseitigen Vorwürfen. Aus diesem Grund sollten die Unternehmer ihr Baustellen-Führungspersonal schulen, um frühzeitig sachlich Behinderungen anzuzeigen und die Folgen darzulegen. Dabei muss die Baustellenführung auch darauf bestehen, dass solche Hinweise, die zuerst in den Wochenbesprechungen offen gelegt werden, auch protokolliert werden.

Desweiteren sollte die Baustellenführung dem Bauherrn deutlich machen, dass Anzeigen von Störungen keine Verletzung des partnerschaftlichen Vertrauensverhältnisses sind, sondern vielmehr, dass man ihn in Kenntnis setzt, damit er frühzeitig Massnahmen ergreifen kann, um solche Störungen abzustellen, damit für ihn möglichst keine Folgekosten auftreten. Um eine gute Partnerschaft in einem Projekt zu pflegen – trotz immer wieder auftretender Probleme – bedarf es starker und sachlicher Persönlichkeiten, die die Bedürfnisse des Partners erkennen und positive Lösungen finden.

Erfahrungsgemäss ist es nützlich bei Nachträgen Grenzen und Verhaltensweisen des Bauherrn frühzeitig richtig einzuschätzen, zu diesen gehören u. a.:

- Budgetgrenze des Bauherrn ermitteln/abschätzen,
- Verhalten bei früheren Bauprojekten,
- persönliches Verhältnis der Partner,
- Prozessbeteiligte und Instanzen des Bauherrn im Nachtragsprozess möglichst frühzeitig kennenlernen.

Man kann jedem Unternehmer raten, Nachträge zeitnahe zu stellen. Die Unsitte vieler Unternehmer mit geringer Nachtragsmanagementskompetenz, Nachträge erst am Ende der Bauzeit zu stellen, ist im Regelfall unakzeptabel.

Dadurch kann der Bauherr erst sehr spät die Kostensteigerung gegenüber der Auftragsvergabe erkennen und hat zudem keinen Handlungsspielraum der Minimierung der Zusatzkosten.

Der Unternehmer, der so spät Nachträge stellt, vergibt jedes Handlungsmittel, den Bauherrn zu bewegen, faire und gerechtfertigte Nachträge zügig zu prüfen und die Zahlung auszulösen. Daher sollte folgende Strategie verfolgt werden:

- Nachträge sofort ankündigen, ausreichend erklären und begründen,
- Verhalten des Bauherrn bei Genehmigung des Nachtrags kritisch verfolgen:
  - Würdigung der Nachtragsgründe,
  - Fairness bei der Überprüfung,
  - Schnelligkeit bei der Überprüfung,
- Budgetgrenzen in Betracht ziehen.

Verläuft dies positiv, so kann man von einem weiteren partnerschaftlichen Verhältnis ausgehen. Höchste Alarmstufe sollte ausgelöst werden, wenn der Bauherr „partnerschaftlich" den Unternehmer vertröstet: „Machen Sie weiter, am Ende der Bauzeit werden wir eine gute Lösung finden". In solchen Fällen möchte der Bauherr im Regelfall Fakten schaffen. Zudem setzt er darauf, dass der Unternehmer den Kausalnachweis unzureichend erbringt. Besonders dann, wenn der Baustellenchef darauf vertraut „am Ende regeln wir alles" und die Nachtragsdokumentation erst am Ende der Bauzeit erstellen lässt. Im Regelfall wird dann der Nachweis einzelfall- und vorgangsbezogen sehr schwierig. Dann hat der Bauherr oft ein einfaches Spiel, solche Nachträge zurückzuweisen. Mit einem Ping-Pong an Zusatzunterlagen, mit einem oft langjährigen Herauszögern von Zahlungen. Diese münden dann oft in einem schmerzhaften Verlust für den Unternehmer.

Daher sollte man Nachtragsmanagement mit der systematischen Dokumentation von Ursache und Wirkung in das Pflichtenheft eines jeden Baustellenchefs und Baustellenführers eingliedern. Dazu ist es erforderlich, dass man eine kompetente, systematische Schulung der Mitarbeiter durchführt für die rechtlichen Belange sowie für das methodische Vorgehen beim baubetrieblichen Nachweis.

14.8.3.10 Fazit

Im vorliegenden Kapitel wurde aufgezeigt, durch welche Ursachen Bauablaufstörungen mit Kostenfolgen für den Unternehmer entstehen. Ferner wurden die Anforderungen und möglichen Nachweise für die verschiedenen Störungsursachen sowie die Strategien zur Durchsetzung der Nachforderungen aufgezeigt. Mit dieser Kenntnisbasis ist es für jeden Bauherrn, Architekten und Projektsteuerer möglich, solche Störungen mit Kostenfolgen durch eine ausgereifte und abgeklärte Ausführungsplanung und durch proaktives Projektmanagement zur Erfüllung der Mitwirkungsobliegenheiten zu verhindern. Denn berechtigte Nachforderungen werden durch den Bauherrn verursacht. So liegt es in seinen Fähigkeiten, diese „Plage" in der Bauwirtschaft zu minimieren, damit sich alle Beteiligten auf gutes, qualitatives und effizientes Bauen konzentrieren können.

14.9 Rechnungsstellung

Zur Rechnungsstellung, z. B. für die monatliche Abschlagszahlung (Zwischenrechnung) sowie für die Schlussrechnungen, muss der Bauunternehmer/Auftragnehmer dem Bauherrn eine prüfbare Rechnung vorlegen. Diese Forderung ist in den einschlägigen Bauvertragsnormen (VOB, SIA 118, ÖNorm B2110, FIDIC, ICE usw.) festgelegt. Die Rechnung ist übersichtlich aufzustellen und nach den Leistungs- bzw. Abrechnungspositionen des Vertrags zu gliedern; die dort enthaltenen Bezeichnungen sind zu verwenden. Der Nachweis der erbrachten Leistungen nach Art und Umfang muss durch folgende prüfbare Unterlagen erfolgen:

- Mengenrechnungen,
- Zeichnungen,
- andere Belege wie z. B. Lieferbelege, Stundenzettel.

Nachträge, d. h. Änderungen und Ergänzungen des Vertrags, müssen gesondert ausgewiesen werden.

Die Abrechnungsbestimmungen für die Rechnungsstellung sind in den technischen Vertragsbestimmungen des jeweiligen Projektvertrags enthalten. In einigen Vertragsnormen, z. B. in der VOB-C, sind in den Allgemeinen Technischen Vertragsbedingungen für Bauleistungen die Regeln vorgegeben, wie die einzelnen Bauleistungen und Gewerke für die Abrechnung zu messen sind. Diese können von den Vertragsparteien als Basis für die Abrechnung vereinbart werden.

Als Aufmass wird das Zählen, Messen und Berechnen der abrechnungsfähigen, am Bauobjekt tatsächlich eingebauten Massen der Leistungspositionen des Leistungsverzeichnisses verstanden. Die Aufmassergebnisse werden in einem Aufmasskontrollblatt festgehalten, das vom Auftraggeber und vom Auftragnehmer gemeinsam zu unterzeichnen ist und der monatlichen Rechnungsstellung in nachprüfbarer Qualität beigelegt wird.

Die Einheit, die dem Aufmass zugrunde liegt, muss der Einheit im Leistungsverzeichnis entsprechen. Das Aufmass pro Leistungsposition erfolgt nach Massgaben des Vertrags bzw.

nach den einschlägigen Normen und Regelwerken. Diese Angaben beinhalten Regeln, wie z. B. Bauteile gemessen werden, welche Bauteile übermessen werden etc. Das Aufmass ist in jedem Fall in einer verständlichen, nachprüfbaren und strukturierten Form auszuführen.

Das Aufmass bildet im Allgemeinen eine Grundlage zur Rechnungsstellung. Die Rechnung mit dem Aufmassergebnis ist dem Auftraggeber in schriftlicher Form zukommen zu lassen.

Bei Generalunternehmer- und Totalunternehmeraufträgen, die nach Pauschalen abgerechnet werden, werden meist Abschlagszahlungen nach vereinbartem Leistungsstand vereinbart. Zur Dokumentation des Leistungsstands und der Zwischenleistungsziele kann man Aufmasse mit elektronischen Kameras durchführen. Diese Aufmasse können heute auf unterschiedlichem Niveau ausgewertet werden [28]:

- rein visuelle Auswertung,
- programmunterstützte Auswertung der Aufnahme durch Vergleich mit CAD-Dreidimensionalsystemen,
- photogrammetrische Auswertung.

Das Aufmass muss baubegleitend, im Regelfall monatlich, erfolgen. Das Aufmass und die Rechnungsstellung sollten innerhalb von 6 Tagen nach Ende des Monats an den Auftraggeber gehen, um möglichst einen frühzeitigen positiven Cashflow auszulösen (Abb. 5.3).

Zur Rechnungsprüfung ist dem Auftraggeber ein bestimmter Zeitraum einzuräumen bzw. ist im Vertrag ein Zeitraum festgelegt. Die Schlussrechnungsprüfung wird im Allgemeinen mehr Zeit in Anspruch nehmen als die Prüfung von Abschlagsrechnungen.

Das Aufmass bzw. Aufmassergebnis wird einerseits zur Rechnungsstellung und andererseits für die interne Leistungsmeldung herangezogen. Für die interne Leistungsmeldung werden neben den anrechenbaren Baumassen auch die Bauhilfsmassnahmen ermittelt. Diese dienen somit als Grundlage zur Ermittlung der Ist-Leistung und der verbrauchten Materialien.

14.10 Räumen der Baustelle

Nach Fertigstellung und Mängelbeseitigung ist die Baustelle umgehend zu räumen. Je nach Baumassnahme empfiehlt es sich, den umfangreichsten Teil der Baustelleneinrichtung schon vor der Abnahme zu entfernen und an andere Baustellen oder den Bau-/Werkhof zu übergeben.

In besonderem Mass ist bei der Räumung darauf zu achten, dass die genutzten Flächen wieder in ihren ursprünglichen Zustand versetzt oder aber vertragsgerecht rekultiviert werden.

Ziel ist es, durch professionelle, qualitativ einwandfreie Bauausführung und Übergabe des sauberen und rekultivierten Bauplatzes einen positiven Eindruck zu hinterlassen.

Nach erfolgter Abwicklung aller Verpflichtungen sollte der Baustellenchef ein Feedback vom Bauherrn einholen. Dieses sollte einerseits der Erkundung der Zufriedenheit des Kunden und der möglichen Verbesserung der Bauproduktionsabwicklung dienen und andererseits dem Kunden das Interesse an einer langfristigen Geschäftsbindung signalisieren.

14.11 Inbetriebnahme

Im Rahmen von TU- und GU-Leistungen muss der Unternehmer dem Bauherrn ein schlüsselfertiges, d. h. auch funktionsfähiges Bauwerk übergeben. Die heutigen Bauwerke sind besonders durch:

- die Heizungs-, Klima-, Kühlungs- und Lüftungsanlagen (HKKL),
- die Kommunikations- und Informationseinrichtungen,
- die Kontroll- und Steuerungseinrichtungen für die HKKL-Anlagen,
- die Fassadenbeschattung, automatische Türschliesseinrichtungen, Einbruchsicherungen, Feuermelde- und Feuerbekämpfungseinrichtungen
- sowie Lichtanlagen, Befeuchtungsanlagen sowie Aussenbewässerungsanlagen

technisch sehr komplexe Systeme.

Es ist daher für eine „care free"-Nutzung notwendig, solche Systeme in einer Inbetriebnahmephase einzustellen und zu testen.

Diese Inbetriebnahmephase ist im Bauzeitenplan einzuplanen. In dieser Phase werden die Systeme kalibriert und die Funktionsfähigkeit für Minimal- und Extremalparameter getestet. Dann erfolgt die Grundeinstellung, die auch für den rauhen und kontinuierlichen Betrieb entsprechend getestet werden muss.

Die Inbetriebnahme sollte in zwei Phasen gegliedert werden:

- Grundphase – Grundeinstellungen und Funktionstest unter verschiedenen Bedingungen
- Betriebstest – nach Einzug der Nutzer erfolgt die Feinregulierung weitgehend auf die Bedürfnisse des Klienten.

Die Inbetriebnahmephase ist für die Sicherstellung der Kundenzufriedenheit des Bauherrn und der Nutzer heute im Regelfall unabdingbar. Sie sollte in der Leistungserstellungsvereinbarung zwischen Unternehmer, Nutzer und Subunternehmer fixiert werden.

14.12 Abnahme und Abrechnung

Die Abnahme der fertig gestellten Bauleistungen hat besondere vertragliche Bedeutungen, diese sind [29]:

- Auslösung der Schlusszahlungsregelung,
- Beginn der Gewährleistung,
- Rückgabe der Leistungserfüllungsgarantien,
- Umkehr der Beweislast bei Auftreten von Mängeln (je nach Vertrag).

Zwischenabnahmen während der Bauphase sind auf Verlangen durchzuführen, wenn es sich um eine abgeschlossene Teilleistung handelt oder wenn es sich um Teilleistungen handelt, die nach Fortführung der Bauleistung verdeckt sind.

Als Grundlage für die Einleitung der Abnahme dient die **schriftliche Mitteilung über die Fertigstellung der Leistung**. Diese Mitteilung ist von grösster Wichtigkeit und muss vom Bauleiter des Unternehmens umgehend an den Auftraggeber mit Rückbestätigung übergeben werden.

Die Abnahme kann förmlich oder durch zeitliche Befristung erfolgen, was im Vertrag geregelt sein sollte. Eine förmliche Abnahme muss zwingend stattfinden, wenn einer der Vertragspartner es verlangt. Die Ergebnisse der Abnahme sollten in einem übersichtlichen Protokoll, das z. B. stockwerksweise oder bauteilweise gegliedert ist, niedergeschrieben werden. In diese Niederschrift sind aufzunehmen:

- schon bekannte Mängel,
- entdeckte Mängel,
- Vertragsstrafenvorbehalte, z. B. aus Bauzeitverzögerung,
- Einwände des Auftragnehmers (Unternehmers).

Der bzw. die Unternehmer sind für Mängel verantwortlich, die in ihrer Prozessverantwortung entstanden sind. Der Unternehmer haftet für:

- unsorgfältige Arbeit,
- Verwendung untauglicher Materialien und Methoden,
- eigenmächtiges Abweichen von Plänen, Leistungsverzeichnissen, Vorschriften und dem Stand der Technik.

Im Rahmen der Mängelhaftung ist der Unternehmer verpflichtet Ersatz- und Reparaturleistungen vorzunehmen wenn herstellungsbedingte Fehler bzw. Schäden am Bauwerk entstanden sind.

Der Bauleiter des Unternehmens sollte nach Fertigstellung des Bauwerks (nicht unbedingt identisch mit der vereinbarten Ausführungsfrist) mit der **Meldung der Fertigstellung** die Abnahme verlangen. Der Auftraggeber/Bauherr muss die Abnahme dann binnen zwölf Werktagen durchführen.

Wird nach schriftlicher Meldung der Fertigstellung von keiner der beiden Vertragsparteien eine Abnahme verlangt oder wird die verlangte Abnahme nicht innerhalb von zwölf Werktagen durchgeführt, so ist das Bauwerk bzw. die Leistung ohne Einwände akzeptiert. Ferner gilt als Abnahme, wenn der Bauherr bzw. seine Nutzer das Bauwerk benutzen. Dies

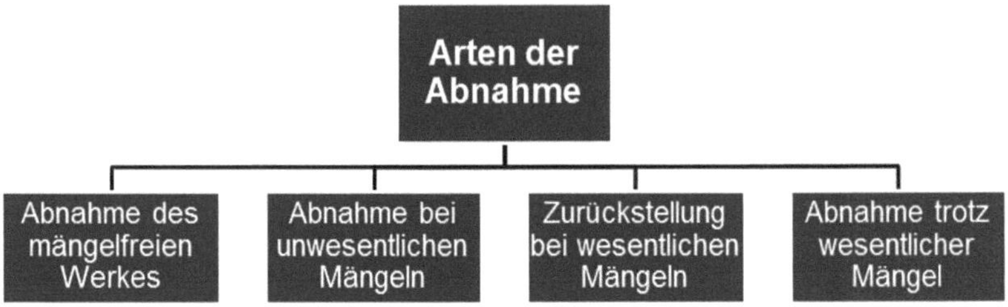

Abb. 14.82 Abnahme und Mängelkategorien

gilt auch für Teile des Bauwerks. Diese Art der Abnahme ist im Allgemeinen nach sechs Werktagen der Nutzung erfolgt.

Es liegt im Interesse beider Vertragsparteien, eine förmliche Abnahme durchzuführen, um spätere Streitfälle zu vermeiden. Der Unternehmer sollte immer eine Abnahme verlangen, um auch einem nicht professionellen Bauherrn, der vielleicht die Rechtslage nicht kennt, die Möglichkeit zu geben, das Bauwerk abzunehmen. Im Rahmen der heutigen Kundenorientierung sollte dieses Verhalten eine Selbstverständlichkeit sein.

Die Abnahme wird in vier Gruppen unterteilt (siehe Abb. 14.82). Die Abnahme kann nur bei wesentlichen Mängeln bis zu derer Beseitigung verweigert werden (VOB-B). Dies ist jedoch für manche Bauherren auch ein „weiches" Mittel, auch kleine Mängel als schwerwiegend zu deklarieren, besonders dann, wenn während der Beseitigung die Nutzer gestört werden.

Wurde ein Termin für die Abnahme vereinbart, muss der Bauleiter des Unternehmers zum festgesetzten Zeitpunkt anwesend sein, sonst kann der Bauherr die Abnahme und Mängelfeststellung ohne Einrede des Unternehmers gültig durchführen. Der Bauleiter des Unternehmers muss Mängel, die er nicht zu vertreten hat, unbedingt im Protokoll vermerken lassen. Zu diesen gehören:

- Mängel aufgrund der Leistungsbeschreibung des Bauherrn,
- Mängel aufgrund von Anordnungen des Auftraggebers,
- Mängel aufgrund vom Auftraggeber gelieferter oder vorgeschriebener Stoffe und Bauteile,
- Mängel, die durch Vor- oder Nachunternehmer entstanden sind.

Voraussetzung ist allerdings, dass der Unternehmer den Bauherrn zum entsprechenden Zeitpunkt auf die Problematik des möglichen Mangels hingewiesen hat.

Die Kunst des Bauleiters ist es, solche Mängel, die möglicherweise „Folgeschäden" auf seine Leistungen ergeben, zu entdecken und dem Bauherrn direkt während der Bauphase zu melden. Nur dann kann er sich von der Gewährleistung befreien.

An die Abnahme geknüpft ist die Beseitigung festgestellter Mängel. Der Unternehmer muss die festgestellten Mängel oder die mangelhafte oder vertragswidrige Ausführung innerhalb einer angemessenen und festgesetzten Frist beseitigen. Kommt er während dieser

Frist seiner Pflicht zur Mängelbeseitigung nicht nach, so kann der Bauherr einen Dritten beauftragen und dem Unternehmer die entsprechenden Kosten von dessen Schlussrechnung abziehen. Ist die Beseitigung des Mangels nach Fertigstellung des Bauwerks unverhältnismässig aufwändig, aber die Dauerhaftigkeit oder Gebrauchsfähigkeit nicht gemindert, kann der Bauherr eine Minderung der Vergütung verlangen. Liegt ein wesentlicher Mangel vor, der die Gebrauchsfähigkeit beeinträchtigt und auf das Verschulden des Unternehmers zurückzuführen ist, so ist der Unternehmer verpflichtet, dem Bauherrn den Schaden zur Wiederherstellung, Instandhaltung oder Änderung zu zahlen, wenn dies verlangt wird.

Die Aufgabe und Herausforderung für den Bauleiter/Bauführer des Unternehmens ist es, im Rahmen eines internen Qualitätsmanagements die Leistung mängelfrei zu erstellen. Die nachträgliche Beseitigung der Mängel ist sehr teuer, auf jeden Fall teurer als eine mängelfreie Herstellung. Die entstehenden Kosten, die das finanzielle Ergebnis der Baustelle negativ beeinflussen, sind:

- Mängelbeseitigungskosten,
- Zinskosten (verspätete Schlusszahlung, verlängerte Frist zur Zahlung des Gewährleistungseinbehalts bzw. zur Rückgabe der Leistungsgarantien und Gewährleistungsgarantie).

Mit der Abnahme, d. h. der Unterzeichnung der Protokolle durch beide Vertragsparteien oder nach Verstreichen der Zwölf-Tages-Frist nach Stellung des Abnahmebegehrens bzw. nach sechs Werktagen der Nutzung, gehen die Gefahren aus dem Bauwerk auf den Bauherrn über.

Der Bauleiter des Unternehmers muss ein grosses Interesse daran haben, das Bauwerk bzw. die Leistungen mängelfrei und vertragskonform zu übergeben, da die Schlussrechnung im Regelfall erst nach Beseitigung der entdeckten Mängel unter Beachtung der Nachträge, Vertragsstrafen, Wertminderungen (falls vorhanden) gezahlt wird.

Nach Abnahme des Bauwerks mit oder ohne Mängel, werden folgende vertragliche Regelungen gültig:

- Das Werk geht in die Obhut des Bauherrn über
- Die Gefahr trägt fortan der Bauherr
- Die Garantiefrist beginnt zu laufen
- Die Verjährungsfrist für Mängelrechte wird geltend

Nach erfolgter Abnahme, Mängelbeseitigung und Einreichung der prüfbaren Schlussrechnung sowie Zahlung und Rückgabe der Leistungsgarantien des Unternehmens durch den Bauherrn wird die Schlusszahlung meist um den Gewährleistungseinbehalt gekürzt.

Das Unternehmen sollte mit dem Bauherrn möglichst eine Gewährleistungsgarantie vereinbaren, die von einer Bank ausgestellt wird. Die Bankgebühren für eine Gewährleistungsgarantie sind wesentlich günstiger als die Zinskosten eines Bargeldeinbehalts durch den Bauherrn in Höhe des vereinbarten Garantiebetrags. Jedoch wird die Garantie der Bank anteilmässig auf den Kreditrahmen des Unternehmens angerechnet.

Mit der Schlussrechnung kann die Baustelle vorläufig finanziell abgeschlossen werden; der endgültige Abschluss kann jedoch erst nach Beendigung der Gewährleistungsfrist erfolgen. Hier besteht auch ein gewisses Druckmittel der Unternehmensleitung gegenüber ihren Bauleitern, mängelfreie Baustellen zu erstellen, damit das Schlussrechnungsergebnis auch gleich dem Ergebnis am Ende der Gewährleistung ist. Daher sollte das Unternehmen dem Bauleiter einen Teil seiner allfälligen Erfolgsprämie erst nach Ablauf der „mängelfreien" Gewährleistungspflicht auszahlen. Damit wird auch sichergestellt, dass der Bauleiter/Bauführer sich auch als Key Account Manager versteht, der eine langfristige Kundenbindung anstrebt und ein positives, verlässliches, zielorientiertes Image am Markt sicherstellt. Die Unsicherheit des Kunden und anderer potentieller Kunden wird so reduziert und das Vertrauen in das Leistungspotential des Unternehmens gestärkt.

14.13 Gewährleistung

Mit der Abnahme der Leistung bzw. des Bauwerks beginnt die Gewährleistungsfrist, innerhalb welcher der Unternehmer die Gewähr für den Wert und die Tauglichkeit seiner Leistungen, die den vertraglich vorausgesetzten Gebrauch sicherstellen übernimmt. Dies beinhaltet zum Abnahmezeitpunkt, dass

- die Leistung den vertraglich vereinbarten Eigenschaften entspricht,
- die Leistung den anerkannten Regeln der Technik entspricht,
- die Leistung nicht mit Mängeln oder Fehlern behaftet ist.

Mit der Unterzeichnung des Abnahmeprotokolls bestätigt der Bauherr, dass die Bauleistung in ihren wesentlichen Teilen vertragsgemäss und damit mängelfrei ist.

Treten nach Abnahme in der Garantie- bzw. in der Gewährleistungsfrist Mängel auf, so muss dies der Bauherr melden. Der Bauherr kann nach der „Symptomtheorie" das Fehlererscheinungsbild, z. B. feuchte Stelle an der Wand rügen. Er muss nicht die Ursache feststellen. Der Unternehmer hat eine Nacherfüllungspflicht. Dabei sollte folgendes beachtet werden:

- Der Bauunternehmer sollte nach Zugang entsprechender Rügen stets unverzüglich prüfen, inwieweit die Rüge des Baumangels zu Recht erhoben worden ist.
- Nach Ablauf einer vom Bauherrn gesetzten Nachfrist verliert der Bauunternehmer den Anspruch auf eigene Mängelbeseitigung.
- Reagiert der Bauunternehmer nicht, kann der Bauherr
  - Die Baumängel, die nach Abnahme gerügt wurden, durch Selbstvornahme beseitigen und Kostenerstattung verlangen,
  - Minderung geltend machen,

- Vom Vertrag zurück treten,
- Schadenersatz fordern.

In der Bauwirtschaft wird aufgrund des Unikatcharakters eines jeden Bauwerkes das „Rad" von vielen Architekten und Ingenieuren stets neu erfunden, anstatt bewährte Lösungen zu nutzen und weiterzuentwickeln. Dies führt dazu, dass neue Lösungen u. a. folgende Probleme hervorbringen:

- Wärmedämm- und Schallschutzprobleme,
- Zugänglichkeitsprobleme für die Erhaltung unter Betrieb.

Neben diesen Problemen entstehen bei der Erstellung oft Qualitätsprobleme auf Unternehmerseite, die aus zu geringem Qualitätsbewusstsein und überbetontem Leistungsbewusstsein herrühren, einhergehend mit einer unzulänglichen Qualitätskontrolle im Erstellungsprozess. Dies führt einerseits zu Planungs- und andererseits zu Ausführungsmängeln, die sich auf die Nutzung auswirken können.

Daher ist es wichtig, dass der Projekterfolg des Baustellenchefs und seines Teams erst nach Ende der Gewährleistungsfrist gemessen wird. Dazu sind folgende organisatorische sowie finanzielle Bewertungsmassnahmen sinnvoll:

- Der Bauführer sollte weiterhin die Zuständigkeit für das Projekt behalten – auch nach der Abnahme in der Gewährleistungsphase.
- Der finanzielle Abschluss des Projektes erfolgt erst nach Ablauf der Gewährleistungspflicht.
- Das Projektergebnis setzt sich zusammen aus:
  - Kosten der Erstellung,
  - Kosten der Mängelbeseitigung vor Abnahme und während der Gewährleistungsfrist,
  - Gesamterlös.
- Oberste Priorität ist die Kundenzufriedenheit im Hinblick auf die Akquisition neuer Projekte.

Der Bauherr sowie der Unternehmer bei TU-Aufträgen können darauf hinwirken, trotz anspruchsvoller, individueller architektonischer und innovativer Funktionsgestaltung wesentliche qualitätssteigernde Standarddetails, Konstruktionen und Materialien zu nutzen und weiterzuentwickeln und einem kontinuierlichen Verbesserungsprozess zu unterziehen, um die Mängelfreiheit zu steigern. Dies wird langfristig die Kundenzufriedenheit verbessern. Unternehmen, die diesen Prozess des life-cycle-orientierten Ansatzes [30] verfolgen, werden sich längerfristig von den Wettbewerbern differenzieren und damit Wettbewerbsvorteile aufbauen.

Mit der Abnahme der Leistung und dem Beginn der Gewährleistungsperiode geht die Beweispflicht in Bezug auf Mängel auf den Bauherrn über. Tritt in der Gewährleistungsfrist zum Beispiel ein versteckter Mangel auf, muss der Bauherr den Nachweis des

Verschuldens des Unternehmens erbringen. Der Unternehmer muss den Mangel in angemessener Zeit beseitigen, falls dieser tatsächlich in seinem Leistungsumfang liegt. In der Gewährleistungsphase sollte der Unternehmer sehr kundenorientiert im Sinne einer Kundenbindung und zum Aufbau eines positiven Images handeln, ohne dabei aber für unberechtigte Forderungen einzustehen.

In dieser Phase sollte der Bauleiter des Projekts weiter die Zuständigkeit behalten. Erst mit Ablauf der Gewährleistungsfrist ist das Projekt endgültig finanziell abgeschlossen. Die Gewährleistungszeit sollte besonders bei professionellen Bauherren, die oft Bauaufträge vergeben, genutzt werden, um aufgrund der Kundenzufriedenheit bei vorherigen Projekten neue Projekte zu akquirieren.

Nach Ende der Gewährleistungsfrist muss die Gewährleistungsgarantie bzw. der Gewährleistungseinbehalt eingefordert werden. Jetzt kann das Projektergebnis endgültig ermittelt werden. Auf dieser Basis sollten die endgültigen Erfolgsprämien an das Management der Baustelle gezahlt werden. Zur Erstellung des Projektergebnisses gehört eine Projektschlussbesprechung mit dem Kunden und dem Bereichsleiter.

Literatur

1. Boenert, L., Blömeke, M.: Logistikkonzepte im Schlüsselfertigbau zur Erhöhung der Kostenführerschaft. Bauingenieur **80**(6), 227–283 (2003)
2. Winch, G., Carr, B.: Benchmarking on-site productivity in France and the UK: a CALIBRE approach. Constr. Manage. Econ. **19**, 577–590 (2001)
3. Girmscheid, G.: Fast Track Projects – Anforderungen an das moderne Projektmanagement. Bautechnik **73**(8), 471–484 (1997)
4. Girmscheid, G., Briner, H., Glättli, M.: Faires Nachtragsmanagement – Leitfaden für Bauunternehmen und Bauherren. h.e.p. Bauverlag, Bern (2003)
5. Girmscheid, G., Borner, R.: Einsatz und Potenziale von Wissensmanagement in der Bauwirtschaft. Bauingenieur **76**(5), 256–260 (2001)
6. Girmscheid, G.: Baubetrieb und Bauverfahren im Tunnelbau. Ernst & Sohn Verlag, Berlin (2000)
7. Güldenberg, S.: Wissensmanagement und Wissenscontrolling in lernenden Organisationen: ein systemtheoretischer Ansatz, 2. Aufl. Deutscher Universitätsverlag, Wiesbaden (1998)
8. Horváth, P., Urban, G.: Qualitätscontrolling. Schäfer-Poeschel Verlag, Stuttgart (1990)
9. Gehri, M.: Computerunterstützte Baustellenführung. Diss., Institut für Bauplanung und Baubetrieb, ETH Zürich. vdf Verlag, Zürich (1992)
10. Brunner, Ch.: Controlling von Baustellen. Baufachverlag, Dietikon (1997)
11. Baus, J.: Controlling. Cornelsen-Verlag, Berlin (1996)
12. Leimböck, E., Klaus, U.R., Hölkermann, O.: Baukalkulation und Projektcontrolling unter Berücksichtigung der KLR Bau und der VOB, 10. Aufl. Vieweg Verlag, Braunschweig (2002)
13. Girmscheid, G.: Kostenkalkulation und Preisbildung in Bauunternehmen, 2. Aufl. h.e.p. Bauverlag (2010)
14. Girmscheid, G., Motzko, C.: Kalkulation und Preisbildung in Bauunternehmen, 2. Aufl. Springer, Berlin (2013)
15. Internetauftritt des Software-Engineering-Kompetenzzentrum: www.visek.de. Zugegriffen: 19. Okt. 2003.
16. Burghardt, M.: Einführung in Projektmanagement. Publicis MCD Verlag, Erlangen (2001)

17. Berner, F.: Verlustquellenforschung im Ingenieurbau: Entwicklung eines Diagnoseinstruments unter Berücksichtigung der Wirtschaftlichkeit und Genauigkeit von Zeitaufnahmen. (Schriftenreihe des Institutes für Baubetriebslehre der Universität Stuttgart, TH, Bd. 24), Bauverlag 1983, Wiesbaden, Berlin (1983)
18. Vygen, K., Schubert, E., Lang, A.: Bauverzögerungen und Leistungsänderungen. Wener Verlag, Köln (2012)
19. Girmscheid, G. Strategisches Bauunternehmensmanagement – prozessorientiertes integriertes Management für Unternehmen in der Bauwirtschaft. Springer, Heidelberg (2010)
20. Würfele, F., Gralla, M., Sundermeier, M.: Nachtragsmanagement. Werner Verlag, Neuwied (2012)
21. Kappelmann, K., Makus, J., Schiffers, K.-H., Mechnig, M.: Vergütung, Nachträge und Behinderungsfolgen beim Bauvertrag, Bd. 1 und 2.ö Werner Verlag (2011)
22. Roquette, A., Viering, M., Leupertz, S.: Handbuch Bauzeit. Werner Verlag (2010)
23. Lehmann, G.: Praktische Arbeitsphysiologie. G. Thieme Verlag, Stuttgart (1962)
24. Lieb, R.: Wirtschaftliche Aspekte und Konsequenzen der Forcierung oder Verzögerung von Bauvorhaben. Dissertation ETH Zürich. Vdf Hochschulverlag, Zürich (1997)
25. Kersting, M., Girmscheid, G.: Prozessbasiertes Entscheidungsmodell für die projektspezifische Schalungssystemauswahl – Geometrische Weg-Zeit-Analyse. Bauingenieur **86**(11), 475–484 (2001)
26. Kersting, M., Girmscheid, G.: Prozessbasiertes Entscheidungsmodell für die projektspezifische Schalungssystemauswahl – Arbeitszeitverbrauchsanalyse. Bauingenieur **86**(11), 485–492 (2001)
27. Kersting, M.: Prozessmodell für die optimale projektspezifische Schalungssystemauswahl. Dissertation ETH Zürich. Eigenverlag des Instituts für Bau- und Infrastrukturmanagement, Zürich (2012)
28. Heim, M., Motzko, C.: Zeitnahe Leistungsfeststellung von Baustellen durch Bildinformationssysteme. Bauingenieur **77**(2), 88–93 (2002)
29. Gossow, V.: Baubetriebspraxis – Leitfaden für die Bauausführung. Springer, Heidelberg (1998)
30. Girmscheid, G.: Wettbewerbsvorteile durch kundenorientierte Lösungen – Das Konzept des Systemanbieters Bau (SysBau). Bauingenieur **75**(1), 1–6 (2000)

Anhang

Auf den Webseiten des Springer Verlages sowie der ETH-Zürich, Institut für Bau- und Infrastrukturmanagement, können Checklisten für die Angebots- und Ausführungsbearbeitung zum Gebrauch im Unternehmen von den Käufern des Buches herunter geladen werden:

- http://www.ibi.ethz.ch
- http://extras.springer.com

Für das Öffnen der Dateien werden folgende Systemvoraussetzungen benötigt:

- PC mit i486, Pentium oder Pentium Pro Prozessor
- Microsoft Windows 95 bzw. Windows NT 3.51 oder spätere Version
- 32 MB freier Arbeitsspeicher
- 10 MB freier Festplattenspeicher

Die Dateien sind im PDF-Format gespeichert und mit der Software „Acrobat® Reader“ von Adobe® ab der Version 3.0 zu öffnen. Diese Software kann von der Homepage von Adobe® unter www.adobe.com/products/acrobat kostenlos über das Internet heruntergeladen werden.

G. Girmscheid, *Angebots- und Ausführungsmanagement – prozessorientiert*,
DOI 10.1007/978-3-642-55291-5, © Springer-Verlag Berlin Heidelberg 2015

Schlusswort

Das Angebots- und Ausführungsmanagement muss in einer erfolgsorientierten Unternehmensführung als ganzheitlicher Leistungserstellungsprozess organisiert werden, der als zentraler Kernprozess in die Wertschöpfungsaktivitäten des Unternehmens eingebunden ist.

Das Ziel dieses Buchs ist es, die komplexen interdisziplinären und interaktiven Zusammenhänge des Leistungserstellungsprozesses aufzuzeigen. Im Vordergrund steht der Projektmanager bzw. der Bauleiter/Bauführer als verantwortlicher Process Owner, der alle Kernaktivitäten sowie Management- und Supportprozesse des Unternehmens und der Kooperationspartner zu der intendierten Zielwirkung zusammenführen muss. Dabei müssen die Leistungspotentiale des Unternehmens gegenüber dem Kunden schon in der Akquisitionsphase – während der Angebotsbearbeitung zur Auftragsgewinnung – und besonders in der Ausführung optimal zusammengeführt werden, um das Leistungsziel des Kunden mit der notwendigen Kundenzufriedenheit in das Leistungsergebnis umzusetzen.

Es ist nicht das Ziel des Buchs, auf Vertragsarten oder spezielle Methoden der Termin- und Kostenplanung einzugehen; für dieses Spezialwissen gibt es spezifischere Fachliteratur. Das Ziel ist vielmehr, den Prozess zu verdeutlichen und die Rollen und Aufgaben der Spezialisten herauszuarbeiten. Dabei gründet die Prozessbetrachtung auf risikobasierten Überlegungen, um das Ergebnisziel, das aufgrund des Unikatcharakters bauwirtschaftlicher Leistungen durch vielfältige Störfaktoren und -funktionen beeinflusst werden kann, zu erreichen.

Es wird deutlich gemacht, dass der Projektleiter bzw. Baustellenchef/Bauführer in einem ergebnisorientierten Unternehmen nicht nur Ausführungsmanager sein sollte, sondern aufgrund seiner Nähe zum Kunden auch gleichzeitig Akquisiteur und Key Account Manager. Daher ändert sich seine Rolle von einem rein ergebnisorientierten Manager einer Bauaufgabe zu einem ergebnis- und kundenorientierten Manager.

In der Vergangenheit waren Baustellenchefs nur am Ergebnis interessiert und nicht an der Kundenzufriedenheit – obwohl der Baustellenchef die Baustelle positiv für das Unter-

G. Girmscheid, *Angebots- und Ausführungsmanagement – prozessorientiert*,
DOI 10.1007/978-3-642-55291-5, © Springer-Verlag Berlin Heidelberg 2015

nehmen abgeschlossen hatte, wollten viele Kunden nicht mehr mit dem Unternehmen bauen. Dies ist nicht mehr zeit- und wettbewerbsgemäß. Professionelle Kunden verlangen diese Art von Kundenorientierung, das ergibt sich auch aus den Markstudien, die an der ETH Zürich durchgeführt wurden.

Sachverzeichnis

G. Girmscheid, *Angebots- und Ausführungsmanagement – prozessorientiert*,
DOI 10.1007/978-3-642-55291-5, © Springer-Verlag Berlin Heidelberg 2015

MIX
Papier aus verantwortungsvollen Quellen
Paper from responsible sources
FSC® C105338

If you have any concerns about our products,
you can contact us on
ProductSafety@springernature.com

In case Publisher is established outside the EU,
the EU authorized representative is:
Springer Nature Customer Service Center GmbH
Europaplatz 3, 69115 Heidelberg, Germany

Printed by Libri Plureos GmbH
in Hamburg, Germany